# 전산응용건축제도
## 기능사 필기

시대에듀

합격에 윙크[Win-Q]하다

# Win-Q
## [ 전산응용건축제도기능사 ] 필기

**Always with you**

사람이 길에서 우연하게 만나거나 함께 살아가는 것만이 인연은 아니라고 생각합니다.
책을 펴내는 출판사와 그 책을 읽는 독자의 만남도 소중한 인연입니다.
**시대에듀**는 항상 독자의 마음을 헤아리기 위해 노력하고 있습니다.
늘 독자와 함께하겠습니다.

자격증 • 공무원 • 금융/보험 • 면허증 • 언어/외국어 • 검정고시/독학사 • 기업체/취업
이 시대의 모든 합격! 시대에듀에서 합격하세요!
www.youtube.com ➔ 시대에듀 ➔ 구독

# PREFACE 머리말

**전산응용건축제도 분야의 전문가를 향한 첫 발걸음!**

'전산응용건축제도기능사' 시험은 건축 전반에 관한 기본적인 개념과 원리를 적용한 문제가 출제되므로 수험생들은 이 교재를 통해 기능사 시험에 최적화된 핵심이론과 기출(복원)문제를 학습하면 단기간에 전산응용건축제도기능사 필기시험에 합격할 수 있을 것입니다.

이 교재는 전산응용건축제도기능사 필기시험의 출제영역인 건축계획 및 제도, 건축구조, 건축재료에서 한국산업인력공단이 제시하는 과목별 출제기준에 맞추어 이론을 정리하였고 최근 11년간 기출문제 및 기출복원문제를 철저히 분석하여 해설하였습니다.

기능사 시험은 문제은행방식으로 출제되며 60문제 중 최소 36문제를 맞히는 것이 기능사 합격에 기본 학습방향입니다. 이를 위하여 기출(복원)문제를 반복하여 학습하고 관련 이론을 숙지하는 것이 무엇보다 중요합니다.

이 책의 구성 및 활용방법

첫째, 빨간키의 내용을 통해 기출 중심 어휘들에 익숙해지도록 해야 합니다.

둘째, 11년간 시행된 기출(복원)문제를 여러 번 반복하여 학습하십시오.

셋째, 최근 기출복원문제의 해설을 더 꼼꼼하게 학습합니다.

위와 같은 방법으로 이 책을 활용한다면 문제해결력을 높일 수 있어 어려움 없이 전산응용건축제도기능사 필기시험에 합격할 수 있을 것이라고 확신합니다.

마지막으로 본 교재가 출간될 수 있도록 도움을 주신 가족들과 동료 선생님들, 시대에듀 회장님, 임직원 여러분들께 진심으로 감사드립니다.

편저자 씀

# 시험안내

## 개요
건축설계 및 시공기술, 인테리어 일반에 대한 기초지식을 익히고 컴퓨터를 이용하여 쾌적하고 아름다운 공간 창조의 바탕이 되는 도면을 작성할 수 있는 기능인력 양성을 목적으로 자격제도를 제정하였다.

## 수행직무
건축설계 내용을 시공자에게 정확히 전달하기 위하여 CAD 및 건축 컴퓨터그래픽 작업으로 건축설계에서 의도하는 바를 시각화하는 업무를 수행한다.

## 시험일정

| 구분 | 필기원서접수 (인터넷) | 필기시험 | 필기합격 (예정자)발표 | 실기원서접수 | 실기시험 | 최종 합격자 발표일 |
|---|---|---|---|---|---|---|
| 제1회 | 1월 초순 | 1월 하순 | 1월 하순 | 2월 초순 | 3월 중순 | 4월 중순 |
| 제2회 | 3월 중순 | 3월 하순 | 4월 중순 | 4월 하순 | 6월 초순 | 7월 초순 |
| 제3회 | 5월 하순 | 6월 중순 | 6월 하순 | 7월 중순 | 8월 중순 | 9월 하순 |
| 제4회 | 8월 중순 | 9월 초순 | 9월 하순 | 9월 하순 | 11월 초순 | 12월 중순 |

※ 상기 시험일정은 시행처의 사정에 따라 변경될 수 있으니, www.q-net.or.kr에서 확인하시기 바랍니다.

## 시험요강
❶ 시행처 : 한국산업인력공단
❷ 시험과목
  ㉠ 필기 : 1. 건축계획 및 제도  2. 건축구조  3. 건축재료
  ㉡ 실기 : 전산응용건축제도 작업
❸ 검정방법
  ㉠ 필기 : 객관식 4지 택일형 60문항(60분)
  ㉡ 실기 : 작업형(5시간 정도)
❹ 합격기준 : 100점 만점으로 60점 이상 득점자

## 검정현황

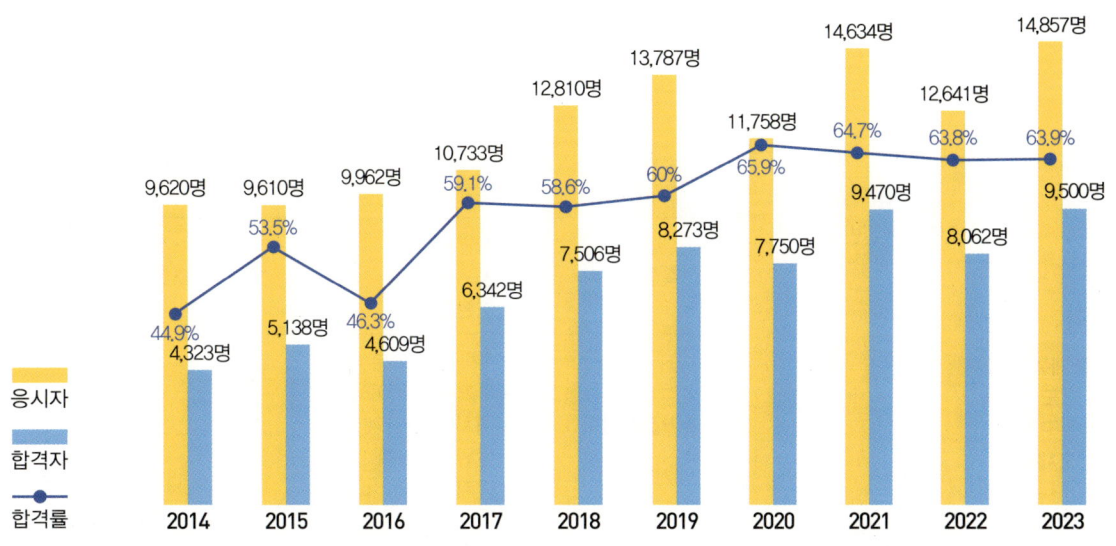

**필기시험**

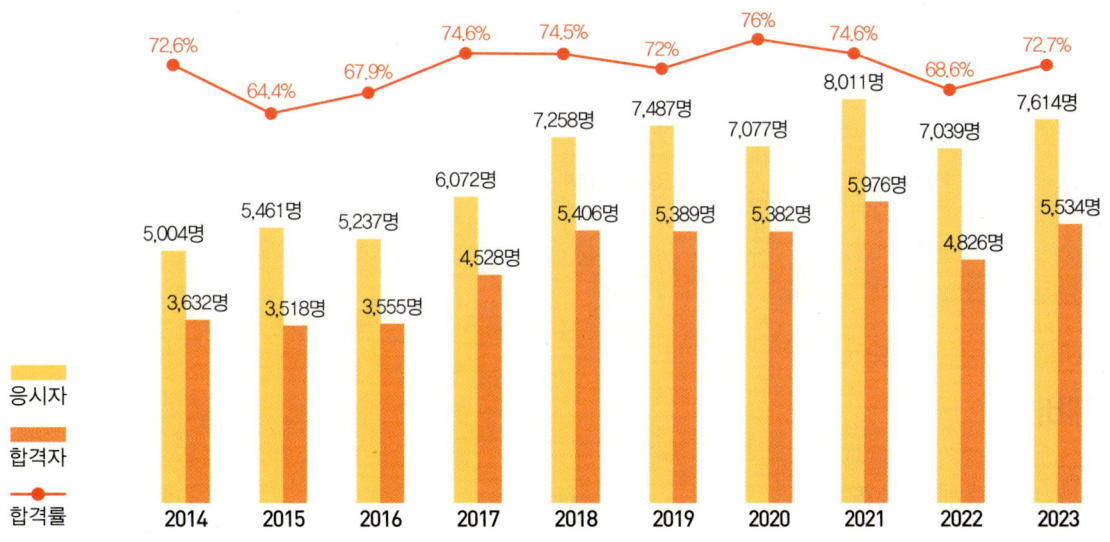

**실기시험**

# 시험안내

## 출제기준

| 필기과목명 | 주요항목 | 세부항목 | 세세항목 | |
|---|---|---|---|---|
| 건축계획 및 제도, 건축구조, 건축재료 | 건축계획일반의 이해 | 건축계획과정 | • 건축계획과 설계<br>• 건축계획진행<br>• 건축공간<br>• 건축법의 이해 | |
| | | 조형계획 | • 조형의 구성<br>• 건축형태의 구성<br>• 색채계획 | |
| | | 건축환경계획 | • 자연환경<br>• 공기환경<br>• 빛환경 | • 열환경<br>• 음환경 |
| | | 주거건축계획 | • 주택계획과 분류<br>• 주거생활의 이해<br>• 배치 및 평면계획<br>• 단위공간계획<br>• 단지계획 | |
| | 건축설비의 이해 | 급·배수 위생설비 | • 급수설비<br>• 배수설비 | • 급탕설비<br>• 위생기구 |
| | | 냉·난방 및 공기조화 설비 | • 냉방설비<br>• 환기설비 | • 난방설비<br>• 공기조화설비 |
| | | 전기설비 | • 조명설비<br>• 방재설비 | • 배전 및 배선설비<br>• 전원설비 |
| | | 가스 및 소화설비 | • 가스설비 | • 소화설비 |
| | | 정보 및 승강설비 | • 정보설비 | • 승강설비 |

## 출제비율

| 건축계획 및 제도 | 건축구조 | 건축재료 |
|---|---|---|
| 35% | 32% | 33% |

| 필기과목명 | 주요항목 | 세부항목 | 세세항목 | |
|---|---|---|---|---|
| 건축계획 및 제도, 건축구조, 건축재료 | 건축제도의 이해 | 제도규약 | • KS건축제도통칙<br>• 도면의 표시방법에 관한 사항 | |
| | | 건축물의 묘사와 표현 | • 건축물의 묘사<br>• 건축물의 표현 | |
| | | 건축설계도면 | • 설계도면의 종류 | • 설계도면의 작도법 |
| | | 각 구조부의 제도 | • 구조부의 이해<br>• 기초와 바닥<br>• 계단과 지붕 | • 재료표시기호<br>• 벽체와 창호<br>• 보와 기둥 |
| | 일반구조의 이해 | 건축구조의 일반사항 | • 건축구조의 개념<br>• 각 구조의 특성 | • 건축구조의 분류 |
| | | 건축물의 각 구조 | • 조적구조<br>• 철골구조 | • 철근콘크리트구조<br>• 목구조 |
| | 구조시스템의 이해 | 일반구조시스템 | • 골조구조<br>• 아치구조 | • 벽식구조 |
| | | 특수구조 | • 절판구조<br>• 트러스구조<br>• 막구조 | • 셸구조와 돔구조<br>• 현수구조 |
| | 건축재료일반의 이해 | 건축재료의 발달 | • 건축재료학의 구성<br>• 건축재료의 생산과 발달과정 | |
| | | 건축재료의 분류와 요구성능 | • 건축재료의 분류<br>• 건축재료의 요구성능 | |
| | | 건축재료의 일반적 성질 | • 역학적 성질<br>• 화학적 성질 | • 물리적 성질<br>• 내구성 및 내후성 |
| | 각종 건축재료 및 실내건축재료의 특성, 용도, 규격에 관한 사항의 이해 | 각종 건축재료의 특성, 용도, 규격에 관한 사항 | • 목재 및 석재<br>• 시멘트 및 콘크리트<br>• 점토재료<br>• 금속재, 유리<br>• 미장, 방수재료<br>• 합성수지, 도장재료, 접착제<br>• 단열재료 | |
| | | 각종 실내건축재료의 특성, 용도, 규격에 관한 사항 | • 바닥 마감재<br>• 벽 마감재<br>• 천장 마감재<br>• 기타 마감재 | |

# CBT 응시 요령

Win-Q [전산응용건축제도기능사] 필기

기능사 종목 전면 CBT 시행에 따른
**CBT 완전 정복!**

"CBT 가상 체험 서비스 제공"
한국산업인력공단
(http://www.q-net.or.kr) 참고

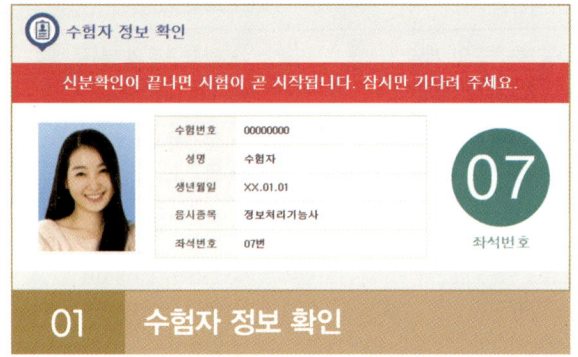

### 01 수험자 정보 확인

시험장 감독위원이 컴퓨터에 나온 수험자 정보와 신분증이 일치하는지를 확인하는 단계입니다. 수험번호, 성명, 생년월일, 응시종목, 좌석번호를 확인합니다.

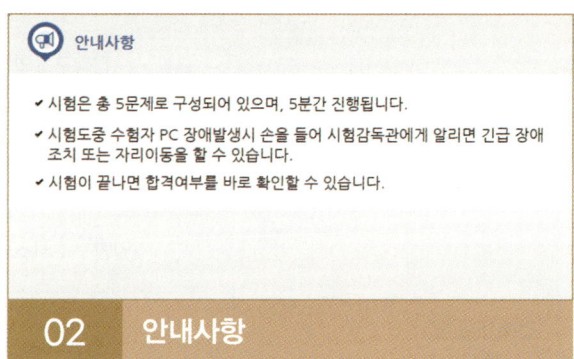

### 02 안내사항

시험에 관한 안내사항을 확인합니다.

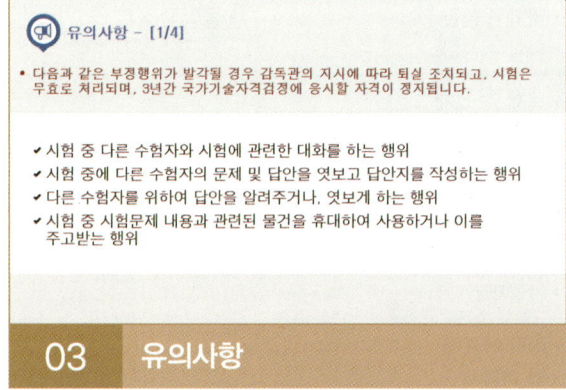

### 03 유의사항

부정행위에 관한 유의사항이므로 꼼꼼히 확인합니다.

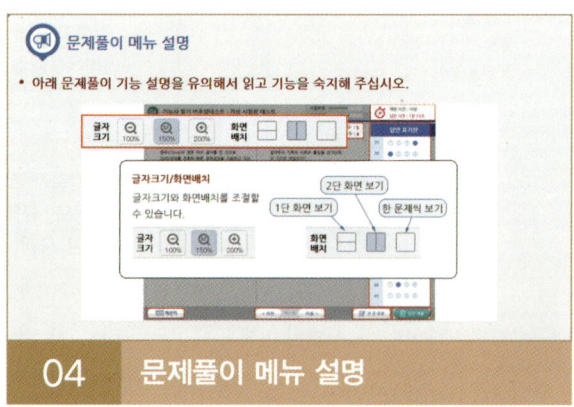

### 04 문제풀이 메뉴 설명

문제풀이 메뉴의 기능에 관한 설명을 유의해서 읽고 기능을 숙지해 주세요.

# CBT GUIDE

합격의 공식 Formula of pass | 시대에듀 www.sdedu.co.kr

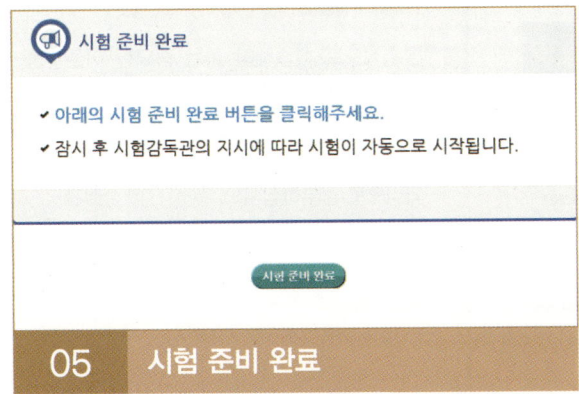

### 05 시험 준비 완료

시험 안내사항 및 문제풀이 연습까지 모두 마친 수험자는 시험 준비 완료 버튼을 클릭한 후 잠시 대기합니다.

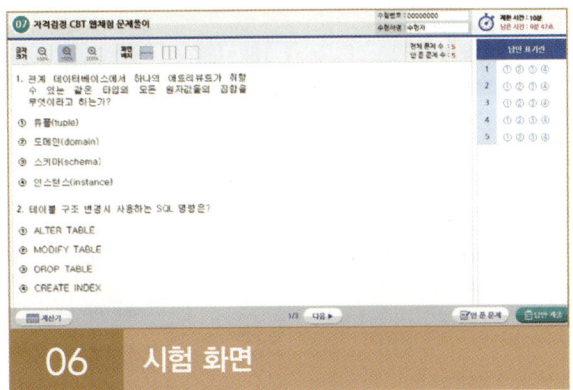

### 06 시험 화면

시험 화면이 뜨면 수험번호와 수험자명을 확인하고, 글자크기 및 화면배치를 조절한 후 시험을 시작합니다.

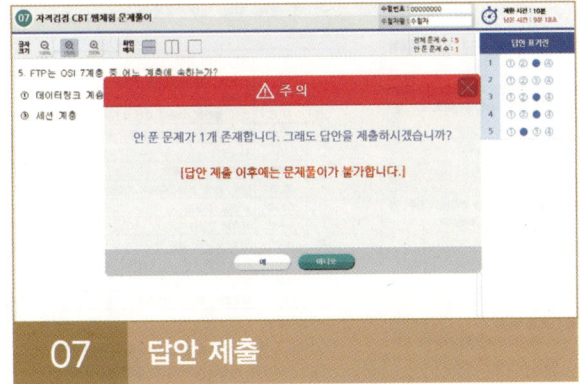

### 07 답안 제출

[답안 제출] 버튼을 클릭하면 답안 제출 승인 알림창이 나옵니다. 시험을 마치려면 [예] 버튼을 클릭하고 시험을 계속 진행하려면 [아니오] 버튼을 클릭하면 됩니다. 답안 제출은 실수 방지를 위해 두 번의 확인 과정을 거칩니다. [예] 버튼을 누르면 답안 제출이 완료되며 득점 및 합격여부 등을 확인할 수 있습니다.

## CBT 완전 정복 Tip

**내 시험에만 집중할 것**
CBT 시험은 같은 고사장이라도 각기 다른 시험이 진행되고 있으니 자신의 시험에만 집중하면 됩니다.

**이상이 있을 경우 조용히 손을 들 것**
컴퓨터로 진행되는 시험이기 때문에 프로그램상의 문제가 있을 수 있습니다. 이때 조용히 손을 들어 감독관에게 문제점을 알리며, 큰 소리를 내는 등 다른 사람에게 피해를 주는 일이 없도록 합니다.

**연습 용지를 요청할 것**
응시자의 요청에 한해 연습 용지를 제공하고 있습니다. 필요시 연습 용지를 요청하며 미리 시험에 관련된 내용을 적어놓지 않도록 합니다. 연습 용지는 시험이 종료되면 회수되므로 들고 나가지 않도록 유의합니다.

**답안 제출은 신중하게 할 것**
답안은 제한 시간 내에 언제든 제출할 수 있지만 한 번 제출하게 되면 더 이상의 문제풀이가 불가합니다. 안 푼 문제가 있는지 또는 맞게 표기하였는지 다시 한 번 확인합니다.

# 구성 및 특징

## 핵심이론

필수적으로 학습해야 하는 중요한 이론들을 각 과목별로 분류하여 수록하였습니다.
시험과 관계없는 두꺼운 기본서의 복잡한 이론은 이제 그만! 시험에 꼭 나오는 이론을 중심으로 효과적으로 공부하십시오.

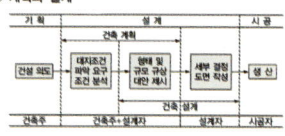

## 10년간 자주 출제된 문제

출제기준을 중심으로 출제 빈도가 높은 기출문제와 필수적으로 풀어보아야 할 문제를 핵심이론당 1~2문제씩 선정했습니다. 각 문제마다 핵심을 찌르는 명쾌한 해설이 수록되어 있습니다.

# STRUCTURES

합격의 공식 Formula of pass | 시대에듀 www.sdedu.co.kr

### 과년도 기출문제

지금까지 출제된 과년도 기출문제를 수록하였습니다. 각 문제에는 자세한 해설이 추가되어 핵심이론만으로는 아쉬운 내용을 보충 학습하고 출제경향의 변화를 확인할 수 있습니다.

### 최근 기출복원문제

최근에 출제된 기출문제를 복원하여 가장 최신의 출제경향을 파악하고 새롭게 출제된 문제의 유형을 익혀 처음 보는 문제들도 모두 맞힐 수 있도록 하였습니다.

# 최신 기출문제 출제경향

**Win-Q [전산응용건축제도기능사] 필기**

### 2021년 1회
- 콘크리트 실험
- 건축계획 과정
- 구조체의 구성방식
- 고력볼트 접합의 특징
- 한국산업표준(KS)의 부문별 분류
- 지반 부동침하의 원인
- 주거단지의 단위

### 2021년 2회
- 건축법령상 주요구조부
- 급탕방식
- 평면도 기재사항
- 목재의 장단점
- 통기방식
- 콘크리트 보양 시 주의사항
- 트랩의 종류

### 2022년 1회
- 콘크리트 성질 개선
- 콘크리트 보양방법
- 주택의 동선계획
- 시멘트 창고 설치
- 건축제도에 사용하는 글자
- 공동주택의 평면형식
- 조명의 방식

### 2022년 2회
- 강구조의 특징
- 철근콘크리트 구조의 특징
- 건식구조, 습식구조
- 트랩의 종류
- 슬래브의 종류 및 특징
- 주택단지의 구성
- 철근 정착길이의 결정

# TENDENCY OF QUESTIONS

- 철골구조 접합방법
- 배수트랩의 봉수 파괴원인
- 시멘트 분말도
- 하중분류
- 벽돌 쌓기
- 건축법령상 공동주택의 정의
- 건축구조의 구성방식
- 철근콘크리트구조의 원리

- 직접조명의 장단점
- 목재의 역학적 성질
- 건물의 일조조절
- 혼화재의 종류
- 블록조의 테두리보
- 목재의 함수율
- 건축 도면선의 종류

**2023년 1회**  **2023년 2회**  **2024년 1회**  **2024년 2회**

- 철근콘크리트구조에서 최소 피복두께의 목적
- 건축설계의 전개과정
- 배수트랩의 종류
- 주택의 현관
- 혼화재
- 프리스트레스트 콘크리트
- 공기조화방식
- 건축법령상 건축의 정의

- 건축물의 구조재
- 방수재료
- 주택의 침실설계
- 철골구조 접합방법
- 벽체의 단열
- 최소 피복두께
- 스티프너
- 벽돌 쌓기법

# Win-Q [전산응용건축제도기능사] 필기

# D-20 스터디 플래너

## 20일 완성!

### D-20
★ CHAPTER 01
건축계획 및 제도
1. 건축계획 일반의 이해
1-1. 건축계획과정~
1-2. 조형계획

### D-19
★ CHAPTER 01
건축계획 및 제도
1. 건축계획 일반의 이해
1-3. 건축환경계획

### D-18
★ CHAPTER 01
건축계획 및 제도
1. 건축계획 일반의 이해
1-4. 주거건축계획

### D-17
★ CHAPTER 01
건축계획 및 제도
2. 건축설비의 이해
2-1. 급·배수 위생 설비

### D-16
★ CHAPTER 01
건축계획 및 제도
2. 건축설비의 이해
2-2. 냉·난방 및 공기조화 설비

### D-15
★ CHAPTER 01
건축계획 및 제도
2. 건축설비의 이해
2-3. 전기설비~
2-4. 가스설비 및 소방시설

### D-14
★ CHAPTER 01
건축계획 및 제도
2. 건축설비의 이해
2-5. 정보 및 수송설비~
3. 건축제도의 이해
3-1. 제도규약

### D-13
★ CHAPTER 01
건축계획 및 제도
3. 건축제도의 이해
3-2. 건축물의 묘사와 표현~
3-3. 건축설계도면

### D-12
★ CHAPTER 01
건축계획 및 제도
3. 건축제도의 이해
3-4. 각 구조부의 제도

### D-11
★ CHAPTER 02
건축구조
1. 일반구조의 이해
1-1. 건축구조의 일반사항~
1-2. 건축물의 각 구조
   (핵심이론 01~06)

### D-10
★ CHAPTER 02
건축구조
1. 일반구조의 이해
1-2. 건축물의 각 구조
   (핵심이론 07~14)~
2. 구조시스템의 이해

### D-9
★ CHAPTER 03
건축재료
1. 건축재료의 일반~
2. 각종 건축재료
   (핵심이론 01~15)

### D-8
2014년
과년도 기출문제 풀이

### D-7
2015년
과년도 기출문제 풀이

### D-6
2016년
과년도 기출문제 풀이

### D-5
2017~2018년
과년도 기출복원문제 풀이

### D-4
2019~2021년
과년도 기출복원문제 풀이

### D-3
2022~2023년
과년도 기출복원문제 풀이

### D-2
2024년
최근 기출복원문제 풀이

### D-1
기출문제 오답정리 및 복습

# 합격 수기

### 2번 도전해서 드디어 합격했네요!

지난번에 볼 때는 시험지로 봤는데 올해부터 컴퓨터로 보니까 뭔가 시험보는 느낌이 안나서 그런지 좀 더 편하게 봤던거 같습니다. 지난번에는 그냥 학교에서 배운거랑 인터넷 자료만 뒤져서 치뤘더니 점수가 엄청 낮게 나왔더라고요. 그래서 문제집으로 공부해야겠다 생각하고 찾던 중 새로 나왔다길래 한번 구매했는데 좋은 것 같습니다. 일단 맨 앞에는 요약집으로 되어있는 부분이 있는데 이건 나중에 시험장에 가져가서 시험 전 빠르게 한번 보시면 됩니다. 이론같은 경우도 모든 내용이 다 나와 있는 것이 아니라 약간 요약되어 있는 거 같은데 시험에 필요한 내용만 추려놓은 것 같고 양도 그렇게 많지 않아서 꼼꼼하게 정독 했던 것 같습니다. 이론 1번 다 보고나서 바로 기출문제로 넘어갔습니다. 기출문제는 일단 비슷한 문제가 많이 나오니까 최대한 눈에 익혀두려고 노력했습니다. 일년치 문제를 풀면 오답에 대한 이론을 정리하는 형식으로 처음 한번 다 보고 그 뒤로는 틀린 문제 위주로만 달달 암기했던 것 같습니다. 과년도 기출문제도 똑같은 문제가 계속 반복되는 형태라 한 두 번 보고 나면 익숙해져서 점점 속도가 빨라지니 시간이 많이 없는 분들도 걱정 없을 것 같습니다. 이번 시험도 마찬가지로 비슷한 문제가 많이 나와서 문제풀기가 수월 했던 것 같습니다. 너무 어렵지 않으니까 다들 긴장 푸시고 좀만 공부하시면 합격 하실 것 같습니다. 모두 파이팅하시기 바랍니다!

2017년 전산응용건축제도기능사 합격자

### 기능사 시험이 이렇게나 어려운 거였나요? 정말 겨우 합격했습니다.

저는 전공자가 아니고 이런 쪽은 문외한이라서 그런지 너무 어려웠습니다. 그런데 현황을 보니깐 응시자가 많더라구요. 그에 비해 합격률이 낮은 것 보면, 역시나 전산응용건축제도기능사 시험자체가 쉬운 건 아닌 것 같습니다. 그러다 보니 많이들 기출문제에 의존을 하는 것 같아요. 새롭게 출제되는 문제를 위해서 이론공부를 하는 것보다는 중복되는 문제를 맞추는게 적은 시간으로 최대의 효율을 누릴 수 있으니까요. 저 또한 그렇게 공부를 했구요. 기출문제를 얼마나 많이 봤는지, 중복되는 문제는 몇 글자만 읽어도 바로 답이 무엇인지 기억날 만큼 거의 일주일간 기출만 풀었고, 시험 보는 날 중복되는 문제들이 정말 많이 나왔습니다. 새로운 문제는 거의 다 찍었고, 중복되는 문제는 거의 다 풀었는데 합격했으니깐, 기출 중복되는 문제들 위주로 푸는 것도 나쁘지 않을 것 같습니다.
중복되는 문제들이... 제도 용지규격, 벽돌쌓기, 구조, 선의 종류와 용도, 건축의 정의, 도면 표시사항과 기호, 치수, 도면 척도 기입, 벽돌 치수.. 그 외에도 등등.. 시험이 CBT로 바뀌면서 걱정들을 많이 하시는데 문제들이 다양해지긴 했어도, 중복되는 문제들은 그대로 출제가 되기 때문에 걱정 안하셔도 될 것 같아요.
이론 볼 시간 없으면 앞에 요약해놓은 빨리 보는 간단한 키워드만이라도 보세요. 굉장히 도움이 많이 되니 꼭 보시길 권합니다.

2017년 전산응용건축제도기능사 합격자

# 이 책의 목차

## 빨리보는 간단한 키워드

### PART 01 | 핵심이론

| | | |
|---|---|---|
| CHAPTER 01 | 건축계획 및 제도 | 002 |
| CHAPTER 02 | 건축구조 | 048 |
| CHAPTER 03 | 건축재료 | 072 |

### PART 02 | 과년도 + 최근 기출복원문제

| | | |
|---|---|---|
| 2014년 | 과년도 기출문제 | 096 |
| 2015년 | 과년도 기출문제 | 145 |
| 2016년 | 과년도 기출문제 | 193 |
| 2017년 | 과년도 기출복원문제 | 231 |
| 2018년 | 과년도 기출복원문제 | 255 |
| 2019년 | 과년도 기출복원문제 | 281 |
| 2020년 | 과년도 기출복원문제 | 306 |
| 2021년 | 과년도 기출복원문제 | 332 |
| 2022년 | 과년도 기출복원문제 | 356 |
| 2023년 | 과년도 기출복원문제 | 381 |
| 2024년 | 최근 기출복원문제 | 405 |

빨리보는 간단한 키워드

# 빨간키

#합격비법 핵심 요약집　　#최다 빈출키워드　　#시험장 필수 아이템

# CHAPTER 01 건축계획 및 제도

▌ **건축의 3대 구성요소** : 구조, 기능, 미

▌ **선**
- 수직선 : 상승감, 긴장감, 존엄성, 엄숙함
- 사선 : 동적, 불안정, 건축에 강한 표정을 줌

▌ **색의 표시**

5R 8/4 → 명도 / 채도 / 순수 빨간색을 나타냄(색상)

▌ **일조 조절** : 차양, 발코니, 루버, 흡열유리, 이중유리, 유리블록, 식수 등의 방법을 이용한다.

▌ **유효온도** : 온도, 습도, 기류의 3요소를 어느 범위 내에서 여러 가지로 조합하여 인체의 온열감에 감각적인 효과를 나타내는 지표이다.

▌ **결로방지** : 환기, 난방, 단열

▌ **잔향** : 음 발생이 중지된 후에도 실내에 소리가 남는 현상으로 잔향시간은 실의 용적에 비례, 흡음력에 반비례한다.

▌ **건축화 조명** : 조명이 건축물과 일체가 되고, 건물의 일부가 광원의 역할을 하는 것이다.

▌ **주생활양식**

| 구 분 | 한식주택 | 양식주택 |
|---|---|---|
| 공 간 | 실의 다용도 | 실의 기능 분화 |
| 가 구 | 부차적 존재 | 주요한 내용물 |
| 구 조 | • 목조가구식<br>• 바닥이 높고 개구부가 크다. | • 벽돌조적식<br>• 바닥이 낮고 개구부가 작다. |
| 생활습관 | 좌 식 | 입 식 |

## 생활공간의 구성

| 공동의 공간 | 거실, 식사실, 응접실 |
|---|---|
| 개인의 공간 | 부부 침실, 노인방, 아동실, 서재, 작업실 |

## 동선의 3요소 : 속도(길이), 빈도, 하중

## 식사실

| | 종류 | 장점 | 단점 |
|---|---|---|---|
| D | 식사실(Dining) | 거실과 부엌 사이 설치, 식사실로 완전한 기능 | 동선이 길어 작업능률 저하 |
| DK | 식사실 - 주방 (Dining Kitchen) | 부엌의 일부분에 식사실 배치, 유기적으로 연결하여 노동력 절감 | 부엌조리 시 냄새나 음식찌꺼기 등으로 식사실 분위기 저해 |
| LD | 거실 - 식사실 (Living Dining) | 거실의 한부분에 식탁 설치, 식사실 분위기 조성, 거실의 가구 공동 이용 | 부엌과의 연결로 보면 작업동선이 길어질 수 있음 |
| LDK | 거실 - 식사실 - 주방 (Living Dining Kitchen) | 소규모 주택에 적합, 거실 내에 부엌과 식사실 설치, 실의 효율적 이용 | 고도의 설비 필요, 식생활 개선 필요 |

## 공동주택의 의의(주택법 제2조, 건축법 시행령 [별표 1])

공동주택이란 건축물의 벽, 복도, 계단이나 그 밖의 설비 등의 전부 또는 일부를 공동으로 사용하는 각 세대가 하나의 건축물 안에서 각각 독립된 주거생활을 할 수 있는 구조로 된 주택을 말하며, 그 종류와 범위는 다음과 같다.

- 아파트 : 주택으로 쓰는 층수가 5개 층 이상인 주택
- 연립주택 : 주택으로 쓰는 1개 동의 바닥면적 합계가 660$m^2$를 초과하고, 층수가 4개 층 이하인 주택
- 다세대주택 : 주택으로 쓰는 1개 동의 바닥면적 합계가 660$m^2$ 이하이고, 층수가 4개 층 이하인 주택
- 기숙사 : 다음의 어느 하나에 해당하는 건축물로서 공간의 구성과 규모 등에 관하여 국토교통부장관이 정하여 고시하는 기준에 적합한 것. 다만, 구분·소유된 개별 실(室)은 제외한다.
  - 일반기숙사 : 학교 또는 공장 등의 학생 또는 종업원 등을 위하여 사용하는 것으로서 해당 기숙사의 공동취사시설 이용 세대 수가 전체 세대 수(건축물의 일부를 기숙사로 사용하는 경우에는 기숙사로 사용하는 세대 수로 함)의 50% 이상인 것
  - 임대형기숙사 : 공공주택사업자 또는 임대사업자가 임대사업에 사용하는 것으로서 임대 목적으로 제공하는 실이 20실 이상이고 해당 기숙사의 공동취사시설 이용 세대 수가 전체 세대 수의 50% 이상인 것

■ 단위 주거의 단면형식

| 구 분 | 형 식 | 특 징 |
|---|---|---|
| 단층(Flat)형 | 단위 주거가 1층으로만 된 형식 | 같은 평면을 수직으로 중첩하면 되기 때문에 평면계획과 구조가 단순하고 시공이 편리 |
| 스킵 플로어 (Skip Floor)형 | 한 층 또는 두 층을 걸러 복도를 설치하거나 그 밖의 층에는 복도가 없이 계단실에서 단위 주거에 도달하는 형식 | 엘리베이터에서 복도를 거쳐 계단을 통하여 단위 주거에 도달하기 때문에 동선이 길어짐 |
| 복층 (Maisonette)형 | 1개의 단위 주거가 2개 층에 걸쳐 있는 형식 | • 편복도형에서 쓰이는 경우가 많음<br>• 복도는 한 층 걸러 설치할 수 있으므로 공공 통로 면적을 절약<br>• 엘리베이터의 정지 층이 감소하여 경제적<br>• 단위 주거의 평면계획에 변화가능<br>• 거주성, 사생활, 일조, 통풍 및 전망의 확보<br>• 각 층 평면이 달라 구조계획, 덕트, 그 밖의 배관계획, 피난계획 등이 어려움 |

■ **건축** : 건축물을 신축, 증축, 개축, 재축하거나 건축물을 이전하는 것을 말한다(건축법 제2조 제1항 제8호).

■ **층수** : 층의 구분이 명확하지 아니한 건축물은 그 건축물의 높이 4m마다 하나의 층으로 보고 그 층수를 산정한다(건축법 시행령 제119조 제1항 제9호).

■ **압력탱크방식**
- 탱크의 설치 위치에 제한을 받지 않고 사용 수량에 맞추어 급수량 조절이 가능하다.
- 압력 차가 커서 급수압이 일정하지 않고, 시설비가 비싸며 고장이 잦다.

■ **급탕설비** : 증기, 가스, 전기, 석탄 등을 열원으로 하는 물의 가열장치를 설치하여 수전에 직접 공급되는 온수를 만들어 공급하는 설비이다.

■ **급탕방식**
- 개별식 : 순간식 급탕방식, 저탕식 급탕방식, 기수 혼합식 급탕방식
- 중앙식 : 직접가열식, 간접가열식

## 트랩
■ 트랩 : 배수관 속의 악취, 유독가스, 벌레 등이 실내로 침투하는 것을 방지하기 위하여 배수계통의 일부에 봉수를 고이게 하는 기구이다.

| 종 류 | 특 징 |
|---|---|
| S트랩 | 세면기, 대변기에 사용 |
| P트랩 | 위생기구에 사용, S트랩보다 봉수 안전 |
| U트랩 | 유속을 저해하여 공공 하수관에서 하수 가스 역류에 사용 |
| 드럼트랩 | 부엌용 개수기에 많이 사용, 관 트랩보다 봉수의 파괴가 적음 |
| 벨트랩 | 욕실 바닥의 물을 배수할 때 사용 |
| 그리스트랩 | 요리장 등에서 배수 중에 포함되는 지방분을 제거 |

■ 트랩봉수의 파괴원인
- 자기사이펀작용
- 유도사이펀작용(감압에 의한 흡인작용)
- 배압에 의한 분출작용
- 모세관작용
- 봉수의 증발현상
- 자기 운동량에 의한 관성

■ 증기난방 : 보일러에서 물을 가열하여 발생한 증기를 배관을 통하여 각 실에 설치된 방열기로 보내고, 이 수증기의 증발잠열(Latent Heat)로 난방을 하는 방식이다.

| 장 점 | • 증발잠열을 이용하기 때문에 열의 운반 능력이 크다.<br>• 예열시간이 온수난방에 비하여 짧고 증기의 순환이 빠르다.<br>• 방열면적을 온수난방보다 작게 할 수 있다.<br>• 설비비와 유지비가 저렴하다. |
|---|---|
| 단 점 | • 난방의 쾌감도가 낮다.<br>• 난방 부하의 변동에 따라 방열량 조절이 곤란하다.<br>• 소음이 발생하고, 보일러 취급 기술이 필요하다. |

■ 기계환기설비

| 제1종 환기법 | 급기와 배기에 모두 기계장치를 사용한 환기방식으로 실내외의 압력 차를 조정할 수 있으며, 가장 우수한 환기방식이다.<br>예 병원 수술실 등 |
|---|---|
| 제2종 환기법 | 송풍기에 의하여 일방적으로 실내로 송풍하고, 배기는 배기구 및 틈새 등으로 배출하는 방식이다.<br>예 공장에서 청정 공기를 공급할 때 주로 사용 |
| 제3종 환기법 | 배풍기에 의하여 실내의 공기를 배기하는 방식으로, 공기가 나가는 위치에 배풍기를 설치한다.<br>예 부엌, 화장실 등 |

## ■ 설비방식에 의한 공기조화방식

| 종류 | 내용 |
|---|---|
| 단일덕트방식 | • 중앙에서 에어 핸들링 유닛이나 패키지형 공조기 등을 사용하여 실내 또는 환기 덕트 내 자동 온도 조절기나 자동 습도 조절기에 의하여 각 실의 조건에 알맞게 조절된 냉풍 또는 온풍을 하나의 덕트와 취출구를 통하여 각 실에 보내 공조<br>• 오래전부터 사용되어 온 공조방식 |
| 이중덕트방식 | 냉풍, 온풍 2개의 덕트를 만들어 끝 부분에 혼합 유닛에서 열부하에 알맞은 비율로 혼합하여 송풍함으로써 실온을 조절하는 전 공기식 조절방식 |
| 각층유닛방식 | • 층마다 조건이 다른 건물에 적합하며, 층 또는 구역마다 공기조화 유닛을 설치하는 방식<br>• 중간 규모 이상이거나 대규모 건물에 적합<br>• 환기 덕트가 있는 경우와 없는 경우도 있음 |
| 팬코일 유닛 방식 | • 전동기 직결의 소형 송풍기<br>• 냉·온수 코일과 필터 등을 갖춘 실내형 소형 공조기를 각 실에 설치하여 중앙 기계실로부터 냉수 또는 온수를 받아 공기조화를 하는 방식<br>• 호텔의 객실, 아파트 주택 및 사무실에 적용<br>• 직접 난방을 채용하는 기존 건물의 공기 조화에도 적용 가능 |

## ■ LPG 연료의 특징

- 주기적으로 연료 잔량을 확인해야 한다.
- 공기보다 무거우며(비중이 공기보다 큼), 누출 시 바닥에 가라앉고, 특유의 냄새가 있다.
- 열효율이 LNG(도시가스)에 비해 높다.
- 같은 용량 당 가격은 LPG가 비싼 편이다.
- 석유정제과정에서 채취된 가스를 압축냉각해서 액화시킨 것이다.

## ■ 옥내소화전설비
소형 소화전이라고 하며, 건물 내부의 복도나 실내의 벽면에 설치된 소화전 상자 속에 호스·노즐이 함께 들어 있다. 수동·반자동·전자동식이 있으며 소화전 하나의 유효면적은 반경 25m 이내의 범위이다.

## ■ 에스컬레이터
계단식으로 된 컨베이어로 30° 이하의 기울기를 가지는 트러스에 발판을 부착시켜 레일로 지지한 구조체이다. 엘리베이터보다 수송능력이 크다.

## ■ 선의 종류와 용도

| 종류 | | 표현 | 굵기(mm) 및 작도법 | 용도별 명칭 | 세부 용도 |
|---|---|---|---|---|---|
| 실선 | 굵은선 | —— | 0.6~0.8 | 단면선, 외형선 | 벽체나 바닥의 단면 윤곽을 그림 |
| | 중간선 | —— | 0.3~0.5<br>굵은선과 가는선의 중간 | 입면선, 윤곽선 | 건물 윤곽 및 입면요소의 표현 |
| | 가는선 | —— | 0.2 이하 | 치수선, 치수보조선, 가구선, 조경선 | 치수선, 보조선 및 각종 조경요소의 표현 |
| 파선 및 점선 | 파선 | ---- | 가는선보다 약간 굵게 | 숨은선 | 보이지 않는 부분의 표시선 |
| | 1점 쇄선 | —·— | | 중심선, 기준선, 절단선, 경계선 | 벽체의 중심선, 절단선, 경계선 |
| | 2점 쇄선 | —··— | | 가상선, 대지경계선 | 가상의 선, 1점 쇄선과 구분 시 |

■ **문자** : 문장은 왼쪽에서부터 가로쓰기로, 글자체는 수직 또는 15° 경사의 고딕체로 쓰는 것을 원칙으로 한다.

■ **치 수**
- 치수단위는 mm이며 도면에는 표시하지 않는다.
- 치수보조선의 화살표 길이는 2.5~3mm이고 길이와 너비의 비율은 3 : 1이다.
- 치수는 치수선에 따라서 도면에 평행하게 기입하고, 도면의 아래에서 위로, 왼쪽에서 오른쪽으로 기입한다.
- 치수는 치수선의 중앙에 마무리 치수로 기입한다.
- 치수의 단위가 mm가 아닌 경우는 해당 단위 기호를 기입한다.
- 치수선의 간격이 좁을 때는 인출선을 써서 표기한다.

■ **척 도**
- 실척 : 1/1
- 축척 : 1/2, 1/3, 1/4, 1/5, 1/10, 1/20, 1/25, 1/30, 1/40, 1/50, 1/100, 1/200, 1/250, 1/300, 1/500, 1/600, 1/1000, 1/1200, 1/2000, 1/2500, 1/3000, 1/5000, 1/6000
- 배척 : 2/1, 5/1

■ **건축도면의 표시사항과 기호**

| 표시사항 | 기 호 | 표시사항 | 기 호 |
|---|---|---|---|
| 길 이 | L | 면 적 | A |
| 높 이 | H | 용 적 | V |
| 너 비 | W | 지 름 | D 또는 $\phi$ |
| 두 께 | THK | 반지름 | R |
| 무 게 | Wt | | |

■ **치장용 목재**

■ 투시도법에 쓰는 용어
- 기선(GL) : 지면과 화면이 만나는 선
- 지반면(GP) : 지면의 수평면
- 화면(PP) : 대상물과 그것을 보는 사람 사이에 주어진 수직면
- 수평면(HP) : 눈높이와 수평한 면
- 수평선(HL) : 눈높이와 화면의 교차선
- 시점(EP) : 대상물을 보는 눈의 위치
- 정점(SP) : 관찰자의 위치
- 소점(VP) : 화면에서 한 점으로 수렴되는 점, 중심소점(1점), 좌/우측소점(2점)

■ 단면도 표시사항 : 대지의 경사, 지면과 바닥의 높이, 층고 및 천장고, 창높이, 계단실, 처마 및 베란다 같은 돌출상황 등을 표시

■ 기초 그리기
- 구도 잡기
- 바닥 그리기
- 치수와 명칭 기입하기

# CHAPTER 02 건축구조

## ▌ 하중의 작용방향
- 수직하중(고정하중, 적재하중, 적설하중 등)
- 수평하중(풍하중, 지진하중, 수압, 토압 등)

## ▌ 건축물의 구성방식 : 일체식 구조, 가구식 구조, 조적식 구조

## ▌ 각 구조의 특성

| 목구조 | 가볍고 가공성이 좋으나 불이나 습기에 약하고, 내구성이 좋지 않다. |
|---|---|
| 벽돌구조 | 지진이나 바람과 같은 수평하중에 약하고 균열이 발생되기 쉬우므로 저층 건물에 적합하다. |
| 블록구조 | 속 빈 블록을 만들어서 부피에 비해 무게가 가볍기 때문에 경제적이며 내구성, 내화성이 우수하나 횡력에 약하다. |
| 돌구조 | 외관이 장중하고 미려하며 내화성, 내구성이 매우 뛰어나지만 벽돌구조, 블록구조와 마찬가지로 수평하중에 약하다. |
| 철근 콘크리트 구조 | • 철근의 인장력, 콘크리트의 압축력을 상호보완하여 압축력과 인장력에 매우 강하다.<br>• 조형성, 내구성, 내화성, 내진성, 차음성이 매우 뛰어나 초고층 건물이나 대규모 건물에 적합하다.<br>• 거푸집과 동바리(지주)를 사용해야 하며 콘크리트와 철근의 자체 중량이 무겁고, 공사기간이 길다. |
| 철골구조 | • 단위 부피당 강도가 높기 때문에 부재를 작고 길게 할 수 있어 큰 공간을 요구하는 건축물이나 초고층 건축에 적합하다.<br>• 내화성이 낮고 두께가 얇아 좌굴 변형되기 쉬우며, 녹슬기에 대한 대비가 필요하다. |
| 일체식 구조 | • 기둥, 보, 바닥 등과 같이 하중을 받는 구조체 전체를 하나의 틀로 만들어 건축물을 완성하는 구조이다.<br>• 각 부분의 강도가 균일하고 강력한 강도를 낼 수 있는 매우 우수한 구조로 철근콘크리트구조, 철골철근콘크리트구조 등이 있다. |
| 가구식 구조 | 수직하중과 수평하중을 받는 기둥과 보를 조립하여 건축물을 만드는 방식(목구조, 철골구조 등)이다. |
| 조적식 구조 | • 벽돌이나 블록, 돌 등의 개별적 재료를 석회나 시멘트 등의 접착제를 이용하여 구조체를 만드는 것이다.<br>• 건물에서는 주로 벽체를 만들 때 사용(벽돌구조, 블록구조, 돌구조)한다. |
| 셸구조 | 조개껍데기나 달걀껍데기처럼 휘어진 얇은 판의 곡면을 이용하는 구조 방식이다. |
| 돔구조 | 공을 반으로 잘라 놓은 듯한 형태를 구성하는 구조 방식이다. |
| 스페이스 프레임구조 | 선형 부재로 만든 트러스(Truss)를 삼각형, 사각형으로 가로, 세로 두 방향으로 접합하여 평면이나 곡면의 판을 만드는 구조이다. |
| 막구조 | 얇은 섬유재료의 천과 같은 막으로 텐트처럼 구조체의 지붕이나 벽체 등을 덮는 구조 방식이다. |
| 케이블구조 | 인장력에 강한 케이블을 이용하여 구조체의 주요 부분을 잡아당겨 줌으로써 구조체를 지지하는 구조방식(현수교, 사장교)이다. |
| 절판구조 | 얇은 판을 꺾거나 접어 다양한 형태를 만들어 하중에 효율적으로 저항하는 구조방식이다. |
| 습식 구조 | 건축 시공 시 현장에서 공정상 물을 사용하여 구조체를 완성하는 방식(벽돌구조, 블록구조, 돌구조, 철근콘크리트구조)이다. |
| 건식 구조 | 건축 시공 시 물을 사용하지 않고 부재를 연결재(나무, 못, 리벳, 볼트 등)로 접합하여 구조체를 완성하는 방식(목구조, 철골구조 등)이다. |
| 조립식 구조 | • 공장에서 규격화된 건축 부재를 다량 제작하여 현장에서 조립하여 구조체를 완성하는 방식이다.<br>• 공사기간이 매우 짧고 대량 생산이 가능하며, 질의 균일화가 가능하다. 프리캐스트 콘크리트구조 등이 이에 해당한다. |
| 현장구조 | 규격화, 제품화된 건축 부재를 필요에 따라 현장에서 가공, 제작하고 조립하여 구조체를 완성하는 방식이다. |

■ **표준형 벽돌 치수** : 190 × 90 × 57mm

■ **벽돌 쌓기법**
- 영국식 쌓기 : 길이 쌓기 켜와 마구리 쌓기 켜를 번갈아서 쌓아 올리는 방법으로 마구리 켜의 모서리 부분에는 반절이나 이오토막을 사용한다. 통줄눈이 생기지 않으며, 가장 튼튼한 쌓기법이다.
- 네덜란드식 쌓기(화란식) : 길이 쌓기와 마구리 쌓기를 교대로 하는 것은 영국식 쌓기와 동일하다. 길이 쌓기 켜의 모서리에는 칠오토막을 사용하여 상하가 일치되도록 한다.
- 프랑스식 쌓기 : 한 켜에 길이 쌓기와 마구리 쌓기를 번갈아 가며 쌓는다.

■ **내력벽의 높이 및 길이(건축물의 구조기준 등에 관한 규칙 제31조)**
- 조적식 구조인 건축물 중 2층 건축물에 있어서 2층 내력벽의 높이는 4m를 넘을 수 없다.
- 조적식 구조인 내력벽의 길이[대린벽(對隣壁 : 서로 직각으로 교차되는 벽을 말함)의 경우에는 그 접합된 부분의 각 중심을 이은 선의 길이를 말함]는 10m를 넘을 수 없다.
- 조적식 구조인 내력벽으로 둘러싸인 부분의 바닥면적은 80m²를 넘을 수 없다.

■ **개구부(건축물의 구조기준 등에 관한 규칙 제35조)**
- 조적식 구조인 벽에 있는 창·출입구 그 밖의 개구부의 구조는 다음의 기준에 의한다.
  - 각 층의 대린벽으로 구획된 각 벽에 있어서 개구부의 폭의 합계는 그 벽의 길이의 2분의 1 이하로 하여야 한다.
  - 하나의 층에 있어서의 개구부와 그 바로 위층에 있는 개구부와의 수직거리는 600mm 이상으로 하여야 한다. 같은 층의 벽에 상하의 개구부가 분리되어 있는 경우 그 개구부 사이의 거리도 또한 같다.
- 조적식 구조인 벽에 설치하는 개구부에 있어서는 각 층마다 그 개구부 상호간 또는 개구부와 대린벽의 중심과의 수평거리는 그 벽의 두께의 2배 이상으로 하여야 한다. 다만, 개구부의 상부가 아치구조인 경우에는 그러하지 아니하다.

■ **벽돌벽체의 내쌓기(내놓기 한도는 2.0B)** : 1켜는 $\frac{1}{8}$B, 2켜는 $\frac{1}{4}$B

■ **보강블록조 내력벽(건축물의 구조기준 등에 관한 규칙 제43조 제1항)**

건축물의 각 층에 있어서 건축물의 길이방향 또는 너비방향의 보강블록구조인 내력벽의 길이(대린벽의 경우에는 그 접합된 부분의 각 중심을 이은 선의 길이를 말함)는 각각 그 방향의 내력벽의 길이의 합계가 그 층의 바닥면적 1m²에 대하여 0.15m 이상이 되도록 하되, 그 내력벽으로 둘러싸인 부분의 바닥면적은 80m²를 넘을 수 없다.

■ **석재의 표면 마무리 작업순서** : 혹두기 → 정다듬 → 도드락다듬 → 잔다듬 → 물갈기 → 광내기

## ▌ 철근콘크리트구조
- 콘크리트는 압축력을, 철근은 인장력을 감당할 수 있도록 고안한 구조시스템이다.
- 알칼리성인 콘크리트는 철근을 감싸 철근의 부식으로 인한 녹 발생을 방지해 주며, 화재 발생 시에도 고열에 의한 급격한 강도 저하를 막아 준다.

## ▌ 압축부재의 축방향 주철근의 최소 개수(KDS 14 20 20)
- 사각형이나 원형 띠철근으로 둘러싸인 경우 : 4개
- 삼각형 띠철근으로 둘러싸인 경우 : 3개
- 나선철근으로 둘러싸인 철근의 경우 : 6개

## ▌ 슬래브
- 1방향 슬래브 : 마주 보는 두 변만 보에 지지되어 있거나 장변과 단변의 비인 변장비가 2를 초과, 네 변이 보에 지지된 슬래브이다.
- 2방향 슬래브 : 변장비가 2 이하, 네 변이 보에 지지된 슬래브이다.

## ▌ 주각 : 기둥이 받는 힘을 기초에 전달하는 부분으로 베이스 플레이트, 리브 플레이트, 윙 플레이트, 클립 앵글, 사이드 앵글, 앵커 볼트 등이 사용된다.

## ▌ 철골구조(강구조)의 장점
- 철근콘크리트구조에 비해 경량이고 경제적이다.
- 큰 공간을 요구하는 건축물이나 초고층 건축에 적합하다.
- 공장에서 생산된 강재를 사용하므로 재질이 균등하고 대량생산이 가능하다.
- 강재는 인성과 연성 확보가 가능하다.
- 신축건물에 대해서는 공사기간이 빠르며 기존건축물의 증축, 보수 및 보강이 용이하다.

## ▌ 철골구조(강구조)의 단점
- 내화성이 낮다.
- 좌굴되기 쉽다.
- 접합부의 신중한 설계와 용접부의 검사가 필요하다.
- 처짐 및 진동을 고려해야 한다.
- 유지 및 보수관리가 필요하다.
- 응력 반복에 따른 피로에 의해 강도 저하가 심하다.
- 방청처리가 필요하다.

- **트러스형식의 특징** : 각 부재에는 원칙적으로 축 방향력만 발생한다.

- **목재의 보강 철물** : 못, 나사못, 볼트, 꺾쇠, 듀벨, 띠쇠, 감잡이쇠, ㄱ자쇠, 안장쇠 등이 있다.
  - 토대와 기둥 : 양면에 띠쇠를 대고 볼트 조임
  - 왕대공과 평보 : 감잡이쇠
  - 평기둥과 층도리 : 띠쇠
  - 큰 보와 작은 보 : 안장쇠

- **가 새**
  - 대각선 방향에 삼각형 구조로 댄다.
  - 가새의 경사는 45°에 가까울수록 유리하며 수평력을 부담한다.

- **동바리마루 구조** : 호박돌, 동바리, 멍에, 장선, 마루널

- **구조시스템**
  - 돔구조 : 공을 반으로 자른 형태의 원형 지붕이다.
  - 셸구조 : 판 모양의 2차원 부재가 임의의 곡률을 가진 곡면의 형태로 구성되는 곡면판이다.
  - 스페이스 프레임구조 : 선 모양의 부재로 만든 트러스를 가로와 세로 두 방향으로 평면이나 곡면의 형태로 판을 구성한다.
  - 막구조 : 막응력과 전단력만으로 외부 하중에 대하여 저항하는 구조물로 휨이나 비틀림에 대한 저항이 작거나 전혀 없는 구조물이다.
  - 케이블구조 : 인장 부재인 케이블을 이용하여 지지 구조체에 인장력만을 전달하는 구조물을 만드는 구조이다.
  - 절판구조 : 얇은 평판을 구부리거나 접어서 기하학적 패턴을 만드는 것으로 평면의 형태만 변화시키는 것이 아니라 하중에 대한 저항력을 증대시켜 주는 구조시스템이다.

# CHAPTER 03 건축재료

## ▌ 건축재료
- 천연재료 : 석재, 목재, 진흙, 석회 등
- 인공재료 : 금속재료, 합성수지재료, 요업재료 등

## ▌ 건축재료의 요구성능 : 공업화, 고성능화, 생산성, 프리패브화를 위한 재료개선, 에너지 절약화와 능률화

## ▌ 건축재료의 일반적인 성질
- 탄성 : 외력을 제거했을 때 원래 상태로 돌아가는 성질
- 연성 : 잘 늘어나는 성질
- 전성 : 얇게 퍼지는 성질
- 취성 : 작은 변형이 생기더라도 파괴되는 성질
- 소성 : 물체에 작은 외력을 가하여도 변형하지 않고, 어느 정도(항복값) 이상의 외력을 가하면 변형하고 외력을 제거하여도 원래의 형상으로 되돌아가지 않는 성질

## ▌ 목재방부제
- 수용성 방부제 : 염화아연, 염화수은(Ⅱ), 황산구리, 플루오린화나트륨(불화소다), 비소화합물, 다이나이트로페놀 또는 크레졸
- 유용성 방부제 : 크레오소트유, 나무 타르, 아스팔트, 페인트, 펜타클로로페놀 등

## ▌ 목재의 벌목시기 : 겨울

## ▌ 석재의 분류

| 화성암계 | 화강암, 안산암, 현무암, 부석 |
|---|---|
| 수성암계 | 응회암, 사암, 점판암, 석회암 |
| 변성암계 | 대리석, 트래버틴, 사문암 |

## 응결에 영향을 주는 요소

| 분말도(↑), 알루민산삼석회(↑), 온도(↑), 혼화제(↑) | 응결이 빠름 |
|---|---|
| 수량(↓) | |

## 분말도가 높은 시멘트의 특징

- 시공연도가 우수하다.
- 재료분리현상이 감소한다.
- 수화반응이 빠르다.
- 조기강도가 높다.
- 풍화되기 쉽다.
- 수축균열이 크다.
- 콘크리트 응결 시 초기 균열이 발생한다.

## 시멘트의 종류

- 조강 포틀랜드 시멘트 : 조기강도 발현이 가능하므로 공기단축이 가능하고, 겨울공사에 가능한 시멘트이다.
- 중용열 포틀랜드 시멘트 : 장기강도가 크고, 수화발열과 건조·수축이 작으므로 댐공사 등 대규모 콘크리트에 이용된다.

## 시멘트의 저장
지상 30cm 이상 되는 마루 위에 적재하며, 시멘트를 쌓아올리는 높이는 13포대 이하로 한다(저장 기간이 길어질 우려가 있는 경우 7포대 이상 쌓지 않는다). 3개월 이상 저장한 시멘트는 재시험해야 하고 입하순서로 사용한다.

## 물시멘트비(W/C)
물과 시멘트의 중량비로 콘크리트 강도에 가장 영향을 주며, 물시멘트비가 클수록 강도는 낮아진다.

## AE제
콘크리트를 비빌 때 사용하는 혼화재료로 미세한 기포를 생성하여 워커빌리티를 개선하지만, 과도하게 사용할 경우 강도저하 현상이 일어난다. 사용목적은 동결융해 작용에 대한 내구성을 가지기 위함이다.

## 테라코타
석재 조각물 대신에 사용되는 점토소성제품

## 플로어 힌지
무거운 여닫이문에 사용한다.

## 복층유리
단열, 차음, 결로방지

▌ **여물** : 보강, 균열방지

▌ **합성수지**

| 열경화성 | 페놀수지, 요소수지, 멜라민수지, 폴리에스테르수지, 에폭시수지, 실리콘수지 |
|---|---|
| 열가소성 | 염화비닐수지, 폴리에틸렌수지, 폴리프로필렌수지, 폴리스티렌수지, 아크릴수지 |

| CHAPTER 01 | 건축계획 및 제도 | 회독 CHECK 1 2 3 |
| CHAPTER 02 | 건축구조 | 회독 CHECK 1 2 3 |
| CHAPTER 03 | 건축재료 | 회독 CHECK 1 2 3 |

# PART 01

# 핵심이론

#출제 포인트 분석 　　#자주 출제된 문제 　　#합격 보장 필수이론

# CHAPTER 01 건축계획 및 제도

## 제1절 건축계획일반의 이해

### 1-1. 건축계획과정

**핵심이론 01** 건축계획과 설계

① 건축의 3대 구성요소

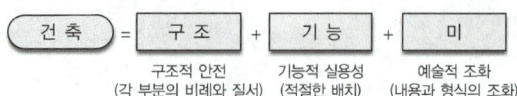

건축 = 구조 + 기능 + 미
구조적 안전 / 기능적 실용성 / 예술적 조화
(각 부분의 비례와 질서) (적절한 배치) (내용과 형식의 조화)

② 건축계획의 과정 : 기획 → 설계 → 시공

③ 계획과 설계

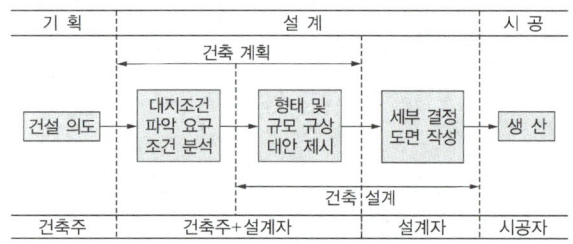

㉠ 기획 : 건설의도에 맞는 작업이미지를 구상하여 과제를 정리 및 제안하는 과정
㉡ 계획 : 대지조건을 파악하고 요구조건을 분석하여 실현방법과 일정에 대한 구체적인 안을 제시, 형태 및 규모의 구상, 대안 제시
㉢ 설계 : 세부 결정 도면 작성
㉣ 시공 : 시공자의 생산과정

---

### 10년간 자주 출제된 문제

**1-1. 다음 중 건축설계의 전개과정으로 가장 알맞은 것은?**
① 조건파악 → 기본계획 → 기본설계 → 실시설계
② 기본계획 → 조건파악 → 기본설계 → 실시설계
③ 기본설계 → 기본계획 → 조건파악 → 실시설계
④ 조건파악 → 기본설계 → 기본계획 → 실시설계

**1-2. 건축물의 계획과 설계과정 중 계획 단계에 해당하지 않는 것은?**
① 세부 결정 도면 작성
② 형태 및 규모의 구상
③ 대지조건 파악
④ 요구조건 분석

|해설|

**1-1**
**건축설계의 과정**
조건파악 → 기본계획 → 기본설계 → 실시설계

**1-2**
**계획** : 대지조건을 파악하고 요구조건을 분석하여 실현방법과 일정에 대한 구체적인 안을 제시, 형태 및 규모 구상, 대안 제시
**설계** : 세부 결정 도면 작성

정답 1-1 ① 1-2 ①

## 핵심이론 02 | 건축계획진행

① 계획조건의 설정
  ㉠ 건축의 용도 : 누구를 위하여 어떤 용도로 세워지는지를 명확히 한다.
  ㉡ 건축주의 요구 : 인간의 생활이나 필요한 공간에 대한 다양한 요구를 분석한다.
  ㉢ 사용자분석 : 건축물을 이용하는 사람들의 구성과 사람 수, 생활패턴을 분석한다.
  ㉣ 규모 및 예산 : 이용자의 요구사항과 공사 및 유지관리비용의 관계를 적정하게 조정하여 정한다.
  ㉤ 건축대지의 조건
    • 자연적 조건 : 대지의 면적, 형상, 방위, 지반, 토질, 기후 등
    • 사회적 조건 : 도로교통관계, 공공시설의 유무, 공해상태, 전기, 상·하수도, 도시가스, 법규규제 등
  ㉥ 건설의 시기 및 공사기간 : 건축주의 요구로 건설의 시기가 지정되는 경우가 대부분이며 이에 따라 공사기간이 정해진다.

② 자료수집 및 분석

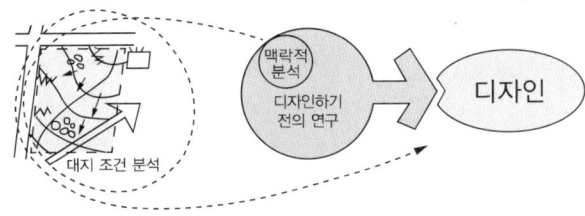

③ 세부계획
  ㉠ 평면계획 : 주어진 기능의 어떤 건물 내부에서 일어나는 활동의 종류로, 실의 규모 및 그 상호관계를 고려하여 평면상에 합리적으로 배치하는 것이다.

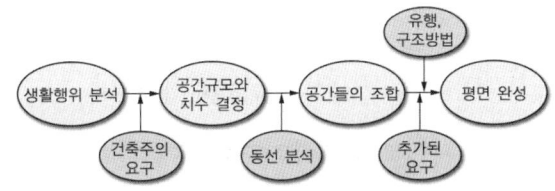

[평면계획의 단계]

  ㉡ 형태계획 : 건축물을 주변환경, 문화적·사회적 조건 등과의 조화를 이룰 수 있도록 하고 완성된 건축물이 주위의 환경을 저해하지 않도록 건축물의 형태를 계획한다. 또한 일조, 소음 등의 외부환경의 문제점도 고려하여 각 실의 기능에 문제가 없도록 계획한다.
  ㉢ 형태계획의 요소

| 정육면체형 | 직육면체형 | 돔 형 |
|---|---|---|
| 반돔형 | 구 형 | 원통형 |
| 반원통형 | 반원통 볼트형 | 원뿔형 |
| 반원뿔형 | 피라미드형 | 프리즘형 |

ⓔ 입면계획 : 평면을 입체화하면 부피가 있는 건축공간을 얻을 수 있는데 이때 건축공간의 외부를 아름답게 디자인하는 것이 입면계획이며 주위건물과의 조화가 필요하다.

ⓜ 구조계획 : 구조적인 형태와 역학적인 힘, 재료의 특성들을 고려하여 안전성, 내구성, 경제성을 갖춘 구조체를 설계하기 위하여 계획한다.

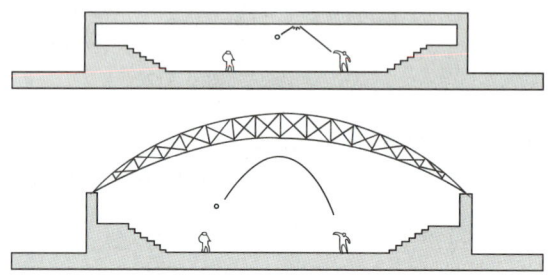

[건축물 용도에 따른 구조계획의 예]

ⓗ 설비계획 : 건물을 쾌적하고 편리하고 효율적으로 이용하기 위하여 기계, 전기, 통신, 급·배수 등의 모든 물리적인 환경요소를 기술적으로 처리하는 것이다.

### 10년간 자주 출제된 문제

**2-1. 건축계획과정 중 평면계획에 관한 설명으로 옳지 않은 것은?**

① 평면계획은 일반적으로 동선계획과 함께 진행된다.
② 실의 배치는 상호 유기적인 관계를 가지도록 계획한다.
③ 평면계획 시 공간의 규모와 치수를 결정한 후 각 공간에서의 생활행위를 분석한다.
④ 평면계획은 2차원적인 공간의 구성이지만, 입면 설계의 수평적 크기를 나타내기도 한다.

**2-2. 다음 중 건축물의 계획 설계 시 내부적 요구 조건에 해당되는 것은?**

① 규모 및 예산
② 법규적인 제한
③ 이용상의 요구
④ 기후적인 조건

|해설|

**2-1**
**평면계획** : 주어진 기능의 어떤 건물 내부에서 일어나는 활동의 종류로, 실의 규모 및 그 상호관계를 고려하여 평면상에 합리적으로 배치하는 것이다.

**2-2**
**내부적 요구 조건** : 건축물을 이용하는 사람들의 구성과 사람수, 생활 내용 등

정답 2-1 ③  2-2 ③

## 핵심이론 03 | 건축공간

건축물을 만들 때 여러 가지 재료와 방법을 이용하여 바닥, 벽, 지붕과 같은 구조체를 구성하면서 만들어지는 공간

① 물리적 공간과 심리적 공간

공간을 편리하게 이용하기 위하여 실의 크기와 모양, 높이 등이 적당해야 하며, 실의 사용시간 동안 적당한 공기의 부피와 심리적으로 쾌적감을 느낄 수 있는 크기를 확보하는 것도 중요하다.

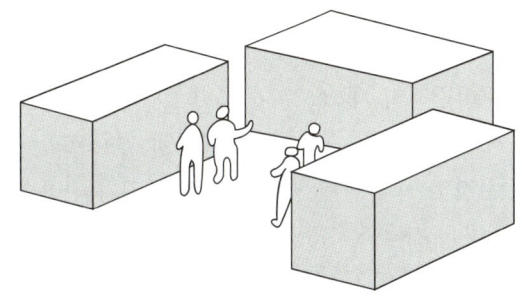

여러 구조체에 둘러싸여 옥외에 공간이 형성된다.

같은 면적의 실내 공간이라 하여도 개구부 및 천장 높이의 차이에 따라 실내에서의 느낌이 달라진다.

### 10년간 자주 출제된 문제

건축공간에 관한 설명으로 옳지 않은 것은?
① 인간은 건축공간을 조형적으로 인식한다.
② 건축공간을 계획할 때 시간뿐만 아니라 그 밖의 감각 분야까지도 충분히 고려하여 계획한다.
③ 일반적으로 건축물이 많이 있을 때 건축물에 의해 둘러싸인 공간 전체를 내부공간이라고 한다.
④ 외부공간은 자연 발생적인 것이 아니라 인간에 의해 의도적, 인공적으로 만들어진 외부의 환경을 말한다.

|해설|

**내부공간과 외부공간**
벽을 경계로 하여 안쪽 공간을 내부공간, 내부공간을 구성하는 구조체에 둘러싸인 밖의 공간을 외부공간이라 한다.

정답 ③

눈에 보이지 않지만, 심리적으로 안정되는 공간

눈에 보이는 무대 공간

② 내부공간과 외부공간

벽을 경계로 하여 안쪽 공간을 내부공간, 내부공간을 구성하는 구조체에 둘러싸인 밖의 공간을 외부공간이라 한다.

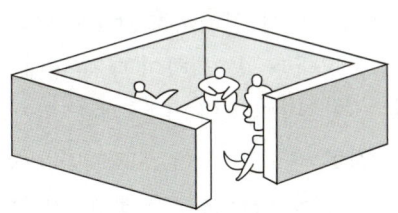

하나의 구조체 내부에 공간이 형성된다.

## 핵심이론 04 | 건축법의 이해

① 건축물(건축법 제2조)

토지에 정착하는 공작물 중 지붕과 기둥 또는 벽이 있는 것과 이에 딸린 시설물, 지하나 고가의 공작물에 설치하는 사무소·공연장·점포·차고·창고, 그 밖에 대통령령으로 정하는 것을 말한다.

② 주요구조부(건축법 제2조)

내력벽, 기둥, 바닥, 보, 지붕틀 및 주계단을 말한다. 다만, 사이 기둥, 최하층 바닥, 작은 보, 차양, 옥외계단, 그 밖에 이와 유사한 것으로 건축물의 구조상 중요하지 아니한 부분은 제외한다.

③ 건축(건축법 제2조)

건축물을 신축·증축·개축·재축하거나 건축물을 이전하는 것을 말한다.

※ 건축법 시행령 제2조

| | |
|---|---|
| 신축 | 건축물이 없는 대지(기존 건축물이 해체되거나 멸실된 대지를 포함한다)에 새로 건축물을 축조하는 것(부속건축물만 있는 대지에 새로 주된 건축물을 축조하는 것을 포함하되, 개축 또는 재축하는 것은 제외한다)을 말한다. |
| 증축 | 기존 건축물이 있는 대지에서 건축물의 건축면적, 연면적, 층수 또는 높이를 늘리는 것을 말한다. |
| 개축 | 기존 건축물의 전부 또는 일부(내력벽·기둥·보·지붕틀(한옥의 경우에는 지붕틀의 범위에서 서까래는 제외한다) 중 셋 이상이 포함되는 경우를 말한다)를 해체하고 그 대지에 종전과 같은 규모의 범위에서 건축물을 다시 축조하는 것을 말한다. |
| 재축 | 건축물이 천재지변이나 그 밖의 재해로 멸실된 경우 그 대지에 다음의 요건을 모두 갖추어 다시 축조하는 것을 말한다.<br>• 연면적 합계는 종전 규모 이하로 할 것<br>• 동(棟)수, 층수 및 높이는 다음의 어느 하나에 해당할 것<br>  - 동수, 층수 및 높이가 모두 종전 규모 이하일 것<br>  - 동수, 층수 또는 높이의 어느 하나가 종전 규모를 초과하는 경우에는 해당 동수, 층수 및 높이가 건축법, 이 영 또는 건축조례에 모두 적합할 것 |
| 이전 | 건축물의 주요구조부를 해체하지 아니하고 같은 대지의 다른 위치로 옮기는 것을 말한다. |

④ 대수선과 리모델링(건축법 제2조)

㉠ 대수선 : 건축물의 기둥, 보, 내력벽, 주계단 등의 구조나 외부 형태를 수선·변경하거나 증설하는 것을 말한다.

㉡ 리모델링 : 건축물의 노후화를 억제하거나 기능 향상 등을 위하여 대수선하거나 건축물의 일부를 증축 또는 개축하는 행위를 말한다.

⑤ 층수(건축법 시행령 제119조)

층의 구분이 명확하지 아니한 건축물은 그 건축물의 높이 4m마다 하나의 층으로 보고 그 층수를 산정하며, 건축물이 부분에 따라 그 층수가 다른 경우에는 그 중 가장 많은 층수를 그 건축물의 층수로 본다.

⑥ 고층 건축물과 초고층 건축물

㉠ 고층 건축물 : 층수가 30층 이상이거나 높이가 120m 이상인 건축물(건축법 제2조)

㉡ 초고층 건축물 : 층수가 50층 이상이거나 높이가 200m 이상인 건축물(건축법 시행령 제2조)

⑦ 지하층(건축법 제2조)

건축물의 바닥이 지표면 아래에 있는 층으로서 바닥에서 지표면까지 평균높이가 해당 층 높이의 2분의 1 이상인 것을 말한다.

⑧ 건폐율의 정의(건축법 제55조)

대지면적에 대한 건축면적(대지에 건축물이 둘 이상 있는 경우에는 이들 건축면적의 합계로 한다)의 비율로 건축물의 대지에 최소한의 공지를 확보하고 충분한 일조·채광·통풍을 얻게 하며 화재 시 건축물 간의 연소 방지 및 소방, 재해 시의 피난 등을 용이하게 하는 데 그 목적이 있다.

⑨ 용적률의 정의(건축법 제56조)

대지면적에 대한 연면적(대지에 건축물이 둘 이상 있는 경우에는 이들 연면적의 합계로 한다)의 비율로, 건축물의 형태를 입체화하여 대지 내에 많은 공지를 확보하고 건축물 자체의 일조, 채광, 환기, 통풍, 방화 등 물리적 요건을 고려하여 용도 지역의 성격별로 제한하여 토지를 효율적으로 이용하고, 쾌적한 도시 환경을 정비하여 균형 있는 도시 발전을 기하는 데 목적이 있다. 연면적의 산정에는 지하층의 면적을 산입하지만, 용적률 산정의 연면적에는 산입하지 않는다.

### 10년간 자주 출제된 문제

**4-1.** 건축법령상 건축에 속하지 않는 것은?
① 증 축　　　　② 이 전
③ 개 축　　　　④ 대수선

**4-2.** 다음은 건축법령상 지하층의 정의이다. ( ) 안에 알맞은 것은?

> "지하층"이란 건축물의 바닥이 지표면 아래에 있는 층으로서 바닥에서 지표면까지 평균높이가 해당 층높이의 ( ) 이상인 것을 말한다.

① 2분의 1　　　② 3분의 1
③ 3분의 2　　　④ 4분의 3

**4-3.** 건축물의 층의 구분이 명확하지 아니한 건축물의 경우, 건축물의 높이 얼마마다 하나의 층으로 산정하는가?
① 3m　　　　② 3.5m
③ 4m　　　　④ 4.5m

|해설|

**4-1**
건축의 정의(건축법 제2조 제1항 제8호)
건축물을 신축·증축·개축·재축하거나 건축물을 이전하는 것을 말한다.

**4-2**
지하층의 정의(건축법 제2조 제1항 제5호)
지하층이란 건축물의 바닥이 지표면 아래에 있는 층으로서 바닥에서 지표면까지 평균높이가 해당 층 높이의 2분의 1 이상인 것을 말한다.

**4-3**
면적 등의 산정방법(건축법 시행령 제119조 제1항 제9호)
층의 구분이 명확하지 아니한 건축물은 그 건축물의 높이 4m마다 하나의 층으로 보고 그 층수를 산정한다.

정답 4-1 ④　4-2 ①　4-3 ③

## 1-2. 조형계획

### 핵심이론 01 | 조형의 구성

점, 선, 면, 형태, 질감, 명암, 색채 등

① 조형요소

| | | |
|---|---|---|
| 선 | 직 선 | 경직, 단순, 정적 |
| | 수직선 | 상승감, 긴장감, 존엄성, 엄숙함 |
| | 수평선 | 안정감 |
| | 사 선 | 동적, 불안정, 건축에 강한 표정을 줌 |
| | 곡 선 | 부드럽고 복잡, 동적인 표정 가능 |
| | 기하곡선 | 이지적 |
| | 자유곡선 | 자유분방, 감정 풍부 |
| 면 | 평 면 | 단순, 솔직, 현대건축에서 간결함 표현 |
| | 수직면 | 고결함, 긴장감 |
| | 수평면 | 정지된 안정감 |
| | 경사면 | 동적, 불안정, 강한 인상 |
| | 곡 면 | 온화, 유연, 동적, 잘 조화하면 대비감 표현 |
| | 기하곡면 | 정리되었거나 경직된 느낌 |
| | 자유곡면 | 자유분방, 풍부한 감정표현 |

② 공간의 구성

공간이란 물체를 둘러싸고 있는 빈 곳을 말하며 이는 내부가 비어 있는 경우를 보이드, 차 있는 경우를 솔리드라고 한다.

### 10년간 자주 출제된 문제

**1-1.** 심리적으로 상승감, 존엄성, 엄숙함 등의 조형효과를 주는 선의 종류는?
① 사 선  ② 곡 선
③ 수평선  ④ 수직선

**1-2.** 고딕성당에서 존엄성, 엄숙함 등의 느낌을 주기 위해 사용된 선은?
① 사 선  ② 곡 선
③ 수직선  ④ 수평선

**1-3.** 디자인 요소 중 수평선이 주는 조형효과와 가장 거리가 먼 것은?
① 영 원  ② 존 엄
③ 평 화  ④ 고 요

|해설|
**1-1, 1-2**
**수직선** : 상승감, 긴장감, 존엄성, 엄숙함
**1-3**
수평선은 안정감을 준다.

**정답** 1-1 ④  1-2 ③  1-3 ②

## 핵심이론 02 | 건축 형태의 구성

① 통일과 변화
　㉠ 통일 : 건축물에서 공통되는 요소에 의하여 전체가 일관되게 보이도록 한다.
　　예 같은 크기의 연속적인 창, 동일색 사용, 일정한 모듈 반복
　㉡ 변화 : 색깔이 변화하거나 곡선에서 직선으로 변화하면서 계획의 통일성이 유지된다.

② 조 화
부분과 부분 또는 부분과 전체 사이에 안정된 관련성을 주어 상호 간에 공감을 불러일으킬 수 있는 효과이다.
　㉠ 유사 : 비슷한 모양의 조합, 힘의 균형을 표현하는 데 효과적이다.
　㉡ 대비 : 서로 다른 모양의 결합에 의하여 힘의 강약을 표현하기 쉽다.

③ 균 형
부분과 부분 및 부분과 전체 사이에 시각적인 힘의 균형이 잡히면 쾌적한 느낌을 준다.
　㉠ 대칭 : 질서를 잡고 통일감을 얻기 쉬우며, 견고한 느낌이다.
　㉡ 비대칭 : 대칭에 통일적인 변화를 주어 불균형이지만 시각적인 힘의 결합에 의하여 보는 이에게 동적인 안정감과 변화가 많은 개성적인 느낌을 준다.
　㉢ 비례 : 공간을 구성하는 단위의 크기를 정하고, 각 단위 사이의 상호관계에 일정한 비율을 정한다.
　㉣ 주도 : 건축물을 지배하는 시각적인 힘이다.
　㉤ 종속 : 주도적인 부분을 강조하는 상관적인 힘이 되어 전체에 조화를 준다.

④ 리 듬
부분과 부분 사이에 시각적인 강약이 규칙적으로 연속될 때 나타나며 반복, 점증, 억양 등이 있다.

### 10년간 자주 출제된 문제

**2-1. 균형의 원리에 관한 설명으로 옳지 않은 것은?**
① 크기가 큰 것이 작은 것보다 시각적 중량감이 크다.
② 기하학적 형태가 불규칙적인 형태보다 시각적 중량감이 크다.
③ 색의 중량감은 색의 속성 중 특히 명도, 채도에 따라 크게 작용한다.
④ 복잡하고 거친 질감이 단순하고 부드러운 것보다 시각적 중량감이 크다.

**2-2. 건축 형태의 구성 원리 중 일반적으로 규칙적인 요소들의 반복으로 디자인에 시각적인 질서를 부여하는 통제된 운동감각을 의미하는 것은?**
① 리듬   ② 균형
③ 강조   ④ 조화

**2-3. 디자인의 기본 원리 중 성질이나 질량이 전혀 다른 둘 이상의 것이 동일한 공간에 배열될 때 서로의 특질을 한층 돋보이게 하는 현상은?**
① 대비   ② 통일
③ 리듬   ④ 강조

|해설|

**2-1**
불규칙한 형태는 기하학적 형태보다 시각적 중량감이 크다.
**균형의 원리**
크기가 큰 것이 작은 것보다 시각적 중량감이 크고, 불규칙적인 형태가 기하학적 형태보다 시각적 중량감이 크다. 색의 중량감은 색의 속성 중 특히 명도, 채도에 따라 크게 작용한다. 명도와 채도가 낮은 한색계(차가운 색)는 후퇴, 수축되어 보이고 명도와 채도가 높은 난색계(따뜻한 색)는 진출, 팽창되어 보인다. 수직선, 수평선이 사선보다, 수평선이 수직선보다 시각적 중량감이 크다.

**2-2**
① 리듬 : 부분과 부분 사이에 시각적인 강약이 규칙적으로 연속될 때 나타나며 반복, 점층, 억양 등이 있다.

**2-3**
① 대비 : 서로 다른 모양의 결합에 의하여 힘의 강약을 표현하기 쉽다.

정답 2-1 ② 2-2 ① 2-3 ①

## 핵심이론 03 | 색채계획

① 색 상
빨강, 주황, 노랑, 녹색, 파랑, 보라 등으로 구별하는 색의 느낌이다.
  ㉠ 무채색 : 검은색, 흰색, 회색과 같이 색상을 띠지 않은 색
  ㉡ 유채색 : 무채색 이외에 색상을 가지고 있는 모든 색

② 명 도
물체나 빛의 색이 가지는 밝기의 정도이다. 가장 밝은 색(10)에서 어두운색(0)으로 총 11단계로 구분한다.

③ 채 도
색의 선명하고 탁한 정도로 무채색(0), 빨강(14)이다.

④ 색의 표시와 종류

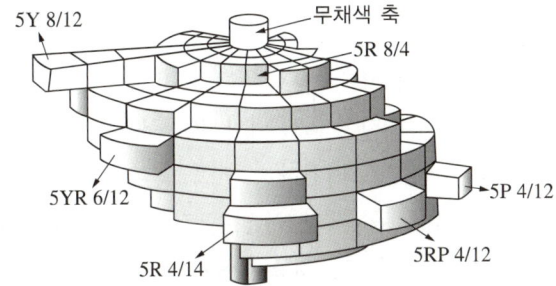

[색 입체에 의한 색상·명도·채도의 체계]

무채색 축의 가장 윗부분은 흰색이며, 축을 따라 아래로 내려갈수록 명도가 낮아져 맨 아래는 검정색이 되며, 축에서 멀어질수록 채도가 높아진다.

⑤ 색채조절 : 색채가 가지는 기능을 과학적으로 이용하는 기술로 건전한 심신의 유지, 작업능률 증진, 위험방지 등에 직접적인 영향을 미친다.

## 1-3. 건축환경계획

### 핵심이론 01 | 자연환경

① 기후요소
  ㉠ 기온 : 기온이 낮은 북유럽지방의 건축은 돌로 벽체를 두껍게 쌓고 창은 작게 만들어 폐쇄적이나, 온도가 높은 지역의 건축은 벽체 없이 지붕과 건물을 지지하는 기둥만으로 개방적으로 건축한다.
  ㉡ 습도 : 공기 중에 포함된 수증기의 양을 수치적으로 표시한 것이다.
  ㉢ 비와 눈 : 강수량은 지붕의 형태나 외관을 결정한다.
  ㉣ 바람 : 고층 건물이 많아질수록 강풍과 저풍영역이 형성되어 바람의 환경에 따른 재해발생이 증가된다.

② 일 조
  ㉠ 일조 : 태양의 직사광이 오는 것으로 건물의 배치와 평면 계획상의 실 배치 및 개구부의 방향, 크기 등에 영향을 미친다.
  ㉡ 일조율 : 구름의 양이 많은 지방일수록 일조율은 낮다. 우리나라 일조율은 47~67%이다.
  ㉢ 일영 : 지평면상에 건축물 등에 햇빛이 비칠 때, 건축물에 생기는 그림자를 뜻하며 하루 중 일조가 전혀 없는 것을 종일음영이라 하고 태양 고도가 최고인 하지일 때도 종일음영인 부분은 영구히 일조가 없는 부분이므로 영구음영이라 한다.

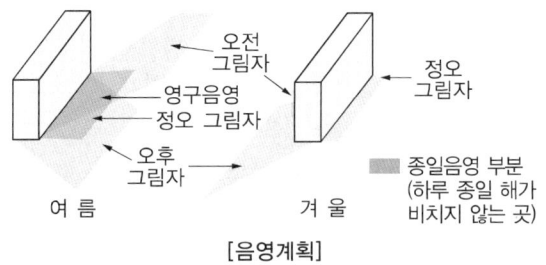

[음영계획]

③ 일조계획

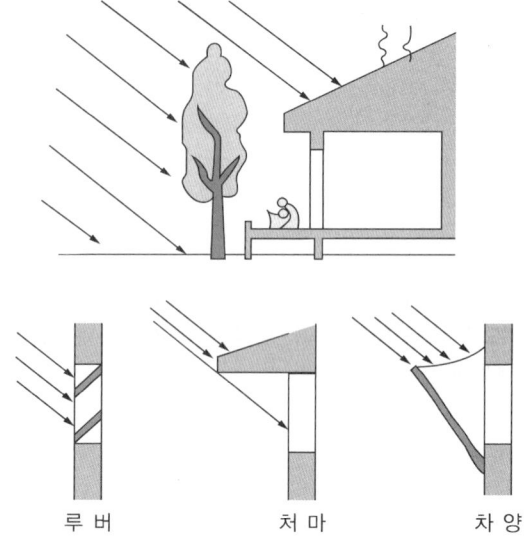

여름 : 태양 광선의 실내 유입을 최대한 막아야 한다.

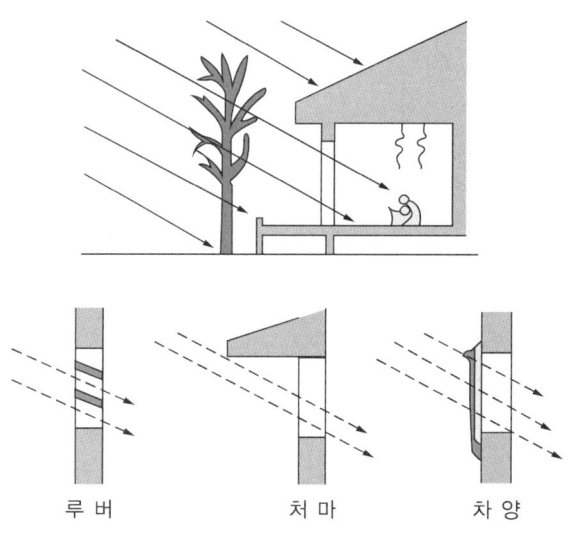

겨울 : 가능한 한 많은 양의 태양 광선을 유입시켜야 한다.

  ㉠ 일조량 조절을 위해 겨울에는 일조를 받아들이고 여름에는 차단해야 한다.
  ㉡ 창의 방향, 모양, 크기, 수 등을 고려한다.

ⓒ 차양, 발코니, 루버, 흡열유리, 이중유리, 유리블록, 식수 등의 방법을 이용한다.
ⓔ 건물 간의 간격은 남면경사지일 경우 평지에 비해 작아도 되나, 북면경사지는 건물 간의 간격을 증대해야 한다.
ⓜ 방위에 따라 동쪽에는 낮은 나무를 심어 빛이 통과하게 하고, 서쪽에는 키가 작고 잎이 무성한 나무를 심는다.
ⓗ 방위에 따라 남쪽에는 키 큰 낙엽수를 심어 여름에 그늘을 제공하도록 하고, 북쪽에는 침엽수를 심어 겨울에 잎이 떨어지지 않도록 지그재그로 촘촘하게 심어서 바람을 차단한다.

### 10년간 자주 출제된 문제

**다음 중 건물의 일조조절에 이용되지 않는 것은?**
① 차양
② 루버
③ 이중창
④ 블라인드

|해설|
**일조조절** : 차양, 발코니, 루버, 흡열유리, 이중유리, 유리블록, 식수 등의 방법을 이용

정답 ③

## 핵심이론 02 | 열환경

① 일 사 : 태양광선 가운데 적외선에 의한 열적효과로 일조는 단지 햇빛이 도달하는가에 대한 것이라면 일사는 열량적인 것을 포함해서 생각한다.
 ㉠ 일사의 효과 : 일사의 세기, 일사를 받는 면의 방향, 시각과 시수, 받는 면의 성질 및 주위의 기온과 유동상태에 따라 달라진다.
 ㉡ 일사의 단위($kcal/m^2 \cdot h$) : 단위 면적과 단위 시간당 받는 열량으로 표시한다.
 ㉢ 수평면 및 벽의 방위와 일사량 : 계절에 따라 다르게 나타나며 여름과 겨울은 반대현상이다. 여름의 특징은 다음과 같다.
  • 수평면에 대한 일사량 값이 크다.
  • 남쪽 수직면에 대한 일사량은 비교적 적다.
  • 오전 중의 동쪽 수직면과 오후의 서쪽 수직면에 강한 일사를 받는다.
 ㉣ 주택의 방향 배치는 일사량을 고려하여 난방기간 중 수직면 일사량을 가장 많이 받는 남향이 유리하다.
 ㉤ 자연형 태양열 주택의 경우 오후 일사취득을 위하여 서쪽으로 기울어진 방위가 유리하다.
② 쾌적환경 기후와 조건
 ㉠ 열환경의 4요소(공기의 온도, 습도, 기류, 주위벽의 복사열)의 조합에 따라 상호작용을 하면서 종합적으로 영향을 미친다.
 ㉡ 쾌적환경 기후조건과 표시방법
  • 유효온도 : 온도, 습도, 기류의 3요소를 어느 범위 내에서 여러 가지로 조합하여 인체의 온열감에 감각적인 효과를 나타내는 지표이다.
  • 불쾌지수 : 냉방온도 설정을 위해 만들었으나 여름철 무더움을 나타내는 지표로 사용한다.

③ 건축에서의 전열(전도, 대류, 복사의 조합)
  ㉠ 열관류 : 벽과 같은 고체를 통하여 유체에서 유체로 열이 전해지는 현상이다(열전달 + 열전도 + 열전달 과정).

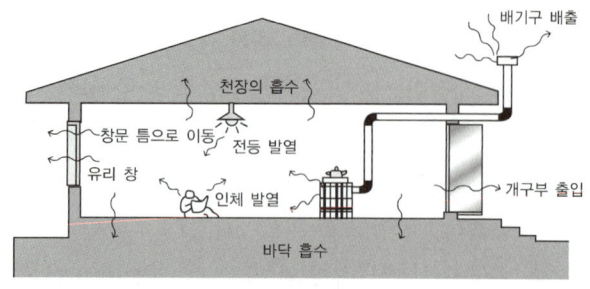

[실내 열의 이동]

④ 결로
  ㉠ 결로현상 : 습도가 높은 공기를 냉각하면 공기 중의 수분이, 그 이상은 수증기로 존재할 수 없는 한계를 노점온도라 하는데 이 공기가 노점 이하의 차가운 벽면 등에 닿아 그 벽면에 물방울이 생기는 현상이다(표면결로, 내부결로가 있음). 고온다습한 여름철과 겨울철 난방 시 발생하기 쉽다.

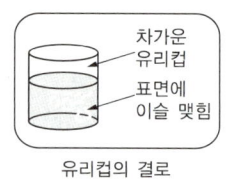

유리컵의 결로

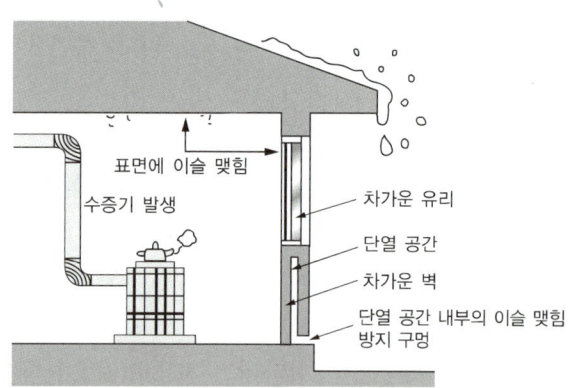

[결로의 발생 원인]

  ㉡ 결로방지

| 환 기 | 습한 공기를 제거하여 실내의 결로방지 |
| --- | --- |
| 난 방 | 건물 내부의 표면온도를 높이고 실내기온을 노점 이상으로 유지 |
| 단 열 | 구조체를 통한 열손실 방지와 보온역할 |

### 10년간 자주 출제된 문제

**2-1.** 태양광선 가운데 적외선에 의한 열적효과를 무엇이라 하는가?
① 일 사
② 채 광
③ 살 균
④ 일 영

**2-2.** 기온·습도·기류의 3요소의 조합에 의한 실내 온열감각을 기온의 척도로 나타낸 것은?
① 유효온도
② 작용온도
③ 등가온도
④ 불쾌지수

**2-3.** 다음 중 결로(結露)현상 방지에 가장 적합한 유리는?
① 무늬유리
② 강화판유리
③ 복층유리
④ 망입유리

**2-4.** 표면결로의 방지방법에 관한 설명으로 옳지 않은 것은?
① 실내에서 발생하는 수증기를 억제한다.
② 환기에 의해 실내 절대습도를 저하한다.
③ 직접가열이나 기류촉진에 의해 표면온도를 상승시킨다.
④ 낮은 온도로 난방시간을 길게 하는 것보다 높은 온도로 난방시간을 짧게 하는 것이 결로방지에 효과적이다.

| 해설 |

**2-1**
① 일사 : 태양광선 가운데 적외선에 의한 열적효과로 일조는 단지 햇빛이 도달하는가에 대한 것이라면 일사는 열량적인 것을 포함해서 생각한다.

**2-2**
쾌적환경 기후조건과 표시방법
- 유효온도 : 온도, 습도, 기류의 3요소를 어느 범위 내에서 여러 가지로 조합할 때 인체의 온열감에 감각적인 효과를 나타내는 지표이다.
- 불쾌지수 : 냉방온도 설정을 위해 만들었으나 여름철 무더움을 나타내는 지표로 사용된다.

**2-3**
복층유리 : 두 장의 유리를 일정한 간격으로 하여 주위를 접착제로 접착해서 밀폐하고 그 중간에 완전 건조 공기를 봉입한 유리로 단열·차음·결로 방지 등의 효과가 있다. 페어 글라스라고도 한다.

**2-4**
결로방지

| 환 기 | 습한 공기를 제거하여 실내의 결로방지 |
|---|---|
| 난 방 | 건물 내부의 표면온도를 높이고 실내기온을 노점 이상으로 유지 |
| 단 열 | 구조체를 통한 열손실 방지와 보온역할 |

정답 2-1 ① 2-2 ① 2-3 ③ 2-4 ④

## 핵심이론 03 | 공기환경

① 실내공기가 오염되면 불쾌감을 느끼고, 작업능률이 저하되어 건강에 악영향을 미친다.
  ㉠ 직접원인 : 호흡, 기온상승, 습도증가, 각종 병균 등
  ㉡ 간접원인 : 흡연, 의복의 먼지 등
  ㉢ 그 밖에 냉·난방 기기, 기계류 등도 실내오염을 유발한다.
② 환기기준 : 실내공기의 청정도 유지를 위해 실내공기와 외기가 얼마만큼 환기되는가를 고려한다.
  ㉠ 환기횟수 : 어느 실의 환기량을 실내용적으로 나눈 값(1시간당 실내의 공기가 몇 회분을 완전히 교체하였는지를 나타냄)
③ 환기방법

| 자연환기 | 풍력이나 실내외의 온도차 등의 자연력에 의한 환기(온도차에 의한 환기, 바람에 의한 환기, 환기통에 의한 환기) |
|---|---|
| 기계환기 | 송풍기, 모터 등의 동력을 이용한 환기(후드에 의한 환기 등, 송풍방식에 따른 중앙식과 개별식) |

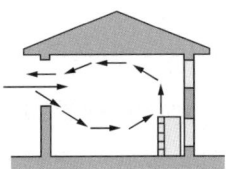
온도차에 의한 환기

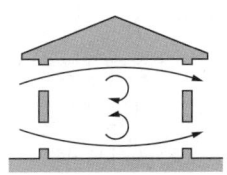
개구부의 통풍 환기

[자연환기]

후드에 의한 환기
[기계환기]

## 핵심이론 04 | 음환경

① 음의 성질

| 표준음 | 많은 음 중에서 보통 대표적인 음의 주파수가 64, 128, 256, 512, 1,024, 2,048, 4,096(512의 음은 실내 혹은 재료 등의 표준음으로 사용) |
|---|---|
| 진 음 | 시기와 높이가 일정한 음, 확성기나 마이크로폰의 성능실험 등에 음원으로 사용 |
| 소 음 | 귀에 거슬리고 듣기 싫은 모든 음 |
| 음 속 | 보통 15℃의 기온에서 매초 약 340m의 속력, 온도에 영향을 받음 |

② 음의 세기와 크기 : 음의 물리적인 양으로 데시벨(dB) 단위를 사용하고, 음의 감각적인 크기는 폰을 사용한다.

③ 방 음
  ㉠ 흡음 : 실내의 소리를 되도록 재료에 흡수시켜 실내 반사음을 작게 하는 것으로 흡음재료는 밀도가 낮은 다공질 또는 섬유질을 사용한다.
  ㉡ 차음 : 실외로부터 소음의 투과를 차단하는 것으로 차음재료는 재질이 단단하고 무거우며 치밀할수록 차음률이 우수하다.

④ 잔향 : 음 발생이 중지된 후에도 실내에 소리가 남는 현상
  ㉠ 잔향시간 : 일정한 시기의 음을 음원으로부터 중지시킨 후 실내의 에너지밀도가 최초값보다 60dB 감소하는 데 걸리는 시간으로 실의 용적에 비례, 흡음력에 반비례한다.

---

### 10년간 자주 출제된 문제

**4-1. 재료 관련 용어에 대한 설명 중 옳지 않은 것은?**
① 열팽창계수란 온도의 변화에 따라 물체가 팽창, 수축하는 비율을 말한다.
② 비열이란 단위 질량의 물질을 온도 1℃ 올리는 데 필요한 열량을 말한다.
③ 열용량은 물체에 열을 저장할 수 있는 용량을 말한다.
④ 차음률은 음을 얼마나 흡수하느냐 하는 성질을 말하며, 재료의 비중이 클수록 작다.

**4-2. 실내의 잔향시간에 관한 설명으로 옳지 않은 것은?**
① 실의 용적에 비례한다.
② 실의 흡음력에 비례한다.
③ 일반적으로 잔향시간이 짧을수록 명료도는 높아진다.
④ 음악을 주목적으로 하는 실의 경우는 잔향시간을 비교적 길게 계획하는 것이 좋다.

|해설|

**4-1**
**차음** : 실외로부터 소음의 투과를 차단하는 것을 말한다. 차음재료는 재질이 단단하고 무거우며 치밀할수록 차음률이 우수하다.

**4-2**
잔향이란 음 발생이 중지된 후에도 실내에 소리가 남는 현상을 말하고, 잔향시간은 일정한 시기의 음을 음원으로부터 중지시킨 후 실내의 에너지 밀도가 최초값보다 60dB 감소하는 데 걸리는 시간을 말한다. 잔향시간은 실의 용적에 비례하고 흡음력에 반비례한다.

정답 4-1 ④ 4-2 ②

## 핵심이론 05 | 빛환경

① 조명도 : 밝기를 수량적으로 표시한 것으로 단위는 루멘(lumen, lm)이다. 조명도는 어떤 점의 단위 면적에 입사하는 광속으로 표시한다.

② 현휘(눈부심) : 시야 내의 어떤 휘도 때문에 불쾌감을 주고, 피로 또는 시력의 일시적인 감퇴를 초래하는 현상이다.

③ 채광계획

| 측창채광 | • 구조적, 시공상 용이하고 바람과 비에 강함<br>• 개폐, 청소 관리 용이 |
|---|---|
| 천창채광 | • 인접 건물 등에 대한 사생활 침해가 적고, 채광량면에서 유리<br>• 조명도가 균일 |
| 정측창채광 | • 측창과 천창의 장점으로 구성<br>• 창의 위치는 천창보다 높고, 방향은 수직 또는 기울어져 있는 측창에 가까움 |

④ 조명계획

㉠ 조명방식 : 직접 조명, 반직접 조명, 전반 확산 조명, 반간접 조명, 간접 조명 등으로 구분한다.

[조명 방식별 특징]

| 명 칭 | 기 구 | 특 징 |
|---|---|---|
| 직접 조명 | | • 장 점<br>- 광조명률이 좋고, 먼지에 의한 감광이 적다.<br>- 자외선 조명을 할 수 있다.<br>- 설비비가 일반적으로 싸다.<br>- 집중적으로 밝게 할 때 유리하다.<br>• 단 점<br>- 글로브를 사용하지 않을 경우 눈부심이 크고, 음영이 강해진다.<br>- 실내 전체적으로 볼 때, 밝고 어두움의 차이가 크다. |
| 반직접 조명 | | |
| 전반 확산 조명 | | 직접 조명과 간접 조명의 중간적 특징을 가지고 있다. |
| 반간접 조명 | | • 장 점<br>- 균일한 조명도를 얻을 수 있다.<br>- 빛이 부드러우므로 눈에 대한 피로가 적다.<br>• 단 점<br>- 조명 효율이 나쁘다.<br>- 침울한 분위기가 될 염려가 있다.<br>- 먼지나 기구에 쌓여 감광이 되기 쉽고, 벽이나 천장면의 영향을 받는다. |
| 간접 조명 | | |

㉡ 건축화 조명 : 조명이 건축물과 일체가 되고, 건물의 일부가 광원의 역할을 하는 것이다.

| 천장에<br>매입하는 방식 | • 광량 조명(반매입 라인 라이트)<br>• 코퍼(Coffer) 조명<br>• 다운라이트 조명 |
|---|---|
| 천장면을 광원으로<br>하는 방식 | • 광천장 조명<br>• 루버(Louver) 조명<br>• 코브(Cove) 조명 |
| 벽면을 광원으로<br>하는 방식 | • 코니스(Cornice) 조명<br>• 밸런스(Balance)조명<br>• 광벽(Light Window) 조명 |

## 10년간 자주 출제된 문제

**5-1. 직접 조명방식에 관한 설명으로 옳지 않은 것은?**
① 조명률이 크다.
② 직사 눈부심이 없다.
③ 공장조명에 적합하다.
④ 실내면 반사율의 영향이 작다.

**5-2. 건축화 조명에 속하지 않는 것은?**
① 코브 조명
② 루버 조명
③ 코니스 조명
④ 펜던트 조명

|해설|

**5-1**
**직접 조명**
- 장 점
  - 광조명률이 좋고, 먼지에 의한 감광이 적다.
  - 자외선 조명을 할 수 있다.
  - 설비비가 일반적으로 싸다.
  - 집중으로 밝게 할 때 유리하다.
- 단 점
  - 글로브를 사용하지 않을 경우 눈부심이 크고, 음영이 강해진다.
  - 실내 전체적으로 볼 때, 밝고 어두움의 차이가 크다.

**5-2**
**건축화 조명** : 조명이 건축물과 일체가 되고, 건물의 일부가 광원의 역할을 하는 것이다.

| 천장에 매입하는 방식 | • 광량 조명(반매입 라인 라이트)<br>• 코퍼(Coffer) 조명<br>• 다운라이트 조명 |
|---|---|
| 천장 면을 광원으로 하는 방식 | • 광천장 조명<br>• 루버(Louver) 조명<br>• 코브(Cove) 조명 |
| 벽면을 광원으로 하는 방식 | • 코니스(Cornice) 조명<br>• 밸런스(Balance) 조명<br>• 광벽(Light Window) 조명 |

**정답** 5-1 ② 5-2 ④

## 1-4. 주거건축계획

### 핵심이론 01 | 주거생활의 이해

① 주생활양식

| 구 분 | 한식주택 | 양식주택 |
|---|---|---|
| 공 간 | 실의 다용도 | 실의 기능 분화 |
| 가 구 | 부차적 존재 | 주요한 내용물 |
| 구 조 | • 목조가구식<br>• 바닥이 높고 개구부가 큼 | • 벽돌조적식<br>• 바닥이 낮고 개구부가 작음 |
| 생활습관 | 좌 식 | 입 식 |

## 10년간 자주 출제된 문제

**1-1. 한식주택에 관한 설명으로 옳지 않은 것은?**
① 공간의 융통성이 낮다.
② 가구는 부수적인 내용물이다.
③ 평면은 실의 위치별 분화이다.
④ 각 실이 마루로 연결된 조합 평면이다.

**1-2. 한식주택과 양식주택에 관한 설명으로 옳지 않은 것은?**
① 한식주택의 실은 복합용도이다.
② 양식주택의 평면은 실의 기능별 분화이다.
③ 한식주택은 개구부가 크며 양식주택은 개구부가 작다.
④ 한식주택에서 가구는 주요한 내용물로서의 기능을 한다.

|해설|

**1-2**
양식주택에서 가구는 주요한 내용물로서 기능을 한다.

**정답** 1-1 ① 1-2 ④

## 핵심이론 02 | 주택계획과 분류

① 주택계획 시 유의사항 : 안전, 위생, 능률, 예술, 윤리, 전통, 변화
② 주택설계의 방향
    ㉠ 생활의 쾌적함
    ㉡ 가사 노동경감
    ㉢ 가족생활을 중심으로 한 공간계획
    ㉣ 각 공간의 이용 시 편리함 고려
    ㉤ 가족의 취미와 직업, 생활방식 고려
    ㉥ 가족 수의 변화 및 생활수준의 변화 수용 가능성
③ 주택의 분류

| 집합 형식 | 단독주택(단독주택, 다중주택, 다가구주택), 공동주택(아파트, 연립주택, 다세대주택, 기숙사) |
|---|---|
| 기능 및 사용 목적 | 전용주택, 병용주택 |
| 생활양식 | 한식주택, 양식주택 |
| 구조 및 재료 | 목조주택, 조적조주택, 철근콘크리트조주택, 철골조주택 등 |
| 공급 형태 | 임대주택, 분양주택 |
| 평면 형태 | 복도형, 거실 중심형, 일실형, 집중형, 중정형 |
| 지역 분류 | 도시주택(도심주택, 근교주택, 교외주택), 농촌주택, 어촌주택 |

## 핵심이론 03 | 배치계획

① 대지의 조건(건축 형태의 결정적인 요인)
    ㉠ 자연적 조건 : 신선한 공기, 풍부한 햇볕, 습기가 적은 곳, 배수 양호, 재해의 가능성이 없는 곳, 견고한 지반
    ㉡ 사회적 조건 : 교통, 소음, 도로방향 검토, 근처 위험물시설이나 풍기상 좋지 않은 시설은 피함, 상·하수도, 전기, 도시가스시설이 완비된 곳
② 대지의 모양 : 정사각형이나 직사각형에 가까운 것이 좋다.
③ 대지의 방위 및 지형 : 남향이 좋고, 동남향, 서남향의 경우 20° 정도는 무방하다. 배수, 일조를 위해 주위의 대지나 도로면보다 낮으면 안 된다. 경사지는 기울기 1/10 정도가 적당하다.
④ 대지조건과 배치 : 주택배치는 도로면과 관계된다.

## 핵심이론 04 | 평면계획

① 생활공간의 구성

| 공동의 공간 | 거실, 식사실, 응접실 |
|---|---|
| 개인의 공간 | 부부 침실, 노인방, 아동실, 서재, 작업실 |
| 그 밖의 공간 | • 가사 노동 : 부엌, 세탁실, 가사실, 다용도실<br>• 생리·위생 : 세면실, 욕실, 화장실<br>• 수납 : 창고, 반침<br>• 교통 : 현관, 홀, 복도, 계단 |

② 평면계획

㉠ 일조, 통풍, 소음, 조망, 도로와의 관계, 인접주택에 대한 독립성 등을 고려하여 건물과 각 실의 방향을 결정한다.

㉡ 각 실의 상호관계가 깊은 것은 인접시키고 상반되는 성질의 실은 격리한다.

㉢ 침실 독립성을 확보한다.

㉣ 거실·식사실·주방 등은 통로로 이용하기도 하지만 되도록 통로의 이용면적은 최소화한다.

㉤ 물을 사용하는 주방, 욕실, 화장실 등은 한곳에 집중 배치한다.

㉥ 복잡하지 않은 평면 모양을 구상하고 적절한 동선을 구성하며 내부공간과 외부공간을 합리적으로 연결한다.

• 동선의 3요소 : 속도(길이), 빈도, 하중

※ 저자의견
　과년도 기출문제를 살펴보면 동선의 3요소로 속도, 빈도, 하중이라고 출제된 경우(예 2014년 2회)와 길이, 빈도, 하중이라고 출제된 경우(예 2016년 4회)가 있다. 출제자에 따라 다르게 표현될 수 있으므로 '길이 = 속도'의 개념이라고 이해하여도 무방하다.

㉦ 프랑스 사회학자 숑바르 드 로브(Chombard de Lawve)는 $8m^2$/인 이하를 병리기준으로 분류하여 심리적 압박감이나 폭력 등의 사회적 병리현상이 일어날 수 있는 규모라고 하였으며, $14m^2$/인은 이러한 병리현상을 방지할 수 있는 한계기준으로, $16m^2$/인을 평균(적정)기준으로 제시하였다.

## 10년간 자주 출제된 문제

**4-1. 주택의 거실에 관한 설명으로 옳지 않은 것은?**
① 가급적 현관에서 가까운 곳에 위치시키는 것이 좋다.
② 거실의 크기는 주택 전체의 규모나 가족 수, 가족 구성 등에 의해 결정된다.
③ 전체 평면의 중앙에 배치하여 각 실로 통하는 통로로서의 역할을 하도록 한다.
④ 거실의 형태는 일반적으로 직사각형이 정사각형보다 가구의 배치나 실의 활용 측면에서 유리하다.

**4-2. 동선의 3요소에 속하지 않는 것은?**
① 속 도         ② 빈 도
③ 하 중         ④ 방 향

**4-3. 프랑스의 사회학자 숑바르 드 로브(Chombard de Lawve)가 설정한 주거면적 기준 중 거주자의 신체적 및 정신적인 건강에 나쁜 영향을 끼칠 수 있는 병리기준은?**
① $8m^2$/인 이하     ② $14m^2$/인 이하
③ $16m^2$/인 이하    ④ $18m^2$/인 이하

|해설|

**4-1**
거실 : 실의 성격상 주택 내의 중심에 위치해야 한다. 가급적 현관에서 가까운 곳에 배치하고, 방위는 남쪽 또는 남동·남서쪽에 면한다. 가족 구성원 1인당 $5m^2$, 전체 면적의 21~25% 이상이 필요하다. 형태는 직사각형이 정사각형보다 가구의 배치나 실의 활용 면에서 유리하다.

**4-2**
동선의 3요소 : 속도(길이), 빈도, 하중

**4-3**
프랑스 사회학자 숑바르 드 로브(Chombard de Lawve)는 $8m^2$/인 이하를 병리기준으로 분류하여 심리적 압박감이나 폭력 등의 사회적 병리현상이 일어날 수 있는 규모라고 하였으며, $14m^2$/인은 이러한 병리현상을 방지할 수 있는 한계기준으로, $16m^2$/인을 평균(적정)기준으로 제시한다.

정답 4-1 ③  4-2 ④  4-3 ①

## 핵심이론 05 | 단위공간계획

① 거실 : 실의 성격상 주택 내 중심이며, 가급적 현관에서 가까운 곳에 배치한다.
   ㉠ 방위는 남쪽 또는 남동·남서쪽에 면해야 한다.
   ㉡ 가족 구성원 1인당 $5m^2$, 전체 면적의 21~25% 이상이 필요하다.
   ㉢ 형태는 직사각형이 정사각형보다 가구의 배치나 실의 활용면에서 유리하다.

② 식사실 : 주방과 근접 배치한다. 주방 내에서 행해지는 작업이나 물품이 식사실에서 직접 보이지 않도록 시선을 차단한다.

| 종류 | | 장점 | 단점 |
| --- | --- | --- | --- |
| D | 식사실(Dining) | 거실과 부엌 사이 설치, 식사실로 완전한 기능 | 동선이 길어 작업 능률 저하 |
| DK | 식사실 - 주방 (Dining Kitchen) | 부엌의 일부분에 식사실 배치, 유기적으로 연결하여 노동력 절감 | 부엌조리 시 냄새나 음식찌꺼기 등으로 식사실 분위기 저해 |
| LD | 거실 - 식사실 (Living Dining) | 거실의 한 부분에 식탁 설치, 식사실 분위기 조성, 거실의 가구 공동 이용 | 부엌과의 연결로 보면 작업동선이 길어질 수 있음 |
| LDK | 거실 - 식사실 - 주방 (Living Dining Kitchen) | 소규모주택에 적합, 거실 내에 부엌과 식사실 설치, 실의 효율적 이용 | 고도의 설비 필요, 식생활 개선 필요 |

③ 침 실
   ㉠ 기본기능은 휴식과 수면이며, 이외에도 실의 성격에 따라 독서, 화장, 옷을 갈아입는 행위, 음악 감상 등의 기능을 포함한다.
   ㉡ 소음원이 있는 쪽은 피하고, 정원 등의 공지에 면하도록 하는 것이 좋다.
   ㉢ 방위상 일조와 통풍이 좋은 남쪽, 동남쪽이 이상적이며 북쪽은 피하는 것이 좋다.

④ 부 엌
   ㉠ 작업순서의 흐름방향은 한 방향으로 하며 작업대의 높이는 82~86cm가 적당하다.

ⓛ 주방에서의 조리과정

재료의 반입·준비(준비대) → 세척(개수대) → 조리(조리대) → 가열(가열대) → 음식 차림·배선(배선대) → 식사

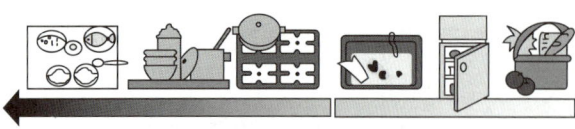

[주방에서의 작업흐름]

※ 설거지를 할 때에는 조리와 가열을 제외하고 반대 순서로 한다.

ⓒ 주방의 위치는 항상 쾌적하고 일광에 의한 건조 소독을 할 수 있는 남쪽 또는 동쪽이 좋다.

ⓔ 식사실과 인접하고, 작업 중 어린이의 놀이 등을 관찰할 수 있는 곳이면 더 좋다.

ⓜ 일반적으로 주택면적의 10% 정도를 확보한다.

⑤ 연결공간

㉠ 현 관
- 주택 내·외부의 동선이 연결되는 곳
- 주택 외부에서 쉽게 알아볼 수 있는 곳
- 출입문 외부 포치의 크기는 여러 사람을 동시에 수용할 수 있는 정도
- 현관 내부의 홀은 각종 가구가 차지하는 면적을 제외하고 1.5×1.8m 정도 확보하고 현관 바닥 면에서 실내 바닥 면의 높이차는 15~21cm 정도

㉡ 복도(Corridor)
- 각 실을 연결하는 통로
- 면적과 길이를 가능한 한 좁고 짧게 하는 것이 합리적
- 복도의 너비는 90~150cm 정도

㉢ 계단(Stair)
- 건물의 상하를 연결하는 경사진 통로
- 계단의 평면길이는 일반적으로 270cm 정도, 단 높이는 17cm, 디딤바닥의 너비는 27cm 정도, 계단의 너비는 90~150cm의 범위

### 10년간 자주 출제된 문제

**5-1. 주택의 거실에 관한 설명으로 옳지 않은 것은?**
① 다목적 공간으로서 활용되도록 한다.
② 주택의 단부에 위치시킬 경우, 개인적인 공간과 구분을 명확히 할 수 있다.
③ 안정된 거실 분위기를 위해 동선에 유의하고 출입구 수를 가능한 한 줄이는 것이 좋다.
④ 가족구성원이 많고 주택의 규모가 큰 경우에는 리빙키친을 적용하는 것이 좋다.

**5-2. 부엌의 일부에 간단히 식당을 꾸민 형식은?**
① 리빙 키친(Living Kitchen)
② 다이닝 포치(Dining Porch)
③ 다이닝 키친(Dining Kitchen)
④ 다이닝 테라스(Dining Terrace)

**5-3. 주택의 침실에 관한 설명으로 옳지 않은 것은?**
① 어린이 침실은 주간에는 공부를 할 수 있고, 유희실을 겸하는 것이 좋다.
② 부부침실은 주택 내의 공동 공간으로서 가족생활의 중심이 되도록 한다.
③ 침실의 크기는 사용인원수, 침구의 종류, 가구의 종류, 통로 등의 사항에 따라 결정된다.
④ 침실의 위치는 소음의 원인이 되는 도로 쪽은 피하고, 정원 등의 공지에 면하도록 하는 것이 좋다.

**5-4. 주택의 식당 및 부엌에 관한 설명으로 옳지 않은 것은?**
① 식당의 색채는 채도가 높은 한색계통이 바람직하다.
② 식당은 부엌과 거실의 중간 위치에 배치하는 것이 좋다.
③ 부엌의 작업대는 준비대 → 개수대 → 조리대 → 가열대 → 배선대의 순서로 배치한다.
④ 키친네트는 작업대 길이가 2m 정도인 소형 주방가구가 배치된 간이 부엌의 형태이다.

### 10년간 자주 출제된 문제

**5-5. 주택의 현관에 관한 설명으로 옳지 않은 것은?**
① 한 가정에 대한 첫 인상이 형성되는 공간이다.
② 현관의 위치는 도로와의 관계, 대지의 형태 등에 의해 결정된다.
③ 현관의 조명은 부드러운 확산광으로 구석까지 밝게 비추는 것이 좋다.
④ 현관의 벽체는 저명도, 저채도의 색채로 바닥은 고명도, 고채도의 색채로 계획하는 것이 좋다.

|해설|

**5-1**
**거 실**
- 실의 성격상 주택 내의 중심에 위치해야 한다.
- 가급적 현관에서 가까운 곳에 배치하고, 방위는 남쪽 또는 남동·남서쪽에 면한다.
- 가족 구성원 1인당 5m², 전체 면적의 21~25% 이상이 필요하다.
- 형태는 직사각형이 정사각형보다 가구의 배치나 실의 활용면에서 유리하다.

**5-2**

| 종류 | 장점 | 단점 |
|---|---|---|
| DK<br>식사실 – 주방<br>(Dining Kitchen) | 부엌의 일부분에 식사실 배치, 유기적으로 연결하여 노동력 절감 | 부엌조리 시 냄새나 음식찌꺼기 등으로 식사실 분위기 저해 |

**5-3**
**침 실**
- 기본기능은 휴식과 수면이며, 이외에도 실의 성격에 따라 독서, 화장, 옷을 갈아입는 행위, 음악 감상 등의 기능을 포함한다.
- 소음원이 있는 쪽은 피하고, 정원 등의 공지에 면하도록 하는 것이 좋다.
- 방위상 일조와 통풍이 좋은 남쪽, 동남쪽이 이상적이며 북쪽은 피하는 것이 좋다.

**5-4**
식당의 경우 식욕을 도와주는 난색계통(노랑, 밝은 주황, 크림색 등) 배색이 적당하다.

**5-5**
**현 관**
주택 내·외부의 동선이 연결되는 곳으로, 주택 외부에서 쉽게 알아볼 수 있는 곳이다. 출입문 외부 포치의 크기는 여러 사람이 동시에 수용할 수 있는 정도여야 하고, 현관 내부의 홀은 각종 가구가 차지하는 면적을 제외하고 1.5×1.8m 정도를 확보해야 한다. 현관 바닥 면에서 실내 바닥 면의 높이차는 15~21cm 정도이다.

정답 5-1 ④ 5-2 ③ 5-3 ② 5-4 ① 5-5 ④

---

## 핵심이론 06 | 공동주택

① 공동주택의 의의(주택법 제2조, 건축법 시행령 [별표 1])
공동주택이란 건축물의 벽, 복도, 계단이나 그 밖의 설비 등의 전부 또는 일부를 공동으로 사용하는 각 세대가 하나의 건축물 안에서 각각 독립된 주거생활을 할 수 있는 구조로 된 주택을 말하며, 그 종류와 범위는 다음과 같다.
  ㉠ 아파트 : 주택으로 쓰는 층수가 5개 층 이상인 주택
  ㉡ 연립주택 : 주택으로 쓰는 1개 동의 바닥면적 합계가 660m²를 초과하고, 층수가 4개 층 이하인 주택
  ㉢ 다세대주택 : 주택으로 쓰는 1개 동의 바닥면적 합계가 660m² 이하이고, 층수가 4개 층 이하인 주택
  ㉣ 기숙사 : 다음의 어느 하나에 해당하는 건축물로서 공간의 구성과 규모 등에 관하여 국토교통부장관이 정하여 고시하는 기준에 적합한 것. 다만, 구분·소유된 개별 실(室)은 제외한다.
  - 일반기숙사 : 학교 또는 공장 등의 학생 또는 종업원 등을 위하여 사용하는 것으로서 해당 기숙사의 공동취사시설 이용 세대 수가 전체 세대 수(건축물의 일부를 기숙사로 사용하는 경우에는 기숙사로 사용하는 세대 수로 함)의 50% 이상인 것
  - 임대형기숙사 : 공공주택사업자 또는 임대사업자가 임대사업에 사용하는 것으로서 임대 목적으로 제공하는 실이 20실 이상이고 해당 기숙사의 공동취사시설 이용 세대 수가 전체 세대 수의 50% 이상인 것

② 아파트의 형식
  ㉠ 주동의 외관 형식
  - 판상형
    - 같은 형식의 단위 주거를 수평이나 수직으로 배치
    - 단위 주거의 균등한 조건
    - 평면계획 및 건물시공이 쉬움
    - 건물의 그림자가 크고, 건물의 중앙부 아래층의 주거에서는 시야가 막힘

- 탑상형
  - 대지의 조망을 해치지 않고 건물의 그림자도 작아 다양한 변화를 줄 수 있는 형태
  - 단위 주거의 실내환경 조건이 불균등
- 복합형
  - 여러 형태를 복합
  - 대지의 모양에 따라 제약을 받을 때 생기는 주동의 형태로 ㄱ자형, ㄷ자형, ㄹ자형, H형, V형 등 다양함

ⓛ 주동의 평면 형식

| 구분 | | 특징 |
|---|---|---|
| 계단실형 | | 2개의 단위 주거가 1개의 엘리베이터를 사용<br>계단실 또는 엘리베이터 홀에서 직접 단위 주거로 들어가는 형식 |
| | 장점 | • 단위 주거의 두 벽면이 외부에 면하여 개구부를 양쪽으로 개방할 수 있어 채광·통풍에 유리<br>• 출입이 편리<br>• 계단이나 홀에 대한 독립성을 확보<br>• 출입에 필요한 통로부분의 면적이 절약 |
| | 단점 | 2단위 주거형에 엘리베이터를 설치할 때에는 이용률이 낮음 |
| 편복도형 | | 보통 복도는 외부에 개방됨<br>건물의 한쪽에 긴 복도를 만들어 복도에서 단위 주거로 들어가는 형식 |
| | 장점 | • 엘리베이터 1대당 이용단위 주거의 수를 늘릴 수 있어 계단실형보다 효율적<br>• 긴 주동계획에 이용 |
| | 단점 | • 독립성 확보가 어려움<br>• 통로에 면한 부분에는 개구부를 크게 낼 수 없기 때문에 채광, 통풍, 주거환경이 다소 불리 |

| 구분 | | 특징 |
|---|---|---|
| 중복도형 | | 건물의 중앙에 복도가 있는 형식 |
| | 장점 | • 고밀도가 가능하여 시가지 내에서 소규모 단위 주거를 고밀도로 계획할 때 적당<br>• 도심부의 독신자 아파트에도 적합 |
| | 단점 | • 단위 주거가 대부분 한쪽으로만 외부에 면하게 되어 평면계획의 배치가 어려움<br>• 단위 주거의 일조·채광·통풍이 균등하지 못함<br>• 복도의 환경이 불량<br>• 단위 주거의 독립성이 확보가 안 됨<br>• 화재 시 방연문제 |
| 집중형 | | 중앙에 엘리베이터와 계단을 배치하며, 그 주위에 많은 단위 주거를 집중시켜 배치하는 형식 |
| | 장점 | 단위 주거의 수가 적을 때 탑 모양으로 계단실형에 가까운 모양 |
| | 단점 | 단위 주거의 위치에 따라 일조조건이 불균등해지므로, 평면계획에서 특별한 배려가 있어야 한다. |

ⓒ 단위 주거의 단면 형식

| 구분 | 형식 | 특징 |
|---|---|---|
| 단층<br>(Flat)형 | 단위 주거가 1층으로만 된 형식 | 같은 평면을 수직으로 중첩하면 되기 때문에 평면계획과 구조가 단순하고 시공이 편리 |
| 스킵<br>플로어<br>(Skip Floor)형 | 한 층 또는 두 층을 걸러 복도를 설치하거나 그 밖의 층에는 복도 없이 계단실에서 단위 주거에 도달하는 형식 | 엘리베이터에서 복도를 거쳐 계단을 통하여 단위 주거에 도달하기 때문에 동선이 길어짐 |

| 구 분 | 형 식 | 특 징 |
|---|---|---|
| 복층<br>(Maison-<br>ette)형 | 1개의 단위 주거가 2개 층에 걸쳐 있는 형식 | • 편복도형에서 쓰이는 경우가 많음<br>• 복도는 한 층 걸러 설치할 수 있으므로 공공 통로 면적을 절약<br>• 엘리베이터의 정지 층이 감소하여 경제적<br>• 단위 주거의 평면계획에 변화가능<br>• 거주성, 사생활, 일조, 통풍 및 전망의 확보<br>• 각 층 평면이 달라 구조계획, 덕트, 그 밖의 배관계획, 피난계획 등이 어려움 |

### 10년간 자주 출제된 문제

**6-1.** 건축법령상 공동주택에 속하지 않는 것은?
① 기숙사　　　　② 연립주택
③ 다가구주택　　④ 다세대주택

**6-2.** 다음의 아파트 평면 형식 중 일조와 환기조건이 가장 불리한 것은?
① 홀 형　　　　　② 집중형
③ 편복도형　　　④ 중복도형

**6-3.** 계단실형 아파트에 관한 설명으로 옳지 않은 것은?
① 거주의 프라이버시가 높다.
② 채광, 통풍 등의 거주조건이 양호하다.
③ 통행부 면적을 크게 차지하는 단점이 있다.
④ 계단실에서 직접 각 세대로 접근할 수 있는 유형이다.

**6-4.** 복층형 공동주택에 관한 설명으로 옳지 않은 것은?
① 공용 통로면적을 절약할 수 있다.
② 상하층의 평면이 똑같아 평면 구성이 자유롭다.
③ 엘리베이터의 정지 층수가 적어지므로 운영면에서 효율적이다.
④ 1개의 단위 주거가 2개 층 이상에 걸쳐 있는 공동주택을 일컫는다.

**6-5.** 아파트의 단면 형식 중 하나의 단위 주거가 2개 층에 걸쳐 있는 것은?
① 플랫형　　　　② 집중형
③ 듀플렉스형　　④ 트리플렉스형

|해설|

### 6-1
**공동주택(건축법 시행령 [별표 1] 용도별 건축물의 종류)**
• 아파트 : 주택으로 쓰는 층수가 5개 층 이상인 주택
• 연립주택 : 주택으로 쓰는 1개 동의 바닥면적 합계가 660$m^2$를 초과하고, 층수가 4개 층 이하인 주택
• 다세대주택 : 주택으로 쓰는 1개 동의 바닥면적 합계가 660$m^2$ 이하이고, 층수가 4개 층 이하인 주택
• 기숙사 : 다음의 어느 하나에 해당하는 건축물로서 공간의 구성과 규모 등에 관하여 국토교통부장관이 정하여 고시하는 기준에 적합한 것. 다만, 구분·소유된 개별 실(室)은 제외한다.
 - 일반기숙사 : 학교 또는 공장 등의 학생 또는 종업원 등을 위하여 사용하는 것으로서 해당 기숙사의 공동취사시설 이용 세대 수가 전체 세대 수(건축물의 일부를 기숙사로 사용하는 경우에는 기숙사로 사용하는 세대 수로 함)의 50% 이상인 것
 - 임대형기숙사 : 공공주택사업자 또는 임대사업자가 임대사업에 사용하는 것으로서 임대 목적으로 제공하는 실이 20실 이상이고 해당 기숙사의 공동취사시설 이용 세대 수가 전체 세대 수의 50% 이상인 것

### 6-2
② 집중형 : 단위 주거의 위치에 따라 일조조건이 불균등해지므로, 평면계획에서 특별한 배려가 있어야 한다.

### 6-3
**계단실형**
• 출입에 필요한 통로 부분의 면적이 절약된다.
• 2단위 주거형에 엘리베이터를 설치할 때에는 이용률이 낮다.

### 6-4
• 편복도형에서 쓰이는 경우가 많음
• 복도는 한 층 걸러 설치할 수 있으므로 공공 통로면적을 절약
• 엘리베이터의 정지 층이 감소하여 경제적
• 단위 주거의 평면계획에 변화가능
• 거주성, 사생활, 일조, 통풍 및 전망의 확보
• 각 층 평면이 달라 구조계획, 덕트, 그 밖의 배관계획, 피난계획 등이 어려움

### 6-5
③ 듀플렉스 : 2개 층의 복층 형식

**정답** 6-1 ③　6-2 ②　6-3 ③　6-4 ②　6-5 ③

## 핵심이론 07 | 단지계획

① 근린주구와 커뮤니티
  ㉠ 근린주구(페리(C. A. Perry)) : 초등학교 1개를 설치할 수 있는 규모로 주민들의 공동체 의식이 자연스럽게 형성될 수 있는 최소한의 규모

| | |
|---|---|
| 인보구 | • 주택호수 15~20호, 인구 100~200명, 면적 0.5~2.5ha의 인보적(자치적)인 모임<br>• 공동시설로는 유아 놀이터, 공동 세탁소, 쓰레기 처리장 정도<br>• 3~4층의 공동주택에서는 1~2층 정도 |
| 근린분구 | • 주택호수 400~500호, 인구 2,000명, 면적 15~25ha로 일상적인 생활 소비에 필요한 공동시설을 영위할 수 있는 모임<br>• 커뮤니티의 단위로는 작음 |
| 근린주구 | • 주택호수 1,600~2,000호, 인구 8,000~10,000명, 면적 100ha, 반지름 약 400~800m로 초등학교 하나를 중심으로 하는 크기<br>• 아동의 생활권에 적절한 규모로 인구규모나 공간 규모에서 주택단지 계획의 모델이 됨<br>• 페리에 의하면 근린주구는 더 소규모인 근린분구가 4~5개 모인 정도 |

  ㉡ 커뮤니티 : 근린주구가 4~5개 모인 인구 30,000~50,000명 정도의 규모

### 10년간 자주 출제된 문제

**7-1.** 주거 단지의 단위 중 초등학교를 중심으로 한 단위는?
① 인보구　　　　　② 근린지구
③ 근린분구　　　　④ 근린주구

**7-2.** 주택단지 계획에서 근린주구에 해당되는 주택호수로 알맞은 것은?
① 10~20호
② 400~500호
③ 1,600~2,000호
④ 6,000~12,000호

**7-3.** 다음의 주택단지의 단위 중 규모가 가장 작은 것은?
① 인보구　　　　　② 근린분구
③ 근린주구　　　　④ 근린지구

|해설|

**7-1**
④ 근린주구(페리(C. A. Perry)) : 초등학교 1개를 설치할 수 있는 규모로 주민들의 공동체 의식이 자연스럽게 형성될 수 있는 최소한의 규모

**7-2**
근린주구 : 주택호수는 1,600~2,000호이다.

**7-3**
주택단지의 규모
인보구 < 근린분구 < 근린주구

정답 7-1 ④　7-2 ③　7-3 ①

## 제2절 건축설비의 이해

### 2-1. 급·배수 위생설비

**핵심이론 01** 급수설비

건물의 각종 위생기구에 필요한 물을 공급하기 위한 기기와 장치를 말한다.

① 급수방식

| 방 식 | 특 징 |
|---|---|
| 수도 직결 방식 | • 수도 본관에서 직접 급수하는 방식<br>• 일반적으로 주택이나 소규모 건축물에 주로 이용 |
| 고가탱크 방식 | • 일정한 수압 유지하여 단수 시 일정량의 급수를 계속할 수 있어 배관 부품의 파손이 적음<br>• 대규모 급수설비에 적합 |
| 압력탱크 방식 | • 탱크의 설치 위치에 제한을 받지 않고 사용 수량에 맞추어 급수량 조절가능<br>• 압력 차가 커서 급수압이 일정하지 않고, 시설비가 비싸며 고장이 잦음 |
| 탱크가 없는 부스터 방식 | • 물을 수도 본관으로부터 저장탱크 수조에 저수한 후 급수펌프만으로 건물 내에 급수하는 방식<br>• 미국, 유럽 각국과 최근 한국에서 많이 이용되는 방식 |

② 배관방식
  ㉠ 상향식 급수 배관법
  ㉡ 하향식 급수 배관법
  ㉢ 혼합식 급수 배관법
  ㉣ 초고층 건물에서의 배관법

---

**10년간 자주 출제된 문제**

**1-1.** 압력탱크식 급수방법에 관한 설명으로 옳은 것은?
① 급수공급 압력이 일정하다.
② 단수 시에 일정량의 급수가 가능하다.
③ 전력공급 차단 시에도 급수가 가능하다.
④ 위생성 측면에서 가장 바람직한 방법이다.

**1-2.** 다음과 같은 특징을 갖는 급수방식은?

> • 급수압력이 일정하다.
> • 단수 시에도 일정량의 급수를 계속할 수 있다.
> • 대규모의 급수 수요에 쉽게 대응할 수 있다.

① 수도직결방식
② 압력수조방식
③ 펌프직송방식
④ 고가수조방식

|해설|

**1-1**
**압력탱크방식** : 탱크의 설치 위치에 제한을 받지 않고 사용 수량에 맞추어 급수량을 조절할 수 있다. 압력 차가 커서 급수압이 일정하지 않고, 시설비가 비싸며 고장이 잦다.

**1-2**
④ 고가수조방식 : 일정한 수압을 유지할 수 있으며, 단수 시 일정량의 급수를 계속할 수 있어 배관 부품의 파손이 작고 대규모 급수설비에 적합하다.

정답 1-1 ② 1-2 ④

| 핵심이론 02 | 급탕설비 |

증기, 가스, 전기, 석탄 등을 열원으로 하는 물의 가열장치를 설치하여 수전에 직접 공급되는 온수를 만들어 공급하는 설비이다.

① 급탕방식
    ㉠ 개별식 : 순간식 급탕방식, 저탕식 급탕방식, 기수 혼합식 급탕방식
    ㉡ 중앙식 : 직접가열식, 간접가열식
② 급탕 배관법
    ㉠ 배관의 기울기는 현장조건이 허용하는 한 물의 흐름이 원활하도록 급구배로 한다.
    ㉡ 관은 3~5cm 정도의 보온재로 감싸준다.
    ㉢ 배관의 형상은 ㄷ자형 배관이 되지 않도록 한다.
    ㉣ 부득이하게 굴곡 배관을 할 때에는 공기빼기 밸브를 설치하며 10~30m마다 신축이음을 둔다.

#### 10년간 자주 출제된 문제

**2-1. 증기, 가스, 전기, 석탄 등을 열원으로 하는 물의 가열장치를 설치하여 온수를 만들어 공급하는 설비는?**

① 급수설비  ② 급탕설비
③ 배수설비  ④ 오수정화설비

**2-2. 개별식 급탕방식에 속하지 않는 것은?**

① 순간식  ② 저탕식
③ 직접가열식  ④ 기수 혼합식

|해설|

2-1
② 급탕설비 : 증기, 가스, 전기, 석탄 등을 열원으로 하는 물의 가열 장치를 설치하여 수전에 직접 공급되는 온수를 만들어 공급하는 설비

2-2
급탕방식
• 개별식 : 순간식 급탕방식, 저탕식 급탕방식, 기수 혼합식 급탕방식
• 중앙식 : 직접가열식, 간접가열식

정답 2-1 ② 2-2 ③

| 핵심이론 03 | 배수설비 |

① 배수설비
    ㉠ 배수 : 건물이나 대지 내에 생긴 오수, 빗물, 폐수 등을 외부로 배출하는 것
    ㉡ 잡배수 : 세면기·욕조·싱크대 등의 위생기구에서 배출
    ㉢ 오수 : 대·소변기에서 배출
    ㉣ 우수(빗물) : 옥상이나 마당
    ㉤ 특수 배수 : 병원이나 공장에서 배출되는 유해·유독성
② 트랩
    ㉠ 배수관 속의 악취, 유독 가스, 벌레 등이 실내로 침투하는 것을 방지하기 위하여 배수계통의 일부에 봉수를 고이게 하는 기구

| 종 류 | 특 징 |
|---|---|
| S트랩 | 세면기, 대변기에 사용 |
| P트랩 | 위생기구에 사용, S트랩보다 봉수가 안전 |
| U트랩 | 유속을 저해하여 공공 하수관에서 하수 가스 역류에 사용 |
| 드럼트랩 | 부엌용 개수기에 많이 사용, 관 트랩보다 봉수의 파괴가 적음 |
| 벨트랩 | 욕실 바닥의 물을 배수할 때 사용 |
| 그리스트랩 | 요리장 등에서 배수 중에 포함되는 지방분을 제거 |

㉡ 트랩의 종류

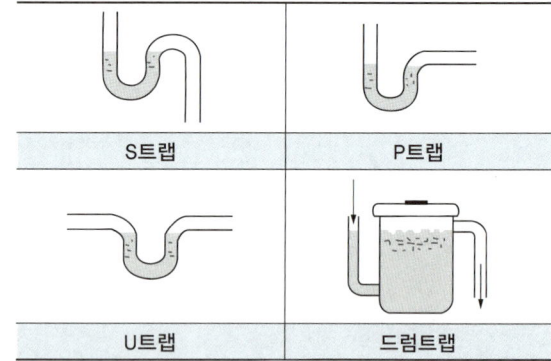

| S트랩 | P트랩 |
| U트랩 | 드럼트랩 |

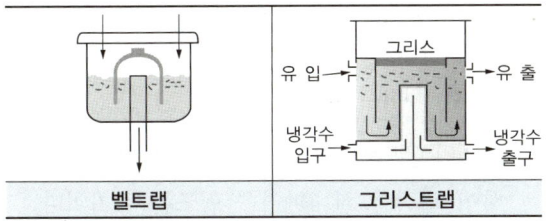

| 벨트랩 | 그리스트랩 |

ⓒ 트랩봉수의 파괴원인
- 자기사이펀작용
- 유도사이펀작용(감압에 의한 흡인작용)
- 배압에 의한 분출작용
- 모세관작용
- 봉수의 증발현상
- 자기 운동량에 의한 관성

③ 배수 및 통기관
  ㉠ 통기관 : 트랩의 봉수 보호, 배수관 내의 원활한 흐름, 신선한 공기유통, 배수관계통의 환기 도모
  ㉡ 각개통기관(각 위생기구마다 통기관을 세우는 가장 좋은 통기방식, 통기방식 중 안전도가 가장 높다), 루프통기관(2~8개 트랩의 통기 보호를 위하여 설치), 신정통기관(최상층 설치배수의 수평지관과 배수수직관에 연결된 통기관, 대기 중에 개구한 통기관), 도피통기관, 습윤통기관, 결합통기관, 공용통기관

### 10년간 자주 출제된 문제

**3-1.** 배수트랩의 종류에 속하지 않는 것은?
① S트랩　　② 벨트랩
③ 버킷트랩　④ 드럼트랩

**3-2.** 배수관 속의 악취, 유독 가스 및 벌레 등이 실내로 침투하는 것을 방지하기 위하여 설치하는 것은?
① 트 랩　　② 플랜지
③ 부스터　　④ 스위블이음쇠

**3-3.** 가옥트랩으로서 옥내 배수 수평 주관의 말단 등 가옥 내 배수 기구에 부착하여 공공 하수관으로부터의 해로운 가스가 집안으로 침입하는 것을 방지하는 데 사용되는 것은?
① P트랩　　② S트랩
③ U트랩　　④ 버킷트랩

**3-4.** 배수트랩의 봉수 파괴원인에 속하지 않는 것은?
① 증 발　　② 간접배수
③ 모세관현상　④ 유도사이펀작용

**3-5.** 통기방식 중 트랩마다 통기되기 때문에 가장 안정도가 높은 방식은?
① 루프통기방식　② 결합통기방식
③ 각개통기방식　④ 신정통기방식

|해설|

**3-1**
**배수트랩** : 위생기구의 배수구 부근이나 욕실의 바닥 등에 설치하여 트랩 내의 봉수에 의하여 하수 가스나 작은 벌레 등이 배수관에서 실내로 침입하는 것을 방지하는 역할을 하는 것으로서 관트랩(P트랩, S트랩, U트랩), 드럼트랩, 벨트랩 등이 있다.

**3-2**
① 트랩 : 배수관 속의 악취, 유독 가스, 벌레 등이 실내로 침투하는 것을 방지하기 위하여 배수계통의 일부에 봉수를 고이게 하는 기구

**3-3**
③ U트랩 : 유속을 저해하여 공공 하수관으로부터 해로운 가스가 침입하는 것을 방지한다.

**3-4**
트랩봉수의 파괴원인
- 자기사이펀작용
- 유도사이펀작용(감압에 의한 흡인작용)
- 배압에 의한 분출작용
- 모세관작용
- 봉수의 증발현상
- 자기 운동량에 의한 관성

**3-5**
**각개통기방식** : 각 기구의 트랩마다 통기관을 설치하여 그것들을 통기수평지관에 접속하고 그 지관의 말단을 통기수직관 또는 신정통기관에 접속하는 방식이다. 트랩마다 통기되어 있으므로 가장 성능이 좋다.

정답 3-1 ③　3-2 ①　3-3 ③　3-4 ②　3-5 ③

## 핵심이론 04 | 위생기구

건축물에서 급수, 급탕 및 배수가 필요한 곳에 설치하는 여러 가지 기구이다.

① 수세기·세면기
  ㉠ 수세기 : 비교적 소형
  ㉡ 세면기 : 비교적 대형
② 세척용 탱크
  ㉠ 로탱크(Low Tank), 하이탱크(High Tank), 결로방지를 위해 방로가공한 탱크
  ㉡ 싱크 : 용도에 따라 세탁, 실험용, 오물 싱크 등
③ 소변기·대변기
  ㉠ 소변기
    • 벽걸이형, 자립형
    • 세정방법 : 수동식, 자동식
  ㉡ 대변기
    • 세정방식 : 로탱크(Low Tank)방식, 하이탱크(High Tank)방식, 플러시 밸브(Flush Valve)방식 등

## 2-2. 냉·난방 및 공기조화설비

### 핵심이론 01 | 냉방설비

① 공기의 온도와 습도를 조정장치에 의하여 적당히 조절하여 쾌적한 실내환경을 만드는 장치이다.
② 중앙식 냉방과 개별식 냉방이 있다.

## 핵심이론 02 | 난방설비

① 난방방식

| 직접 난방 | • 열원 기기에서 가열된 증기·온수 등의 열매를 직접 실내의 방열장치에 공급하는 방식<br>• 설비가 비교적 간단하고 취급이나 유지·관리가 용이<br>• 실내습도의 조절이나 공기의 청정도 유지가 곤란 |
|---|---|
| 간접 난방 | 가열된 열매가 공기 조화기, 배관, 덕트 등을 지나 실내로 공급되어 난방하는 방식 |
| 개별식 난방 | 화로나 스토브(Stove) 등과 같이 난방이 필요한 실에서 직접 열을 이용하는 것 |
| 중앙식 난방 | 보일러·온풍기 등의 설비로 열원을 여러 실에 공급하거나 배분하는 것 |
| 지역 난방 | 한군데에 보일러(Power Plant)를 설치하여 일정 구역의 다수 건물에 고압증기 또는 고온의 물을 공급하는 방식 |

㉠ 주택용 난방방식

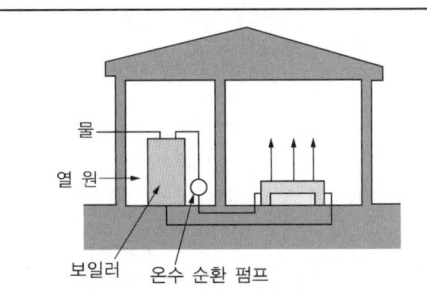
온수 난방

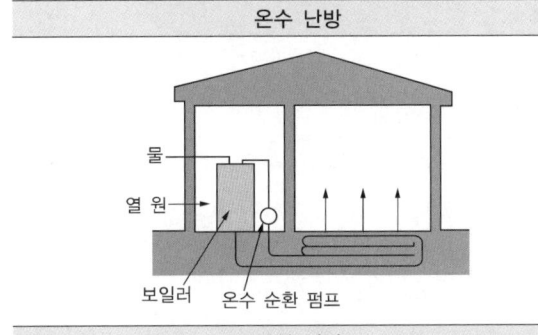
복사 난방

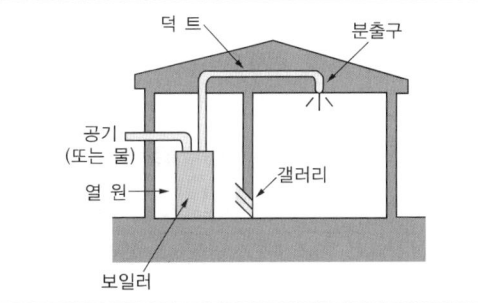
온풍 난방

[주택용 난방방식]

② 증기난방

보일러에서 물을 가열하여 발생한 증기를 배관을 통하여 각 실에 설치된 방열기로 보내고, 이 수증기의 증발잠열(Latent Heat)로 난방하는 방식이다.

| 장점 | • 증발잠열을 이용하기 때문에 열의 운반능력이 큼<br>• 예열시간이 온수난방에 비하여 짧고 증기의 순환이 빠름<br>• 방열면적을 온수난방보다 작게 할 수 있음<br>• 설비비와 유지비가 저렴 |
|---|---|
| 단점 | • 난방의 쾌감도가 낮음<br>• 난방부하의 변동에 따라 방열량 조절이 곤란<br>• 소음발생, 보일러 취급 기술이 필요 |

③ 온수난방

현열(Sensible Heat)을 이용한 난방으로, 보일러에서 가열된 온수를 복관식 또는 단관식 배관을 통하여 방열기에 공급하여 난방하는 방식이다.

| 장점 | • 난방부하의 변동에 따라 온수온도와 온수의 순환 수량을 쉽게 조절가능<br>• 현열을 이용한 난방으로 증기난방보다 쾌감도가 높음<br>• 방열기 표면온도가 낮아 표면에 부착된 먼지를 태워 냄새를 발생하지 않고, 화상을 입을 염려가 없음<br>• 난방을 정지하여도 난방효과가 일정시간 지속 |
|---|---|
| 단점 | • 예열시간이 김<br>• 증기난방보다 방열면적과 배관이 크고 시설비가 많이 듦<br>• 열용량이 크기 때문에 온수순환 시간이 김<br>• 날씨가 추울 때 난방을 정지하면 동결의 우려가 있음 |

④ 복사난방

건축 구조체(천장, 바닥, 벽 등)에 동관, 강관, 폴리에틸렌관 등으로 코일을 배관하여 가열면을 형성하고, 온수 또는 증기를 공급하여 가열면의 온도를 높여 복사열로 난방하는 방식이다.

| 장 점 | • 실내의 온도 분포가 균등하고 쾌감도가 높음<br>• 방열기가 필요하지 않고 바닥면의 이용도가 높음<br>• 실이 개방된 상태에서도 난방효과가 있음<br>• 평균온도가 낮기 때문에 동일 방열량에 비하여 손실 열량이 비교적 적음 |
|---|---|
| 단 점 | • 시공, 수리와 방의 모양을 바꿀 때 불편<br>• 건축 벽체의 특수시공이 필요하므로 설비비가 많이 듦<br>• 벽 표면에 균열이 생기기 쉬움<br>• 매설 배관이 고장났을 때 발견하기가 곤란함<br>• 열 손실을 막기 위한 단열층이 필요 |

### 10년간 자주 출제된 문제

**2-1. 지역난방(District Heating)에 관한 설명으로 옳지 않은 것은?**

① 각 건물의 설비면적이 증가된다.
② 각 건물마다 보일러 시설을 할 필요가 없다.
③ 설비의 고도화에 따라 도시의 매연을 경감시킬 수 있다.
④ 각 건물에서는 위험물을 취급하지 않으므로 화재 위험이 적다.

**2-2. 증기난방에 관한 설명으로 옳지 않은 것은?**

① 예열시간이 짧다.
② 한랭지에서는 동결의 우려가 적다.
③ 증기의 현열을 이용하는 난방이다.
④ 부하변동에 따른 실내 방열량의 제어가 곤란하다.

**2-3. 복사난방에 관한 설명으로 옳은 것은?**

① 방열기 설치를 위한 공간이 요구된다.
② 실내의 온도분포가 균등하고 쾌감도가 높다.
③ 대류식 난방으로 바닥면의 먼지 상승이 많다.
④ 열용량이 작기 때문에 방열량 조절이 용이하다.

|해설|

**2-1**
대형 발전소에서 배관을 통해 각 가정마다 공급하여 별도의 보일러실 공간이 필요없다.
**지역난방** : 한군데에 보일러(Power Plant)를 설치하여 일정 구역의 다수 건물에 고압증기 또는 고온의 물을 공급하는 방식

**2-2**
증기난방
보일러에서 물을 가열하여 발생한 증기를 배관을 통하여 각 실에 설치된 방열기로 보내고 이 수증기의 증발잠열(Latent Heat)로 난방을 하는 방식이다.

| 장 점 | • 증발잠열을 이용하기 때문에 열의 운반능력이 큼<br>• 예열시간이 온수난방에 비하여 짧고 증기의 순환이 빠름<br>• 방열면적을 온수난방보다 작게 할 수 있음<br>• 설비비와 유지비가 저렴 |
|---|---|
| 단 점 | • 난방의 쾌감도가 낮음<br>• 난방부하의 변동에 따라 방열량 조절이 곤란<br>• 소음발생, 보일러 취급 기술이 필요 |

**2-3**
복사난방
• 실내의 온도 분포가 균등하고 쾌감도가 높다.
• 방열기가 필요하지 않고 바닥 면의 이용도가 높다.

정답 2-1 ① 2-2 ③ 2-3 ②

| 핵심이론 03 | 환기설비

① **자연환기설비** : 풍압에 의한 자연환기, 온도차에 의한 자연환기
② **기계환기설비**

| | |
|---|---|
| 제1종 환기법 | 급기와 배기에 모두 기계장치를 사용한 환기방식으로 실내외의 압력 차를 조정할 수 있으며, 가장 우수한 환기방식<br>예 병원 수술실 등 |
| 제2종 환기법 | 송풍기에 의하여 일방적으로 실내로 송풍하고, 배기는 배기구 및 틈새 등으로 배출하는 방식<br>예 공장에서 청정 공기를 공급할 때 주로 사용 |
| 제3종 환기법 | 배풍기에 의하여 실내의 공기를 배기하는 방식으로, 공기가 나가는 위치에 배풍기를 설치<br>예 부엌, 화장실 등 |

### 10년간 자주 출제된 문제

**다음 설명에 알맞은 환기방식은?**

> 급기와 배기측에 송풍기를 설치하여 정확한 환기량과 급기량 변화에 의해 실내압을 정압 또는 부압으로 유지할 수 있다.

① 제1종  ② 제2종
③ 제3종  ④ 제4종

|해설|

**제1종 환기** : 급기와 배기에 모두 기계장치를 사용한 환기방식으로 실내외의 압력 차를 조정할 수 있으며, 가장 우수한 환기방법이다.

정답 ①

| 핵심이론 04 | 공기조화설비

① **공기조화** : 실내에서 사람이나 물품을 대상으로 온도, 습기, 기류 분포 등을 그 실의 사용 목적에 적합한 상태로 유지하는 것
② **열매의 종류에 의한 공기조화방식**

| | |
|---|---|
| 전공기식 | 공기조화기로 냉·온풍을 만들어 송풍하는 방식 |
| 수공기 | 1차 공기조화기와 2차 공기조화기(또는 실내 유닛)를 병용하는 것으로, 1차 공기조화기가 외기 및 환기를 처리한 다음 덕트로 방에 송풍을 하고, 2차 공기조화기에서는 냉·온수가 동시 또는 단독으로 송입되어 실내 공기를 재처리하는 방식 |
| 전수방식 | 덕트를 사용하지 않고, 배관에 의하여 냉·온수가 동시 또는 단독으로 실내에 처리된 유닛 속에 보내져 방의 공기를 처리하는 방식 |
| 냉매식 | 송풍 덕트나 냉·온수 배관 대신 냉매공급 배관을 통하여 각 실에 에너지를 공급하는 방식 |
| 패키지형 | 내부의 냉매 배관이 공장에서 시공되어 있어 현장에서 냉매 배관으로 실내의 공기를 직접 처리하는 방식 |

㉠ 기계환기설비

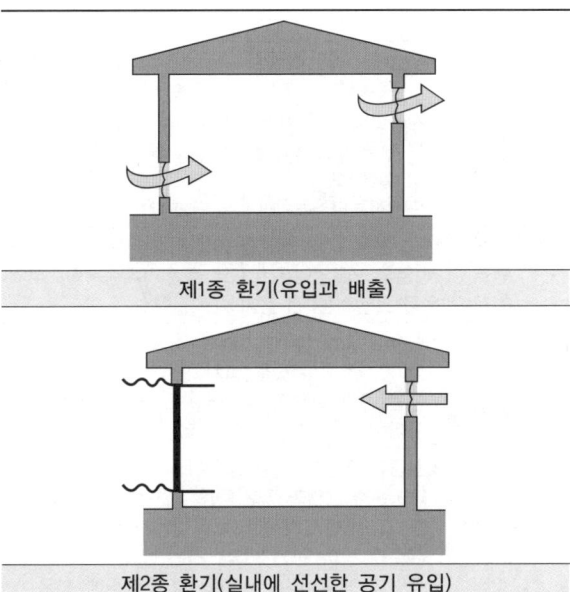

제1종 환기(유입과 배출)

제2종 환기(실내에 선선한 공기 유입)

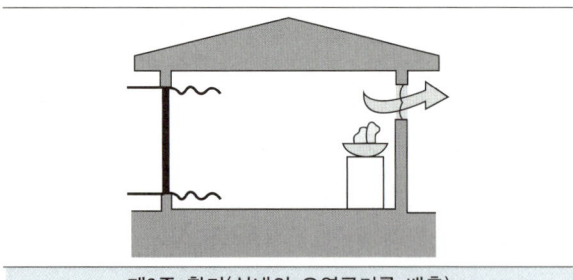

[제3종 환기(실내의 오염공기를 배출)]

③ 설비방식에 의한 공기조화방식

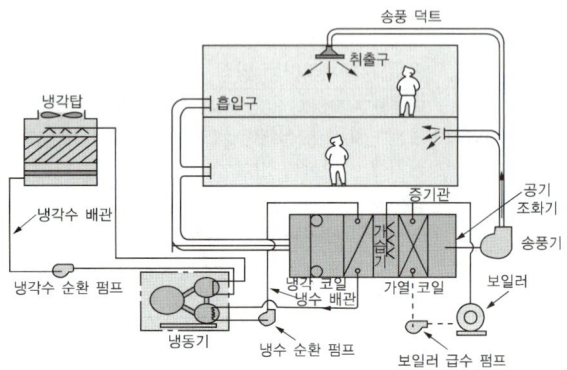

[공기조화설비 계통]

| 단일<br>덕트<br>방식 | • 중앙에서 에어 핸들링 유닛이나 패키지형 공조기 등을 사용하여 실내 또는 환기 덕트 내 자동온도조절기나 자동습도조절기에 의하여 각 실의 조건에 알맞게 조절된 냉풍 또는 온풍을 하나의 덕트와 취출구를 통하여 각 실에 보내 공조<br>• 오래전부터 사용되어 온 공조방식 |
|---|---|
| 이중<br>덕트<br>방식 | 냉풍, 온풍 2개의 덕트를 만들어 끝 부분에 혼합 유닛에서 열부하에 알맞은 비율로 혼합하여 송풍함으로써 실온을 조절하는 전 공기식 조절방식 |
| 각층<br>유닛<br>방식 | • 층마다 조건이 다른 건물에 적합하며, 층 또는 구역마다 공기조화 유닛을 설치하는 방식<br>• 중간 규모 이상이거나 대규모 건물에 적합<br>• 환기 덕트가 있는 경우와 없는 경우도 있음 |
| 팬코일<br>유닛<br>방식 | • 전동기 직결의 소형 송풍기<br>• 냉·온수 코일과 필터 등을 갖춘 실내형 소형 공조기를 각 실에 설치하여 중앙 기계실로부터 냉수 또는 온수를 받아 공기조화를 하는 방식<br>• 호텔의 객실, 아파트 주택 및 사무실에 적용<br>• 직접 난방을 채용하는 기존건물의 공기조화에도 적용 가능 |
| 멀티존<br>유닛<br>방식 | • 단일덕트에서 비롯된 것으로, 열 특성이 이중덕트방식과 동일한 중간 규모 이하의 건물에서는 중앙식으로 사용됨<br>• 냉풍과 온풍을 만들고 지역별로 이들을 혼합 공기로 한 후 각각의 덕트에 보냄<br>• 하나의 유닛만으로 여러 개의 지역을 조절할 수 있기 때문에 배관이나 조절장치 등을 한 곳에 집중이 가능 |
| 패키지<br>유닛<br>방식 | • 소형 유닛방식과 덕트 병용방식이 있음<br>• 시공과 취급이 간편하고 대량생산에 따른 원가 절감 등의 장점이 있어 현재는 점차 대용량 건물에도 많이 사용됨 |
| 복사<br>패널<br>덕트<br>병용<br>방식 | • 건물 바닥 또는 천장 면에 구조체 파이프 코일을 설치하여 여름에는 냉수, 겨울에는 온수를 통하게 하여 실의 공기조화를 함<br>• 중앙의 공기조화장치로부터 덕트를 통하여 공기를 공급받기도 함<br>• 일반적으로 덕트와 병용하지 않으며, 여름에는 패널 면에 이슬 맺힘이 발생할 우려가 있음<br>• 실내의 현열비가 극히 크고, 실온이 높을 때는 덕트가 없어도 냉난방 가능 |

### 10년간 자주 출제된 문제

**4-1.** 공기조화방식 중 전공기방식에 관한 설명으로 옳지 않은 것은?

① 덕트 스페이스가 필요하다.
② 중간기에 외기냉방이 가능하다.
③ 실내에 배관으로 인한 누수의 우려가 없다.
④ 팬코일 유닛방식, 유인 유닛방식 등이 있다.

**4-2.** 공기조화방식 중 이중덕트방식에 관한 설명으로 옳지 않은 것은?

① 혼합상자에서 소음과 진동이 생긴다.
② 냉풍과 온풍의 혼합으로 인한 혼합손실이 발생한다.
③ 전수방식이므로 냉·온수관과 전기배선 등을 실내에 설치하여야 한다.
④ 단일덕트방식에 비해 덕트 샤프트 및 덕트 스페이스를 크게 차지한다.

**4-3.** 공기조화방식 중 팬코일 유닛방식에 관한 설명으로 옳지 않은 것은?

① 전공기방식에 속한다.
② 각 실에 수배관으로 인한 누수의 우려가 있다.
③ 덕트방식에 비해 유닛의 위치 변경이 용이하다.
④ 유닛을 창문 밑에 설치하면 콜드 드래프트를 줄일 수 있다.

## 10년간 자주 출제된 문제

**4-4.** 다음 설명에 알맞은 공기조화방식은?

- 전공기방식의 특성이 있다.
- 냉풍과 온풍을 혼합하는 혼합상자가 필요없다.

① 단일덕트방식
② 이중덕트방식
③ 멀티존 유닛방식
④ 팬코일 유닛방식

|해설|

**4-1**
**전공기방식** : 공기조화기로 냉·온풍을 만들어 송풍하는 방식으로 멀티존방식, 이중덕트방식, VAV방식 등이 있다.

**4-2**
**이중덕트방식** : 냉·온풍 2개의 덕트를 만들어 끝 부분에 혼합유닛에서 열부하에 알맞은 비율로 혼합하여 송풍함으로써 실온을 조절하는 전 공기식 조절방식이다.

**4-3**
**팬코일 유닛방식** : 전동기 직결의 소형 송풍기, 냉·온수 코일과 필터 등을 갖춘 실내형 소형 공조기를 각 실에 설치하여 중앙기계실로부터 냉수 또는 온수를 받아 공기조화를 하는 방식이다. 호텔의 객실, 아파트 주택 및 사무실에 적용한다. 직접 난방을 채용하는 기존건물의 공기조화에도 적용 가능하다.

**4-4**
① **단일덕트방식** : 중앙에서 에어 핸들링 유닛이나 패키지형 공조기 등을 사용하여, 실내 또는 환기 덕트 내 자동온도조절기나 자동습도조절기에 의하여 각 실의 조건에 알맞게 조절된 냉풍 또는 온풍을 하나의 덕트와 취출구를 통하여 각 실에 보낸다. 오래전부터 사용되어 온 공조방식이다.

정답 4-1 ④ 4-2 ③ 4-3 ① 4-4 ①

## 2-3. 전기설비

### 핵심이론 01 | 조명설비

① 주택조명
각 실의 용도에 따라서 밝기나 색상디자인 등이 다르다. 특성에 맞게 조명기구나 방식을 선택하며 에너지효율을 고려한다.

② 사무실조명
빌딩에서의 조명 시 기구비가 약 50%를 차지하므로 경제성을 고려하여 조명기구를 선택한다.

③ 공장조명
직접·반직접방식이 적합하다. 생산성에 직접적인 영향을 끼치므로 근로자의 심리적 안정과 눈의 피로를 고려한다. 또한 작업면을 고르게 조사할 수 있는 여러 가지 조명방식을 적절히 사용하며 권장 조명도를 고려한다.

## 핵심이론 02 | 배전 및 배선설비

① 전등배선
  ㉠ 전기회로
  ㉡ 간 선
② 배선공사
  ㉠ 옥내배선에는 간선과 분기회로가 있다.
  ㉡ 허용전류와 전압에 맞는 전선을 선택한다.
  ㉢ 내구성, 내화성, 내화학성을 고려한다.

### 10년간 자주 출제된 문제

**2-1.** 대지에 이상전류를 방류 또는 계통구성을 위해 의도적이거나 우연하게 전기회로를 대지 또는 대지를 대신하는 전도체에 연결하는 전기적인 접속은?

① 접 지
② 분 기
③ 절 연
④ 배 전

**2-2.** 과전류가 통과하면 가열되어 끊어지는 용융회로개방형의 가용성 부분이 있는 과전류보호장치는?

① 퓨 즈
② 캐비닛
③ 배전반
④ 분전반

|해설|

**2-1**
접 지
대지에 이상전류를 방류 또는 계통구성을 위해 의도적이거나 우연하게 전기회로를 대지 또는 대지를 대신하는 전도체에 연결하는 전기적인 접속을 말한다.

**2-2**
① 퓨즈 : 회로의 과부하를 방지하기 위한 안전장치이다. 하나의 짧은 길이로 된 도체로, 전류가 이 도체를 통해서 흐를 때 어느 일정 온도 이상이 되면 녹아서 회로를 차단시킨다.

정답 2-1 ① 2-2 ①

## 핵심이론 03 | 방재설비

① 화재탐지설비
  ㉠ 열 감지기

  | 정온식 | • 국부적인 온도가 일정한 온도를 넘으면 작동<br>• 화기 및 열원기기를 취급하는 보일러실, 주방 등에 이용 |
  |---|---|
  | 차동식 | • 주위 온도가 일정 온도 상승률 이상일 때 작동<br>• 일반 사무실 등에 많이 사용 |
  | 보상식 | • 정온식과 차동식을 복합한 것 |

  ㉡ 연기 감지기

  | 광전식 | 연기 입자로 광전 소자에 대한 입사광량이 변화하는 것을 이용 |
  |---|---|
  | 이온화식 | 연기 입자 때문에 이온 전류가 변화하는 것을 이용 |

  ※ 천장이 높은 장소로서 강당, 복도, 계단 등에 사용한다.

② 비상경보설비 : 신속한 피난의 유도, 발화 초기 소화활동의 신속성을 위한 설비이다.

③ 피뢰설비
  ㉠ 피뢰침은 낙뢰에 의한 피해를 줄이며, 뇌격전류를 신속하게 땅으로 방류시켜 사람과 건축물을 보호하기 위해 설치한다.
  ㉡ 건축물 높이 20m 이상은 필히 설치한다.
  ㉢ 일반건물의 돌침 및 수평도체의 보호각은 60° 이하, 위험물 관계 건물의 경우 45° 이하이다.

## 핵심이론 04 | 전원설비

① 변전설비 : 건물의 조명, 전원, 동력 등의 부하설비에 전력을 공급하기 위하여 각 설비에 적합한 전압을 유지시킨다.

② 예비전원설비
- ㉠ 자가발전설비, 축전지설비, 비상전용 수전설비
- ㉡ 자가발전설비 용량은 변전설비 용량의 10~20% 정도
- ㉢ 축전지는 30분 이상 방전
- ㉣ 자가용 발전설비는 비상사태 발생 후 10초 이내에 가동, 30분 이상 전력공급

### 10년간 자주 출제된 문제

**수·변전실의 위치 선정 시 고려사항으로 옳지 않은 것은?**
① 외부로부터의 수전이 편리한 위치로 한다.
② 용량의 증설에 대비한 면적을 확보할 수 있는 장소로 한다.
③ 사용부하의 중심에서 멀고, 수전 및 배전 거리가 긴 곳으로 한다.
④ 화재, 폭발의 우려가 있는 위험물 제조소나 저장소 부근은 피한다.

|해설|
수·변전실의 위치는 사용부하의 중심에서 가까운 것이 좋다.

정답 ③

## 2-4. 가스설비 및 소방시설

### 핵심이론 01 | 가스설비

① 연료용 가스
도시가스-석탄가스, 기름가스, 액화석유가스(LPG), 액화천연가스(LNG)

※ LPG 연료의 특징
- 석유정제과정에서 채취된 가스를 압축냉각해서 액화시킨 것
- 주기적으로 연료 잔량을 확인해야 한다.
- 공기보다 무겁다(비중이 공기보다 크다).
- 누출 시 바닥에 가라앉고, 특유의 냄새가 있다.
- 열 효율이 LNG(도시가스)에 비해 높다.
- 같은 용량당 가격은 LPG가 비싼 편이다.

② 가스공급 및 배관
- ㉠ 가스공급방식 : 고압, 중압, 저압
- ㉡ 가스기구 위치 : 용도, 성능, 안정성 고려, 사용하기 쉬운 장소에 설치

③ 배관위치
용도에 적합하고 열이나 충격에 강한 재료를 선택한다.

## 10년간 자주 출제된 문제

**1-1. 액화석유가스(LPG)에 관한 설명으로 옳지 않은 것은?**
① 공기보다 가볍다.
② 용기(Bomb)에 넣을 수 있다.
③ 가스절단 등 공업용으로도 사용된다.
④ 프로판 가스(Propane Gas)라고도 한다.

**1-2. LP가스에 관한 설명으로 옳지 않은 것은?**
① 비중이 공기보다 크다.
② 발열량이 크며 연소 시에 필요한 공기량이 많다.
③ 누설이 된다 해도 공기 중에 흡수되기 때문에 안전성이 높다.
④ 석유정제과정에서 채취된 가스를 압축냉각해서 액화시킨 것이다.

|해설|

**1-1, 1-2**
**LPG 연료의 특징**
- 석유정제과정에서 채취된 가스를 압축냉각해서 액화시킨 것
- 주기적으로 연료 잔량을 확인해야 한다.
- 공기보다 무겁다(비중이 공기보다 크다).
- 누출 시 바닥에 가라앉고, 특유의 냄새가 있다.
- 열 효율이 LNG(도시가스)에 비해 높다.
- 같은 용량당 가격은 LPG가 비싼 편이다.

정답 1-1 ① 1-2 ③

## 핵심이론 02 | 소방시설

① **옥내소화전설비**
  소형 소화전이라고 하며, 건물 내부의 복도나 실내의 벽면에 설치된 소화전 상자 속에 호스·노즐이 함께 들어 있다. 수동·반자동·전자동식이 있으며 소화전 하나의 유효면적은 반경 25m 이내의 범위이다.

② **옥외소화전설비**

③ **스프링클러설비**
  ㉠ 스프링클러 하나당 소화할 수 있는 면적은 $10m^2$ 정도이다.
  ㉡ 설치간격은 규정에 따르나 1.7m 이하 또는 2.1m 정도 간격으로 한다.

④ **드렌처설비** : 건축물의 외벽, 창, 지붕 등에 설치하여 인접건물에 화재 발생 시 수막을 형성하여 화재의 연소를 방재한다.

⑤ **연결살수설비** : 소방대 전용 소화전인 송수구를 통하여 실내로 물을 공급하는 소화활동으로 지하층 일반화재 진압에 사용한다.

⑥ **화재경보설비** : 자동화재탐지설비, 전기화재경보기, 자동화재속보설비, 비상경보설비 등

## 10년간 자주 출제된 문제

**건물 각 층 벽면에 호스, 노즐, 소화전 밸브를 내장한 소화전함을 설치하고 화재 시에는 호스를 끌어낸 후 화재 발생지점에 물을 뿌려 소화시키는 설비는?**
① 드렌처설비
② 옥내소화전설비
③ 옥외소화전설비
④ 스프링클러설비

|해설|

② 옥내소화전설비 : 소형 소화전이라고 하며, 건물 내부의 복도나 실내의 벽면에 설치된 소화전 상자 속에 호스와 노즐이 함께 들어 있다. 수동·반자동·전자동식이 있으며 소화전 하나의 유효면적은 반경 25m 이내의 범위이다.

정답 ②

## 2-5. 정보 및 수송설비

### 핵심이론 01 | 정보설비

① 구내 교환설비 : 건물의 외부와 내부 및 배부 상호 간에 연락을 위한 설비이다.
② 인터폰설비 : 구내 또는 옥내 전용의 통화 연락을 위한 설비이다. 전화 배선과 별도로 시공하며, 전원장치는 보수가 쉽고 안전한 장소에 설치하고 높이는 바닥에서 1.5m 이격시킨다.
③ 표시설비 : 램프, 카드, 숫자에 의하여 상황이나 행위를 표현하여 다수가 알도록 해야 한다.
④ 방송설비 : 건물 내외에 스피커를 설치하여 연락, 안내, 통보한다.
⑤ 안테나설비 : 텔레비전과 라디오 등의 공동시청설비로 건물의 미관을 해치지 않도록 주의한다.
⑥ HA시스템 : 주택의 규모 및 요구에 따라 선택하며, 홈 오토메이션, 홈 컨트롤, 재난방지, 홈 매니지먼트의 기능을 갖는 자동화시스템이다.

### 핵심이론 02 | 수송설비

① 엘리베이터 : 구조적인 강도와 제어의 안정성을 고려한다.
② 에스컬레이터 : 계단식으로 된 컨베이어로 30° 이하의 기울기를 가지는 트러스에 발판을 부착시켜 레일로 지지한 구조체이다.
③ 이동보도 : 수평에 대하여 경사 10~15°의 범위 내에서 승객을 수평으로 이동시키는 장치이다.
④ 컨베이어 벨트 : 임의의 장소에 연속적으로 화물을 수송하며 수신인이 상시 대기하지 않아도 된다.

#### 10년간 자주 출제된 문제

**2-1. 에스컬레이터에 관한 설명으로 옳지 않은 것은?**
① 수송량에 비해 점유면적이 작다.
② 엘리베이터에 비해 수송능력이 작다.
③ 대기시간이 없고 연속적인 수송설비이다.
④ 연속운전이 되므로 전원설비에 부담이 작다.

**2-2. 1200형 에스컬레이터의 공칭수송능력은?**
① 4,800인/h
② 6,000인/h
③ 7,200인/h
④ 9,000인/h

|해설|

**2-1**
엘리베이터에 비해 수송능력이 크다.

**2-2**
**1200형 에스컬레이터** : 한 장의 발판에 대인 2명이 탑승할 수 있도록 난간폭이 1,200mm로 설계되어 있으며, 공칭수송능력은 9,000인/h이다.

정답 2-1 ② 2-2 ④

## 제3절 건축제도의 이해

### 3-1. 제도규약

**핵심이론 01** KS건축제도통칙

① 제도용지

| 종류 | A0 | A1 | A2 | A3 |
|---|---|---|---|---|
| 규격(mm) | 841×1,189 | 594×841 | 420×594 | 297×420 |

② 도면의 표제란

도면의 관리 및 내용에 대한 사항을 모아 기입하는 곳으로 도면명칭·척도·도면 작성일·작성자 이름 등을 기입한다.

③ 선
  ㉠ 선의 우선순위 : 외형선-숨은선-절단선-중심선-무게중심선-치수보조선
  ㉡ 선의 종류와 용도

| 종류 | | 표현 | 굵기(mm) 및 작도법 | 용도별 명칭 | 세부 용도 |
|---|---|---|---|---|---|
| 실선 | 굵은선 | ———— | 0.6~0.8 | 단면선, 외형선 | 벽체나 바닥의 단면 윤곽을 그림 |
| | 중간선 | ———— | 0.3~0.5 굵은선과 가는선의 중간 | 입면선, 윤곽선 | 건물 윤곽 및 입면요소의 표현 |
| | 가는선 | ———— | 0.2 이하 | 치수선, 치수보조선, 가구선, 조경선 | 치수선, 보조선 및 각종 조경요소의 표현 |
| 파선 및 점선 | 파선 | - - - - | 가는선보다 약간 굵게 | 숨은선 | 보이지 않는 부분의 표시선 |
| | 1점쇄선 | —·—·— | | 중심선, 기준선, 절단선, 경계선 | 벽체의 중심선, 절단선, 경계선 |
| | 2점쇄선 | —··—··— | | 가상선, 대지경계선 | 가상의 선, 1점쇄선과 구분 시 |

④ 문 자

문장은 왼쪽에서부터 가로쓰기로, 글자체는 수직 또는 15° 경사의 고딕체로 쓰는 것을 원칙으로 한다.

⑤ 치 수
  ㉠ 치수단위는 mm이나 도면에 표시는 하지 않는다.
  ㉡ 치수보조선의 화살표의 길이는 2.5~3mm, 길이와 너비의 비율은 3:1이다.
  ㉢ 치수는 치수선에 따라서 도면에 평행하게 기입하고, 도면의 아래에서 위로, 왼쪽에서 오른쪽으로 기입한다.
  ㉣ 치수는 치수선의 중앙에 마무리 치수로 기입한다.
  ㉤ 치수의 단위가 mm가 아닌 경우는 해당 단위 기호를 기입한다.
  ㉥ 치수선의 간격이 좁을 때는 인출선을 써서 표기한다.

⑥ 척 도
  ㉠ 실척 : 1/1
  ㉡ 축척 : 1/2, 1/3, 1/4, 1/5, 1/10, 1/20, 1/25, 1/30, 1/40, 1/50, 1/100, 1/200, 1/250, 1/300, 1/500, 1/600, 1/1000, 1/1200, 1/2000, 1/2500, 1/3000, 1/5000, 1/6000
  ㉢ 배척 : 2/1, 5/1

### 10년간 자주 출제된 문제

**1-1. 1점 쇄선의 용도에 속하지 않는 것은?**
① 상상선　　② 중심선
③ 기준선　　④ 참고선

**1-2. 건축도면에서 보이지 않는 부분의 표시에 사용되는 선의 종류는?**
① 실 선　　② 파 선
③ 1점 쇄선　　④ 2점 쇄선

**1-3. 건축도면의 글자에 관한 설명으로 옳지 않은 것은?**
① 숫자는 로마숫자를 원칙으로 한다.
② 문장은 왼쪽에서부터 가로쓰기를 원칙으로 한다.
③ 글자체는 수직 또는 15° 경사의 고딕체로 쓰는 것을 원칙으로 한다.
④ 글자의 크기는 각 도면의 상황에 맞추어 알아보기 쉬운 크기로 한다.

**1-4. 한국산업표준(KS)에 따른 건축도면에 사용되는 척도에 속하지 않는 것은?**
① 1/1　　② 1/4
③ 1/80　　④ 1/250

|해설|

**1-1**
1점 쇄선 : 벽체의 중심선, 절단선, 경계선, 기준선, 참고선

**1-2**
② 파선 : 건축도면에서 보이지 않는 부분을 표시하는 데 사용하는 선

**1-3**
숫자는 아라비아숫자로 표기한다.

**1-4**
척 도
• 실척 : 1/1
• 축척 : 1/2, 1/3, 1/4, 1/5, 1/10, 1/20, 1/25, 1/30, 1/40, 1/50, 1/100, 1/200, 1/250, 1/300, 1/500, 1/600, 1/1000, 1/1200, 1/2000, 1/2500, 1/3000, 1/5000, 1/6000
• 배척 : 2/1, 5/1

정답 1-1 ①　1-2 ②　1-3 ①　1-4 ③

---

## 핵심이론 02 | 도면의 표시방법에 관한 사항

① 표시기호의 종류
　㉠ 도면표시 관련 KS 규정
　　• KS F 1501(건축제도 통칙)
　　• KS F 1502(창호기호)
　　• KS B 0051(배관 도시기호)[2001.3.20. 폐지]
　　• KS B ISO 2553(용접, 브레이징 및 솔더링 접합부 – 도면에서 기호 표시)
　　• KS C 0301(옥내 배선용 그림기호)
　㉡ 도면의 표시사항과 기호

| 표시사항 | 기 호 | 표시사항 | 기 호 |
| --- | --- | --- | --- |
| 길 이 | L | 면 적 | A |
| 높 이 | H | 용 적 | V |
| 너 비 | W | 지 름 | D 또는 $\phi$ |
| 두 께 | THK | 반지름 | R |
| 무 게 | Wt | | |

② 재료 구조 표시기호
　㉠ 평면 표시기호

| | | | |
| --- | --- | --- | --- |
| 여닫이문 | 외여닫이문<br>쌍여닫이문 | 여닫이창 | 외여닫이창<br>쌍여닫이창 |
| 미닫이문 | 외미닫이문<br>쌍미닫이문 | 미서기창 | 두 짝 미서기창<br>네 짝 미서기창 |
| 회전문 | | 회전창 | |
| 망사문 | | 붙박이창 | |
| 셔터 달린 문 | | 셔터 달린 창 | |
| 접이문 | | 오르내리 창 | |

ⓛ 재료 구조 표시기호(평면용)

| 축척 정도별 구분 표시사항 | | 축척 1/100 또는 1/200일 때 | 축척 1/20 또는 1/50일 때 |
|---|---|---|---|
| 벽 일반 | | | |
| 철골 철근 콘크리트 기둥 및 철근 콘크리트 벽 | | | |
| 철근 콘크리트 기둥 및 장막벽 | | | |
| 철골 기둥 및 장막벽 | | | |
| 블록벽 | | | 1/20, 1/50 |
| 벽돌벽 | | | |
| 목조벽 | 양쪽 심벽 | | |
| | 안 심벽 및 밖 평벽 | | 반쪽 기둥 1/50, 통재 기둥 |
| | 안팎 평벽 | | |

ⓒ 재료 구조 표시기호(단면용)

| 표시사항 구분 | | 원칙으로 사용 | 준용 | 비고 |
|---|---|---|---|---|
| 지반 | | | | 경사면 |
| 잡석 다짐 | | | | |
| 자갈, 모래 | | a  b  a : 자갈  b : 모래 | | 다른 재료와 혼동될 우려가 있을 때는 반드시 재료명을 기입한다. |
| 석재 | | | | |
| 인조석 | | | | |
| 콘크리트 | | | | 강자갈 |
| | | | | 깬 자갈 |
| | | | | 철근 배근일 때 |
| 목재 | 치장재 | | 단면, 길이 방향 단면 | |
| | 구조재 | 보조 구조재 | 합판 | 유심재와 거심재를 구별할 때  유심재 거심재 |

ㄹ. 창호 유형별 기호

| 재질별 기호<br>용도별 기호 | | 알루미늄합금<br>A | 합성수지<br>P | 강철<br>S | 스테인리스스틸<br>SS | 목재<br>W |
|---|---|---|---|---|---|---|
| 창 | W | AW | PW | SW | SSW | WW |
| 문 | D | AD | PD | SD | SSD | WD |
| 방화문 | FD | | | FSD | FSSD | |
| 셔터 | S | AS | | SS | SSS | |
| 방화셔터 | FS | | | FSS | | |
| 그릴 | G | AG | | SG | SSG | WG |
| 공틀 | F | AF | PF | SF | SSF | WF |

### 10년간 자주 출제된 문제

**2-1.** 건축도면의 표시기호와 표시사항의 연결이 옳지 않은 것은?

① V – 용적
② Wt – 너비
③ φ – 지름
④ THK – 두께

**2-2.** 다음과 같은 창호의 평면표시기호의 명칭으로 옳은 것은?

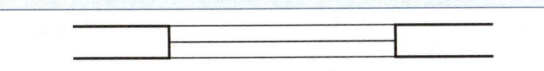

① 회전창
② 붙박이창
③ 미서기창
④ 미닫이창

**2-3.** 건축도면에서 다음과 같은 단면용 재료 표시기호가 나타내는 것은?

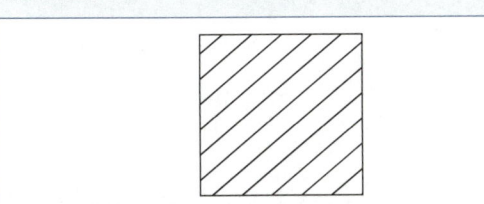

① 석재
② 인조석
③ 목재 치장재
④ 목재 구조재

| 해설 |

**2-1**
건축도면의 표시기호

| 표시사항 | 기호 | 표시사항 | 기호 |
|---|---|---|---|
| 길이 | L | 면적 | A |
| 높이 | H | 용적 | V |
| 너비 | W | 지름 | D 또는 φ |
| 두께 | THK | 반지름 | R |
| 무게 | Wt | | |

**2-3**
단면재료 표시기호

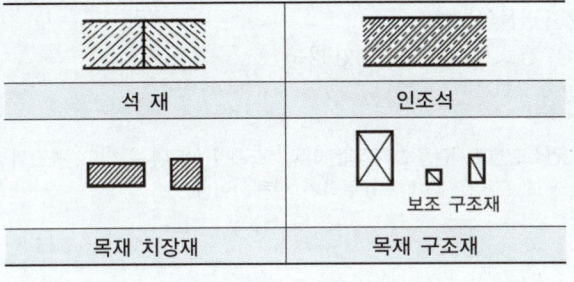

| 석재 | 인조석 |
|---|---|
| 목재 치장재 | 목재 구조재 |

정답 2-1 ② 2-2 ② 2-3 ③

## 3-2. 건축물의 묘사와 표현

### 핵심이론 01 | 건축물의 묘사

건축도면에 사람을 그려 넣는 이유는 스케일감을 알 수 있고 공간의 용도, 깊이, 높이를 표현하기 위해서이다.

#### 10년간 자주 출제된 문제

건축도면에서 사람의 배경과 표현을 통해 알 수 있는 것과 가장 거리가 먼 것은?

① 스케일감
② 공간의 깊이
③ 건물의 배치
④ 건물 공간의 관습적인 용도

|해설|

건축도면에 사람을 그려 넣는 이유 : 스케일감을 알 수 있고, 공간의 용도, 깊이, 높이를 표현하기 위해서이다.

정답 ③

### 핵심이론 02 | 건축물의 표현

여러 선에 의한 표현은 선의 간격을 달리 함으로써 면과 입체를 결정하는 방법이다.

#### 10년간 자주 출제된 문제

다음 설명에 알맞은 건축물의 입체적 표현방법은?

> 선의 간격을 달리 함으로써 면과 입체를 결정하는 방법으로, 평면은 같은 간격의 선으로, 곡면은 선의 간격을 달리하여 표현하며, 선의 방향은 면이나 입체의 수직, 수평의 방위에 맞추어 그린다.

① 단선에 의한 표현
② 여러 선에 의한 표현
③ 명암 처리만으로의 표현
④ 단선과 명암에 의한 표현

|해설|

여러 선에 의한 표현 : 선의 간격을 달리 함으로써 면과 입체를 결정하는 방법

정답 ②

## 3-3. 건축설계도면

### 핵심이론 01 | 투시도법에 쓰는 용어

① 기선(GL) : 지면과 화면이 만나는 선
② 지반면(GP) : 지면의 수평면
③ 화면(PP) : 대상물과 그것을 보는 사람 사이에 주어진 수직면
④ 수평면(HP) : 눈높이와 수평한 면
⑤ 수평선(HL) : 눈높이와 화면의 교차선
⑥ 시점(EP) : 대상물을 보는 눈의 위치
⑦ 정점(SP) : 관찰자의 위치
⑧ 소점(VP) : 화면에서 한 점으로 수렴되는 점, 중심소점(1점), 좌/우측소점(2점)

#### 10년간 자주 출제된 문제

**1-1.** 투시도에 사용되는 용어의 기호표시가 옳지 않은 것은?
① 화면 – PP
② 기선 – GL
③ 시점 – VP
④ 수평면 – HP

**1-2.** 투시도 용어 중 물체와 시점 사이에 기면과 수직한 직립평면을 나타내는 것은?
① 지반면(GP)
② 화면(PP)
③ 수평면(HP)
④ 기선(GL)

|해설|
**1-1, 1-2**
투시도법에 쓰는 용어
- 기선(GL) : 지면과 화면이 만나는 선
- 지반면(GP) : 지면의 수평면
- 화면(PP) : 대상물과 그것을 보는 사람 사이에 주어진 수직면
- 수평면(HP) : 눈높이와 수평한 면
- 수평선(HL) : 눈높이와 화면의 교차선
- 시점(EP) : 대상물을 보는 눈의 위치
- 정점(SP) : 관찰자의 위치
- 소점(VP) : 화면에서 한 점으로 수렴되는 점, 중심소점(1점), 좌/우측소점(2점)

정답 1-1 ③  1-2 ②

### 핵심이론 02 | 설계도면의 종류 및 작도법

| 배치도 | 주변 도로와 부지, 부지 내에서 건물의 위치 등을 정확히 표시하기 위한 도면 |
|---|---|
| 평면도 | 바닥에서 약 1.0~1.5m 높이에서 수평방향으로 건물을 절단한 후, 상부를 제거한 뒤 위에서 내려다본 것을 그린 것 |
| 입면도 | 건물의 외관, 또는 내부를 투시도적인 원근효과 없이 2차원의 평면적 형태로 보여주는 도면 |
| 단면도 | • 수직적인 공간구성과 구조, 설비시스템, 마감재료 등을 보여주기 위해 건물을 세로 즉, 수직으로 절단한 후 이를 수평방향 옆에서 바라본 대로 그린 것<br>• 대지의 경사, 지면과 바닥의 높이, 층고 및 천장고, 창높이, 계단실, 처마 및 베란다 같은 돌출상황 등을 표시 |
| 투시도 | 건물의 내·외부를 3차원상의 입체로 표현 |

그 밖에 각 부 상세도, 구조도, 설비도가 있다.

#### 10년간 자주 출제된 문제

**2-1.** 각 실내의 입면으로 벽의 형상, 치수, 마감상세 등을 나타낸 도면은?
① 평면도
② 전개도
③ 배치도
④ 단면상세도

**2-2.** 다음 중 단면도를 그려야 할 부분과 가장 거리가 먼 것은?
① 설계자의 강조부분
② 평면도만으로 이해하기 어려운 부분
③ 전체 구조의 이해를 필요로 하는 부분
④ 시공자의 기술을 보여 주고 싶은 부분

**2-3.** 단면도에 표기하는 사항과 가장 거리가 먼 것은?
① 층높이
② 창대높이
③ 부지경계선
④ 지반에서 1층 바닥까지의 높이

**2-4.** 투시도에 관한 설명으로 옳지 않은 것은?
① 투시도에 있어서 투사선은 관측자의 시선으로서, 화면을 통과하여 시점에 모이게 된다.
② 투사선이 1점으로 모이기 때문에 물체의 크기는 화면 가까이 있는 것보다 먼 곳에 있는 것이 커 보인다.
③ 투시도에서 수평면은 시점높이와 같은 평면 위에 있다.
④ 화면에 평행하지 않은 평행선들은 소점으로 모인다.

| 해설 |

**2-1**

② 전개도 : 건축물의 각 실내의 입면을 전개하여 벽의 형상, 치수, 마감 상세 등을 그린 도면

**2-2**

단면도를 그려야 할 부분 : 평면도만으로 이해하기 어려운 부분, 전체 구조의 이해를 필요로 하는 부분, 설계자의 강조부분

**2-3**

단면도 표시사항 : 대지의 경사, 지면과 바닥의 높이, 층고 및 천장고, 창높이, 계단실, 처마 및 베란다 같은 돌출상황 등을 표시한다.

**2-4**

투시도 : 건물의 내·외부를 3차원상의 입체로 표현한다. 투시선이 1점으로 모이기 때문에 물체의 크기는 화면 가까이 있는 것보다 먼 곳에 있는 것이 작아 보인다.

정답 2-1 ② 2-2 ④ 2-3 ③ 2-4 ②

## 3-4. 각 구조부의 제도

**핵심이론 01** | 기초 그리기

① 구도 잡기
  ㉠ 테두리선을 그린다.
  ㉡ 도면 요소와 용지 크기를 가늠하여 위치를 잡는다.
② 바닥 그리기
  ㉠ 인접한 벽체가 있을 경우에 중심선과 벽 두께선을 그린다.
  ㉡ 바닥선을 기준으로 구성재료의 두께를 표시한다.
  ㉢ 마감재-축열재-단열재-구조재-바탕재의 순서로 표시한다.
  ㉣ 온수 파이프를 그린다.
  ㉤ 각 재료의 재료기호를 그린다.
③ 치수와 명칭 기입하기
  ㉠ 치수선과 치수 보조선, 인출선을 긋는다.
  ㉡ 치수와 재료명, 제목 등을 기입한다.
  ㉢ 표제란을 작성한다.

### 10년간 자주 출제된 문제

**다음 중 기초 평면도 작도 시 가장 나중에 이루어지는 작업은?**

① 각 부분의 치수를 기입한다.
② 기초 평면도의 축척을 정한다.
③ 기초의 모양과 크기를 그린다.
④ 평면도에 따라 기초 부분의 중심선을 긋는다.

| 해설 |

**기초 그리기**
- 구도 잡기
- 바닥 그리기
- 치수와 명칭 기입하기

정답 ①

| 핵심이론 02 | 벽체 그리기

① 도면 요소의 배치
  ㉠ 면의 크기에 알맞은 축척을 정한다.
  ㉡ 테두리선을 그린다.
  ㉢ 축척을 고려하여 용지에 위치를 설정한다.
② 기준선 그리기
  ㉠ 중심선을 그린다.
  ㉡ 벽체의 두께선, 단열재선 등을 표시한다.
  ㉢ 벽체 쌓기법과 치수를 고려하여 벽돌 나누기를 한다.
  ㉣ 벽돌의 재료 표시를 한다.
  ㉤ 마감선을 그린다.
  ㉥ 단열재를 그린다.
  ㉦ 해칭을 그린다.
③ 마무리하기
  ㉠ 치수와 명칭을 기입한다.
  ㉡ 표제란을 그리고 마무리한다.

**10년간 자주 출제된 문제**

**조적조 벽체 그리기를 할 때 순서로 옳은 것은?**

㉠ 제도용지에 테두리선을 긋고, 축척에 알맞게 구도를 잡는다.
㉡ 단면선과 입면선을 구분하여 그리고, 각 부분에 재료 표시를 한다.
㉢ 지반선과 벽체를 중심선을 긋고, 기초의 깊이와 벽체의 너비를 정한다.
㉣ 치수선과 인출선을 긋고, 치수와 명칭을 기입한다.

① ㉠ → ㉡ → ㉢ → ㉣
② ㉢ → ㉠ → ㉡ → ㉣
③ ㉠ → ㉢ → ㉡ → ㉣
④ ㉡ → ㉠ → ㉢ → ㉣

정답 ③

| 핵심이론 03 | 창 그리기

① 도면 위치 결정하기
  ㉠ 테두리선을 그리고, 크기와 축척을 정한다.
  ㉡ 평면, 단면, 입면을 고려하여 각 도면의 위치를 정한다.
② 단면도 그리기
  ㉠ 단면상의 벽체 중심선과 벽 두께선을 그린다.
  ㉡ 문틀의 높이 치수를 그리고 문틀을 그린다.
  ㉢ 문의 두께, 띠장, 손잡이 위치 등을 그린다.
  ㉣ 문틀과 문선의 입면, 단면선을 그린다.
③ 입면도 그리기
④ 치수와 명칭 기입하기
  ㉠ 치수선을 그리고 치수를 기입한다.
  ㉡ 인출선을 긋고 명칭을 기입한다.

| 핵심이론 04 | 현관문 그리기

① 도면 위치 결정하기
  ㉠ 테두리선을 그리고 크기와 축척을 정한다.
  ㉡ 평면, 단면, 입면을 고려하여 각 도면의 위치를 정한다.
② 그리기
  ㉠ 평면상의 벽체 중심선과 벽 두께선 및 마감선을 그린다.
  ㉡ 문틀의 너비 치수를 표시한다.
  ㉢ 문틀의 절단면을 그린다.
  ㉣ 여닫는 방향에 맞게 문짝을 열린 상태로 그리고, 스윙 궤적을 호로 그린다.
  ㉤ 벽체 부분을 그린다.
③ 단면도 그리기
  ㉠ 단면상의 벽체 중심선과 벽 두께선을 그린다.
  ㉡ 문틀의 높이를 그리고 문틀을 그린다.
  ㉢ 문의 두께, 띠장, 손잡이 위치 등을 그린다.
  ㉣ 문틀과 문선의 입면, 단면선을 그린다.
④ 입면도 그리기
⑤ 치수와 명칭 기입하기
  ㉠ 치수선을 그리고 치수를 기입한다.
  ㉡ 인출선을 긋고 명칭을 기입한다.

| 핵심이론 05 | 계단 그리기

① 도면 배치하기
  ㉠ 용지의 크기에 알맞은 축적을 정한다.
  ㉡ 테두리선을 그린다.
  ㉢ 도면의 위치를 설정한다.
② 계단 그리기
  ㉠ 계단과 계단참의 평면길이를 정한다.
  ㉡ 디딤판 나누기를 한다.
  ㉢ 난간을 그린다.
  ㉣ 디딤판을 그린다.
③ 계단 단면도 그리기
  ㉠ 계단에 준하여 계단의 높이를 정한다.
  ㉡ 디딤판 및 챌판 나누기를 한다.
  ㉢ 단면선 및 입면선을 그린다.
  ㉣ 난간을 그린다.
④ 치수와 명칭 기입하기
  ㉠ 오르내림 표시 등을 한다.
  ㉡ 치수 및 재료명 등을 기입한다.
⑤ 계단의 구성과 종류
  ㉠ 계단의 구성 : 디딤바닥과 챌판, 계단참, 난간, 계단의 마감재
  ㉡ 계단의 종류 : 곧은계단, 꺾은계단, 나선계단

### 10년간 자주 출제된 문제

**5-1.** 다음 중 단면도를 그릴 때 가장 먼저 이루어져야 하는 것은?
① 지반선의 위치를 결정한다.
② 마루, 천장의 윤곽선을 그린다.
③ 기둥의 중심선을 1점 쇄선으로 그린다.
④ 내·외벽, 지붕을 그리고 필요한 치수를 기입한다.

**5-2.** 일반평면도의 표현내용에 속하지 않는 것은?
① 실의 크기
② 보의 높이 및 크기
③ 창문과 출입구의 구별
④ 개구부의 위치 및 크기

**5-3.** 강제계단의 특징으로 옳지 않은 것은?
① 건식 구조이다.
② 형태구성이 비교적 자유로운 편이다.
③ 철근콘크리트계단에 비해 무게가 무겁다.
④ 내화성이 부족하다.

|해설|

**5-1**
단면도 그리기 : 도면의 배치를 정하고 지반선과 기준선을 가장 먼저 그린다.

**5-2**
보의 높이 및 크기는 단면도에서 나타낸다.
평면도 : 건물의 각 층을 일정한 높이의 수평면에서 절단한 면을 수평 투사한 도면이다. 각 층의 방 배치, 출입구, 창 등의 위치를 나타내기 위해 그린다. 또, 평면도 중에 실내에 있어서 기계, 기구나 가구류의 평면적인 크기나 위치를 나타내는 경우가 있다. 지붕, 옥상층 등의 수평 투영도도 평면도의 일종이다.

**5-3**
강제계단은 철근콘크리트계단에 비해 무게가 가볍다.

정답 5-1 ① 5-2 ② 5-3 ③

# CHAPTER 02 건축구조

## 제1절 일반구조의 이해

### 1-1. 건축구조의 일반사항

**핵심이론 01** 건축구조의 개념

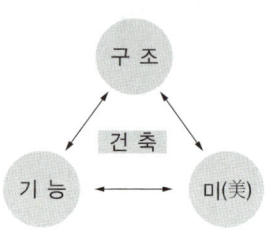

[건축에서의 유기적 관계]

건축물은 기초, 기둥, 보, 바닥, 벽, 계단, 지붕 등의 구조 부분과 치장 및 장식을 위한 천장, 수장재, 마감재 등으로 구성된다.

**핵심이론 02** 건축구조의 역학적 특징

① 하중의 종류

　하중(Load) : 구조물에 작용하는 외력

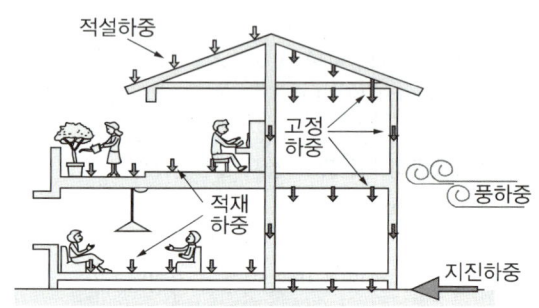

[하중의 종류]

| 하중의 작용방향 | 수직하중(고정하중, 적재하중, 적설하중 등), 수평하중(풍하중, 지진하중, 수압, 토압 등) |
|---|---|
| 하중의 작용위치 | 중심하중, 편심하중 등 |
| 분포 상황 | 집중하중, 등분포하중, 등변분포하중, 모멘트하중, 이동하중 등 |

② 반력과 외력

　㉠ 반력 : 건축물에 작용하는 하중에 저항하는 저항력
　㉡ 외력 : 하중과 반력 모두를 의미하는 것

---

**10년간 자주 출제된 문제**

하중의 작용방향에 따른 하중분류에서 수평하중에 포함되지 않는 것은?

① 활하중　　　　② 풍하중
③ 수 압　　　　　④ 토 압

|해설|
**수평하중** : 풍하중, 지진하중, 수압, 토압 등

정답 ①

## 핵심이론 03 | 건축구조의 분류

| 건축물의 사용재료 | 목구조, 벽돌구조, 블록구조, 돌구조, 철근콘크리트구조, 철골구조, 철골철근콘크리트구조 등 |
|---|---|
| 건축물의 구성방식 | 일체식 구조, 가구식 구조, 조적식 구조 |
| 건축물의 형상 | 셸구조, 돔구조, 스페이스 프레임구조, 막구조, 케이블구조, 절판구조, 아치구조 등 |
| 시공방식 | 습식 구조, 건식 구조, 조립식 구조, 현장구조 등 |

### 10년간 자주 출제된 문제

건축구조의 구성방식에 의한 분류에 속하지 않는 것은?

① 가구식 구조
② 일체식 구조
③ 습식 구조
④ 조적식 구조

|해설|
습식 구조는 시공방식에 의한 분류에 속한다.

정답 ③

## 핵심이론 04 | 각 구조의 특성

| 목구조 | 가볍고 가공성이 좋으나 불이나 습기에 약하고, 내구성이 좋지 않다. |
|---|---|
| 벽돌구조 | 지진이나 바람과 같은 수평하중에 약하고 균열이 발생되기 쉬우므로 저층 건물에 적합하다. |
| 블록구조 | 속 빈 블록을 만들어서 부피에 비해 무게가 가볍기 때문에 경제적이며 내구성, 내화성이 우수하나 횡력에 약하다. |
| 돌구조 | 외관이 장중하고 미려하며 내화성, 내구성이 매우 뛰어나지만 벽돌구조, 블록구조와 마찬가지로 수평하중에 약하다. |
| 철근콘크리트구조 | • 철근의 인장력, 콘크리트의 압축력을 상호보완하여 압축력과 인장력에 매우 강하다.<br>• 조형성, 내구성, 내화성, 내진성, 차음성이 매우 뛰어나 초고층 건물이나 대규모 건물에 적합하다.<br>• 거푸집과 동바리(지주)를 사용해야 하며 콘크리트와 철근의 자체 중량이 무겁고, 공사기간이 길다. |
| 철골구조 | • 단위 부피당 강도가 높기 때문에 부재를 작고 길게 할 수 있어 큰 공간을 요구하는 건축물이나 초고층 건축에 적합하다.<br>• 내화성이 낮고 두께가 얇아 좌굴 변형되기 쉬우며, 녹슬기에 대한 대비가 필요하다. |
| 일체식 구조 | • 기둥, 보, 바닥 등과 같이 하중을 받는 구조체 전체를 하나의 틀로 만들어 건축물을 완성하는 구조이다.<br>• 각 부분의 강도가 균일하고 강력한 강도를 낼 수 있는 매우 우수한 구조로 철근콘크리트구조, 철골철근콘크리트구조 등이 있다. |
| 가구식 구조 | 수직하중과 수평하중을 받는 기둥과 보를 조립하여 건축물을 만드는 방식(목구조, 철골구조 등)이다. |
| 조적식 구조 | • 벽돌이나 블록, 돌 등의 개별적 재료를 석회나 시멘트 등의 접착제를 이용하여 구조체를 만드는 것이다.<br>• 건물에서는 주로 벽체를 만들 때 사용(벽돌구조, 블록구조, 돌구조)한다. |
| 셸구조 | 조개껍데기나 달걀껍데기처럼 휘어진 얇은 판의 곡면을 이용하는 구조 방식이다. |
| 돔구조 | 공을 반으로 잘라 놓은 듯한 형태를 구성하는 구조 방식이다. |
| 스페이스 프레임 구조 | 선형 부재로 만든 트러스(Truss)를 삼각형, 사각형으로 가로, 세로 두 방향으로 접합하여 평면이나 곡면의 판을 만드는 구조이다. |
| 막구조 | 얇은 섬유재료의 천과 같은 막으로 텐트처럼 구조체의 지붕이나 벽체 등을 덮는 구조 방식이다. |
| 케이블 구조 | 인장력에 강한 케이블을 이용하여 구조체의 주요 부분을 잡아당겨 줌으로써 구조체를 지지하는 구조방식(현수교, 사장교)이다. |
| 절판구조 | 얇은 판을 꺾거나 접어 다양한 형태를 만들어 하중에 효율적으로 저항하는 구조방식이다. |
| 습식 구조 | 건축 시공 시 현장에서 공정상 물을 사용하여 구조체를 완성하는 방식(벽돌구조, 블록구조, 돌구조, 철근콘크리트구조)이다. |

| 건식 구조 | 건축 시공 시 물을 사용하지 않고 부재를 연결재(나무, 못, 리벳, 볼트 등)로 접합하여 구조체를 완성하는 방식(목구조, 철골구조 등)이다. |
|---|---|
| 조립식 구조 | • 공장에서 규격화된 건축 부재를 다량 제작하여 현장에서 조립하여 구조체를 완성하는 방식이다.<br>• 공사기간이 매우 짧고 대량 생산이 가능하며, 질의 균일화가 가능하다. 프리캐스트 콘크리트구조 등이 이에 해당한다. |
| 현장구조 | 규격화, 제품화된 건축 부재를 필요에 따라 현장에서 가공, 제작하고 조립하여 구조체를 완성하는 방식이다. |

※ 합성구조
- 프리스트레스트 콘크리트구조(Prestressed Concrete Structure)외력에 의하여 발생되는 응력을 소정의 한도까지 상쇄할 수 있도록 PC봉, PC강연선 등의 긴장재를 이용하여 미리 계획적으로 압축력을 작용시킨 콘크리트(PS 콘크리트 또는 PSC 콘크리트라고 함)를 말한다.
- 프리캐스트 콘크리트구조(Precast Concrete Structure) 공사 또는 시공현장에서 미리 제작하여 콘크리트가 굳은 후에 제자리에 옮겨 놓거나 또는 조립하는 콘크리트 부재를 말한다.

### 10년간 자주 출제된 문제

**4-1.** 고강도선인 피아노선에 인장력을 가해 준 다음 콘크리트를 부어 넣고 경화된 후 인장력을 제거시킨 콘크리트는?

① 레디믹스트 콘크리트
② 프리캐스트 콘크리트
③ 프리스트레스트 콘크리트
④ 레진 콘크리트

**4-2.** 사각형 단면의 철근콘크리트기둥에서 띠철근을 사용하는 가장 주된 목적은?

① 주근의 좌굴을 막기 위하여
② 주근 단면을 보강하기 위하여
③ 콘크리트의 압축강도를 증가시키기 위하여
④ 콘크리트의 수축 변형을 막기 위하여

**4-3.** 구조형식이 셸구조인 건축물은?

① 잠실 종합운동장　② 파리 에펠탑
③ 서울 월드컵 경기장　④ 시드니 오페라 하우스

**4-4.** 철근콘크리트구조에 관한 설명으로 옳지 않은 것은?

① 역학적으로 인장력에 주로 저항하는 부분은 콘크리트이다.
② 콘크리트가 철근을 피복하므로 철골구조에 비해 내화성이 우수하다.
③ 콘크리트와 철근의 선팽창계수가 거의 같아 일체화에 유리하다.
④ 콘크리트는 알칼리성이므로 철근의 부식을 막는 기능을 한다.

**4-5.** 곡면판이 지니는 역학적 특성을 응용한 구조로서 외력은 주로 판의 면내력으로 전달되기 때문에 경량이고 내력이 큰 구조물을 구성할 수 있는 것은?

① 셸구조　② 철골구조
③ 현수구조　④ 커튼월구조

|해설|

**4-1**
③ 프리스트레스트 콘크리트 : 철근콘크리트제품의 한 종류로서 약칭 PS 또는 PSC 콘크리트라고도 한다. 피아노선, 특수강선 등을 사용해 미리 부재 내에 응력을 줌으로써 사용 시 받는 외력을 없앤다. 조립 철근콘크리트구조용 부재 외에, 교량의 PC빔, 철도의 침목 등에도 널리 사용된다.

**4-2**
띠철근 : 철근콘크리트조에서 기둥의 주근을 보강하며, 좌굴을 방지하고 간격을 유지하는 것 등을 위하여 주근에 직교하여 감아 댄 가는 철근

**4-3**
셸구조 : 조개껍데기나 달걀껍데기처럼 휘어진 얇은 판의 곡면을 이용하는 구조방식

**4-4**
철근콘크리트구조 : 철근의 인장력, 콘크리트의 압축력을 역학적 특성을 상호 보완하여 압축력과 인장력에 매우 강하다. 조형성, 내구성, 내화성, 내진성, 차음성이 매우 뛰어나 초고층 건물이나 대규모 건물에 적합하다. 거푸집과 동바리(지주)를 사용해야 하며 콘크리트와 철근의 자체 중량이 무겁고, 공사 기간이 길다.

**4-5**
① 셸구조 : 조개껍데기나 달걀껍데기처럼 휘어진 얇은 판의 곡면을 이용하는 구조방식이다.
③ 현수구조 : 주요 부분을 케이블 등에 매달아서 인장력으로 저항하는 구조이다.
④ 커튼월구조 : 건물외벽에 뼈대가 아닌 경량부재를 사용하여 구조체를 얹히는 구조이다.

정답 4-1 ③　4-2 ①　4-3 ④　4-4 ①　4-5 ①

## 1-2. 건축물의 각 구조

### 핵심이론 01 | 조적구조-벽돌구조(1)

① 벽돌구조
  ㉠ 벽돌구조는 내화성·내구성이 우수하고 가격이 저렴하나 횡력에는 약한 구조이다.
  ㉡ 표준형 벽돌 치수 : 190×90×57mm
  ㉢ 마름질의 종류

| 온 장 | 칠오토막 | 반토막 |
|---|---|---|
| 이오토막 | 가로반절(반격지) | 반 절 |
| 반반절 | 경사반절 | |

② 벽돌 쌓기용 모르타르는 벽체 강도에 큰 영향을 주며, 줄눈의 종류에는 통줄눈, 막힌줄눈, 치장줄눈 등이 있다.

| 민줄눈 | 평줄눈 | 내민줄눈 |
|---|---|---|
| 빗줄눈 | 볼록줄눈 | 오목줄눈 |
| 둥근줄눈 | | |

---

### 10년간 자주 출제된 문제

**1-1.** 건축공사표준품셈에 따른 기본벽돌의 크기로 옳은 것은?
① 210×100×60mm
② 210×100×57mm
③ 190×90×57mm
④ 190×90×60mm

**1-2.** 다음 중 내구적, 방화적이나 횡력과 진동에 약하고 균열이 생기기 쉬운 구조는?
① 철골구조
② 목구조
③ 벽돌구조
④ 철근콘크리트구조

**1-3.** 벽돌 마름질과 관련하여 다음 중 전체적인 크기가 가장 큰 토막은?
① 이오토막
② 반토막
③ 반반절
④ 칠오토막

**1-4.** 벽돌벽 줄눈에서 상부의 하중을 전 벽면에 균등하게 분포시키도록 하는 줄눈은?
① 빗줄눈
② 막힌줄눈
③ 통줄눈
④ 오목줄눈

|해설|

**1-1**
**표준형 벽돌 치수** : 190×90×57mm

**1-2**
벽돌구조는 내화성·내구성이 우수하고 가격이 저렴하나 횡력과 진동에는 약한 구조이다.

**1-3**
④ 칠오토막의 크기는 0.75B로 보기 중 가장 큰 토막이다.

**1-4**
② 막힌줄눈 : 상부의 하중을 벽 전체에 고르게 분산시키는 줄눈

**정답** 1-1 ③  1-2 ③  1-3 ④  1-4 ②

### 핵심이론 02 | 조적구조-벽돌구조(2)

① 벽돌 쌓기법

길이 쌓기, 마구리 쌓기, 영국식 쌓기, 네덜란드식 쌓기, 프랑스식 쌓기, 미국식 쌓기, 공간 쌓기, 장식 쌓기 등

㉠ 영국식 쌓기 : 길이 쌓기 켜와 마구리 쌓기 켜를 번갈아서 쌓아 올리는 방법으로 마구리 켜의 모서리 부분에는 반절이나 이오토막을 사용한다. 통줄눈이 생기지 않으며, 가장 튼튼한 쌓기법이다.

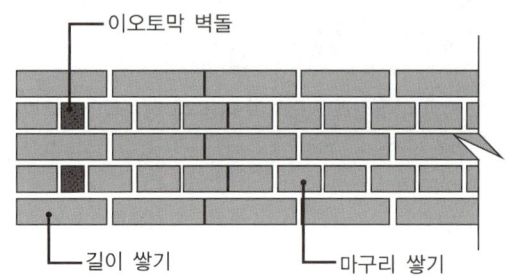

㉡ 네덜란드식 쌓기 : 길이 쌓기와 마구리 쌓기를 교대로 하는 것은 영국식 쌓기와 동일하며 길이 쌓기 켜의 모서리에는 칠오토막을 사용하여 상하가 일치되도록 한다.

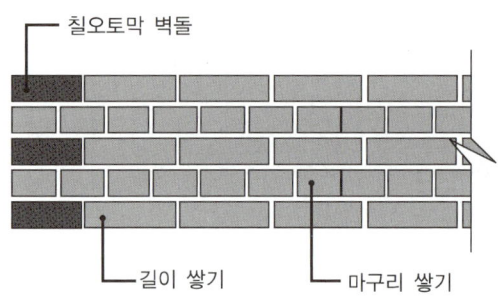

㉢ 프랑스식 쌓기 : 한 켜에 길이 쌓기와 마구리 쌓기를 번갈아 가며 쌓는다.

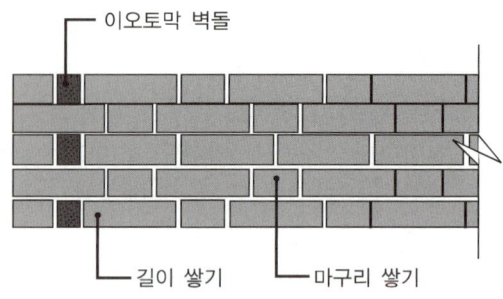

㉣ 미국식 쌓기 : 한 켜는 마구리 쌓기로 하고 그 다음 5켜는 길이 쌓기를 한다.

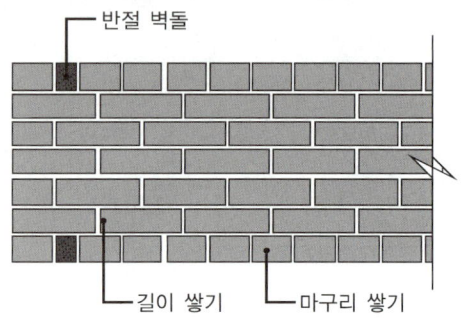

② 하루의 쌓기 높이는 1.2m(18켜 정도)를 표준으로 하고, 최대 1.5m(22켜 정도) 이하로 한다(건축공사 표준시방서 기준).

#### 10년간 자주 출제된 문제

**2-1.** 벽돌 쌓기에서 처음 한 켜는 마구리 쌓기, 다음 한 켜는 길이 쌓기를 교대로 쌓는 것으로 통줄눈이 생기지 않으며, 가장 튼튼한 쌓기법으로 내력벽을 만들 때 많이 사용하는 것은?

① 영국식 쌓기
② 네덜란드식 쌓기
③ 프랑스식 쌓기
④ 미국식 쌓기

**2-2.** 벽돌 쌓기법 중 모서리 또는 끝부분에 칠오토막을 사용하는 것은?

① 영국식 쌓기
② 프랑스식 쌓기
③ 네덜란드식 쌓기
④ 미국식 쌓기

## 10년간 자주 출제된 문제

**2-3. 벽돌 쌓기 방법 중 프랑스식 쌓기에 대한 설명으로 옳은 것은?**
① 한 켜 안에 길이 쌓기와 마구리 쌓기를 병행하여 쌓는 방법이다.
② 처음 한 켜는 마구리 쌓기, 다음 한 켜는 길이 쌓기를 교대로 쌓는 방법이다.
③ 5~6켜는 길이 쌓기로 하고, 다음 켜는 마구리 쌓기를 하는 방식이다.
④ 모서리 또는 끝부분에 칠오토막을 사용하여 쌓는 방법이다.

**2-4. 조적조 공간벽의 외부에서 보이는 벽에 많이 쓰이는 조적 방법은?**
① 길이 쌓기
② 마구리 쌓기
③ 옆세워 쌓기
④ 세워 쌓기

| 해설 |

**2-1**
영국식 쌓기 : 길이 쌓기 켜와 마구리 쌓기 켜를 번갈아서 쌓아 올리는 방법으로 마구리 켜의 모서리 부분에는 반절 또는 이오토막을 사용한다. 통줄눈이 생기지 않으며, 가장 튼튼한 쌓기법이다.

**2-2**
네덜란드식 쌓기 : 길이 쌓기와 마구리 쌓기를 교대로 하는 것은 영국식 쌓기와 동일하다. 길이 쌓기 켜의 모서리에는 칠오토막을 사용하여 상하가 일치되도록 한다.

**2-3**
프랑스식 쌓기 : 한 켜에 길이 쌓기와 마구리 쌓기를 번갈아 가며 쌓는다.

**2-4**
① 길이 쌓기 : 조적재를 평평하게 쌓고 최대 촌수의 부분을 벽면에 평행되게 쌓는 것을 말한다. 벽돌의 길이를 벽표면에 나타나게 하는 벽돌 쌓기 공법의 하나로 반장(벽)쌓기에 주로 쓰이며 양끝이나 끝나는 곳을 제외하고는 표면에 모두 벽돌 길이만 나타나게 된다. 특별한 벽돌을 써서 치장 겉벽 쌓기에도 이용된다.

정답 2-1 ① 2-2 ③ 2-3 ① 2-4 ①

## 핵심이론 03 | 조적구조-벽돌구조(3)

① 기초(건축물의 구조기준 등에 관한 규칙 제30조)
조적조 건축물의 기초판은 철근콘크리트·무근콘크리트 구조로 하고 기초벽의 두께는 250mm 이상으로 한다.

② 내력벽의 높이 및 길이(건축물의 구조기준 등에 관한 규칙 제31조)
㉠ 조적식 구조인 건축물 중 2층 건축물에 있어서 2층 내력벽의 높이는 4m를 넘을 수 없다.
㉡ 조적식 구조인 내력벽의 길이[대린벽(對隣壁 : 서로 직각으로 교차되는 벽을 말함)의 경우에는 그 접합된 부분의 각 중심을 이은 선의 길이를 말함]는 10m를 넘을 수 없다.
㉢ 조적식 구조인 내력벽으로 둘러싸인 부분의 바닥면적은 80m$^2$를 넘을 수 없다.

③ 개구부(건축물의 구조기준 등에 관한 규칙 제35조)
㉠ 조적식 구조인 벽에 있는 창·출입구 그 밖의 개구부의 구조는 다음의 기준에 의한다.
 • 각 층의 대린벽으로 구획된 각 벽에 있어서 개구부의 폭의 합계는 그 벽의 길이의 2분의 1 이하로 하여야 한다.
 • 하나의 층에 있어서의 개구부와 그 바로 위층에 있는 개구부와의 수직거리는 600mm 이상으로 하여야 한다. 같은 층의 벽에 상하의 개구부가 분리되어 있는 경우 그 개구부 사이의 거리도 또한 같다.
㉡ 조적식 구조인 벽에 설치하는 개구부에 있어서는 각 층마다 그 개구부 상호 간 또는 개구부와 대린벽의 중심과의 수평거리는 그 벽의 두께의 2배 이상으로 하여야 한다. 다만, 개구부의 상부가 아치구조인 경우에는 그러하지 아니하다.

④ 비내력벽(장막벽, 칸막이벽, Curtain Wall) : 무게를 지탱하지 않고 공간을 구분하는 역할, 커튼월은 칸막이 구실만 하고 하중을 지지하지 아니하는 바깥벽이다.

⑤ 벽돌벽체의 내쌓기(내놓기 한도는 2.0B) : 1켜는 $\frac{1}{8}$B, 2켜는 $\frac{1}{4}$B(건축공사 표준시방서 기준)

**10년간 자주 출제된 문제**

**3-1.** 조적조에서 내력벽으로 둘러싸인 부분의 바닥면적은 최대 몇 m² 이하로 해야 하는가?
① 40m²  ② 60m²
③ 80m²  ④ 100m²

**3-2.** 2개소의 개구부를 가진 조적식 구조에서 대린벽으로 구획된 벽의 길이가 6m일 때 최대 개구부 폭의 합계로 옳은 것은?
① 6m  ② 4m
③ 3m  ④ 2m

**3-3.** 역학구조상 비내력벽에 속하지 않는 벽은?
① 장막벽  ② 칸막이벽
③ 전단벽  ④ 커튼월

**3-4.** 벽돌 내쌓기에서 한 켜씩 내쌓을 때의 내미는 길이는?
① $\frac{1}{2}$B  ② $\frac{1}{4}$B
③ $\frac{1}{8}$B  ④ 1B

|해설|

**3-1**
조적식 구조에서 내력벽으로 둘러싸인 바닥면적은 80m²를 넘을 수 없다.

**3-2**
조적식 구조에서 각 층의 대린벽으로 구획된 각 벽에 있어서 개구부의 폭의 합계는 그 벽의 길이의 2분의 1 이하로 하여야 한다.

**3-3**
비내력벽(장막벽, 칸막이벽, Curtain Wall)은 무게를 지탱하지 않고 공간을 구분하는 역할이다.
**커튼월** : 칸막이 구실만 하고 하중을 지지하지 아니하는 바깥벽이다.

**3-4**
**벽돌벽체의 내쌓기(내놓기 한도는 2.0B)** : 1켜는 $\frac{1}{8}$B, 2켜는 $\frac{1}{4}$B이다.

정답 3-1 ③  3-2 ③  3-3 ③  3-4 ③

**핵심이론 04** | 조적구조-블록구조(1)

① 블록구조(건축물의 구조기준 등에 관한 규칙 제34조)
  ㉠ 내구성, 내화성, 단열성, 차음성, 시공성 등이 우수하다. 철근과 콘크리트로 보강하면 내풍성, 내진성도 우수한 구조이나 흡습성이 큰 단점이 있다.
  ㉡ 테두리보 : 조적구조의 벽체 상부를 둘러대는 보를 테두리보라고 한다. 테두리보는 벽체의 상부하중을 균등히 분포시키고, 건물 전체의 강성을 증대시키며 수직균열을 방지할 수 있다. 보강 블록조에서는 세로 철근을 정착시키는 역할을 한다. 조적조의 벽체를 보강하기 위해 내력벽의 상부에 벽두께의 1.5배 이상의 철골구조 또는 철근콘크리트구조의 테두리보를 설치한다.
  ㉢ 1층인 건축물로서 벽두께가 벽의 높이의 16분의 1 이상이거나 벽길이가 5m 이하인 경우에는 목조의 테두리보를 설치할 수 있다.

② 인방보(건축물의 구조기준 등에 관한 규칙 제35조) : 개구부의 상부하중을 지탱해 주기 위해 문틀 위에 걸쳐 대는 보이다. 인방은 좌우측에 20cm 이상 물려야 하고 폭이 1.8m를 넘는 개구부의 상부에는 철근콘크리트구조의 위 인방(引枋 : 문이나 창의 아래나 위로 가로질러 설치하여, 상부 무게를 받치도록 하는 구조물을 말함)을 설치한다.

③ 보강블록조 내력벽(건축물의 구조기준 등에 관한 규칙 제43조)
  ㉠ 건축물의 각 층에 있어서 건축물의 길이방향 또는 너비방향의 보강블록구조인 내력벽의 길이(대린벽의 경우에는 그 접합된 부분의 각 중심을 이은 선의 길이를 말함)는 각각 그 방향의 내력벽의 길이의 합계가 그 층의 바닥면적 1m²에 대하여 0.15m 이상이 되도록 하되, 그 내력벽으로 둘러싸인 부분의 바닥면적은 80m²를 넘을 수 없다.

ⓛ 보강블록구조인 내력벽의 두께(마감재료의 두께를 포함하지 아니함)는 150mm 이상으로 하되, 그 내력벽의 구조내력에 주요한 지점 간의 수평거리의 1/50 이상으로 하여야 한다.

④ 보강 철근은 굵은 것을 적게 사용하는 것보다 가는 것을 많이 사용하는 것이 좋다.

⑤ 세로 보강근
 ㉠ 굵기는 D10 이상으로 하고 내력벽의 끝, 모서리 및 교차부는 D13 이상으로 한다.
 ㉡ 배치 간격은 최대 80cm 이하로 한다.
 ㉢ 정착은 기초판 부분이나, 테두리보, 또는 바닥판에 두며, 정착길이는 40d 이상으로 한다(d=철근의 지름).
 ㉣ 피복두께는 20mm 이상으로 한다.
 ㉤ 세로 보강근은 이음을 하지 않는 것을 원칙으로 하고, 기초보에서 위층 보 또는 테두리보까지 하나의 철근을 사용한다.

⑥ 가로 보강근
 벽의 모서리에서는 D10 이상의 철근으로 40d 이상 정착한다.
 ㉠ 이음길이는 25d 이상으로 하고, 위치는 서로 엇갈리게 한다.
 ㉡ 설치 간격은 블록 3켜(60cm)~4켜(90cm)마다 설치한다.

---

**10년간 자주 출제된 문제**

**4-1. 조적구조에서 테두리보의 역할과 거리가 먼 것은?**
① 벽체를 일체화하여 벽체의 강성을 증대시킨다.
② 벽체 폭을 크게 줄일 수 있다.
③ 기초의 부동침하나 지진발생 시 지반반력의 국부집중에 따른 벽의 직접피해를 완화시킨다.
④ 수직균열을 방지하고, 수축균열 발생을 최소화한다.

**4-2. 다음은 조적조 내력벽 위에 설치하는 테두리보에 관한 설명이다. ( ) 안에 알맞은 숫자는?**

1층인 건축물로서 벽두께가 벽의 높이의 16분의 1 이상이거나 벽길이가 ( )m 이하인 경우에는 목조의 테두리보를 설치할 수 있다.

① 3
② 4
③ 5
④ 6

**4-3. 보강콘크리트블록조 단층에서 내력벽의 벽량은 최소 얼마 이상으로 하는가?**
① $10cm/m^2$
② $15cm/m^2$
③ $20cm/m^2$
④ $25cm/m^2$

**4-4. 바닥면적이 $40m^2$일 때 보강콘크리트블록조의 내력벽 길이의 총합계는 최소 얼마 이상이어야 하는가?**
① 4m
② 6m
③ 8m
④ 10m

**4-5. 보강블록조에 대한 설명으로 옳지 않은 것은?**
① 내력벽의 두께는 100mm 이상으로 한다.
② 내력벽으로 둘러싸인 부분의 바닥면적은 $80m^2$를 넘지 않아야 한다.
③ 세로철근의 양단은 각각 그 철근지름의 40배 이상을 기초판 부분이나 테두리보 또는 바닥판에 정착시켜야 한다.
④ 내력벽은 그 끝부분과 벽의 모서리부분에 12mm 이상의 철근을 세로로 배치한다.

| 해설 |

**4-1, 4-2**
**테두리보** : 조적구조의 벽체 상부를 둘러대는 보를 테두리보라고 한다. 테두리보는 벽체의 상부하중을 균등히 분포시키고, 건물 전체의 강성을 증대시키며 수직균열을 방지할 수 있다. 보강블록조에서는 세로철근을 정착시키는 역할을 한다. 조적조의 벽체를 보강하기 위해 내력벽의 상부에 벽두께의 1.5배 이상의 철골구조 또는 철근콘크리트구조의 테두리보를 설치한다. 1층인 건축물로서 벽두께가 벽의 높이의 16분의 1 이상이거나 벽길이가 5m 이하인 경우에는 목조의 테두리보를 설치할 수 있다.

**4-3**
**보강블록조 내력벽**
건축물의 각 층에 있어서 건축물의 길이방향 또는 너비방향의 보강블록구조인 내력벽의 길이(대린벽의 경우에는 그 접합된 부분의 각 중심을 이은 선의 길이를 말한다)는 각각 그 방향의 내력벽의 길이의 합계가 그 층의 바닥면적 1m² 에 대하여 0.15m 이상이 되도록 하되, 그 내력벽으로 둘러싸인 부분의 바닥면적은 80m² 를 넘을 수 없다.

**4-4**
15cm/m² × 40m² = 600cm = 6m

**4-5**
**보강 블록조**
보강블록구조인 내력벽의 두께(마감재료의 두께를 포함하지 아니한다)는 150mm 이상으로 하되, 그 내력벽의 구조내력에 주요한 지점간의 수평거리의 50분의 1 이상으로 하여야 한다.

정답 4-1 ② 4-2 ③ 4-3 ② 4-4 ② 4-5 ①

## 핵심이론 05 | 조적구조-블록구조(2)

① 블록구조의 종류

㉠ 단순 조적식 블록조 : 블록만을 모르타르로 쌓아 내력벽을 구성하는 방식으로 상부에서 오는 하중을 벽체가 받아 기초에 전달한다. 2층 이하의 소규모 건물에 적당하다.

㉡ 장막벽(칸막이벽) 블록조 : 철근콘크리트구조, 철골구조, 철골철근콘크리트구조의 내부에 칸막이로 사용하는 장막벽을 블록으로 할 수 있다. 하중을 받지 않고 그 자체의 하중만을 부담하는 비내력벽이다.

㉢ 보강 블록조 : 블록의 빈 속에 철근을 배근하고 콘크리트를 부어 넣어 수직·수평하중에 견딜 수 있게 만든 내력벽 블록구조이다. 통줄눈이 생기며 블록구조 중에서 가장 합리적인 구조로, 5층 정도의 건물에도 적용이 가능하다.

㉣ 거푸집 블록조 : 철근콘크리트구조의 거푸집과 같은 역할을 하는 거푸집 콘크리트 블록을 사용하여 이를 서로 조합하여 거푸집으로 한다. 그 안에 철근을 배근하여 콘크리트를 부어넣어 내력벽, 기둥, 보 등을 만드는 구조이다.

㉤ 복합 블록조 : 하나의 벽체에 두 종류의 재료가 일체성을 이루도록 한쪽 벽은 벽돌, 다른 한쪽은 블록을 사용하여 구성한 벽체이다.

② 석 재

㉠ 외관이 웅장하고 아름다우며 압축강도가 높다. 시공이 어렵고 수평하중에 약하며 불에 노출되면 균열이 생기기 쉽다.

㉡ 석재의 표면 마무리는 혹두기, 정다듬, 도드락다듬, 잔다듬, 물갈기, 광내기 순서로 진행한다.

ⓒ 돌 쌓기에는 거친돌 쌓기와 다듬돌 쌓기가 있다. 거친돌 쌓기는 자연스러움이 있으나 내진성이 떨어지며, 다듬돌 쌓기는 외관이 아름답고 튼튼하여 많이 사용한다.

### 10년간 자주 출제된 문제

**5-1. 블록구조에 관한 설명으로 옳지 않은 것은?**
① 블록구조는 지진 등과 같은 수평력에 약하지만, 보강철근을 사용하면 수평력에 견딜 수 있는 힘이 증가한다.
② 보강블록조는 뼈대를 철근콘크리트구조나 철골구조로 하고 칸막이벽으로서 블록을 쌓는 방식이다.
③ 거푸집블록조는 살두께가 얇고 속이 비어 있는 ㄱ자형, ㄷ자형, T자형, ㅁ자형으로 블록에 철근을 배근하여 콘크리트를 채워 벽체를 만드는 방식이다.
④ 내력벽으로 둘러싸인 부분의 바닥면적은 80m²를 넘지 않도록 한다.

**5-2. 석재의 표면마감방법 중 인력에 의한 방법에 해당되지 않는 것은?**
① 정다듬
② 혹두기
③ 버너마감
④ 도드락다듬

|해설|

**5-1**
장막벽(칸막이벽) 블록조
철근콘크리트구조, 철골구조, 철골철근콘크리트구조의 내부에 칸막이로 사용하는 장막벽을 블록으로 할 수 있다. 하중을 받지 않고 그 자체의 하중만을 부담하는 비내력벽이다.

**5-2**
석재의 표면 마무리는 혹두기, 정다듬, 도드락다듬, 잔다듬, 물갈기, 광내기 순서로 진행한다.

정답 5-1 ② 5-2 ③

## 핵심이론 06 | 철근콘크리트구조(1)

① 콘크리트는 압축력을 감당하고, 철근은 인장력을 감당할 수 있도록 고안한 구조시스템이다.
② 알칼리성인 콘크리트는 철근을 감싸 철근의 부식으로 인한 녹 발생을 방지해 주며, 화재 발생 시에도 고열에 의한 급격한 강도 저하를 막아 준다.
③ 철근콘크리트가 성립할 수 있는 이유
   ㉠ 콘크리트가 알칼리성이므로 콘크리트 속에 묻힌 철근은 녹슬지 않는다.
   ㉡ 철근과 콘크리트의 부착강도가 크다.
   ㉢ 철근과 콘크리트는 선팽창계수가 거의 완벽하게 일치하는 일체식 구조이다.
   ㉣ 콘크리트는 압축력, 철근은 인장력에 강하다.
   ㉤ 콘크리트와 철근 사이의 부착력에 영향을 미치는 요소는 휨 부착과 콘크리트와 철근 표면 사이의 접착력 및 마찰력 그리고 이형철근 표면의 요철에 의한 지압력 등으로 이 각 요소들은 철근의 위치에 따라 부착강도에 영향을 끼친다.
④ 기초 : 건물에 작용하는 하중을 지반에 전달하고 부동침하를 방지하는 역할을 한다.
   ㉠ 종류 : 독립기초, 복합기초, 연속(줄)기초, 온통기초

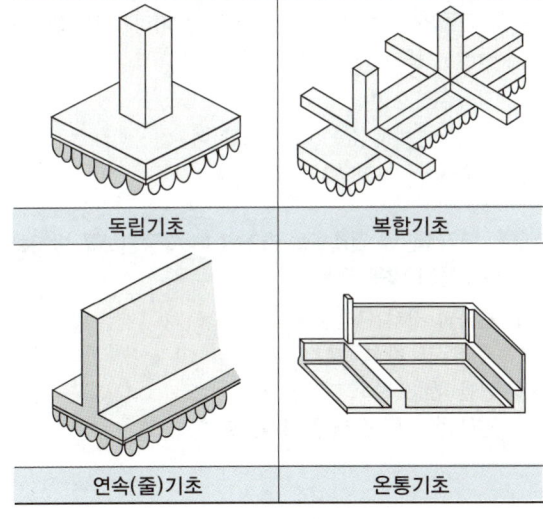

| 독립기초 | 복합기초 |
| 연속(줄)기초 | 온통기초 |

ⓒ 부동침하의 원인과 방지대책

| 원 인 | 방지대책 |
|---|---|
| • 지반이 연약한 경우<br>• 연약층의 두께가 상이한 경우<br>• 이질지정, 일부지정<br>• 건물이 이질층에 걸쳐 있는 경우<br>• 건물이 낭떠러지에 접근되어 있는 경우<br>• 부주의한 일부 증축<br>• 지하수위 변경<br>• 지하 매설물이나 구멍<br>• 지반이 메운 땅인 경우 | • 연약지반 개량<br>• 경질지반에 지지<br>• 건축물의 경량화<br>• 마찰말뚝시공<br>• 지하실 설치<br>• 건물의 평면길이 조정<br>• 지하수위를 저하시켜 수압변화 방지<br>• 건물의 형상 및 중량을 균일 배분 |

### 10년간 자주 출제된 문제

**6-1.** 철근콘크리트구조의 원리에 대한 설명으로 옳지 않은 것은?

① 콘크리트와 철근이 강력히 부착되면 철근의 좌굴이 방지된다.
② 콘크리트는 압축력에 강하므로 부재의 압축력을 부담한다.
③ 콘크리트와 철근의 선팽창계수는 약 10배의 차이가 있어 응력의 흐름이 원활하다.
④ 콘크리트는 내구성과 내화성이 있어 철근을 피복·보호한다.

**6-2.** 콘크리트와 철근 사이의 부착력에 영향을 주는 것이 아닌 것은?

① 철근의 항복점
② 콘크리트의 압축강도
③ 철근 표면적
④ 철근의 표면 상태와 단면 모양

**6-3.** 건물의 부동침하의 원인과 가장 거리가 먼 것은?

① 지반이 동결작용을 받을 때
② 지하수위가 변경될 때
③ 이웃건물에서 깊은 굴착을 할 때
④ 기초를 크게 할 때

**6-4.** 연약지반에 건축물을 축조할 때 부동침하를 방지하는 대책으로 옳지 않은 것은?

① 건물의 강성을 높일 것
② 지하실을 강성체로 설치할 것
③ 건물의 중량을 크게 할 것
④ 건물은 너무 길지 않게 할 것

|해설|

**6-1**

**철근콘크리트구조**
• 콘크리트는 압축력을 감당하고, 철근은 인장력을 감당할 수 있도록 고안한 구조시스템이다.
• 알칼리성인 콘크리트는 철근을 감싸 철근의 부식으로 인한 녹발생을 방지해 주며 화재발생 시에도 고열에 의한 급격한 강도 저하를 막아 준다.

**철근콘크리트가 성립할 수 있는 이유**
• 콘크리트가 알칼리성이므로 콘크리트 속에 묻힌 철근은 녹슬지 않는다.
• 철근과 콘크리트의 부착강도가 크다.
• 철근과 콘크리트는 선팽창계수가 거의 완벽하게 일치하는 일체식 구조이다.
• 콘크리트는 압축력, 철근은 인장력에 강하다.

**6-2**

콘크리트와 철근 사이의 부착력에 영향을 주는 것은 콘크리트의 압축강도, 철근 표면적, 철근의 표면 상태와 단면모양이다.

**6-3**

**부동침하의 원인**
• 지반이 연약한 경우
• 연약층의 두께가 상이한 경우
• 이질지정, 일부지정
• 건물이 이질층에 걸쳐 있는 경우
• 건물이 낭떠러지에 접근되어 있는 경우
• 부주의한 일부 증축이 있는 경우
• 지하수위가 변경되었을 경우
• 지하 매설물이나 구멍이 있는 경우
• 지반이 메운 땅인 경우

**6-4**

**부동침하 방지대책** : 연약지반 개량, 경질지반에 지지, 건축물의 경량화, 마찰말뚝 시공, 지하실 설치, 건물의 평면길이 조정, 지하수위를 저하시켜 수압변화 방지, 건물의 형상 및 중량을 균일 배분

정답 6-1 ③  6-2 ①  6-3 ④  6-4 ③

## 핵심이론 07 | 철근콘크리트구조(2)

① 기둥의 구조 기준
  ㉠ 주요 구조부로서 기둥의 최소 단면 치수는 20cm 이상, 최소 단면적은 600cm² 이상으로 한다.
  ㉡ 압축부재의 축방향 주철근의 최소 개수는 사각형이나 원형 띠철근으로 둘러싸인 경우 4개, 삼각형 띠철근으로 둘러싸인 경우 3개, 나선철근으로 둘러싸인 철근의 경우 6개로 하여야 한다(KDS 14 20 20).
  ㉢ 띠철근의 수직간격은 축방향 철근지름의 16배 이하, 띠철근이나 철선지름의 48배 이하, 또한 기둥단면의 최소 치수 이하로 하여야 한다(KDS 14 20 50).

② 주근 : 기둥에서 축방향의 철근
  ㉠ 띠철근 : 사각형 기둥의 주근을 둘러싼 수평철근
  ㉡ 나선철근 : 원형 기둥에서 나선형으로 둘러 감는 철근

③ 철근의 간격과 피복두께
  나선철근 또는 띠철근이 배근된 압축부재에서 축방향 철근의 순간격은 40mm 이상, 또한 철근 공칭 지름의 1.5배 이상으로 하여야 하며, 굵은골재의 최대 공칭치수 규정도 만족하여야 한다(KDS 14 20 50).

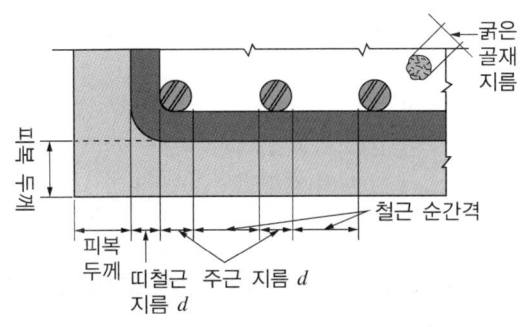

[철근의 간격]

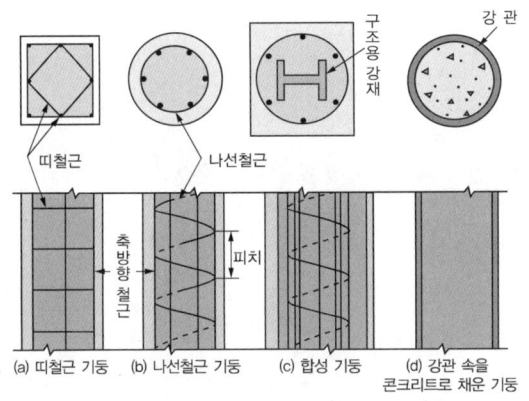

[철근콘크리트 기둥의 종류]

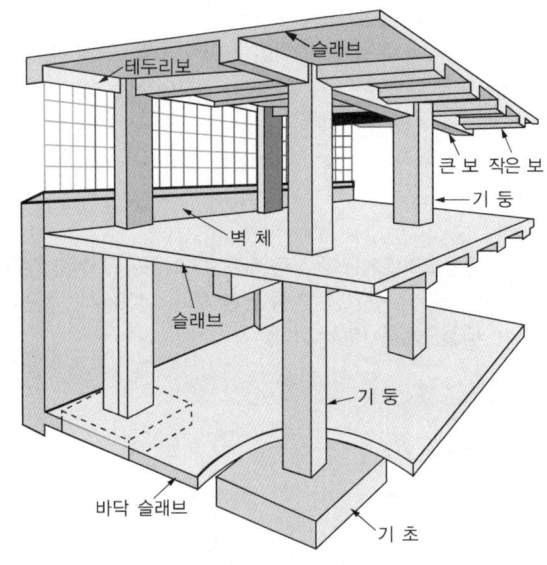

[철근콘크리트구조 형식]

### 10년간 자주 출제된 문제

**7-1.** 철근콘크리트 압축부재 중 직사각형기둥의 축방향 주철근의 최소 개수는?

① 3개　② 4개
③ 6개　④ 8개

**7-2.** 철근콘크리트기둥에서 띠철근의 수직간격기준으로 틀린 것은?

① 기둥단면의 최소 치수 이하
② 종방향 철근 지름의 16배 이하
③ 띠철근 지름의 48배 이하
④ 기둥높이의 0.1배 이하

**7-3.** 철근콘크리트기둥의 배근에 관한 설명 중 옳지 않은 것은?

① 기둥을 보강하는 세로철근, 즉 축방향 철근이 주근이 된다.
② 나선철근은 주근의 좌굴과 콘크리트가 수평으로 터져나가는 것을 구속한다.
③ 주근의 최소 개수는 사각형이나 원형 띠철근으로 둘러싸인 경우 6개, 나선철근으로 둘러싸인 철근의 경우 4개로 하여야 한다.
④ 비합성 압축부재의 축방향 주철근 단면적은 전체 단면적의 0.01배 이상, 0.08배 이상으로 하여야 한다.

**7-4.** 철근콘크리트기둥에 철근 배근 시 띠철근의 수직 간격으로 가장 알맞은 것은?(단, 기둥 단면 400×400mm, 주근지름 13mm, 띠철근지름 10mm이다)

① 200mm
② 250mm
③ 400mm
④ 480mm

---

**|해설|**

**7-1, 7-3**
압축부재의 축방향 주철근의 최소 개수는 사각형이나 원형 띠철근으로 둘러싸인 경우 4개, 삼각형 띠철근으로 둘러싸인 경우 3개, 나선철근으로 둘러싸인 철근의 경우 6개로 하여야 한다.

**7-2**
띠철근의 수직간격은 축방향 철근지름의 16배 이하, 띠철근이나 철선지름의 48배 이하, 또한 기둥단면의 최소 치수 이하로 하여야 한다.

**7-4**
- 축방향 철근지름의 16배 이하 : 13mm × 16 = 208mm
- 띠철근지름의 48배 이하 : 10mm × 48 = 480mm
- 기둥단면의 최소 치수 이하 : 400mm

따라서, 띠철근 수직간격은 208mm 이하인 200mm가 가장 알맞다.

**정답** 7-1 ②　7-2 ④　7-3 ③　7-4 ①

| 핵심이론 08 | 철근콘크리트구조(3)

① 보의 종류
  ㉠ 단순보 : 양단이 벽체나 기둥 위에 얹혀 있는 상태로 된 보이다.
  ㉡ 고정보 : 양단이 고정되어 이동이나 회전할 수 없는 보이다.
  ㉢ 내민보 : 한단이 고정, 타단이 자유인 보이다. 현관이나 계단같이 벽체나 기둥에 고정되어 외부로 돌출된 형태이다.
  ㉣ 연속보 : 연속되는 2경간 이상에 걸쳐 연결되어 있는 보이다. 지점이 침하할 우려가 없을 경우 2개의 지점에 걸치는 단순보를 올려놓는 형태로 교량 등에 많이 사용한다.

② 슬래브 : 콘크리트구조의 건축물에서 가장 넓은 면적을 차지하며 사람들이 생활하고 물건을 적재할 수 있는 공간이다.
  ㉠ 1방향 슬래브 : 마주 보는 두 변만 보에 지지되어 있거나, 장변과 단변의 비인 변장비가 2를 초과, 네 변이 보에 지지된 슬래브이다.
  ㉡ 2방향 슬래브 : 변장비가 2 이하, 네 변이 보에 지지된 슬래브이다.
  ㉢ 플랫 슬래브 : 보 없이 슬래브만으로 되어 있으며, 하중을 직접 기둥에 전달하는 무량판 구조의 슬래브이다. 보를 사용하지 않기 때문에 내부공간을 크게 이용 가능하며 층고를 낮출 수 있다. 기둥과 연결되는 슬래브 부분의 배근이 복잡하고 전체적으로 슬래브가 두꺼워진다.
  ㉣ 장선 슬래브 : 장선을 등간격으로 배치하여 슬래브와 일체로 하고, 양 단부를 보 또는 벽에 지지하는 슬래브이다. 기둥의 간격을 넓게 하고, 슬래브의 두께를 얇게 할 수 있는 구조이다.
  ㉤ 격자 슬래브(Waffle Slab) : 장선 슬래브의 장선을 직교시켜 구성한 작은 격자 형태의 2방향 장선구조로 격자형의 작은 리브(Rib)를 가지고 있으며, 기둥 상부에 드롭 패널을 구성하여 바닥판 지지 부분을 보강할 수 있다. 보통 슬래브보다 기둥의 간격을 넓게 할 수 있다.

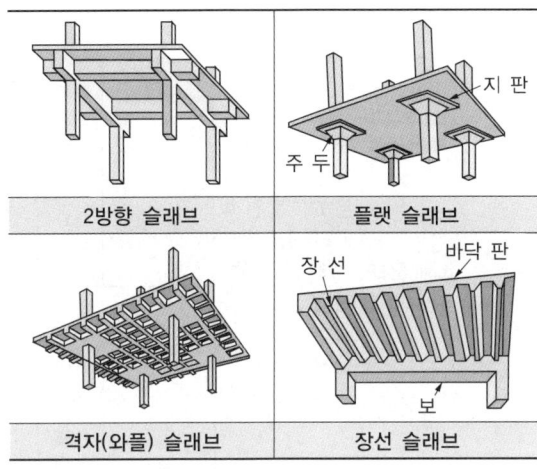

  ㉥ 변장비
    • 1방향 슬래브
      변장비 $\lambda = \dfrac{l_y}{l_x} > 2$
    • 2방향 슬래브
      변장비 $\lambda = \dfrac{l_y}{l_x} \leq 2$
      단, $l_x$ : 슬래브의 단변 순 스팬
          $l_y$ : 슬래브의 장변 순 스팬

③ 보 철근의 종류와 배근
  보 철근은 횡방향으로 배근되는 주근과 보의 전단력을 보강하기 위해 설치하는 늑근 또는 스터럽(Stirrup)으로 구분한다. 대부분의 보는 단면의 상부와 하부에 철근을 배근하는 복근보로 설치한다.

④ 철근콘크리트구조에서 철근은 인장력에 대응하므로 구조 부재의 표면 가까이 배치하는 것이 유리하지만, 이음과 정착을 위한 부착강도의 확보, 화재발생 시 내화성의 확보, 철근의 부식을 방지하기 위한 내구성의 확보를 위해 일정한 피복두께를 확보하여야 한다.
㉠ 콘크리트구조 철근상세 설계기준에 의한 최소 피복두께

| 표면 조건 | | 부재 | 철근 | 피복두께 (mm) |
|---|---|---|---|---|
| 수중에서 치는 콘크리트 | | 모든 부재 | – | 100 |
| 흙에 접한 부위 | 흙에 접하여 콘크리트를 친 후 영구히 흙에 묻혀 있는 콘크리트 | 모든 부재 | – | 75 |
| | 흙에 접하거나 옥외의 공기에 직접 노출되는 콘크리트 | 모든 부재 | D19 이상 | 50 |
| | | | D16 이하 | 40 |
| 흙에 접하지 않은 부위 | 옥외의 공기나 흙에 직접 접하지 않는 콘크리트 | 슬래브, 벽체, 장선 | D35 초과 | 40 |
| | | | D35 이하 | 20 |
| | | 보, 기둥 | – | 40 |
| | | 셸, 절판 부재 | – | 20 |

### 10년간 자주 출제된 문제

**8-1.** 철근콘크리트보의 형태에 따른 철근배근으로 옳지 않은 것은?
① 단순보의 하부에는 인장력이 작용하므로 하부에 주근을 배치한다.
② 연속보에서는 지지점 부분의 하부에서 인장력을 받기 때문에, 이곳에 주근을 배치하여야 한다.
③ 내민보는 상부에 인장력이 작용하므로 상부에 주근을 배치한다.
④ 단순보에서 부재의 축에 직각인 스터럽의 간격은 단부로 갈수록 촘촘하게 된다.

**8-2.** 슬래브의 장변과 단변의 길이 비를 기준으로 한 슬래브에 해당하는 것은?
① 플랫 슬래브   ② 2방향 슬래브
③ 장선 슬래브   ④ 원형식 슬래브

**8-3.** 2방향 슬래브는 슬래브의 단변에 대한 장변의 길이의 비(장변/단변)가 얼마 이하일 때부터 적용할 수 있는가?
① 1/2   ② 1
③ 2   ④ 3

**8-4.** 철근콘크리트보에 늑근을 사용하는 주된 이유는?
① 보의 전단저항력을 증가시키기 위하여
② 철근과 콘크리트의 부착력을 증가시키기 위하여
③ 보의 강성을 증가시키기 위하여
④ 보의 휨저항을 증가시키기 위하여

**8-5.** 현장치기 콘크리트 중 수중에서 타설하는 콘크리트의 최소 피복두께는?
① 60mm   ② 80mm
③ 100mm   ④ 120mm

| 해설 |

**8-1**
연속보에서는 지지점 부분의 상부에서 인장력을 받기 때문에, 이 곳에 주근을 배치한다.
**연속보** : 연속되는 2경간 이상에 걸쳐 연결되어 있는 보이다. 지점이 침하할 우려가 없을 경우 2개의 지점에 걸치는 단순보를 올려놓는 형태로 교량 등에 많이 사용한다.

**8-2**
- 1방향 슬래브 : 마주 보는 두 변만 보에 지지되어 있거나, 장변과 단변의 비인 변장비가 2를 초과, 네 변이 보에 지지된 슬래브이다.
- 2방향 슬래브 : 변장비가 2 이하, 네 변이 보에 지지된 슬래브이다.

**8-3**
- 1방향 슬래브 : 변장비 $\lambda = \dfrac{l_y}{l_x} > 2$
- 2방향 슬래브 : 변장비 $\lambda = \dfrac{l_y}{l_x} \leq 2$

단, $l_x$는 슬래브의 단변 순 스팬, $l_y$는 슬래브의 장변 순 스팬

**8-4**
**보 철근의 종류와 배근** : 보 철근은 횡방향으로 배근되는 주근과 보의 전단력을 보강하기 위해 설치하는 늑근 또는 스터럽(Stirrup)으로 구분한다.

**8-5**
※ 핵심이론 08 ④ 표 참조

| 표면 조건 | 부 재 | 철 근 | 피복두께(mm) |
|---|---|---|---|
| 수중에서 치는 콘크리트 | 모든 부재 | – | 100 |

정답 8-1 ② 8-2 ② 8-3 ③ 8-4 ① 8-5 ③

---

| 핵심이론 **09** | 철골구조(1)

① **철골구조(강구조)의 장점**
  ㉠ 철근콘크리트구조에 비해 경량이며 경제적이다.
  ㉡ 큰 공간을 요구하는 건축물이나 초고층 건축에 적합하다.
  ㉢ 공장에서 생산된 강재를 사용하므로 재질이 균등하고 대량생산이 가능하다.
  ㉣ 강재는 인성과 연성 확보가 가능하다.
  ㉤ 신축건물에 대해서는 공사기간이 빠르며 기존건축물의 증축, 보수 및 보강이 용이하다.

② **철골구조(강구조)의 단점**
  ㉠ 내화성이 낮다.
  ㉡ 좌굴되기 쉽다.
  ㉢ 접합부의 신중한 설계와 용접부의 검사가 필요하다.
  ㉣ 처짐 및 진동을 고려해야 한다.
  ㉤ 유지 및 보수관리가 필요하다.
  ㉥ 응력 반복에 따른 피로에 의해 강도 저하가 심하다.
  ㉦ 방청처리가 필요하다.
   ※ 좌굴 : 가늘고 긴 기둥에 압축력이 가해질 때, 작은 하중으로도 기둥 전체가 구부러지는 휨 좌굴이나 국부적으로 휘어지면서 찌그러지는 국부 좌굴이 발생한다.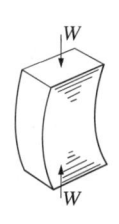

③ **콘크리트 충전 강관**(CFT ; Concrete Filled steel Tube) : 강관 내부에 콘크리트를 충전하여 콘크리트와 강재의 장점을 합성한 구조이다.

### 10년간 자주 출제된 문제

**9-1. 각종 건축구조에 관한 설명 중 틀린 것은?**
① 철근콘크리트구조는 다양한 거푸집형상에 따른 성형성이 뛰어나다.
② 조적식 구조는 개개의 재료를 접착재료로 쌓아 만든 구조이며 벽돌구조, 블록구조 등이 있다.
③ 목구조는 철근콘크리트구조에 비하여 무게가 가볍지만 내화, 내구적이지 못하다.
④ 강구조는 일체식 구조로 재료 자체의 내화성이 높고 고층구조에 적합하다.

**9-2. 강구조의 특징을 설명한 것 중 옳지 않은 것은?**
① 강도가 커서 부재를 경량화할 수 있다.
② 콘크리트구조에 비해 강도가 커서 바닥진동 저감에 유리하다.
③ 부재가 세장하여 좌굴하기 쉽다.
④ 연성구조이므로 취성파괴를 방지할 수 있다.

**9-3. 길고 가느다란 부재가 압축하중이 증가함에 따라 부재의 길이에 직각방향으로 변형하여 내력이 급격히 감소하는 현상을 무엇이라 하는가?**
① 칼럼쇼트닝　　② 응력집중
③ 좌굴　　　　　④ 비틀림

**9-4. 다음 각 구조에 대한 설명으로 옳지 않은 것은?**
① PC의 접합 응력을 향상시키기 위하여 기둥에 CFT를 적용하였다.
② 초고층 골조 강성을 증가시키기 위하여 아웃리거(Out Rigger)를 설치하였다.
③ 프리스트레스트구조(Prestressed)에서 강성을 향상시키기 위해 강선에 미리 인장을 작용시켰다.
④ 철골구조 접합부의 피로강도 증진을 위하여 고력볼트접합을 적용하였다.

### 해설

**9-1**
강구조는 고열에 저항하는 성질인 내화성이 낮다.

**9-2**
강재는 인성과 연성 확보가 가능하나 처짐 및 진동을 고려해야 한다.

**9-3**
**좌굴** : 가늘고 긴 기둥에 압축력이 가해질 때, 작은 하중으로도 기둥 전체가 구부러지는 휨 좌굴이나 국부적으로 휘어지면서 찌그러지는 국부 좌굴이 발생한다.

**9-4**
**콘크리트 충전 강관(CFT ; Concrete Filled steel Tube)** : 강관 내부에 콘크리트를 충전하여 콘크리트와 강재의 장점을 합성한 구조이다. 장점으로는 거푸집이 불필요하고, 에너지 흡수량이 뛰어나 초고층 건물에 유리하며, 단점으로는 고품질의 콘크리트가 요구되고 판두께가 얇으면 초기 국부좌굴 발생이 우려된다.

**정답** 9-1 ④　9-2 ②　9-3 ③　9-4 ①

## 핵심이론 10 | 철골구조(2)

① 철골구조의 접합방법
   리벳접합, 볼트접합, 고력볼트접합, 용접접합

② 리벳접합

| 리벳 지름 | 리벳 구멍 지름 |
|---|---|
| 16mm 이하 | $d+1.0$mm |
| 19mm 이상<br>32mm 이하 | $d+1.5$mm |
| 32mm 초과 | $d+2.0$mm |

③ 볼트접합 시 볼트 구멍의 지름은 볼트 지름보다 0.5mm 이상 크게 해서는 안 된다.

④ 보 : 보에 쓰이는 철판 두께는 6mm 이상, ㄱ형강의 다리 폭은 50mm 이상, 리벳 볼트의 지름은 16mm 이상으로 사용한다. 접합은 강접합으로 결합하고 휨모멘트에 저항하는 보의 단면은 리벳 구멍을 공제한 유효 단면적으로 한다.
   ㉠ 보의 형식 : 단일형강보(H형강 또는 I형강), 조립보(판 보, 래티스 보, 트러스 보, 허니콤 보, 상자형 보, 합성 보)
   ㉡ 커버 플레이트 : 두께는 6mm 이상으로 하고 겹침 수는 보통 3장, 최대 4장까지로 한다. 단면적은 보 플랜지 총단면적의 70% 이하로 한다.
   ㉢ 스티프너 : 보의 웨브 부분을 보강하여 전단내력의 증진과 웨브의 국부 좌굴 방지를 위해 사용되는 부재이다.

⑤ 주각 : 기둥이 받는 힘을 기초에 전달하는 부분으로 베이스 플레이트, 리브 플레이트, 윙 플레이트, 클립 앵글, 사이드 앵글, 앵커 볼트 등을 사용한다.

---

### 10년간 자주 출제된 문제

**10-1.** 철골구조에서 사용되는 접합방법에 속하지 않는 것은?
① 용접접합  ② 듀벨접합
③ 고력볼트접합  ④ 핀접합

**10-2.** I형강의 웨브를 톱니모양으로 절단한 후 구멍이 생기도록 맞추고 용접하여 구멍을 각 층의 배관에 이용하도록 제작한 보는?
① 트러스 보  ② 판 보
③ 래티스 보  ④ 허니콤 보

**10-3.** 철골구조의 플레이트 보에서 스티프너(Stiffener)는 웨브의 무엇을 방지하기 위하여 사용하는가?
① 처 짐  ② 좌 굴
③ 진 동  ④ 블리딩

**10-4.** 강구조의 주각부분에 사용되지 않는 것은?
① 윙 플레이트  ② 데크 플레이트
③ 베이스 플레이트  ④ 클립 앵글

|해설|

**10-1**
**철골구조의 접합방법** : 리벳접합, 볼트접합, 고력볼트접합, 용접접합

**10-2**
- 판 보 : 판 보는 강판과 강판 또는 ㄱ형강과 강판을 조립한 후 용접 또는 볼트접합하여 만든 보이다. 전단력이 크게 작용하는 곳에 효율적이다.
- 트러스 보 : 트러스 보(Truss Girder)는 웨브재에 ㄱ형강이나 ㄷ형강을 사용하여 플랜지 부분과 접합하여 삼각형 트러스 모양으로 만든 보이다.
- 래티스 보 : 웨브에 형강을 사용하지 않고 플레이트 평강을 사용하여 상현재와 하현재의 플랜지 부분과 직접 접합하여 트러스 모양으로 만든 보이다.
- 허니콤 보 : H형강의 웨브를 잘라서 웨브에 육각형의 구멍이 여러 개 발생되도록 다시 웨브를 용접하여 만든 보로, 보의 춤이 높아지므로 휨저항 성능이 우수하다. 뚫린 구멍을 통해 덕트 배관 등의 설치가 가능하다.
- 상자형 보 : 웨브판을 두 개 사용하여 상자 모양으로 만든 보이다. 비틀림을 받는 부분에 사용한다.
※ 저자의견 : 문제는 I형강으로 출제되었으나 일부 교과서에서는 H형강으로 표현하고 있다.

**10-3**
**스티프너** : 보의 웨브 부분을 보강하여 전단내력의 증진과 웨브의 국부 좌굴 방지를 위해 사용되는 부재이다.

**10-4**
**주 각**
- 기둥이 받는 힘을 기초에 전달하는 부분이다.
- 베이스 플레이트, 리브 플레이트, 윙 플레이트, 클립 앵글, 사이드 앵클, 앵커 볼트 등이 사용된다.

정답 10-1 ② 10-2 ④ 10-3 ③ 10-4 ②

## 핵심이론 11 | 철골구조(3)

① 철골구조의 형식 : 라멘 형식, 트러스 형식
  ㉠ 라멘 형식의 특징
    - 보와 기둥으로 구성된다.
    - 보와 기둥의 접합부는 기본적으로 강접합이다.
    - 보와 기둥을 직각으로 교차시킨 직사각형 라멘과 보의 중간을 산 모양으로 한 산형 라멘 형식이 있다.
  ㉡ 트러스 형식의 특징
    - 절점을 핀(Pin)접합으로 취급한 삼각형 형태의 부재를 조합한 구조 형식이다.
    - 각 부재에는 원칙적으로 축방향력만 발생한다.
    - 가느다란 부재로 큰 공간을 구성한다.
    - 평면 트러스와 입체 트러스로 나뉜다.

### 10년간 자주 출제된 문제

**11-1. 트러스의 구조에 대한 설명으로 옳은 것은?**
① 모든 방향에 대한 응력을 전달하기 위하여 절점은 강접합으로만 이루어져야 한다.
② 풍하중과 적설하중은 구조계산 시 고려하지 않는다.
③ 부재에 휨모멘트 및 전단력이 발생한다.
④ 구성부재를 규칙적인 3각형으로 배열하면 구조적으로 안정이 된다.

**11-2. 상대적으로 얇고 길이가 짧은 부재를 상하 그리고 경사로 연결하여 장스팬의 길이를 확보할 수 있는 구조는?**
① 철근콘크리트구조  ② 블록구조
③ 트러스구조  ④ 프리스트레스트구조

|해설|

**11-1, 11-2**
**트러스 형식의 특징**
- 절점을 핀(Pin)접합으로 취급한 삼각형 형태의 부재를 조합한 구조 형식하다.
- 각 부재에는 원칙적으로 축 방향력만 발생한다.
- 가느다란 부재로 큰 공간을 구성한다.
- 평면 트러스와 입체 트러스로 나뉜다.

정답 11-1 ④ 11-2 ③

## 핵심이론 12 | 목구조(1)

① 목구조 : 건물의 주요 구조부가 목재로 이루어진 구조로써 기둥, 보, 도리, 지붕, 벽체, 마루 등의 뼈대를 나무로 짜서 가구식으로 만든 것이다.

② 이음과 맞춤을 할 때 주의사항
  ㉠ 부재는 될 수 있는 한 적게 깎아 내야 한다.
  ㉡ 위치는 응력이 작은 곳을 선택하고 연결부분은 작용하는 응력이 균일하게 배치되어야 한다.
  ㉢ 공작이 간단하고 튼튼한 접합을 선택한다.
  ㉣ 단면은 응력방향에 직각으로 한다.

③ 이음 : 두 개 이상의 목재를 길이방향으로 붙여 한 개의 부재로 만드는 것이다. 크게 맞댄이음, 겹친이음, 따낸이음(주먹장이음, 메뚜기장이음, 엇걸이이음, 빗걸이이음)이 있다.

④ 맞춤 : 두 부재가 직각 또는 경사로 접합하는 것이다.

⑤ 쪽매 : 두 부재를 나란히 옆으로 대어 넓게 만드는 것이다. 마룻널, 내부 벽체 수장 등에 쓰인다.

⑥ 목재의 보강 철물 : 못, 나사못, 볼트, 꺾쇠, 듀벨, 띠쇠, 감잡이쇠, ㄱ자쇠, 안장쇠 등이 있다.
  ㉠ 토대와 기둥 : 양면에 띠쇠를 대고 볼트 조임
  ㉡ 왕대공과 평보 : 감잡이쇠
  ㉢ 평기둥과 층도리 : 띠쇠
  ㉣ 큰보와 작은보 : 안장쇠

### 10년간 자주 출제된 문제

**12-1. 목재의 이음과 맞춤을 할 때 주의사항으로 옳지 않은 것은?**
① 공작이 간단하고 튼튼한 접합을 선택할 것
② 이음·맞춤의 단면은 응력의 방향에 직각으로 할 것
③ 이음·맞춤의 위치는 응력이 작은 곳으로 할 것
④ 맞춤면은 수축, 팽창을 위해 틈을 주어 가공할 것

**12-2. 목구조의 이음 위치에 산지(Dowel) 등을 박아 매우 튼튼한 이음이며, 휨을 받는 가로재의 내이음으로 많이 사용되는 이음은?**
① 엇걸이이음   ② 주먹장이음
③ 메뚜기장이음  ④ 반턱이음

**12-3. 목재의 접합에서 두 재가 직각 또는 경사로 짜여지는 것을 의미하는 용어는?**
① 이 음    ② 맞 춤
③ 벽 선    ④ 쪽 매

**12-4. 목구조접합부와 그 접합부에 사용되는 철물이 적절하게 연결되지 않은 것은?**
① 왕대공과 평보 - 감잡이쇠
② 평기둥과 층도리 - 띠쇠
③ 큰보와 작은보 - 안장쇠
④ 토대와 기둥 - 앵커볼트

|해설|

**12-1**
이음과 맞춤을 할 때 주의사항
• 부재는 될 수 있는 한 적게 깎아 내야 한다.
• 위치는 응력이 작은 곳 선택, 연결부분은 작용하는 응력이 균일하게 배치되어야 한다.
• 공작이 간단하고 튼튼한 접합을 선택한다.
• 단면은 응력방향에 직각으로 한다.

**12-2**
① 엇걸이이음 : 부재의 이을 부분을 비스듬히 깎아 맞추되 두 빗면의 가운데를 턱지게 하여 걸어 잇는 이음이다. 구부림에 강하여 중요한 가로재의 내이음에 쓰는 방법이다.

**12-3**
② 맞춤 : 두 부재가 직각 또는 경사로 접합
① 이음 : 두 개 이상의 목재를 길이방향으로 붙여 한 개의 부재로 만드는 것
④ 쪽매 : 두 부재를 나란히 옆으로 대어 넓게 만드는 것

**12-4**
④ 토대와 기둥 : 양면에 띠쇠를 대고 볼트를 조임
① 왕대공과 평보 : 감잡이쇠
② 평기둥과 층도리 : 띠쇠
③ 큰보와 작은보 : 안장쇠

정답 12-1 ④  12-2 ①  12-3 ②  12-4 ④

## 핵심이론 13 | 목구조(2)

① 벽체의 구성
  ㉠ 토대 : 상부의 하중을 기초에 전달하는 수평재로 잘 썩지 않는 낙엽송이나 육송 등을 사용한다. 지반에서 높게 설치하여 습기가 차지 않도록 하며, 기초와 닿는 면에는 방부제를 칠한다.
  ㉡ 기둥 : 지붕 또는 마루 등의 하중을 받아 토대에 전달한다.
  • 통재기둥 : 밑층에서 위층까지 하나의 단일재로 되어 있는 기둥이다.
  • 평기둥 : 층별로 배치되는 기둥이다.
  • 샛기둥 : 본 기둥 사이에 세워 벽체를 이루는 것으로 가새의 옆 휨을 막는 데 유효하다. 크기는 본 기둥의 반쪽 또는 1/3쪽, 간격은 40~60cm, 상하는 가로재에 짧은 장부맞춤 큰 못치기로 한다.
  ㉢ 도리 : 상부의 수평재이다.
  ㉣ 가새 : 대각선방향에 삼각형구조로 댄다. 가새의 경사는 45°에 가까울수록 유리하며 수평력을 부담한다.
  ㉤ 깔도리 : 벽이나 기둥 등의 뼈대 위에 가로로 걸치고, 지붕보의 한끝 또는 장선 등을 받치는 재이다.

### 10년간 자주 출제된 문제

**13-1. 목구조의 기둥에 관한 설명으로 옳지 않은 것은?**
① 중층건물의 상·하층 기둥이 길게 한 재로 된 것을 토대라 한다.
② 활주는 추녀뿌리를 받친 기둥이고, 단면은 원형 또는 팔각형이 많다.
③ 심벽조는 기둥이 노출된 형식이다.
④ 기둥 몸이 밑둥에서부터 위로 올라가면서 점차 가늘게 된 것을 흘림기둥이라 한다.

**13-2. 기둥의 종류에서 2층 건물의 아래층에서 위층까지 관통한 하나의 부재로 된 기둥은?**
① 샛기둥
② 통재기둥
③ 평기둥
④ 동바리

**13-3. 목조 벽체에 들어가지 않는 것은?**
① 샛기둥
② 평기둥
③ 가새
④ 주 각

**13-4. 목구조에서 가새에 대한 설명으로 옳지 않은 것은?**
① 벽체를 안정형 구조로 만들어준다.
② 구조물에 가해지는 수평력보다는 수직력에 대한 보강을 위한 것이다.
③ 힘의 흐름상 인장력과 압축력에 번갈아 저항할 수 있다.
④ 가새를 결손시켜 내력상 지장을 주어서는 안 된다.

**13-5. 목조 양식지붕틀의 기둥 상부를 연결하여 지붕틀의 하중을 기둥에 전달하는 부재로 크기는 기둥 단면과 같게 하는 것은?**
① 층도리
② 처마도리
③ 깔도리
④ 토 대

|해설|

**13-1**
**토 대**
• 상부의 하중을 기초에 전달하는 수평재
• 통재기둥 : 밑층에서 위층까지 하나의 단일재로 되어 있는 기둥

**13-2**
② 통재기둥 : 밑층에서 위층까지 하나의 단일재로 되어 있는 기둥
① 샛기둥 : 본 기둥 사이에 세워 벽체를 이루는 기둥
③ 평기둥 : 층별로 배치된 기둥

**13-3**
**목조의 벽체 구성** : 토대, 통재기둥, 평기둥, 샛기둥, 층도리, 도리, 가새, 인방, 창대 등

**13-4**
**가새** : 사각형으로 된 목구조는 수평력을 받으면 그 모양이 일그러지기 쉽다. 이것을 막기 위하여 대각선방향에 삼각형구조로 댄 부재이다.

**13-5**
③ 깔도리 : 벽이나 기둥 등의 뼈대 위에 가로로 걸치고, 지붕보의 한끝 또는 장선 등을 받치는 재

정답 13-1 ① 13-2 ② 13-3 ④ 13-4 ② 13-5 ③

## 핵심이론 14 | 목구조(3)

① 버팀대 : 뼈대의 모서리를 고정시키기 위하여 비스듬히 대는 것으로 수평력에 대하여 가새보다는 약하지만, 방의 활용상 또는 가새를 댈 수 없는 곳에 유리하다.
② 마 루
   ㉠ 종류 : 납작마루, 동바리마루, 홑마루, 보마루, 짠마루 등
   ㉡ 동바리마루구조 : 호박돌, 동바리, 멍에, 장선, 마루널
③ 절충식 지붕틀 : 보를 걸고 보 위에 동자기둥 또는 대공을 세워 용마룻대, 중도리를 받치고 지붕의 하중을 받아 기둥이나 벽체에 전달하는 구조이다.
④ 왕대공 지붕틀 : 여러 부재를 삼각형으로 짜서 지붕의 하중을 받게 한 것으로 지붕틀의 칸 사이는 20m까지도 할 수 있으나 보통 10m 정도로 하고, 간격은 2~3m 정도로 한다.

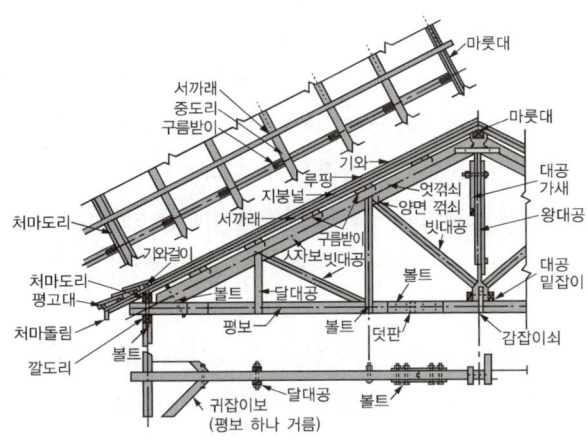

[왕대공 지붕틀]

### 10년간 자주 출제된 문제

**14-1.** 큰 보 위에 작은 보를 걸고 그 위에 장선을 대고 마루널을 깐 2층 마루는?
① 홑마루    ② 보마루
③ 짠마루    ④ 동바리마루

**14-2.** 다음 중 동바리 마루의 구성요소가 아닌 것은?
① 인 방    ② 멍 에
③ 장 선    ④ 동바리돌

**14-3.** 절충식 지붕틀의 특징으로 틀린 것은?
① 지붕보에 휨이 발생하므로 구조적으로는 불리하다.
② 지붕의 하중은 수직부재를 통하여 지붕보에 전달된다.
③ 한식 구조와 절충식 구조는 구조상으로 비슷하다.
④ 작업이 복잡하며 대규모 건물에 적당하다.

**14-4.** 목조 왕대공 지붕틀의 구성부재와 관련 없는 것은?
① 빗대공    ② 우미량
③ ㅅ자보    ④ 달대공

**14-5.** 그림과 같은 왕대공 지붕틀의 ●표의 부재가 일반적으로 받는 힘의 종류는?

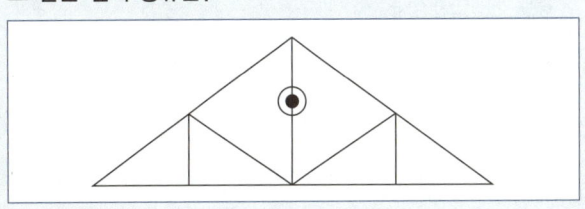

① 인장력    ② 전단력
③ 압축력    ④ 비틀림모멘트

| 해설 |

**14-1**

③ 짠마루 : 큰 보를 칸 사이가 작은 쪽에 2.7~3.6m 정도의 간격으로 겹쳐 대고, 그 위에 직각방향으로 작은 보를 1.8m 간격으로 걸쳐 댄 다음 장선을 걸치고 마루널을 까는 방식의 마루이다.

**14-2**

동바리마루구조 : 호박돌, 동바리, 멍에, 장선, 마루널

**14-3**

절충식 지붕틀 : 보를 걸고 보 위에 동자기둥 또는 대공을 세워 용마룻대, 중도리를 받치고 지붕의 하중을 받아 기둥이나 벽체에 전달하는 구조로 되어 있다. 짜임이 비교적 간단하여 전통적으로 사용되어 온 구조이나 평보의 부재가 커져 경제적으로는 불리한 구조이다.

**14-4**

② 우미량 : 도리와 보에 걸쳐 동자기둥을 받는 곡선보이다.
왕대공 지붕틀 : 여러 부재를 삼각형으로 짜서 지붕의 하중을 받게 한 것이다. 지붕틀의 칸 사이는 20m까지도 할 수 있으나 보통 10m 정도로 하고, 간격은 2~3m 정도이다.

**14-5**

- 왕대공 : 인장재
- 빗대공 : 압축재
- 달대공 : 인장재
- 평보 : 휨, 인장재

정답 14-1 ③  14-2 ①  14-3 ④  14-4 ②  14-5 ①

## 제2절 구조시스템의 이해

### 핵심이론 01 | 구조시스템

① 돔구조 : 공을 반으로 자른 형태의 원형 지붕이다.
  ㉠ 압축링 : 돔의 상부에서 여러 부재가 만날 때 접합부가 조밀해지는 것을 방지하기 위해 설치하는 것이다.
  ㉡ 인장링 : 하부 부재들이 바깥방향으로 벌어지는 추력을 막기 위해서 안으로 모아주는 링이다.

② 셸구조 : 판 모양의 2차원 부재가 임의의 곡률을 가진 곡면의 형태로 구성되는 곡면판이다.

③ 스페이스 프레임구조 : 선 모양의 부재로 만든 트러스를 가로와 세로 2방향으로 평면이나 곡면의 형태로 판을 구성한다.

④ 막구조 : 막응력과 전단력만으로 외부하중에 대하여 저항하는 구조물로 휨이나 비틀림에 대한 저항이 작거나 전혀 없는 구조물이다.

⑤ 케이블구조 : 인장부재인 케이블을 이용하여 지지 구조체에 인장력만을 전달하는 구조물을 만드는 구조이다.

⑥ 절판구조 : 얇은 평판을 구부리거나 접어서 기하학적 패턴을 만드는 것으로 평면의 형태만 변화시키는 것이 아니라 하중에 대한 저항력을 증대시켜 주는 구조시스템이다.

⑦ 프리패브공법 : 공업화 건축 생산의 일환으로 시작되었으며 건축 구조물의 생산보다 커튼월과 같은 비내력벽을 설치하는 데 많이 사용한다.

⑧ 트러스구조 : 목재·강재 등의 단재를 핀 접합으로 세모지게 구성하고, 그 삼각형을 연결하여 조립한 뼈대이다. 각 단재는 축방향력으로 외력과 평형하여 휨·전단력은 생기지 않는다. 형식에 따라서 명칭이 붙여진다.

[트러스의 구조]

| 킹 포스트 트러스 | 퀸 포스트 트러스 | 플랫 트러스 |
|---|---|---|
| 핑크 트러스 | 하우 트러스 | 워런 트러스 |

⑨ 현수구조 : 주요 부분을 케이블 등에 매달아서 인장력으로 저항한다.

### 10년간 자주 출제된 문제

**1-1.** 돔의 상부에서 여러 부재가 만날 때 접합부가 조밀해지는 것을 방지하기 위해 설치하는 것은?

① 압축링　　　　　② 인장링
③ 스페이스 프레임　④ 트러스

**1-2.** 면에 곡률을 주어 경간을 확장하는 구조로서 곡면구조 부재의 축선을 따라 발생하는 응력으로 외력에 저항하는 구조는?

① 막구조
② 케이블돔구조
③ 셸구조
④ 스페이스 프레임구조

**1-3.** 막구조에 대한 설명으로 틀린 것은?

① 넓은 공간을 덮을 수 있다.
② 힘의 흐름이 불명확하여 구조해석이 난해하다.
③ 막재에는 항시 압축응력이 작용하도록 설계하여야 한다.
④ 응력이 집중되는 부위는 파손되지 않도록 조치해야 한다.

**1-4.** 다음 중 압축력이 발생하지 않는 구조시스템은?

① 케이블구조　② 트러스구조
③ 절판구조　　④ 철골구조

**1-5.** 케이블을 이용하는 구조물에 해당하지 않는 것은?

① 현수구조　② 사장구조
③ 트러스구조　④ 막구조

|해설|

**1-1**
① 압축링 : 돔의 상부에서 여러 부재가 만날 때 접합부가 조밀해지는 것을 방지하기 위해 설치하는 것
② 인장링 : 하부 부재들이 바깥방향으로 벌어지는 추력을 막기 위해서 안으로 모아주는 링

**1-2**
③ 셸구조 : 판 모양의 2차원 부재가 임의의 곡률을 가진 곡면의 형태로 구성되는 곡면판

**1-3**
**막구조** : 막응력과 전단력만으로 외부 하중에 대하여 저항하는 구조물로, 휨이나 비틀림에 대한 저항이 작거나 전혀 없는 구조물이다.

**1-4**
① 케이블구조 : 인장부재인 케이블을 이용하여 지지 구조체에 인장력만을 전달하는 구조물을 만드는 구조

**1-5**
**케이블 이용구조** : 현수구조, 사장구조, 막구조

**정답** 1-1 ①　1-2 ③　1-3 ③　1-4 ①　1-5 ③

# CHAPTER 03 건축재료

## 제1절 건축재료의 일반

### 핵심이론 01 | 건축재료의 분류

| 제조분야 | • 천연재료 : 석재, 목재, 진흙, 석회 등<br>• 인공재료 : 금속재료, 합성수지재료, 요업재료 등 |
|---|---|
| 사용목적 | 구조재료, 마감재료, 차단재료, 방화재료, 내화재료 |
| 화학조성 | 무기재료, 유기재료 |
| 건축부위 | 구조체, 지붕, 바닥, 외벽, 천장 |
| 건축물의<br>공사구분 | 토공사, 기초공사, 뼈대공사, 설비공사, 창호공사, 도장공사 |

#### 10년간 자주 출제된 문제

**1-1. 다음 건축재료 중 천연재료에 속하는 것은?**
① 목 재　　② 철 근
③ 유 리　　④ 고분자재료

**1-2. 건축재료의 사용목적에 의한 분류에 속하지 않는 것은?**
① 구조재료　　② 인공재료
③ 마감재료　　④ 차단재료

|해설|

**1-1**
• 천연재료 : 석재, 목재, 진흙, 석회 등
• 인공재료 : 금속재료, 합성수지재료, 요업재료 등

**1-2**
건축재료의 사용목적에 따른 분류 : 구조재료, 마감재료, 차단재료, 방화 및 내화재료

정답 1-1 ①　1-2 ②

### 핵심이론 02 | 건축재료의 요구성능

공업화, 고성능화, 생산성, 프리패브화를 위한 재료개선, 에너지 절약화와 능률화

#### 10년간 자주 출제된 문제

**2-1. 건축생산에 사용되는 건축재료의 발전방향과 가장 관계가 먼 것은?**
① 비표준화
② 고성능화
③ 에너지 절약화
④ 공업화

**2-2. 건축재료의 발전방향으로 틀린 것은?**
① 고성능화
② 현장시공화
③ 공업화
④ 에너지 절약화

|해설|

**2-1, 2-2**
건축재료의 요구성능 : 공업화, 고성능화, 생산성, 프리패브화를 위한 재료개선, 에너지 절약화와 능률화

정답 2-1 ①　2-2 ②

## 핵심이론 03 | 건축재료의 일반적인 성질

| 역학적 성질 | 탄성, 소성, 강도, 응력 변형도, 영률, 연성, 전성 |
|---|---|
| 물리적 성질 | 비중, 비열, 열전도율 |
| 화학적 성질 | 알칼리, 산성, 염분 |
| 내구성 및 내후성 | 목재의 충해, 금속의 부식 등 고려 |

① 탄성 : 외력을 제거했을 때 원래 상태로 돌아가는 성질
② 연성 : 잘 늘어나는 성질
③ 전성 : 얇게 퍼지는 성질
④ 취성 : 작은 변형이 생기더라도 파괴되는 성질
⑤ 소성 : 물체에 작은 외력을 가하여도 변형하지 않고, 어느 정도(항복값) 이상의 외력을 가하면 변형하고 외력을 제거하여도 원래의 형상으로 되돌아가지 않는 성질

### 10년간 자주 출제된 문제

**3-1. 건축재료의 각 성능과 연관된 항목들이 올바르게 짝지어진 것은?**
① 역학적 성능 - 연소성, 인화성, 용융성, 발연성
② 화학적 성능 - 강도, 변형, 탄성계수, 크리프, 인성
③ 내구성능 - 산화, 변질, 풍화, 충해, 부패
④ 방화, 내화성능 - 비중, 경도, 수축, 수분의 투과와 반사

**3-2. 건축물의 내구성에 영향을 주는 인자에 해당하지 않는 것은?**
① 해 풍
② 지 진
③ 화 재
④ 광 택

**3-3. 재료의 역학적 성질에 관한 설명으로 옳지 않은 것은?**
① 탄성 : 물체에 외력이 작용하면 순간적으로 변형이 생기지만, 외력을 제거하면 순간적으로 원래의 상태로 되돌아가는 성질
② 소성 : 재료에 사용하는 외력이 어느 한도에 도달하면 외력의 증가 없이 변형만이 증대하는 성질
③ 점성 : 유체가 유동하고 있을 때 유체의 내부의 흐름을 저지하려고 하는 내부마찰저항이 발생하는 성질
④ 인성 : 외력에 파괴되지 않고 가늘고 길게 늘어나는 성질

**3-4. 재료에 사용하는 외력이 어느 한도에 도달하면 외력의 증가 없이 변형만이 증대하는 성질을 무엇이라 하는가?**
① 소 성
② 탄 성
③ 전 성
④ 연 성

**3-5. 유리와 같이 어떤 힘에 대한 작은 변형으로도 파괴되는 재료의 성질을 나타내는 용어는?**
① 연 성
② 전 성
③ 취 성
④ 탄 성

|해설|

**3-1**
건축재료의 일반적인 성질

| 역학적 성질 | 탄성, 소성, 강도, 응력 변형도, 영률, 연성, 전성 |
|---|---|
| 물리적 성질 | 비중, 비열, 열전도율 |
| 화학적 성질 | 알칼리, 산성, 염분 |
| 내구성 및 내후성 | 목재의 충해, 금속의 부식 등 고려 |

내구성
• 내마모성 : 기계적 작용 등의 마모작용에 대해 저항하는 성질
• 내생물성 : 충균, 균류 등의 작용에 대해 저항하는 성질
• 내식성 : 철강의 녹, 목재의 부식 등의 작용에 대해 저항하는 성질

**3-2**
건축물의 내구성에 영향을 주는 인자 : 바람, 지진, 화재, 목재의 충해, 금속의 부식 등

**3-3**
④ 인성 : 외력에 의해 파괴되기 어려운 질기고 강한 충격에 잘 견디는 재료의 성질

**3-4**
① 소성 : 물체에 작은 외력을 가하여도 변형하지 않고, 어느 정도(항복 값) 이상의 외력을 가하면 변형하고 외력을 제거하여도 원래의 형상으로 되돌아가지 않는 성질이다.

**3-5**
③ 취성 : 작은 변형이 생기더라도 파괴되는 성질

정답 3-1 ③ 3-2 ④ 3-3 ④ 3-4 ① 3-5 ③

| 제2절 | 각종 건축재료 |

| 핵심이론 01 | 목재(1) |

① 목재의 장단점

| 장 점 | 단 점 |
| --- | --- |
| • 가볍고, 가공이 쉽다. | • 내화성이 취약하다. |
| • 비중에 비해 강도가 크다. | • 흡습성이 크고 변형이 쉽다. |
| • 열전도율, 열팽창률이 작다. | • 부패의 우려가 있다. |

② 목재의 조직

㉠ 심재와 변재

| 구 분 | 비 중 | 신축성 | 강 도 | 내구성 | 품 질 |
| --- | --- | --- | --- | --- | --- |
| 심 재 | 크다. | 작다. | 크다. | 크다. | 좋다. |
| 변 재 | 작다. | 크다. | 작다. | 작다. | 나쁘다. |

㉡ 목재의 결재 : 곧은 결재(구조재), 널결재(장식재)

㉢ 목재의 흠 : 갈라짐, 옹이, 썩정이, 껍질박이, 송진구멍, 상처

㉣ 목재방부제
- 수용성 방부제 : 염화아연, 염화수은(Ⅱ), 황산구리, 플루오린화나트륨(불화소다), 비소화합물, 다이나이트로페놀 또는 크레졸
- 유용성 방부제 : 크레오소트유, 나무 타르, 아스팔트, 페인트, 펜타클로로페놀 등

③ 목재의 성질

㉠ 목재의 기건상태 함수율은 15%, 가구재의 함수율은 10%, 섬유포화점 함수율은 30%이다.

㉡ 목재의 비중은 1.54이다.

㉢ 목재의 강도
- 건조하면 강도가 증가(함수율이 낮을수록)한다.
- 섬유방향의 인장강도가 압축강도보다 크다.
- 심재가 변재보다 강도가 크다.
- 목재의 흠으로 강도가 떨어진다.

㉣ 목재의 인화점(180℃) : 목재 가스에 불이 붙는 점

㉤ 목재의 착화점(260~270℃) : 화재위험온도로 목질부에 불이 붙는 점

㉥ 목재의 발화점(400~450℃) : 불이 붙지 않아도 자연발화되는 점

### 10년간 자주 출제된 문제

**1-1. 목재에 관한 설명 중 틀린 것은?**
① 온도에 대한 신축이 비교적 작다.
② 외관이 아름답다.
③ 중량에 비하여 강도와 탄성이 크다.
④ 재질, 강도 등이 균일하다.

**1-2. 목재의 심재에 대한 설명으로 옳지 않은 것은?**
① 목질부 중 수심 부근에 있는 부분을 말한다.
② 변형이 작고 내구성이 있어 이용가치가 크다.
③ 오래된 나무일수록 폭이 넓다.
④ 색깔이 엷고 비중이 작다.

**1-3. 목재의 방부제 중 수용성 방부제에 속하는 것은?**
① 크레오소트 오일
② 불화소다 2% 용액
③ 콜타르
④ PCP

**1-4. 목재의 강도에 관한 설명 중 옳지 않은 것은?**
① 습윤 상태일 때가 건조 상태일 때보다 강도가 크다.
② 목재의 강도는 가력방향과 섬유방향의 관계에 따라 현저한 차이가 있다.
③ 비중이 큰 목재는 가벼운 목재보다 강도가 크다.
④ 심재가 변재에 비하여 강도가 크다.

**1-5. 재료의 열에 대한 성질 중 착화점에 대한 설명으로 옳은 것은?**
① 재료에 열을 계속 가하면 불에 닿지 않고도 자연발화하게 되는 온도
② 재료에 열을 계속 가하면 열분해를 일으켜 증발가스가 발생하며 불에 닿으면 쉽게 발화하게 되는데 이때의 온도
③ 금속재료와 같이 열에 의하여 고체에서 액체로 변하는 경계점의 온도
④ 아스팔트나 유리와 같이 금속이 아닌 물질이 열에 의하여 액체로 변하는 온도

| 해설 |

**1-1**
목재의 장단점

| 장 점 | 단 점 |
|---|---|
| • 가볍고, 가공이 쉽다. | • 내화성이 취약하다. |
| • 비중에 비해 강도가 크다. | • 흡습성이 크고 변형이 쉽다. |
| • 열전도율, 열팽창률이 작다. | • 부패의 우려가 있다. |

**1-2**
심재와 변재

| 구 분 | 비 중 | 신축성 | 강 도 | 내구성 | 품 질 |
|---|---|---|---|---|---|
| 심 재 | 크다. | 작다. | 크다. | 크다. | 좋다. |
| 변 재 | 작다. | 크다. | 작다. | 작다. | 나쁘다. |

**1-3**
목재방부제
• 수용성 방부제 : 염화아연, 염화수은(Ⅱ), 황산구리, 플루오린화나트륨(불화소다), 비소화합물, 다이나이트로페놀 또는 크레졸
• 유용성 방부제 : 크레오소트유, 나무 타르, 아스팔트, 페인트, 펜타클로로페놀 등

**1-4**
목재의 강도
• 건조하면 강도가 증가한다(함수율이 낮을수록).
• 섬유방향의 인장강도가 압축강도보다 크다.
• 심재가 변재보다 강도가 크다.
• 목재의 흠으로 강도가 떨어진다.

**1-5**
목재의 착화점(260~270℃)은 화재위험온도, 목질부에 불이 붙는 점을 말한다.

정답 1-1 ④  1-2 ④  1-3 ②  1-4 ①  1-5 ①

## 핵심이론 02 | 목재(2)

① 목재의 제재와 건조
  ㉠ 목재의 벌목시기 : 겨울
  ㉡ 제 재
    • 취재율 : 침엽수 70% 이상, 활엽수 50% 이상
    • 제재품 단위 : $m^3$, 사이(才), BF(Board Feet)
  ㉢ 목재의 건조
    • 사용 전에 건조하는 것이 원칙이다(기초말뚝에 사용하는 것 제외).
    • 구조용재의 함수율은 15% 이하, 수장재 및 가공재의 함수율은 10%이다.

② 목재제품
  ㉠ 합판 : 단판을 3, 5, 7, 9 홀수겹으로 겹쳐 붙이며, 제조법으로 로터리베니어, 슬라이스드베니어, 소드베니어가 있다.
    • 판재에 비해 균질
    • 팽창수축이 작음
    • 방향에 따른 강도 차이가 작음
    • 아름다운 무늬를 얻을 수 있음
    • 너비가 큰판, 곡면판
  ㉡ 집성목재 : 모두 섬유방향에 평행하게 붙이며 붙이는 매수는 홀수가 아니어도 무관하다. 보, 기둥에 사용하는 큰 단면을 만든다.
    • 굽은 용재 가능
    • 응력에 따른 단면결정 가능
    • 목재의 강도를 자유롭게 조절 가능
    • 길고 단면이 큰 부재를 간단히 만듦
  ㉢ 인조목재 : 톱밥, 대팻밥, 나무부스러기 사용
  ㉣ 플로어링류 : 플로어링보드, 파키트리보드, 파키트리패널, 파키트리블록
  ㉤ 벽, 천장재
    • 코펜하겐 리브 : 넓은 강당, 극장의 안벽에 음향 조절과 장식효과

- 코르크판 : 흡음판(음악실, 방송실 천장), 단열판(냉장고, 냉동고, 제빙공장)
ⓑ 섬유판
  - 파티클보드
    - 작은 나무 부스러기를 이용하여 제조
    - 방향성이 없으며 변형이 작음
    - 방부, 방화성을 높이는 데 효과적
    - 흡음성, 열의 차단성이 좋음
    - 단, 수분에는 강하지 않음
ⓢ 목재의 방부처리법 : 주입법, 침지법, 도포법, 표면탄화법

### 10년간 자주 출제된 문제

**2-1.** 넓은 기계 대패로 나이테를 따라 두루마리를 펴듯이 연속적으로 벗기는 방법으로, 얼마든지 넓은 베니어를 얻을 수 있으며 원목의 낭비도 적어 합판 제조의 80~90%에 해당하는 것은?

① 소드 베니어
② 로터리 베니어
③ 반 로터리 베니어
④ 슬라이스드 베니어

**2-2.** 합판(Plywood)의 특성으로 옳지 않은 것은?

① 판재에 비해 균질하다.
② 방향에 따라 강도의 차가 크다.
③ 너비가 큰 판을 얻을 수 있다.
④ 함수율 변화에 의한 신축변형이 작다.

**2-3.** 집성목재의 장점에 속하지 않는 것은?

① 목재의 강도를 인공적으로 조절할 수 있다.
② 응력에 따라 필요한 단면을 만들 수 있다.
③ 길고 단면이 큰 부재를 간단히 만들 수 있다.
④ 톱밥, 대패밥, 나무 부스러기를 이용하므로 경제적이다.

**2-4.** 목재의 보존성을 높이고 충해 및 변색방지를 위한 방부처리법이 아닌 것은?

① 도포법  ② 저장법
③ 침지법  ④ 주입법

**2-5.** 파티클보드에 대한 설명으로 옳지 않은 것은?

① 변형이 작고, 음 및 열의 차단성이 우수하다.
② 상판, 칸막이벽, 가구 등에 이용된다.
③ 수분이나 고습도에 대해 강하기 때문에 별도의 방습 및 방수처리가 필요 없다.
④ 합판에 비해 휨강도는 떨어지나 면내 강성은 우수하다.

|해설|

**2-1**

② 로터리 베니어 : 원목을 길이 2~5m로 마름질하고, 증기를 통해서 부드럽게 하여 로터리 플레이너로 통나무의 원주를 따라서 얇고 둥글게 벗긴 것으로 합판제조에 80~90% 사용한다.

**2-2**

합판 : 단판을 3, 5, 7, 9 홀수겹으로 겹쳐 붙이는 것이며 제조법으로 로터리 베니어, 슬라이스드 베니어, 소드 베니어가 있다.

**합판의 특징**
- 판재에 비해 균질하다.
- 팽창, 수축이 작다.
- 방향에 따른 강도 차이가 작다.
- 아름다운 무늬를 얻을 수 있다.
- 너비가 큰 판을 얻을 수 있고, 곡면판으로 만들 수 있다.

**2-3**

집성목재 : 모두 섬유방향에 평행하게 붙이며 붙이는 매수는 홀수가 아니어도 무관하다. 보, 기둥에 사용하는 큰 단면을 만든다.
- 굽은 용재도 가능하다.
- 응력에 따른 단면결정이 가능하다.
- 목재의 강도를 자유롭게 조절가능하다.
- 길고 단면이 큰 부재를 간단히 만든다.

**2-4**

목재의 방부처리법 : 주입법, 침지법, 도포법, 표면탄화법

**2-5**

**파티클보드**
- 작은 나무 부스러기를 이용하여 제조한다.
- 방향성이 없으며 변형이 작다.
- 방부, 방화성을 높이는 데 효과적이다.
- 흡음성, 열의 차단성이 좋다.
- 단, 수분에는 강하지 않다.

정답 2-1 ② 2-2 ② 2-3 ④ 2-4 ② 2-5 ③

## 핵심이론 03 | 석재(1)

① 석재의 장단점

| 장 점 | 단 점 |
| --- | --- |
| • 압축강도가 우수하다.<br>• 불연성, 내구성, 내화학성, 내마모성이 우수하다.<br>• 외관이 미려하다. | • 비중이 크고 가공성이 좋지 않다.<br>• 내화도가 낮다.<br>• 인장강도가 작다. |

② 석재의 분류

| 화성암계 | 화강암, 안산암, 현무암, 부석 |
| --- | --- |
| 수성암계 | 응회암, 사암, 점판암, 석회암, 이판암 |
| 변성암계 | 대리석, 트래버틴, 사문암 |

③ 석재의 특징

  ㉠ 석재의 인장강도 : 압축강도의 $\frac{1}{10} \sim \frac{1}{20}$

  ㉡ 석재의 압축강도순서 : 화강암 > 대리석 > 안산암 > 사암

  ㉢ 내화성이 큰 암석 : 응회암, 안산암

④ 석재의 가공순서

  혹두기(쇠메나 망치) → 정다듬(정) → 도드락다듬(도드락망치) → 잔다듬(날망치) → 물갈기(철판, 숫돌)

---

### 10년간 자주 출제된 문제

**3-1.** 석재의 성인에 의한 분류 중 수성암에 속하지 않는 것은?
① 사 암
② 이판암
③ 석회암
④ 안산암

**3-2.** 다음 중 평균적으로 압축강도가 가장 큰 석재는?
① 화강암
② 사문암
③ 사 암
④ 대리석

**3-3.** 다음 중 내화도가 가장 큰 석재는?
① 화강암
② 대리석
③ 석회암
④ 응회암

|해설|

**3-1**

| 화성암계 | 화강암, 안산암, 현무암, 부석 |
| --- | --- |
| 수성암계 | 응회암, 사암, 점판암, 석회암, 이판암 |
| 변성암계 | 대리석, 트래버틴, 사문암 |

**3-2**
석재의 압축강도순서 : 화강암 > 대리석 > 안산암 > 사암

**3-3**
내화성이 큰 암석 : 응회암, 안산암

정답 3-1 ④  3-2 ①  3-3 ④

## 핵심이론 04 | 석재(2)

① 석재의 종류

| | | |
|---|---|---|
| 화성암 | 화강암 | • 강도가 가장 크다.<br>• 내화도가 낮아 고열부담이 있는 곳은 사용하지 못한다.<br>• 실외 벽체마감에 사용한다. |
| | 안산암 | 조각에 이용하며, 내화성이 높다. |
| | 부 석 | 경량콘크리트골재, 화학공장의 특수 장치용 또는 방열용으로 사용한다. |
| 수성암 | 점판암 | • 얇은 판 가공이 가능하다.<br>• 방수성이 우수하고 지붕의 재료로 사용한다. |
| | 사 암 | • 내화성, 흡수성, 가공성이 우수하다.<br>• 구조재에 적당하다. |
| | 응회암 | • 강도, 내구성이 작아 구조재로 사용하기에 부적합하다.<br>• 내화성이 우수하고 조각이 가능하다. |
| | 석회암 | 석회나 시멘트의 주원료이다. |
| 변성암 | 대리석 | • 열, 산에 약하다.<br>• 실내장식용으로 사용한다. |
| | 트래버틴 | • 대리석의 일종이다.<br>• 특수 실내 장식용이다. |

② 암면 : 현무암, 안산암 등을 녹여 분출하여 실로 뽑은 것으로 단열과 흡음효과, 내화력이 우수하다.

③ 테라초 : 백 시멘트, 대리석, 종석, 안료 등을 사용하여 표면을 물갈기한 인조대리석이다.

### 10년간 자주 출제된 문제

**4-1. 화강암에 관한 설명으로 옳지 않은 것은?**
① 내화성은 석재 중에서 가장 큰 편이다.
② 주요 광물은 석영과 장석이다.
③ 콘크리트용 골재로도 사용된다.
④ 구조재 및 수장재로 쓰인다.

**4-2. 다음 석재 중 색채, 무늬 등이 다양하여 건물의 실내 마감 장식재로 가장 적합한 것은?**
① 점판암    ② 대리석
③ 화강암    ④ 안산암

**4-3. 각 석재의 용도로 옳지 않은 것은?**
① 화강암 – 외장재
② 점판암 – 지붕재
③ 석회암 – 구조재
④ 대리석 – 실내장식재

**4-4. 인조석에 사용되는 각종 안료로써 옳지 않은 것은?**
① 트래버틴    ② 황 토
③ 주 토    ④ 산화철

|해설|
**4-1**
화강암
• 강도가 가장 크다.
• 내화도가 낮아 고열부담이 있는 곳은 사용하지 못한다.
• 실외 벽체마감에 사용한다.

**4-2**
② 대리석 : 변성암계로 열, 산에 약하다. 주로 실내장식용으로 사용된다.

**4-3**
③ 석회암 : 석회나 시멘트의 주원료이다.

**4-4**
① 트래버틴 : 대리석과 동일한 성분이며 석질이 불균일하고 곳곳에 구멍이 있으며, 암갈색의 짙은 무늬가 있어 판석으로 만들어 물갈기를 하면 무늬 모양이 매우 좋아 실내 벽면의 장식재로 사용된다.

정답 4-1 ① 4-2 ② 4-3 ③ 4-4 ①

## 핵심이론 05 | 시멘트(1)

① 시멘트의 비중 : 3.05~3.15
② 단위용적 중량 : 1,500kg/m³
③ 시멘트의 주요원료 : 석회(CaO), 점토, 석고
④ 제조법 : 원료배합-소성-분해(석고첨가 : 시멘트 응결 시간 조절, 습식법 : 고급 시멘트 제조)

```
        원 료
  (석회석+점토+산화철)
        │ (고온소성)
        ▼
    클링커+석고(3%)
   (석고 : 응결시간 조절)
        │ (분쇄로)
        ▼
       시멘트
```

⑤ 수화반응 : 시멘트 구성성분과 물이 화학반응을 통해 화합물이 되는 과정
  ㉠ 응결 : 유동성이 없어지고 점차 굳어짐
  ㉡ 경화 : 조직이 굳어져 강도가 커짐
  ㉢ 수경성 : 물속에서 더욱 강도가 증대
  ㉣ 응결시간 : 1시간 이후부터 굳기 시작하여 10시간 이내에 끝남

⑥ 응결에 영향을 주는 요소

| 분말도(↑), 알루민산삼석회(↑), 온도(↑), 혼화제(↑) | 응결이 빠름 |
|---|---|
| 수량(↓) | |

⑦ 시멘트시험

| 응 결 | 길모어시험 |
|---|---|
| 분말도 | 블레인법(비표면적) |
| 안정도 | 오토클레이브 팽창도 또는 수축도 |

⑧ 분말도가 높은 시멘트의 특징
  시공연도 우수, 재료분리현상 감소, 수화반응이 빠름, 조기강도 높음, 풍화되기 쉬움, 수축균열이 큼, 콘크리트 응결 시 초기균열 발생

### 10년간 자주 출제된 문제

**5-1.** 시멘트를 제조할 때 최고온도까지 소성이 이루어진 후에 공기를 이용하여 급랭시켜 소성물을 배출하게 되면 화산암과 같은 검은 입자가 나오는데 이 검은 입자를 무엇이라 하는가?
① 포졸란
② 시멘트 클링커
③ 플라이애시
④ 광 재

**5-2.** 시멘트의 응결 및 경화에 영향을 주는 요인 중 가장 거리가 먼 것은?
① 시멘트의 분말도
② 온 도
③ 습 도
④ 바 람

**5-3.** 오토클레이브(Autoclave) 팽창도 시험은 시멘트의 무엇을 알아보기 위한 것인가?
① 풍 화
② 안정성
③ 비 중
④ 분말도

**5-4.** 시멘트 분말도에 대한 설명으로 옳지 않은 것은?
① 분말도가 클수록 수화작용이 빠르다.
② 분말도가 클수록 초기강도의 발생이 빠르다.
③ 분말도가 클수록 강도증진율이 빠르다.
④ 분말도가 클수록 초기균열이 적다.

| 해설 |

**5-1**
시멘트의 제조법

```
        원 료
   (석회석+점토+산화철)
         ↓ (고온소성)
     클링커+석고(3%)
    (석고 : 응결시간 조절)
         ↓ (분쇄로)
         시멘트
```

**5-2**
응결에 영향을 주는 요소

| 분말도(↑), 알루민산삼석회(↑), 온도(↑), 혼화제(↑) | 응결이 |
| 수량(↓) | 빠르다. |

**5-3**
오토클레이브 팽창도 시험은 시멘트의 안정성을 알아볼 수 있다.

**5-4**
**분말도가 높은 시멘트의 특징** : 시공연도 우수, 재료분리현상 감소, 수화반응이 빠름, 조기강도 높음, 풍화되기 쉬움, 수축균열이 큼, 콘크리트 응결 시 초기균열 발생

정답 5-1 ② 5-2 ④ 5-3 ② 5-4 ④

## 핵심이론 06 | 시멘트(2)

① **시멘트의 종류**

| 분 류 | 종 류 | 특 징 |
| --- | --- | --- |
| 포틀랜드 시멘트 | 보통 포틀랜드 시멘트 | 건축·토목공사 등에 사용되는 가장 대표적인 시멘트이다. |
| | 조강 포틀랜드 시멘트 | 조기강도 발현이 가능하므로 공기 단축이 가능하고, 겨울공사에 가능한 시멘트이다. |
| | 중용열 포틀랜드 시멘트 | 장기강도가 크고, 수화발열과 건조 수축이 작으므로 댐공사 등 대규모 콘크리트에 이용된다. |
| 혼합 시멘트 | 실리카 시멘트 | 실리카겔을 혼합한 것으로, 화학적 저항이 크고 내수성이 우수하여 하수 공사 및 해수공사에 사용한다. |
| | 고로 시멘트 | 고로 슬래그를 혼합한 것으로, 내화학성이 강하여 수중 또는 해수, 화학 공장 배수로 공사에 이용된다. |
| | 플라이 애시 시멘트 | 수밀성과 화학적 저항성이 우수하고 수화열이 낮아 매스 콘크리트용으로 적합하다. |
| 특수 시멘트 | 알루미나 시멘트 | 보크사이트와 석회석을 원료로 사용하며, 초조강성으로 화학적 부식에 저항성이 있어 동절기공사, 해안공사 등에 사용된다. |
| | 팽창 시멘트 | 건조 수축에 의한 결점을 방지할 목적으로 만든 시멘트이다. |

② **시멘트의 저장**

지상 30cm 이상 되는 마루 위에 적재하며, 시멘트를 쌓아올리는 높이는 13포대 이하로 한다(저장기간이 길어질 우려가 있는 경우 7포대 이상 쌓지 않는다). 3개월 이상 저장한 시멘트는 재시험해야 하고 입하순서로 사용

③ **시멘트의 풍화** : 시멘트가 저장 중에 공기 속의 습기 및 $CO_2$를 흡수하면, 수화반응으로 인하여 비중이 감소하며 강도의 발현성이 저하되는 현상

### 10년간 자주 출제된 문제

**6-1. 중용열 포틀랜드 시멘트에 대한 설명으로 옳은 것은?**
① 초기강도 증진을 위한 시멘트이다.
② 급속공사, 동기공사 등에 유리하다.
③ 발열량이 적고 경화가 느린 것이 특징이다.
④ 수화속도가 빨라 한중 콘크리트 시공에 적합하다.

**6-2. 각종 시멘트의 특성에 관한 설명 중 옳지 않은 것은?**
① 중용열 포틀랜드 시멘트에 의한 콘크리트는 수화열이 작다.
② 실리카 시멘트에 의한 콘크리트는 초기강도가 크고 장기강도는 낮다.
③ 조강 포틀랜드 시멘트에 의한 콘크리트는 수화열이 크다.
④ 플라이애시 시멘트에 의한 콘크리트는 내해수성이 크다.

**6-3. 시멘트 저장 시 유의해야 할 사항으로 옳지 않은 것은?**
① 시멘트는 개구부와 가까운 곳에 쌓여 있는 것부터 사용해야 한다.
② 지상 30cm 이상 되는 마루 위에 적재해야 하며, 그 창고는 방습설비가 완전해야 한다.
③ 3개월 이상 저장한 시멘트 또는 습기를 받았다고 생각되는 시멘트는 반드시 사용 전에 재시험해야 한다.
④ 포대에 들어 있는 시멘트는 13포대 이상 쌓으면 안 되며, 특히 장기간 저장할 경우에는 7포대 이상 쌓지 않는다.

**6-4. 시멘트가 공기 중의 습기를 받아 천천히 수화 반응을 일으켜 작은 알갱이 모양으로 굳어졌다가, 이것이 계속 진행되면 주변의 시멘트와 달라붙어 결국에는 큰 덩어리로 굳어지는 현상은?**
① 응 결　　② 소 성
③ 경 화　　④ 풍 화

| 해설 |

**6-1**
**중용열 포틀랜드 시멘트**: 장기강도가 크고, 수화발열과 건조수축이 작으므로 댐공사 등 대규모 콘크리트에 이용된다.

**6-2**
**실리카 시멘트**: 실리카겔을 혼합한 것으로, 화학적 저항이 크고 내수성이 우수하여 하수공사 및 해수공사에 사용된다.

**6-3**
**시멘트의 저장**: 지상 30cm 이상 되는 마루 위에 적재하며, 최대 13포대 이상 쌓으면 안 된다. 3개월 이상 저장한 시멘트는 재시험해야 하고, 입하순서로 사용한다.

**6-4**
**시멘트의 풍화**: 시멘트는 저장 중에 공기 속의 습기 및 $CO_2$를 흡수하면, 수화반응으로 인하여 비중이 감소하며 강도의 발현성이 저하되는 현상이다.

**정답** 6-1 ③　6-2 ②　6-3 ①　6-4 ④

## 핵심이론 07 | 콘크리트

① 골재의 품질
  ㉠ 골재의 강도는 시멘트 풀의 강도 이상이어야 한다.
  ㉡ 거칠고 구형에 가까운 것이 좋다.
  ㉢ 잔 것과 굵은 것이 적당히 혼합되어야 한다.

② 성 질
  ㉠ 골재의 비중 : 절건비중으로 2.5~2.7
  ㉡ 공극률 : 30~40%
  ㉢ 콘크리트용으로 적당한 조립률(FM) : 모래 2~3.6, 자갈 6~7
    ※ 골재의 함수상태
      • 절대건조상태 : 골재 속에 물이 전혀 없는 상태
      • 공기 중 건조상태 : 골재 속에 약간의 물기가 있는 상태
      • 표면건조상태 : 표면에는 물이 없고 속에만 물이 꽉 찬 상태, 배합설계 때 기준이 되는 상태
      • 습윤상태 : 겉과 속이 물이 차 있는 상태

③ 물시멘트비(W/C) : 물과 시멘트의 중량비로 콘크리트 강도에 가장 영향을 주며, 물시멘트비가 클수록 강도는 낮아진다.

④ 워커빌리티(시공연도) : 재료분리가 안 됨, 내구성 증대, 균질한 콘크리트

⑤ 워커빌리티 측정방법 : 슬럼프시험, 플로시험, 리몰딩시험

⑥ AE제 : 콘크리트를 비빌 때 사용하는 혼화재료로 미세한 기포를 생성하여 워커빌리티를 개선하지만, 과도하게 사용할 경우 강도저하 현상이 일어난다. 사용목적은 동결융해 작용에 대한 내구성을 가지기 위함이다.

⑦ 블리딩 : 콘크리트를 부어넣을 때 골재와 시멘트 죽이 서로 분리되면서 갈라지는 현상으로 부적당한 골재나 지나치게 큰 자갈을 사용할 때 일어난다.

---

### 10년간 자주 출제된 문제

**7-1. 콘크리트용 골재에 대한 설명으로 옳지 않은 것은?**
① 골재의 강도는 경화된 시멘트 페이스트의 최대강도 이하이어야 한다.
② 골재의 표면은 거칠고, 모양은 구형에 가까운 것이 가장 좋다.
③ 골재는 잔 것과 굵은 것이 골고루 혼합된 것이 좋다.
④ 골재는 유해량 이상의 염분을 포함하지 않아야 한다.

**7-2. 골재의 함수상태에 관한 설명으로 옳지 않은 것은?**
① 절건상태는 골재를 완전 건조시킨 상태이다.
② 기건상태는 골재를 대기 중에 방치하여 건조시킨 것으로 내부에 약간의 수분이 있는 상태이다.
③ 표건상태는 골재 내부는 포수상태이며 표면은 건조한 상태이다.
④ 습윤상태는 표면에 물이 붙어 있는 상태로 보통 자갈의 흡수량은 골재 중량의 50% 내외이다.

**7-3. 굳지 않은 콘크리트의 컨시스턴시를 측정하는 방법이 아닌 것은?**
① 플로시험
② 리몰딩시험
③ 슬럼프시험
④ 르샤틀리에 비중병시험

**7-4. AE제를 사용한 콘크리트에 관한 설명 중 옳지 않은 것은?**
① 물시멘트비가 일정한 경우 공기량을 증가시키면 압축강도가 증가한다.
② 시공연도가 좋아지므로 재료분리가 적어진다.
③ 동결융해 작용에 의한 마모에 대하여 저항성을 증대시킨다.
④ 철근에 대한 부착강도가 감소한다.

| 해설 |

### 7-1
**골재의 품질**
- 골재의 강도는 시멘트 풀의 강도 이상으로 한다.
- 거칠고 구형에 가까운 것이 좋다.
- 잔 것과 굵은 것이 적당히 혼합되어야 한다.

### 7-2
**골재의 함수상태**
- 절대건조상태 : 골재 속에 물이 전혀 없는 상태
- 공기 중 건조상태 : 골재 속에 약간의 물기가 있는 상태
- 표면건조상태 : 표면에는 물이 없고 속에만 물이 꽉 찬 상태, 배합 설계 때 기준이 되는 상태
- 습윤상태 : 겉과 속이 물이 차 있는 상태

### 7-3
**워커빌리티 측정방법** : 슬럼프시험, 플로시험, 리몰딩시험

### 7-4
AE제를 많이 사용하면 비경제적, 압축강도의 감소, 철근과의 부착강도의 저하가 일어나므로 콘크리트 중의 전공기량이 용적으로 약 4~6%가 되도록 적정 사용량을 엄수한다.

**정답** 7-1 ① 7-2 ④ 7-3 ④ 7-4 ①

---

## 핵심이론 08 | 점토재료

① 종 류

| 토 기 | 기와, 벽돌 |
|---|---|
| 석 기 | 클링커타일, 항아리 |
| 도 기 | 내장용으로만 사용, 위생도기(세면기, 양변기) |
| 자 기 | 자기질 타일(가장 고온에서 소성) |

② 성 질
  ㉠ 비중 : 2.5~2.6
  ㉡ 포수율 : 가소성이 적당한 때의 점토입자가 물을 함유하는 능력이다.
  ㉢ 가소성 : 양질의 점토일수록 가소성이 우수하다.
  ㉣ 압축강도 : 인장강도의 5배 정도

③ 타 일
  ㉠ 스크래치타일 : 표면에 거친무늬를 넣는다.
  ㉡ 클링커타일 : 표면에 요철무늬를 넣어 바닥, 옥상 등에 붙인다.

④ 테라코타 : 석재 조각물 대신에 사용되는 점토소성제품이다.
  ㉠ 입체타일로 석재보다 색이 자유롭다.
  ㉡ 일반적인 석재보다 가볍고 크기는 개당 $0.5m^3$ 또는 $0.3m^3$ 이하가 적당하다.

### 10년간 자주 출제된 문제

**8-1. 점토제품 중 타일에 대한 설명으로 옳지 않은 것은?**
① 자기질타일의 흡수율은 3% 이하이다.
② 일반적으로 모자이크타일은 건식법에 의해 제조된다.
③ 클링커타일은 석기질타일이다.
④ 도기질타일은 외장용으로만 사용된다.

**8-2. 다음 소지의 질에 의한 타일의 구분에서 흡수율이 가장 큰 것은?**
① 자기질      ② 석기질
③ 도기질      ④ 클링커타일

**8-3. 점토제품 중 소성온도가 가장 높은 것은?**
① 토 기      ② 석 기
③ 자 기      ④ 도 기

## 10년간 자주 출제된 문제

**8-4. 바닥재료를 타일로 마감할 때의 내용으로 틀린 것은?**
① 접착력을 높이기 위해 타일 뒷면에 요철을 만든다.
② 바닥타일은 미끄럼방지를 위해 유약을 사용하지 않는다.
③ 보통 클링커타일은 외부바닥용으로 사용한다.
④ 외장타일은 내장타일보다 강도가 약하고 흡수율이 높다.

**8-5. 테라코타에 대한 설명으로 옳지 않은 것은?**
① 장식용 점토소성제품이다.
② 건축물의 난간, 주두, 돌림띠 등에 사용된다.
③ 일반 석재보다 무겁고 1개의 크기는 $1m^3$ 이상이 적당하다.
④ 복잡한 모양의 것은 형틀에 점토를 부어 넣어 만든다.

**|해설|**

**8-1**
도기질타일은 내장용으로만 사용한다.

**8-2**
**타일의 흡수율**: 자기질(3%), 석기질(5%), 도기질(18%), 클링커타일(8%)

**8-3**
자기질타일이 가장 고온에서 소성된다.

**8-4**
④ 외장타일은 내장타일에 비해 강도가 높고 흡수율이 높다.
**타 일**
• 스크래치타일 : 표면에 거친무늬를 넣는다.
• 클링커타일 : 표면에 요철무늬를 넣어 바닥, 옥상 등에 붙인다.

**8-5**
**테라코타**
• 석재 조각물 대신에 사용되는 점토소성제품이다.
• 입체타일로 석재보다 색이 자유롭다.
• 일반적인 석재보다 가벼우며, 크기는 개당 $0.5m^3$ 또는 $0.3m^3$ 이하가 적당하다.

**정답** 8-1 ④ 8-2 ③ 8-3 ③ 8-4 ④ 8-5 ③

## 핵심이론 09 | 금속재료(1)

① 철 강

| 선철(주철) | 탄소함유량 1.7% 이상 |
|---|---|
| 강 | 탄소함유량 0.04~1.7% |
| 순 철 | 탄소함유량 0.04% 이하 |

인장강도, 항복강도는 탄소의 양이 증가함에 따라 상승하여 약 0.85%에서 최대가 되고, 그 이상이 되면 다시 내려가서 이 사이의 신장률은 점차 작아진다.

② 제철과 제강 : 슬래그, 평로법, 전기로법, 도가니법
③ 가공 : 열간가공(900~1,200℃에서 가공), 냉간가공(700℃ 이하에서 가공)
④ 열처리 : 불림(조직균질화), 풀림(결정이 연화), 담금질(강도, 경도증가), 뜨임(인성부여)
⑤ 강재의 인장강도가 가장 큰 온도 : 250℃(500℃에서 0℃ 강도의 1/2)
⑥ 철재 부식방지법
  ㉠ 철재의 표면에 아스팔트나 콜타르를 바른다.
  ㉡ 시멘트액 피막을 형성한다.
  ㉢ 사산화철 등의 금속 산화물 피막을 형성한다.
  ㉣ 다른 종류의 금속을 서로 잇대어 사용하지 않는다.
⑦ 비철금속

| 황동(창호철물 사용) | 구리 + 아연 |
|---|---|
| 청동(장식철물 사용) | 구리 + 주석 |
| 두랄루민 | 알루미늄 + 구리 + 마그네슘 + 망간 |
| 양은(화이트브론즈) | 구리 + 니켈 + 아연 |

### 10년간 자주 출제된 문제

**9-1. 탄소함유량이 증가함에 따라 철에 끼치는 영향으로 옳지 않은 것은?**

① 연신율의 증가
② 항복강도의 증가
③ 경도의 증가
④ 용접성의 저하

**9-2. 강재의 인장강도가 최대가 되는 온도는 대략 어느 정도 인가?**

① 0℃  ② 150℃
③ 250℃ ④ 500℃

**9-3. 금속의 부식방지법으로 틀린 것은?**

① 상이한 금속은 접촉시켜 사용하지 말 것
② 균질의 재료를 사용할 것
③ 부분적인 녹은 나중에 처리할 것
④ 청결하고 건조상태를 유지할 것

**9-4. 금속의 부식작용에 대한 설명으로 옳지 않은 것은?**

① 동판과 철판을 같이 사용하면 부식방지에 효과적이다.
② 산성인 흙속에서는 대부분의 금속재가 부식된다.
③ 습기 및 수중에 탄산가스가 존재하면 부식작용은 한층 촉진된다.
④ 철판의 자른 부분 및 구멍을 뚫은 주위는 다른 부분보다 빨리 부식된다.

**9-5. 황동의 합금구성으로 옳은 것은?**

① Cu + Zn  ② Cu + Ni
③ Cu + Sn  ④ Cu + Mn

|해설|

**9-1**
인장강도, 항복강도는 탄소의 양이 증가함에 따라 상승하여 약 0.85%에서 최대가 되고, 그 이상이 되면 다시 내려가서 이 사이의 신장률은 점차 작아진다.

**9-2**
강재의 인장강도가 가장 큰 온도 : 250℃(500℃에서 0℃ 강도의 1/2)

**9-3**
철재 부식방지법
• 철재의 표면에 아스팔트나 콜타르를 바른다.
• 시멘트액 등으로 피막을 형성한다.
• 사산화철 등의 금속 산화물로 피막을 형성한다.

**9-4**
다른 종류의 금속을 서로 잇대어 사용하지 않는다.

**9-5**
비철금속

| 황동(창호철물 사용) | 구리 + 아연 |
|---|---|
| 청동(장식철물 사용) | 구리 + 주석 |
| 두랄루민 | 알루미늄 + 구리 + 마그네슘 + 망간 |
| 양은(화이트브론즈) | 구리 + 니켈 + 아연 |

**정답** 9-1 ① 9-2 ③ 9-3 ③ 9-4 ① 9-5 ①

## 핵심이론 10 | 금속재료(2)

① 창호철물

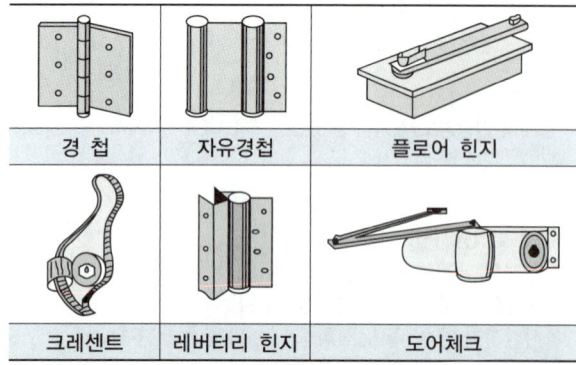

㉠ 경첩 : 여닫이문을 다는 데 사용하는 것으로 가구의 몸체와 문판을 연결한다.

㉡ 자유경첩 : 안팎으로 개폐된다.

㉢ 플로어 힌지 : 무거운 여닫이문에 사용한다.

㉣ 크레센트 : 오르내리창의 잠금장치로 사용한다.

㉤ 레버터리 힌지 : 공중화장실, 출입문 등에 사용한다. 문이 자동으로 닫힐 때 완전히 닫히지 않도록 한다.

㉥ 도어체크 : 열린 문이 자동으로 닫히게 하는 장치이다.

㉦ 코너비드 : 기둥의 모서리 및 벽모서리에 미장을 쉽게 하고 모서리를 보호한다.

㉧ 문버팀쇠 : 열어진 문을 버티어 고정하는 철물이다.

㉨ 인서트 : 콘크리트 슬래브에 묻어 천장 달대를 고정시키는 철물이다.

㉩ 도어스톱 : 여닫이문을 열었을 때 벽이 손잡이에 닿아서 손상되지 않도록 바닥, 걸레받이, 벽 또는 문짝 등에 부착하는 철물이다.

### 10년간 자주 출제된 문제

**10-1.** 다음 창호 부속철물 중 경첩으로 유지할 수 없는 무거운 자재 여닫이문에 쓰이는 것은?

① 플로어 힌지(Floor Hinge)
② 피벗 힌지(Pivot Hinge)
③ 레버터리 힌지(Lavatory Hinge)
④ 도어체크(Door Check)

**10-2.** 코너비드(Corner Bead)를 사용하기에 가장 적합한 곳은?

① 난간 손잡이  ② 창호 손잡이
③ 벽체 모서리  ④ 나선형 계단

**10-3.** 열린 여닫이문을 저절로 닫히게 하는 장치는?

① 문버팀쇠   ② 도어스톱
③ 도어체크   ④ 크레센트

|해설|

**10-1**
① 플로어 힌지 : 무거운 여닫이문에 사용한다.

**10-2**
**코너비드** : 기둥의 모서리 및 벽모서리에 미장을 쉽게 하고 모서리를 보호하는 역할을 한다.

**10-3**
③ 도어체크 : 열린 문이 자동으로 닫히게 하는 장치
① 문버팀쇠 : 열어진 문을 버티어 고정하는 철물
② 도어스톱 : 여닫이문을 열었을 때 벽이 손잡이에 닿아서 손상하지 않도록 바닥, 걸레받이, 벽 또는 문짝 등에 부착하는 철물
④ 크레센트 : 오르내리창의 잠금장치로 사용

**정답** 10-1 ①  10-2 ③  10-3 ③

## 핵심이론 11 | 유 리

① 유리의 주성분
  ㉠ 이산화규소($SiO_2$) : 석영이나 규사를 사용
  ㉡ 붕사·석회석·탄산나트륨 : 녹기 쉽도록 함
  ㉢ 산화알루미늄·탄산바륨·탄산칼륨 : 강도나 내약품성을 높임
  ㉣ 산화납 : 굴절률을 높임

② 종 류
  ㉠ 소다석회유리 : 일반 건축용 창유리
  ㉡ 칼리석회유리 : 고급용품, 식기, 이화학용 기기

③ 유리제품
  ㉠ 강화판유리 : 안전유리로 통근형 차량 등의 측창 등에 사용되고 있다. 판유리를 약 700℃까지 가열한 다음, 유리 표면에 공기를 내뿜어 균일하게 냉각하여 표면에 압축층을 가지게 한 유리이다. 강도는 보통 판유리의 3~5배이며, 깨진 파편은 둔각으로 된 작은 입상으로 되어 있어 인체에는 비교적 안전하다. 열처리를 한 다음에는 절단 등 가공을 할 수 없다.
  ㉡ 복층유리(방음, 창유리, 결로방지) : 두 장의 유리를 일정한 간격으로 하여 주위를 접착제로 접착해서 밀폐하고, 그 중간에 완전 건조 공기를 봉입한 유리이다. 단열·차음·결로방지 등의 효과가 있다. 페어 글라스라고도 한다.
  ㉢ 망입유리 : 유리액을 롤러로 제판하고 그 내부에 금속망을 삽입하여 성형한 유리이다. 도난, 화재 방지용으로 사용된다.
  ㉣ 안전유리 : 접합유리, 강화판유리, 배강도유리
  ㉤ 자외선 투과유리 : 병원의 일광욕실
  ㉥ 자외선 흡수유리 : 상점진열창, 용접공 보안경
  ㉦ 유리블록 : 보온, 방음, 장식, 도난방지

### 10년간 자주 출제된 문제

**11-1. 강화판유리에 대한 설명으로 틀린 것은?**
① 열처리를 한 다음에 절단 연마 등의 가공을 하여야 한다.
② 보통유리의 3~5배의 강도를 가지고 있다.
③ 유리 파편에 의한 부상이 다른 유리에 비하여 작다.
④ 유리를 500~600℃로 가열한 다음 특수장치를 이용하여 급랭한 것이다.

**11-2. 유리의 종류와 용도의 조합 중 옳은 것은?**
① 프리즘 유리 : 병원의 일광욕
② 스테인드 유리 : 장식용
③ 자외선 투과유리 : 방화용
④ 망입유리 : 굴절 채광용

**11-3. 다음 중 복층유리(Pair Glass)의 특징으로 옳지 않은 것은?**
① 흡 음
② 단 열
③ 결로방지
④ 방 음

|해설|

**11-1**
강화판유리 : 안전유리로 통근형 차량 등의 측창 등에 사용된다. 판유리를 약 700℃까지 가열한 후에 유리 표면에 공기를 내뿜어 균일하게 냉각하여 표면에 압축층을 가지게 한 유리로 강도는 보통 판유리의 3~5배이며, 파편은 둔각으로 된 작은 입상으로 되어 있어 인체에는 비교적 안전하다.

**11-2**
② 스테인드 유리 : 색판 유리의 작은 조각을 납끈으로 철하여 모양을 조립한 것이다. 교회건축·상점 건축의 창·천창의 장식용 등으로 사용한다.

**11-3**
복층유리 : 두 장의 유리를 일정한 간격으로 하여 주위를 접착제로 밀폐하고, 그 중간에 완전 건조 공기를 봉입한 유리이다. 단열·차음·결로방지 등의 효과가 있으며 페어 글라스라고도 한다.

정답 11-1 ① 11-2 ② 11-3 ①

## 핵심이론 12 | 미장재료

① 미장재료의 분류

| 구 분 | 응결방식 | 종 류 | 시공 시 주의사항 |
|---|---|---|---|
| 수경성 | 물과 반응하여 경화되는 것 | • 시멘트 모르타르<br>• 석고 플라스터<br>• 인조석 바름재<br>• 테라초 바름재 | • 경화 시 건조를 피한다.<br>• 습기가 있는 장소에 유리하다.<br>• 수분을 공급하여 양생한다. |
| 기경성 | 건조하여 경화되는 것 | • 진흙질 바름재<br>• 석회질 바름재 | • 습기가 많은 장소는 피한다.<br>• 과도한 건조 수축이 발생한다.<br>• 적절한 통풍과 건조가 필요하다. |

② 미장재료의 구성

| 고결재 | 소석회, 돌로마이트석회, 석고, 마그네시아 시멘트, 점토 |
|---|---|
| 결합재 | 여물(보강, 균열방지), 풀(점성을 주고 작업성을 좋게 함) |
| 골 재 | 중 량 |

③ 미장바름

| 기경성 미장재료 | 진흙질, 회반죽, 돌로마이트, 아스팔트 모르타르 |
|---|---|
| 수경성 미장재료 | 순석고 플라스터, 킨즈 시멘트, 시멘트 모르타르 |

㉠ 석 회
- 점도가 부족하다(→ 해초풀로 반죽).
- 미세한 수축균열이 발생한다(→ 여물로 방지).
- 경화시간이 늦다.
- 가소성이 크다.
- 습기에 약하고, 내부에만 사용한다.

㉡ 돌로마이트 석회
- 소석회보다 비중이 크고 굳으면 강도가 증가한다.
- 점성이 좋아 풀을 넣을 필요 없다.
- 수축균열이 크다.
- 응결속도가 빠르다.
- 습기에 약하여 내부에 사용한다.
- 기경성이 있다.
- 냄새곰팡이가 없다.

㉢ 석고 플라스터
- 응고가 빠르고 점성이 크다.
- 내수성이 크고, 미장재료 중 균열발생이 가장 적다.
- 혼합 석고 플라스터, 보드용 석고 플라스터, 경석고 플라스터가 있다.

㉣ 마그네시아 시멘트
- 염분의 작용으로 흡수성이 심하다.
- 백화현상이 발생한다.
- 철부식이 쉽고 수축성이 커서 균열이 발생한다.
- 염화마그네슘용액을 섞어서 반죽하면 응결되고 경화에 도움이 된다.

㉤ 인조석 및 테라초 : 천연석의 모조로서 모르타르나 콘크리트의 표면에 각종 돌가루, 돌조각을 넣은 건축재료이다. 색깔이 아름다운 화강암(花崗岩)이나 대리석의 부서진 조각을 사용하므로 경제적이고 곡면의 다듬질도 할 수 있다. 벽·바닥 재료 등에 주로 사용되나 광내기는 계단·창틀 등에도 사용되며 테라초는 인조석 광내기의 고급재로서 널리 사용되고 있다.
- 인조석 : 백색 시멘트 + 돌가루 + 종석 + 안료 + 물
- 테라초 바름 : 백색 시멘트 + 안료 + 대리석쇄석

### 10년간 자주 출제된 문제

**12-1.** 회반죽 바름에서 여물을 넣는 주된 이유는?
① 균열을 방지하기 위해
② 점성을 높이기 위해
③ 경화속도를 높이기 위해
④ 경도를 높이기 위해

**12-2.** 미장재료에 대한 설명 중 옳은 것은?
① 회반죽에 석고를 약간 혼합하면 경화속도, 강도가 감소하며 수축균열이 증대된다.
② 미장재료는 단일재료로써 사용되는 경우보다 주로 복합재료로서 사용된다.
③ 결합재에는 여물, 풀 등이 있으며 이것은 직접 고체화에 관계한다.
④ 시멘트 모르타르는 기경성 미장재료로써 내구성 및 강도가 크다.

**12-3.** 돌로마이트 플라스터에 관한 설명으로 옳지 않은 것은?
① 가소성이 커서 풀이 필요 없다.
② 경화 시 수축률이 매우 크다.
③ 수경성이므로 외벽 바름에 적당하다.
④ 강알칼리성이므로 건조 후 바로 유성페인트를 칠할 수 없다.

**12-4.** 미장재료 중 석고 플라스터에 대한 설명으로 틀린 것은?
① 알칼리성이므로 유성페인트 마감을 할 수 없다.
② 수화하여 굳어지므로 내부까지 거의 동일한 경도가 된다.
③ 방화성이 크다.
④ 원칙적으로 해초 또는 풀을 사용하지 않는다.

**12-5.** 대리석, 사문암, 화강암 등의 쇄석을 종석으로 하여 백색 포틀랜드 시멘트에 안료를 섞어 천연석재와 유사하게 성형시킨 것은?
① 점판암
② 석회석
③ 인조석
④ 화강암

### 해설

**12-1**
여물을 넣는 주된 이유는 보강과 균열을 방지하기 위해서이다.

**12-2**
미장재료의 구성 : 고결재, 결합재
- 결합재 : 여물(보강, 균열방지), 풀(점성을 주고 작업성을 좋게 한다)
- 기경성 미장재료 : 진흙질, 회반죽, 돌로마이트, 아스팔트 모르타르
- 수경성 미장재료 : 순석고 플라스터, 킨즈 시멘트, 시멘트 모르타르

**12-3**
돌로마이트 석회
- 소석회보다 비중이 크고 굳으면 강도가 증가한다.
- 점성이 좋아 풀을 넣을 필요가 없다.
- 수축균열이 크다.
- 응결속도가 빠르다.
- 습기에 약하여 내부에 사용한다.
- 기경성이다.
- 냄새와 곰팡이가 없다.

**12-4**
경화가 빨라 플라스터 바름 작업 후 바로 유성페인트 마감이 가능하다.
석고 플라스터
- 응고가 빠르고 점성이 크다.
- 내수성이 크고, 미장재료 중 균열발생이 가장 적다.
- 혼합 석고 플라스터, 보드용 석고 플라스터, 경석고 플라스터 등이 있다.

**12-5**
③ 인조석 : 천연석의 모조이며 모르타르나 콘크리트의 표면에 각종 돌가루, 돌조각을 넣은 건축재료로 색깔이 아름다운 화강암이나 대리석의 부서진 조각을 사용하므로 경제적이고 곡면의 다듬질도 할 수 있다. 벽·바닥재료 등에 주로 사용되나 광내기는 계단·창틀 등에도 사용한다.

정답 12-1 ① 12-2 ② 12-3 ③ 12-4 ① 12-5 ③

## 핵심이론 13 | 합성수지

① 종 류

| 열경화성 | 페놀수지, 요소수지, 멜라민수지, 폴리에스테르수지, 에폭시수지, 실리콘수지 |
|---|---|
| 열가소성 | 염화비닐수지, 폴리에틸렌수지, 폴리프로필렌수지, 폴리스티렌수지, 아크릴수지 |

※ 압축성형법 : 열경화성 수지의 성형을 위해서 고안된 것

② 장단점

| 장 점 | 단 점 |
|---|---|
| • 가소성, 가방성, 전성, 연성, 점착성, 기밀성, 안정성, 탄력성, 가공성, 내화학성, 전기전열성이 우수<br>• 경량이며 강도가 큼<br>• 흡수성이 작고 투수성이 없음 | • 내열, 내화학성이 작음<br>• 강성이 작음<br>• 탄성계수 : 강재의 $\frac{1}{20} \sim \frac{1}{30}$ |

### 10년간 자주 출제된 문제

**13-1.** 열경화성수지 중 건축용으로는 글라스섬유로 강화된 평판 또는 판상제품으로 주로 사용되는 것은?

① 아크릴수지
② 폴리에스테르수지
③ 염화비닐수지
④ 폴리에틸렌수지

**13-2.** 벤젠과 에틸렌으로부터 만든 것으로 벽, 타일, 천장재, 블라인드, 도료, 전기용품으로 쓰이며 특히, 발포제품은 저온 단열재로 널리 쓰이는 수지는?

① 아크릴수지
② 염화비닐수지
③ 폴리스티렌수지
④ 폴리프로필렌수지

**13-3.** 주로 페놀, 요소, 멜라민 수지 등 열경화성 수지에 응용되는 가장 일반적인 성형법으로 옳은 것은?

① 압축성형법
② 이송성형법
③ 주조성형법
④ 적층성형법

|해설|

**13-1**
합성수지의 종류

| 열경화성 | 페놀수지, 요소수지, 멜라민수지, 폴리에스테르수지, 에폭시수지, 실리콘수지 |
|---|---|
| 열가소성 | 염화비닐수지, 폴리에틸렌수지, 폴리프로필렌수지, 폴리스티렌수지, 아크릴수지 |

**13-2**
③ 폴리스티렌수지 : 에틸렌과 벤젠을 반응시켜 만든 것으로 벽, 타일, 천장재, 블라인드, 도료, 전기용품에 이용된다. 발포제품은 저온 단열재로 널리 쓰인다.

**13-3**
① 압축성형법 : 열경화성 수지의 성형을 위해서 고안된 것

**정답** 13-1 ② 13-2 ③ 13-3 ①

| 핵심이론 14 | 도장재료 |

① 페인트 종류

| 유성페인트 | 안료(물감) + 건조성지방유, 불투명 피막 형성 |
|---|---|
| 수성페인트 | 소석고 + 안료 + 접착제, 물로 녹여 사용 |
| 수지성페인트 | 합성수지 + 안료 + 휘발성 용제 |
| 알루미늄페인트 | 보일드유(건성유 + 건조제) + 희석제 + 안료 |
| 에나멜페인트 | 유성니스 + 안료 |

② 니스 : 휘발성니스, 유성니스
③ 도장재료의 원료 : 보일드유, 건성유, 건조제, 용제, 안료
④ 도료의 특징
　㉠ 유성페인트
　　• 바탕의 재질을 감춘다.
　　• 값이 싸고 밀착성, 내후성이 좋다.
　　• 경도가 낮고 느리게 건조하며 광택, 내화학성이 나쁘다.
　　• 도장 후 귀얄자국이 남기 쉽다.
　㉡ 수성페인트

| 아교, 카세인,<br>녹말 + 물 + 안료를 혼합한<br>수성페인트 | • 비용이 저렴하다.<br>• 내수성이 좋지 않아 습기가 없는 곳에 사용한다. |
|---|---|
| 시멘트질 수성페인트<br>(백색 시멘트, 마그네시아<br>시멘트 + 광물질안료 + 물) | • 내수성과 접착성이 우수하다.<br>• 실내외 모두 사용가능하다. |
| 에멀션 수성페인트 | • 실내외 모두 사용가능한 우수한 도료이다.<br>• 시멘트 모르타르, 콘크리트 바탕에 도장이 쉽다. |

　㉢ 니스
　　• 래커(락카) : 합성수지 + 휘발성용제
　　• 투명하고 빠르게 건조하며 도막이 단단하다.
　　• 부분 도장에 많이 사용한다.
　㉣ 희석제 : 부피를 늘리거나 농도를 묽게 하기 위하여, 물질이나 용액에 첨가하는 비활성 물질로 도장공사에서는 휘발성인 시너를 주로 사용하기 때문에 화재의 우려가 있으므로 항상 취급에 주의한다.

### 10년간 자주 출제된 문제

**14-1.** 도장의 목적과 관계하여 도장재료에 요구되는 성능과 가장 거리가 먼 것은?
① 방 음
② 방 습
③ 방 청
④ 방 식

**14-2.** 다음 중 유성페인트의 특징으로 옳지 않은 것은?
① 주성분은 보일류와 안료이다.
② 광택을 좋게 하기 위하여 바니시를 가하기도 한다.
③ 수성페인트에 비해 건조시간이 오래 걸린다.
④ 콘크리트에 가장 적합한 도료이다.

**14-3.** 콘크리트면, 모르타르면의 바름에 가장 적합한 도료는?
① 옻 칠
② 래 커
③ 유성페인트
④ 수성페인트

**14-4.** 래커를 도장할 때 사용되는 희석제로 가장 적합한 것은?
① 유성페인트
② 크레오소트유
③ PCP
④ 시 너

|해설|

**14-1**
도장재료에 요구되는 성질 : 방습, 방청, 방식

**14-2**
유성페인트
• 안료(물감)와 건조성 지방유 등으로 혼합되어 있으며 불투명 피막이 형성되어 있다.
• 바탕의 재질을 감추고 저렴하며 밀착성, 내후성이 좋다.
• 경도가 낮고 느리게 건조하며 광택, 내화학성이 나쁘다.
• 도장 후 귀얄자국이 남기 쉽다.

14-3

| 수성페인트 | |
|---|---|
| 아교, 카세인, 녹말 + 물 + 안료를 혼합한 수성페인트 | • 비용이 저렴하다.<br>• 내수성이 좋지 않아 습기가 없는 곳에 사용한다. |
| 시멘트질 수성페인트<br>(백색 시멘트, 마그네시아 시멘트 + 광물질안료 + 물) | • 내수성과 접착성이 우수하다.<br>• 실내외 모두 사용가능하다. |
| 에멀션 수성페인트 | • 실내외 모두 사용가능한 우수한 도료이다.<br>• 시멘트 모르타르, 콘크리트 바탕에 도장이 쉽다. |

14-4

희석제 : 부피를 늘리거나 농도를 묽게 하기 위하여, 물질이나 용액에 첨가하는 비활성 물질로 도장공사에서는 휘발성인 시너를 주로 사용하기 때문에 화재의 우려가 있으므로 항상 취급에 주의해야 한다.

※ PCP, 크레오소트유 : 방부제

정답 14-1 ① 14-2 ④ 14-3 ④ 14-4 ④

## 핵심이론 15 | 방수재료

① 아스팔트의 종류

| 천연 아스팔트 | 레이크 아스팔트, 록 아스팔트, 아스팔타이트 |
|---|---|
| 석유 아스팔트 | • 스트레이트 아스팔트 : 지하실 방수에 사용<br>• 블론 아스팔트 : 지붕 방수에 사용 |

② 아스팔트제품

| 아스팔트 펠트 | • 유기성 섬유를 원료로 하는 펠트에 스트레이트 아스팔트를 침투시킨 것<br>• 아스팔트 방수, 지붕·벽 바탕의 방수, 보온공사용 등에 사용 |
|---|---|
| 아스팔트 루핑 | 방수공사에 이용 |
| 아스팔트 싱글 | 지붕재료 |
| 아스팔트 프라이머 | 아스팔트 방수층의 초벌용 |

※ 아스팔트 품질 판별 : 침입도, 신도, 연화점, 취화점 등

③ 시트방수재

④ 도막방수재

## 10년간 자주 출제된 문제

**15-1.** 다음 중 석유계 아스팔트가 아닌 천연 아스팔트에 해당하는 것은?
① 레이크 아스팔트
② 스트레이트 아스팔트
③ 블론 아스팔트
④ 용제추출 아스팔트

**15-2.** 콘크리트, 모르타르 바탕에 아스팔트 방수층 또는 아스팔트타일 붙이기 시공을 할 때의 초벌용 재료를 무엇이라 하는가?
① 아스팔트 프라이머
② 아스팔트 컴파운드
③ 블론 아스팔트
④ 아스팔트 루핑

**15-3.** 목면, 마사, 양모, 폐지 등을 혼합하여 만든 원지에 스트레이트 아스팔트를 침투시킨 두루마리제품 이름은?
① 아스팔트 루핑
② 아스팔트 싱글
③ 아스팔트 펠트
④ 아스팔트 프라이머

**15-4.** 다음 방수재료 중 액체상 재료가 아닌 것은?
① 방수공사용 아스팔트
② 아스팔트 루핑류
③ 폴리머 시멘트 페이스트
④ 아크릴고무계 방수재

**15-5.** 아스팔트의 품질 판별 관련 요소와 가장 거리가 먼 것은?
① 침입도
② 신도
③ 감온비
④ 강도

### 해설

**15-1**
아스팔트의 종류

| 천연 아스팔트 | 레이크 아스팔트, 록 아스팔트, 아스팔타이트 |
|---|---|
| 석유 아스팔트 | • 스트레이트 아스팔트 : 지하실 방수에 사용<br>• 블론 아스팔트 : 지붕 방수에 사용 |

**15-2**
① 아스팔트 프라이머 : 아스팔트 방수층의 초벌용

**15-3**
아스팔트 펠트 : 유기성 섬유를 원료로 하는 펠트에 스트레이트 아스팔트를 침투시킨 것이다. 아스팔트 방수, 지붕·벽 바탕의 방수, 보온 공사용 등에 사용된다.

**15-4**
아스팔트 루핑 : 동식물 섬유를 원료로 한 펠트에 스트레이트 아스팔트를 침투시켜 양면을 블론 아스팔트로 피복하고, 표면에 점착 방지재를 살포한 것이다. 방수성이 크므로 방수공사나 지붕 바탕에 쓰인다.

**15-5**
아스팔트 품질 판별 : 침입도, 신도, 연화점, 취화점 등

**정답** 15-1 ① 15-2 ① 15-3 ③ 15-4 ② 15-5 ④

| 2014~2016년 | 과년도 기출문제 | 회독 CHECK 1 2 3 |
| 2017~2023년 | 과년도 기출복원문제 | 회독 CHECK 1 2 3 |
| 2024년 | 최근 기출복원문제 | 회독 CHECK 1 2 3 |

# PART 02

## 과년도 + 최근 기출복원문제

#기출유형 확인  #상세한 해설  #최종점검 테스트

# 2014년 제1회 과년도 기출문제

**01** 석구조에서 창문 등의 개구부 위에 걸쳐대어 상부에서 오는 하중을 받는 수평부재는?

① 창대돌  ② 문지방돌
③ 쌤돌   ④ 인방돌

**해설**
④ 인방돌 : 돌로 된 문 또는 창의 위쪽을 가로지르는 긴 돌

**02** 철근콘크리트 내진벽의 배치에 관한 설명으로 옳지 않은 것은?

① 위·아래층에서 동일한 위치에 배치한다.
② 균형을 고려하여 평면상으로 둘 이상의 교점을 가지도록 배치한다.
③ 상부층에 많은 양의 벽체를 설치한다.
④ 하중을 고르게 부담하도록 배치한다.

**해설**
**내진벽** : 건축물의 벽 중 지진 등의 수평력에 대해 유효하게 작용하는 벽이다. 일반적으로 철근콘크리트의 벽체를 말하며, 하부층에 많은 양의 벽체를 설치한다.

**03** 평면 형상으로 시공이 쉽고 구조적 강성이 우수하여 대공간 지붕구조로 적합한 것은?

① 돔구조   ② 셸구조
③ 절판구조  ④ PC구조

**해설**
③ 절판구조 : 평면판이 서로 어느 각도를 이루어 접속하여 입체공간을 구성한 구조이다. 평면 형상으로 시공이 쉽고 구조적으로 강성이 우수하여 대공간 지붕구조로 적합하다.

**04** 재질이 가볍고 투명성이 좋아 채광을 필요로 하는 대공간 지붕구조로 가장 적합한 것은?

① 막구조
② 셸구조
③ 절판구조
④ 케이블구조

**해설**
① 막구조 : 얇은 섬유재료의 천과 같은 막으로 텐트처럼 구조체의 지붕이나 벽체 등을 덮는 구조방식

**05** 벽돌구조에서 개구부 위와 그 바로 위의 개구부와의 최소 수직거리 기준은?

① 10cm 이상
② 20cm 이상
③ 40cm 이상
④ 60cm 이상

**해설**
조적식구조의 개구부(건축물의 구조기준 등에 관한 규칙 제35조 제1항 제2호)
개구부와 그 바로 위층에 있는 개구부와의 수직거리는 600mm 이상으로 하여야 한다.

**정답** 1 ④  2 ③  3 ③  4 ①  5 ④

**06** 지진력에 대하여 저항시킬 목적으로 구성한 벽의 종류는?

① 내진벽　　② 장막벽
③ 칸막이벽　④ 대린벽

> **해설**
> 내진벽은 지진력에 대하여 저항시킬 목적으로 구성한 벽이다.

**07** 목조벽체에 사용되는 가새에 대한 설명 중 옳지 않은 것은?

① 목조벽체를 수평력에 견디게 하고 안정한 구조로 하기 위한 것이다.
② 가새는 45°에 가까울수록 유리하다.
③ 가새의 단면은 크면 클수록 좌굴할 우려가 없다.
④ 뼈대가 수평방향으로 교체되는 하중을 받으면 가새에는 압축응력과 인장응력이 번갈아 일어난다.

> **해설**
> 가새 : 대각선방향에 삼각형구조로 대며, 가새의 경사는 45°에 가까울수록 유리하다.

**08** 철골구조에서 축방향력, 전단력 및 모멘트에 대해 모두 저항할 수 있는 접합은?

① 전단접합
② 모멘트접합
③ 핀접합
④ 롤러접합

> **해설**
> ② 모멘트접합 : 웨브와 플랜지를 모두 접합한 형태로 휨모멘트에 대한 저항력이 있으며, 기둥에는 전단력과 휨모멘트가 전달된다.

**09** 잡석 지정을 할 필요가 없는 비교적 양호한 지반에서 사용되는 지정방식은?

① 자갈 지정
② 제자리 콘크리트 말뚝 지정
③ 나무 말뚝 지정
④ 기성제 철근콘크리트 말뚝 지정

> **해설**
> ① 자갈 지정 : 지지 지반과 직접기초, 말뚝기초의 기초 슬래브, 기초보 또는 토방콘크리트와의 사이에 다져서 만든 바닥 자갈이다.

**10** 벽돌조에서 대린벽으로 구획된 벽의 길이가 7m일 때 개구부의 폭의 합계는 총 얼마까지 가능한가?

① 1.75m　② 2.3m
③ 3.5m　　④ 4.7m

> **해설**
> 조적식구조의 개구부(건축물의 구조기준 등에 관한 규칙 제35조 제1항 제1호)
> 각 층의 대린벽으로 구획된 각 벽에 있어서 개구부의 폭의 합계는 그 벽의 길이의 1/2 이하로 한다.

정답  6 ①　7 ③　8 ②　9 ①　10 ③

## 11 조적식 구조로만 짝지어진 것은?

① 철근콘크리트구조 - 벽돌구조
② 철골구조 - 목구조
③ 벽돌구조 - 블록구조
④ 철골철근콘크리트구조 - 돌구조

**해설**
조적구조 : 벽돌구조, 블록구조

## 12 보강블록조에 대한 설명으로 옳지 않은 것은?

① 내력벽의 두께는 100mm 이상으로 한다.
② 내력벽으로 둘러싸인 부분의 바닥 면적은 80m² 를 넘지 않아야 한다.
③ 세로철근의 양단은 각각 그 철근지름의 40배 이상을 기초판 부분이나 테두리보 또는 바닥판에 정착시켜야 한다.
④ 내력벽은 그 끝부분과 벽의 모서리부분에 12mm 이상의 철근을 세로로 배치한다.

**해설**
보강블록조의 내력벽(건축물의 구조기준 등에 관한 규칙 제43조 제2항)
보강블록구조인 내력벽의 두께(마감재료의 두께를 포함하지 아니한다)는 150mm 이상으로 하되, 그 내력벽의 구조내력에 주요한 지점간의 수평거리의 50분의 1 이상으로 하여야 한다.

## 13 온도조절철근(배력근)의 역할과 가장 거리가 먼 것은?

① 균열방지
② 응력의 분산
③ 주철근 간격유지
④ 주근의 좌굴방지

**해설**
온도조절철근 : 수축과 온도변화에 의해 생기는 콘크리트의 균열을 방지하고, 응력을 분산시킬 목적으로 주철근과 직각방향으로 배치한 보조적인 철근

## 14 2방향 슬래브가 되기 위한 조건으로 옳은 것은?

① (장변/단변) ≦ 2
② (장변/단변) ≦ 3
③ (장변/단변) > 2
④ (장변/단변) > 3

**해설**
2방향 슬래브 : 변장비가 2 이하, 네 변이 보에 지지된 슬래브

## 15 철근콘크리트보의 형태에 따른 철근배근으로 옳지 않은 것은?

① 단순보의 하부에는 인장력이 작용하므로 하부에 주근을 배치한다.
② 연속보에서는 지지점 부분의 하부에서 인장력을 받기 때문에, 이곳에 주근을 배치하여야 한다.
③ 내민보는 상부에 인장력이 작용하므로 상부에 주근을 배치한다.
④ 단순보에서 부재의 축에 직각인 스터럽의 간격은 단부로 갈수록 촘촘하게 한다.

**해설**
연속보에서는 지지점 부분의 상부에서 인장력을 받기 때문에, 이곳에 주근을 배치하여야 한다.

**16** 아치의 추력에 적절히 저항하기 위한 방법이 아닌 것은?

① 아치를 서로 연결하여 교점에서 추력을 상쇄
② 버트레스(Buttress) 설치
③ 타이바(Tie Bar) 설치
④ 직접 저항할 수 있는 상부구조 설치

**해설**
아치추력에 저항하는 방법 : 아치를 서로 연결하여 교점에서 추력을 상쇄, 버트레스 설치, 타이바 설치 등

**17** 벽돌 쌓기에서 길이 쌓기켜와 마구리 쌓기켜를 번갈아 쌓고 벽의 모서리나 끝에 반절이나 이오토막을 사용한 것은?

① 영국식 쌓기
② 영롱 쌓기
③ 미국식 쌓기
④ 네덜란드식 쌓기

**해설**
① 영국식 쌓기 : 길이 쌓기 켜와 마구리 쌓기 켜를 번갈아서 쌓아 올리는 방법으로, 마구리 켜의 모서리 부분에는 반절이나 이오토막을 사용한다. 통줄눈이 생기지 않으며, 가장 튼튼한 쌓기법이다.

**18** 계단의 종류 중 재료에 의한 분류에 해당되지 않는 것은?

① 석조계단
② 철근콘크리트계단
③ 목조계단
④ 돌음계단

**해설**
계 단
높이가 다른 두 바닥면을 연결하는 단형(段形)의 통로이며, 사용되는 재료에는 목재·섬유판·합성수지·철·돌·철근콘크리트 등 다양하다. 그 종류는 형태에 따라 곧은계단·굴절계단·중공(中空)계단·원형계단·나선계단(원형계단의 극단적인 형태) 등이 있다.

**19** 온장벽돌의 3/4 크기를 의미하는 벽돌의 명칭은?

① 반 절
② 이오토막
③ 반반절
④ 칠오토막

**해설**
④ 칠오토막 : 온장벽돌의 3/4 크기

**20** 2층 마루 중에서 큰 보 위에 작은 보를 걸고 그 위에 장선을 대고 마루널을 깐 것은?

① 동바리마루
② 짠마루
③ 홑마루
④ 납작마루

**해설**
② 짠마루 : 큰 보를 간 사이가 작은 쪽에 약 2.7~3.6m의 간격으로 겹쳐 대고, 그 위에 직각방향으로 작은 보를 1.8m 간격으로 걸쳐 댄 다음 장선을 걸치고 마루널을 까는 방식이다.

정답  16 ④  17 ①  18 ④  19 ④  20 ②

**21** 목재에 관한 설명 중 옳지 않은 것은?

① 섬유포화점 이하에서는 함수율이 감소할수록 목재강도는 증가한다.
② 섬유포화점 이상에서는 함수율이 증가해도 목재강도는 변화가 없다.
③ 가력방향이 섬유에 평행할 경우 압축강도가 인장강도보다 크다.
④ 심재는 일반적으로 변재보다 강도가 크다.

**해설**
**목재의 강도** : 함수율이 30% 정도인 섬유포화점 이상에서는 함수율의 변화에 따른 강도의 차는 거의 없다. 그러나 섬유포화점을 지나서 함수율이 낮아지면 목재의 강도는 증가하며 전건상태 즉, 거의 마른상태의 목재는 함수율이 30% 정도인 섬유포화점상태의 목재에 비해서 거의 2배 정도의 강도가 발현된다.
**목재의 기본 응력순서**
섬유 방향일 경우 : 인장 > 휨 > 압축 > 전단

**22** 페인트의 안료 중 산화철과 연단은 어떤 색을 만드는 데 쓰이는가?

① 백색    ② 흑색
③ 적색    ④ 황색

**해설**
③ 적색안료 : 산화철, 연단(광명단)
① 백색안료 : 아연화, 타이탄백
② 흑색안료 : 카본 블랙

**23** 한국산업표준(KS)에서 토목, 건축 부문의 분류기호는?

① F    ② B
③ K    ④ M

**해설**
② B : 기계    ③ K : 섬유
④ M : 화학

**24** 건축재료 중 벽, 천장재료에 요구되는 성질이 아닌 것은?

① 외관이 좋은 것이어야 한다.
② 시공이 용이한 것이어야 한다.
③ 열전도율이 큰 것이어야 한다.
④ 차음이 잘되고 내화, 내구성이 큰 것이어야 한다.

**해설**
**건축재료 중 벽과 천장재료의 요구사항**
• 열전도율이 작고, 차음이 잘되며, 내화·내구성이 우수한 것
• 외관이 좋고 시공이 용이한 것

**25** 다음 점토제품 중 흡수율이 가장 작은 것은?

① 토 기    ② 석 기
③ 도 기    ④ 자 기

**해설**
**타일의 흡수율** : 자기질(3%), 석기질(5%), 클링커타일(8%), 도기질(18%)

**26** 경질 섬유판에 대한 설명으로 옳지 않은 것은?

① 식물 섬유를 주원료로 하여 성형한 판이다.
② 신축의 방향성이 크며 소프트 텍스라고도 불린다.
③ 비중이 0.8 이상으로 수장판으로 사용된다.
④ 연질, 반경질 섬유판에 비하여 강도가 우수하다.

**해설**
경질 섬유판 : 균질의 얇은 섬유판으로 삭편판보다 표면이 더 평활하다. 식물 섬유를 주요 원료로써 압축 성형한 비중 0.8 이상의 보드로 하드보드라고도 한다. 주로 내장재·가구재·창호재·선박·차량재·합판의 대용재 및 복합판재로 쓰인다. 목재펄프의 접착제를 사용하며, 열압, 건조, 제판한 것으로 질이 굳고, 표면이 매끈하며, 얇고 넓다. 섬유판에 있어 연질·반경질·경질판으로 구분한다.

**27** 회반죽 바름이 공기 중에서 경화되는 과정을 가장 옳게 설명한 것은?

① 물이 증발하여 굳어진다.
② 물과의 화학적인 반응을 거쳐 굳어진다.
③ 공기 중 산소와의 화학작용을 통해 굳어진다.
④ 공기 중 탄산가스와의 화학작용을 통해 굳어진다.

**해설**
회반죽 바름은 공기 중에서 탄산가스와의 화학작용을 통해 굳어진다.

**28** 합성수지의 종류별 연결이 옳지 않은 것은?

① 열경화성 수지 - 멜라민수지
② 열경화성 수지 - 폴리에스테르수지
③ 열가소성 수지 - 폴리에틸렌수지
④ 열가소성 수지 - 실리콘수지

**해설**
합성수지의 종류

| 열경화성 | 페놀수지, 요소수지, 멜라민수지, 폴리에스테르수지, 에폭시수지, 실리콘수지 |
|---|---|
| 열가소성 | 염화비닐수지, 폴리에틸렌수지, 폴리프로필렌수지, 폴리스티렌수지, 아크릴수지 |

**29** 다공질 벽돌에 관한 설명 중 옳지 않은 것은?

① 방음, 흡음성이 좋지 않고 강도도 약하다.
② 점토에 분탄, 톱밥 등을 혼합하여 소성한다.
③ 비중은 1.5 정도로 가볍다.
④ 톱질과 못박음이 가능하다.

**해설**
경량 벽돌(다공질 벽돌) : 속이 빈 중공 벽돌과 톱밥이나 연탄재를 섞어 소성한 다공벽돌로 주로 칸막이 벽 등에 이용되며 방음과 단열의 효과가 크다.

**30** 공사현장 등의 사용 장소에서 필요에 따라 만드는 콘크리트가 아니고, 주문에 의해 공장생산 또는 믹싱카로 제조하여 사용현장에 공급하는 콘크리트는?

① 레디믹스트 콘크리트
② 프리스트레스트 콘크리트
③ 한중 콘크리트
④ AE 콘크리트

**해설**
① 레디믹스트 콘크리트(Ready-mixed Concrete) : 콘크리트 제조설비가 있는 공장에서 제조된 프레시 콘크리트(Fresh Concrete)를 섞으면서 지정된 장소까지 운반하여 공급하는 굳지 않은 콘크리트이다.

**31** 원유를 증류하고 피치가 되기 전에 유출량을 제한하여 잔류분을 반고체형으로 고형화시켜 만든 것으로 지하실 방수공사에 사용되는 것은?

① 스트레이트 아스팔트
② 블론 아스팔트
③ 아스팔트 컴파운드
④ 아스팔트 프라이머

**해설**
① 스트레이트 아스팔트 : 원유로부터 아스팔트 성분을 가능한 한 변화시키지 않고 추출한 것이다. 아스팔트는 페트롤렌(Petrolene) 또는 마텐(Marten)이라는 고점성의 오일상 또는 수지상의 물질 속에 아스팔텐(Asphaltene)이라는 고분자의 고형물이 분산해 있다. 스트레이트 아스팔트는 주로 페트롤렌의 성질에 지배되어서 신축성 및 접착력이 좋아 포장재료로 사용되지만 감온비가 크다.

**32** 시멘트의 강도에 영향을 주는 주요 요인이 아닌 것은?

① 시멘트 분말도
② 비빔장소
③ 시멘트 풍화 정도
④ 사용하는 물의 양

**해설**
시멘트 강도에 영향을 미치는 요인 : 시멘트 성분, 시멘트 분말도, 시멘트의 풍화 정도, 사용하는 물의 양, 양생조건 등

**33** 합성수지의 주원료가 아닌 것은?

① 석 재   ② 목 재
③ 석 탄   ④ 석 유

**해설**
합성수지 : 석탄, 석유, 천연 가스 등을 화학반응시켜 만든 고분자 화합물

**34** 도장의 목적과 관계하여 도장재료에 요구되는 성능과 가장 거리가 먼 것은?

① 방 음   ② 방 습
③ 방 청   ④ 방 식

**해설**
도장재료에 요구되는 성질 : 방습, 방청, 방식

**35** 콘크리트의 각종 강도 중 가장 큰 것은?

① 압축강도   ② 인장강도
③ 휨강도     ④ 전단강도

**해설**
콘크리트는 압축강도가 우수하다.

**36** 돌로마이트에 화강석 부스러기, 모래, 안료 등을 섞어 정벌바름하고 충분히 굳지 않을 때 표면에 거친 솔, 얼레빗 등을 사용하여 거친 면으로 마무리하는 방법은?

① 질석 모르타르 바름
② 펄라이트 모르타르 바름
③ 바라이트 모르타르 바름
④ 리신 바름

해설
④ 리신 바름 : 돌로마이트에 화강석 부스러기, 색모래, 안료 등을 섞어 정벌바름하고 충분히 굳지 않은 상태에서 표면을 거친 솔, 얼레빗으로 긁어 거친 면으로 마무리한 것

**37** 재료가 외력을 받아 파괴될 때까지의 에너지 흡수 능력, 즉 외형의 변형을 나타내면서도 파괴되지 않는 성질로 맞는 것은?

① 전 성    ② 인 성
③ 경 도    ④ 취 성

해설
② 인성 : 재료의 강인성의 정도로 질기고 세며, 충격 파괴를 일으키기 어려운지에 대한 정도를 나타낸다. 재료에 힘을 가하면 처음에는 탄성적으로 변형되고, 그 뒤에 소성화(외력을 제거해도 원래의 상태로 돌아가지 않는 성질)되어 결국에는 파괴된다. 인성이 큰 재료로 만들어진 구조물은 파괴하기 어렵다. 일반적으로 강한 재료는 연성이 낮다.

**38** 목재에 대한 장단점을 설명한 것으로 옳지 않은 것은?

① 중량에 비해 강도와 탄성이 작다.
② 가공성이 좋다.
③ 충해를 입기 쉽다.
④ 건조가 불충분한 것은 썩기 쉽다.

해설
목재는 중량에 비해 강도와 탄성이 크다.

**39** 점토 벽돌 중 매우 높은 온도로 구워낸 것으로 모양이 좋지 않고 빛깔은 짙으나 흡수율이 매우 적고 압축강도가 매우 큰 벽돌을 무엇이라 하는가?

① 이형 벽돌
② 과소품 벽돌
③ 다공질 벽돌
④ 포도 벽돌

해설
② 과소품 벽돌 : 벽돌을 지나치게 구워서 흡수율이 매우 적고, 압축강도는 매우 크지만, 모양이 바르지 않아 기초 쌓기 또는 특수 장식용으로 이용하는 벽돌이다.

**40** 건축재료의 사용목적에 의한 분류에 속하지 않는 것은?

① 구조재료
② 인공재료
③ 마감재료
④ 차단재료

해설
건축재료의 사용목적에 따른 분류 : 구조재료, 마감재료, 차단재료, 방화 및 내화재료

정답 36 ④  37 ②  38 ①  39 ②  40 ②

**41** 다음 중 물체의 절단한 위치를 표시하거나 경계선으로 사용되는 선은?

① 굵은 실선  ② 가는 실선
③ 1점 쇄선  ④ 파 선

**해설**
③ 1점 쇄선 : 물체의 절단 위치를 표시하거나 경계선으로 사용한다.

**42** 다음의 결로현상에 관한 설명 중 ( ) 안에 알맞은 것은?

> 습도가 높은 공기를 냉각하면 공기 중의 수분이 그 이상은 수증기로 존재할 수 없는 한계를 ( )라 하며, 이 공기가 ( ) 이하의 차가운 벽면 등에 닿으면 그 벽면에 물방울이 생긴다. 이를 결로현상이라 한다.

① 절대습도  ② 상대습도
③ 습구온도  ④ 노점온도

**해설**
④ 노점온도 : 일정한 압력에서 공기의 온도를 점점 낮추면 공기 중의 수증기가 포화하여 이슬이 맺히게 되는데 그때의 온도를 말한다. 노점온도는 수증기의 양, 즉 습도에 비례한다. 수증기의 양이 $4.8g/m^3$일 때 노점온도는 0℃이며, $10.6g/m^3$일 때 노점온도는 12℃이다.

**43** 다음 중 공간의 레이아웃(Layout)과 가장 밀접한 관계를 갖는 것은?

① 재료계획  ② 동선계획
③ 설비계획  ④ 색채계획

**해설**
② 동선계획 : 건축물 내의 사람의 움직임(동선)을 건축의 평면계획으로 보며 동선 상황을 도면상을 나타낸 것(거리를 길이, 빈도를 굵기로)을 동선도(Flow Diagram)라고 한다.

**44** 과전류가 통과하면 가열되어 끊어지는 용융 회로 개방형의 가용성 부분이 있는 과전류 보호장치는?

① 퓨 즈  ② 차단기
③ 배전반  ④ 단로스위치

**해설**
① 퓨즈 : 전선에 규정 값을 초과하는 과도한 전류가 계속 흐르지 못하도록 자동적으로 차단하는 장치이다. 과전류가 흐르게 되면 전류에 의해 발생하는 열로 퓨즈가 녹아서 끊어진다.

**45** 투시도에 관한 설명으로 옳지 않은 것은?

① 투시도에 있어서 투사선은 관측자의 시선으로서, 화면을 통과하여 시점에 모이게 된다.
② 투사선이 1점으로 모이기 때문에 물체의 크기는 화면 가까이 있는 것보다 먼 곳에 있는 것이 커 보인다.
③ 투시도에서 수평면은 시점높이와 같은 평면 위에 있다.
④ 화면에 평행하지 않은 평행선들은 소점으로 모인다.

**해설**
투시도 : 건물의 내외부를 3차원상의 입체로 표현한다. 투시선이 1점으로 모이기 때문에 물체의 크기는 화면 가까이 있는 것보다 먼 곳에 있는 것이 작아 보인다.

**46** 다음의 단면용 재료 표시기호가 의미하는 것은?

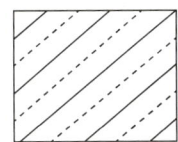

① 석 재
② 인조석
③ 벽 돌
④ 목재 치장재

**해설**
단면재료 표시기호(KS F 1501)

| 석 재 | 인조석 | 목재 치장재 |
|---|---|---|

**47** 다음 설명에 알맞은 색의 대비와 관련된 현상은?

어떤 두 색이 맞붙어 있을 경우, 그 경계의 언저리가 경계로부터 멀리 떨어져 있는 부분보다 색의 3속성 별로 색상 대비, 명도 대비, 채도 대비의 현상이 더욱 강하게 일어나는 현상

① 동시 대비
② 연변 대비
③ 한란 대비
④ 유사 대비

**해설**
② 연변 대비 : 어떤 두 색이 서로 가까이 있을 경우 그 경계의 언저리 부분이 먼 부분보다 더 강한 색채 대비가 일어나는 현상을 말한다.

**48** 건축도면에 선을 그을 때 유의사항에 관한 설명으로 옳지 않은 것은?

① 선과 선이 각을 이루어 만나는 곳은 정확하게 작도가 되도록 한다.
② 선의 굵기를 조절하기 위해 중복하여 여러 번 긋지 않도록 한다.
③ 파선이나 점선은 선의 길이와 간격이 일정해야 한다.
④ 선 굵기는 도면의 축척이 다르더라도 항상 일정해야 한다.

**해설**
축척과 도면의 크기에 따라 선 굵기를 다르게 한다.

**49** 건축물의 묘사 도구 중 여러 가지 색상을 가지고 있고 색층이 일정하고 도면이 깨끗하고 선명하며 농도를 정확히 나타낼 수 있는 것은?

① 연 필
② 물 감
③ 색연필
④ 잉 크

**해설**
잉크는 펜촉이 다양하여 여러 가지 표현이 가능하다.

**50** 에스컬레이터에 관한 설명으로 옳지 않은 것은?

① 수송능력이 엘리베이터에 비해 작다.
② 대기시간이 없고 연속적인 수송설비이다.
③ 연속 운전되므로 전원설비에 부담이 작다.
④ 건축적으로 점유면적이 작고, 건물에 걸리는 하중이 분산된다.

**해설**
에스컬레이터는 엘리베이터보다 수송능력이 우수하다.

**51** 건축법상 건축물의 노후화를 억제하거나 기능 향상 등을 위하여 대수선하거나 일부 증축하는 행위로 정의되는 것은?

① 재 축  ② 개 축
③ 리모델링  ④ 리노베이션

**해설**
리모델링의 정의(건축법 제2조 제1항 제10호)
건축물의 노후화를 억제하거나 기능 향상 등을 위하여 대수선하거나 건축물의 일부를 증축 또는 개축하는 행위를 말한다.

**52** 주택의 동선계획에 관한 설명으로 옳지 않은 것은?

① 상호 간의 상이한 유형의 동선은 분리한다.
② 교통량이 많은 동선은 가능한 한 길게 처리하는 것이 좋다.
③ 가사노동의 동선은 가능한 한 남측에 위치시키는 것이 좋다.
④ 개인, 사회, 가사노동권의 3개 동선은 상호 간 분리하는 것이 좋다.

**해설**
교통량이 많은 동선은 가능한 한 짧게 처리하는 것이 좋다.

**53** 공동주택의 2세대 이상이 공동으로 사용하는 복도의 유효폭은 최소 얼마 이상이어야 하는가?(단, 갓복도의 경우)

① 90cm  ② 120cm
③ 150cm  ④ 180cm

**해설**
복 도
공동주택의 2세대 이상이 공동으로 사용하는 복도의 유효폭은 다음의 기준에 적합하여야 한다.
• 갓복도 : 120cm 이상
• 중복도 : 180cm 이상
다만, 당해 복도를 이용(주택에서 건축물 밖으로 나가거나 계단·승강기 등이 있는 곳으로 이동함에 있어서 당해 복도를 이용하는 것이 최단거리인 경우를 말한다)하는 세대수가 5세대 이하인 경우에는 150cm 이상으로 할 수 있다.
※ 해당 법령은 주택건설기준 등에 관한 규정 제17조 제1항에 해당하는 규정이며, 법 개정으로 삭제되었다(2014.10.28.).

**54** 급기와 배기축에 송풍기를 설치하여 정확한 환기량과 급기량 변화에 의해 실내압을 정압(+) 또는 부압(-)으로 유지할 수 있는 환기방법은?

① 중력환기  ② 제1종 환기
③ 제2종 환기  ④ 제3종 환기

**해설**
② 제1종 환기 : 급기와 배기에 모두 기계장치를 사용하여 실내외의 압력 차를 조정할 수 있으며, 가장 우수한 환기방법이다.

**55** 스터럽(늑근)이나 띠철근을 철근 배근도에서 표시할 때 일반적으로 사용하는 선은?

① 가는 실선  ② 파 선
③ 굵은 실선  ④ 2점 쇄선

**해설**
• 주근 : 굵은 실선
• 늑근이나 띠철근 : 가는 실선

**56** 다음과 같은 특징을 갖는 주택 부엌가구의 배치 유형은?

> • 작업 동선은 줄일 수 있지만 몸을 앞뒤로 바꾸는 데 불편하다.
> • 양쪽 벽면에 작업대가 마주보도록 배치한 것으로 부엌의 폭이 길이에 비해 넓은 부엌의 형태에 적당한 형식이다.

① L자형　　② U자형
③ 병렬형　　④ 아일랜드형

**해설**
병렬형 배치 : 양쪽 벽면에 작업대가 마주보도록 배치한 형식이다.

**57** 공간을 폐쇄적으로 완전 차단하지 않고 공간의 영역을 분할하는 상징적 분할에 이용되는 것은?

① 커튼　　② 고정벽
③ 블라인드　　④ 바닥의 높이차

**해설**
상징적 분할 : 공간을 완전히 분할하는 것은 아니지만 가구, 기둥, 벽난로, 식물, 물, 조각 등과 같은 실내 구성요소 또는 바닥면이나 천장면의 변화에 의한 방법으로 공간을 구획 분할하는 방법이다.

**58** LPG에 관한 설명으로 옳지 않은 것은?

① 공기보다 가볍다.
② 액화석유가스이다.
③ 주성분은 프로판, 프로필렌, 부탄 등이다.
④ 석유정제 과정에서 채취된 가스를 압축 냉각해서 액화시킨 것이다.

**해설**
LPG 연료의 특징
• 주기적으로 연료 잔량을 확인해야 한다.
• 공기보다 무거우며 누출 시 바닥에 가라앉고, 특유의 냄새가 있다.
• 열효율이 LNG(도시가스)에 비해 높다.
• 같은 용량당 가격은 LPG가 비싼 편이다.

**59** 한식주택과 양식주택에 관한 설명으로 옳지 않은 것은?

① 한식주택의 실은 복합용도이다.
② 양식주택의 평면은 실의 기능별 분화이다.
③ 한식주택은 개구부가 크며 양식주택은 개구부가 작다.
④ 한식주택에서 가구는 주요한 내용물로서의 기능을 한다.

**해설**
④ 양식주택에서 가구는 주요한 내용물로서의 기능을 한다.
주생활양식

| 구 분 | 한식주택 | 양식주택 |
| --- | --- | --- |
| 공 간 | 실의 다용도 | 실의 기능 분화 |
| 가 구 | 부차적 존재 | 주요한 내용물 |
| 구 조 | • 목조가구식<br>• 바닥이 높고 개구부가 크다. | • 벽돌조적식<br>• 바닥이 낮고 개구부가 작다. |
| 생활습관 | 좌 식 | 입 식 |

**60** 주택계획에서 다이닝 키친(Dining Kitchen)에 관한 설명으로 옳지 않은 것은?

① 공간 활용도가 높다.
② 주부의 동선이 단축된다.
③ 소규모 주택에 적합하다.
④ 거실의 일단에 식탁을 꾸며 놓은 것이다.

**해설**
다이닝 키친(DK) : 주방, 부엌의 일부분에 식사실을 배치하는 형식이다. 유기적으로 연결하여 노동력을 절감하나, 부엌조리 시 냄새, 음식찌꺼기 등으로 식사실 분위기가 저해된다.

**정답** 56 ③　57 ④　58 ①　59 ④　60 ④

## 2014년 제2회 과년도 기출문제

**01** 목조 벽체에 들어가지 않는 것은?

① 샛기둥  ② 평기둥
③ 가새   ④ 주각

**해설**
목조의 벽체 구성 : 토대, 통재기둥, 평기둥, 샛기둥, 층도리, 도리, 가새, 인방, 창대 등

**02** 강구조의 특징을 설명한 것 중 옳지 않은 것은?

① 강도가 커서 부재를 경량화할 수 있다.
② 콘크리트구조에 비해 강도가 커서 바닥진동 저감에 유리하다.
③ 부재가 세장하여 좌굴하기 쉽다.
④ 연성구조이므로 취성파괴를 방지할 수 있다.

**해설**
강재는 인성과 연성 확보가 가능하나 처짐 및 진동을 고려해야 한다.

**03** 블록구조에 테두리보를 설치하는 이유로 옳지 않은 것은?

① 횡력에 의해 발생하는 수직균열의 발생을 막기 위해
② 세로철근의 정착을 생략하기 위해
③ 하중을 균등히 분포시키기 위해
④ 집중하중을 받는 블록의 보강을 위해

**해설**
테두리보 : 조적구조의 벽체 상부를 둘러대는 보를 말한다. 테두리보는 벽체의 상부 하중을 균등히 분포시키고, 건물 전체의 강성을 증대시키며 수직균열을 방지할 수 있다. 보강블록조에서는 세로철근을 정착시키는 역할을 한다.

**04** 은행·호텔 등의 출입구에 통풍·기류를 방지하고 출입인원을 조절할 목적으로 쓰이며 원통형을 기준으로 3~4개의 문으로 구성된 것은?

① 미닫이문
② 플러시문
③ 양판문
④ 회전문

**해설**
④ 회전문 : 문짝을 회전시켜 출입하는 문을 말한다. 서로 직각이 되도록 십자형으로 장치한 4개의 문짝 중심을 출입구의 중앙에 설치한 수직축 위에 고정시키고, 그것을 중심으로 회전시켜 출입하게 한다. 주로 빌딩이나 호텔 등 사람의 출입이 빈번한 곳에 사용된다.

**05** 벽돌 쌓기 방법 중 프랑스식 쌓기에 대한 설명으로 옳은 것은?

① 한 켜 안에 길이 쌓기와 마구리 쌓기를 병행하여 쌓는 방법이다.
② 처음 한 켜는 마구리 쌓기, 다음 한 켜는 길이 쌓기를 교대로 쌓는 방법이다.
③ 5~6켜는 길이 쌓기로 하고, 다음 켜는 마구리 쌓기를 하는 방식이다.
④ 모서리 또는 끝부분에 칠오토막을 사용하여 쌓는 방법이다.

**해설**
프랑스식 쌓기 : 한 켜에 길이 쌓기와 마구리 쌓기를 번갈아 가며 쌓는다.

**06** 철근콘크리트구조의 특성으로 옳지 않은 것은?

① 내구·내화·내풍적이다.
② 목구조에 비해 자체중량이 크다.
③ 압축력에 비해 인장력에 대한 저항능력이 뛰어나다.
④ 시공의 정밀도가 요구된다.

**해설**
철근콘크리트구조
- 콘크리트는 압축력을, 철근은 인장력을 감당할 수 있도록 고안한 구조이다.
- 알칼리성인 콘크리트는 철근을 감싸 철근의 부식으로 인한 녹 발생을 방지해 주며, 화재 발생 시 고열에 의한 급격한 강도 저하를 막아 준다.

**07** 입체 트러스의 구조에 대한 설명으로 옳은 것은?

① 모든 방향에 대한 응력을 전달하기 위하여 절점은 항상 자유로운 핀(Pin)접합으로만 이루어져야 한다.
② 풍하중과 적설하중은 구조계산 시 고려하지 않는다.
③ 기하학적인 곡면으로는 구조적 결함이 많이 발생하기 때문에 주로 평면 형태로 제작된다.
④ 구성부재를 규칙적인 3각형으로 배열하면 구조적으로 안정이 된다.

**해설**
트러스 형식의 특징
- 절점을 핀(Pin)접합으로 취급한 3각형 형태의 부재를 조합한 구조 형식이다.
- 각 부재에는 원칙적으로 축방향력만 발생한다.
- 가느다란 부재로 큰 공간을 구성한다.
- 평면 트러스와 입체 트러스로 나뉜다.

**08** 강구조의 주각부분에 사용되지 않는 것은?

① 윙 플레이트        ② 데크 플레이트
③ 베이스 플레이트   ④ 클립 앵글

**해설**
주 각
- 기둥이 받는 힘을 기초에 전달하는 부분이다.
- 베이스 플레이트, 리브 플레이트, 윙 플레이트 등이 사용된다.

**09** 보가 없이 바닥판을 기둥이 직접 지지하는 슬래브는?

① 드롭패널      ② 플랫 슬래브
③ 캐피탈        ④ 와플 슬래브

**해설**
② 플랫 슬래브 : 보 없이 슬래브만으로 되어 있으며, 하중을 직접 기둥에 전달하는 무량판구조의 슬래브이다. 보를 사용하지 않기 때문에 내부공간을 크게 이용할 수 있으며 층고를 낮출 수 있다. 기둥과 연결되는 슬래브 부분의 배근이 복잡하여 전체적으로 슬래브가 두꺼워진다.

**10** 벽돌조에서 내력벽의 두께는 당해 벽높이의 최소 얼마 이상으로 해야 하는가?

① 1/8        ② 1/12
③ 1/16       ④ 1/20

**해설**
조적식구조의 내력벽(건축물의 구조기준 등에 관한 규칙 제32조 제2항)
조적식 구조인 내력벽의 두께는 조적재가 벽돌인 경우에는 해당 벽높이의 20분의 1 이상, 블록인 경우에는 해당 벽높이의 16분의 1 이상으로 하여야 한다.

**11** 기둥과 기둥 사이의 간격을 나타내는 용어는?

① 아 치
② 스 팬
③ 트러스
④ 버트레스

**해설**
② 스팬 : 건축물·구조물·교량 등에서 지점과 지점 사이의 거리로, 경간이라고도 한다.

**12** 목재 왕대공 지붕틀에 사용되는 부재와 연결철물의 연결이 옳지 않은 것은?

① ㅅ자보와 평보 – 안장쇠
② 달대공과 평보 – 볼트
③ 빗대공과 왕대공 – 꺾쇠
④ 대공 밑잡이와 왕대공 – 볼트

**해설**
① ㅅ자보와 평보 : 볼트

**13** 연약지반에 건축물을 축조할 때 부동침하를 방지하는 대책으로 옳지 않은 것은?

① 건물의 강성을 높일 것
② 지하실을 강성체로 설치할 것
③ 건물의 중량을 크게 할 것
④ 건물은 너무 길지 않게 할 것

**해설**
**부동침하 방지 대책** : 연약지반 개량, 경질지반에 지지, 건축물의 경량화, 마찰말뚝 시공, 지하실 설치, 건물의 평면길이 조정, 지하수위를 저하시켜 수압변화 방지, 건물의 형상 및 중량을 균일 배분

**14** 철근콘크리트 기초보에 대한 설명으로 옳지 않은 것은?

① 부동침하를 방지한다.
② 주각의 이동이나 회전을 원활하게 한다.
③ 독립기초를 상호 간 연결한다.
④ 지진 발생 시 주각에서 전달되는 모멘트에 저항한다.

**해설**
**기초보**
기둥으로부터의 하중을 기초판에 균등하게 분포시킴과 동시에 주각부를 고정시키는 연결보의 역할을 한다. 땅 속에 넣은 보(기초에 연결된 보)를 말하며 기둥과 기둥을 연결한다. 반드시 복철근으로 배근하여 기초 역할을 겸하게 한다. 집중 또는 국부적 하중을 지반에 균등하게 분포하여 기초의 부동침하를 막는다.

**15** 건물의 주요 뼈대를 공장 제작한 후 현장에 운반하여 짜맞춘 구조는?

① 조적식 구조
② 습식 구조
③ 일체식 구조
④ 조립식 구조

**해설**
④ 조립식 구조 : 공장에서 규격화된 건축 부재를 다량 제작하여 현장에서 조립하여 구조체를 완성하는 방식으로 공사기간이 매우 짧고 대량생산과 질의 균일화가 가능하다. 프리캐스트 콘크리트 구조 등이 이에 해당한다.

**16** 철근콘크리트구조 형식으로 가장 부적합한 것은?

① 트러스구조
② 라멘구조
③ 플랫 슬래브구조
④ 벽식구조

**해설**
철근콘크리트구조 형식으로 트러스구조는 부적합하다.

**17** 내면에 균일한 인장력을 분포시켜 얇은 합성수지 계통의 천을 지지하여 지붕을 구성하는 구조는?

① 입체 트러스구조
② 막구조
③ 절판구조
④ 조적식 구조

**해설**
② 막구조 : 구조체가 휨 강성이 없거나 또는 그것을 무시할 수 있는 부재로 구성되고, 외부 하중에 대하여 막응력, 즉 막면 내의 인장 압축 및 전단력으로만 평형을 이루고 있는 구조이다. 좁은 뜻의 막구조로서는 인장·전단력에만 견디는 막재료를 쓰는 것에 한정하고 있다. 주로 텐트구조·서스펜션 막구조·공기막구조 등이 있다.

**18** 슬래브의 장변과 단변의 길이 비를 기준으로 한 슬래브에 해당하는 것은?

① 플랫 슬래브
② 2방향 슬래브
③ 장선 슬래브
④ 원형식 슬래브

**해설**
② 2방향 슬래브 : 변장비(장변과 단변이 비)가 2 이하이며, 4변이 보에 지지된 슬래브이다.

**19** 목제 플러시문(Flush Door)에 대한 설명으로 옳지 않은 것은?

① 울거미를 짜고 중간살을 25cm 이내의 간격으로 배치한 것이다.
② 뒤틀림 변형이 심한 것이 단점이다.
③ 양면에 합판을 교착한 것이다.
④ 위에는 조그마한 유리창경을 댈 때도 있다.

**해설**
플러시문 : 바탕틀의 양면에 합판을 접착한 문으로, 플러시문이라고 한다. 표면이 평평한 문이다. 울거미를 짜고 중간살을 간격 25cm 이내로 배치하여 양면에 합판을 교착하여 만든 것으로 뒤틀림 변형이 적은 것이 특징이다. 울거미를 작은 오림목으로 쪽매하여 쓸 경우 더욱 뒤틀림이 적어진다. 위에는 조그마한 유리(창경)를 댈 때도 있다. 주택·사무실·은행·학교 등 많은 건물에 쓰인다.

**20** 벽돌 내쌓기에서 한 켜씩 내쌓을 때의 내미는 길이는?

① $\frac{1}{2}$B
② $\frac{1}{4}$B
③ $\frac{1}{8}$B
④ 1B

**해설**
벽돌벽체의 내쌓기(내놓기 한도는 2.0B) : 1켜는 $\frac{1}{8}$B, 2켜는 $\frac{1}{4}$B이다.

**정답** 16 ① 17 ② 18 ② 19 ② 20 ③

**21** 점토를 한번 소성하여 분쇄한 것으로서 점성 조절재로 이용되는 것은?

① 질 석
② 샤모테
③ 돌로마이트
④ 고로슬래그

> **해설**
> ② 샤모테 : 내화 점토를 1,300~1,400℃로 가열한 후 분쇄하여 가루로 만든다.

**22** 유기재료에 속하는 건축재료는?

① 철 재
② 석 재
③ 아스팔트
④ 알루미늄

> **해설**
> 유기재료는 유기 화합물을 원료로 사용하여 만든 수지·섬유·접착재 등의 고분자 물질로, 아스팔트가 이에 속한다.

**23** 1종 점토벽돌의 압축강도 기준으로 옳은 것은?

① 10.78N/mm² 이상
② 20.59N/mm² 이상
③ 24.50N/mm² 이상
④ 26.58N/mm² 이상

> **해설**
> 점토벽돌(KS L 4201)
>
> | 종 류 | 흡수율(%) | 압축강도(N/mm²) |
> |---|---|---|
> | 1종 | 10 이하 | 24.50 이상 |
> | 2종 | 15 이하 | 14.70 이상 |

**24** 유리블록에 대한 설명으로 옳지 않은 것은?

① 장식효과를 얻을 수 있다.
② 단열성은 우수하나 방음성이 취약하다.
③ 정방형, 장방형, 둥근형 등의 형태가 있다.
④ 대형건물 지붕 및 지하층 천장 등 자연광이 필요한 곳에 적합하다.

> **해설**
> 유리블록
> 두꺼운 유리 2개를 고열 융착시킨 것으로 가운데가 비어 있고 투광성, 차음성이 있어 외벽 등에 쓰인다. 속이 빈 두 쪽의 상자 모양의 유리상자에 건조된 저압공기를 넣고 녹여 붙이는 방법과 (블록재료), 유리(투명) 덩어리를 직사각형 또는 정사각형으로 벽돌·블록과 같이 만드는 방법 등이 있으며, 채광 및 장식재로도 쓰인다.

**25** 연강판에 일정한 간격으로 금을 내고 늘려서 그물코 모양으로 만든 것으로 모르타르 바탕에 쓰이는 금속 제품은?

① 메탈라스　　② 펀칭메탈
③ 알루미늄판　　④ 구리판

> **해설**
> ① 메탈라스 : 미장공사를 할 때 사용되는 연강제이며 전신금속이라고도 한다. 두께 0.35~0.88mm의 탄소강 박판에 일정한 방향으로 등간격의 절단면을 내고 옆으로 길게 늘여서 그물코 모양으로 만든 것이다.

## 26 보기의 ㉠과 ㉡에 알맞은 것은?

> 대부분의 물체는 완전( ㉠ )체, 완전( ㉡ )체는 없으며, 대개 외력의 어느 한도 내에서는 ( ㉠ )변형을 하지만 외력이 한도에 도달하면 ( ㉡ )변형을 한다.

① ㉠ - 소성, ㉡ - 탄성
② ㉠ - 인성, ㉡ - 취성
③ ㉠ - 취성, ㉡ - 인성
④ ㉠ - 탄성, ㉡ - 소성

**해설**
- 탄성 : 외력을 제거했을 때 원래 상태로 돌아가는 성질이다.
- 소성 : 물체에 작은 외력을 가해도 변형하지 않고, 어느 정도(항복값) 이상의 외력을 가하면 변형되며 외력을 제거하여도 원래의 형상으로 되돌아가지 않는 성질이다.

## 27 시멘트의 응결 및 경화에 영향을 주는 요인 중 가장 거리가 먼 것은?

① 시멘트의 분말도
② 온 도
③ 습 도
④ 바 람

**해설**
응결에 영향을 주는 요소

| 분말도(↑), 알루민산삼석회(↑), 온도(↑), 혼화제(↑) | 응결이 빠르다. |
|---|---|
| 수량(↓) | |

## 28 결로현상 방지에 가장 좋은 유리는?

① 망입유리
② 무늬유리
③ 복층유리
④ 착색유리

**해설**
③ 복층유리 : 두 장의 유리를 일정한 간격으로 하여, 주위를 접착제로 밀폐하고, 그 중간에 완전 건조 공기를 봉입한 유리이다. 단열·차음·결로방지 등의 효과가 있으며 페어 글라스라고도 한다.

## 29 강의 열처리 방법 중 담금질에 의하여 감소하는 것은?

① 강 도
② 경 도
③ 신장률
④ 전기저항

**해설**
담금질 : 금속을 고온으로 가열한 후 물 또는 기름 속에 신속하게 넣어서 급랭시키는 것이다. 주로 강철의 경도를 증가시키기 위해서 이용하며, 신장률은 감소한다.

## 30 건축물의 용도와 바닥재료의 연결 중 적합하지 않은 것은?

① 유치원의 교실 - 인조석 물갈기
② 아파트의 거실 - 플로어링 블록
③ 병원의 수술실 - 전도성 타일
④ 사무소 건물의 로비 - 대리석

**해설**
유치원 교실의 경우 어린이들의 안전을 고려하여 목재 바닥을 사용하는 것이 좋다.

**정답** 26 ④  27 ④  28 ③  29 ③  30 ①

**31** 양털, 무명, 삼 등을 혼합하여 만든 원지에 스트레이트 아스팔트를 침투시켜 만든 두루마리제품은?

① 아스팔트 싱글
② 아스팔트 루핑
③ 아스팔트 타일
④ 아스팔트 펠트

**해설**
아스팔트 펠트 : 유기성 섬유가 원료인 펠트에 스트레이트 아스팔트를 침투시킨 것이다. 아스팔트 방수, 지붕·벽 바탕의 방수, 보온공사용 등에 사용한다.

**32** 한국산업표준(KS)의 부문별 분류 중 옳은 것은?

① A – 토건부문
② B – 기계부문
③ D – 섬유부문
④ F – 기본부문

**해설**
① A : 기본　　② B : 기계
③ D : 금속　　④ F : 건설

**33** 나무조각에 합성수지계 접착제를 섞어서 고열·고압으로 성형한 것은?

① 코르크 보드　② 파티클 보드
③ 코펜하겐 리브　④ 플로어링 보드

**해설**
파티클 보드
• 작은 나무 부스러기를 이용하여 제조한다.
• 방향성이 없으며 변형이 작다.
• 방부, 방화성을 높이는 데 효과적이다.
• 흡음성, 열의 차단성이 좋다.
• 단, 수분에는 강하지 않다.

**34** 점토벽돌의 품질 결정에 가장 중요한 요소는?

① 압축강도와 흡수율
② 제품치수와 함수율
③ 인장강도와 비중
④ 제품 모양과 색깔

**해설**
점토벽돌의 품질 결정에 가장 중요한 요소는 압축강도와 흡수율이다.

**35** 블리딩(Bleeding)과 크리프(Creep)에 대한 설명으로 옳은 것은?

① 블리딩이란 굳지 않은 모르타르나 콘크리트에 있어서 윗면에 물이 스며 나오는 현상을 말한다.
② 블리딩이란 콘크리트의 수화작용에 의하여 경화하는 현상을 말한다.
③ 크리프란 하중이 일시적으로 작용하면 콘크리트의 변형이 증가하는 현상을 말한다.
④ 크리프란 블리딩에 의하여 콘크리트 표면에 떠올라 침전된 물질을 말한다.

**해설**
• 블리딩 : 콘크리트를 부어넣을 때 골재와 시멘트죽이 서로 분리되면서 갈라지는 현상으로 부적당한 골재나 지나치게 큰 자갈을 사용할 때 일어난다.
• 크리프 : 장시간의 하중으로 인하여 재료가 지속적으로 서서히 소성변형을 일으키는 것

**36** 금속에 열을 가했을 때 녹는 온도를 용융점이라 하는데 용융점이 가장 높은 금속은?

① 수 은
② 경 강
③ 스테인리스강
④ 텅스텐

**해설**
용융점 : 물질의 액상과 고상의 평형온도이다. 순금속은 압력이 일정할 때 용융점이 일정하다. 용융점이 가장 높은 금속은 텅스텐이고, 가장 낮은 금속은 수은이다.

**37** 다공질이며 석질이 균일하지 못하고 암갈색의 무늬가 있는 것으로 물갈기를 하면 평활하고 광택이 나는 부분과 구멍과 골이 진 부분이 있어 특수한 실내장식재로 이용되는 것은?

① 테라초(Terrazzo)
② 트래버틴(Travertine)
③ 펄라이트(Perlite)
④ 점판암(Clay Stone)

**해설**
② 트래버틴 : 변성암계로 대리석의 일종으로, 특수 실내장식재로 많이 이용된다.

**38** 모자이크타일의 재질로 가장 좋은 것은?

① 토기질
② 자기질
③ 석기질
④ 도기질

**해설**
모자이크타일 : 장식 마감용의 소형타일로 모양은 각형, 원형, 특수형 등이 있다. 재질로는 자기질이 가장 좋다.

**39** 콘크리트의 강도 중에서 가장 큰 것은?

① 인장강도
② 전단강도
③ 휨강도
④ 압축강도

**해설**
콘크리트는 압축강도가 우수하다.

**40** 혼화재료 중 혼화재에 속하는 것은?

① 포졸란
② AE제
③ 감수제
④ 기포제

**해설**
혼화재 : 혼화재료 중 사용량이 비교적 많아서 그 자체의 부피가 콘크리트의 배합계산에 관계되는 것을 말한다. 플라이애시, 고로슬래그, 미분말 포졸란 등이 이에 해당한다.

정답 36 ④ 37 ② 38 ② 39 ④ 40 ①

**41** 통기방식 중 트랩마다 통기되기 때문에 가장 안정도가 높은 방식은?

① 루프통기방식
② 결합통기방식
③ 각개통기방식
④ 신정통기방식

해설
**각개통기방식** : 각 기구의 트랩마다 통기관을 설치하여 그것들을 통기수평지관에 접속하고 그 지관의 말단을 통기수직관 또는 신정통기관에 접속하는 방식이다. 트랩마다 통기되어 있으므로 가장 성능이 좋다.

**42** 다음 설명에 알맞은 거실의 가구배치 형식은?

- 서로 시선이 마주쳐 다소 딱딱하고 어색한 분위기를 만들 우려가 있다.
- 일반적으로 가구 자체가 차지하는 면적이 커지므로 실내가 협소해 보일 수 있다.

① 대면형
② 코너형
③ 직선형
④ 자유형

해설
① 대면형 : 일반적으로 가구 자체가 차지하는 면적이 커지므로 실내가 협소해 보이고 서로 시선이 마주쳐 다소 딱딱한 분위기가 될 수도 있다.

**43** 투시도법의 시점에서 화면에 수직하게 통하는 투사선의 명칭으로 옳은 것은?

① 소 점
② 시 점
③ 시선축
④ 수직선

해설
③ 시선축 : 시점에서 화면에 수직하게 통하는 투사선

**44** 급수펌프, 양수펌프, 순환펌프 등으로 건축설비에 주로 사용되는 펌프는?

① 왕복식 펌프
② 회전식 펌프
③ 피스톤 펌프
④ 원심식 펌프

해설
④ 원심식 펌프 : 급수펌프, 양수펌프, 순환펌프 등 건축설비에 주로 사용하는 펌프

**45** 동선의 3요소에 속하지 않는 것은?

① 속 도
② 빈 도
③ 하 중
④ 방 향

해설
**동선의 3요소** : 속도(길이), 빈도, 하중

**46** 다음의 창호기호 표시가 의미하는 것은?

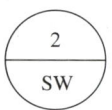

① 강철창
② 강철그릴
③ 스테인리스 스틸창
④ 스테인리스 스틸그릴

해설
SW는 강철창을 의미한다(KS F 1502).

**47** 주택의 현관에 관한 설명으로 옳지 않은 것은?

① 한 가정에 대한 첫 인상이 형성되는 공간이다.
② 현관의 위치는 도로와의 관계, 대지의 형태 등에 의해 결정된다.
③ 현관의 조명은 부드러운 확산광으로 구석까지 밝게 비추는 것이 좋다.
④ 현관의 벽체는 저명도, 저채도의 색채로 바닥은 고명도, 고채도의 색채로 계획하는 것이 좋다.

**해설**
현관
주택 내외부의 동선이 연결되는 곳으로, 주택 외부에서 쉽게 알아볼 수 있는 곳이다. 출입문 외부 포치의 크기는 여러 사람을 동시에 수용할 수 있을 정도로 하고 현관 내부의 홀은 각종 가구의 면적을 제외하고 1.5m×1.8m 정도를 확보해야 한다. 현관 바닥 면에서 실내 바닥 면의 높이차는 15~21cm 정도이다.

**48** 건축도면의 크기 및 방향에 관한 설명으로 옳지 않은 것은?

① A3 제도용지의 크기는 A4 제도용지의 2배이다.
② 접은 도면의 크기는 A4의 크기를 원칙으로 한다.
③ 평면도는 남쪽을 위로 하여 작도함을 원칙으로 한다.
④ A3 크기의 도면은 그 길이방향을 좌우방향으로 놓은 위치를 정위치로 한다.

**해설**
평면도는 기본적으로 북쪽을 위로하여 작도한다.

**49** 건축물의 층의 구분이 명확하지 아니한 건축물의 경우, 건축물의 높이 얼마마다 하나의 층으로 산정하는가?

① 3m  ② 3.5m
③ 4m  ④ 4.5m

**해설**
층수(건축법 시행령 제119조 제1항 제9호)
층의 구분이 명확하지 아니한 건축물은 그 건축물의 높이 4m마다 하나의 층으로 보고 그 층수를 산정한다.

**50** 건축법령상 다음과 같이 정의되는 용어는?

> 건축물이 천재지변이나 그 밖의 재해로 멸실된 경우 그 대지에 종전과 같은 규모의 범위에서 다시 축조하는 것

① 신축  ② 증축
③ 개축  ④ 재축

**해설**
재축의 정의(건축법 시행령 제2조 제4호)

| 개정전 | 재축이란 건축물이 천재지변이나 그 밖의 재해(災害)로 멸실된 경우 그 대지에 종전과 같은 규모의 범위에서 다시 축조하는 것을 말한다. |
|---|---|
| 개정후 | 재축이란 건축물이 천재지변이나 그 밖의 재해(災害)로 멸실된 경우 그 대지에 다음의 요건을 모두 갖추어 다시 축조하는 것을 말한다.<br>• 연면적 합계는 종전 규모 이하로 할 것<br>• 동(棟)수, 층수 및 높이는 다음의 어느 하나에 해당할 것<br> - 동수, 층수 및 높이가 모두 종전 규모 이하일 것<br> - 동수, 층수 또는 높이의 어느 하나가 종전 규모를 초과하는 경우에는 해당 동수, 층수 및 높이가 건축법, 이 영 또는 건축조례에 모두 적합할 것 |

정답 47 ④  48 ③  49 ③  50 ④

**51** 건축물의 입체적인 표현에 관한 설명 중 옳지 않은 것은?

① 같은 크기라도 명암이 진한 것이 돋보인다.
② 윤곽이나 명암을 그려 넣으면 크기와 방향을 느끼게 된다.
③ 같은 크기와 농도로 된 점들은 동일 평면상에 위치한 것으로 보인다.
④ 굵기가 다르고 크기가 같은 직사각형 중 굵은 선의 직사각형이 후퇴되어 보인다.

**해설**
굵기가 다르고 크기가 같은 직사각형 중 굵은 선의 직사각형은 진출되어 보인다.

**52** 배경을 검정으로 하였을 경우, 다음 중 가시도가 가장 높은 색은?

① 노 랑        ② 주 황
③ 녹 색        ④ 파 랑

**해설**
가시도 : 대상물 존재의 인지나 형상의 보기 쉬움의 정도이다. 색의 관점에서 가시도의 고저는 배색관계로 인한 바탕색과 도형 구별의 명료함 정도를 말한다. 또한 그때의 조명상태나 도형의 대소 등에도 영향을 받는데 특히 바탕색과 그림색의 명도차가 클수록 가시도는 높아진다.

**53** 건축도면에서 보이지 않는 부분의 표시에 사용되는 선의 종류는?

① 파 선        ② 가는 실선
③ 1점 쇄선     ④ 2점 쇄선

**해설**
보이지 않는 부분의 표시선(숨은선)은 파선으로 한다.

**54** 건축물의 묘사에 있어서 묘사 도구로 사용하는 연필에 관한 설명으로 옳지 않은 것은?

① 다양한 질감 표현이 불가능하다.
② 밝고 어두움의 명암 표현이 가능하다.
③ 지울 수 있으나 번지거나 더러워질 수 있다.
④ 심의 종류에 따라서 무른 것과 딱딱한 것으로 나누어진다.

**해설**
연필은 다양한 질감 표현이 가능한 묘사도구이다.

**55** 메탈 핼라이드 램프에 관한 설명으로 옳지 않은 것은?

① 휘도가 높다.
② 시동전압이 높다.
③ 효율은 높으나 연색성이 나쁘다.
④ 1등당 광속이 많고 배광제어가 용이하다.

**해설**
메탈 핼라이드 램프 : 금속의 할로젠화물을 석영으로 된 발광관에 넣고 아크방전으로 금속할로젠화물을 증발·해리시켜 금속 특유의 빛을 발하게 하는 램프이다. 연색성이 비교적 뛰어나 효율이 수은램프의 1.5배에 이르며, 수명은 6,000~9,000시간이다. 옥내외의 스포츠 시설, 높은 천장으로 된 공장의 내부, 사무실이나 홀·점포 등의 조명으로 널리 사용된다.

## 56 다음 설명에 알맞은 공간의 조식 형식은?

> 동일한 형이나 공간의 연속으로 이루어진 구조적 형식으로서 격자형이라고도 불리며 형과 공간뿐만 아니라 경우에 따라서는 크기, 위치, 방위도 동일하다.

① 직선식  ② 방사식
③ 그물망식  ④ 중앙집중식

**해설**
③ 그물망식 : 동일한 형이나 공간의 연속으로 이루어진 구조적 형식

## 57 표면결로의 방지방법에 관한 설명으로 옳지 않은 것은?

① 실내에서 발생하는 수증기를 억제한다.
② 환기에 의해 실내 절대습도를 저하한다.
③ 직접가열이나 기류촉진에 의해 표면온도를 상승시킨다.
④ 낮은 온도로 난방시간을 길게 하는 것보다 높은 온도로 난방시간을 짧게 하는 것이 결로방지에 효과적이다.

**해설**
**결로방지**

| 환 기 | 습한 공기를 제거하여 실내의 결로방지 |
|---|---|
| 난 방 | 건물 내부의 표면온도를 높이고 실내기온을 노점 이상으로 유지 |
| 단 열 | 구조체를 통한 열손실 방지와 보온역할 |

## 58 소방시설은 소화설비, 경보설비, 피난설비, 소화용수설비, 소화활동설비로 구분할 수 있다. 다음 중 소화설비에 속하지 않는 것은?

① 연결살수설비
② 옥내소화전설비
③ 스프링클러설비
④ 물분무 등 소화설비

**해설**
연결살수설비는 소화활동설비에 속한다.
**소방시설(소방시설 설치 및 관리에 관한 법률 시행령 [별표 1])**
• 소화설비 : 소화기구, 자동소화장치, 옥내소화전설비, 스프링클러설비 등, 물분무 등 소화설비, 옥외소화전설비
• 소화활동설비 : 제연설비, 연결송수관설비, 연결살수설비, 비상콘센트설비, 무선통신보조설비, 연소방지설비

## 59 주거 단지의 단위 중 초등학교를 중심으로 한 단위는?

① 인보구
② 근린지구
③ 근린분구
④ 근린주구

**해설**
④ 근린주구 : 초등학교 1개를 설치할 수 있는 규모로 주민들의 공동체 의식이 자연스럽게 형성될 수 있는 최소한의 규모

## 60 강재 표시방법 2L-125×125×6에서 6이 나타내는 것은?

① 수 량  ② 길 이
③ 높 이  ④ 두 께

**해설**
**강재의 표시방법**
L-A(장축의 길이)×B(단축의 길이)×t(두께)

# 2014년 제4회 과년도 기출문제

**01** 절충식 구조에서 지붕보와 처마도리의 연결을 위한 보강철물로 사용되는 것은?

① 주걱볼트   ② 띠 쇠
③ 감잡이쇠   ④ 갈고리볼트

**해설**
① 주걱볼트 : 평판 상의 철판을 용접한 볼트로 보통 목재를 직각으로 긴결하기 위하여 쓰는 보강 철물이다. 볼트의 머리가 주걱모양으로 되고 다른 끝은 넓적한 띠쇠로 된 것으로, 기둥과 보의 긴결 등에 쓰인다.

**02** 채광만을 목적으로 하고 환기를 할 수 없는 밀폐된 창은?

① 회전창   ② 오르내리창
③ 미닫이창  ④ 붙박이창

**해설**
④ 붙박이창 : 창틀에 끼워서 고정한 창으로 채광만을 목적으로 한다.

**03** 건물의 하부 전체 또는 지하실 전체를 하나의 기초판으로 구성한 기초는?

① 독립기초  ② 줄기초
③ 복합기초  ④ 온통기초

**해설**
④ 온통기초 : 건축물의 전면 또는 광범위한 부분에 대하여 기초 슬래브를 두는 경우의 기초

**04** 철근콘크리트 단순보의 철근에 관한 설명 중 옳지 않은 것은?

① 인장력에 저항하는 재축방향의 철근을 보의 주근이라 한다.
② 압축측에도 철근을 배근한 보를 복근보라 한다.
③ 전단력을 보강하여 보의 주근 주위에 둘러서 감은 철근을 늑근이라 한다.
④ 늑근은 단부보다 중앙부에서 촘촘하게 배치하는 것이 원칙이다.

**해설**
늑근 : 철근콘크리트보의 주근을 둘러 감은 철근으로 전단력에 의한 파괴에 대한 보강철근이다.

**05** 보와 기둥 대신 슬래브와 벽이 일체가 되도록 구성한 구조는?

① 라멘구조
② 플랫 슬래브구조
③ 벽식 구조
④ 아치구조

**해설**
③ 벽식 구조 : 4층 이하의 연립주택이나 단독주택을 건축할 때, 벽돌 등을 사용하여 기둥이나 벽을 만들어 하중을 받아내는 구조를 말하며, 이것을 내력벽이라 한다.

**06** 송풍에 의한 내압으로 외기압보다 약간 높은 압력을 주고, 압력에 의한 장력으로 공간 및 구조적인 안정성을 추구한 건축구조는?

① 절판구조　② 공기막구조
③ 셸구조　④ 현수구조

**해설**
② 공기막구조 : 공기의 기압 차를 이용한다.

**07** 그림 중 꺾인지붕(Curb Roof)의 평면모양은?

① 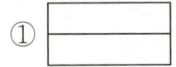　②
③ 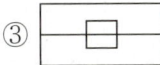　④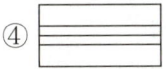

**해설**
**꺾인지붕** : 지붕을 도중에서 꺾어 두 물매로 만든 지붕

**08** 다음 중 압축력이 발생하지 않는 구조시스템은?

① 케이블구조　② 트러스구조
③ 절판구조　④ 철골구조

**해설**
① 케이블구조 : 인장부재인 케이블을 이용하여 지지 구조체에 인장력만을 전달하는 구조물을 만드는 구조

**09** 가구식 구조에 대한 설명으로 옳은 것은?

① 개개의 재료를 접착제를 이용하여 쌓아 만든 구조
② 목재, 강재 등 가늘고 긴 부재를 접합하여 뼈대를 만드는 구조
③ 철근콘크리트구조와 같이 전 구조체가 일체가 되도록 한 구조
④ 물을 사용하는 공정을 가진 구조

**해설**
**가구식 구조** : 수직 하중과 수평 하중을 받는 기둥과 보를 조립하여 건축물을 만드는 방식이다. 목구조, 철골구조 등이 이에 해당한다.

**10** 주로 철재 또는 금속재 거푸집에 사용되는 철물로서 지주를 제거하지 않고 슬래브 거푸집만 제거할 수 있도록 한 것은?

① 드롭헤드
② 칼럼밴드
③ 캠 버
④ 와이어클리퍼

**해설**
① 드롭헤드 : 주로 철재 또는 금속재 거푸집에 사용되는 철물로, 지주를 제거하지 않고 슬래브 거푸집만 제거할 수 있도록 한다.

**11** 블록조의 테두리보에 대한 설명으로 옳지 않은 것은?

① 벽체를 일체화하기 위해 설치한다.
② 테두리보의 너비는 보통 그 밑의 내력벽의 두께보다는 작아야 한다.
③ 세로철근의 끝을 정착할 필요가 있을 때 정착 가능하다.
④ 상부의 하중을 내력벽에 고르게 분산시키는 역할을 한다.

**해설**
테두리보 : 조적구조의 벽체 상부를 둘러대는 보를 말한다. 테두리보는 벽체의 상부 하중을 균등히 분포시키고, 건물 전체의 강성을 증대시키며 수직 균열을 방지할 수 있다. 보강블록조에서는 세로철근을 정착시키는 역할을 한다. 조적조의 벽체를 보강하기 위해 내력벽의 상부에 벽두께의 1.5배 이상의 철골구조 또는 철근콘크리트구조의 테두리보를 설치한다. 1층인 건축물로서 벽두께가 벽높이의 16분의 1 이상 또는 벽길이가 5m 이하인 경우에는 목조의 테두리보를 설치할 수 있다.

**12** 목조 왕대공 지붕틀에서 압축력과 휨모멘트를 동시에 받는 부재는?

① 빗대공    ② 왕대공
③ ㅅ자보    ④ 평 보

**해설**
③ ㅅ자보 : 부재를 ㅅ자 모양으로 조합시킨 것으로, 목조 왕대공 지붕틀에서 압축력과 휨모멘트를 동시에 받는 부재이다.

**13** 목구조에서 토대와 기둥의 맞춤으로 가장 알맞은 것은?

① 짧은 장부 맞춤    ② 빗턱 맞춤
③ 턱솔 맞춤    ④ 걸침턱 맞춤

**해설**
기둥 상하에서 가로재와의 맞춤은 내다지 장부 산지치기로 하거나 짧은 장부 맞춤으로 하고 꺾쇠, 볼트 및 띠쇠 등으로 보강한다.

**14** 난간벽, 부란, 박공벽 위에 덮은 돌로서 빗물막이와 난간 동자받이의 목적 이외에 장식도 겸하는 돌은?

① 돌림띠    ② 두겁돌
③ 창대돌    ④ 문지방돌

**해설**
② 두겁돌 : 담, 박공벽, 난간 등의 위에 덮는 것을 말한다. 두겁돌 윗면에는 물 흘림 경사를 두고 밑면에는 물 끊기 홈을 둔다.

**15** H형강, 판보 또는 래티스보 등에서 보의 단면 상하에 날개처럼 내민 부분을 지칭하는 용어는?

① 웨 브    ② 플랜지
③ 스티프너    ④ 거싯 플레이트

**해설**
② 플랜지 : 일반적으로 부재 전체 둘레에서 돌출한 형상의 가장자리를 의미한다. 예를 들어 I(H) 형강이나 플레이트 거더 등의 단면 상하 양두부(兩頭部), 관 이음부의 돌출 부분 등이다. 보의 경우 플랜지는 휨 모멘트에, 웨브는 전단력에 저항한다.

정답  11 ②  12 ③  13 ①  14 ②  15 ②

**16** 상대적으로 얇고 길이가 짧은 부재를 상하 그리고 경사로 연결하여 장스팬의 길이를 확보할 수 있는 구조는?

① 철근콘크리트구조
② 블록구조
③ 트러스구조
④ 프리스트레스트구조

**해설**
트러스 형식의 특징
• 절점을 핀(Pin)접합으로 취급한 삼각형 형태의 부재를 조합한 구조 형식이다.
• 각 부재에는 원칙적으로 축방향력만 발생한다.
• 가느다란 부재로 큰 공간을 구성한다.
• 평면 트러스와 입체 트러스로 나뉜다.

**17** 목조벽체를 수평력에 견디게 하고 안정한 구조로 하는데 필요한 부재는?

① 멍에
② 장선
③ 가새
④ 동바리

**해설**
③ 가새 : 사각형으로 된 목구조는 수평력에 의해 그 모양이 일그러지기 쉽다. 이것을 막기 위하여 대각선 방향에 삼각형 구조로 댄 부재이다.

**18** 벽돌벽체 내쌓기에서 벽체를 내밀 수 있는 한도는?

① 1.0B
② 1.5B
③ 2.0B
④ 2.5B

**해설**
벽돌벽체의 내쌓기 한도는 2.0B이다.

**19** 강구조에 관한 설명 중 옳지 않은 것은?

① 내구, 내화적이다.
② 좌굴의 가능성이 있다.
③ 철근콘크리트조에 비해 경량이다.
④ 고층 건물이나 장스팬구조에 적당하다.

**해설**
강구조는 내화성이 낮고 좌굴되기 쉽다.

**20** 모임지붕, 합각지붕 등의 측면에서 동자주를 세우기 위하여 처마도리와 지붕보에 걸쳐 댄 보를 무엇이라 하는가?

① 서까래
② 우미량
③ 중도리
④ 충량

**해설**
② 우미량 : 모임지붕 등에서 지붕틀의 대공을 세우기 위해 처마도리와 지붕보 사이에 건너지르는 수평부재이다.

정답  16 ③  17 ③  18 ③  19 ①  20 ②

**21** 생석회와 규사를 혼합하여 고온, 고압 하에 양생하면 수열반응을 일으키는데 여기에 기포제를 넣어 경량화한 기포콘크리트는?

① ALC제품　② 흄 관
③ 드리졸　④ 플렉시블보드

**해설**
① ALC : 오토클레이브 처리하여 제조된 경량 기포콘크리트로, 건축용에 쓰이는 판재이다. 콘크리트의 한 가지 결점은 중량이 크다는 것인데 ALC는 이 결점을 보완한 경량 콘크리트제품으로 중량이 보통 콘크리트의 약 4분의 1 정도이다.

**22** 단위 질량의 물질을 온도 1℃ 올리는 데 필요한 열량을 무엇이라 하는가?

① 열용량　② 비 열
③ 열전도율　④ 연화점

**해설**
② 비열 : 어떤 물질 1g의 온도를 1℃ 높이는 데 필요한 열량

**23** 공동(空胴)의 대형 점토제품으로써 주로 장식용으로 난간벽, 돌림대, 창대 등에 사용되는 것은?

① 이형벽돌
② 포도벽돌
③ 테라코타
④ 테라초

**해설**
테라코타
- 석재 조각물 대신에 사용되는 점토소성제품이다.
- 입체타일로 석재보다 색이 자유롭다.

**24** 다음 수종 중 침엽수가 아닌 것은?

① 소나무
② 삼송나무
③ 잣나무
④ 단풍나무

**해설**
- 침엽수 : 소나무, 전나무, 잣나무, 삼나무, 낙엽송 등
- 활엽수 : 느티나무, 오동나무, 단풍나무, 참나무, 동백나무, 너도밤나무 등

**25** 실리카 시멘트에 대한 설명 중 옳은 것은?

① 보통 포틀랜드 시멘트에 비해 초기강도가 크다.
② 화학적 저항성이 크다.
③ 보통 포틀랜드 시멘트에 비해 장기강도는 작은 편이다.
④ 긴급공사용으로 적합하다.

**해설**
**실리카 시멘트** : 실리카겔을 혼합한 시멘트로, 화학적 저항이 크고 내수성이 우수하여 하수공사 및 해수공사에 사용된다.

**26** 보기에서 점토제품의 제법순서를 옳게 나열한 것은?

| ㉠ 반 죽 | ㉡ 성 형 |
| ㉢ 건 조 | ㉣ 원토처리 |
| ㉤ 원료배합 | ㉥ 소 성 |

① ㉣ → ㉤ → ㉠ → ㉡ → ㉢ → ㉥
② ㉠ → ㉡ → ㉢ → ㉣ → ㉤ → ㉥
③ ㉡ → ㉢ → ㉥ → ㉣ → ㉤ → ㉠
④ ㉢ → ㉥ → ㉤ → ㉡ → ㉣ → ㉠

**해설**
점토처리 제조법
원토처리 → 원료배합 → 반죽 → 성형 → 건조 → 소성

**27** 목재의 방부제 중 수용성 방부제에 속하는 것은?

① 크레오소트 오일
② 불화소다 2% 용액
③ 콜타르
④ PCP

**해설**
목재방부제
• 수용성 방부제 : 염화아연, 염화수은(Ⅱ), 황산구리, 플루오린화 나트륨(불화소다), 비소화합물, 다이나이트로페놀 또는 크레졸
• 유용성 방부제 : 크레오소트유, 나무 타르, 아스팔트, 페인트, 펜타클로로페놀 등

**28** 목재의 섬유 평행방향에 대한 강도 중 가장 약한 것은?

① 휨강도　　② 압축강도
③ 인장강도　　④ 전단강도

**해설**
목재의 섬유 평행방향에 대한 강도 중 전단강도가 가장 약하다.

**29** 탄소함유량이 증가함에 따라 철에 끼치는 영향으로 옳지 않은 것은?

① 연신율의 증가
② 항복강도의 증가
③ 경도의 증가
④ 용접성의 저하

**해설**
인장강도, 항복강도는 탄소의 양이 증가함에 따라 상승하여 약 0.85%에서 최대가 되고, 그 이상에서는 다시 내려가서 이 사이의 신장률은 점차 작아진다.

**30** 미장재료에 대한 설명 중 옳은 것은?

① 회반죽에 석고를 약간 혼합하면 경화속도, 강도가 감소하며 수축균열이 증대된다.
② 미장재료는 단일재료로서 사용되는 경우보다 주로 복합재료로서 사용된다.
③ 결합재에는 여물, 풀 등이 있으며 이것은 직접 고체화에 관계한다.
④ 시멘트 모르타르는 기경성 미장재료로써 내구성 및 강도가 크다.

**해설**
• 결합재 : 여물(보강, 균열방지), 풀(점성을 주고 작업성을 좋게 한다)
• 기경성 미장재료 : 진흙질, 회반죽, 돌로마이트, 아스팔트 모르타르
• 수경성 미장재료 : 순석고 플라스터, 킨즈 시멘트, 시멘트 모르타르

## 31 구조재료에 요구되는 성질과 가장 관계가 먼 것은?

① 재질이 균일하여야 한다.
② 강도가 큰 것이어야 한다.
③ 탄력성이 있고 자중이 커야 한다.
④ 가공이 용이한 것이어야 한다.

**해설**
구조재료에 요구되는 성질 : 균일성, 내구성, 가공성

## 32 목재의 기건 상태의 함수율은 평균 얼마 정도인가?

① 5%
② 10%
③ 15%
④ 30%

**해설**
목재의 기건 상태의 함수율은 15%이고 가구재의 함수율은 10%이며, 섬유포화점의 함수율은 30%이다.

## 33 시멘트의 저장방법 중 틀린 것은?

① 주위에 배수 도랑을 두고 누수를 방지한다.
② 채광과 공기순환이 잘 되도록 개구부를 최대한 많이 설치한다.
③ 3개월 이상 경과한 시멘트는 재시험을 거친 후 사용한다.
④ 쌓기 높이는 13포 이하로 하며, 장기간 저장 시는 7포 이하로 한다.

**해설**
시멘트의 저장 : 지상 30cm 이상 되는 마루 위에 적재하며, 시멘트를 쌓아올리는 높이는 13포대 이하로 한다(저장기간이 길어질 우려가 있는 경우 7포대 이상 쌓지 않는다). 3개월 이상 저장한 시멘트는 재시험해야 하고 입하순서로 사용한다.

## 34 다음 도료 중 안료가 포함되어 있지 않은 것은?

① 유성페인트
② 수성페인트
③ 합성수지도료
④ 유성바니시

**해설**
④ 유성바니시 : 투명성 도료 안에 천연수지, 가공수지, 석유수지 등과 건성유를 넣고 가열용융하여 희석한 바니시

페인트의 종류

| 유성페인트 | 안료(물감) + 건조성지방유, 불투명 피막 형성 |
|---|---|
| 수성페인트 | 소석고 + 안료 + 접착제, 물로 녹여 사용 |
| 수지성페인트 | 합성수지 + 안료 + 휘발성 용제 |
| 알루미늄페인트 | 보일드유(건성유 + 건조제) + 희석제 + 안료 |
| 에나멜페인트 | 유성니스 + 안료 |

## 35 금속의 부식방지법으로 틀린 것은?

① 상이한 금속은 접촉시켜 사용하지 말 것
② 균질의 재료를 사용할 것
③ 부분적인 녹은 나중에 처리할 것
④ 청결하고 건조상태를 유지할 것

**해설**
철재 부식방지법
• 철재의 표면에 아스팔트나 콜타르를 바른다.
• 시멘트액 등으로 피막을 형성한다.
• 사산화철 등의 금속 산화물로 피막을 형성한다.

**36** 콘크리트의 강도에 대한 설명 중 옳은 것은?

① 물시멘트비가 가장 큰 영향을 준다.
② 압축강도는 전단강도의 1/10~1/15 정도로 작다.
③ 일반적으로 콘크리트의 강도는 인장강도를 말한다.
④ 시멘트의 강도는 콘크리트의 강도에 영향을 끼치지 않는다.

**해설**
물시멘트비(W/C) : 물과 시멘트의 중량비를 말한다. 콘크리트 강도에 가장 많은 영향을 주며, 물시멘트비가 클수록 강도는 낮아진다.

**37** 블론 아스팔트를 휘발성 용제로 희석한 흑갈색의 액체로서, 콘크리트, 모르타르 바탕에 아스팔트 방수층 또는 아스팔트타일 붙이기 시공을 할 때 사용되는 것은?

① 아스팔트 코팅
② 아스팔트 펠트
③ 아스팔트 루핑
④ 아스팔트 프라이머

**해설**
④ 아스팔트 프라이머 : 아스팔트를 휘발성 용제로 녹인 것으로 바탕과의 접착력을 높이기 위해 아스팔트 방수의 밑칠 등에 사용한다.

**38** 합성수지 재료는 어떤 물질에서 얻는가?

① 가 죽   ② 유 리
③ 고 무   ④ 석 유

**해설**
합성수지 재료는 석유에서 얻는다.

**39** 수장용 금속제품에 대한 설명으로 옳은 것은?

① 줄눈대 : 계단의 디딤판 끝에 대어 오르내릴 때 미끄럼을 방지한다.
② 논슬립 : 단면형상이 L형, I형 등이 있으며, 벽, 기둥 등의 모서리 부분에 사용된다.
③ 코너비드 : 벽, 기둥 등의 모서리 부분에 미장 바름을 보호하기 위해 사용된다.
④ 듀벨 : 천장, 벽 등에 보드를 붙이고, 그 이음새를 감추는 데 사용된다.

**해설**
① 줄눈대 : 인조석, 치장 줄눈에 사용하는 철물
② 논슬립 : 계단코에 대어 미끄러짐, 파손, 마모를 막는 철물
④ 듀벨 : 두 목재 사이의 접합부에 끼워서 볼트접합을 보강하기 위한 철물

**40** 목재의 장점에 해당하는 것은?

① 내화성이 좋다.
② 재질과 강도가 일정하다.
③ 외관이 아름답고 감촉이 좋다.
④ 함수율에 따라 팽창과 수축이 작다.

**해설**
목재의 장단점

| 장 점 | 단 점 |
|---|---|
| 가볍고, 가공이 쉽다. | 내화성이 취약하다. |
| 비중에 비해 강도가 크다. | 흡습성이 크고 변형이 쉽다. |
| 열전도율, 열팽창률이 작다. | 부패의 우려가 있다. |

**정답** 36 ① 37 ④ 38 ④ 39 ③ 40 ③

**41** 주거공간을 주행동에 의해 개인공간, 사회공간, 가사노동공간 등으로 구분할 경우, 다음 중 사회공간에 속하는 것은?

① 서 재
② 식 당
③ 부 엌
④ 다용도실

**해설**
- 사회공간 : 거실, 식사실, 응접실
- 개인공간 : 침실, 서재

**42** 온수난방과 비교한 증기난방의 특징으로 옳지 않은 것은?

① 예열시간이 짧다.
② 열의 운반능력이 크다.
③ 난방의 쾌감도가 높다.
④ 방열면적을 작게 할 수 있다.

**해설**
온수난방은 현열을 이용한 난방으로 증기난방보다 쾌감도가 높다.

**43** 조적조 벽체를 제도하는 순서로 가장 알맞은 것은?

ⓐ 축적과 구도 정하기
ⓑ 지반선과 벽체 중심선 긋기
ⓒ 치수와 명칭을 기입하기
ⓓ 벽체와 연결부분 그리기
ⓔ 재료표시
ⓕ 치수선과 인출선 긋기

① ⓐ → ⓑ → ⓒ → ⓓ → ⓔ → ⓕ
② ⓐ → ⓑ → ⓓ → ⓕ → ⓔ → ⓒ
③ ⓐ → ⓑ → ⓓ → ⓔ → ⓕ → ⓒ
④ ⓐ → ⓕ → ⓑ → ⓒ → ⓓ → ⓔ

**해설**
벽체제도순서
축적과 구도 정하기 → 지반선과 벽체 중심선 긋기 → 벽체와 연결부분 그리기 → 재료표시 → 치수선과 인출선 긋기 → 치수와 명칭을 기입하기

**44** 부엌의 일부분에 식사실을 두는 형태로 부엌과 식사실을 유기적으로 연결하여 노동력 절감이 가능한 것은?

① D(Dining)
② DK(Dining Kitchen)
③ LD(Living Dining)
④ LK(Living Kitchen)

**해설**
② 다이닝 키친(DK) : 부엌의 일부분에 식사실을 배치하고 유기적으로 연결하여 노동력을 절감한다.

**45** 제도에서 묘사에 사용되는 도구에 관한 설명으로 옳지 않은 것은?

① 물감으로 채색할 때 불투명 표현은 포스터 물감을 주로 사용한다.
② 잉크는 여러 가지 모양의 펜촉 등을 사용할 수 있어 다양한 묘사가 가능하다.
③ 잉크는 농도를 정확하게 나타낼 수 있고, 선명하게 보이기 때문에 도면이 깨끗하다.
④ 연필은 지울 수 있는 장점이 있는 반면에 폭넓은 명암이나 다양한 질감 표현이 불가능하다.

**해설**
연필은 지울 수 있는 장점이 있고 폭넓은 명암이나 다양한 질감 표현도 가능하다.

정답 41 ② 42 ③ 43 ③ 44 ② 45 ④

**46** 고딕성당에서 존엄성, 엄숙함 등의 느낌을 주기 위해 사용된 선은?

① 사 선
② 곡 선
③ 수직선
④ 수평선

**해설**

| | | |
|---|---|---|
| 선 | 직 선 | 경직, 단순, 정적 |
| | 수직선 | 상승감, 긴장감, 존엄성, 엄숙함 |
| | 수평선 | 안정감 |
| | 사 선 | 동적, 불안정, 건축에 강한 표정을 줌 |
| | 곡 선 | 부드럽고 복잡, 동적인 표정 가능 |
| | 기하곡선 | 이지적 |
| | 자유곡선 | 자유분방, 감정 풍부 |
| 면 | 평 면 | 단순, 솔직, 현대건축에서 간결함 표현 |
| | 수직면 | 고결함, 긴장감 |
| | 수평면 | 정지된 안정감 |
| | 경사면 | 동적, 불안정, 강한 인상 |
| | 곡 면 | 온화, 유연, 동적, 잘 조화하면 대비감 표현 |
| | 기하곡면 | 정리되었거나 경직된 느낌 |
| | 자유곡면 | 자유분방, 풍부한 감정표현 |

**47** 주택의 동선계획에 관한 설명으로 옳지 않은 것은?

① 동선에는 독립적인 공간을 두지 않는다.
② 동선은 가능한 짧게 처리하는 것이 좋다.
③ 서로 다른 동선은 교차하지 않도록 한다.
④ 가사노동의 동선은 가능한 남측에 위치시킨다.

**해설**
동선은 짧고 단순한 것이 좋고 각종 계통의 동선이 분리되어 있는 것이 좋다.

**48** 건축물의 에너지절약을 위한 단열계획으로 옳지 않은 것은?

① 외벽 부위는 내단열로 시공한다.
② 건물의 창호는 가능한 작게 설계한다.
③ 태양열 유입에 의한 냉방부하 저감을 위하여 태양열 차폐장치를 설치한다.
④ 외피의 모서리 부분은 열교가 발생하지 않도록 단열재를 연속적으로 설치하고 충분히 단열되도록 한다.

**해설**
건축물의 에너지 절약을 위하여 단열 측면에서 외벽 부위는 외단열로 시공한다.

**49** 소방시설은 소화설비, 경보설비, 피난설비, 소화용수설비, 소화활동설비로 구분할 수 있다. 다음 중 경보설비에 속하지 않는 것은?

① 누전경보기
② 비상방송설비
③ 무선통신보조설비
④ 자동화재탐지설비

**해설**
무선통신보조설비는 소화활동설비에 속한다.
**소방시설(소방시설 설치 및 관리에 관한 법률 시행령 [별표 1])**
• 경보설비 : 단독경보형 감지기, 비상경보설비, 시각경보기, 자동화재탐지설비, 비상방송설비, 자동화재속보설비, 통합감시시설, 누전경보기, 가스누설경보기, 화재알림설비
• 소화활동설비 : 제연설비, 연결송수관설비, 연결살수설비, 비상콘센트설비, 무선통신보조설비, 연소방지설비

**50** 주택지의 단위 분류에 속하지 않는 것은?

① 인보구　　② 근린분구
③ 근린주구　　④ 근린지구

**해설**
주택지 단위 분류 : 인보구, 근린분구, 근린주구

정답  46 ③  47 ①  48 ①  49 ③  50 ④

**51** 실제길이가 16m인 직선을 축척이 1/200인 도면에 표현할 경우, 직선의 도면길이는?

① 0.8m
② 8mm
③ 80mm
④ 800mm

**해설**
16m × 1/200 = 16,000mm × 1/200 = 80mm

**52** 배수관 속의 악취, 유독 가스 및 벌레 등이 실내로 침투하는 것을 방지하기 위하여 설치하는 것은?

① 트랩
② 플랜지
③ 부스터
④ 스위블이음쇠

**해설**
① 트랩 : 배수관 속의 악취, 유독가스, 벌레 등이 실내로 침투하는 것을 방지하기 위하여 배수계통의 일부에 봉수를 고이게 하는 기구

**53** 다음은 건축도면에 사용하는 치수의 단위에 대한 설명이다. (　) 안에 공통으로 들어갈 내용은?

> 치수의 단위는 (　)를 원칙으로 하고, 이때 단위 기호는 쓰지 않는다. 치수 단위가 (　)가 아닌 때에는 단위 기호를 쓰거나 그 밖의 방법으로 그 단위를 명시한다.

① cm
② mm
③ m
④ Nm

**해설**
치수(KS F 1501)
치수의 단위는 mm를 원칙으로 하고, 이때 단위 기호는 쓰지 않는다. 치수 단위가 mm가 아닌 때에는 단위 기호를 쓰거나 그 밖의 방법으로 그 단위를 명시한다.

**54** 할로겐 램프에 관한 설명으로 옳지 않은 것은?

① 휘도가 높다.
② 청백색으로 연색성이 나쁘다.
③ 흑화가 거의 일어나지 않는다.
④ 광속이나 색온도의 저하가 작다.

**해설**
휘도가 높고 자연광처럼 색을 선명하게 재현하며 흑화현상이 발생하지 않아 광속과 색온도의 저하가 작다.
할로겐 램프 : 백열전구의 한 종류로서, 유리구 안에 할로겐 물질을 주입하여 텅스텐의 증발을 더욱 억제한 램프이다. 백열전구보다 더 밝고 환한 빛을 내면서도 수명이 오래 가며 크기는 작고 가벼워 자동차 헤드라이트, 무대 조명, 인테리어 조명의 광원으로 많이 사용된다.

**55** 스킵 플로어형 공동주택에 관한 설명으로 옳지 않은 것은?

① 복도면적이 증가한다.
② 엑세스(Access) 동선이 복잡하다.
③ 엘리베이터의 정지 층수를 줄일 수 있다.
④ 동일한 주거동에 각기 다른 모양의 세대 배치계획이 가능하다.

**해설**
스킵 플로어(Skip Floor)형
한 층 또는 두 층을 걸러 복도를 설치하거나 그 밖의 층에는 복도가 없이 계단실에서 단위 주거에 도달하는 형식이다. 엘리베이터에서 복도를 거쳐 계단을 통하여 단위 주거에 도달하기 때문에 동선이 길어진다.

**56** 다음 중 단면도를 그려야 할 부분과 가장 거리가 먼 것은?

① 설계자의 강조부분
② 평면도만으로 이해하기 어려운 부분
③ 전체 구조의 이해를 필요로 하는 부분
④ 시공자의 기술을 보여 주고 싶은 부분

[해설]
단면도를 그려야 할 부분 : 평면도만으로 이해하기 어려운 부분, 전체 구조의 이해를 필요로 하는 부분, 설계자의 강조부분

**57** 도면 각 부분의 표기를 위한 지시선의 사용방법으로 옳지 않은 것은?

① 지시선은 곡선 사용을 원칙으로 한다.
② 지시대상이 선인 경우 지적부분은 화살표를 사용한다.
③ 지시대상이 면인 경우 지적부분은 채워진 원을 사용한다.
④ 지시선은 다른 제도선과 혼동되지 않도록 가늘고 명료하게 그린다.

[해설]
치수선, 치수보조선, 지시선, 해칭선은 가는 실선을 사용한다.

**58** 다음은 건축물의 층수 산정에 관한 기준 내용이다. ( ) 안에 알맞은 것은?

> 층의 구분이 명확하지 아니한 건축물은 그 건축물의 높이 ( ) 마다 하나의 층으로 보고 그 층수를 산정한다.

① 2.5m   ② 3m
③ 3.5m   ④ 4m

[해설]
층수(건축법 시행령 제119조 제1항 제9호)
층의 구분이 명확하지 아니한 건축물은 그 건축물의 높이 4m마다 하나의 층으로 보고 그 층수를 산정한다.

**59** 다음에서 설명하는 묘사방법으로 옳은 것은?

> • 선으로 공간을 한정시키고 명암으로 음영을 넣는 방법
> • 평면은 같은 명암의 농도로 하여 그리고 곡면은 농도의 변화를 주어 묘사

① 단선에 의한 묘사방법
② 명암 처리만으로의 묘사방법
③ 여러 선에 의한 묘사방법
④ 단선과 명암에 의한 묘사방법

[해설]
단선과 명암에 의한 묘사방법 : 선으로 공간을 한정시키고 명암으로 음영을 넣는 방법

**60** 한국산업표준(KS)에 따른 건축도면에 사용되는 척도에 속하지 않는 것은?

① 1/1   ② 1/4
③ 1/80   ④ 1/250

[해설]
척도(건축제도통칙 KS F 1501)
• 실척 : 1/1
• 축척 : 1/2, 1/3, 1/4, 1/5, 1/10, 1/20, 1/25, 1/30, 1/40, 1/50, 1/100, 1/200, 1/250, 1/300, 1/500, 1/600, 1/1000, 1/1200, 1/2000, 1/2500, 1/3000, 1/5000, 1/6000
• 배척 : 2/1, 5/1

정답 56 ④  57 ①  58 ④  59 ④  60 ③

# 2014년 제5회 과년도 기출문제

**01** 철골보의 종류에서 형강의 단면을 그대로 이용하므로 부재의 가공 절차가 간단하고 기둥과 접합도 단순한 것은?

① 조립보　　② 형강보
③ 래티스보　④ 트러스보

**해설**
② 형강보 : H형강, I형강, U형강 등을 단독으로 사용한 보

토대의 배치

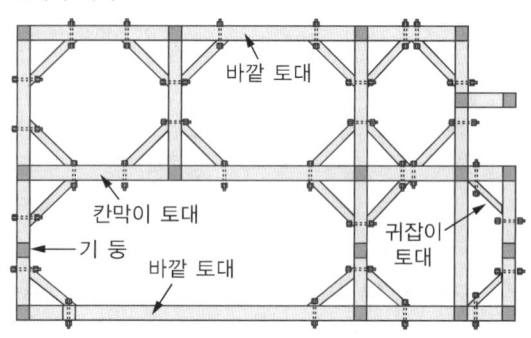

**02** 목구조의 토대에 대한 설명으로 틀린 것은?

① 기둥에서 내려오는 상부의 하중을 기초에 전달하는 역할을 한다.
② 토대에는 바깥토대, 칸막이토대, 귀잡이토대가 있다.
③ 연속기초 위에 수평으로 놓고 앵커볼트로 고정시킨다.
④ 이음으로 사개연귀이음과 주먹장이음이 주로 사용된다.

**해설**
토 대
기초 위에 가로로 놓아 기둥을 따라 내려오는 하중을 기초에 전달하며, 기둥의 하부를 잡아 주어 일체화하고, 수평하중에 의해 건물의 하부가 벌어지지 않도록 하는 수평재이다. 토대는 지반과 가까워 썩기 쉬우므로, 잘 썩지 않는 낙엽송이나 육송 등을 사용하고, 지반에서 높게 설치하여 습기가 차지 않도록 하며, 기초와 닿는 면에는 방부제를 칠한다. 토대의 크기는 기둥에 따라서 정해지며 보통은 기둥과 같거나 기둥보다 크게 한다. 토대의 이음은 주먹장이음·제혀쪽매·반턱이음 등을 사용한다.

**03** 장방형 슬래브에서 단변방향으로 배치하는 인장 철근의 명칭은?

① 늑 근　　② 온도철근
③ 주 근　　④ 배력근

**해설**
단변방향의 인장 철근을 주근이라 하고, 장변방향의 인장 철근을 배력근 또는 부근이라고 한다.

**04** 목재의 마구리를 감추면서 창문 등의 마무리에 이용되는 맞춤은?

① 연귀맞춤　② 장부맞춤
③ 통맞춤　　④ 주먹장맞춤

**해설**
① 연귀맞춤 : 직교되거나 경사로 교차되는 부재의 마구리가 보이지 않도록 서로 45° 또는 맞닿는 경사각의 반으로 비스듬히 잘라 대는 맞춤을 말한다.

**05** 다음은 조적조 내력벽 위에 설치하는 테두리보에 관한 설명이다. ( ) 안에 알맞은 숫자는?

> 1층인 건축물로서 벽두께가 벽의 높이의 16분의 1 이상이거나 벽길이가 ( ) m 이하인 경우에는 목조의 테두리보를 설치할 수 있다.

① 3　　② 4
③ 5　　④ 6

**해설**
테두리보(건축물의 구조기준 등에 관한 규칙 제34조)
건축물의 각 층의 조적식 구조인 내력벽 위에는 그 춤이 벽두께의 1.5배 이상인 철골구조 또는 철근콘크리트구조의 테두리보를 설치하여야 한다. 다만, 1층인 건축물로서 벽두께가 벽의 높이의 16분의 1 이상이거나 벽길이가 5m 이하인 경우에는 목조의 테두리보를 설치할 수 있다.

**06** 수직부재가 축방향으로 외력을 받았을 때 그 외력이 증가해 가면 부재의 어느 위치에서 갑자기 휘어 버리는 현상을 의미하는 용어는?

① 폭 열　　② 좌 굴
③ 칼럼쇼트닝　　④ 크리프

**해설**
② 좌굴 : 가늘고 긴 기둥에 압축력이 가해지면, 작은 하중만으로도 기둥 전체가 구부러지는 휨 좌굴이나 국부적으로 휘어지면서 찌그러지는 국부 좌굴이 발생한다.

**07** 구조형식 중 서로 관계가 먼 것끼리 연결된 것은?

① 박판구조 – 곡면구조
② 가구식 구조 – 목구조
③ 현수식 구조 – 공기막구조
④ 일체식 구조 – 철근콘크리트구조

**해설**
- 현수식 구조 : 케이블
- 공기막구조 : 막구조

**08** 철골구조의 용접 부분에서 발생하는 용접 결함이 아닌 것은?

① 언더컷(Under Cut)
② 블로홀(Blow Hole)
③ 오버랩(Over Lap)
④ 엔드탭(End Tab)

**해설**
④ 엔드탭 : 강구조물을 용접시공할 때 임시로 부착하는 강판
용접 결함 : 언더컷, 블로홀, 오버랩, 균열, 크레이터 등

정답　5 ③　6 ②　7 ③　8 ④

**09** 연직하중은 철골에 부담시키고 수평하중은 철골과 철근콘크리트의 양자가 같이 대항하도록 한 구조는?

① 철골철근콘크리트구조
② 셸구조
③ 절판구조
④ 프리스트레스트구조

**해설**
① 철골철근콘크리트구조 : 합성구조라고도 한다. 철골 뼈대 주위에 철근을 배치하고 콘크리트를 타입한 부재가 주구조부로서 구성된 구조로 구조적으로는 강구조와 철근콘크리트구조가 협력하여 작용한다.

**10** 대린벽으로 구획된 벽돌조 내력벽의 벽길이가 7m일 때 개구부의 폭의 합계는 최대 얼마 이하로 하는가?

① 3m
② 3.5m
③ 4m
④ 4.5m

**해설**
개구부(건축물의 구조기준 등에 관한 규칙 제35조 제1항 제1호)
각 층의 대린벽으로 구획된 각 벽에 있어서 개구부의 폭의 합계는 그 벽의 길이의 2분의 1 이하로 하여야 한다.

**11** 보강블록조에서 내력벽 벽량은 최소 얼마 이상으로 하여야 하는가?

① $15cm/m^2$
② $20cm/m^2$
③ $25cm/m^2$
④ $28cm/m^2$

**해설**
내력벽(건축물의 구조기준 등에 관한 규칙 제43조 제1항)
건축물의 각 층에 있어서 건축물의 길이방향 또는 너비방향의 보강블록구조인 내력벽의 길이는 각각 그 방향의 내력벽의 길이의 합계가 그 층의 바닥면적 1m²에 대하여 0.15m 이상이 되도록 하되, 그 내력벽으로 둘러싸인 부분의 바닥면적은 80m²를 넘을 수 없다.

**12** 건물의 지붕에 적용된 공기막구조에 대하여 옳게 설명한 것은?

① 구조재의 자중이 무거워 대스팬 구조에 불리하다.
② 내외부의 기압의 차를 이용하여 공간을 확보한다.
③ 아치를 양방향으로 확장한 형태다.
④ 얇은 두께의 콘크리트 내부에 섬유막을 함유하였다.

**해설**
공기막구조 : 공기의 기압 차를 이용한 형식이다.

**13** 한식 건축에서 추녀뿌리를 받치는 기둥의 명칭은?

① 평기둥
② 누 주
③ 통재기둥
④ 활 주

**해설**
④ 활주 : 추녀 끝에서 보조기둥을 받쳐 주는 기둥

9 ① 10 ② 11 ① 12 ② 13 ④ **정답**

**14** 각종 건축구조에 관한 설명 중 틀린 것은?

① 철근콘크리트구조는 다양한 거푸집형상에 따른 성형성이 뛰어나다.
② 조적식 구조는 개개의 재료를 접착재료로 쌓아 만든 구조이며 벽돌구조, 블록구조 등이 있다.
③ 목구조는 철근콘크리트구조에 비하여 무게가 가볍지만 내화, 내구적이지 못하다.
④ 강구조는 일체식 구조로 재료 자체의 내화성이 높고 고층 구조에 적합하다.

**해설**
강구조는 고열에 저항하는 성질인 내화성이 낮다.

**15** 조립식 구조의 특성으로 틀린 것은?

① 각 부품과의 접합부가 일체화되기가 어렵다.
② 정밀도가 낮은 단점이 있다.
③ 공장생산이 가능하다.
④ 기계화 시공으로 단기완성이 가능하다.

**해설**
**조립식 구조** : 공장에서 규격화된 건축 부재를 다량 제작하여 현장에서 조립하여 구조체를 완성하는 방식으로 공사기간이 매우 짧고 대량생산이 가능하며 질의 균일화가 가능하다. 프리캐스트 콘크리트구조 등이 이에 해당한다.

**16** 조적식 구조인 내력벽의 콘크리트 기초판에서 기초벽의 두께는 최소 얼마 이상으로 하여야 하는가?

① 150mm   ② 200mm
③ 250mm   ④ 300mm

**해설**
기초(건축물의 구조기준 등에 관한 규칙 제30조)
• 조적식 구조인 내력벽의 기초(최하층의 바닥면 이하에 해당하는 부분을 말한다)는 연속기초로 하여야 한다.
• 위 규정에 의한 기초 중 기초판은 철근콘크리트구조 또는 무근콘크리트구조로 하고, 기초벽의 두께는 250mm 이상으로 하여야 한다.

**17** 철근콘크리트기둥에 철근 배근 시 띠철근의 수직간격으로 가장 알맞은 것은?(단, 기둥 단면 400×400mm, 주근지름 13mm, 띠철근지름 10mm이다)

① 200mm   ② 250mm
③ 400mm   ④ 480mm

**해설**
띠철근의 수직간격은 축방향 철근지름의 16배 이하, 띠철근이나 철선지름의 48배 이하, 또한 기둥단면의 최소 치수 이하로 하여야 한다(KDS 14 20 50).
• 축방향 철근지름의 16배 이하 : 13mm × 16 = 208mm
• 띠철근지름의 48배 이하 : 10mm × 48 = 480mm
• 기둥단면의 최소 치수 이하 : 400mm
따라서, 띠철근 수직간격은 208mm 이하인 200mm가 가장 알맞다.

**18** Suspension Cable에 의한 지붕구조는 케이블의 어떠한 저항력을 이용한 것인가?

① 휨모멘트   ② 압축력
③ 인장력     ④ 전단력

**해설**
서스펜션 케이블에 의한 지붕구조 : 케이블의 인장력 이용

**정답** 14 ④  15 ②  16 ③  17 ①  18 ③

**19** 석재의 이음 시 연결철물 등을 이용하지 않고 석재만으로 된 이음은?

① 꺾쇠이음　　② 은장이음
③ 촉이음　　　④ 제혀이음

**해설**
④ 제혀이음 : 석재의 이음 시 연결철물 등을 사용하지 않고 석재만으로 된 이음이다.

**20** 기성콘크리트 말뚝을 타설할 때 말뚝직경(D)에 대한 말뚝중심간 거리기준으로 옳은 것은?

① 1.5D 이상　　② 2.0D 이상
③ 2.5D 이상　　④ 3.0D 이상

**해설**
말뚝재료별 구조세칙(KDS 41 20 00)
기성콘크리트 말뚝 타설 시 중심 간격은 말뚝머리지름의 2.5배 이상 또한 750mm 이상으로 하며, 현장타설콘크리트 말뚝 타설 시 중심 간격은 말뚝머리지름의 2배 이상 또한 말뚝머리지름에 1,000mm를 더한 값 이상으로 한다.

**21** 목조주택의 건축용 외장재로 많이 사용되고 있으나, 표면의 독특한 질감과 문양으로 인해 그 자체가 최종 마감재로 사용되는 경우도 있고 직사각형 모양의 얇은 나무 조각을 서로 직각으로 겹쳐지게 배열하고 내수수지로 압착 가공한 패널을 의미하는 것은?

① 코어합판
② OSB
③ 집성목
④ 코펜하겐 리브

**해설**
② OSB 합판 : 손가락 두 개 정도 크기의 나무 입자를 방수성 수지와 함께 압착하여 만든 인공 판재로 강도와 안정성을 극대화시킨 제품이다.

**22** 다음 중 내화도가 가장 큰 석재는?

① 화강암
② 대리석
③ 석회암
④ 응회암

**해설**
내화성이 큰 암석 : 응회암, 안산암

**23** 건축재료 중 구조재로 사용할 수 없는 것끼리 짝지어진 것은?

① H형강 - 벽돌
② 목재 - 벽돌
③ 유리 - 모르타르
④ 목재 - 콘크리트

**해설**
구조재로 유리는 부적합하다.

**24** 목재의 기건 비중은 보통 함수율이 몇 %일 때를 기준으로 하는가?

① 0%　　　② 15%
③ 30%　　④ 함수율과 관계없다.

**해설**
목재의 기건 상태의 함수율은 15%이고, 가구재의 함수율은 10%이고, 섬유포화점의 함수율은 30%이다.

**25** 목재에 관한 설명 중 틀린 것은?

① 온도에 대한 신축이 비교적 작다.
② 외관이 아름답다.
③ 중량에 비하여 강도와 탄성이 크다.
④ 재질, 강도 등이 균일하다.

**해설**

목재의 장단점

| 장 점 | 단 점 |
| --- | --- |
| 가볍고, 가공이 쉽다. | 내화성이 취약하다. |
| 비중에 비해 강도가 크다. | 흡습성이 크고 변형이 쉽다. |
| 열전도율, 열팽창률이 작다. | 부패의 우려가 있다. |

**26** 건축재료의 각 성능과 연관된 항목들이 올바르게 짝지어진 것은?

① 역학적 성능 – 연소성, 인화성, 용융성, 발연성
② 화학적 성능 – 강도, 변형, 탄성계수, 크리프, 인성
③ 내구성능 – 산화, 변질, 풍화, 충해, 부패
④ 방화, 내화성능 – 비중, 경도, 수축, 수분의 투과와 반사

**해설**

건축재료의 일반적인 성질

| 역학적 성질 | 탄성, 소성, 강도, 응력 변형도, 영률, 연성, 전성 |
| --- | --- |
| 물리적 성질 | 비중, 비열, 열전도율 |
| 화학적 성질 | 알칼리, 산성, 염분 |
| 내구성 및 내후성 | 목재의 충해, 금속의 부식 등 고려 |

**27** 다음 중 혼합 시멘트에 속하지 않는 것은?

① 보통 포틀랜드 시멘트
② 고로 시멘트
③ 착색 시멘트
④ 플라이애시 시멘트

**해설**

혼합 시멘트 : 실리카 시멘트, 고로 시멘트, 플라이애시 시멘트

**28** 목재의 역학적 성질에 대한 설명 중 틀린 것은?

① 섬유포화점 이하에서는 강도가 일정하나 섬유포화점 이상에서는 함수율이 증가함에 따라 강도는 증가한다.
② 목재는 조직 가운데 공간이 있기 때문에 열의 전도가 더디다.
③ 목재의 강도는 비중 및 함수율 이외에도 섬유방향에 따라서도 차이가 있다.
④ 목재의 압축강도는 옹이가 있으면 감소한다.

**해설**

목재의 강도
- 건조하면 강도는 증가한다(함수율이 낮을수록).
- 섬유방향의 인장강도가 압축강도보다 크다.
- 심재가 변재보다 강도가 크다.
- 목재의 흠으로 강도가 떨어진다.

## 29 바닥재료를 타일로 마감할 때의 내용으로 틀린 것은?

① 접착력을 높이기 위해 타일 뒷면에 요철을 만든다.
② 바닥타일은 미끄럼 방지를 위해 유약을 사용하지 않는다.
③ 보통 클링커타일은 외부 바닥용으로 사용한다.
④ 외장타일은 내장타일보다 강도가 약하고 흡수율이 높다.

**해설**
④ 외장타일은 내장타일에 비해 강도가 높고 흡수율이 높다.
타 일
- 스크래치타일 : 표면에 거친 무늬를 넣는다.
- 클링커타일 : 표면에 요철무늬를 넣어 바닥, 옥상 등에 붙인다.

## 30 벽돌 마름질과 관련하여 다음 중 전체적인 크기가 가장 큰 토막은?

① 이오토막     ② 반토막
③ 반반절       ④ 칠오토막

**해설**
④ 칠오토막의 크기는 0.75B로 보기 중 가장 큰 토막이다.

## 31 석재의 종류 중 변성암에 속하는 것은?

① 섬록암     ② 화강암
③ 사문암     ④ 안산암

**해설**
변성암 : 대리석, 트래버틴, 사문암

## 32 AE제를 콘크리트에 사용하는 가장 중요한 목적은?

① 콘크리트의 강도를 증진하기 위해서
② 동결융해작용에 대하여 내구성을 가지기 위해서
③ 블리딩을 감소시키기 위해서
④ 염류에 대한 화학적 저항성을 크게 하기 위해서

**해설**
AE제
콘크리트를 비빌 때 사용하는 혼화재료로 미세한 기포를 생성하여 워커빌리티를 개선하지만, 과도하게 사용할 경우 강도저하 현상이 일어난다. 사용목적은 동결융해 작용에 대한 내구성을 가지기 위해서이다.

## 33 20세기 3대 건축재료에 해당하지 않는 것은?

① 강 철     ② 판유리
③ 시멘트    ④ 합성수지

**해설**
20세기 3대 건축재료 : 강철, 유리, 시멘트

**34** 비철금속 중 구리에 대한 설명으로 틀린 것은?

① 알칼리성에 대해 강하므로 콘크리트 등에 접하는 곳에 사용이 용이하다.
② 건조한 공기 중에서는 산화하지 않으나, 습기가 있거나 탄산가스가 있으면 녹이 발생한다.
③ 연성이 뛰어나고 가공성이 풍부하다.
④ 건축용으로는 박판으로 제작하여 지붕재료로 이용된다.

**해설**
구리
구리는 특유의 적색 광택을 가진 금속으로 전성·연성·가공성이 뛰어날 뿐만 아니라 강도도 있다. 열 및 전기의 전도율은 은에 이어 2번째로 크고 순수한 건조공기 중에서는 산화하지 않으나, 보통의 공기 중에서는 습기에 의해 녹이 슨다. 암모니아 등의 알칼리성 용액에는 침식이 잘되고, 진한 황산 등에 잘 용해된다.

**35** 오토클레이브(Autoclave) 팽창도 시험은 시멘트의 무엇을 알아보기 위한 것인가?

① 풍 화   ② 안정성
③ 비 중   ④ 분말도

**해설**
오토클레이브 팽창도 시험은 시멘트의 안정성을 알아볼 수 있다.

**36** 건축공사표준품셈에 따른 기본벽돌의 크기로 옳은 것은?

① 210×100×60mm
② 210×100×57mm
③ 190×90×57mm
④ 190×90×60mm

**해설**
표준형 벽돌 치수 : 190×90×57mm

**37** 다음 미장재료 중 균열 발생이 가장 적은 것은?

① 돌로마이트 플라스터
② 석고 플라스터
③ 회반죽
④ 시멘트 모르타르

**해설**
석고 플라스터
• 응고가 빠르고 점성이 크다.
• 내수성이 크고, 미장재료 중 균열 발생이 가장 적다.
• 혼합 석고 플라스터, 보드용 석고 플라스터, 경석고 플라스터 등이 있다.

**38** 실을 뽑아 직기에 제직을 거친 벽지는?

① 직물벽지   ② 비닐벽지
③ 종이벽지   ④ 발포벽지

**해설**
① 직물벽지 : 실을 뽑아 직기에 제직을 거친 벽지

**39** 물의 중량이 540kg이고 물시멘트비가 60%일 경우 시멘트의 중량은?

① 3,240kg
② 1,350kg
③ 1,100kg
④ 900kg

**해설**

시멘트 중량 = $\dfrac{물의\ 중량}{물시멘트비}$ = $\dfrac{540}{0.6}$ = 900kg

**40** 벤젠과 에틸렌으로부터 만든 것으로 벽, 타일, 천장재, 블라인드, 도료, 전기용품으로 쓰이며 특히, 발포제품은 저온 단열재로 널리 쓰이는 수지는?

① 아크릴수지
② 염화비닐수지
③ 폴리스티렌수지
④ 폴리프로필렌수지

**해설**

③ 폴리스티렌수지 : 에틸렌과 벤젠을 반응시켜 만든 것으로 벽, 타일, 천장재, 블라인드, 도료, 전기용품에 사용되며, 발포제품은 저온 단열재로 널리 쓰인다.

**41** 조적조에서 외벽 1.5B 공간 쌓기 벽체의 두께는 얼마인가?(단, 표준형 벽돌이고 공간은 80mm이다)

① 190mm
② 290mm
③ 330mm
④ 360mm

**해설**

1.5B 공간 쌓기 : 190(1.0B) + 80(공간) + 90(0.5B) = 360mm

**42** 다음 중 계획설계도에 속하지 않는 것은?

① 구상도
② 조직도
③ 배치도
④ 동선도

**해설**

계획설계도
• 각종 다이어그램 및 분석 도표
• 스케치 도면(평면, 입면, 단면 등)
• 외관 스케치 : 구상도, 조직도, 동선도

**43** 도면의 표시사항과 기호의 연결이 옳지 않은 것은?

① 면적 – A
② 높이 – H
③ 반지름 – R
④ 길이 – V

**해설**

도면의 표시사항과 기호(KS F 1501)

| 표시사항 | 기 호 | 표시사항 | 기 호 |
|---|---|---|---|
| 길 이 | L | 면 적 | A |
| 높 이 | H | 용 적 | V |
| 너 비 | W | 지 름 | D 또는 $\phi$ |
| 두 께 | THK | 반지름 | R |
| 무 게 | Wt | | |

**44** 건축에서의 모듈적용에 관한 설명으로 옳지 않은 것은?

① 공사기간이 단축된다.
② 대량생산이 용이하다.
③ 현장작업이 단순하다.
④ 설계작업이 복잡하다.

[해설]
건축에서 모듈적용 : 공사기간이 단축, 대량생산 용이, 현장작업 단순

**45** 건축물의 계획과 설계과정 중 계획 단계에 해당하지 않는 것은?

① 세부 결정 도면 작성
② 형태 및 규모의 구상
③ 대지 조건 파악
④ 요구 조건 분석

[해설]
계획 : 대지 조건을 파악하고 요구조건을 분석하여 실현방법, 일정에 대한 구체적인 안을 제시, 형태 및 규모 구상, 대안 제시
설계 : 세부 결정 도면 작성

**46** 다음 중 건물의 일조 조절에 이용되지 않는 것은?

① 차 양          ② 루 버
③ 이중창        ④ 블라인드

[해설]
일조 조절 : 차양, 발코니, 루버, 흡열유리, 이중유리, 유리블록, 식수 등의 방법을 이용

**47** 건축계획과정 중 평면계획에 관한 설명으로 옳지 않은 것은?

① 평면계획은 일반적으로 동선계획과 함께 진행된다.
② 실의 배치는 상호 유기적인 관계를 가지도록 계획한다.
③ 평면계획 시 공간규모와 치수를 결정한 후 각 공간에서의 생활행위를 분석한다.
④ 평면계획은 2차원적인 공간의 구성이지만, 입면 설계의 수평적 크기를 나타내기도 한다.

[해설]
평면계획 : 주어진 기능의 어떤 건물 내부에서 일어나는 활동의 종류로, 실의 규모 및 그 상호 관계를 고려하여 평면상에 합리적으로 배치하는 것이다.
평면계획의 단계

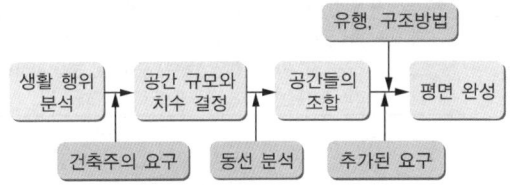

**48** 트랩(Trap)의 봉수파괴 원인과 가장 관계가 먼 것은?

① 증발현상          ② 수격작용
③ 모세관현상      ④ 자기사이펀작용

[해설]
트랩봉수의 파괴원인
• 자기사이펀작용
• 유도사이펀작용(감압에 의한 흡인작용)
• 배압에 의한 분출작용
• 모세관작용
• 봉수의 증발현상
• 자기 운동량에 의한 관성

정답  44 ④  45 ①  46 ③  47 ③  48 ②

**49** 건축법령상 다음과 같이 정의되는 용어는?

> 건축물이 천재지변이나 그 밖의 재해로 멸실된 경우 그 대지에 종전과 같은 규모의 범위에서 다시 축조하는 것

① 신 축　　② 이 전
③ 개 축　　④ 재 축

**해설**

재축의 정의(건축법 시행령 제2조 제4호)

| 개정 전 | 재축이란 건축물이 천재지변이나 그 밖의 재해(災害)로 멸실된 경우 그 대지에 종전과 같은 규모의 범위에서 다시 축조하는 것을 말한다. |
|---|---|
| 개정 후 | 재축이란 건축물이 천재지변이나 그 밖의 재해(災害)로 멸실된 경우 그 대지에 다음의 요건을 모두 갖추어 다시 축조하는 것을 말한다.<br>• 연면적 합계는 종전 규모 이하로 할 것<br>• 동(棟)수, 층수 및 높이는 다음의 어느 하나에 해당할 것<br>　- 동수, 층수 및 높이가 모두 종전 규모 이하일 것<br>　- 동수, 층수 또는 높이의 어느 하나가 종전 규모를 초과하는 경우에는 해당 동수, 층수 및 높이가「건축법」, 이 영 또는 건축조례에 모두 적합할 것 |

**50** 건축제도에서 불규칙한 곡선을 그릴 때 사용하는 제도용구는?

① 삼각자　　② 스케일
③ 자유곡선자　　④ 만능제도기

**해설**

③ 자유곡선자 : 불규칙한 곡선 제도 시 사용

**51** 건축제도의 치수 및 치수선에 관한 설명으로 옳지 않은 것은?

① 치수는 특별히 명시하지 않는 한 마무리 치수로 표시한다.
② 협소한 간격이 연속될 때에는 인출선을 사용하여 치수를 쓴다.
③ 치수선의 양 끝 표시는 화살 또는 점으로 표시할 수 있으며 같은 도면에서 2종을 혼용할 수도 있다.
④ 치수기입은 치수선에 평행하게 도면의 왼쪽에서 오른쪽으로, 아래로부터 위로 읽을 수 있도록 기입한다.

**해설**

치수의 기입방법(KS F 1501)
• 치수는 치수선에 따라서 도면에 평행하게 기입하고, 도면의 아래에서 위로, 왼쪽에서 오른쪽으로 기입한다.
• 치수는 치수선의 중앙에 마무리 치수로 기입한다.
• 치수의 단위는 mm가 기준이 되며 mm 표기는 하지 않는다. mm 단위가 아닌 경우는 해당 단위 부호를 기입한다.
• 치수선의 간격이 좁을 때는 인출선을 써서 표기한다.

**52** 건축제도통칙에 따른 투상법의 원칙은?

① 제1각법　　② 제2각법
③ 제3각법　　④ 제4각법

**해설**

건축제도통칙(KS F 1501)에 따른 투상법은 제3각법으로 작도함을 원칙으로 한다.

## 53. 주택의 주방과 식당 계획 시 가장 중요하게 고려하여야 할 사항은?

① 채 광
② 조명배치
③ 작업동선
④ 색채조화

**해설**
주택의 주방과 식당은 가사를 하는 공간으로 기능성, 경제성, 아름다움, 사용자의 요구 사항 등이 반영되도록 평면을 계획하며, 동선을 고려한다.

## 54. 다음 중 동선의 길이를 가장 짧게 할 수 있는 부엌 가구의 배치 형태는?

① 일자형
② ㄱ자형
③ 병렬형
④ ㄷ자형

**해설**
ㄷ자형 배치 : 동선의 길이가 가장 짧은 형태

## 55. 공기조화방식의 열반송매체에 의한 분류 중 전수방식에 속하는 것은?

① 단일덕트방식
② 이중덕트방식
③ 팬코일 유닛방식
④ 멀티존 유닛방식

**해설**
열반송매체의 전수방식으로 팬코일 유닛방식, 복사 냉난방방식 등이 있다.

## 56. 건축물의 표현방법에 관한 설명으로 옳지 않은 것은?

① 단선에 의한 표현방법은 종류와 굵기에 유의하여 단면선, 윤곽선, 모서리선, 표면의 조직선 등을 표현한다.
② 여러 선에 의한 표현방법에서 평면은 같은 간격의 선으로 곡면은 선의 간격을 달리하여 표현한다.
③ 단선과 명암에 의한 표현방법은 선으로 공간을 한정시키고 명암으로 음영을 넣는 방법으로 농도에 변화를 주어 표현한다.
④ 명암처리만으로의 표현방법에서 면이나 입체를 한정시키고 돋보이게 하기 위하여 공간상 입체의 윤곽선을 굵은 선으로 명확히 그린다.

**해설**
명암처리만으로 표현할 때에는 면이나 입체를 구분하기 위해 명암 차이가 분명하게 나도록 표현해야 한다.

**정답** 53 ③ 54 ④ 55 ③ 56 ④

**57** 다음 중 주택의 현관 바닥면에서 실내 바닥면까지의 높이 차로 가장 적당한 것은?

① 5cm  ② 15cm
③ 30cm  ④ 40cm

**해설**
현관 바닥면에서 실내 바닥면까지의 높이차 : 15~21cm

**58** 다음은 건축법령상 지하층의 정의이다. ( ) 안에 알맞은 것은?

> "지하층"이란 건축물의 바닥이 지표면 아래에 있는 층으로서 바닥에서 지표면까지 평균높이가 해당 층 높이의 ( ) 이상인 것을 말한다.

① 2분의 1  ② 3분의 1
③ 3분의 2  ④ 4분의 3

**해설**
지하층의 정의(건축법 제2조 제5호)
지하층이란 건축물의 바닥이 지표면 아래에 있는 층으로서 바닥에서 지표면까지 평균높이가 해당 층 높이의 2분의 1 이상인 것을 말한다.

**59** 다음 설명에 알맞은 아파트 평면 형식은?

> • 프라이버시가 양호하다.
> • 통행부 면적이 작아서 건물의 이용도가 높다.
> • 좁은 대지에서 집약형 주거 등이 가능하다.

① 편복도형  ② 중복도형
③ 계단실형  ④ 집중형

**해설**
③ 계단실형 : 단위 주거의 두 벽면이 외부에 면하여 개구부를 양쪽으로 개방할 수 있어, 채광·통풍에 유리하고 출입이 편리하며, 계단이나 홀에 대한 독립성을 확보할 수 있다. 출입에 필요한 통로 부분의 면적이 절약된다.

**60** 직접 조명에 관한 설명으로 옳지 않은 것은?

① 조명률이 좋다.
② 그림자가 강하게 생긴다.
③ 눈부심이 일어나기 쉽다.
④ 실내의 조도분포가 균일하다.

**해설**
직접 조명은 실내 전체적으로 볼 때 밝고 어두움의 차이가 크다.

57 ② 58 ① 59 ③ 60 ④

# 2015년 제1회 과년도 기출문제

## 01 다음 중 인장력과 관계가 없는 것은?

① 버트레스(Buttress)
② 타이바(Tie Bar)
③ 현수구조의 케이블
④ 인장링

**해설**
① 버트레스 : 외벽면에서 바깥쪽으로 튀어나와 벽체가 쓰러지지 않도록 지탱하는 부벽이다. 특히 고딕 건축의 플라잉 버트레스는 주벽과 떨어진 독립된 벽으로 주벽의 횡압력을 아치 모양의 팔로 지탱한다.

## 02 보강블록구조에 대한 설명 중 틀린 것은?

① 내력벽의 양이 많을수록 횡력에 대항하는 힘이 커진다.
② 철근은 굵은 것을 조금 넣는 것보다 가는 것을 많이 넣는 것이 좋다.
③ 철근의 정착이음은 기초보와 테두리보에 둔다.
④ 내력벽의 벽량은 최소 20cm/m² 이상으로 한다.

**해설**
**내력벽(건축물의 구조기준 등에 관한 규칙 제43조 제1항)**
건축물의 각 층에 있어서 건축물의 길이방향 또는 너비방향의 보강블록구조인 내력벽의 길이(대린벽의 경우에는 그 접합된 부분의 각 중심을 이은 선의 길이를 말함)는 각각 그 방향의 내력벽의 길이의 합계가 그 층의 바닥면적 1m²에 대하여 0.15m 이상이 되도록 하되, 그 내력벽으로 둘러싸인 부분의 바닥면적은 80m²를 넘을 수 없다.

## 03 처음 한 켜는 마구리 쌓기, 다음 한 켜는 길이 쌓기를 교대로 쌓는 것으로, 통줄눈이 생기지 않으며 내력벽을 만들 때 많이 이용되는 벽돌 쌓기법은?

① 미국식 쌓기    ② 프랑스식 쌓기
③ 영국식 쌓기    ④ 영롱 쌓기

**해설**
③ 영국식 쌓기 : 길이 쌓기 켜와 마구리 쌓기 켜를 번갈아서 쌓아 올리는 방법으로, 마구리 켜의 모서리 부분에는 반절이나 이오토막을 사용한다. 통줄눈이 생기지 않으며, 가장 튼튼한 쌓기법이다.

## 04 막구조에 대한 설명으로 틀린 것은?

① 넓은 공간을 덮을 수 있다.
② 힘의 흐름이 불명확하여 구조해석이 난해하다.
③ 막재에는 항시 압축응력이 작용하도록 설계하여야 한다.
④ 응력이 집중되는 부위는 파손되지 않도록 조치해야 한다.

**해설**
**막구조** : 막응력과 전단력만으로 외부 하중에 대하여 저항하는 구조물로, 휨이나 비틀림에 대한 저항이 작거나 전혀 없는 구조물이다.

## 05 구조물의 횡력보강을 위하여 통상적으로 사용되는 부재는?

① 기둥    ② 슬래브
③ 보      ④ 가새

**해설**
④ 가새 : 대각선방향에 삼각형 구조로 대며, 가새의 경사는 45°에 가까울수록 유리하다.

**정답** 1 ① 2 ④ 3 ③ 4 ③ 5 ④

## 06 조적조의 내력벽으로 둘러싸인 부분의 바닥면적은 몇 m² 이하로 해야 하는가?

① 80m²  ② 90m²
③ 100m²  ④ 120m²

**해설**
내력벽의 높이 및 길이(건축물의 구조기준 등에 관한 규칙 제31조 제3항)
조적식 구조인 내력벽으로 둘러싸인 부분의 바닥면적은 80m²를 넘을 수 없다.

## 07 기본형 벽돌(190×90×57)을 사용한 벽돌벽 1.5B의 두께는?(단, 공간 쌓기가 아니다)

① 23cm  ② 28cm
③ 29cm  ④ 34cm

**해설**
기본형 벽돌(190×90×57)을 사용한 1.5B의 두께는 290mm이다.

## 08 바닥 등의 슬래브를 케이블로 매단 특수구조는?

① 공기막구조  ② 현수구조
③ 커튼월구조  ④ 셸구조

**해설**
② 현수구조 : 인장력에 강한 케이블을 이용하여 구조체의 주요 부분을 잡아당겨줌으로써 구조체를 지지하는 구조방식이다.

## 09 각 건축구조에 관한 기술로 옳은 것은?

① 철골구조는 공사비가 싸고 내화적이다.
② 목구조는 친화감이 있으나 부패되기 쉽다.
③ 철근콘크리트구조는 건식 구조로 동절기 공사가 용이하다.
④ 돌구조는 횡력과 진동에 강하다.

**해설**
- 철골구조는 내화성이 낮다.
- 철근콘크리트구조는 물이 필요하므로 동절기 공사는 길지 않게 하는 것이 좋다.

## 10 목구조에서 기둥에 대한 설명으로 틀린 것은?

① 마루, 지붕 등의 하중을 토대에 전달하는 수직구조재이다.
② 통재기둥은 2층 이상의 기둥 전체를 하나의 단일재로 사용하는 기둥이다.
③ 평기둥은 각 층별로 각 층의 높이에 맞게 배치되는 기둥이다.
④ 샛기둥은 본기둥 사이에 세워 벽체를 이루는 기둥으로, 상부의 하중을 대부분 받는다.

**해설**
샛기둥
본기둥 사이에 세워 벽체를 이루는 것으로 가새의 옆 휨을 막는 데 효과적이다. 크기는 본기둥의 반쪽 또는 1/3쪽이고, 간격은 40~60cm이다. 상하는 가로재에 짧은 장부맞춤 큰 못치기로 한다.

**정답** 6 ① 7 ③ 8 ② 9 ② 10 ④

**11** 하중전달과 지지방법에 따른 막구조의 종류에 해당하지 않는 것은?

① 골조막구조  ② 현수막구조
③ 공기지지구조  ④ 절판막구조

**해설**
막구조
얇은 섬유재료의 천과 같은 막을 사용하여 텐트처럼 구조체의 지붕이나 벽체 등을 덮는 구조방식을 말한다. 막구조는 공기막구조, 골조막 구조와 현수막구조로 구분할 수 있다. 다른 구조방식에 비해 지붕의 형태를 다양하게 표현할 수 있고 투과성, 경량성, 시공성 및 경제성이 우수하다.

**12** 기초에 대한 설명으로 틀린 것은?

① 매트기초는 부동침하가 염려되는 건물에 유리하다.
② 파일기초는 연약지반에 적합하다.
③ 기초에 사용된 콘크리트의 두께가 두꺼울수록 인장력에 대한 저항성능이 우수하다.
④ RCD파일은 현장타설 말뚝기초의 하나이다.

**해설**
기초에 사용되는 콘크리트는 압축력이나 전단력에 비해 인장력이 약하다.

**13** 아치벽돌을 사다리꼴 모양으로 특별히 주문 제작하여 쓴 것을 무엇이라 하는가?

① 본아치  ② 막만든아치
③ 거친아치  ④ 층두리아치

**해설**
① 본아치 : 아치벽돌을 사다리꼴 모양으로 주문 제작하여 쓴 아치
② 막만든아치 : 보통 벽돌을 쐐기 모양으로 다듬어 쓴 아치
③ 거친아치 : 보통 벽돌을 사용하며, 줄눈이 쐐기 모양인 아치
④ 층두리아치 : 아치 너비가 넓을 때 여러겹으로 겹쳐 쌓은 아치

**14** 다음 건축구조의 분류 중 일체식 구조에 해당하는 것은?

① 조적구조
② 철골철근콘크리트구조
③ 조립식 구조
④ 목구조

**해설**
**일체식 구조** : 기둥, 보, 바닥 등과 같이 하중을 받는 구조체 전체를 하나의 틀로 만들어서 건축물을 완성하는 구조이다. 각 부분의 강도가 균일하고 강력한 강도를 낼 수 있는 매우 우수한 구조로, 철근콘크리구조, 철골철근콘크리트구조 등이 있다.

**15** 돌 쌓기의 1켜의 높이는 모두 동일한 것을 쓰고 수평줄눈이 일직선으로 통하게 쌓는 돌 쌓기방식은?

① 바른층 쌓기
② 허튼층 쌓기
③ 층지어 쌓기
④ 허튼 쌓기

**해설**
① 바른층 쌓기 : 일정한 규격의 석재를 수평 줄눈에 맞추어 쌓는 방법으로 켜쌓기라고도 한다.
② 허튼층 쌓기 : 불규칙한 돌을 줄눈을 의식하지 않고 자연스럽게 쌓는 방법으로 막쌓기라고도 한다.

**정답** 11 ④  12 ③  13 ①  14 ②  15 ①

**16** 철근콘크리트공사에서 거푸집을 받치는 가설재를 무엇이라 하는가?

① 턴버클
② 동바리
③ 세퍼레이터
④ 스페이서

**해설**
② 동바리 : 비계의 기둥 또는 지보공의 지주의 밑에 설치하여 비계기둥 또는 지주의 사이 간격을 유지하고, 기둥 밑의 움직임을 방지하는 목적의 수평 연결재를 말한다. 또 동바리는 수평력이 특정한 지주에만 집중되지 않도록 각 지주에 분산시키는 역할을 한다.

**17** 철근콘크리트기둥에서 주근 주위를 수평으로 둘러 감은 철근을 무엇이라 하는가?

① 띠철근
② 배력근
③ 수축철근
④ 온도철근

**해설**
① 띠철근 : 기둥의 주근을 둘러감은 수평철근

**18** 건축물의 큰 보의 간 사이에 작은 보(Beam)를 짝수로 배치할 때의 주된 장점은?

① 미관이 뛰어나다.
② 큰 보의 중앙부에 작용하는 하중이 작아진다.
③ 층고를 낮출 수 있다.
④ 공사하기가 편리하다.

**해설**
건축물의 큰 보의 간 사이에 작은 보를 짝수로 배치할 경우 큰 보 중앙에 작용하는 하중이 작아진다.

**19** 철근콘크리트기둥에서 띠철근의 수직간격기준으로 틀린 것은?

① 기둥 단면의 최소 치수 이하
② 종방향 철근 지름의 16배 이하
③ 띠철근 지름의 48배 이하
④ 기둥 높이의 0.1배 이하

**해설**
띠철근의 수직간격은 축방향 철근지름의 16배 이하, 띠철근이나 철선지름의 48배 이하, 또한 기둥단면의 최소 치수 이하로 하여야 한다(KDS 14 20 50).

**20** 초고층 건물의 구조 시스템 중 가장 적합하지 않은 것은?

① 내력벽 시스템
② 아웃리거 시스템
③ 튜브 시스템
④ 가새 시스템

**해설**
**초고층 건물의 구조 시스템** : 튜브구조, 아웃리거구조, 슈퍼구조, 골조전단벽의 혼합

**21** 점토 벽돌에 붉은 색을 갖게 하는 성분은?

① 산화철  ② 석 회
③ 산화나트륨  ④ 산화마그네슘

**해설**
점토제품의 색상
- 철산화물 : 적색
- 석회물질 : 황색

**22** 한국산업표준(KS)의 분류 중 토목건축 부문에 해당되는 것은?

① KS D  ② KS F
③ KS E  ④ KS M

**해설**
토목건축부분에 해당되는 것은 KS F이다.

**23** 내장재로 사용되는 판재 중 목질계와 가장 거리가 먼 것은?

① 합판류
② 강화석고보드
③ 파티클보드
④ 섬유판

**해설**
목질계 판재 : 합판류, 파티클보드, 섬유판

**24** 목재를 건조하는 목적으로 틀린 것은?

① 중량의 경감
② 강도 및 내구성 증진
③ 도장 및 약제주입 방지
④ 부패균류의 발생 방지

**해설**
제재된 목재는 건조공정을 거쳐야 한다. 목재를 건조하는 주요한 이유는 목재의 결함을 최소화하기 위해서이며 이 공정을 통해 도장재료, 방부재료, 접착제 등의 침투효과가 개선된다.

**25** 시멘트 혼화제인 AE제를 사용하는 가장 중요한 목적은?

① 동결융해작용에 대하여 내구성을 가지기 위해
② 압축강도를 증가시키기 위해
③ 모르타르나 콘크리트에 색깔을 내기 위해
④ 모르타르나 콘크리트의 방수성능을 위해

**해설**
AE제
콘크리트를 비빌 때 사용하는 혼화재료로 미세한 기포를 생성하여 워커빌리티를 개선하지만 과도하게 사용할 경우 강도저하현상이 일어난다. 사용목적은 동결융해작용에 대한 내구성을 가지기 위함이다.

## 26 열과 관련된 용어에 대한 설명으로 틀린 것은?

① 질량 1g의 물체의 온도를 1℃ 올리는 데 필요한 열량을 그 물체의 비열이라 한다.
② 열전도율의 단위로는 W/m·K이 사용된다.
③ 열용량이란 물체에 열을 저장할 수 있는 용량을 말한다.
④ 금속재료와 같이 열에 의해서 고체에서 액체로 변하는 경계점이 뚜렷한 것을 연화점이라 한다.

**해설**
연화점 : 아스팔트와 같은 고체 또는 반고체는 온도가 올라가면 점점 물러져 마침내 흘러내린다. 이 변화는 서서히 진행되며, 얼음에서 물로 되는 것과 같은 뚜렷한 전위가 아니므로 어떤 상태를 정하여 그 상태에 이르렀을 때의 온도를 연화점이라 한다.

## 27 보통재료에서는 축방향에 하중을 가할 경우 그 방향과 수직인 횡방향에도 변형이 생기는데, 횡방향 변형도와 축방향 변형도의 비를 무엇이라 하는가?

① 탄성계수비     ② 경도비
③ 푸아송비      ④ 강성비

**해설**
③ 푸아송비 : 재료의 탄성한도 이내에서 세로방향으로 하중을 가했을 때 세로변형과 가로변형의 비를 말하며 보통 $v$ 또는 $\frac{1}{m}$ 으로 나타낸다.
푸아송비 $v = \frac{1}{m} = \frac{\varepsilon'}{\varepsilon}$
여기서, $\varepsilon$ : 세로변형
$\varepsilon'$ : 가로변형
$m$ : 푸아송수 또는 푸아송역비

## 28 건축물에서 방수, 방습, 차음, 단열 등을 목적으로 사용하는 재료는?

① 구조재료      ② 마감재료
③ 차단재료      ④ 방화·내화재료

**해설**
③ 차단재료 : 건축물에서 방수, 방습, 방음, 단열 등을 목적으로 사용하는 재료

## 29 목재의 강도에 관한 설명으로 틀린 것은?

① 섬유포화점 이하의 상태에서는 건조하면 함수율이 낮아지고 강도가 커진다.
② 옹이는 강도를 감소시킨다.
③ 일반적으로 비중이 클수록 강도가 크다.
④ 섬유포화점 이상의 상태에서는 함수율이 높을수록 강도가 작아진다.

**해설**
함수율이 30% 정도인 섬유포화점 이상에서는 함수율의 변화에 따른 목재의 강도의 차는 거의 없다.
목재의 강도
- 건조하면 강도는 증가한다(함수율이 낮을수록).
- 섬유방향의 인장강도가 압축강도보다 크다.
- 심재가 변재보다 강도가 크다.
- 목재의 흠으로 강도가 떨어진다.

## 30 콘크리트 타설 후 비중이 무거운 시멘트와 골재 등이 침하되면서 물이 분리·상승하여 미세한 부유 물질과 콘크리트 표면으로 떠오르는 현상은?

① 레이턴스(Laitance)
② 초기 균열
③ 블리딩(Bleeding)
④ 크리프

**해설**
③ 블리딩 : 콘크리트 타설 시 콘크리트에 함유된 수분인 자유수(결합수 이외의 물이며 시멘트 중량의 약 40% 정도)가 위로 상승하는 것을 의미한다.

**31** 각종 점토제품에 대한 설명 중 틀린 것은?

① 테라코타는 공동(空胴)의 대형 점토제품으로 주로 장식용으로 사용된다.
② 모자이크타일은 일반적으로 자기질이다.
③ 토관은 토기질의 저급점토를 원료로 하여 건조 소성시킨 제품으로 주로 환기통, 연통 등에 사용된다.
④ 포도벽돌은 벽돌에 오지물을 칠해 소성한 벽돌로서, 건물의 내외장 또는 장식물의 치장에 쓰인다.

**해설**
포도벽돌 : 도로나 옥상의 포장용으로 사용되는 벽돌로 붉은 벽돌의 잘 구워진 것을 사용하는 일도 있으나, 전용으로는 석기(石器)질의 것이 제조된다.

**32** 다음 합금의 구성요소로 틀린 것은?

① 황동 = 구리 + 아연
② 청동 = 구리 + 납
③ 포금 = 구리 + 주석 + 아연 + 납
④ 두랄루민 = 알루미늄 + 구리 + 마그네슘 + 망간

**해설**

| 황동(창호철물 사용) | 구리 + 아연 |
|---|---|
| 청동(장식철물 사용) | 구리 + 주석 |
| 두랄루민 | 알루미늄 + 구리 + 마그네슘 + 망간 |
| 양은(화이트브론즈) | 구리 + 니켈 + 아연 |

**33** 미장재료 중 석고 플라스터에 대한 설명으로 틀린 것은?

① 알칼리성이므로 유성페인트 마감을 할 수 없다.
② 수화하여 굳어지므로 내부까지 거의 동일한 경도가 된다.
③ 방화성이 크다.
④ 원칙적으로 해초 또는 풀을 사용하지 않는다.

**해설**
경화가 빠르므로 플라스터 바름 작업 후 바로 유성페인트 마감이 가능하다.
석고 플라스터
• 응고가 빠르고 점성이 크다.
• 내수성이 크고, 미장재료 중 균열발생이 가장 적다.
• 혼합 석고 플라스터, 보드용 석고 플라스터, 경석고 플라스터 등이 있다.

**34** 주로 페놀, 요소, 멜라민 수지 등 열경화성 수지에 응용되는 가장 일반적인 성형법으로 옳은 것은?

① 압축성형법    ② 이송성형법
③ 주조성형법    ④ 적층성형법

**해설**
① 압축성형법 : 열경화성 수지의 성형을 위해서 고안된 것

**35** 유리와 같이 어떤 힘에 대한 작은 변형으로도 파괴되는 재료의 성질을 나타내는 용어는?

① 연 성    ② 전 성
③ 취 성    ④ 탄 성

**해설**
③ 취성 : 작은 변형이 생기더라도 파괴되는 성질

**정답** 31 ④  32 ②  33 ①  34 ①  35 ③

## 36 다음 수지의 종류 중 천연수지가 아닌 것은?

① 송 진
② 나이트로셀룰로오스
③ 다마르
④ 셸 락

**해설**

② 나이트로셀룰로오스 : 셀룰로오스에 황산과 질산이 혼합된 혼산

**천연수지**
송진이나 셀룰로오스처럼 자연으로부터 얻어낸 수지로 인위적으로 만든 합성수지와 대응하는 말이다. 일반적으로 침엽수 등을 상처 냈을 때 흘러나오는 수액이 굳어져 생긴 물질을 말하며, 셸락이나 케세인처럼 동물에서 추출하는 것들도 있다. 알코올과 같은 유기 용매에 녹여 페인트의 재료, 종이 제작, 전기 절연체, 비누 제작, 의약품 등에 사용된다.

## 37 다음 중 기경성 미장재료는?

① 혼합 석고 플라스터
② 보드용 석고 플라스터
③ 돌로마이트 플라스터
④ 순석고 플라스터

**해설**

- 기경성 미장재료 : 진흙질, 회반죽, 돌로마이트, 아스팔트 모르타르
- 수경성 미장재료 : 순석고 플라스터, 킨즈 시멘트, 시멘트 모르타르

## 38 건축재료의 발전방향으로 틀린 것은?

① 고성능화
② 현장시공화
③ 공업화
④ 에너지 절약화

**해설**

**건축재료의 요구성능** : 공업화, 고성능화, 생산성

## 39 조강 포틀랜드 시멘트에 대한 설명으로 옳은 것은?

① 생산되는 시멘트의 대부분을 차지하며 혼합 시멘트의 베이스 시멘트로 사용된다.
② 장기강도를 지배하는 $C_2S$를 많이 함유하여 수화 속도를 지연시켜 수화열을 작게 한 시멘트이다.
③ 콘크리트의 수밀성이 높고 경화에 따른 수화열이 크므로 낮은 온도에서도 강도의 발생이 크다.
④ 내황산염성이 크기 때문에 댐공사에 사용될 뿐만 아니라 건축용 매스콘크리트에도 사용된다.

**해설**

**조강 포틀랜드 시멘트** : 조기강도 발현이 가능하므로 공기단축이 가능하고 겨울공사에 가능한 시멘트이다.

## 40 재료의 기계적 성질 중의 하나인 경도에 대한 설명으로 틀린 것은?

① 경도는 재료의 단단한 정도를 의미한다.
② 경도는 긁히는 데 대한 저항도, 새김질에 대한 저항도 등에 따라 표시방법이 다르다.
③ 브리넬경도는 금속 또는 목재에 적용되는 것이다.
④ 모스경도는 표면에 생긴 원형 흔적의 표면적을 구하여 압력을 표면적으로 나눈 값이다.

**해설**

- 경도 : 어떤 물체를 다른 물체로 눌렀을 때 물체의 변형에 대한 저항력의 크기를 의미한다.
- 모스경도 : 서로 긁어서 자국이 생기는 쪽이 무른 것이며 일종의 긁기 경도계로, 측정에는 모스경도계를 사용한다.

**41** 다음 중 건축제도에서 가장 굵게 표시되는 선은?

① 치수선
② 격자선
③ 단면선
④ 인출선

**해설**
건축제도 시 단면선은 가장 굵게 표시한다.

**42** 배수트랩의 종류에 속하지 않는 것은?

① S트랩
② 벨트랩
③ 버킷트랩
④ 드럼트랩

**해설**
**배수트랩** : 위생기구의 배수구 주변이나 욕실의 바닥 등에 설치하여 트랩 내의 봉수에 의하여 하수 가스나 작은 벌레 등이 배수관에서 실내로 침입하는 것을 방지하는 역할을 한다. 종류에는 관트랩(P트랩, S트랩, U트랩), 드럼트랩, 벨트랩 등이 있다.

**43** 배경표현법의 주의 사항으로 옳지 않은 것은?

① 건물 앞의 것은 사실적으로, 멀리 있는 것은 단순히 그린다.
② 건물의 용도와는 무관하게 가능한 한 세밀한 그림으로 표현한다.
③ 공간과 구조, 그리고 그들의 관계를 표현하는 요소들에게 지장을 주어서는 안 된다.
④ 표현에서는 크기와 무게, 그리고 배치는 도면 전체의 구성요소가 고려되어야 한다.

**해설**
배경은 필요한 때에 적당하게 표현한다.

**44** 균형의 원리에 관한 설명으로 옳지 않은 것은?

① 크기가 큰 것이 작은 것보다 시각적 중량감이 크다.
② 기하학적 형태가 불규칙적인 형태보다 시각적 중량감이 크다.
③ 색의 중량감은 색의 속성 중 특히 명도, 채도에 따라 크게 작용한다.
④ 복잡하고 거친 질감이 단순하고 부드러운 것보다 시각적 중량감이 크다.

**해설**
불규칙한 형태는 기하학적 형태보다 시각적 중량감이 크다.
**균형의 원리**
크기가 큰 것이 작은 것보다 시각적 중량감이 크고, 불규칙적인 형태가 기하학적 형태보다 시각적 중량감이 크다. 색의 중량감은 색의 속성 중 특히 명도, 채도에 따라 크게 작용한다. 명도와 채도가 낮은 한색계(차가운 색)는 후퇴, 수축되어 보이고 명도와 채도가 높은 난색계(따뜻한 색)는 진출, 팽창되어 보인다. 수직선, 수평선이 사선보다, 수평선이 수직선보다 시각적 중량감이 크다.

**45** 건물 내부의 입면을 정면에서 바라보고 그리는 내부입면도는?

① 배근도　　② 전개도
③ 설비도　　④ 구조도

**해설**
② 전개도 : 방의 각 벽면의 입면도로, 보통 축척 1/50으로 그린다. 개구부의 높이, 바닥의 높낮이차 등이 평면도보다 명확하다. 건물이나 물건의 표면을 펼쳐서 그린 도면으로, 실내 디자인을 나타내기 위하여 사방의 벽을 수평으로 투시하여 전개한 일종의 실내입면도이다. 입체의 표면을 평면상에 펼쳐 놓은 도형으로 실형 및 그 상호관계를 나타낸다.

**정답** 41 ③　42 ③　43 ②　44 ②　45 ②

## 46 다음의 주택단지의 단위 중 규모가 가장 작은 것은?

① 인보구　② 근린분구
③ 근린주구　④ 근린지구

**해설**
주택단지의 규모
인보구 < 근린분구 < 근린주구

## 47 아파트의 단면 형식 중 하나의 단위 주거가 2개 층에 걸쳐 있는 것은?

① 플랫형
② 집중형
③ 듀플렉스형
④ 트리플렉스형

**해설**
③ 듀플렉스 : 2개 층의 복층 형식이다.

## 48 다음 중 건축도면에 사람을 그려 넣는 목적과 가장 거리가 먼 것은?

① 스케일감을 나타내기 위해
② 공간의 용도를 나타내기 위해
③ 공간 내 질감을 나타내기 위해
④ 공간의 깊이와 높이를 나타내기 위해

**해설**
건축도면에 사람을 그려 넣는 이유는 스케일감을 알 수 있고, 공간의 용도, 깊이, 높이를 표현하기 위함이다.

## 49 1점 쇄선의 용도에 속하지 않는 것은?

① 상상선
② 중심선
③ 기준선
④ 참고선

**해설**
1점 쇄선 : 벽체의 중심선, 절단선, 경계선, 기준선, 참고선

## 50 다음과 같이 정의되는 전기설비 관련 용어는?

대지에 이상전류를 방류 또는 계통구성을 위해 의도적이거나 우연하게 전기회로를 대지 또는 대지를 대신하는 전도체에 연결하는 전기적인 접속

① 접 지　② 절 연
③ 피 복　④ 분 기

**해설**
접 지
대지에 이상전류를 방류 또는 계통구성을 위해 의도적이거나 우연하게 전기회로를 대지 또는 대지를 대신하는 전도체에 연결하는 전기적인 접속

46 ①　47 ③　48 ③　49 ①　50 ①

## 51
벽체의 열관류율을 계산할 때 필요한 사항이 아닌 것은?

① 상대습도
② 공기층의 열저항
③ 벽체 구성재료의 두께
④ 벽체 구성재료의 열전도율

**해설**
상대습도는 열관류율을 계산할 때 필요한 사항이 아니다.
**열관류율** : 열관류에 의한 관류 열량의 계수로서, 단위 표면적을 통과하여 단위 시간동안 고체벽의 양측 유체가 단위 온도차로 인해 한쪽 유체에서 다른 쪽 유체로 전달하는 열량으로 통과율이라고도 한다. 기호는 $k$ 또는 $U$, 단위는 kcal/m²·h·℃이다.

## 52
소방시설은 소화설비, 경보설비, 피난설비, 소화활동설비 등으로 구분할 수 있다. 다음 중 소화활동설비에 속하지 않는 것은?

① 제연설비
② 옥내소화전설비
③ 연결송수관설비
④ 비상콘센트설비

**해설**
옥내소화전설비는 소화설비에 해당한다.
소방시설(소방시설 설치 및 관리에 관한 법률 시행령 [별표 1])
- 소화설비 : 소화기구, 자동소화장치, 옥내소화전설비, 스프링클러설비 등, 물분무 등 소화설비, 옥외소화전설비
- 소화활동설비 : 제연설비, 연결송수관설비, 연결살수설비, 비상콘센트설비, 무선통신보조설비, 연소방지설비

## 53
한국산업표준(KS)의 건축제도통칙에 규정된 척도가 아닌 것은?

① 5/1
② 1/1
③ 1/400
④ 1/6000

**해설**
척도(건축 제도 통칙, KS F 1501)
- 실척 : 1/1
- 축척 : 1/2, 1/3, 1/4, 1/5, 1/10, 1/20, 1/25, 1/30, 1/40, 1/50, 1/100, 1/200, 1/250, 1/300, 1/500, 1/600, 1/1000, 1/1200, 1/2000, 1/2500, 1/3000, 1/5000, 1/6000
- 배척 : 2/1, 5/1

## 54
주택에서 식당의 배치유형 중 주방의 일부에 간단한 식탁을 설치하거나 식당과 주방을 하나로 구성한 형태는?

① 리빙 키친
② 리빙 다이닝
③ 다이닝 키친
④ 다이닝 테라스

**해설**
③ 다이닝 키친(DK) : 주방, 부엌의 일부분에 식사실을 배치하는 형태로 유기적으로 연결하여 노동력을 절감하지만, 부엌조리 시 냄새나 음식찌꺼기 등으로 식사실 분위기가 저해된다.

## 55
다음 설명에 알맞은 환기방식은?

> 급기와 배기측에 송풍기를 설치하여 정확한 환기량과 급기량 변화에 의해 실내압을 정압 또는 부압으로 유지할 수 있다.

① 제1종
② 제2종
③ 제3종
④ 제4종

**해설**

| | |
|---|---|
| 제1종 환기법 | 급기와 배기에 모두 기계장치를 사용한 환기방식으로 실내외의 압력 차를 조정할 수 있으며, 가장 우수한 환기방식이다.<br>예) 병원 수술실 등 |
| 제2종 환기법 | 송풍기에 의하여 일방적으로 실내로 송풍하고, 배기는 배기구 및 틈새 등으로 배출하는 방식이다.<br>예) 공장에서 청정 공기를 공급할 때 주로 사용 |
| 제3종 환기법 | 배풍기에 의하여 실내의 공기를 배기하는 방식으로, 공기가 나가는 위치에 배풍기를 설치한다.<br>예) 부엌, 화장실 등 |

## 56 건축공간에 관한 설명으로 옳지 않은 것은?

① 인간은 건축공간을 조형적으로 인식한다.
② 건축공간을 계획할 때 시간뿐만 아니라 그 밖의 감각 분야까지도 충분히 고려하여 계획한다.
③ 일반적으로 건축물이 많이 있을 때 건축물에 의해 둘러싸인 공간 전체를 내부공간이라고 한다.
④ 외부공간은 자연 발생적인 것이 아니라 인간에 의해 의도적, 인공적으로 만들어진 외부의 환경을 말한다.

**해설**
**내부공간과 외부공간**
벽을 경계로 하여 안쪽 공간을 내부공간, 내부공간을 구성하는 구조체에 둘러싸인 밖의 공간을 외부공간이라고 한다.

## 57 건축법령상 아파트의 정의로 옳은 것은?

① 주택으로 쓰는 층수가 3개 층 이상인 주택
② 주택으로 쓰는 층수가 4개 층 이상인 주택
③ 주택으로 쓰는 층수가 5개 층 이상인 주택
④ 주택으로 쓰는 층수가 6개 층 이상인 주택

**해설**
**아파트의 정의(건축법 시행령 [별표 1])**
주택으로 쓰는 층수가 5개 층 이상인 주택

## 58 주택의 동선계획에 관한 설명으로 옳지 않은 것은?

① 교통량이 많은 공간은 상호 간 인접 배치하는 것이 좋다.
② 가사노동의 동선은 가능한 남측에 위치시키는 것이 좋다.
③ 개인, 사회, 가사노동권의 3개 동선은 상호 간 분리하는 것이 좋다.
④ 화장실, 현관, 계단 등과 같이 사용빈도가 높은 공간의 동선을 길게 처리하는 것이 좋다.

**해설**
사용빈도가 높은 공간의 경우 동선을 짧게 처리하는 것이 좋다.

## 59 도면 중에 쓰는 기호와 표시사항의 연결이 옳지 않은 것은?

① V – 용적
② W – 높이
③ A – 면적
④ R – 반지름

**해설**
**도면의 표시사항과 기호(KS F 1501)**

| 표시사항 | 기 호 | 표시사항 | 기 호 |
| --- | --- | --- | --- |
| 길 이 | L | 면 적 | A |
| 높 이 | H | 용 적 | V |
| 너 비 | W | 지 름 | D 또는 $\phi$ |
| 두 께 | THK | 반지름 | R |
| 무 게 | Wt | | |

## 60 조적조 벽체 그리기를 할 때 순서로 옳은 것은?

㉠ 제도용지에 테두리선을 긋고, 축척에 알맞게 구도를 잡는다.
㉡ 단면선과 입면선을 구분하여 그리고, 각 부분에 재료 표시를 한다.
㉢ 지반선과 벽체를 중심선을 긋고, 기초의 깊이와 벽체의 너비를 정한다.
㉣ 치수선과 인출선을 긋고, 치수와 명칭을 기입한다.

① ㉠→㉡→㉢→㉣
② ㉢→㉠→㉡→㉣
③ ㉠→㉢→㉡→㉣
④ ㉡→㉠→㉢→㉣

**해설**
**벽체 그리기**
• 도면 요소의 배치
  - 면의 크기에 알맞은 축척을 정한다.
  - 테두리선을 그린다.
  - 축척을 고려하여 용지에 위치를 설정한다.
• 기준선 그리기
  - 중심선을 그린다.
  - 벽체의 두께선, 단열재선 등을 표시한다.
  - 벽체 쌓기법과 치수를 고려하여 벽돌 나누기를 한다.
  - 벽돌의 재료 표시를 한다.
  - 마감선을 그린다.
  - 단열재를 그린다.
  - 해칭을 그린다.
• 마무리하기
  - 치수와 명칭을 기입한다.
  - 표제란을 그리고 마무리한다.

# 2015년 제2회 과년도 기출문제

**01** 건축물 구성 부분 중 구조재에 속하지 않는 것은?
① 기둥
② 기초
③ 슬래브
④ 천장

**해설**
건축물의 구조재 : 기둥, 기초, 슬래브

**02** 지반이 연약하거나 기둥에 작용하는 하중이 커서 기초판이 넓어야 할 때 사용하는 기초로 건물의 하부 전체 또는 지하실 전체를 하나의 기초판으로 구성한 것은?
① 잠함기초
② 온통기초
③ 독립기초
④ 복합기초

**해설**
② 온통기초 : 도심지의 고층 건물이나 중량이 큰 건물 또는 기초 면적이 건물면적의 절반 이상을 차지할 때 건축물의 바닥 전체를 두꺼운 기초로 만드는 것이다. 소규모 건물의 경우 독립기초를 설치하면 지반의 허용지내력이 작아 부동침하가 예상되는 경우에도 사용한다.

**03** 선 공장 제작하여 현장에서 짜맞춘 구조이며, 규격화할 수 있고, 대량생산이 가능하고, 공사기간을 단축할 수 있는 구조체 구성양식은?
① 조립식 구조
② 습식 구조
③ 조적식 구조
④ 일체식 구조

**해설**
① 조립식 구조 : 공장 제작의 부재나 엘리먼트를 현장에서 조립하는 구조

**04** 다음 중 인장링이 필요한 구조는?
① 트러스
② 막구조
③ 절판구조
④ 돔구조

**해설**
④ 돔구조 : 공을 반으로 잘라 놓은 듯한 형태를 구성하는 구조방식으로, 인장링이 필요하다.

**05** 철골구조에서 H형강보의 플랜지 부분에 커버 플레이트를 사용하는 가장 주된 목적은?
① H형강의 부식을 방지하기 위해서
② 집중하중에 의한 전단력을 감소시키기 위해서
③ 덕트 배관 등에 사용할 수 있는 개구부를 확보하기 위해서
④ 휨내력을 보강하기 위해서

**해설**
커버 플레이트란 리벳접합 플레이트 거더의 메인 거더나 리벳접합 강 트러스교의 상현재 등에 사용이 되어 부재의 강성을 증가시키고 빗물의 침입을 방지하기 위한 강판이다.

**정답** 1 ④  2 ②  3 ①  4 ④  5 ④

06 철근콘크리트구조에 사용되는 철근에 관한 설명으로 틀린 것은?

① 인장력에 취약한 부분에 철근을 배근한다.
② 철근을 합산한 총단면적이 같을 때 가는 철근을 사용하는 것이 부착력 향상에 좋다.
③ 철근의 이음길이는 콘크리트 압축강도와는 무관하다.
④ 철근의 이음은 인장력이 작은 곳에서 한다.

**해설**
철근의 이음길이는 철근의 종류, 콘크리트의 강도에 따라 달라진다.

07 자중도 지지하기 어려운 평면체를 아코디언과 같이 주름을 잡아 지지하중을 증가시킨 구조 형태는?

① 절판구조
② 셸구조
③ 돔구조
④ 입체트러스

**해설**
① 절판구조 : 평면판이 서로 어느 각도를 이루어 접속하여 입체공간을 구성한 구조

08 다음 그림에서 철근의 피복두께는?

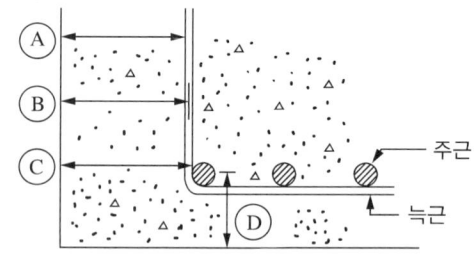

① A
② B
③ C
④ D

**해설**
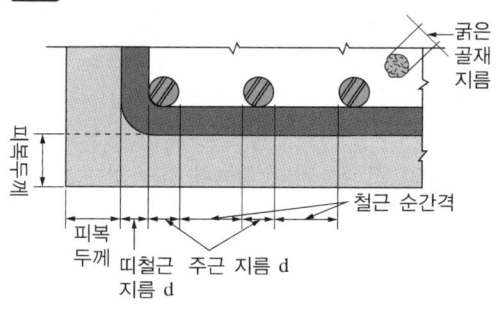

09 그림에서 화살표가 지시하는 부재의 명칭으로 옳은 것은?

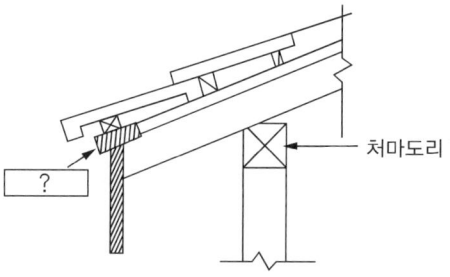

① 평고대
② 처마돌림
③ 당골막이널
④ 박공널

**해설**
① 평고대 : 처마의 끝을 따라 서까래의 위에 부착한 평평한 횡목

## 10 건물의 부동침하의 원인과 가장 거리가 먼 것은?

① 지반이 동결작용을 받을 때
② 지하수위가 변경될 때
③ 이웃건물에서 깊은 굴착을 할 때
④ 기초를 크게 할 때

**해설**
부동침하의 원인
- 지반이 연약한 경우
- 연약층의 두께가 상이한 경우
- 이질지정
- 일부지정
- 건물이 이질층에 걸쳐 있는 경우
- 건물이 낭떠러지에 근접되어 있는 경우
- 부주의한 일부 증축이 있는 경우
- 지하수위가 변경되었을 경우
- 지하 매설물이나 구멍이 있는 경우
- 지반이 메운 땅인 경우

## 11 보강콘크리트블록조의 벽량에 대한 설명으로 틀린 것은?

① 내력벽길이의 총합계를 그 층의 건물면적으로 나눈 값을 의미한다.
② 보강블록구조의 내력벽의 벽량은 15cm/m² 이상이 되도록 한다.
③ 큰 건물에 비해 작은 건물일수록 벽량을 증가할 필요가 있다.
④ 벽량을 증가시키면 횡력에 대항하는 힘이 커진다.

**해설**
③ 벽량을 증가시키면 횡력에 저항하는 힘이 커지므로 큰 건물일수록 벽량을 증가할 필요가 있다.

## 12 고력볼트접합에 대한 설명으로 틀린 것은?

① 고력볼트접합의 종류는 마찰접합이 유일하다.
② 접합부의 강성이 높다.
③ 피로강도가 높다.
④ 정확한 계기공구로 죄어 일정하고 정확한 강도를 얻을 수 있다.

**해설**
일반적으로 고력볼트접합이라고 하면 마찰접합을 의미하지만, 마찰접합 외에도 지압접합, 인장접합이 있다.
**고력볼트접합** : 초기 강한 인장력으로 인해 너트의 풀림이 없고 반복응력에 의한 영향도 없다. 고력볼트를 충분한 회전력으로 너트를 체결하여 접합재 상호 간에 발생하는 마찰력으로 힘을 전달하는 접합법으로서 마찰접합이라고도 한다. 이 접합의 장점으로는 접합강도와 강성이 높고, 시공에 어려움이 없으며 작업능률이 좋다. 또한 소음이 적고 진동, 충격이 발생하는 데에도 사용 가능하다.

## 13 면이 30cm × 30cm 정방형에 가까운 네모뿔형의 돌로서 석축에 사용되는 돌은?

① 마름돌
② 각 석
③ 견치돌
④ 다듬돌

**해설**
③ 견치돌 : 돌쌓기에 쓰는 정사각뿔 모양의 돌로 간지석이라고도 한다.

**14** 철골보에 관한 설명 중 틀린 것은?

① 형강보는 주로 I형강 또는 H형강이 많이 쓰인다.
② 판보는 웨브에 철판을 쓰고 상하부에 플랜지철판을 용접하거나 ㄱ형강을 접합한 것이다.
③ 허니콤 보는 I형강을 절단하여 구멍이 나게 맞추어 용접한 보이다.
④ 래티스보에 접합판(Gusset Plate)을 대서 접합한 보를 격자보라 한다.

**해설**
격자보 : 2방향의 보를 격자 모양으로 배치한 것으로 연직 하중을 2방향의 보에 부담시키기 때문에 하중능력이 증대한다. 대스팬의 구조에 사용한다.

**15** 철근콘크리트 사각형 기둥에는 주근을 최소 몇 개 이상 배근해야 하는가?

① 2개　　　② 4개
③ 6개　　　④ 8개

**해설**
압축부재의 철근량 제한(KDS 14 20 20)
압축부재의 축방향 주철근의 최소 개수는 사각형이나 원형 띠철근으로 둘러싸인 경우 4개, 삼각형 띠철근으로 둘러싸인 경우 3개, 나선철근으로 둘러싸인 철근의 경우 6개로 하여야 한다.

**16** 철골공사 시 바닥 슬래브를 타설하기 전에, 철골보 위에 설치하여 바닥판 등으로 사용하는 절곡된 얇은 판의 부재는?

① 윙 플레이트
② 데크 플레이트
③ 베이스 플레이트
④ 메탈라스

**해설**
② 데크 플레이트 : 바닥구조에 사용하는 파형으로 성형된 판의 호칭이다. 단면을 사다리꼴 모양이나 사각형 모양으로 성형하여 면외방향의 강성과 길이방향의 내좌굴성을 높게 한 판이다.

**17** 철근콘크리트보에 관한 설명으로 틀린 것은?

① 단순보는 중앙에 연직 하중을 받으면 휨모멘트와 전단력이 생긴다.
② T형보는 압축력을 슬래브가 일부 부담한다.
③ 보 단부의 헌치는 주로 압축력을 보강하기 위해 만든다.
④ 캔틸레버 보에는 통상적으로 단면 상부에 철근을 배근한다.

**해설**
헌 치
슬래브와 보의 단부에서 부재의 높이를 증가시킨 부분이다. 연속판, 고정판, 연속보 등에 있어서 지지하는 부재와의 접합부에서 응력집중의 완화, 지지부의 보강을 목적으로 단면을 크게 한 부분이다.

**18** 기본벽돌(190×90×57)의 1.5B 쌓기 시 두께는? (단, 공간 쌓기가 아니다)

① 280mm　　　② 290mm
③ 310mm　　　④ 320mm

**해설**
- 0.5B : 90mm
- 1.0B : 190mm
- 1.5B : 290mm

**19** 네모돌을 수평줄눈이 부분적으로만 연속되게 쌓고, 일부 상하 세로줄눈이 통하게 쌓는 방식을 무엇이라 하는가?

① 허튼층 쌓기　　　② 허튼 쌓기
③ 바른층 쌓기　　　④ 층지어 쌓기

**해설**
① 허튼층 쌓기 : 불규칙한 돌을 사용해 가로줄눈, 세로줄눈이 일정하지 않게 흐트려 쌓는 방식

**20** 입체구조 시스템의 하나로서, 축방향만으로 힘을 받는 직선재를 핀으로 결합하여 효율적으로 힘을 전달하는 구조 시스템을 무엇이라 하는가?

① 막구조
② 셸구조
③ 현수구조
④ 입체트러스구조

**해설**
④ 입체트러스구조 : 선재를 입체적으로 결합해 만드는 트러스로 각 절점은 모든 방향으로 이동이 구속되고, 부재의 좌굴이 생기기가 어렵다. 기준 격자를 사용하는 래티스 그리드 형식, 기준 뿔체를 접합하는 스페이스 그리드 형식이 주된 것이며, 대스팬의 구조에 사용된다.

**21** 구조용 재료에 요구되는 성질과 가장 거리가 먼 것은?

① 재질이 균일하고 강도가 큰 것이어야 한다.
② 색채와 촉감이 좋은 것이어야 한다.
③ 가볍고 큰 재료를 용이하게 얻을 수 있어야 한다.
④ 내화, 내구성이 큰 것이어야 한다.

**해설**
구조용 재료는 재질의 균등성, 가공성, 내구성, 내화성 등이 필요하다.

**22** 수지의 종류 중 천연수지계에 속하지 않는 것은?

① 송 진
② 셸 락
③ 다마르
④ 나이트로셀룰로오스

**해설**
④ 나이트로셀룰로오스 : 셀룰로오스에 황산과 질산을 혼합한 혼산이다.
**천연수지** : 송진이나 셀룰로오스처럼 자연으로부터 얻어낸 수지를 말한다.

**23** 다음 방수재료 중 액체상 재료가 아닌 것은?

① 방수공사용 아스팔트
② 아스팔트 루핑류
③ 폴리머 시멘트 페이스트
④ 아크릴고무계 방수재

**해설**
**아스팔트 루핑** : 동식물 섬유를 원료로 한 펠트에 스트레이트 아스팔트를 침투시켜 양면을 블론 아스팔트로 피복하고, 표면에 점착방지재를 살포한 것이다. 방수성이 크기 때문에 방수공사나 지붕바탕에 쓰인다.

**24** 재료의 내구성에 영향을 주는 요인에 대한 설명 중 틀린 것은?

① 내후성 : 건습, 온도변화, 동해 등에 의한 기후변화 요인에 대한 풍화작용에 저항하는 성질
② 내식성 : 목재의 부식, 철강의 녹 등의 작용에 대해 저항하는 성질
③ 내화학약품성 : 균류, 충류 등의 작용에 대해 저항하는 성질
④ 내마모성 : 기계적 반복작용 등에 대한 마모작용에 저항하는 성질

**해설**
**화학적 성능** : 산, 알칼리, 약품에 대한 변질, 부식 등에 저항하는 성질

**정답** 20 ④  21 ②  22 ④  23 ②  24 ③

**25** 파티클보드의 특성에 관한 설명으로 틀린 것은?

① 칸막이・가구 등에 이용된다.
② 열의 차단성이 우수하다.
③ 가공성이 비교적 양호하다.
④ 강도에 방향성이 있어 뒤틀림이 거의 일어나지 않는다.

**해설**
파티클보드
- 작은 나무 부스러기를 이용하여 제조한다.
- 방향성이 없으며 변형이 작다.
- 방부, 방화성을 높이는 데 효과적이다.
- 흡음성, 열의 차단성이 좋다.
- 단, 수분에는 강하지 않다.

**26** 겨울철의 콘크리트공사, 해수공사, 긴급 콘크리트 공사에 적당한 시멘트는?

① 보통포틀랜드 시멘트
② 알루미나 시멘트
③ 팽창 시멘트
④ 고로 시멘트

**해설**
② 알루미나 시멘트 : 보크사이트와 석회석을 원료로 사용하며, 초조강성으로 화학적 부식에 저항성이 있어서 동절기 공사나 해안 공사 등에 사용된다.

**27** 한국산업표준의 분류 중 토목・건축 부분의 분류 기호는?

① A
② D
③ F
④ P

**해설**
③ KS F : 토목・건축 부분

**28** 미장재료 중 돌로마이트 플라스터에 대한 설명으로 틀린 것은?

① 수축 균열이 발생하기 쉽다.
② 소석회에 비해 작업성이 좋다.
③ 점도가 없어 해초풀로 반죽한다.
④ 공기 중의 탄산가스와 반응하여 경화한다.

**해설**
돌로마이트 석회
- 소석회보다 비중이 크고 굳으면 강도가 증가한다.
- 점성이 좋아 풀을 넣을 필요가 없다.
- 수축균열이 크다.
- 응결속도가 빠르다.
- 습기에 약하여 내부에 사용된다.
- 기경성이며, 냄새와 곰팡이가 없다.

**29** 목재가 기건상태일 때 함수율은 대략 얼마 정도인가?

① 7%
② 15%
③ 21%
④ 25%

**해설**
목재의 기건상태의 함수율은 15%이고, 가구재의 함수율은 10%이고, 섬유포화점 함수율은 30%이다.

**30** 앞으로 요구되는 건축재료의 발전방향이 아닌 것은?

① 고품질
② 합리화
③ 프리패브화
④ 현장시공화

**해설**
건축재료의 발전방향 : 고품질, 에너지절약(합리화), 기계화(프리패브화)

정답 25 ④ 26 ② 27 ③ 28 ③ 29 ② 30 ④

**31** 바닥재를 플로어링판으로 마감을 할 경우의 수종으로 부적합한 것은?

① 참나무 ② 너도밤나무
③ 단풍나무 ④ 마디카나무

**해설**
④ 마디카나무 : 가공이 용이하여 목공예, 모형제작, 조각작품에 사용한다.

**32** 강화판유리에 대한 설명으로 틀린 것은?

① 열처리를 한 다음에 절단 연마 등의 가공을 하여야 한다.
② 보통유리의 3~5배의 강도를 가지고 있다.
③ 유리 파편에 의한 부상이 다른 유리에 비하여 작다.
④ 유리를 500~600℃로 가열한 다음 특수장치를 이용하여 급랭한 것이다.

**해설**
**강화판유리** : 안전유리로서 통근형 차량 등의 측창 등에 사용된다. 판유리를 약 700℃까지 가열한 후에 유리 표면에 공기를 내뿜어 균일하게 냉각하여, 표면에 압축층을 가지게 한 유리로 강도는 보통 판유리의 3~5배이며, 파편은 둔각으로 된 작은 입상으로 되어 있어 인체에 안전하다.

**33** 목재의 보존성을 높이고 충해 및 변색방지를 위한 방부처리법이 아닌 것은?

① 도포법 ② 저장법
③ 침지법 ④ 주입법

**해설**
**목재의 방부처리법** : 주입법, 침지법, 도포법, 표면탄화법

**34** 알루미늄의 주요 특성에 대한 설명 중 틀린 것은?

① 알칼리에 강하다.
② 열전도율이 높다.
③ 강도, 탄성계수가 작다.
④ 용융점이 낮다.

**해설**
**알루미늄** : 열과 전기의 양도체로 강인하면서도 연성과 전성이 있어 얇은 박이나 선을 만들기 쉽다. 비중이 2.69로 가볍고 표면에 녹이 생기지만 깊이 침식되지는 않으며, 산과 알칼리에 약하다.

**35** 물체에 외력이 작용되면 순간적으로 변형이 생기지만 외력을 제거하면 원래의 상태로 되돌아가는 성질은?

① 소 성
② 점 성
③ 탄 성
④ 연 성

**해설**
③ 탄성 : 외력을 제거했을 때 원래 상태로 돌아가는 성질

**36** 암모니아 가스에 침식되므로 외부 화장실 등에 사용하기 곤란한 금속은?

① 구리(Cu)
② 스테인리스(SS)
③ 주석(Sn)
④ 아연(Zn)

**해설**
구리는 묽은 질산, 진한 질산, 뜨겁고 진한 황산 등 산화력이 있는 산에 잘 녹는다. 공기 중의 산소가 공존하면 비산화성의 염산에도 서서히 녹고, 아세트산 등 기타의 유기산에 의해서는 쉽게 침해된다. 또한 암모니아수, 사이안화알칼리 용액에도 착염을 만들고 녹는다. 구리의 가용성 염은 유독하다.

**37** 목구조에 사용되는 금속의 긴결철물 중 2개의 부재 접합에 끼워 전단력에 견디도록 사용되는 것은?

① 감잡이쇠     ② ㄱ자쇠
③ 안장쇠       ④ 듀벨

**해설**
④ 듀벨 : 두 목재 사이의 접합부에 끼워 볼트접합을 보강하기 위한 철물

**38** 요소수지에 대한 설명으로 틀린 것은?

① 착색이 용이하지 못하다.
② 마감재, 가구재 등에 사용된다.
③ 내수성이 약하다.
④ 열경화성 수지이다.

**해설**
**요소수지**
요소와 폼알데하이드의 축합반응에 의해서 생성되는 열경화성수지로 무색투명하고 착색이 용이하지만 내수성, 내열성은 페놀수지에 비해 뒤떨어진다. 내열성은 100℃ 이하에서는 연속 사용할 수 있고 약산, 약알칼리, 벤졸, 알코올, 유지류 등에는 거의 침해되지 않는다. 공업용 보다는 일용품, 장식품 등에 많이 사용한다.

**39** 양철판의 구성에 대해 옳게 나타낸 것은?

① 철판에 납을 도금한 것
② 철판에 아연을 도금한 것
③ 철판에 주석을 도금한 것
④ 철판에 알루미늄을 도금한 것

**해설**
**양철판** : 철판에 주석을 도금한 것이다.

**40** 재료의 열에 대한 성질 중 착화점에 대한 설명으로 옳은 것은?

① 재료에 열을 계속 가하면 불에 닿지 않고도 자연 발화하게 되는 온도
② 재료에 열을 계속 가하면 열분해를 일으켜 증발가스가 발생하며 불에 닿으면 쉽게 발화하게 되는데 이때의 온도
③ 금속재료와 같이 열에 의하여 고체에서 액체로 변하는 경계점의 온도
④ 아스팔트나 유리와 같이 금속이 아닌 물질이 열에 의하여 액체로 변하는 온도

**해설**
목재의 착화점(260~270℃)은 화재위험온도, 목질부에 불이 붙는 점을 말한다.

**41** 심리적으로 상승감, 존엄성, 엄숙함 등의 조형효과를 주는 선의 종류는?

① 사 선　　　② 곡 선
③ 수평선　　　④ 수직선

해설
④ 수직선 : 상승감, 긴장감, 존엄성, 엄숙함 등의 느낌을 준다.

**42** 에스컬레이터에 관한 설명으로 옳지 않은 것은?

① 수송량에 비해 점유면적이 작다.
② 대기시간이 없고 연속적인 수송설비이다.
③ 수송능력이 엘리베이터의 1/2 정도로 작다.
④ 승강 중 주위가 오픈되므로 주변 광고효과가 크다.

해설
에스컬레이터는 엘리베이터보다 수송능력이 우수하다.

**43** 도면에는 척도를 기입해야 하는데, 그림의 형태가 치수에 비례하지 않을 경우 표시방법으로 옳은 것은?

① US　　　② DS
③ NS　　　④ KS

해설
척도(건축제도통칙, KS F 1501)
도면에서 척도 기입 시 그림의 형태가 치수에 비례하지 않을 경우 NS(No Scale)로 표시한다.

**44** 다음과 같은 특징을 갖는 급수방식은?

- 급수압력이 일정하다.
- 단수 시에도 일정량의 급수를 계속할 수 있다.
- 대규모의 급수 수요에 쉽게 대응할 수 있다.

① 수도직결방식
② 압력수조방식
③ 펌프직송방식
④ 고가수조방식

해설
④ 고가수조방식 : 일정한 수압을 유지할 수 있으며, 단수 시 일정량의 급수를 계속할 수 있어 배관 부품의 파손이 작고 대규모 급수설비에 적합하다.

**45** 다음 중 소규모 주택에서 다이닝 키친(Dining Kitchen)을 채택하는 이유와 가장 거리가 먼 것은?

① 공사비의 절약
② 실면적의 절약
③ 조리시간의 단축
④ 주부노동력의 절감

해설
다이닝 키친(Dining Kitchen) : 부엌의 일부분에 식사실 배치, 유기적으로 연결하여 노동력을 절감한다.

**46** 실제 길이 16m를 축척 1/200인 도면에 나타낼 경우, 도면상의 길이는?

① 80cm　　　② 8cm
③ 8m　　　　④ 8mm

해설
16,000mm × 1/200 = 80mm = 8cm

**47** 다음 중 건축설계의 전개과정으로 가장 알맞은 것은?

① 조건파악 → 기본계획 → 기본설계 → 실시설계
② 기본계획 → 조건파악 → 기본설계 → 실시설계
③ 기본설계 → 기본계획 → 조건파악 → 실시설계
④ 조건파악 → 기본설계 → 기본계획 → 실시설계

**해설**
건축설계의 과정 : 조건파악 → 기본계획 → 기본설계 → 실시설계

**48** 건축제도의 글자에 관한 설명으로 옳지 않은 것은?

① 숫자는 아라비아 숫자를 원칙으로 한다.
② 문장은 왼쪽에서부터 가로쓰기를 원칙으로 한다.
③ 글자체는 수직 또는 30° 경사의 명조체로 쓰는 것을 원칙으로 한다.
④ 글자의 크기는 각 도면의 상황에 맞추어 알아보기 쉬운 크기로 한다.

**해설**
문장은 왼쪽에서부터 가로쓰기로, 글자체는 수직 또는 15° 경사의 고딕체를 쓰는 것을 원칙으로 한다(KS F 1501).

**49** 과전류가 통과하면 가열되어 끊어지는 용융회로개방형의 가용성 부분이 있는 과전류보호장치는?

① 퓨 즈       ② 캐비닛
③ 배전반     ④ 분전반

**해설**
① 퓨즈 : 회로의 과부하를 방지하기 위한 안전장치이다. 하나의 짧은 길이로 된 도체로, 전류가 이 도체를 통해서 흐를 때 어느 일정 온도 이상이 되면 녹아서 회로를 차단시킨다.

**50** 주거공간은 주행동에 의해 개인공간, 사회공간, 가사노동공간 등으로 구분할 수 있다. 다음 중 개인공간에 속하는 것은?

① 식 당       ② 서 재
③ 부 엌       ④ 거 실

**해설**
• 개인공간 : 침실, 서재
• 사회공간 : 거실, 식사실, 응접실

**51** 건축도면에서 보이지 않는 부분을 표시하는 데 사용되는 선은?

① 파 선       ② 굵은 실선
③ 가는 실선   ④ 1점 쇄선

**해설**
선의 종류와 용도

| 종 류 | | 굵기(mm) 및 작도법 | 용도별 명칭 | 세부용도 |
|---|---|---|---|---|
| 실선 | 굵은선 | 0.6~0.8 | 단면선, 외형선 | 벽체나 바닥의 단면 윤곽을 그림 |
| | 중간선 | 0.3~0.5 굵은선과 가는선의 중간 | 입면선, 윤곽선 | 건물 윤곽 및 입면 요소의 표현 |
| | 가는선 | 0.2 이하 | 치수선, 치수보조선, 가구선, 조경선 | 치수선, 보조선 및 각종 조경 요소의 표현 |
| 파선 및 점선 | 파 선 | 가는선보다 약간 굵게 | 숨은선 | 보이지 않는 부분의 표시선 |
| | 1점 쇄선 | 가는선보다 약간 굵게 | 중심선, 기준선, 절단선, 경계선 | 벽체의 중심선, 절단선, 경계선 |
| | 2점 쇄선 | 가는선보다 약간 굵게 | 가상선, 대지경계선 | 가상의 선, 1점 쇄선과 구분 시 |

## 52 제도 용지에 관한 설명으로 옳지 않은 것은?

① A0 용지의 넓이는 약 $1m^2$이다.
② A2 용지의 크기는 A0 용지의 1/4이다.
③ 제도 용지의 가로와 세로의 길이 비는 $\sqrt{2} : 1$이다.
④ 큰 도면을 접을 때에는 A3의 크기로 접는 것을 원칙으로 한다.

**해설**
큰 도면을 접을 때는 A4 크기로 접는다(KS F 1501).

## 53 건축물의 에너지 절약을 위한 계획 내용으로 옳지 않은 것은?

① 실의 용도 및 기능에 따라 수평, 수직으로 조닝계획을 한다.
② 공동주택은 인동간격을 좁게 하여 저층부의 일사 수열량을 감소시킨다.
③ 거실의 층고 및 반자 높이는 실의 용도와 기능에 지장을 주지 않는 범위 내에서 가능한 낮게 한다.
④ 건축물의 체적에 대한 외피면적의 비 또는 연면적에 대한 외피면적의 비는 가능한 작게 한다.

**해설**
인동간격을 조절하여 일조시간을 최대한 확보한다.

## 54 색의 3요소에 속하지 않는 것은?

① 광 도   ② 명 도
③ 채 도   ④ 색 상

**해설**
색의 3요소 : 색상, 명도, 채도

## 55 증기난방에 관한 설명으로 옳지 않은 것은?

① 예열시간이 온수난방에 비해 짧다.
② 방열면적을 온수난방보다 작게 할 수 있다.
③ 난방 부하의 변동에 따른 방열량 조절이 용이하다.
④ 증발잠열을 이용하기 때문에 열의 운반 능력이 크다.

**해설**
증기난방 : 보일러에서 물을 가열하여 발생한 증기를 배관을 통하여 각 실에 설치된 방열기로 보내 이 수증기의 증발잠열(Latent Heat)로 난방을 하는 방식이다.

| 장점 | • 증발잠열을 이용하기 때문에 열의 운반능력이 크다.<br>• 예열시간이 온수난방에 비하여 짧고 증기의 순환이 빠르다.<br>• 방열면적을 온수난방보다 작게 할 수 있다.<br>• 설비비와 유지비가 저렴하다. |
|---|---|
| 단점 | • 난방의 쾌감도가 낮다.<br>• 난방 부하의 변동에 따라 방열량 조절이 곤란하다.<br>• 소음이 발생하고 보일러 취급 기술이 필요하다. |

## 56 주택의 침실에 관한 설명으로 옳지 않은 것은?

① 방위상 직사광선이 없는 북쪽이 가장 이상적이다.
② 침실은 정적이며 프라이버시 확보가 잘 이루어져야 한다.
③ 침대는 외부에서 출입문을 통해 직접 보이지 않도록 배치하는 것이 좋다.
④ 침실의 위치는 소음원이 있는 쪽은 피하고, 정원 등의 공지에 면하도록 하는 것이 좋다.

**해설**
침 실
• 기본 기능은 휴식과 수면이며, 이외에도 실의 성격에 따라서 독서, 화장, 옷을 갈아입는 행위, 음악 감상 등의 기능을 포함한다.
• 소음원이 있는 쪽은 피하고, 정원 등의 공지에 면하도록 하는 것이 좋다.
• 방위상 일조와 통풍이 좋은 남쪽, 동남쪽이 이상적이고 북쪽은 피하는 것이 좋다.

**57** 다음 설명에 알맞은 주택 부엌가구의 배치 유형은?

- 양쪽 벽면에 작업대가 마주보도록 배치한 것이다.
- 부엌의 폭이 길이에 비해 넓은 부엌의 형태에 적당한 형식이다.

① L자형  ② 일자형
③ 병렬형  ④ 아일랜드형

**해설**
병렬형 배치 : 양쪽 벽면에 작업대가 마주보도록 배치

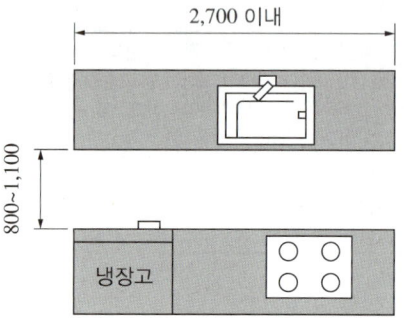

**58** 건축법령상 공동주택에 속하지 않는 것은?

① 아파트  ② 연립주택
③ 다가구주택  ④ 다세대주택

**해설**
공동주택(건축법 시행령 [별표 1] 용도별 건축물의 종류)
- 아파트 : 주택으로 쓰는 층수가 5개 층 이상인 주택
- 연립주택 : 주택으로 쓰는 1개 동의 바닥면적 합계가 660m²를 초과하고, 층수가 4개 층 이하인 주택
- 다세대주택 : 주택으로 쓰는 1개 동의 바닥면적 합계가 660m² 이하이고, 층수가 4개 층 이하인 주택
- 기숙사 : 다음의 어느 하나에 해당하는 건축물로서 공간의 구성과 규모 등에 관하여 국토교통부장관이 정하여 고시하는 기준에 적합한 것. 다만, 구분·소유된 개별 실(室)은 제외한다.
  - 일반기숙사 : 학교 또는 공장 등의 학생 또는 종업원 등을 위하여 사용하는 것으로서 해당 기숙사의 공동취사시설 이용 세대 수가 전체 세대수(건축물의 일부를 기숙사로 사용하는 경우에는 기숙사로 사용하는 세대 수로 함)의 50% 이상인 것
  - 임대형기숙사 : 공공주택사업자 또는 임대사업자가 임대사업에 사용하는 것으로서 임대 목적으로 제공하는 실이 20실 이상이고 해당 기숙사의 공동취사시설 이용 세대 수가 전체 세대 수의 50% 이상인 것

**59** 드렌처설비에 관한 설명으로 옳은 것은?

① 화재의 발생을 신속하게 알리기 위한 설비이다.
② 소화전에 호스와 노즐을 접속하여 건물 각 층 내부의 소정 위치에 설치한다.
③ 인접건물에 화재가 발생하였을 때 수막을 형성함으로써 화재의 연소를 방재하는 설비이다.
④ 소방대 전용 소화전인 송수구를 통하여 실내로 물을 공급하여 소화활동을 하는 설비이다.

**해설**
드렌처설비는 소방대상물을 인접장소 등의 화재 등으로부터 방화구획이나 연소의 우려가 있는 부분의 개구부 상단에 설치하여 물을 수막 형태로 살수하는 소방시설이다.

**60** 건축제도에서 투상법의 작도원칙은?

① 제1각법  ② 제2각법
③ 제3각법  ④ 제4각법

**해설**
건축제도통칙(KS F 1501)에서 투상법은 제3각법으로 작도함을 원칙으로 한다.

# 2015년 제4회 과년도 기출문제

**01** 모임지붕 일부에 박공지붕을 같이 한 것으로, 화려하고 격식이 높으며 대규모 건물에 적합한 한식지붕구조는?

① 외쪽지붕　② 솟을지붕
③ 합각지붕　④ 방형지붕

**해설**
③ 합각지붕 : 상부를 박공으로 하고, 하부의 지붕을 사방으로 이어내린 지붕이다.
① 외쪽지붕 : 한 방향으로 경사되는 지붕으로 소건축에 사용된다. 부섭지붕이라고도 하며 물매지붕 중 가장 단순한 형태의 것이다.
② 솟을지붕 : 지붕의 용마루에 한층 높게 설치한 작은 지붕을 말하며, 환기·채광·연기 배출을 위한 것이다.
④ 방형지붕 : 지붕의 평면이 정방형이며, 사방으로 지붕을 이어내리고 4개의 ∧자보가 중앙의 한 점에 만나도록 되어 있는 것으로 4면 또는 8면의 지붕면이 한 점에 모인다.

**02** 지반 부동침하의 원인이 아닌 것은?

① 이질지층　② 이질지정
③ 연약층　④ 연속기초

**해설**
부동침하의 원인
• 지반이 연약한 경우
• 연약층의 두께가 상이한 경우
• 이질지정
• 일부지정
• 건물이 이질층에 걸쳐 있는 경우
• 건물이 낭떠러지에 접근되어 있는 경우
• 부주의한 일부 증축
• 지하수위 변경
• 지하 매설물이나 구멍
• 지반이 메운 땅인 경우

**03** 철골구조에서 사용되는 접합방법에 속하지 않는 것은?

① 용접접합　② 듀벨접합
③ 고력볼트접합　④ 핀접합

**해설**
철골구조의 접합방법 : 리벳접합, 볼트접합, 고력볼트접합, 용접접합, 핀접합

**04** 벽돌벽 줄눈에서 상부의 하중을 전 벽면에 균등하게 분포시키도록 하는 줄눈은?

① 빗줄눈　② 막힌줄눈
③ 통줄눈　④ 오목줄눈

**해설**
② 막힌줄눈 : 상부의 하중을 벽 전체에 고르게 분산시키는 줄눈

**05** 큰 보 위에 작은 보를 걸고 그 위에 장선을 대고 마루널을 깐 2층 마루는?

① 홑마루
② 보마루
③ 짠마루
④ 동바리마루

**해설**
③ 짠마루 : 큰 보는 간 사이가 작은 쪽에 약 2.7~3.6m의 간격으로 겹쳐 대고, 그 위에 직각방향으로 작은 보를 1.8m 간격으로 걸쳐 댄 다음 장선을 걸치고 마루널을 까는 방식의 마루이다.

**정답** 1 ③　2 ④　3 ②　4 ②　5 ③

**06** 입체트러스 제작에 활용되는 구성요소로써 최소 도형에 해당되는 것은?

① 삼각형 또는 사각형
② 사각형 또는 오각형
③ 사각형 또는 육면체
④ 오각형 또는 육면체

**해설**
입체트러스 구성요소 : 삼각형, 사각형

**07** 조적조 벽체 내쌓기의 내미는 최대한도는?

① 1.0B
② 1.5B
③ 2.0B
④ 2.5B

**해설**
벽돌벽체의 내쌓기(내놓기 한도는 2.0B) : 1켜는 $\frac{1}{8}$ B, 2켜는 $\frac{1}{4}$ B 이다.

**08** 기둥의 종류에서 2층 건물의 아래층에서 위층까지 관통한 하나의 부재로 된 기둥은?

① 샛기둥
② 통재기둥
③ 평기둥
④ 동바리

**해설**
② 통재기둥 : 밑층에서 위층까지 하나의 단일재로 되어 있는 기둥
① 샛기둥 : 본 기둥 사이에 세워 벽체를 이루는 기둥
③ 평기둥 : 층별로 배치된 기둥

**09** 수직재가 수직하중을 받는 과정의 임계상태에서 기하학적으로 갑자기 변화하는 현상을 의미하는 것은?

① 전단파단
② 응 력
③ 좌 굴
④ 인장항복

**해설**
③ 좌굴 : 가늘고 긴 기둥에 압축력이 가해질 경우, 작은 하중으로 기둥 전체가 구부러지는 휨 좌굴이나 국부적으로 휘어지면서 찌그러지는 국부 좌굴이 발생한다.

**10** 플레이트 보에 사용되는 부재의 명칭이 아닌 것은?

① 커버 플레이트
② 웨브 플레이트
③ 스티프너
④ 베이스 플레이트

**해설**
플레이트 보 : 커버 플레이트, 웨브 플레이트, 플랜지 플레이트, 스티프너

**11** 기둥 1개의 하중을 1개의 기초판으로 부담시킨 기초형식은?

① 독립기초
② 복합기초
③ 연속기초
④ 온통기초

**해설**
① 독립기초 : 1개의 기둥을 1개의 기초로 지지하는 형식이다.

**12** 절판구조의 장점으로 가장 거리가 먼 것은?

① 강성을 얻기 쉽다.
② 슬래브의 두께를 얇게 할 수 있다.
③ 음향 성능이 우수하다.
④ 철근배근이 용이하다.

**해설**
수평형태의 슬래브와 수직형태의 슬래브를 합친 건축 구조이다. 강성을 얻기 쉽고 알루미늄을 사용할 경우 슬래브판의 두께를 얇게 할 수 있다. 또한 음향 성능이 우수하다(코펜하겐 리브).

**13** 절충식 지붕틀의 특징으로 틀린 것은?

① 지붕보에 휨이 발생하므로 구조적으로는 불리하다.
② 지붕의 하중은 수직부재를 통하여 지붕보에 전달된다.
③ 한식구조와 절충식구조는 구조상으로 비슷하다.
④ 작업이 복잡하며 대규모 건물에 적당하다.

**해설**
**절충식 지붕틀** : 절충식 지붕틀은 보를 걸고 보 위에 동자기둥이나 대공을 세워 용마룻대, 중도리를 받치고 지붕의 하중을 받아 기둥이나 벽체에 전달하는 구조로 되어 있다. 짜임이 비교적 간단하여 전통적으로 사용되어 온 구조이지만 평보의 부재가 커져 경제적으로는 불리하다.

**14** 보강블록조에서 내력벽의 두께는 최소 얼마 이상이어야 하는가?

① 50mm
② 100mm
③ 150mm
④ 200mm

**해설**
보강블록조의 내력벽(건축물의 구조기준 등에 관한 규칙 제43조 제2항)
보강블록구조인 내력벽의 두께는 150mm 이상으로 하되, 그 내력벽의 구조내력에 주요한 지점간의 수평거리의 50분의 1 이상으로 하여야 한다.

**15** 셸구조에 대한 설명으로 틀린 것은?

① 얇은 곡면 형태의 판을 사용한 구조이다.
② 가볍고 강성이 우수한 구조 시스템이다.
③ 넓은 공간을 필요로 할 때 이용된다.
④ 재료는 주로 텐트나 천막과 같은 특수천을 사용한다.

**해설**
• 셸구조 : 조개껍데기나 달걀껍데기처럼 휘어진 얇은 판의 곡면을 이용하는 구조
• 막구조 : 얇은 섬유 재료의 천과 같은 막을 사용하여 텐트처럼 구조체의 지붕이나 벽체 등을 덮는 구조

**16** 목구조에 대한 설명으로 틀린 것은?

① 전각·사원 등의 동양고전식 구조법이다.
② 가구식 구조에 속한다.
③ 친화감이 있고, 미려하나 부패에 약하다.
④ 재료수급상 큰 단면이나 긴 부재를 얻기 쉽다.

**해설**
재료수급상 큰 단면이나 긴 부재를 얻기 힘들다.

**17** 조적조에서 내력벽으로 둘러싸인 부분의 바닥면적은 최대 몇 m² 이하로 해야 하는가?

① 40m²  ② 60m²
③ 80m²  ④ 100m²

**해설**
내력벽의 높이 및 길이(건축물의 구조기준 등에 관한 규칙 제31조 제3항)
조적식 구조인 내력벽으로 둘러싸인 부분의 바닥면적은 80m²를 넘을 수 없다.

**18** 벽돌조에서 내력벽에 직각으로 교차하는 벽을 무엇이라 하는가?

① 대린벽  ② 중공벽
③ 장막벽  ④ 칸막이벽

**해설**
① 대린벽 : 벽돌조 내력벽에 직각으로 교차하는 벽

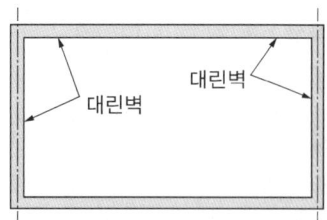

**19** 아치쌓기법에서 아치 너비가 클 때 아치를 여러 겹으로 둘러쌓아 만든 것은?

① 층두리 아치
② 거친 아치
③ 본 아치
④ 막만든 아치

**해설**
① 층두리 아치 : 아치 너비가 넓을 경우 여러 겹으로 겹쳐 쌓은 아치

**20** 건물의 수장 부분에 속하지 않는 것은?

① 외 벽  ② 보
③ 홈 통  ④ 반 자

**해설**
수장 : 건축물 내부 및 외부의 외관을 아름답게 장식하기 위하여 구조물에 붙이는 모든 것

## 21 목재의 방부제로 사용하지 않는 것은?

① 크레오소트 오일  ② 콜타르
③ 페인트  ④ 테레빈유

**해설**

목재방부제
- 수용성 방부제 : 염화아연, 염화수은(Ⅱ), 황산구리, 플루오린화나트륨(불화소다), 비소화합물, 다이나이트로페놀 또는 크레졸
- 유용성 방부제 : 크레오소트유, 나무 타르, 아스팔트, 페인트, 펜타클로로페놀 등

## 22 합판(Plywood)의 특성으로 옳지 않은 것은?

① 판재에 비해 균질하다.
② 방향에 따라 강도의 차가 크다.
③ 너비가 큰 판을 얻을 수 있다.
④ 함수율 변화에 의한 신축변형이 작다.

**해설**

합판 : 단판을 3, 5, 7, 9 홀수겹으로 겹쳐 붙이는 것이며 제조법으로 로터리 베니어, 슬라이스드 베니어, 소드 베니어가 있다.
- 판재에 비해 균질하다.
- 팽창, 수축이 작다.
- 방향에 따른 강도 차이가 작다.
- 아름다운 무늬를 얻을 수 있다.
- 너비가 큰 판을 얻을 수 있고, 곡면판으로 만들 수 있다.

## 23 건축생산에 사용되는 건축재료의 발전방향과 가장 관계가 먼 것은?

① 비표준화  ② 고성능화
③ 에너지 절약화  ④ 공업화

**해설**

건축재료의 요구성능 : 공업화, 고성능화, 생산성

## 24 코르크판(Cork Board)의 사용 용도로 옳지 않은 것은?

① 방송실의 흡음재
② 제빙 공장의 단열재
③ 전산실의 바닥재
④ 내화 건물의 불연재

**해설**

코르크판 : 코르크를 가압 성형한 판으로, 접착제를 사용하여 열압 성형한 것을 압착 코르크판, 접착제를 사용하지 않고 가열될 때 분비하는 코르크 알갱이 자신이 갖는 수지로 굳혀서 성형한 것을 탄화 코르크판이라고 한다. 압축성, 탄력성, 내수성, 내유성, 단열성, 진동 흡수성, 내마모성이 뛰어나며, 탄화 코르크판은 상온 이하의 단열용으로, 압착 코르크판은 바닥용으로 이용한다.

## 25 재료명과 그 주용도의 연결이 옳지 않은 것은?

① 테라코타 – 구조재, 흡음재
② 테라초 – 바닥면의 수장재
③ 시멘트모르타르 – 외벽용 마감재
④ 타일 – 내·외벽, 바닥면의 수장재

**해설**

① 테라코타 : 석재 조각물 대신에 사용되는 점토소성제품

**정답** 21 ④  22 ②  23 ①  24 ④  25 ①

**26** 점토제품 중 소성온도가 가장 높은 것은?

① 토 기　　② 석 기
③ 자 기　　④ 도 기

**해설**
자기질타일이 가장 고온에서 소성된다.

**27** 건축재료에서 물체에 외력이 작용하면 순간적으로 변형이 생겼다가 외력을 제거하면 원래의 상태로 되돌아가는 성질은?

① 탄 성　　② 소 성
③ 점 성　　④ 연 성

**해설**
① 탄성 : 외력을 제거했을 때 원래 상태로 돌아가는 성질

**28** 금속재료 중 황동에 대한 설명으로 옳은 것은?

① 주석과 니켈을 주체로 한 합금이다.
② 구리와 아연을 주체로 한 합금이다.
③ 구리와 주석을 주체로 한 합금이다.
④ 구리와 알루미늄을 주체로 한 합금이다.

**해설**
황동 : 구리 + 아연

**29** 재료의 안전성과 관련된 설명으로 옳지 않은 것은?

① 망입판(網入板) 유리는 깨어지는 경우 파편이 튀지 않아 안전하다.
② 모든 석재는 화열에 대한 내력이 크기 때문에 붕괴의 위험이 적다.
③ 방화도료는 가연성물질에 도장하여 인화, 연소를 방지 또는 지연시킨다.
④ 석고는 초기 방화와 연소지연 역할이 우수하며 무기질 섬유로 보강하여 내화성능을 높이기도 한다.

**해설**
화강암의 경우 내화도가 낮아서 고열부담이 있는 곳은 사용하지 못한다.

**30** 시멘트가 공기 중의 습기를 받아 천천히 수화반응을 일으켜 작은 알갱이 모양으로 굳어졌다가, 이것이 계속 진행되면 주변의 시멘트와 달라붙어 결국에는 큰 덩어리로 굳어지는 현상은?

① 응 결　　② 소 성
③ 경 화　　④ 풍 화

**해설**
④ 시멘트의 풍화 : 시멘트가 저장 중에 공기 속의 습기 및 $CO_2$를 흡수하여 수화반응이 일어나서 비중이 감소하고 강도의 발현성이 저하되는 현상을 말한다.

**정답** 26 ③　27 ①　28 ②　29 ②　30 ④

**31** 목재의 강도에 관한 설명 중 옳지 않은 것은?

① 습윤 상태일 때가 건조 상태일 때보다 강도가 크다.
② 목재의 강도는 가력방향과 섬유방향의 관계에 따라 현저한 차이가 있다.
③ 비중이 큰 목재는 가벼운 목재보다 강도가 크다.
④ 심재가 변재에 비하여 강도가 크다.

[해설]
목재의 강도
• 건조하면 강도가 증가한다(함수율이 낮을수록).
• 섬유방향의 인장강도가 압축강도보다 크다.
• 심재가 변재보다 강도가 크다.
• 목재의 흠으로 강도가 떨어진다.

**32** 코너비드(Corner Bead)를 사용하기에 가장 적합한 곳은?

① 난간 손잡이    ② 창호 손잡이
③ 벽체 모서리    ④ 나선형 계단

[해설]
코너비드 : 기둥의 모서리 및 벽모서리에 미장을 쉽게 하고 모서리를 보호하는 역할을 한다.

**33** 굳지 않은 콘크리트의 컨시스턴시를 측정하는 방법이 아닌 것은?

① 플로시험
② 리몰딩시험
③ 슬럼프시험
④ 르샤틀리에 비중병시험

[해설]
워커빌리티 측정방법 : 슬럼프시험, 플로시험, 리몰딩시험

**34** 재료가 반복하중을 받는 경우 정적강도보다 낮은 강도에서 파괴되는 응력의 한계로 옳은 것은?

① 정적강도
② 충격강도
③ 크리프강도
④ 피로강도

[해설]
④ 피로강도 : 항복점 응력보다 작은 응력이라도 재료에 반복작용하면 그다지 큰 변형없이 파괴해 버리는데 이것을 피로 파괴라고 한다.
① 정적강도 : 외력을 일정한 속도로 서서히 가할 때 측정된 강도이다.
② 충격강도 : 물체에 충격하중을 적용할 때 물체가 파괴에 저항하는 능력으로, 파괴에 요구되는 에너지를 충격사사량 또는 충격에너지라고 부른다. 목재의 경우 인성과 취성의 척도이다.
③ 크리프강도 : 장시간의 하중으로 재료가 계속적으로 서서히 소성변형을 일으키는 것을 말하며, 파단되는 순간의 최대 하중을 크리프강도라고 한다.

**35** 벽 및 천장재료에 요구되는 성질로 옳지 않은 것은?

① 열전도율이 큰 것이야 한다.
② 차음이 잘되어야 한다.
③ 내화·내구성이 큰 것이어야 한다.
④ 시공이 용이한 것이어야 한다.

[해설]
벽 및 천장재료는 열전도율이 작아야 한다.

**36** 어느 목재의 절대건조비중이 0.54일 때 목재의 공극률은 얼마인가?

① 약 65%   ② 약 54%
③ 약 46%   ④ 약 35%

**해설**
공극률 = (1 − 절건비/1.54) × 100
     = (1 − 0.54/1.54) × 100 = 65%

**37** 다음 창호 부속철물 중 경첩으로 유지할 수 없는 무거운 자재 여닫이문에 쓰이는 것은?

① 플로어 힌지(Floor Hinge)
② 피벗 힌지(Pivot Hinge)
③ 레버터리 힌지(Lavatory Hinge)
④ 도어 체크(Door Check)

**해설**
① 플로어 힌지 : 무거운 여닫이문에 사용한다.

**38** 일반적으로 벌목을 실시하기에 계절적으로 가장 좋은 시기는?

① 봄     ② 여름
③ 가을   ④ 겨울

**해설**
목재의 벌목시기 : 겨울

**39** 초기 강도가 높고 양생기간 및 공기를 단축할 수 있어, 긴급공사에 사용되는 것은?

① 중용열 시멘트
② 조강 포틀랜드 시멘트
③ 백색 시멘트
④ 고로 시멘트

**해설**
② 조강 포틀랜드 시멘트 : 조기 강도 발현이 가능하므로 공기단축이 가능하고, 겨울공사에 가능한 시멘트이다.

**40** 석재의 표면마감방법 중 인력에 의한 방법에 해당되지 않는 것은?

① 정다듬
② 혹두기
③ 버너마감
④ 도드락다듬

**해설**
석재의 표면 마무리는 혹두기, 정다듬, 도드락다듬, 잔다듬, 물갈기, 광내기 순서로 진행한다.

**41** 다음 중 주택의 입면도 그리기 순서에서 가장 먼저 이루어져야 할 사항은?

① 처마선을 그린다.
② 지반선을 그린다.
③ 개구부 높이를 그린다.
④ 재료의 마감 표시를 한다.

**해설**
입면도 작성 시 지반선을 가장 먼저 그린다.

**42** 직접조명방식에 관한 설명으로 옳지 않은 것은?

① 조명률이 크다.
② 직사 눈부심이 없다.
③ 공장조명에 적합하다.
④ 실내면 반사율의 영향이 작다.

**해설**
**직접조명**
• 장 점
  – 광조명률이 좋고, 먼지에 의한 감광이 적다.
  – 자외선 조명을 할 수 있다.
  – 설비비가 일반적으로 싸다.
  – 집중적으로 밝게 할 때 유리하다.
• 단 점
  – 글로브를 사용하지 않을 경우 눈부심이 크고, 음영이 강해진다.
  – 실내 전체적으로 볼 때, 밝고 어두움의 차이가 크다.

**43** 정방형의 건물이 다음과 같이 표현되는 투시도는?

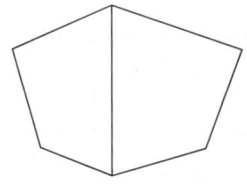

① 등각 투상도
② 1소점 투시도
③ 2소점 투시도
④ 3소점 투시도

**해설**
④ 3소점 투시도 : 소점이 3개인 투시도

**44** 주택의 동선계획에 관한 설명으로 옳지 않은 것은?

① 동선은 일상생활의 움직임을 표시하는 선이다.
② 동선이 혼란하면 생활권의 독립성이 상실된다.
③ 동선계획에서 동선을 이용하는 빈도는 무시한다.
④ 개인, 사회, 가사노동권의 3개 동선이 서로 분리되어 간섭이 없어야 한다.

**해설**
**동선계획**
건축물 내의 사람의 움직임(동선)을 건축의 평면계획으로 생각하는 것이다. 동선 상황을 도면상에 나타낸 것(거리를 길이, 빈도를 굵기로)을 동선도(Flow Diagram)라고 한다. 건축이나 도시의 계획에서 사람이나 물건이 움직이는 궤적, 그 양, 방향, 변화 등을 분석하여 적정한 움직임의 패턴을 만들어서 설계에 도움을 주는 작업이다.

**45** 벽체의 단열에 관한 설명으로 옳지 않은 것은?

① 벽체의 열관류율이 클수록 단열성이 낮다.
② 단열은 벽체를 통한 열손실방지와 보온역할을 한다.
③ 벽체의 열관류 저항값이 작을수록 단열효과는 크다.
④ 조적벽과 같은 중공구조의 내부에 위치한 단열재는 난방 시 실내 표면온도를 신속히 올릴 수 있다.

**해설**
열관류 저항값이 클수록 단열효과가 우수하다.

**46** 어떤 하나의 색상에서 무채색의 포함량이 가장 적은 색은?

① 명 색　② 순 색
③ 탁 색　④ 암 색

**해설**
② 순색 : 같은 색상의 청색 중 채도가 가장 높은 색

**47** 공동주택의 단면 형식 중 하나의 주호가 3개 층으로 구성되어 있는 것은?

① 플랫형
② 듀플렉스형
③ 트리플렉스형
④ 스킵플로어형

**해설**
③ 트리플렉스형 : 1개의 단위 주거가 3개 층에 걸쳐 있는 형식

**48** 건축법령상 승용승강기를 설치하여야 하는 대상 건축물 기준으로 옳은 것은?

① 5층 이상으로 연면적 1,000m² 이상인 건축물
② 5층 이상으로 연면적 2,000m² 이상인 건축물
③ 6층 이상으로 연면적 1,000m² 이상인 건축물
④ 6층 이상으로 연면적 2,000m² 이상인 건축물

**해설**
승강기(건축법 제64조 제1항)
건축주는 6층 이상으로서 연면적이 2,000m² 이상인 건축물을 건축하려면 승강기를 설치하여야 한다.

**49** 증기, 가스, 전기, 석탄 등을 열원으로 하는 물의 가열장치를 설치하여 온수를 만들어 공급하는 설비는?

① 급수설비
② 급탕설비
③ 배수설비
④ 오수정화설비

**해설**
② 급탕설비 : 증기, 가스, 전기, 석탄 등을 열원으로 하는 물의 가열장치를 설치하여 수전에 직접 공급되는 온수를 만들어 공급하는 설비

**50** 도면작도 시 유의사항으로 옳지 않은 것은?

① 숫자는 아라비아 숫자를 원칙으로 한다.
② 용도에 따라서 선의 굵기를 구분하여 사용한다.
③ 글자체는 수직 또는 15° 경사의 고딕체로 쓰는 것을 원칙으로 한다.
④ 축척과 도면의 크기에 관계없이 모든 도면에서 글자의 크기는 같아야 한다.

**해설**
도면의 글자 크기는 상황에 맞추어 정한다.

46 ② 47 ③ 48 ④ 49 ② 50 ④

**51** 아파트의 평면 형식 중 집중형에 관한 설명으로 옳지 않은 것은?

① 대지 이용률이 높다.
② 채광 및 통풍이 불리하다.
③ 독립성 측면에서 가장 우수하다.
④ 중앙에 엘리베이터나 계단실을 두고 많은 주호를 집중 배치하는 형식이다.

해설
계단실형이 독립성 측면에서 우수하다.

**52** 건축법령에 따른 초고층 건축물의 정의로 옳은 것은?

① 층수가 50층 이상이거나 높이가 150m 이상인 건축물
② 층수가 50층 이상이거나 높이가 200m 이상인 건축물
③ 층수가 100층 이상이거나 높이가 300m 이상인 건축물
④ 층수가 100층 이상이거나 높이가 400m 이상인 건축물

해설
**초고층 건축물의 정의(건축법 시행령 제2조 제15호)**
층수가 50층 이상이거나 높이가 200m 이상인 건축물을 말한다.

**53** 이형철근의 직경이 13mm이고 배근 간격이 150mm일 때 도면 표시법으로 옳은 것은?

① $\phi$13 @150
② 150 $\phi$13
③ D13 @150
④ @150 D13

해설
③ D13 @150 : 직경 13mm의 이형철근을 150mm 간격으로 배치

**54** 자동화재 탐지설비의 감지기 중 열감지기에 속하지 않는 것은?

① 광전식          ② 차동식
③ 정온식          ④ 보상식

해설
**자동화재 탐지설비 열감지기** : 정온식, 차동식, 보상식

**55** 건축허가신청에 필요한 설계도서 중 배치도에 표시하여야 할 사항에 속하지 않는 것은?

① 축척 및 방위
② 방화구획 및 방화문의 위치
③ 대지에 접한 도로의 길이 및 너비
④ 건축선 및 대지경계선으로부터 건축물까지의 거리

해설
**배치도** : 주변 도로와 부지, 부지 내에서 건물의 위치 등을 정확히 표시하기 위한 도면

**56** 다음 설명에 알맞은 형태의 지각심리는?

- 공동운명의 법칙이라고도 한다.
- 유사한 배열로 구성된 형들이 방향성을 지니고 연속되어 보이는 하나의 그룹으로 지각되는 법칙을 말한다.

① 근접성　　② 유사성
③ 연속성　　④ 폐쇄성

**해설**
③ 연속성 : 공동운명의 법칙의 착시현상

**57** 주거공간을 주행동에 따라 개인공간, 사회공간, 노동공간 등으로 구분할 때, 다음 중 사회공간에 속하지 않는 것은?

① 거 실　　② 식 당
③ 서 재　　④ 응접실

**해설**
- 사회공간 : 거실, 식사실, 응접실
- 개인공간 : 침실, 서재

**58** 다음 설명에 알맞은 공기조화방식은?

- 전공기방식의 특성이 있다.
- 냉풍과 온풍을 혼합하는 혼합상자가 필요없다.

① 단일덕트방식
② 이중덕트방식
③ 멀티존 유닛방식
④ 팬코일 유닛방식

**해설**
① 단일덕트방식 : 중앙에서 에어 핸들링 유닛이나 패키지형 공조기 등을 사용하여, 실내 또는 환기 덕트 내 자동온도조절기나 자동습도조절기에 의하여 각 실의 조건에 알맞게 조절된 냉풍 또는 온풍을 하나의 덕트와 취출구를 통하여 각 실에 보낸다. 오래전부터 사용했던 공조방식이다.

**59** 다음 그림에서 A방향의 투상면이 정면도일 때 C방향의 투상면은 어떤 도면인가?

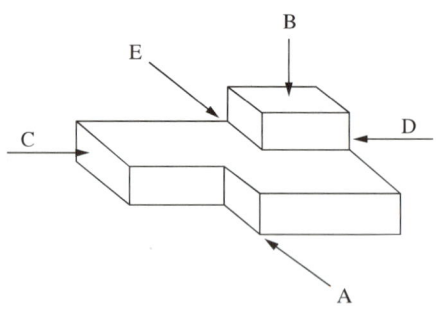

① 저면도　　② 배면도
③ 좌측면도　　④ 우측면도

**해설**
- A : 정면도
- B : 평면도
- C : 좌측면도
- D : 우측면도
- E : 배면도

**60** 한식주택의 특징으로 옳지 않은 것은?

① 좌식 생활 중심이다.
② 공간의 융통성이 낮다.
③ 가구는 부수적인 내용물이다.
④ 평면은 실의 위치별 분화이다.

**해설**

| 구 분 | 한식주택 | 양식주택 |
|---|---|---|
| 공 간 | 실의 다용도 | 실의 기능 분화 |
| 가 구 | 부차적 존재 | 주요한 내용물 |
| 구 조 | • 목조가구식<br>• 바닥이 높고 개구부가 크다. | • 벽돌조적식<br>• 바닥이 낮고 개구부가 작다. |
| 생활습관 | 좌 식 | 입 식 |

정답　56 ③　57 ③　58 ①　59 ③　60 ②

# 2015년 제5회 과년도 기출문제

**01** 지붕물매 중 되물매에 해당하는 것은?

① 4cm 물매　② 5cm 물매
③ 10cm 물매　④ 12cm 물매

**해설**
되물매 : 10cm 물매로서 45°의 경사

**02** 다음과 같은 조건에서 철근콘크리트보의 중량은?

- 보의 단면 너비 : 40cm
- 보의 높이 : 60cm
- 보의 길이 : 900cm
- 철근콘크리트보의 단위 중량 : 2,400kg/m³

① 5,184kg　② 518.4kg
③ 2,592kg　④ 259.2kg

**해설**
2,400kg/m³ × 0.4m × 0.6m × 9m = 5,184kg

**03** 다음 그림은 일반 반자의 뼈대를 나타낸 것이다. 각 기호의 명칭이 옳지 않은 것은?

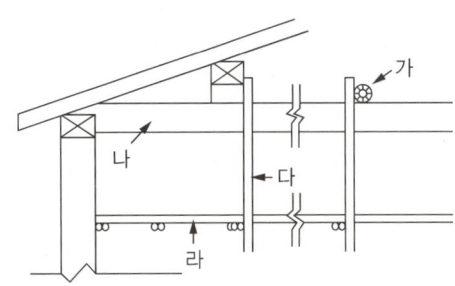

① 가 - 달대받이　② 나 - 지붕보
③ 다 - 달대　④ 라 - 처마도리

**해설**
처마도리 : 외벽의 상부에 있으며 서까래 등을 받치는 보

**04** 철근콘크리트구조의 특성으로 옳지 않은 것은?

① 부재의 크기와 형상을 자유자재로 제작할 수 있다.
② 내화성이 우수하다.
③ 작업방법, 기후 등에 영향을 받지 않으므로 균질한 시공이 가능하다.
④ 철골조에 비해 내식성이 뛰어나다.

**해설**
철근콘크리트는 작업방법 및 기후의 영향을 많이 받고 시공 후에 내부 결함을 검사하기 곤란하다.

## 05 목조 벽체에 관한 설명으로 옳지 않은 것은?

① 평벽은 양식구조에 많이 쓰인다.
② 심벽은 한식구조에 많이 쓰인다.
③ 심벽에서는 기둥이 노출된다.
④ 꿸대는 평벽에 주로 사용한다.

**해설**
- 평벽 : 평벽기둥을 내외의 양면에서 감싸고, 중간을 비어둔 벽
- 심벽 : 기둥 중심을 기준으로 골조를 도드라지게 만든 벽체
- 꿸대 : 설치와 벽의 보강을 위하여 기둥을 꿰어서 상호 연결하는 가로목

## 06 다음 (　) 안에 알맞은 용어는?

> 아치구조는 상부에서 오는 수직하중이 아치의 축선에 따라 좌우로 나뉘어져 밑으로 (　)만을 전달하게 한 것이다.

① 인장력　　② 압축력
③ 휨모멘트　④ 전단력

**해설**
**아치구조** : 개구부 상부의 하중을 지지하기 위하여 돌이나 벽돌을 곡선형으로 쌓아올린 구조로 상부의 수직방향하중이 아치의 곡면을 따라 좌우로 분리되어 아래쪽 부재에 인장력이 생기지 않고 압축력만을 전달하도록 만든 구조이다.

## 07 철근콘크리트구조에서 최소 피복두께의 목적에 해당되지 않는 것은?

① 철근의 부식방지　② 철근의 연성감소
③ 철근의 내화　　　④ 철근의 부착

**해설**
철근콘크리트구조에서 철근은 인장력에 대응하므로 구조부재의 표면 가까이 배치하는 것이 유리하지만, 이음과 정착을 위한 부착강도의 확보, 화재발생 시 내화성의 확보, 철근의 부식을 방지하기 위한 내구성의 확보를 위해 일정한 피복두께를 확보하여야 한다.

## 08 다음 중 콘크리트 설계기준강도를 의미하는 것은?

① 콘크리트 타설 후 28일 인장강도
② 콘크리트 타설 후 28일 압축강도
③ 콘크리트 타설 후 7일 인장강도
④ 콘크리트 타설 후 7일 압축강도

**해설**
**설계기준강도** : 콘크리트부재의 설계에 있어서 계산의 기준이 되는 콘크리트의 강도로 일반적으로 재령 28일의 압축강도가 기준이며, 포장용 콘크리트는 재령 28일의 휨강도를, 댐콘크리트에서는 재령 91일의 압축강도를 기준으로 한다.

## 09 창호와 창호철물의 연결에서 상호 관련성이 없는 것은?

① 오르내리창 - 크레센트
② 여닫이문 - 도어체크
③ 행거도어 - 실린더
④ 자재문 - 자유경첩

**해설**
- 크레센트 : 오르내리창의 잠금장치로 사용
- 자유경첩 : 안팎으로 개폐
- 플로어힌지 : 무거운 여닫이문 사용

정답　5 ④　6 ②　7 ②　8 ②　9 ③

**10** 보와 기둥 대신 슬래브와 벽이 일체가 되도록 구성한 구조는?

① 라멘구조
② 플랫 슬래브 구조
③ 벽식구조
④ 셸구조

**해설**
③ 벽식구조 : 벽돌 등으로 기둥 또는 벽을 만들어 하중을 받아내는 구조

**11** 횡력을 받는 벽을 지지하기 위해서 설치하는 구조물은?

① 버트레스
② 커튼월
③ 타이바
④ 칼럼밴드

**해설**
① 버트레스 : 벽을 지지하기 위해 축조된 외부구조물의 하나로, 특히 건물의 아치로 된 돌지붕의 육중한 떠밀림을 지탱하기 위한 부가적 조적형식이다.

**12** 스틸하우스에 대한 설명으로 옳지 않은 것은?

① 벽체가 얇기 때문에 결로현상이 발생하지 않는다.
② 공사기간이 짧고 자재의 낭비가 적다.
③ 내부 변경이 용이하고 공간 활용이 효율적이다.
④ 얇은 천장을 통해 방 사이의 차음이 문제가 된다.

**해설**
스틸하우스는 벽체가 얇아서 실평수를 크게 할 수 있지만, 외부의 찬공기에 의해 차가워진 경량형강이 내부의 따뜻한 공기와 접촉하여 결로현상이 발생한다.

**13** 다음 중 플레이트 보의 구성과 가장 관계가 적은 것은?

① 커버 플레이트
② 웨브 플레이트
③ 스티프너
④ 데크 플레이트

**해설**
플레이트 보 : 커버 플레이트, 웨브 플레이트, 플랜지 플레이트, 스티프너

**14** 강제계단의 특징으로 옳지 않은 것은?

① 건식 구조이다.
② 형태구성이 비교적 자유로운 편이다.
③ 철근콘크리트계단에 비해 무게가 무겁다.
④ 내화성이 부족하다.

**해설**
강제계단은 철근콘크리트계단에 비해 무게가 가볍다.

**15** 사각형 단면의 철근콘크리트기둥에서 띠철근을 사용하는 가장 주된 목적은?

① 주근의 좌굴을 막기 위하여
② 주근 단면을 보강하기 위하여
③ 콘크리트의 압축강도를 증가시키기 위하여
④ 콘크리트의 수축 변형을 막기 위하여

**해설**
띠철근 : 철근콘크리트조에서 기둥의 주근을 보강하며, 좌굴을 방지하고 간격을 유지하는 것 등을 위하여 주근에 직교하여 감아댄 가는 철근

**16** 건축구조의 부재에 발생하는 단면력의 종류가 아닌 것은?

① 풍하중        ② 전단력
③ 축방향력      ④ 휨모멘트

**해설**
단면력 : 휨모멘트, 비틀림모멘트, 전단력, 축력, 반력

**17** 목구조에서 버팀대와 가새에 대한 설명 중 옳지 않은 것은?

① 가새의 경사는 45°에 가까울수록 유리하다.
② 가새는 하중의 방향에 따라 압축응력과 인장응력이 번갈아 일어난다.
③ 버팀대는 가새보다 수평력에 강한 벽체를 구성한다.
④ 버팀대는 기둥 단면에 적당한 크기의 것을 쓰고 기둥 따내기도 되도록 적게 한다.

**해설**
• 가새 : 대각선방향에 삼각형구조로 대는 것으로 가새의 경사는 45°에 가까울수록 유리하다.
• 버팀대 : 뼈대의 모서리를 고정시키기 위하여 비스듬히 대는 것으로 수평력에 대하여 가새보다는 약하지만, 방의 활용상 또는 가새를 댈 수 없는 곳에 있어서는 유리하다.

**18** 기본벽돌(190 × 90 × 57mm)로 벽체두께를 1.0B로 쌓을 때 그 두께로 옳은 것은?

① 90mm       ② 190mm
③ 210mm      ④ 290mm

**해설**
• 0.5B : 90mm
• 1.0B : 190mm
• 1.5B : 290mm

**19** 벽돌조의 기초에서 ⓐ의 길이는 얼마 정도가 가장 적당한가?(단, t는 벽두께)

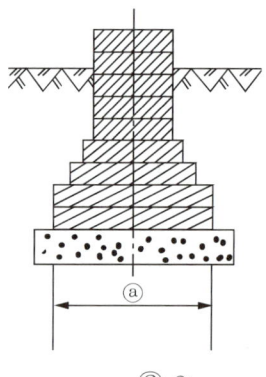

① 1t        ② 2t
③ 3t        ④ 4t

**해설**
기초판 너비는 벽체두께의 2배이다.

**20** 트러스구조에 대한 설명으로 옳지 않은 것은?

① 지점의 중심선과 트러스절점의 중심선은 가능한 일치시킨다.
② 항상 인장력을 받는 경사재의 단면이 가장 크다.
③ 트러스의 부재중에는 응력을 거의 받지 않는 경우도 생긴다.
④ 트러스의 부재의 절점은 핀접합으로 본다.

**해설**
② 항상 인장력을 받는 경사재의 단면이 가장 큰 것은 아니다. 압축력을 받는 사재가 단면이 큰 경우도 있고 상현재와 하현재 단면이 더 큰 경우도 있다.
①, ④는 트러스의 기본 과정이다.
③ 트러스에서 영부재는 존재한다.

**21** 테라코타에 대한 설명으로 옳지 않은 것은?

① 장식용 점토소성제품이다.
② 건축물의 난간, 주두, 돌림띠 등에 사용된다.
③ 일반 석재보다 무겁고 1개의 크기는 1m³ 이상이 적당하다.
④ 복잡한 모양의 것은 형틀에 점토를 부어 넣어 만든다.

**해설**
테라코타
• 석재 조각물 대신에 사용되는 점토소성제품이다.
• 입체타일로 석재보다 색이 자유롭다.
• 일반적인 석재보다 가벼우며, 크기는 개당 0.5m³ 또는 0.3m³ 이하가 적당하다.

**22** 운모계와 사문암계 광석으로 800~1,000℃로 가열하면 부피가 5~6배로 팽창되며, 비중이 0.2~0.4인 다공질 경석으로 단열, 흡음, 보온 효과가 있는 것은?

① 부 석　② 탄 각
③ 질 석　④ 펄라이트

**해설**
③ 질석 : 운모와 같은 결정구조인 단사정계에 속하는 광물로 버미큘라이트라고도 한다. 색깔은 회백색 또는 갈색이며 진주광택이 난다. 산에 의해 쉽게 분해되고, 양이온 교환능력이 크며, 가열하면 팽창한다. 다공질이며, 흡수능력이 좋아서 내열재료 및 방음재로서 널리 이용된다.

**23** 화재의 연소방지 및 내화성의 향상을 주목적으로 하는 재료는?

① 아스팔트　② 석면시멘트판
③ 실링재　④ 글라스 울

**해설**
② 석면시멘트판 : 석면과 시멘트를 주원료로 하여 슬레이트 모양으로 경화시킨 석면시멘트제품으로 중량이 가볍고, 힘에 강하며, 내화성・단열성이 뛰어나다.

**24** 콘크리트구조물에서 하중을 지속적으로 작용시켜 놓을 경우 하중의 증가가 없음에도 불구하고 지속하중에 의해 시간과 더불어 변형이 증대하는 현상은?

① 액상화　② 블리딩
③ 레이턴스　④ 크리프

**해설**
④ 크리프 : 외력이 일정하게 유지될 때, 시간이 흐름에 따라 재료의 변형이 증대하는 현상

**25** 시멘트의 일반적 성질에 관한 설명으로 옳은 것은?

① 시멘트의 강도는 콘크리트의 강도에 영향을 주지 않는다.
② 시멘트의 분말이 미세할수록 건조수축은 작아져 균열이 발생하지 않는다.
③ 시멘트와 물을 혼합시키면 포졸란 반응이 일어난다.
④ 일반적으로 분말도가 큰 시멘트일수록 응결 및 강도의 증진율이 크다.

**해설**
분말도가 높은 시멘트의 특징
시공연도 우수, 재료분리현상 감소, 수화반응이 빠름, 조기강도 높음, 풍화되기 쉬움, 수축균열이 큼, 콘크리트 응결 시 초기 균열 발생

**26** 다음 중 결로(結露)현상 방지에 가장 적합한 유리는?

① 무늬유리　　② 강화판유리
③ 복층유리　　④ 망입유리

**해설**
복층유리 : 두 장의 유리를 일정한 간격으로 하여, 주위를 접착제로 밀폐하고, 그 중간에 완전 건조 공기를 봉입한 유리이다. 단열·차음·결로 방지 등의 효과가 있으며, 페어 글라스라고도 한다.

**27** 열경화성수지 중 건축용으로는 글라스 섬유로 강화된 평판 또는 판상제품으로 주로 사용되는 것은?

① 아크릴수지　　② 폴리에스테르수지
③ 염화비닐수지　④ 폴리에틸렌수지

**해설**
합성수지의 종류

| | |
|---|---|
| 열경화성 | 페놀수지, 요소수지, 멜라민수지, 폴리에스테르수지, 에폭시수지, 실리콘수지 |
| 열가소성 | 염화비닐수지, 폴리에틸렌수지, 폴리프로필렌수지, 폴리스티렌수지, 아크릴수지 |

**28** 돌로마이트 플라스터에 관한 설명으로 옳지 않은 것은?

① 가소성이 커서 풀이 필요 없다.
② 경화 시 수축률이 매우 크다.
③ 수경성이므로 외벽 바름에 적당하다.
④ 강알칼리성이므로 건조 후 바로 유성페인트를 칠할 수 없다.

**해설**
돌로마이트 석회
• 소석회보다 비중이 크고 굳으면 강도가 증가한다.
• 점성이 좋아 풀을 넣을 필요가 없다.
• 수축균열이 크다.
• 응결속도가 빠르다.
• 습기에 약하여 내부에 사용한다.
• 기경성이다.
• 냄새와 곰팡이가 없다.

**29** 다음 목재 제품 중 일반건물의 벽 수장재로 사용되는 것은?

① 플로링 보드　　② 코펜하겐 리브
③ 파키트리 패널　④ 파키트리 블록

**해설**
코펜하겐 리브 : 오디토리움 등의 천장이나 벽면을 완성할 때 사용한다.

25 ④　26 ③　27 ②　28 ③　29 ②

**30** 강재의 인장강도가 최대가 되는 온도는 대략 어느 정도인가?

① 0℃  ② 150℃
③ 250℃  ④ 500℃

**해설**
강재의 인장강도가 가장 큰 온도 : 250℃(500℃에서 0℃ 강도의 1/2)

**31** KS F 3126(치장 목질 마루판)에서 요구하는 치장 목질 마루판의 성능기준과 관련된 시험항목에 해당되지 않는 것은?

① 내마모성
② 압축강도
③ 접착성
④ 폼알데하이드 방산량

**해설**
치장 목질 마루판 성능시험 : 휨강도, 인장강도, 내열성, 내산성, 내마모성 등

**32** 화강암에 관한 설명으로 옳지 않은 것은?

① 내화성은 석재 중에서 가장 큰 편이다.
② 주요 광물은 석영과 장석이다.
③ 콘크리트용 골재로도 사용된다.
④ 구조재 및 수장재로 쓰인다.

**해설**
화강암
• 강도가 가장 크다.
• 내화도가 낮아 고열부담이 있는 곳은 사용하지 못한다.
• 실외 벽체마감에 사용한다.

**33** 목면, 마사, 양모, 폐지 등을 혼합하여 만든 원지에 스트레이트 아스팔트를 침투시킨 두루마리제품 이름은?

① 아스팔트 루핑
② 아스팔트 싱글
③ 아스팔트 펠트
④ 아스팔트 프라이머

**해설**
③ 아스팔트 펠트 : 유기성 섬유를 원료로 하는 펠트에 스트레이트 아스팔트를 침투시킨 것으로 아스팔트 방수, 지붕·벽 바탕의 방수, 보온공사용 등에 사용된다.

**34** 다음 중 재료와 그 사용용도의 연결이 옳지 않은 것은?

① 테라초 - 벽, 바닥의 수장재
② 트래버틴 - 내벽 등의 수장재
③ 타일 - 내외벽, 바닥의 수장재
④ 테라코타 - 흡음재

**해설**
테라코타
• 석재 조각물 대신에 사용되는 점토소성제품이다.
• 입체타일이며 석재보다 색이 자유롭다.
• 일반적인 석재보다 가벼우며, 크기는 개당 $0.5m^3$ 또는 $0.3m^3$ 이하가 적당하다.

**35** 다음 중 열전도율이 가장 낮은 것은?

① 콘크리트
② 목 재
③ 알루미늄
④ 유 리

**해설**
열전도율 : 콘크리트(1.6), 목재(0.13), 알루미늄(200), 유리(0.76)

**36** 점토제품 중 타일에 대한 설명으로 옳지 않은 것은?

① 자기질타일의 흡수율은 3% 이하이다.
② 일반적으로 모자이크타일은 건식법에 의해 제조된다.
③ 클링커타일은 석기질타일이다.
④ 도기질타일은 외장용으로만 사용된다.

**해설**
도기질타일은 내장용으로만 사용한다.

**37** 단열재의 조건으로 옳지 않은 것은?

① 열전도율이 높아야 한다.
② 흡수율이 낮고 비중이 작아야 한다.
③ 내화성, 내부식성이 좋아야 한다.
④ 가공, 접착 등의 시공성이 좋아야 한다.

**해설**
단열재 : 열을 전달하는 성질이 작은 재료로 열 손실을 적게 하기 위하여 사용된다. 모두 공기의 단열성을 이용한 것이며 다공질의 조직을 갖는다. 무기질의 경우 석면, 유리면, 미분광물, 단열벽돌 등이 있다.

**38** 결합재의 하나로서 미장재료에 혼입하여 보강, 균열 방지의 역할을 하는 섬유질재료를 무엇이라 하는가?

① 풀
② 여 물
③ 골 재
④ 안 료

**해설**
② 여물 : 보강, 균열방지

**39** 목재의 착색에 사용하는 도료 중 가장 적당한 것은?

① 오일스테인
② 연단도료
③ 클리어래커
④ 크레오소트유

**해설**
① 오일스테인 : 판자벽이나 기둥 따위에 칠하는 도료

정답  35 ②  36 ④  37 ①  38 ②  39 ①

**40** 금속의 부식작용에 대한 설명으로 옳지 않은 것은?

① 동판과 철판을 같이 사용하면 부식방지에 효과적이다.
② 산성인 흙속에서는 대부분의 금속재가 부식된다.
③ 습기 및 수중에 탄산가스가 존재하면 부식작용은 한층 촉진된다.
④ 철판의 자른 부분 및 구멍을 뚫은 주위는 다른 부분보다 빨리 부식된다.

**해설**
다른 종류의 금속을 서로 잇대어 사용하지 않는다.
**철재 부식방지법**
- 철재의 표면에 아스팔트나 콜타르를 바른다.
- 시멘트액 등으로 피막을 형성한다.
- 사산화철 등의 금속 산화물로 피막을 형성한다.

**41** 실내공기오염의 종합적 지표가 되는 오염물질은?

① 먼지
② 산소
③ 이산화탄소
④ 일산화탄소

**해설**
③ 이산화탄소 : 공기오염의 전반적인 사태를 추측할 수 있는 가스로, 실내오염의 판정기준이 된다. 위생한계는 0.1%이다.

**42** 대지에 이상전류를 방류 또는 계통구성을 위해 의도적이거나 우연하게 전기회로를 대지 또는 대지를 대신하는 전도체에 연결하는 전기적인 접속은?

① 접지
② 분기
③ 절연
④ 배전

**해설**
**접지**
대지에 이상전류를 방류 또는 계통구성을 위해 의도적이거나 우연하게 전기회로를 대지 또는 대지를 대신하는 전도체에 연결하는 전기적인 접속을 말한다.

**43** 건축제도에서 반지름을 표시하는 기호는?

① D
② $\phi$
③ R
④ W

**해설**
도면의 표시사항과 기호(KS F 1501)

| 표시사항 | 기 호 | 표시사항 | 기 호 |
|---|---|---|---|
| 길 이 | L | 면 적 | A |
| 높 이 | H | 용 적 | V |
| 너 비 | W | 지 름 | D 또는 $\phi$ |
| 두 께 | THK | 반지름 | R |
| 무 게 | Wt | | |

**44** 엘리베이터가 출발기준층에서 승객을 싣고 출발하여 각 층에 서비스 한 후 출발기준층으로 되돌아와 다음 서비스를 위해 대기하는 데까지 총시간을 무엇이라 하는가?

① 주행시간
② 승차시간
③ 일주시간
④ 가속시간

**해설**
③ 일주시간 : 엘리베이터가 출발기준층에서 승객을 싣고 출발하여 각 층에 서비스 한 후 출발기준층으로 돌아와서 다음 서비스를 대기하는 데까지 소요되는 총시간

**45** 한식주택에 관한 설명으로 옳지 않은 것은?

① 공간의 융통성이 낮다.
② 가구는 부수적인 내용물이다.
③ 평면은 실의 위치별 분화이다.
④ 각 실이 마루로 연결된 조합 평면이다.

해설

| 구 분 | 한식주택 | 양식주택 |
|---|---|---|
| 공 간 | 실의 다용도 | 실의 기능 분화 |
| 가 구 | 부차적 존재 | 주요한 내용물 |
| 구 조 | • 목조가구식<br>• 바닥이 높고 개구부가 크다. | • 벽돌조적식<br>• 바닥이 낮고 개구부가 작다. |
| 생활습관 | 좌 식 | 입 식 |

**46** 계단실형 아파트에 관한 설명으로 옳지 않은 것은?

① 거주의 프라이버시가 높다.
② 채광, 통풍 등의 거주 조건이 양호하다.
③ 통행부 면적을 크게 차지하는 단점이 있다.
④ 계단실에서 직접 각 세대로 접근할 수 있는 유형이다.

해설
계단실형
• 출입에 필요한 통로 부분의 면적이 절약된다.
• 2단위 주거형에 엘리베이터를 설치할 경우 이용률이 낮다.

**47** 다음 중 단면도에 표시되는 사항은?

① 반자높이   ② 주차동선
③ 건축면적   ④ 대지경계선

해설
단면도 : 대지의 경사, 지면과 바닥의 높이, 층고 및 천장고(반자높이), 창높이, 계단실, 처마 및 베란다 같은 돌출상황 등을 표시

**48** 다음 중 주택공간의 배치계획에서 다른 공간에 비하여 프라이버시 유지가 가장 요구되는 곳은?

① 현 관   ② 거 실
③ 식 당   ④ 침 실

해설
④ 침실 : 수면·휴식·탈의 등의 행위를 위한 개인공간이 구성되도록 한다. 가족 구성원 각자의 개성이 존중되고, 심리적 독립성이 지켜져야 한다.

**49** 투상도의 종류 중 X, Y, Z의 기본 축이 120°씩 화면으로 나누어 표시되는 것은?

① 등각 투상도
② 유각 투시도
③ 이등각 투상도
④ 부등각 투상도

해설
등각투상도
• 기본축(X, Y, Z)을 120°로 작도한다.
• 도면상의 모든 거리를 동일한 축척으로 작도한다.

**50** 건축허가신청에 필요한 설계도서에 속하지 않는 것은?

① 배치도   ② 평면도
③ 투시도   ④ 건축계획서

해설
건축허가신청에 필요한 설계도서(건축법 시행규칙 [별표 2])
건축계획서, 배치도, 평면도, 입면도, 단면도, 구조도, 구조계산서, 소방설비도

**51** 사회학자 숑바르 드 로브(Chombard de Lawve)의 주거면적기준 중 한계기준으로 옳은 것은?

① 8m²/인
② 10m²/인
③ 14m²/인
④ 16.5m²/인

**해설**
프랑스 사회학자 숑바르 드 로브(Chombard de Lawve)는 8m²/인 이하를 병리기준으로 분류하여 심리적 압박감, 폭력 등의 사회적 병리현상이 일어날 수 있는 규모라고 하였으며, 14m²/인은 이러한 병리현상을 방지할 수 있는 한계기준으로, 16m²/인을 평균(적정)기준으로 제시하였다.

**52** 건축제도의 치수기입에 관한 설명으로 옳은 것은?

① 치수는 특별히 명시하지 않는 한, 마무리 치수로 표시한다.
② 치수기입은 치수선을 중단하고 선의 중앙에 기입하는 것이 원칙이다.
③ 치수의 단위는 밀리미터(mm)를 원칙으로 하며, 반드시 단위 기호를 명시하여야 한다.
④ 치수기입은 치수선에 평행하게 도면의 오른쪽에서 왼쪽으로 읽을 수 있도록 기입한다.

**해설**
치수숫자는 치수선의 중앙 위쪽에 기입해야 한다. 치수단위는 mm이고, 단위는 도면에서 생략한다(KS F 1501).

**53** 건물 각 층 벽면에 호스, 노즐, 소화전 밸브를 내장한 소화전함을 설치하고 화재 시에는 호스를 끌어낸 후 화재 발생지점에 물을 뿌려 소화시키는 설비는?

① 드렌처설비
② 옥내소화전설비
③ 옥외소화전설비
④ 스프링클러설비

**해설**
② 옥내소화전설비 : 소형 소화전이라고 하며, 건물 내부의 복도나 실내의 벽면에 설치된 소화전 상자 속에 호스와 노즐이 함께 들어 있다. 수동·반자동·전자동식이 있으며 소화전 하나의 유효면적은 반경 25m 이내의 범위이다.

**54** 증기난방에 관한 설명으로 옳지 않은 것은?

① 예열시간이 짧다.
② 한랭지에서는 동결의 우려가 적다.
③ 증기의 현열을 이용하는 난방이다.
④ 부하변동에 따른 실내 방열량의 제어가 곤란하다.

**해설**
증기난방 : 보일러에서 물을 가열하여 발생한 증기를 배관을 통해 각 실에 설치된 방열기로 보내 이 수증기의 증발잠열(Latent Heat)을 이용하여 난방을 하는 방식이다.

| | |
|---|---|
| 장점 | • 증발잠열을 이용하기 때문에 열의 운반능력이 크다.<br>• 예열시간이 온수난방에 비하여 짧고 증기의 순환이 빠르다.<br>• 방열면적을 온수난방보다 작게 할 수 있다.<br>• 설비비와 유지비가 저렴하다. |
| 단점 | • 난방의 쾌감도가 낮다.<br>• 난방 부하의 변동에 따라 방열량 조절이 곤란하다.<br>• 소음이 발생하고 보일러 취급 기술이 필요하다. |

**55** 다음 설명에 알맞은 통기방식은?

• 각 기구의 트랩마다 통기관을 설치한다.
• 트랩마다 통기되기 때문에 가장 안정도가 높은 방식이다.

① 각개통기방식
② 루프통기방식
③ 회로통기방식
④ 신정통기방식

**해설**
① 각개통기방식 : 각 기구의 트랩마다 통기관을 설치하여 그것들을 통기수평지관에 접속하고 그 지관의 말단을 통기수직관 또는 신정통기관에 접속하는 방식이다. 트랩마다 통기되어 있으므로 가장 성능이 좋다.

**56** 다음 설명에 알맞은 형태의 종류는?

- 구체적 형태를 생략 또는 과장의 과정을 거쳐 재구성한 형태이다.
- 대부분의 경우 재구성된 원래의 형태를 알아보기 어렵다.

① 자연적 형태  ② 현실적 형태
③ 추상적 형태  ④ 이념적 형태

**해설**
③ 추상적 형태 : 과장의 과정을 거쳐 재구성한 형태

**57** 제도용지 A2의 크기는 A0용지의 얼마 정도의 크기인가?

① 1/2  ② 1/4
③ 1/8  ④ 1/16

**해설**
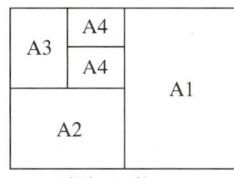
전체 크기는 A0

**58** 주택의 다이닝 키친(Dining Kitchen)에 관한 설명으로 옳지 않은 것은?

① 면적 활용도가 높아 효율적이다.
② 주부의 가사 노동량을 줄일 수 있다.
③ 소규모주택에서는 적용이 곤란하다.
④ 이상적인 식사공간 분위기 조성이 어렵다.

**해설**
다이닝 키친(Dining Kitchen) : 주방, 부엌의 일부분에 식사실을 배치하는 형태이다. 유기적으로 연결하여 노동력이 절감되지만, 부엌조리 시 냄새나 음식찌꺼기 등으로 인하여 식사실 분위기가 저해된다.

**59** 투시도법에 사용되는 용어의 표시가 옳지 않은 것은?

① 시점 – EP  ② 소점 – SP
③ 화면 – PP  ④ 수평면 – HP

**해설**
**투시도법에 쓰는 용어**
- 기선(GL) : 지면과 화면이 만나는 선
- 지반면(GP) : 지면의 수평면
- 화면(PP) : 대상물과 그것을 보는 사람 사이에 주어진 수직면
- 수평면(HP) : 눈높이와 수평한 면
- 수평선(HL) : 눈높이와 화면의 교차선
- 시점(EP) : 대상물을 보는 눈의 위치
- 정점(SP) : 관찰자의 위치
- 소점(VP) : 화면에서 한 점으로 수렴되는 점, 중심소점(1점), 좌/우측소점(2점)

**60** 형태의 조화로서 황금비례의 비율은?

① 1 : 1  ② 1 : 1.414
③ 1 : 1.618  ④ 1 : 3.141

**해설**
**황금비율** : 이상적인 비례 1 : 1.618의 비율

# 2016년 제1회 과년도 기출문제

**01** 2방향 슬래브는 슬래브의 단변에 대한 장변의 길이의 비(장변/단변)가 얼마 이하일 때부터 적용할 수 있는가?

① 1/2  ② 1
③ 2   ④ 3

**해설**
- 1방향 슬래브 : 변장비 $\lambda = \dfrac{l_y}{l_x} > 2$
- 2방향 슬래브 : 변장비 $\lambda = \dfrac{l_y}{l_x} \leq 2$

단, $l_x$는 슬래브의 단변 순 스팬, $l_y$는 슬래브의 장변 순 스팬

**02** 철근콘크리트구조의 배근에 대한 설명으로 옳지 않은 것은?

① 기둥 하부의 주근은 기초판에 크게 구부려 깊이 정착한다.
② 압축 측에도 철근을 배근한 보를 복근보라고 한다.
③ 단순보의 주근은 중앙부에서는 하부에 많이 넣어야 한다.
④ 슬래브의 철근은 단변방향보다 장변방향에 많이 넣어야 한다.

**해설**
슬래브의 철근
- 단변방향(주근), 장변방향(배력근)
- 주근인 단변방향에 철근을 더 많이 배근한다.

**03** 벽돌구조에서 방음, 단열, 방습을 위해 벽돌벽을 이중으로 하고 중간을 띄어 쌓는 법은?

① 공간 쌓기  ② 들여쌓기
③ 내쌓기    ④ 기초쌓기

**해설**
① 공간 쌓기 : 벽돌벽, 블록벽, 석조벽 등 이중으로 하고 중간을 떼어 쌓는 방법이다. 방음, 단열, 방습, 방한, 방서 효과가 있다.

**04** 개구부 상부의 하중을 지지하기 위하여 돌이나 벽돌을 곡선형으로 쌓아올린 구조를 무엇이라 하는가?

① 골조구조   ② 아치구조
③ 린텔구조   ④ 트러스구조

**해설**
② 아치구조 : 아치는 개구부 상부의 하중을 지지하기 위하여 돌이나 벽돌을 곡선형으로 쌓아올린 구조이다.

**05** 벽돌벽체에서 벽돌을 1켜씩 내쌓기할 때 얼마 정도 내쌓는 것이 적정한가?

① $\dfrac{1}{2}$B  ② $\dfrac{1}{4}$B
③ $\dfrac{1}{5}$B  ④ $\dfrac{1}{8}$B

**해설**
벽돌벽체의 내쌓기(내놓기 한도는 2.0B) : 1켜는 $\dfrac{1}{8}$B, 2켜는 $\dfrac{1}{4}$B 이다.

**정답** 1 ③  2 ④  3 ①  4 ②  5 ④

**06** 외관이 중요시되지 않는 아치는 보통벽돌을 쓰고 줄눈을 쐐기모양으로 하는데 이러한 아치를 무엇이라 하는가?

① 본아치
② 거친아치
③ 막만든아치
④ 층두리아치

**해설**
② 거친아치 : 아치 틀기에 있어 보통벽돌을 사용하여 줄눈을 쐐기모양으로 한 아치이다.

**07** 합성골조에 관한 설명으로 옳지 않은 것은?

① CFT(콘크리트충전강관기둥)에서는 내부 콘크리트가 강관의 급격한 국부좌굴을 방지한다.
② 코어(Core)의 전단벽에 횡력에 대한 강성을 증대시키기 위하여 철골빔을 설치한다.
③ 데크 플레이트(Deck Plate)는 합성슬래브의 한 종류이다.
④ 스터드볼트(Stud Bolt)는 철골기둥을 연결하는 데 사용한다.

**해설**
• 콘크리트충전강관(CFT ; Concrete Filled steel Tube) : 강관 내부에 콘크리트를 전하여 콘크리트와 강재의 장점을 합성한 구조이다.
• 스터드볼트 : 보 플랜지 상면에 적당한 관계를 가지고 수직으로 부착하여 콘크리트와 철골보의 합성 효과를 기대하는 볼트이다. 스터드, 매입볼트라고도 한다.

**08** 철근콘크리트구조의 원리에 대한 설명으로 옳지 않은 것은?

① 콘크리트와 철근이 강력히 부착되면 철근의 좌굴이 방지된다.
② 콘크리트는 압축력에 강하므로 부재의 압축력을 부담한다.
③ 콘크리트와 철근의 선팽창계수는 약 10배의 차이가 있어 응력의 흐름이 원활하다.
④ 콘크리트는 내구성과 내화성이 있어 철근을 피복·보호한다.

**해설**
**철근콘크리트구조**
• 콘크리트는 압축력을 감당하고, 철근은 인장력을 감당할 수 있도록 고안한 구조시스템이다.
• 알칼리성인 콘크리트는 철근을 감싸 철근의 부식으로 인한 녹 발생을 방지해 주며 화재발생 시에도 고열에 의한 급격한 강도저하를 막아 준다.

**철근콘크리트가 성립할 수 있는 이유**
• 콘크리트가 알칼리성이므로 콘크리트 속에 묻힌 철근은 녹슬지 않는다.
• 철근과 콘크리트의 부착강도가 크다.
• 철근과 콘크리트는 선팽창계수가 거의 완벽하게 일치하는 일체식 구조이다.
• 콘크리트는 압축력, 철근은 인장력에 강하다.

**09** 건축구조의 구성방식에 의한 분류에 속하지 않는 것은?

① 가구식 구조
② 일체식 구조
③ 습식 구조
④ 조적식 구조

**해설**

| 건축물의 사용재료 | 목구조, 벽돌구조, 블록구조, 돌구조, 철근콘크리트구조, 철골구조, 철골철근콘크리트구조 등 |
|---|---|
| 건축물의 구성방식 | 일체식 구조, 가구식 구조, 조적식 구조 |
| 건축물의 형상 | 셸구조, 돔구조, 스페이스 프레임구조, 막구조, 케이블구조, 절판구조, 아치구조 등 |
| 시공방식 | 습식 구조, 건식 구조, 조립식 구조, 현장 구조 등 |

**10** 곡면판이 지니는 역학적 특성을 응용한 구조로서 외력은 주로 판의 면내력으로 전달되기 때문에 경량이고 내력이 큰 구조물을 구성할 수 있는 것은?

① 셸구조  ② 철골구조
③ 현수구조  ④ 커튼월구조

**해설**
① 셸구조 : 조개껍데기나 달걀껍데기처럼 휘어진 얇은 판의 곡면을 이용하는 구조방식이다.
③ 현수구조 : 주요 부분을 케이블 등에 매달아서 인장력으로 저항하는 구조이다.
④ 커튼월구조 : 건물외벽에 뼈대가 아닌 경량부재를 사용하여 구조체를 얹히는 구조이다.

**11** 조적조에서 내력벽의 길이는 최대 얼마 이하로 하여야 하는가?

① 6m  ② 8m
③ 10m  ④ 15m

**해설**
내력벽의 길이(건축물의 구조기준 등에 관한 규칙 제31조 제2항)
조적식 구조인 내력벽의 길이는 10m를 넘을 수 없다.

**12** 지붕의 물매 중 되물매의 경사로 옳은 것은?

① 15°  ② 30°
③ 45°  ④ 60°

**해설**
되물매 : 10cm 물매로서 45°의 경사

**13** 철근콘크리트보에 늑근을 사용하는 주된 이유는?

① 보의 전단저항력을 증가시키기 위하여
② 철근과 콘크리트의 부착력을 증가시키기 위하여
③ 보의 강성을 증가시키기 위하여
④ 보의 휨저항을 증가시키기 위하여

**해설**
보 철근의 종류와 배근 : 보 철근은 횡방향으로 배근되는 주근과 보의 전단력을 보강하기 위해 설치하는 늑근 또는 스터럽(Stirrup)으로 구분한다.

**14** 블록의 중공부에 철근과 콘크리트를 부어넣어 보강한 것으로써 수평하중 및 수직하중을 견딜 수 있는 구조는?

① 보강블록조
② 조적식 블록조
③ 장막벽 블록조
④ 차폐용 블록조

**해설**
① 보강블록조 : 콘크리트블록의 공동부에 철근을 넣고 콘크리트, 모르타르 등을 충전시켜 만든 것이다. 블록의 빈속에 철근과 콘크리트를 부어 수직하중·수평하중에 대응할 수 있도록 한 가장 이상적인 블록구조이다.

**15** 줄눈을 10mm로 하고 기본벽돌(점토벽돌)로 1.5B 쌓기 하였을 경우 벽두께로 옳은 것은?

① 200mm
② 290mm
③ 400mm
④ 490mm

> **해설**
> - 0.5B : 90mm
> - 1.0B : 190mm
> - 1.5B : 290mm

**16** 철근콘크리트 1방향 슬래브의 두께는 최소 얼마 이상으로 하여야 하는가?

① 80mm
② 90mm
③ 100mm
④ 120mm

> **해설**
> 슬래브의 구조(KDS 14 20 70)
> 1방향 슬래브의 두께는 최소 100mm 이상으로 해야 한다.

**17** 바닥면적이 40m²일 때 보강콘크리트블록조의 내력벽 길이의 총합계는 최소 얼마 이상이어야 하는가?

① 4m
② 6m
③ 8m
④ 10m

> **해설**
> 내력벽(건축물의 구조기준 등에 관한 규칙 제43조 제1항)
> 건축물의 각 층에 있어서 건축물의 길이방향 또는 너비방향의 보강블록구조인 내력벽의 길이는 각각 그 방향의 내력벽의 길이의 합계가 그 층의 바닥면적 1m²에 대하여 0.15m 이상이 되도록 하되, 그 내력벽으로 둘러싸인 부분의 바닥면적은 80m²를 넘을 수 없다.
> ∴ 15cm/m² × 40m² = 600cm = 6m

**18** 트러스를 곡면으로 구성하여 돔을 형성하는 것은?

① 워런트러스
② 실린더셸
③ 회전셸
④ 래티스돔

> **해설**
> ④ 래티스돔 : 긴 스판에 H 철골로 보를 걸치려면 큰 부재가 필요한데 이때 작은 형강 등을 적절히 트러스방식으로 조립하여 큰 철골보와 같은 힘을 받는 물체를 만드는 것을 돔형식으로 구성한 것이다.

**19** 철골구조의 보에 사용되는 스티프너(Stiffener)에 대한 설명으로 옳지 않은 것은?

① 하중점 스티프너는 집중하중에 대한 보강용으로 쓰인다.
② 중간 스티프너는 웨브의 좌굴을 막기 위하여 쓰인다.
③ 재축에 나란하게 설치한 것을 수평 스티프너라고 한다.
④ 커버 플레이트와 동일한 용어로 사용된다.

> **해설**
> 스티프너 : 보의 웨브부분을 보강하여 전단내력의 증진과 웨브의 국부좌굴 방지를 위해 사용되는 부재이다.

정답  15 ②  16 ③  17 ②  18 ④  19 ④

**20** 조적구조에서 테두리보의 역할과 거리가 먼 것은?

① 벽체를 일체화하여 벽체의 강성을 증대시킨다.
② 벽체 폭을 크게 줄일 수 있다.
③ 기초의 부동침하 지진발생 시 지반반력의 국부 집중에 따른 벽의 직접피해를 완화시킨다.
④ 수직균열을 방지하고, 수축균열 발생을 최소화 한다.

> **해설**
> **테두리보** : 조적구조의 벽체 상부를 둘러대는 보를 테두리보라고 한다. 테두리보는 벽체의 상부하중을 균등히 분포시키고, 건물 전체의 강성을 증대시키며 수직균열을 방지할 수 있다. 보강블록조에서는 세로철근을 정착시키는 역할을 한다. 조적조의 벽체를 보강하기 위해 내력벽의 상부에 벽두께의 1.5배 이상의 철골구조 또는 철근콘크리트구조의 테두리보를 설치한다.

**21** 각종 시멘트의 특성에 관한 설명 중 옳지 않은 것은?

① 중용열 포틀랜드 시멘트에 의한 콘크리트는 수화열이 작다.
② 실리카 시멘트에 의한 콘크리트는 초기강도가 크고 장기강도는 낮다.
③ 조강 포틀랜드 시멘트에 의한 콘크리트는 수화열이 크다.
④ 플라이애시 시멘트에 의한 콘크리트는 내해수성이 크다.

> **해설**
> **실리카 시멘트** : 실리카겔을 혼합한 것으로, 화학적 저항이 크고 내수성이 우수하여 하수공사 및 해수공사에 사용된다.

**22** 수성암에 속하지 않는 것은?

① 사 암  ② 안산암
③ 석회암  ④ 응회암

> **해설**
> **수성암** : 응회암, 사암, 점판암, 석회암

**23** 시멘트 저장 시 유의해야 할 사항으로 옳지 않은 것은?

① 시멘트는 개구부와 가까운 곳에 쌓여 있는 것부터 사용해야 한다.
② 지상 30cm 이상 되는 마루 위에 적재해야 하며, 그 창고는 방습설비가 완전해야 한다.
③ 3개월 이상 저장한 시멘트 또는 습기를 머금은 것으로 생각되는 시멘트는 반드시 사용 전 재시험을 실시해야 한다.
④ 포대에 들어 있는 시멘트는 13포대 이상 쌓으면 안 되며, 특히 장기간 저장할 경우에는 7포대 이상 쌓지 않는다.

> **해설**
> **시멘트의 저장**
> 지상 30cm 이상 되는 마루 위에 적재, 최대 13포대(저장기간이 길어질 우려가 있는 경우에는 7포 이상 쌓지 않는다), 3개월 이상 저장한 시멘트는 시험, 입하순서로 사용한다.

**24** 물의 밀도가 $1g/cm^3$이고 어느 물체의 밀도가 $1kg/m^3$라 하면 이 물체의 비중은 얼마인가?

① 1  ② 1,000
③ 0.001  ④ 0.1

> **해설**
> **비 중**
> 어떤 물질의 질량과, 이것과 같은 부피를 가진 표준물질의 질량과의 비율이다.
> $$\frac{1kg/m^3}{1g/cm^3} = \frac{0.001g/cm^3}{1g/cm^3} = 0.001$$

**정답** 20 ② 21 ② 22 ② 23 ① 24 ③

**25** 황동의 합금구성으로 옳은 것은?

① Cu + Zn  ② Cu + Ni
③ Cu + Sn  ④ Cu + Mn

**해설**
비철금속

| 황동(창호철물사용) | 구리 + 아연 |
|---|---|
| 청동(장식철물사용) | 구리 + 주석 |
| 두랄루민 | 알루미늄 + 구리 + 마그네슘 + 망간 |
| 양은(화이트브론즈) | 구리 + 니켈 + 아연 |

**26** 점토에 톱밥이나 분탄 등을 혼합하여 소성시킨 것으로 절단, 못치기 등의 가공성이 우수하며 방음·흡음성이 좋은 경량벽돌은?

① 이형벽돌
② 포도벽돌
③ 다공벽돌
④ 내화벽돌

**해설**
- 경량벽돌(다공질벽돌) : 속이 빈 중공벽돌과 톱밥이나 연탄재를 섞어 소성한 다공벽돌로 주로 칸막이벽 등에 이용되며 방음과 단열의 효과가 크다.
- 내화벽돌 : 고온(600~2,000°C)에 견딜 수 있도록 만든 벽돌로 보일러실, 굴뚝 내부에 이용한다.
- 이형벽돌 : 아치, 창문 주위 등 특수한 분야에 이용하기 위해 만든 벽돌이다.
- 포도용벽돌 : 흡수율이 적고 마모성과 강도가 큰 것으로 도로포장용으로 이용한다(보도블록).

**27** 알루미늄의 성질에 관한 설명 중 옳지 않은 것은?

① 전기나 열의 전도율이 크다.
② 전성, 연성이 풍부하며 가공이 용이하다.
③ 산, 알칼리에 강하다.
④ 대기 중에서의 내식성은 순도에 따라 다르다.

**해설**
알루미늄은 산, 알칼리에 약하다.

**28** 목재제품 중 파티클보드(Particle Board)에 관한 설명으로 옳지 않은 것은?

① 합판에 비해 휨강도는 떨어지나 면내 강성은 우수하다.
② 강도에 방향성이 거의 없다.
③ 두께는 비교적 자유롭게 선택할 수 있다.
④ 음 및 열의 차단성이 나쁘다.

**해설**
파티클보드
- 작은 나무 부스러기를 이용하여 제조한다.
- 방향성이 없으며 변형이 작다.
- 방부, 방화성을 높이는 데 효과적이다.
- 흡음성, 열의 차단성이 좋다.
- 단, 수분에는 강하지 않다.

**29** 목재의 성질에 관한 설명으로 옳지 않은 것은?

① 함수율이 적어질수록 목재는 수축하며 수축률은 방향에 따라 다르다.
② 함수율의 변동에 따라 목재의 강도에 변동이 있다.
③ 침엽수와 활엽수의 수축률은 차이가 있다.
④ 목재를 섬유포화점 이하로만 건조시키면 부패방지가 가능하다.

**해설**
섬유포화점
목재 세포가 최대한도의 수분을 흡착한 상태로 함수율이 약 30%의 상태이다. 목재의 세기는 섬유 포화점 이상의 함수율에서는 변화는 없지만 그 이하가 되면 함수율이 작을수록 세기는 증대한다.

**30** 골재의 함수상태에 관한 설명으로 옳지 않은 것은?

① 절건상태는 골재를 완전 건조시킨 상태이다.
② 기건상태는 골재를 대기 중에 방치하여 건조시킨 것으로 내부에 약간의 수분이 있는 상태이다.
③ 표건상태는 골재 내부는 포수상태이며 표면은 건조한 상태이다.
④ 습윤상태는 표면에 물이 붙어 있는 상태로 보통 자갈의 흡수량은 골재 중량의 50% 내외이다.

**해설**
골재의 함수상태
- 절대건조상태 : 골재 속에 물이 전혀 없는 상태
- 공기 중 건조상태 : 골재 속에 약간의 물기가 있는 상태
- 표면건조상태 : 표면에는 물이 없고 속에만 물이 꽉 찬 상태, 배합 설계 때 기준이 되는 상태
- 습윤상태 : 겉과 속에 물이 차 있는 상태

**31** 재료에 사용하는 외력이 어느 한도에 도달하면 외력의 증가 없이 변형만이 증대하는 성질을 무엇이라 하는가?

① 소 성
② 탄 성
③ 전 성
④ 연 성

**해설**
① 소성 : 물체에 작은 외력을 가하여도 변형하지 않고, 어느 정도(항복 값) 이상의 외력을 가하면 변형하고 외력을 제거하여도 원래의 형상으로 되돌아가지 않는 성질이다.

**32** 다음 각 재료의 주용도로 옳지 않은 것은?

① 테라초 – 바닥마감재
② 트래버틴 – 특수 실내장식재
③ 타일 – 내외벽, 바닥의 수장재
④ 테라코타 – 흡음재

**해설**
테라코타
- 석재 조각물 대신에 사용되는 점토소성제품이다.
- 입체타일로 석재보다 색이 자유롭다.

**33** 석재 표면을 구성하고 있는 조직을 무엇이라 하는가?

① 석 목
② 석 리
③ 층 리
④ 도 리

**해설**
② 석리 : 암석의 겉모습

**34** 19세기 중엽 철근콘크리트의 실용적인 사용법을 개발한 사람은?

① 모니에(Monier)
② 케오프스(Cheops)
③ 애스프딘(Aspdin)
④ 안토니오(Antonio)

**해설**
① 모니에 : 철근콘크리트를 개발한 발명자 가운데 한 사람이다. 철사를 이용해 시멘트·콘크리트로 만든 욕조·세면기를 강화시키는 실험을 하였다.

**정답** 30 ④  31 ①  32 ④  33 ②  34 ①

**35** 석고보드 제품의 단면형상에 따른 종류에 해당되지 않는 것은?

① 칩보드
② 평보드
③ 테파드보드
④ 베벨보드

**해설**
석고보드의 형상에 따른 분류 : 평보드, 테파드보드, 베벨보드

**36** 재료의 푸아송비에 관한 설명으로 옳은 것은?

① 횡방향의 변형비를 푸아송비라 한다.
② 강의 푸아송비는 대략 0.3 정도이다.
③ 푸아송비는 푸아송수라고도 한다.
④ 콘크리트의 푸아송비는 대략 10 정도이다.

**해설**
푸아송비 : 재료가 인장력의 작용에 따라 그 방향으로 늘어날 때 가로방향 변형도와 세로방향 변형도 사이의 비율로 구조용 강(0.25~0.35), 콘크리트(0.1~0.2), 코르크(0) 재료가 소성 항복을 하게 되면 푸아송비는 증가하게 된다.

**37** 다음 중 평균적으로 압축강도가 가장 큰 석재는?

① 화강암
② 사문암
③ 사 암
④ 대리석

**해설**
석재의 압축강도순서 : 화강암 > 대리석 > 안산암 > 사암

**38** 목재의 공극이 전혀 없는 상태의 비중을 무엇이라 하는가?

① 기건비중
② 진비중
③ 절건비중
④ 겉보기비중

**해설**
- 기건비중 : 공기 속의 온도와 평형을 이룰 때까지 건조상태로 존재하는 목재의 비중이다.
- 진비중 : 목재의 공극이 전혀 없는 상태의 비중이다.
- 절건비중 : 절대건조상태의 목재의 비중이다.

**39** 건축물의 표면 마무리, 인조석 제조 등에 사용되며 구조체의 축조에는 거의 사용되지 않는 시멘트는?

① 조강 포틀랜드 시멘트
② 플라이애시 시멘트
③ 백색 포틀랜드 시멘트
④ 고로슬래그 시멘트

**해설**
③ 백색 포틀랜드 시멘트 : 원료에는 철분이 적은 백색점토와 석회석을 사용하고 연료에는 중유 등을 사용해서 제조한 시멘트로, 주로 외장(外裝) 모르타르에 쓰인다.

**40** 재료의 분류 중 천연재료에 속하지 않는 것은?

① 목 재
② 대나무
③ 플라스틱재
④ 아스팔트

**해설**
- 천연재료 : 석재, 목재, 진흙, 석회 등
- 인공재료 : 금속재료, 합성수지재료, 요업재료 등

**41** 다음 설명에 알맞은 주택 부엌의 유형은?

- 작업대 길이가 2m 정도인 소형 주방가구가 배치된 간이 부엌의 형식이다.
- 사무실이나 독신자 아파트에 주로 설치된다.

① 키친네트(Kitchenette)
② 오픈 키친(Open Kitchen)
③ 리빙 키친(Living Kitchen)
④ 다이닝 키친(Dining Kitchen)

**해설**
① 키친네트 : 최소로 필요한 키친의 설비를 콤팩트하게 한 작은 부엌이다.

**42** 먼셀 표색계에서 기본색이 되는 5색이 아닌 것은?

① 노 랑
② 파 랑
③ 연 두
④ 보 라

**해설**
먼셀 표색계 : 빨강(R), 노랑(Y), 녹색(G), 파랑(B), 보라(P)를 기본색으로 하고, 각각의 중간에 주황(YR), 연두(GY), 청록(BG), 남색(PB), 자주(RP)를 두어서 합계 10가지의 색상으로 나눈다.

**43** 태양광선 가운데 적외선에 의한 열적효과를 무엇이라 하는가?

① 일 사
② 채 광
③ 살 균
④ 일 영

**해설**
① 일사 : 태양광선 가운데 적외선에 의한 열적효과로 일조는 단지 햇빛이 도달하는가에 대한 것이라면 일사는 열량적인 것을 포함해서 생각한다.

**44** 도시가스 배관 시 가스계량기와 전기점멸기의 이격거리는 최소 얼마 이상으로 하는가?

① 30cm
② 50cm
③ 60cm
④ 90cm

**해설**
가스사용시설의 시설·기술·검사기준(도시가스 사업법 시행규칙 [별표 7])
가스계량기와 전기계량기 및 전기개폐기와의 거리는 60cm 이상, 굴뚝(단열조치를 하지 아니한 경우만을 말한다)·전기점멸기 및 전기접속기와의 거리는 30cm 이상, 절연조치를 하지 아니한 전선과의 거리는 15cm 이상의 거리를 유지할 것

**45** 다음 중 계획설계도에 속하는 것은?

① 동선도
② 배치도
③ 전개도
④ 평면도

**해설**
계획설계도
- 각종 다이어그램 및 분석도표
- 스케치도면(평면, 입면, 단면 등)
- 외관 스케치
- 구상도, 조직도, 동선도

**46** 에스컬레이터에 관한 설명으로 옳지 않은 것은?

① 수송량에 비해 점유면적이 작다.
② 엘리베이터에 비해 수송능력이 작다.
③ 대기시간이 없고 연속적인 수송설비이다.
④ 연속운전이 되므로 전원설비에 부담이 작다.

**해설**
엘리베이터에 비해 수송능력이 크다.

**47** 건축화 조명에 속하지 않는 것은?

① 코브 조명
② 루버 조명
③ 코니스 조명
④ 펜던트 조명

**해설**
건축화 조명 : 조명이 건축물과 일체가 되고, 건물의 일부가 광원의 역할을 하는 것

| | |
|---|---|
| 천장에 매입하는 방식 | 광량 조명(반매입 라인 라이트), 코퍼(Coffer) 조명, 다운라이트 조명 |
| 천장면을 광원으로 하는 방식 | 광천장 조명, 루버(Louver) 조명, 코브(Cove) 조명 |
| 벽면을 광원으로 하는 방식 | 코니스(Cornice) 조명, 밸런스(Balance) 조명, 광벽(Light Window) 조명 |

**48** 건축제도에서 치수기입에 관한 설명으로 옳지 않은 것은?

① 치수는 특별히 명시하지 않는 한, 마무리 치수로 표시한다.
② 협소한 간격이 연속될 때에는 인출선을 사용하여 치수를 쓴다.
③ 치수기입은 치수선을 중단하고 선의 중앙에 기입하는 것이 원칙이다.
④ 치수의 단위는 밀리미터(mm)를 원칙으로 하고, 이때 단위 기호는 쓰지 않는다.

**해설**
치수기입(KS F 1501)
치수선 중앙 윗부분에 기입하는 것이 원칙이다. 다만, 치수선을 중단하고 선의 중앙에 기입할 수도 있다.

**49** 실제길이 16m는 축척 1/200의 도면에서 얼마의 길이로 표시되는가?

① 32mm
② 40mm
③ 80mm
④ 160mm

해설
16m = 1,600cm이므로 1,600cm를 1/200로 축소하면 8cm이다. 따라서, 80mm로 표시한다.

**50** 건축공간에 관한 설명으로 옳지 않은 것은?

① 인간은 건축공간을 조형적으로 인식한다.
② 내부공간은 일반적으로 벽과 지붕으로 둘러싸인 건물 안쪽의 공간을 말한다.
③ 외부공간은 자연 발생적인 것으로 인간에 의해 의도적으로 만들어지지 않는다.
④ 공간을 편리하게 이용하기 위해서는 실의 크기와 모양, 높이 등이 적당해야 한다.

해설
외부공간 : 건축물에 의해 둘러싸인 공간 전체를 말한다.

**51** 전동기 직결의 소형송풍기, 냉·온수 코일 및 필터 등을 갖춘 실내형 소형공조기를 각 실에 설치하여 중앙 기계실로부터 냉수 또는 온수를 공급 받아 공기조화를 하는 방식은?

① 이중덕트방식
② 단일덕트방식
③ 멀티존 유닛방식
④ 팬코일 유닛방식

해설
④ 팬코일 유닛방식 : 전동기 직결의 소형송풍기, 냉·온수 코일과 필터 등을 갖춘 실내형 소형공조기를 각 실에 설치하여 중앙 기계실로부터 냉수 또는 온수를 받아 공기조화를 하는 방식이다. 호텔의 객실, 아파트 주택 및 사무실에 적용한다. 직접 난방을 채용하는 기존 건물의 공기조화에도 적용 가능하다.

**52** 건축제도의 글자에 관한 설명으로 옳지 않은 것은?

① 숫자는 아라비아 숫자를 원칙으로 한다.
② 문장은 왼쪽에서부터 가로쓰기를 원칙으로 한다.
③ 글자체는 수직 또는 15° 경사의 명조체로 쓰는 것을 원칙으로 한다.
④ 4자리 이상의 수는 3자리마다 휴지부를 찍거나 간격을 둠을 원칙으로 한다.

해설
문장은 왼쪽에서부터 가로쓰기로, 글자체는 수직 또는 15° 경사의 고딕체로 쓰는 것을 원칙으로 한다(KS F 1501).

정답 49 ③  50 ③  51 ④  52 ③

## 53 건축도면에서 중심선, 절단선의 표시에 사용되는 선의 종류는?

① 실 선
② 파 선
③ 1점 쇄선
④ 2점 쇄선

**해설**

선의 종류와 용도(KS F 1501)

| 종류 | | 굵기(mm) 및 작도법 | 용도별 명칭 | 세부용도 |
|---|---|---|---|---|
| 실선 | 굵은선 | 0.6~0.8 | 단면선, 외형선 | 벽체나 바닥의 단면윤곽을 그림 |
| | 중간선 | 0.3~0.5 굵은선과 가는선의 중간 | 입면선, 윤곽선 | 건물윤곽 및 입면요소의 표현 |
| | 가는선 | 0.2 이하 | 치수선, 치수보조선, 가구선, 조경선 | 치수선, 보조선 및 각종 조경요소의 표현 |
| 파선 및 점선 | 파선 | 가는선보다 약간 굵게 | 숨은선 | 보이지 않는 부분의 표시선 |
| | 1점 쇄선 | 가는선보다 약간 굵게 | 중심선, 기준선, 절단선, 경계선 | 벽체의 중심선, 절단선, 경계선 |
| | 2점 쇄선 | 가는선보다 약간 굵게 | 가상선, 대지경계선 | 가상의 선, 1점 쇄선과 구분 시 |

## 54 홀형 아파트에 관한 설명으로 옳지 않은 것은?

① 거주의 프라이버시가 높다.
② 통행부 면적이 작아서 건물의 이용도가 높다.
③ 계단실 또는 엘리베이터 홀로부터 직접 주거단위로 들어가는 형식이다.
④ 1대의 엘리베이터에 대한 이용가능한 세대수가 가장 많은 형식이다.

**해설**

계단실형 : 2단위 주거형에 엘리베이터를 설치할 때에는 이용률이 낮다.

## 55 개별식 급탕방식에 속하지 않는 것은?

① 순간식
② 저탕식
③ 직접가열식
④ 기수 혼합식

**해설**

급탕방식
- 개별식 : 순간식 급탕방식, 저탕식 급탕방식, 기수 혼합식 급탕방식
- 중앙식 : 직접가열식, 간접가열식

## 56 건축법령상 건축에 속하지 않는 것은?

① 증 축
② 이 전
③ 개 축
④ 대수선

**해설**

건축의 정의(건축법 제2조 제1항 제8호)
건축물을 신축·증축·개축·재축하거나 건축물을 이전하는 것을 말한다.

**57** 다음과 같은 창호의 평면표시기호의 명칭으로 옳은 것은?

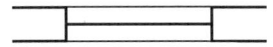

① 회전창
② 붙박이창
③ 미서기창
④ 미닫이창

**58** 시각적 중량감에 관한 설명으로 옳지 않은 것은?

① 어두운 색이 밝은 색보다 시각적 중량감이 크다.
② 차가운 색이 따뜻한 색보다 시각적 중량감이 크다.
③ 기하학적 형태가 불규칙적인 형태보다 시각적 중량감이 크다.
④ 복잡하고 거친 질감이 단순하고 부드러운 것보다 시각적 중량감이 크다.

[해설]
③ 불규칙적인 형태가 기하학적 형태보다 시각적 중량감이 크다.
**균형의 원리**
크기가 큰 것이 작은 것보다 시각적 중량감이 크고, 불규칙적인 형태가 기하학적 형태보다 시각적 중량감이 크다. 색의 중량감은 색의 속성 중 특히 명도, 채도에 따라 크게 작용한다. 명도와 채도가 낮은 한색계(차가운 색)는 후퇴, 수축되어 보이고 명도와 채도가 높은 난색계(따뜻한 색)는 진출, 팽창되어 보인다. 수직선, 수평선이 사선보다, 수평선이 수직선보다 시각적 중량감이 크다.

**59** 다음 설명에 알맞은 주택의 실구성 형식은?

- 소규모 주택에서 많이 사용한다.
- 거실 내에 부엌과 식사실을 설치한 것이다.
- 실을 효율적으로 이용할 수 있다.

① K형
② D형
③ LD형
④ LDK형

[해설]
④ LDK(거실-식사실-주방) : 소규모 주택에 적합하다. 거실 내에 부엌과 식사실을 설치하여 실을 효율적으로 이용한다. 고도의 설비가 필요하고, 식생활 개선이 필요하다.

**60** 다음 중 단독주택의 현관 위치 결정에 가장 주된 영향을 끼치는 것은?

① 현관의 크기
② 대지의 방위
③ 대지의 크기
④ 도로의 위치

[해설]
현관 : 주택 내외부의 동선이 연결되는 곳으로, 주택 외부에서 쉽게 알아볼 수 있는 곳이어야 한다.

# 2016년 제2회 과년도 기출문제

**01** 다음 중 쉘구조의 대표적인 구조물은?

① 세종문화회관
② 시드니 오페라 하우스
③ 인천대교
④ 상암동 월드컵 경기장

**해설**
쉘구조 : 조개껍데기나 달걀껍데기처럼 휘어진 얇은 판의 곡면을 이용하는 구조방식이다.

**02** 케이블을 이용한 구조로만 연결된 것은?

① 현수구조 – 사장구조
② 현수구조 – 쉘구조
③ 절판구조 – 사장구조
④ 막구조 – 돔구조

**해설**
케이블구조 : 인장력에 강한 케이블을 이용하여 구조체의 주요 부분을 잡아당겨 줌으로써 구조체를 지지하는 구조방식으로 현수교, 사장교 등이 있다.

**03** 열린 여닫이문을 저절로 닫히게 하는 장치는?

① 문버팀쇠    ② 도어스톱
③ 도어체크    ④ 크레센트

**해설**
③ 도어체크 : 열린 문이 자동으로 닫히게 하는 장치
① 문버팀쇠 : 열린 문을 버티어 고정하는 철물
② 도어스톱 : 여닫이문을 열었을 때 벽이 손잡이에 닿아서 손상하지 않도록 바닥, 걸레받이, 벽 또는 문짝 등에 부착하는 철물
④ 크레센트 : 오르내리창의 잠금장치로 사용

**04** 건축구조의 구성방식에 의한 분류 중 하나로, 구조체인 기둥과 보를 부재의 접합에 의해서 축조하는 방법으로, 뼈대를 삼각형으로 짜맞추면 안정한 구조체를 만들 수 있는 구조는?

① 가구식 구조    ② 캔틸레버구조
③ 조적식 구조    ④ 습식 구조

**해설**
① 가구식 구조 : 수직하중과 수평하중을 받는 기둥과 보를 조립하여 건축물을 만드는 방식으로 목구조, 철골구조 등이 있다.

**05** 한옥구조에서 다락기둥이 의미하는 것은?

① 고 주    ② 누 주
③ 찰 주    ④ 활 주

**해설**
② 누주 : 누각의 기둥감으로 쓰는 굵고 긴 통나무
① 고주 : 주로 대청마루의 한가운데에 다른 기둥보다 높게 세운 기둥
③ 찰주 : 불탑 꼭대기에 있는, 쇠붙이로 된 원기둥 모양의 중심 기둥
④ 활주 : 추녀뿌리를 받친 가는 기둥

정답  1 ②  2 ①  3 ③  4 ①  5 ②

## 06 철근콘크리트구조에 관한 설명으로 옳지 않은 것은?

① 역학적으로 인장력에 주로 저항하는 부분은 콘크리트이다.
② 콘크리트가 철근을 피복하므로 철골구조에 비해 내화성이 우수하다.
③ 콘크리트와 철근의 선팽창계수가 거의 같아 일체화에 유리하다.
④ 콘크리트는 알칼리성이므로 철근의 부식을 막는 기능을 한다.

**해설**
철근콘크리트구조 : 철근의 인장력, 콘크리트의 압축력을 역학적 특성을 상호 보완하여 압축력과 인장력에 매우 강하다. 조형성, 내구성, 내화성, 내진성, 차음성이 매우 뛰어나 초고층 건물이나 대규모 건물에 적합하다. 거푸집과 동바리(지주)를 사용해야 하며 콘크리트와 철근의 자체 중량이 무겁고, 공사 기간이 길다.

## 07 다음 중 입체구조에 해당되지 않는 것은?

① 절판구조　② 아치구조
③ 셸구조　④ 돔구조

**해설**
입체구조 : 셸구조, 돔구조, 막구조, 케이블구조, 절판구조, 스페이스 프레임구조

## 08 측압에 대한 설명으로 옳지 않은 것은?

① 토압은 지하 외벽에 작용하는 대표적인 측압이다.
② 콘크리트 타설 시 슬럼프값이 낮을수록 거푸집에 작용하는 측압이 크다.
③ 벽체가 받는 측압을 경감시키기 위하여 부축벽을 세운다.
④ 지하수위가 높을수록 수압에 의한 측압이 크다.

**해설**
측압증가요인 : 슬럼프가 클수록, 벽두께가 얇을수록, 부배합일수록, 타설속도가 빠를수록, 타설고가 높을수록, 온도·습도가 낮을수록, 철근량이 적을수록, 혼화재(지연제)가 투입될수록, 콘크리트 단위 중량(비중)이 클수록 증가한다.

## 09 구조적으로 가장 안정된 상태의 아치를 가장 잘 설명한 것은?

① 아치의 하단단면의 크기를 작게 하여 공간의 활용도를 높였다.
② 상부하중을 견딜 수 있도록 포물선의 형태로 설치하였다.
③ 응력집중현상을 방지할 수 있도록 절점을 많이 설치하였다.
④ 수직방향의 응력만 유지될 수 있도록 하단에 이동단을 설치하였다.

**해설**
아치구조 : 개구부 상부의 하중을 지지하기 위하여 돌이나 벽돌을 곡선형으로 쌓아올린 구조로 상부의 수직방향하중이 아치의 곡면을 따라 좌우로 분리되어 아래쪽 부재에 인장력이 생기지 않고 압축력만을 전달하도록 구조화한 것이다.

## 10 반원 아치의 중앙에 들어가는 돌의 이름은?

① 쌤 돌　② 고막이돌
③ 두겁돌　④ 이맛돌

**해설**
돌 아치의 명칭

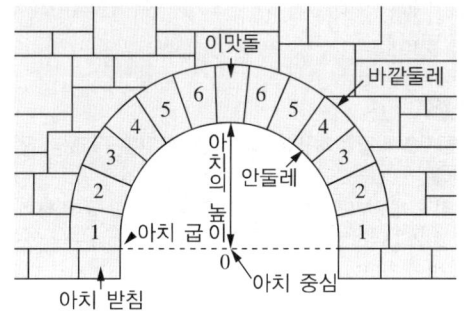

**11** 벽돌 쌓기법 중 모서리 또는 끝부분에 칠오토막을 사용하는 것은?

① 영국식 쌓기  ② 프랑스식 쌓기
③ 네덜란드식 쌓기  ④ 미국식 쌓기

**해설**
③ 네덜란드식 쌓기 : 길이 쌓기와 마구리 쌓기를 교대로 하는 것은 영국식 쌓기와 동일하다. 길이 쌓기 켜의 모서리에는 칠오토막을 사용하여 상하가 일치되도록 한다.
① 영국식 쌓기 : 길이 쌓기 켜와 마구리 쌓기 켜를 번갈아서 쌓아 올리는 방법으로 마구리 켜의 모서리 부분에는 반절 또는 이오토막을 사용한다. 통줄눈이 생기지 않으며, 가장 튼튼한 쌓기법이다.
② 프랑스식 쌓기 : 한 켜에 길이 쌓기와 마구리 쌓기를 번갈아 가며 쌓는다.
④ 미국식 쌓기 : 한 켜는 마구리 쌓기로 하고, 그 다음 5켜는 길이 쌓기를 한다.

**12** 철골부재의 용접접합 작업 시 활용되는 보강재 또는 부위가 아닌 것은?

① 엔드탭  ② 뒷댐재
③ 웨브 플레이트  ④ 스캘럽

**해설**
③ 웨브 플레이트 : I형 조립 강재에 있어서 웨브에 쓰이는 강판이다.

**13** 다음 중 개구부 설치에 가장 많은 제약을 받는 구조는?

① 벽돌구조  ② 철근콘크리트구조
③ 철골구조  ④ 목구조

**해설**
벽돌구조의 경우 개구부 설치에 있어서 다른 구조보다 많은 제약이 있다.
조적조 개구부(건축물의 구조기준 등에 관한 규칙 제35조 제1항)
각 층의 대린벽으로 구획된 각 벽에 있어서 개구부 폭의 합계는 그 벽의 길이의 1/2 이하로 한다. 개구부와 그 바로 위층에 있는 개구부와의 수직거리는 600mm 이상으로 한다.

**14** 철근콘크리트 기둥의 배근에 관한 설명 중 옳지 않은 것은?

① 기둥을 보강하는 세로철근, 즉 축방향 철근이 주근이 된다.
② 나선철근은 주근의 좌굴과 콘크리트가 수평으로 터져나가는 것을 구속한다.
③ 주근의 최소 개수는 사각형이나 원형 띠철근으로 둘러싸인 경우 6개, 나선철근으로 둘러싸인 철근의 경우 4개로 하여야 한다.
④ 비합성 압축부재의 축방향 주철근 단면적은 전체 단면적의 0.01배 이상, 0.08배 이상으로 하여야 한다.

**해설**
압축부재의 철근량 제한(KDS 14 20 20)
압축부재의 축방향 주철근의 최소 개수는 사각형이나 원형 띠철근으로 둘러싸인 경우 4개, 삼각형 띠철근으로 둘러싸인 경우 3개, 나선철근으로 둘러싸인 철근의 경우 6개로 하여야 한다.

**15** 길고 가느다란 부재가 압축하중이 증가함에 따라 부재의 길이에 직각방향으로 변형하여 내력이 급격히 감소하는 현상을 무엇이라 하는가?

① 칼럼쇼트닝  ② 응력집중
③ 좌 굴  ④ 비틀림

**해설**
③ 좌굴 : 가늘고 긴 기둥에 압축력이 가해질 때, 작은 하중으로도 기둥 전체가 구부러지는 휨 좌굴이나 국부적으로 휘어지면서 찌그러지는 국부 좌굴이 발생한다.

정답  11 ③  12 ③  13 ①  14 ③  15 ③

**16** 옆에서 산지치기로 하고, 중간은 빗물리게 한 이음으로 토대, 처마도리, 중도리 등에 주로 쓰이는 것은?

① 엇걸이산지이음   ② 빗이음
③ 엇빗이음        ④ 겹친이음

**해설**
엇걸이이음 : 이음 위치에 산지 등을 박아 더욱 튼튼한 이음으로 힘을 받는 가로재의 내이음에는 보통 이 방법을 사용한다. 힘에 대해 효과적이다.

**17** 강구조의 조립보 중 웨브에 철판을 쓰고 상하부에 플랜지 철판을 용접하며, 커버 플레이트나 스티프너로 보강하는 것은?

① 허니콤 보       ② 래티스 보
③ 트러스 보       ④ 판 보

**해설**
④ 판보 : 판 보는 강판과 강판 또는 ㄱ형강과 강판을 조립한 후 용접 또는 볼트 접합하여 만든 보로 플랜지 플레이트, 웨브 플레이트, 스티프너로 구성된다.

**18** 조적식 구조에서 하나의 층에 있어서의 개구부와 그 바로 위층에 있는 개구부와의 수직거리는 최소 얼마 이상으로 하여야 하는가?

① 200mm         ② 400mm
③ 600mm         ④ 800mm

**해설**
조적조 개구부(건축물의 구조기준 등에 관한 규칙 제35조 제1항 제2호)
조적식 구조에서 하나의 층에 있어서의 개구부와 그 바로 위층에 있는 개구부와의 수직거리는 600mm 이상으로 하여야 한다.

**19** 철근콘크리트구조에서 각 철근의 주된 역할로 옳지 않은 것은?

① 띠철근 - 휨모멘트에 저항
② 온도철근 - 균열방지
③ 훅 - 철근의 정착
④ 늑근 - 전단보강

**해설**
① 띠철근 : 기둥에서 종방향 철근의 위치를 확보하고 전단력에 저항하도록 정해진 간격으로 배치된 횡방향의 보강철근 또는 철선

**20** 보강블록조의 내력벽 구조에 관한 설명 중 옳지 않은 것은?

① 벽두께는 층수가 많을수록 두껍게 하며 최소 두께는 150mm 이상으로 한다.
② 수평력에 강하게 하려면 벽량을 증가시킨다.
③ 위층의 내력벽과 아래층의 내력벽은 바로 위·아래에 위치하게 한다.
④ 벽길이의 합계가 같을 때 벽길이를 크게 분할하는 것보다 짧은 벽이 많이 있는 것이 좋다.

**해설**
보강블록조 내력벽의 경우 일반적으로 벽두께를 늘리는 것보다 벽량을 크게 하는 것이 유리하며 긴 벽이 연속되는 것이 짧은 벽이 많이 있는 것보다 좋다.

**정답** 16 ① 17 ④ 18 ③ 19 ① 20 ④

**21** 점토에 톱밥이나 분탄 등의 가루를 혼합하여 소성한 것으로 절단, 못치기 등의 가공성이 우수한 것은?

① 이형벽돌　② 다공질벽돌
③ 내화벽돌　④ 포도벽돌

**해설**
② 경량벽돌(다공질벽돌) : 속이 빈 중공벽돌과 톱밥이나 연탄재를 섞어 소성한 다공벽돌로 주로 칸막이 벽 등에 이용되며 방음과 단열의 효과가 크다.
① 이형벽돌 : 아치, 창문 주위 등 특수한 분야에 이용하기 위해 만든 벽돌이다.
③ 내화벽돌 : 고온(600~2,000℃)에 견딜 수 있도록 만든 벽돌로 보일러실, 굴뚝 내부에 이용된다.
④ 포도용벽돌 : 흡수율이 적고 마모성과 강도가 큰 것으로 도로 포장용으로 이용되는 보도블록이다.

**22** 지붕재료에 요구되는 성질과 가장 관계가 먼 것은?

① 외관이 좋은 것이어야 한다.
② 부드러워 가공이 용이한 것이어야 한다.
③ 열전도율이 작은 것이어야 한다.
④ 재료가 가볍고, 방수·방습·내화·내수성이 큰 것이어야 한다.

**해설**
지 붕
지붕은 건물의 벽체 또는 기둥 위에 설치하여 건축물의 최상부를 막는 구조체로 사용재료는 외관적으로 아름답고 가볍고 방수, 방습, 내화, 내수성이 우수하며 열전도율이 작아야 한다.

**23** 중용열 포틀랜드 시멘트에 대한 설명으로 옳은 것은?

① 초기강도 증진을 위한 시멘트이다.
② 급속공사, 동기공사 등에 유리하다.
③ 발열량이 적고 경화가 느린 것이 특징이다.
④ 수화속도가 빨라 한중 콘크리트 시공에 적합하다.

**해설**
**중용열 포틀랜드 시멘트** : 장기강도가 크고, 수화발열과 건조수축이 적으므로 댐공사 등 대규모 콘크리트에 이용된다.

**24** 염분이 섞인 모래를 사용한 철근콘크리트에서 가장 염려되는 현상은?

① 건조수축 발생　② 철근 부식
③ 슬럼프 저하　④ 초기강도 저하

**해설**
염분으로 인해 철근이 부식된다.

**25** 재료의 역학적 성질에 관한 설명으로 옳지 않은 것은?

① 탄성 : 물체에 외력이 작용하면 순간적으로 변형이 생기지만, 외력을 제거하면 순간적으로 원래의 상태로 되돌아가는 성질
② 소성 : 재료에 사용하는 외력이 어느 한도에 도달하면 외력의 증가 없이 변형만이 증대하는 성질
③ 점성 : 유체가 유동하고 있을 때 유체의 내부에 흐름을 저지하려고 하는 내부마찰저항이 발생하는 성질
④ 인성 : 외력에 파괴되지 않고 가늘고 길게 늘어나는 성질

**해설**
④ 인성 : 외력에 의해 파괴되기 어려운 질기고 강한 충격에 잘 견디는 재료의 성질

**26** AE제를 사용한 콘크리트에 관한 설명 중 옳지 않은 것은?

① 물시멘트비가 일정한 경우 공기량을 증가시키면 압축강도가 증가한다.
② 시공연도가 좋아지므로 재료분리가 적어진다.
③ 동결융해작용에 의한 마모에 대하여 저항성을 증대시킨다.
④ 철근에 대한 부착강도가 감소한다.

해설
AE제를 많이 사용하면 비경제적, 압축강도의 감소, 철근과의 부착강도의 저하가 일어나므로 콘크리트 중의 전공기량이 용적으로 약 4~6%가 되도록 적정 사용량을 엄수한다.

**27** 일반적으로 창유리의 강도가 의미하는 것은?

① 휨강도    ② 압축강도
③ 인장강도  ④ 전단강도

해설
창유리의 강도는 휨강도를 의미한다.

**28** 목재의 종류에 관계없이 목재를 구성하고 있는 섬유질의 평균적인 진비중값으로 옳은 것은?

① 0.5
② 0.67
③ 1.54
④ 2.4

해설
목재의 비중은 1.54이다.

**29** 다음 중 오르내리창에 사용되는 철물은?

① 나이트 래치(Night Latch)
② 도어 스톱(Door Stop)
③ 모노 로크(Mono Lock)
④ 크레센트(Crescent)

해설
④ 크레센트 : 오르내리창의 잠금장치로 사용된다.

**30** 집성목재의 장점에 속하지 않는 것은?

① 목재의 강도를 인공적으로 조절할 수 있다.
② 응력에 따라 필요한 단면을 만들 수 있다.
③ 길고 단면이 큰 부재를 간단히 만들 수 있다.
④ 톱밥, 대패밥, 나무 부스러기를 이용하므로 경제적이다.

해설
**집성목재** : 모두 섬유방향에 평행하게 붙이며, 붙이는 매수는 홀수가 아니어도 무관하다. 보, 기둥에 사용하는 큰 단면을 만든다.
• 굽은 용재도 가능하다.
• 응력에 따른 단면결정이 가능하다.
• 목재의 강도를 자유롭게 조절가능하다.
• 길고 단면이 큰 부재를 간단히 만든다.

정답  26 ①  27 ①  28 ③  29 ④  30 ④

**31** 다음 소지의 질에 의한 타일의 구분에서 흡수율이 가장 큰 것은?

① 자기질  ② 석기질
③ 도기질  ④ 클링커타일

**해설**
타일의 흡수율 : 자기질(3%), 석기질(5%), 도기질(18%), 클링커타일(8%)

**32** 시멘트를 제조할 때 최고온도까지 소성이 이루어진 후에 공기를 이용하여 급랭시켜 소성물을 배출하게 되면 화산암과 같은 검은 입자가 나오는데 이 검은 입자를 무엇이라 하는가?

① 포졸란  ② 시멘트 클링커
③ 플라이애시  ④ 광 재

**해설**
시멘트의 제조법

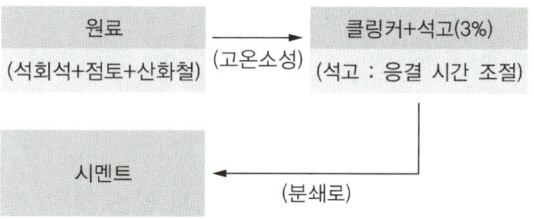

**33** 한국산업표준의 분류에서 토목건축부문의 분류기호는?

① B  ② D
③ F  ④ H

**해설**
③ KS F : 토목건축부문

**34** 래커를 도장할 때 사용되는 희석제로 가장 적합한 것은?

① 유성페인트  ② 크레오소트유
③ PCP  ④ 시 너

**해설**
희석제 : 부피를 늘리거나 농도를 묽게 하기 위하여, 물질이나 용액에 첨가하는 비활성물질로 도장공사에서는 휘발성인 시너를 주로 사용하기 때문에 화재의 우려가 있으므로 항상 취급에 주의해야 한다.
※ PCP, 크레오소트유 : 방부제

**35** 재료관련 용어에 대한 설명 중 옳지 않은 것은?

① 열팽창계수란 온도의 변화에 따라 물체가 팽창, 수축하는 비율을 말한다.
② 비열이란 단위 질량의 물질을 온도 1℃ 올리는 데 필요한 열량을 말한다.
③ 열용량은 물체에 열을 저장할 수 있는 용량을 말한다.
④ 차음률은 음을 얼마나 흡수하느냐 하는 성질을 말하며, 재료의 비중이 클수록 작다.

**해설**
차음 : 실외로부터 소음의 투과를 차단하는 것을 말한다. 차음재료는 재질이 단단하고 무거우며 치밀할수록 차음률이 우수하다.

36 회반죽 바름에서 여물을 넣는 주된 이유는?

① 균열을 방지하기 위해
② 점성을 높이기 위해
③ 경화속도를 높이기 위해
④ 경도를 높이기 위해

**해설**
여물을 넣는 주된 이유는 보강과 균열을 방지하기 위해서이다.

37 경질섬유판에 대한 설명으로 옳지 않은 것은?

① 식물섬유를 주원료로 하여 성형한 판이다.
② 신축의 방향성이 크며 소프트텍스라고도 불리운다.
③ 비중이 0.8 이상으로 수장판으로 사용된다.
④ 연질, 반경질 섬유판에 비하여 강도가 우수하다.

**해설**
**경질섬유판** : 식물섬유를 주요 원료로 압축성형한 비중 0.8 이상의 보드이다. 하드보드라고도 한다. 내장재・가구재・창호재・선박・차량재・합판의 대용재 및 복합판재이다. 목재펄프의 접착제를 사용하여 열압, 건조, 제판한 것으로 질이 굳고, 표면이 매끈하며, 얇고, 넓다.

38 다음 건축재료 중 천연재료에 속하는 것은?

① 목 재         ② 철 근
③ 유 리         ④ 고분자재료

**해설**
• 천연재료 : 석재, 목재, 진흙, 석회 등
• 인공재료 : 금속재료, 합성수지재료, 요업재료 등

39 다음 그림이 나타내는 창호 철물은?

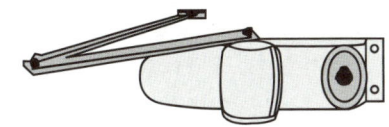

① 경 첩
② 도어클로저
③ 코너비드
④ 도어스톱

**해설**
• 자유경첩 : 안팎으로 개폐
• 코너비드 : 기둥의 모서리 및 벽모서리에 미장을 쉽게 하고 모서리를 보호
• 도어스톱 : 여닫이문을 열었을 때 벽이 손잡이에 닿아서 손상하지 않도록, 바닥, 걸레받이, 벽 또는 문짝 등에 부착하는 철물

40 석재의 성인에 의한 분류 중 수성암에 속하지 않는 것은?

① 사 암         ② 이판암
③ 석회암        ④ 안산암

**해설**

| 화성암계 | 화강암, 안산암, 현무암, 부석 |
| 수성암계 | 응회암, 사암, 점판암, 석회암, 이판암 |
| 변성암계 | 대리석, 트레버틴, 사문암 |

**41** 기온·습도·기류의 3요소의 조합에 의한 실내 온열감각을 기온의 척도로 나타낸 것은?

① 유효온도  ② 작용온도
③ 등가온도  ④ 불쾌지수

**해설**
쾌적환경 기후조건과 표시방법
- 유효온도 : 온도, 습도, 기류의 3요소를 어느 범위 내에서 여러 가지로 조합할 때 인체의 온열감에 감각적인 효과를 나타내는 지표이다.
- 불쾌지수 : 냉방온도 설정을 위해 만들었으나 여름철 무더움을 나타내는 지표로 사용된다.

**42** 배수트랩의 봉수 파괴원인에 속하지 않는 것은?

① 증발
② 간접배수
③ 모세관현상
④ 유도사이펀작용

**해설**
트랩봉수의 파괴원인
- 자기사이펀작용
- 유도사이펀작용(감압에 의한 흡인작용)
- 배압에 의한 분출작용
- 모세관작용
- 봉수의 증발현상
- 자기 운동량에 의한 관성

**43** 주택의 식당 및 부엌에 관한 설명으로 옳지 않은 것은?

① 식당의 색채는 채도가 높은 한색계통이 바람직하다.
② 식당은 부엌과 거실의 중간 위치에 배치하는 것이 좋다.
③ 부엌의 작업대는 준비대 → 개수대 → 조리대 → 가열대 → 배선대의 순서로 배치한다.
④ 키친네트는 작업대 길이가 2m 정도인 소형 주방 가구가 배치된 간이 부엌의 형태이다.

**해설**
식당의 경우 식욕을 도와주는 난색계통(노랑, 밝은 주황, 크림색 등) 배색이 적당하다.

**44** 건축도면의 표시기호와 표시사항의 연결이 옳지 않은 것은?

① V - 용적  ② Wt - 너비
③ φ - 지름  ④ THK - 두께

**해설**
도면의 표시사항과 기호(KS F 1501)

| 표시사항 | 기호 | 표시사항 | 기호 |
|---|---|---|---|
| 길이 | L | 면적 | A |
| 높이 | H | 용적 | V |
| 너비 | W | 지름 | D 또는 φ |
| 두께 | THK | 반지름 | R |
| 무게 | Wt | | |

**45** 동선계획에서 고려되는 동선의 3요소에 속하지 않는 것은?

① 길이  ② 빈도
③ 하중  ④ 공간

**해설**
동선의 3요소 : 속도(길이), 빈도, 하중

정답  41 ①  42 ②  43 ①  44 ②  45 ④

**46** 다음 중 단면도를 그릴 때 가장 먼저 이루어져야 하는 것은?

① 지반선의 위치를 결정한다.
② 마루, 천장의 윤곽선을 그린다.
③ 기둥의 중심선을 1점 쇄선으로 그린다.
④ 내·외벽, 지붕을 그리고 필요한 치수를 기입한다.

**해설**
단면도 그리기 : 도면의 배치를 정하고 지반선과 기준선을 가장 먼저 그린다.

**47** 창호의 재질별 기호가 옳지 않은 것은?

① W : 목재
② SS : 강철
③ P : 합성수지
④ A : 알루미늄합금

**해설**
② SS : 스테인리스 스틸

**48** 주택의 침실에 관한 설명으로 옳지 않은 것은?

① 어린이 침실은 주간에는 공부를 할 수 있고, 유희실을 겸하는 것이 좋다.
② 부부침실은 주택 내의 공동공간으로서 가족생활의 중심이 되도록 한다.
③ 침실의 크기는 사용인원수, 침구의 종류, 가구의 종류, 통로 등의 사항에 따라 결정된다.
④ 침실의 위치는 소음의 원인이 되는 도로쪽은 피하고, 정원 등의 공지에 면하도록 하는 것이 좋다.

**해설**
침 실
• 기본 기능은 휴식과 수면이며, 이외에도 실의 성격에 따라 독서, 화장, 옷을 갈아입는 행위, 음악감상 등의 기능을 포함한다.
• 소음원이 있는 쪽은 피하고, 정원 등의 공지에 면하도록 하는 것이 좋다.
• 방위상 일조와 통풍이 좋은 남쪽, 동남쪽이 이상적, 북쪽은 피하는 것이 좋다.

**49** 부엌의 일부에 간단히 식당을 꾸민 형식은?

① 리빙 키친(Living Kitchen)
② 다이닝 포치(Dining Porch)
③ 다이닝 키친(Dining Kitchen)
④ 다이닝 테라스(Dining Terrace)

**해설**

| 종류 | | 장점 | 단점 |
|---|---|---|---|
| D | 식사실(Dining) | 거실과 부엌사이 설치, 식사실로 완전한 기능 | 동선이 길어 작업 능률 저하 |
| DK | 식사실-주방 (Dining Kitchen) | 부엌의 일부분에 식사실 배치, 유기적으로 연결하여 노동력 절감 | 부엌조리 시 냄새나 음식찌꺼기 등으로 식사실 분위기 저해 |
| LD | 거실-식사실 (Living Dining) | 거실의 한부분에 식탁설치, 식사실 분위기 조성, 거실의 가구 공동이용 | 부엌과의 연결로 보면 작업동선이 길어질 수 있음 |
| LDK | 거실-식사실-주방 (Living Dining Kitchen) | 소규모 주택에 적합, 거실 내에 부엌과 식사실 설치, 실의 효율적 이용 | 고도의 설비 필요, 식생활 개선 필요 |

**50** 건축도면에서 치수 단위의 원칙은?

① mm
② cm
③ m
④ km

**해설**
건축도면 기본 치수 단위는 mm이다.

## 51 다음과 같이 정의되는 엘리베이터 관련 용어는?

> 엘리베이터가 출발 기준층에서 승객을 싣고 출발하여 각 층에 서비스한 후 출발 기준층으로 되돌아와 다음 서비스를 위해 대기하는 데까지 총시간

① 승차시간
② 일주시간
③ 주행시간
④ 서비스시간

**해설**
② 일주시간 : 엘리베이터가 출발 기준층에서 승객을 싣고 출발하여 각 층에 서비스 한 후 기준층으로 되돌아와 다음 서비스를 대기하는 데까지의 총시간

## 52 다음과 같이 정의되는 전기 관련 용어는?

> 대지에 이상전류를 방류 또는 계통구성을 위해 의도적이거나 우연하게 전기회로를 대지 또는 대지를 대신하는 전도체에 연결하는 전기적인 접속

① 절연    ② 접지
③ 피뢰    ④ 피복

**해설**
**접지**
대지에 이상전류를 방류 또는 계통구성을 위해 의도적이거나 우연하게 전기회로를 대지 또는 대지를 대신하는 전도체에 연결하는 전기적인 접속

## 53 일반평면도의 표현내용에 속하지 않는 것은?

① 실의 크기
② 보의 높이 및 크기
③ 창문과 출입구의 구별
④ 개구부의 위치 및 크기

**해설**
보의 높이 및 크기는 단면도에서 나타낸다.

## 54 건축법령상 공동주택에 속하지 않는 것은?

① 기숙사    ② 연립주택
③ 다가구주택    ④ 다세대주택

**해설**
**공동주택(건축법 시행령 [별표 1] 용도별 건축물의 종류)**
- 아파트 : 주택으로 쓰는 층수가 5개 층 이상인 주택
- 연립주택 : 주택으로 쓰는 1개 동의 바닥면적 합계가 660m²를 초과하고, 층수가 4개 층 이하인 주택
- 다세대주택 : 주택으로 쓰는 1개 동의 바닥면적 합계가 660m² 이하이고, 층수가 4개 층 이하인 주택
- 기숙사 : 다음의 어느 하나에 해당하는 건축물로서 공간의 구성과 규모 등에 관하여 국토교통부장관이 정하여 고시하는 기준에 적합한 것. 다만, 구분·소유된 개별 실(室)은 제외한다.
  - 일반기숙사 : 학교 또는 공장 등의 학생 또는 종업원 등을 위하여 사용하는 것으로서 해당 기숙사의 공동취사시설 이용 세대수가 전체 세대수(건축물의 일부를 기숙사로 사용하는 경우에는 기숙사로 사용하는 세대 수로 함)의 50% 이상인 것
  - 임대형기숙사 : 공공주택사업자 또는 임대사업자가 임대사업에 사용하는 것으로서 임대 목적으로 제공하는 실이 20실 이상이고 해당 기숙사의 공동취사시설 이용 세대 수가 전체 세대 수의 50% 이상인 것

## 55 다음 중 아파트의 평면형식에 따른 분류에 속하지 않는 것은?

① 홀형    ② 복도형
③ 탑상형    ④ 집중형

**해설**
- 아파트 평면형식 : 홀형, 편복도형, 중복도형, 집중형
- 아파트 주동의 외관형식 : 판상형, 탑상형, 복합형

**정답** 51 ② 52 ② 53 ② 54 ③ 55 ③

**56** 다음 중 건축도면 작도에서 가장 굵은 선으로 표현하는 것은?

① 인출선　　② 해칭선
③ 단면선　　④ 치수선

**해설**
도면에서 가장 굵은 선은 단면선이다.

**57** 공기조화방식 중 팬코일 유닛방식에 관한 설명으로 옳지 않은 것은?

① 전공기방식에 속한다.
② 각 실에 수배관으로 인한 누수의 우려가 있다.
③ 덕트방식에 비해 유닛의 위치변경이 용이하다.
④ 유닛을 창문 밑에 설치하면 콜드 드래프트를 줄일 수 있다.

**해설**
팬코일 유닛방식 : 전동기 직결의 소형송풍기, 냉·온수 코일과 필터 등을 갖춘 실내형 소형공조기를 각 실에 설치하여 중앙 기계실로부터 냉수 또는 온수를 받아 공기조화를 하는 방식이다. 호텔의 객실, 아파트 주택 및 사무실에 적용한다. 직접 난방을 채용하는 기존 건물의 공기조화에도 적용 가능하다.

**58** 색의 지각적 효과에 관한 설명으로 옳지 않은 것은?

① 명시도에 가장 영향을 끼치는 것은 채도차이다.
② 일반적으로 고명도, 고채도의 색이 주목성이 높다.
③ 고명도, 고채도, 난색계의 색은 진출, 팽창되어 보인다.
④ 명도가 높은 색은 외부로 확산되려는 현상을 나타낸다.

**해설**
명시성은 먼 거리에서 잘 보이는 정도를 말하는 것으로 명도, 채도, 색상차가 큰 색일수록 명시성이 높다.

**59** 액화석유가스(LPG)에 관한 설명으로 옳지 않은 것은?

① 공기보다 가볍다.
② 용기(Bomb)에 넣을 수 있다.
③ 가스절단 등 공업용으로도 사용된다.
④ 프로판 가스(Propane Gas)라고도 한다.

**해설**
LPG 연료의 특징
• 주기적으로 연료 잔량을 확인해야 한다.
• 공기보다 무거우며 누출 시 바닥에 가라앉고, 특유의 냄새가 있다.
• 열효율이 LNG(도시가스)에 비해 높다.
• 같은 용량당 가격은 LPG가 비싼 편이다.

**60** 디자인의 기본 원리 중 성질이나 질량이 전혀 다른 둘 이상의 것이 동일한 공간에 배열될 때 서로의 특질을 한층 돋보이게 하는 현상은?

① 대 비　　② 통 일
③ 리 듬　　④ 강 조

**해설**
① 대비 : 서로 다른 모양의 결합에 의하여 힘의 강약을 표현하기 쉽다.

# 2016년 제4회 과년도 기출문제

**01** 벽돌 쌓기에서 처음 한 켜는 마구리 쌓기, 다음 한 켜는 길이 쌓기를 교대로 쌓는 것으로 통줄눈이 생기지 않으며, 가장 튼튼한 쌓기법으로 내력벽을 만들 때 많이 사용하는 것은?

① 영국식 쌓기
② 네덜란드식 쌓기
③ 프랑스식 쌓기
④ 미국식 쌓기

**해설**
① 영국식 쌓기 : 길이 쌓기 켜와 마구리 쌓기 켜를 번갈아서 쌓아 올리는 방법으로 마구리 켜의 모서리 부분에는 반절 또는 이오 토막을 사용한다. 통줄눈이 생기지 않으며, 가장 튼튼한 쌓기법이다.
② 네덜란드식 쌓기 : 길이 쌓기와 마구리 쌓기를 교대로 하는 것은 영국식 쌓기와 동일하다. 길이 쌓기 켜의 모서리에는 칠오 토막을 사용하여 상하가 일치되도록 한다.
③ 프랑스식 쌓기 : 한 켜에 길이 쌓기와 마구리 쌓기를 번갈아 가며 쌓는다.
④ 미국식 쌓기 : 한 켜는 마구리 쌓기로 하고, 그 다음 5켜는 길이 쌓기를 한다.

**02** I형강의 웨브를 톱니모양으로 절단한 후 구멍이 생기도록 맞추고 용접하여 구멍을 각 층의 배관에 이용하도록 제작한 보는?

① 트러스 보
② 판 보
③ 래티스 보
④ 허니콤 보

**해설**
• 판 보 : 판 보는 강판과 강판 또는 ㄱ형강과 강판을 조립한 후 용접 또는 볼트접합하여 만든 보이다. 전단력이 크게 작용하는 곳에 효율적이다.
• 트러스 보 : 트러스 보(Truss Girder)는 웨브재에 ㄱ형강이나 ㄷ형강을 사용하여 플랜지 부분과 접합하여 삼각형 트러스 모양으로 만든 보이다.
• 래티스 보 : 웨브에 형강을 사용하지 않고 플레이트 평강을 사용하여 상현재와 하현재의 플랜지 부분과 직접 접합하여 트러스 모양으로 만든 보이다.
• 허니콤 보 : H형강의 웨브를 잘라서 웨브에 육각형의 구멍이 여러 개 발생되도록 다시 웨브를 용접하여 만든 보로, 보의 춤이 높아지므로 휨저항 성능이 우수하다. 뚫린 구멍을 통해 덕트 배관 등의 설치가 가능하다.
• 상자형 보 : 웨브판을 두 개 사용하여 상자 모양으로 만든 보이다. 비틀림을 받는 부분에 사용한다.
※ 저자의견 : 문제는 I형강으로 출제되었으나 일부 교과서에서는 H형강으로 표현하고 있다.

1 ① 2 ④

**03** 철골구조의 플레이트 보에서 스티프너(Stiffener)는 웨브의 무엇을 방지하기 위하여 사용하는가?

① 처 짐   ② 좌 굴
③ 진 동   ④ 블리딩

**해설**
스티프너 : 보의 웨브 부분을 보강하여 전단내력의 증진과 웨브의 국부좌굴 방지를 위해 사용되는 부재이다.

**04** 트러스의 종류 중 상현재와 하현재 사이에 수직재로 구성되어 있는 것은?

① 플랫(Flat) 트러스
② 워런(Warren) 트러스
③ 하우(Howe) 트러스
④ 비렌딜(Vierendeel) 트러스

**해설**
④ 비렌딜 트러스 : 상현재와 하현재 사이에 수직재로 구성된다. 고층 건물 최하층과 같이 넓은공간을 필요로 할 때나 많은 힘을 받을 때 사용하는 구조이다.

**트러스의 종류**

| 킹 포스트 트러스 | 퀸 포스트 트러스 | 플랫 트러스 |
|---|---|---|
| 핑크 트러스 | 하우 트러스 | 워런 트러스 |

**05** 2개소의 개구부를 가진 조적식 구조에서 대린벽으로 구획된 벽의 길이가 6m일 때 최대 개구부 폭의 합계로 옳은 것은?

① 6m   ② 4m
③ 3m   ④ 2m

**해설**
개구부(건축물의 구조기준 등에 관한 규칙 제35조 제1항 제1호)
조적식 구조에서 각층의 대린벽으로 구획된 각 벽에 있어서 개구부의 폭의 합계는 그 벽의 길이의 2분의 1 이하로 하여야 한다.

**06** 트러스의 구조에 대한 설명으로 옳은 것은?

① 모든 방향에 대한 응력을 전달하기 위하여 절점은 강접합으로만 이루어져야 한다.
② 풍하중과 적설하중은 구조계산 시 고려하지 않는다.
③ 부재에 휨모멘트 및 전단력이 발생한다.
④ 구성부재를 규칙적인 3각형으로 배열하면 구조적으로 안정이 된다.

**해설**
트러스 형식의 특징
• 절점을 핀(Pin)접합으로 취급한 삼각형 형태의 부재를 조합한 구조 형식이다.
• 각 부재에는 원칙적으로 축방향력만 발생한다.
• 가느다란 부재로 큰 공간을 구성한다.
• 평면 트러스와 입체 트러스로 나뉜다.

**07** 강구조의 기둥 종류 중 앵글·채널 등으로 대판을 플랜지에 직각으로 접합한 것은?

① H형강기둥
② 래티스기둥
③ 격자기둥
④ 강관기둥

**해설**
③ 격자기둥 : 작은 부재가 큰 힘을 받을 수 있도록 격자식으로 조립한 기둥으로, 형강을 래티스로 짠 철골기둥이다. 철골구조의 기둥으로서 웨브부분에 래더스를 쓴다.

**08** 신축 이음새(Expansion Joint)를 설치해야 하는 위치와 가장 거리가 먼 것은?

① 기존 건물과 접합부
② 저층의 긴 건물과 고층 건물의 접속부
③ 평면이 복잡한 부분에서의 교차부
④ 단면이 균일한 소규모 바닥판

**해설**
신축줄눈 : 구조체의 온도 변화에 의한 팽창, 수축 혹은 부동 침하, 진동 등에 의해서 콘크리트에 균열의 발생이 예상되는 위치에 구조체를 떼어 내는 목적으로 두는 탄력성을 갖게 한 줄눈이다.
신축줄눈의 설치 위치
• 건물의 길이가 긴 경우, 지반 또는 기초가 다른 경우
• 서로 다른 구조가 연결되는 경우, 건물의 증축의 경우
• 평면의 형상이 복잡할 경우

**09** 하중의 작용방향에 따른 하중분류에서 수평하중에 포함되지 않는 것은?

① 활하중   ② 풍하중
③ 수 압    ④ 토 압

**해설**
수평하중 : 풍하중, 지진하중, 수압, 토압 등

**10** 보강콘크리트 블록조 단층에서 내력벽의 벽량은 최소 얼마 이상으로 하는가?

① $10cm/m^2$   ② $15cm/m^2$
③ $20cm/m^2$   ④ $25cm/m^2$

**해설**
내력벽(건축물의 구조기준 등에 관한 규칙 제43조 제1항)
건축물의 각 층에 있어서 건축물의 길이방향 또는 너비방향의 보강블록구조인 내력벽의 길이(대린벽의 경우에는 그 접합된 부분의 각 중심을 이은 선의 길이를 말한다)는 각각 그 방향의 내력벽의 길이의 합계가 그 층의 바닥면적 $1m^2$에 대하여 0.15m 이상이 되도록 하되, 그 내력벽으로 둘러싸인 부분의 바닥면적은 $80m^2$를 넘을 수 없다.

**11** 반자구조의 구성부재가 아닌 것은?

① 반자돌림대
② 달 대
③ 변 재
④ 달대받이

**해설**
반자틀, 반자틀받이, 달대, 달대받이, 반자돌림대 등

**12** 목구조에서 가새에 대한 설명으로 옳지 않은 것은?

① 벽체를 안정형 구조로 만들어준다.
② 구조물에 가해지는 수평력보다는 수직력에 대한 보강을 위한 것이다.
③ 힘의 흐름상 인장력과 압축력에 번갈아 저항할 수 있다.
④ 가새를 결손시켜 내력상 지장을 주어서는 안 된다.

**해설**
가새 : 사각형으로 된 목구조는 수평력을 받으면 그 모양이 일그러지기 쉽다. 이것을 막기 위하여 대각선방향에 삼각형구조로 댄 부재이다.

**13** 역학구조상 비내력벽에 속하지 않는 벽은?

① 장막벽  ② 칸막이벽
③ 전단벽  ④ 커튼월

**해설**
비내력벽(장막벽, 칸막이벽, Curtain Wall)은 무게를 지탱하지 않고 공간을 구분하는 역할이다.
커튼월 : 칸막이 구실만 하고 하중을 지지하지 아니하는 바깥벽이다.

**14** 다음 각 구조에 대한 설명으로 옳지 않은 것은?

① PC의 접합 응력을 향상시키기 위하여 기둥에 CFT를 적용하였다.
② 초고층 골조 강성을 증가시키기 위하여 아웃리거(Out rigger)를 설치하였다.
③ 프리스트레스트구조(Prestressed)에서 강성을 향상시키기 위해 강선에 미리 인장을 작용시켰다.
④ 철골구조 접합부의 피로강도 증진을 위하여 고력볼트 접합을 적용하였다.

**해설**
콘크리트 충전 강관(CFT ; Concrete Filled steel Tube) : 강관 내부에 콘크리트를 충전하여 콘크리트와 강재의 장점을 합성한 구조이다.

**15** 목재 반자구조에서 반자틀받이의 설치 간격으로 가장 적절한 것은?

① 30cm  ② 50cm
③ 90cm  ④ 150cm

**해설**
반자틀받이 간격은 900mm이다.

**16** 목재의 접합에서 두 재가 직각 또는 경사로 짜여지는 것을 의미하는 용어는?

① 이음  ② 맞춤
③ 벽선  ④ 쪽매

**해설**
② 맞춤 : 두 부재가 직각 또는 경사로 접합
① 이음 : 두 개 이상의 목재를 길이방향으로 붙여 한 개의 부재로 만드는 것
④ 쪽매 : 두 부재를 나란히 옆으로 대어 넓게 만드는 것

**17** 현장치기 콘크리트 중 수중에서 타설하는 콘크리트의 최소 피복두께는?

① 60mm  ② 80mm
③ 100mm  ④ 120mm

**해설**
프리스트레스하지 않는 부재의 현장치기콘크리트의 최소 피복두께(KDS 14 20 50)

| 표면조건 | | 부재 | 철근 | 피복두께 (mm) |
|---|---|---|---|---|
| 수중에서 치는 콘크리트 | | 모든 부재 | – | 100 |
| 흙에 접한 부위 | 흙에 접하여 콘크리트를 친 후 영구히 흙에 묻혀 있는 콘크리트 | 모든 부재 | – | 75 |
| | 흙에 접하거나 옥외의 공기에 직접 노출되는 콘크리트 | 모든 부재 | D19 이상 | 50 |
| | | | D16 이하 | 40 |
| 흙에 접하지 않은 부위 | 옥외의 공기나 흙에 직접 접하지 않는 콘크리트 | 슬래브, 벽체, 장선 | D35 초과 | 40 |
| | | | D35 이하 | 20 |
| | | 보, 기둥 | – | 40 |
| | | 셸, 절판 부재 | – | 20 |

정답 13 ③  14 ①  15 ③  16 ②  17 ③

**18** 구조형식이 셸구조인 건축물은?

① 잠실 종합운동장
② 파리 에펠탑
③ 서울 월드컵 경기장
④ 시드니 오페라 하우스

> **해설**
> **셸구조** : 조개껍데기나 달걀껍데기처럼 휘어진 얇은 판의 곡면을 이용하는 구조방식

**19** 목구조의 기둥에 관한 설명으로 옳지 않은 것은?

① 중층건물의 상·하층 기둥이 길게 한 재로 된 것을 토대라 한다.
② 활주는 추녀뿌리를 받친 기둥이고, 단면은 원형 또는 팔각형이 많다.
③ 심벽조는 기둥이 노출된 형식이다.
④ 기둥 몸이 밑둥에서부터 위로 올라가면서 점차 가늘게 된 것을 흘림기둥이라 한다.

> **해설**
> **토 대**
> • 상부의 하중을 기초에 전달하는 수평재
> • 통재기둥 : 밑층에서 위층까지 하나의 단일재로 되어 있는 기둥

**20** 창문 등의 개구부 위에 걸쳐대어 상부에서 오는 하중을 받는 수평부재는?

① 인방돌
② 창대돌
③ 문지방돌
④ 쌤 돌

> **해설**
> ① 인방 : 돌로 된 문 또는 창의 위쪽을 가로지르는 긴 돌

**21** 콘크리트, 모르타르 바탕에 아스팔트 방수층 또는 아스팔트 타일 붙이기 시공을 할 때의 초벌용 재료를 무엇이라 하는가?

① 아스팔트 프라이머
② 아스팔트 컴파운드
③ 블론 아스팔트
④ 아스팔트 루핑

> **해설**
> ① 아스팔트 프라이머 : 아스팔트 방수층의 초벌용

**22** 건축물의 내구성에 영향을 주는 인자에 해당하지 않는 것은?

① 해 풍
② 지 진
③ 화 재
④ 광 택

> **해설**
> **건축물의 내구성에 영향을 주는 인자** : 바람, 지진, 화재, 목재의 충해, 금속의 부식 등

**23** 시멘트 저장 시 유의해야 할 사항으로 옳지 않은 것은?

① 시멘트는 개구부와 가까운 곳에 쌓여 있는 것부터 사용해야 한다.
② 지상 30cm 이상 되는 마루 위에 적재해야 하며, 그 창고는 방습설비가 완전해야 한다.
③ 3개월 이상 저장한 시멘트 또는 습기를 받았다고 생각되는 시멘트는 반드시 사용 전에 재시험해야 한다.
④ 포대에 들어 있는 시멘트는 13포대 이상 쌓으면 안 되며, 특히 장기간 저장할 경우에는 7포대 이상 쌓지 않는다.

**해설**
시멘트의 저장 : 지상 30cm 이상 되는 마루 위에 적재하며 최대 13포대 이상 쌓으면 안된다(저장기간이 길어질 우려가 있는 경우에는 7포 이상 쌓지 않는다). 3개월 이상 저장한 시멘트는 재시험해야 하고 입하순서로 사용한다.

**24** 석재의 조직 중 석재의 외관 및 성질과 가장 관계가 깊은 것은?

① 조암광물
② 석 리
③ 절 리
④ 석 목

**해설**
② 석리 : 암석을 육안으로 볼 수 있는 외관

**25** 목재의 심재에 대한 설명으로 옳지 않은 것은?

① 목질부 중 수심 부근에 있는 부분을 말한다.
② 변형이 작고 내구성이 있어 이용가치가 크다.
③ 오래된 나무일수록 폭이 넓다.
④ 색깔이 옅고 비중이 작다.

**해설**
심재와 변재

| 구 분 | 비 중 | 신축성 | 강 도 | 내구성 | 품 질 |
|---|---|---|---|---|---|
| 심 재 | 크다. | 작다. | 크다. | 크다. | 좋다. |
| 변 재 | 작다. | 크다. | 작다. | 작다. | 나쁘다. |

**26** 건축재료의 강도구분에 있어서 정적강도에 해당하지 않는 것은?

① 압축강도
② 충격강도
③ 인장강도
④ 전단강도

**해설**
정적강도 : 외력을 일정한 속도로 서서히 가할 때 측정된 강도로, 압축강도, 인장강도, 전단강도, 휨강도 등이 있다.

**27** 넓은 기계 대패로 나이테를 따라 두루마리를 펴듯이 연속적으로 벗기는 방법으로, 얼마든지 넓은 베니어를 얻을 수 있으며 원목의 낭비도 적어 합판 제조의 80~90%에 해당하는 것은?

① 소드 베니어
② 로터리 베니어
③ 반 로터리 베니어
④ 슬라이스드 베니어

**해설**
② 로터리 베니어 : 원목을 길이 2~5m로 마름질하고, 증기를 통해서 부드럽게 하여 로터리 플레이너로 통나무의 원주를 따라서 얇고 둥글게 벗긴 것으로 합판제조에 80~90% 사용한다.

**정답** 23 ① 24 ② 25 ④ 26 ② 27 ②

**28** MDF(Medium Density Fiberboard)에 대한 설명으로 옳지 않은 것은?

① 톱밥, 나무 부스러기 등을 사용한 인공합성 목재이다.
② 고정철물을 사용한 곳은 재시공이 어렵다.
③ 천연목재보다 강도가 작다.
④ 천연목재보다 습기에 약하다.

**해설**
MDF
Medium Density Fiberboard의 약자로 중밀도 섬유 판재이다. 나무의 섬유조직을 분리해서 접착제를 밀어넣고 강한 압력으로 누르면 중밀도 판재가 만들어진다. 이러한 과정을 거쳐 밀도가 높아지면서 매우 무거워진다.
• 장점 : 다양한 두께로 제작 가능하며, 표면의 결이 균일하고 매끄럽다.
• 단점 : 화학성분 접착이며, 결합 강도도 많이 떨어진다. 디자인을 잘못할 경우 판재가 휘는 현상이 발생한다.

**29** 안전유리의 일종으로 유리평면 및 곡면의 판유리를 약 600℃까지 가열하였다가 양면을 냉각공기로 급랭한 유리는?

① 보통판유리  ② 복층유리
③ 무늬유리    ④ 강화유리

**해설**
④ 강화유리 : 판유리를 열처리하여 충격이나 급격한 온도 변화에 견딜 수 있도록 단단하게 만든 유리이다. 보통 유리에 비하여 충격에 견디는 힘이 크며, 깨져도 둥근 모양의 파편이 되므로 안전하다.

**30** 파티클보드에 대한 설명으로 옳지 않은 것은?

① 변형이 작고, 음 및 열의 차단성이 우수하다.
② 상판, 칸막이벽, 가구 등에 이용된다.
③ 수분이나 고습도에 대해 강하기 때문에 별도의 방습 및 방수처리가 필요 없다.
④ 합판에 비해 휨강도는 떨어지나 면내 강성은 우수하다.

**해설**
파티클보드
• 작은 나무 부스러기를 이용하여 제조한다.
• 방향성이 없으며 변형이 작다.
• 방부, 방화성을 높이는 데 효과적이다.
• 흡음성, 열의 차단성이 좋다.
• 단, 수분에는 강하지 않다.

**31** 시멘트 분말도에 대한 설명으로 옳지 않은 것은?

① 분말도가 클수록 수화작용이 빠르다.
② 분말도가 클수록 초기강도의 발생이 빠르다.
③ 분말도가 클수록 강도증진율이 빠르다.
④ 분말도가 클수록 초기균열이 적다.

**해설**
분말도가 높은 시멘트의 특징 : 시공연도 우수, 재료분리현상 감소, 수화반응이 빠름, 조기강도 높음, 풍화되기 쉬움, 수축균열이 큼, 콘크리트 응결 시 초기균열발생

**32** 석고보드에 대한 설명으로 옳지 않은 것은?

① 부식이 진행되지 않고 충해를 받지 않는다.
② 팽창 및 수축의 변형이 크다.
③ 흡수로 인해 강도가 현저하게 저하된다.
④ 단열성이 높다.

**해설**
석고보드 : 방화성이 있고, 온도 변화에 의한 신축이 작으며, 흡습성이 작다.

**33** 각 석재의 용도로 옳지 않은 것은?

① 화강암 – 외장재
② 점판암 – 지붕재
③ 석회암 – 구조재
④ 대리석 – 실내장식재

**해설**
③ 석회암 : 석회나 시멘트의 주원료

**34** 10cm×10cm인 목재를 400kN의 힘으로 잡아당겼을 때 끊어졌다면, 이 목재의 최대인장강도는?

① 4MPa
② 40MPa
③ 400MPa
④ 4,000MPa

**해설**
1메가파스칼(MPa) = 1,000킬로파스칼(kPa) = 1,000,000파스칼(Pa)

$1Pa = 1N/m^2 = 1\dfrac{\frac{kg \cdot m}{s^2}}{m^2} = 1\dfrac{kg}{m \cdot s^2}$

400,000N/(0.1m×0.1m) = 40,000,000Pa = 40MPa

**35** 목재의 부패와 관련된 직접적인 조건과 가장 거리가 먼 것은?

① 적당한 온도
② 수 분
③ 목재의 밀도
④ 공 기

**해설**
목재의 부패는 온도, 수분, 양분, 공기와 관련된다.

**36** 목재에서 힘을 받는 섬유소 간의 접착제 역할을 하는 것은?

① 도관세포
② 헤미셀룰로오스
③ 리그닌
④ 탄 닌

**해설**
③ 리그닌 : 섬유소 간의 결합 역할

**37** 한중(寒中)콘크리트의 시공에 가장 적합한 시멘트는?

① 조강 포틀랜드 시멘트
② 고로 시멘트
③ 백색 포틀랜드 시멘트
④ 플라이애시 시멘트

**해설**
① 조강 포틀랜드 시멘트 : 보통 포틀랜드 시멘트에 비하여 빨리 경화하는 고급 시멘트로 일반적으로 재령 7일에서 보통 포틀랜드 시멘트 재령 28일 정도의 강도를 나타낸다. 동절기 공사나 수중공사에서 적합하다.

**38** 길이 5m인 생나무가 전건상태에서 길이가 4.5m로 되었다면 수축률은?

① 6%  ② 10%
③ 12%  ④ 14%

**해설**

수축률 = $\dfrac{5-4.5}{5} \times 100 = 10\%$

**39** 콘크리트용 골재에 대한 설명으로 옳지 않은 것은?

① 골재의 강도는 경화된 시멘트 페이스트의 최대강도 이하이어야 한다.
② 골재의 표면은 거칠고, 모양은 구형에 가까운 것이 가장 좋다.
③ 골재는 잔 것과 굵은 것이 골고루 혼합된 것이 좋다.
④ 골재는 유해량 이상의 염분을 포함하지 않아야 한다.

**해설**

골재의 품질
• 골재의 강도는 시멘트 풀의 강도 이상으로 한다.
• 거칠고 구형에 가까운 것이 좋다.
• 잔 것과 굵은 것이 적당히 혼합되어야 한다.

**40** 인조석에 사용되는 각종 안료로써 옳지 않은 것은?

① 트래버틴
② 황 토
③ 주 토
④ 산화철

**해설**

① 트래버틴 : 대리석과 동일한 성분이며 석질이 불균일하고 곳곳에 구멍이 있으며, 암갈색의 짙은 무늬가 있어 판석으로 만들어 물갈기를 하면 무늬 모양이 매우 좋아 실내 벽면의 장식재로 사용된다.

**41** 주택의 부엌에서 작업 삼각형(Work Triangle)의 구성에 속하지 않는 것은?

① 냉장고  ② 배선대
③ 개수대  ④ 가열대

**해설**

작업삼각대 : 개수대, 가열대, 냉장고

**42** 1200형 에스컬레이터의 공칭수송능력은?

① 4,800인/h  ② 6,000인/h
③ 7,200인/h  ④ 9,000인/h

**해설**

1200형 에스컬레이터 : 한 장의 발판에 대인 2명이 탑승할 수 있도록 난간폭이 1,200mm로 설계되어 있으며, 공칭수송능력은 9,000인/h이다.

**정답** 38 ② 39 ① 40 ① 41 ② 42 ④

**43** 단면도에 표기하는 사항과 가장 거리가 먼 것은?

① 층높이
② 창대높이
③ 부지경계선
④ 지반에서 1층 바닥까지의 높이

**해설**
단면도 표시사항 : 대지의 경사, 지면과 바닥의 높이, 층고 및 천장고, 창높이, 계단실, 처마 및 베란다 같은 돌출상황 등을 표시한다.

**44** 먼셀의 표색계에서 5R 4/14로 표시되었다면 이 색의 명도는?

① 1
② 4
③ 5
④ 14

**해설**
5R 4/14는 5단계의 Red(빨강)에 명도 4, 채도 14인 색상이다.

**45** 다음 중 도면에서 가장 굵은 선으로 표현되는 것은?

① 치수선
② 경계선
③ 기준선
④ 단면선

**해설**
도면에서 가장 굵은 선은 단면선이다.

**46** 프랑스의 사회학자 숑바르 드 로브(Chombard de Lawve)가 설정한 주거면적기준 중 거주자의 신체적 및 정신적인 건강에 나쁜 영향을 끼칠 수 있는 병리기준은?

① 8$m^2$/인 이하
② 14$m^2$/인 이하
③ 16$m^2$/인 이하
④ 18$m^2$/인 이하

**해설**
프랑스 사회학자 숑바르 드 로브(Chombard de Lawve)는 8$m^2$/인 이하를 병리 기준으로 분류하여 심리적 압박감이나 폭력 등의 사회적 병리 현상이 일어날 수 있는 규모라고 하였으며, 14$m^2$/인은 이러한 병리 현상을 방지할 수 있는 한계 기준으로, 16$m^2$/인을 평균(적정) 기준으로 제시한다.

**47** 전력퓨즈에 관한 설명으로 옳지 않은 것은?

① 재투입이 불가능하다.
② 과전류에서 용단될 수도 있다.
③ 소형으로 큰 차단용량을 가졌다.
④ 릴레이는 필요하나 변성기는 필요하지 않다.

**해설**
전력퓨즈는 릴레이, 변성기가 필요 없다.

**정답** 43 ③　44 ②　45 ④　46 ①　47 ④

## 48 복층형 공동주택에 관한 설명으로 옳지 않은 것은?

① 공용 통로 면적을 절약할 수 있다.
② 상하층의 평면이 똑같아 평면구성이 자유롭다.
③ 엘리베이터의 정지 층수가 적어지므로 운영면에서 효율적이다.
④ 1개의 단위 주거가 2개 층 이상에 걸쳐 있는 공동주택을 일컫는다.

**해설**
편복도형에서 쓰이는 경우가 많다. 복도는 한 층 걸러 설치할 수 있으므로 공용 통로 면적을 절약하고, 엘리베이터의 정지층이 감소하여 경제적이다. 단위 주거의 평면계획에 변화가능하고 거주성, 사생활, 일조, 통풍 및 전망의 확보가 가능하다. 각 층 평면이 달라 구조 계획, 덕트, 그 밖의 배관계획, 피난계획 등이 어렵다.

## 49 건축 형태의 구성 원리 중 일반적으로 규칙적인 요소들의 반복으로 디자인에 시각적인 질서를 부여하는 통제된 운동감각을 의미하는 것은?

① 리 듬    ② 균 형
③ 강 조    ④ 조 화

**해설**
① 리듬 : 부분과 부분사이에 시각적인 강약이 규칙적으로 연속될 때 나타난다. 반복, 점층, 억양 등이 있다.

## 50 실내의 잔향시간에 관한 설명으로 옳지 않은 것은?

① 실의 용적에 비례한다.
② 실의 흡음력에 비례한다.
③ 일반적으로 잔향시간이 짧을수록 명료도는 높아진다.
④ 음악을 주목적으로 하는 실의 경우는 잔향시간을 비교적 길게 계획하는 것이 좋다.

**해설**
잔향이란 음발생이 중지된 후에도 실내에 소리가 남는 현상을 말하고, 잔향시간은 일정한 시기의 음을 음원으로부터 중지시킨 후 실내의 에너지밀도가 최초값보다 60dB 감소하는 데 걸리는 시간을 말한다. 잔향시간은 실의 용적에 비례하고 흡음력에 반비례한다.

## 51 투시도에 사용되는 용어의 기호표시가 옳지 않은 것은?

① 화면 – PP
② 기선 – GL
③ 시점 – VP
④ 수평면 – HP

**해설**
**투시도법에 쓰는 용어**
- 기선(GL) : 지면과 화면이 만나는 선
- 지반면(GP) : 지면의 수평면
- 화면(PP) : 대상물과 그것을 보는 사람 사이에 주어진 수직면
- 수평면(HP) : 눈높이와 수평한 면
- 수평선(HL) : 눈높이와 화면의 교차선
- 시점(EP) : 대상물을 보는 눈의 위치
- 정점(SP) : 관찰자의 위치
- 소점(VP) : 화면에서 한 점으로 수렴되는 점, 중심소점(1점), 좌/우측소점(2점)

48 ② 49 ① 50 ② 51 ③

**52** 동선의 3요소에 속하지 않는 것은?

① 길이
② 빈도
③ 방향
④ 하중

해설
동선의 3요소 : 속도(길이), 빈도, 하중

**53** 다음의 아파트 평면형식 중 일조와 환기조건이 가장 불리한 것은?

① 홀형
② 집중형
③ 편복도형
④ 중복도형

해설
② 집중형 : 단위 주거의 위치에 따라 일조조건이 불균등해지므로, 평면계획에서 특별한 배려가 있어야 한다.

**54** 다음 그림에서 치수기입 방법이 잘못된 것은?

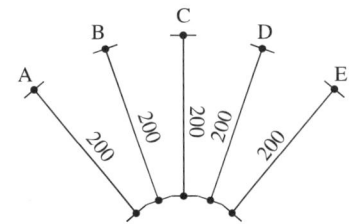

① A
② B
③ C
④ D

해설
치수의 기입 방법(KS F 1501)
• 치수는 치수선에 따라서 도면에 평행하게 기입하고, 도면의 아래에서 위로, 왼쪽에서 오른쪽으로 기입한다.
• 치수는 치수선의 중앙에 마무리 치수로 기입한다.
• 치수의 단위는 mm가 기준이 되며 mm 표기는 하지 않는다. mm 단위가 아닌 경우는 해당 단위 부호를 기입한다.
• 치수선의 간격이 좁을 때는 인출선을 써서 표기한다.

**55** 각 실내의 입면으로 벽의 형상, 치수, 마감상세 등을 나타낸 도면은?

① 평면도
② 전개도
③ 배치도
④ 단면상세도

해설
② 전개도 : 건축물의 각 실내의 입면을 전개하여 벽의 형상, 치수, 마감상세 등을 그린 도면

**56** 직경 13mm의 이형철근을 100mm 간격으로 배치할 때 도면표시 방법으로 옳은 것은?

① D13 #100
② D13 @100
③ φ13 #100
④ φ13 @100

해설
② D13 @100 : 직경 13mm의 이형철근을 100mm 간격으로 배치

**57** LP가스에 관한 설명으로 옳지 않은 것은?

① 비중이 공기보다 크다.
② 발열량이 크며 연소 시에 필요한 공기량이 많다.
③ 누설이 된다 해도 공기 중에 흡수되기 때문에 안전성이 높다.
④ 석유정제과정에서 채취된 가스를 압축냉각해서 액화시킨 것이다.

**해설**
**LP가스** : 액화석유가스로 프로판과 부탄이 주성분인 탄화화합물이다. 비중이 무겁고 누설 시 낮은 장소에 체류한다. 충분한 산소를 공급하지 않으면 불완전연소를 일으킨다.

**58** 건축도면의 글자에 관한 설명으로 옳지 않은 것은?

① 숫자는 로마숫자를 원칙으로 한다.
② 문장은 왼쪽에서부터 가로쓰기를 원칙으로 한다.
③ 글자체는 수직 또는 15° 경사의 고딕체로 쓰는 것을 원칙으로 한다.
④ 글자의 크기는 각 도면의 상황에 맞추어 알아보기 쉬운 크기로 한다.

**해설**
숫자는 아라비아숫자로 표기한다.

**59** 공기조화방식 중 이중덕트방식에 관한 설명으로 옳지 않은 것은?

① 혼합상자에서 소음과 진동이 생긴다.
② 냉풍과 온풍의 혼합으로 인한 혼합손실이 발생한다.
③ 전수방식이므로 냉·온수관과 전기배선 등을 실내에 설치하여야 한다.
④ 단일덕트방식에 비해 덕트 샤프트 및 덕트 스페이스를 크게 차지한다.

**해설**
**이중덕트방식** : 냉·온풍 2개의 덕트를 만들어 끝부분에 혼합 유닛에서 열부하에 알맞은 비율로 혼합하여 송풍함으로써 실온을 조절하는 전 공기식 조절방식이다.

**60** 압력탱크식 급수방법에 관한 설명으로 옳은 것은?

① 급수공급압력이 일정하다.
② 단수 시에 일정량의 급수가 가능하다.
③ 전력공급 차단 시에도 급수가 가능하다.
④ 위생성 측면에서 가장 바람직한 방법이다.

**해설**
**압력탱크방식** : 탱크의 설치 위치에 제한을 받지 않고 사용 수량에 맞추어 급수량을 조절할 수 있다. 압력 차가 커서 급수압이 일정하지 않고, 시설비가 비싸며 고장이 잦다.

# 2017년 제1회 과년도 기출복원문제

※ 2017년부터는 CBT(컴퓨터 기반 시험)로 진행되어 수험자의 기억에 의해 문제를 복원하였습니다. 실제 시행문제와 일부 상이할 수 있음을 알려드립니다.

**01** 부재축에 직각으로 설치되는 전단철근의 간격은 철근콘크리트 부재의 경우 최대 얼마 이하로 하여야 하는가?

① 300mm
② 450mm
③ 600mm
④ 700mm

**해설**
철근콘크리트의 전단철근 간격(KDS 14 20 22)
600mm 이하

**02** AE제를 사용한 콘크리트의 특징이 아닌 것은?

① 동결 융해 작용에 대하여 내구성을 갖는다.
② 작업성이 좋아진다.
③ 수밀성이 좋아진다.
④ 압축강도가 증가한다.

**해설**
AE제를 많이 사용하면 비경제적이고, 압축강도의 감소, 철근과 부착강도의 저하가 일어나므로 콘크리트 중의 전공기량이 용적으로 약 4~6%가 되도록 적정 사용량을 엄수해야 한다.

**03** 건축도면에서 굵은 실선으로 표시하여야 하는 것은?

① 해칭선  ② 절단선
③ 단면선  ④ 치수선

**해설**
굵은 실선 : 단면선, 외형선

**04** 배수트랩의 봉수 파괴 원인과 가장 거리가 먼 것은?

① 증 발  ② 통기작용
③ 모세관현상  ④ 자기사이펀작용

**해설**
트랩봉수의 파괴 원인
• 자기사이펀작용
• 유도사이펀작용(감압에 의한 흡인작용)
• 배압에 의한 분출작용
• 모세관작용
• 봉수의 증발현상
• 자기 운동량에 의한 관성

**05** 다음 중 철골구조에서 사용되는 접합방법에 속하지 않는 것은?

① 용접접합  ② 듀벨접합
③ 고력볼트접합  ④ 핀접합

**해설**
철골구조의 접합방법 : 리벳접합, 볼트접합, 고력볼트접합, 용접접합, 핀접합

**정답** 1 ③  2 ④  3 ③  4 ② 5 ②

**06** 표준형 점토벽돌로 1.5B(1.0B + 75mm + 0.5B) 공간 쌓기를 할 경우 벽체의 두께는 얼마인가?

① 475mm  ② 455mm
③ 375mm  ④ 355mm

**해설**
190(1.0B) + 75(공간) + 90(0.5B) = 355mm

**07** 고강도선인 피아노선에 인장력을 가해 준 다음 콘크리트를 부어 넣고 경화된 후 인장력을 제거시킨 콘크리트는?

① 레디믹스트 콘크리트
② 프리캐스트 콘크리트
③ 프리스트레스트 콘크리트
④ 레진 콘크리트

**해설**
③ 프리스트레스트 콘크리트 : 철근콘크리트제품의 한 종류로서 약칭 PS 또는 PSC 콘크리트라고도 한다. 피아노선, 특수강선 등을 사용해 미리 부재 내에 응력을 줌으로써 사용 시 받는 외력을 없앤다. 조립 철근콘크리트구조용 부재 외에, 교량의 PC빔, 철도의 침목 등에도 널리 사용된다.

**08** 그림과 같은 왕대공 지붕틀의 ●표의 부재가 일반적으로 받는 힘의 종류는?

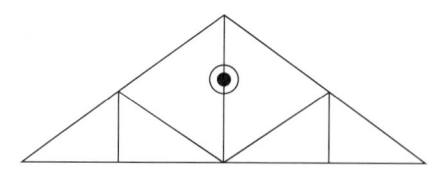

① 인장력  ② 전단력
③ 압축력  ④ 비틀림모멘트

**09** 다음 ( ) 안에 적당한 것은?

> 내력벽 길이의 총합계를 그 층의 건물면적으로 나눈 값을 벽량이라 하는데, 보강블록조의 내력벽의 벽량은 ( )cm/m² 이상으로 한다.

① 5   ② 15
③ 25  ④ 35

**해설**
내력벽(건축물의 구조기준 등에 관한 규칙 제43조 제1항)
보강블록조 내력벽의 길이의 합계가 그 층의 바닥면적 1m²에 대하여 0.15m 이상이 되도록 한다.

**10** 철근콘크리트보에서 압축철근을 사용하는 이유와 가장 거리가 먼 것은?

① 전단내력 증진
② 장기처짐 감소
③ 연성거동 증진
④ 늑근의 설치용이

**해설**
철근콘크리트보에서 압축철근을 사용하는 이유 : 처짐의 크기조절, 장기처짐 감소, 연성거동 증진, 늑근의 설치 용이

**11** 다음 중 건축법상 "건축"에 속하지 않는 것은?

① 재 축  ② 증 축
③ 이 전  ④ 대수선

해설
건축의 정의(건축법 제2조 제1항 제8호)
건축물을 신축·증축·개축·재축하거나 건축물을 이전하는 것을 말한다.

**12** 목구조접합부와 그 접합부에 사용되는 철물이 적절하게 연결되지 않은 것은?

① 왕대공과 평보 – 감잡이쇠
② 평기둥과 층도리 – 띠쇠
③ 큰 보와 작은 보 – 안장쇠
④ 토대와 기둥 – 앵커 볼트

해설
④ 토대와 기둥 : 양면에 띠쇠를 대고 볼트를 조임
① 왕대공과 평보 : 감잡이쇠
② 평기둥과 층도리 : 띠쇠
③ 큰 보와 작은 보 : 안장쇠

**13** 다음 중 재료와 그 사용용도의 연결이 옳지 않은 것은?

① 테라초 – 벽, 바닥의 수장재
② 트래버틴 – 내벽 등의 수장재
③ 타일 – 내외벽, 바닥의 수장재
④ 테라코타 – 흡음재

해설
테라코타
• 석재 조각물 대신에 사용되는 점토소성 제품이다.
• 입체타일로 석재보다 색이 자유롭다.

**14** 콘크리트의 장점이 아닌 것은?

① 압축강도가 크다.
② 자체 하중이 작다.
③ 내화성이 우수하다.
④ 내구적이다.

해설
콘크리트는 자체 하중이 크다.

**15** 스킵플로어형 공동주택에 관한 설명으로 옳지 않은 것은?

① 구조 및 설비계획이 용이하다.
② 주택 내의 공간의 변화가 있다.
③ 통풍·채광의 확보가 용이하다.
④ 엘리베이터의 효율적 운행이 가능하다.

해설
스킵플로어형 : 한 층 또는 두 층을 걸러 복도를 설치하거나 그 밖의 층에는 복도가 없이 계단실에서 단위 주거에 도달하는 형식으로 엘리베이터는 복도가 있는 층에만 정지한다. 이 형식은 단위 주거의 사생활 확보, 두 측면 개구부의 설치 등의 장점이 있는 계단실형과 엘리베이터의 이용률이 높은 편복도형을 복합한 것으로, 엘리베이터에서 복도를 거쳐 계단을 통하여 단위 주거에 도달하기 때문에 동선이 길어진다.

정답  11 ④  12 ④  13 ④  14 ②  15 ①

**16** 철골조에서 주각부분에 사용되는 부재가 아닌 것은?

① 베이스 플레이트
② 사이드 앵글
③ 윙 플레이트
④ 플랜지 플레이트

**해설**
주 각
- 기둥이 받는 힘을 기초에 전달하는 부분이다.
- 베이스 플레이트, 리브 플레이트, 윙 플레이트 등이 사용된다.

**17** 철골조의 판보에서 웨브판의 좌굴을 방지하기 위해 설치하는 보강재는?

① 스터드
② 덮개판
③ 끼움판
④ 스티프너

**해설**
④ 스티프너 : 보의 웨브 부분을 보강하여 전단내력의 증진과 웨브의 국부 좌굴 방지를 위해 사용되는 부재

**18** 염분이 섞인 모래를 사용한 철근콘크리트에서 가장 염려되는 현상은?

① 건조수축
② 철근부식
③ 슬럼프
④ 동 해

**해설**
염분이 섞인 모래를 사용한 철근콘크리트는 철근이 부식된다.

**19** 건축제도에서 선긋기에 관한 설명으로 옳지 않은 것은?

① 한번 그은 선은 중복해서 긋지 않는다.
② 굵은 선의 굵기는 0.8mm 정도면 적당하다.
③ 시작부터 끝까지 일정한 힘을 주어 일정한 속도로 긋는다.
④ 용도에 따른 선의 굵기는 축척과 도면의 크기에 관계없이 동일하게 한다.

**해설**
용도에 따라 선의 굵기를 다르게 한다.

**20** 복도 또는 간 사이가 작을 때에 보를 쓰지 않고 층도리와 칸막이도리에 직접 장선을 걸쳐 대고 그 위에 마루널을 깐 마루는?

① 동바리마루
② 홑마루
③ 짠마루
④ 납작마루

**해설**
② 홑마루 : 보나 멍에를 사용하지 않고 장선만으로 바닥을 받치는 바닥 구조이다.

**21** 도료 상태의 방수재를 바탕면에 여러 번 칠하여 얇은 수지 피막을 만들어 방수효과를 얻는 공법은?

① 시트 방수
② 도막 방수
③ 시멘트 모르타르 방수
④ 아스팔트 방수

**해설**
② 도막 방수 : 합성수지재료를 바탕에 발라서 방수도막을 만드는 공법으로 액체 상태의 방수재를 그대로 바르는 유제형 도막 방수이다. 방수재를 휘발성 용제에 녹여 액체 상태로 만든 후 콘크리트 바탕에 바르는 용제형 도막 방수, 에폭시수지를 발라 방수층을 만드는 에폭시 도막 방수가 있다. 아파트 옥상, 지하 주차장, 건물 내외벽의 방수공사에 사용된다.

**22** 아스팔트의 품질 판별 관련 요소와 가장 거리가 먼 것은?

① 침입도
② 신 도
③ 감온비
④ 강 도

**해설**
아스팔트 품질 판별 : 침입도, 신도, 연화점, 취화점 등

**23** 건축도면 중 건물벽 직각방향에서 건물의 외관을 그린 것은?

① 입면도
② 전개도
③ 배근도
④ 평면도

**해설**
① 입면도 : 건물의 외관 또는 내부를 투시도적인 원근효과 없이 2차원의 평면적 형태로 보여 주는 도면이다.

**24** 다음 중 평면도에 나타내야 할 사항이 아닌 것은?

① 층 고
② 벽두께
③ 창의 형상
④ 벽 중심선

**해설**
평면도 : 건축물을 창의 중앙에서 수평으로 절단하여 기둥·벽·창·출입구·계단 등을 표시한 것이다.

**25** 주택의 거실에 관한 설명으로 옳지 않은 것은?

① 가급적 현관에서 가까운 곳에 위치시키는 것이 좋다.
② 거실의 크기는 주택 전체의 규모나 가족 수, 가족 구성 등에 의해 결정된다.
③ 전체 평면의 중앙에 배치하여 각 실로 통하는 통로로서의 역할을 하도록 한다.
④ 거실의 형태는 일반적으로 직사각형이 정사각형보다 가구의 배치나 실의 활용 측면에서 유리하다.

**해설**
거실 : 주택 내의 중심에 위치해야 하며, 가급적 현관에서 가까운 곳에 배치하고, 방위는 남쪽 또는 남동·남서쪽에 면한다. 가족 구성원 1인당 5m², 전체 면적의 21~25% 이상이 필요하다. 형태는 직사각형이 정사각형보다 가구의 배치나 실의 활용 측면에서 유리하다.

**정답** 21 ② 22 ④ 23 ① 24 ① 25 ③

## 26 철골구조에서 고력볼트접합에 대한 설명 중 옳지 않은 것은?

① 마찰접합, 지압접합 등이 있다.
② 볼트가 쉽게 풀리는 단점이 있다.
③ 피로강도가 높다.
④ 접합부의 강성이 높다.

**해설**
고력볼트접합은 강한 조임력으로 너트의 풀림이 발생하지 않는다.

## 27 벽돌 쌓기법 중 모서리에 칠오토막을 사용하여 통줄눈이 되지 않도록 하는 벽돌쌓기 방법은?

① 영국식 쌓기
② 네덜란드식 쌓기
③ 프랑스식 쌓기
④ 미국식 쌓기

**해설**
② 네덜란드식 쌓기 : 길이 쌓기와 마구리 쌓기를 교대로 하는데 이것은 영국식 쌓기와 동일하다. 길이 쌓기 켜의 모서리에는 칠오토막을 사용하여 상하가 일치되도록 한다.

## 28 다음 중 목재의 장점이 아닌 것은?

① 가공과 운반이 쉽다.
② 외관이 아름답고 감촉이 좋다.
③ 중량에 비해 강도와 탄성이 크다.
④ 함수율에 따라 팽창과 수축이 작다.

**해설**
목재의 장단점

| 장 점 | 단 점 |
| --- | --- |
| • 가볍고 가공이 쉽다. | • 내화성이 취약하다. |
| • 비중에 비해 강도가 크다. | • 흡습성이 크고 변형이 쉽다. |
| • 열전도율, 열팽창률이 작다. | • 부패의 우려가 있다. |

## 29 콘크리트의 배합에서 물시멘트비와 가장 관계 깊은 것은?

① 강 도
② 내동해성
③ 내화성
④ 내수성

**해설**
물시멘트비(W/C)
• 물과 시멘트의 중량비를 말한다.
• 콘크리트강도에 가장 영향을 주며, 물시멘트비가 클수록 강도는 낮아진다.

## 30 다음 중 개별식 급탕방식에 속하지 않는 것은?

① 순간식
② 저탕식
③ 직접가열식
④ 기수 혼합식

**해설**
급탕방식
• 개별식 : 순간식 급탕방식, 저탕식 급탕방식, 기수 혼합식 급탕방식
• 중앙식 : 직접가열식, 간접가열식

## 31 건축도면의 표시기호와 표시사항의 연결이 옳은 것은?

① A – 용적
② W – 너비
③ R – 지름
④ L – 높이

**해설**
도면의 표시사항과 기호(KS F 1501)

| 표시사항 | 기 호 | 표시사항 | 기 호 |
|---|---|---|---|
| 길 이 | L | 면 적 | A |
| 높 이 | H | 용 적 | V |
| 너 비 | W | 지 름 | D 또는 $\phi$ |
| 두 께 | THK | 반지름 | R |
| 무 게 | Wt | | |

## 32 건축법령상 주요구조부에 속하지 않는 것은?

① 기 둥
② 지붕틀
③ 내력벽
④ 옥외 계단

**해설**
주요구조부의 정의(건축법 제2조 제7호)
주요구조부란 내력벽, 기둥, 바닥, 보, 지붕틀 및 주계단(主階段)을 말한다. 다만, 사이 기둥, 최하층 바닥, 작은 보, 차양, 옥외 계단, 그 밖에 이와 유사한 것으로 건축물의 구조상 중요하지 아니한 부분은 제외한다.

## 33 벽돌구조에서 개구부 위와 그 바로 위의 개구부와의 최소 수직거리 기준은?

① 10cm 이상
② 20cm 이상
③ 40cm 이상
④ 60cm 이상

**해설**
조적식구조의 개구부(건축물의 구조기준 등에 관한 규칙 제35조 제1항 제2호)
개구부와 그 바로 위층에 있는 개구부와의 수직거리는 600mm 이상으로 하여야 한다.

## 34 다음 점토제품 중 흡수율이 가장 작은 것은?

① 토 기
② 석 기
③ 도 기
④ 자 기

**해설**
타일의 흡수율 : 자기질(3%), 석기질(5%), 클링커타일(8%), 도기질(18%)

## 35 과전류가 통과하면 가열되어 끊어지는 용융 회로 개방형의 가용성 부분이 있는 과전류 보호장치는?

① 퓨 즈
② 차단기
③ 배전반
④ 단로스위치

**해설**
① 퓨즈 : 전선에 규정값을 초과하는 과도한 전류가 계속 흐르지 못하도록 자동적으로 차단하는 장치이다. 과전류가 흐르게 되면 전류에 의해 발생하는 열로 퓨즈가 녹아서 끊어진다.

**정답** 31 ② 32 ④ 33 ④ 34 ④ 35 ①

**36** 주택의 동선계획에 관한 설명으로 옳지 않은 것은?

① 상호 간의 상이한 유형의 동선은 분리한다.
② 교통량이 많은 동선은 가능한 한 길게 처리하는 것이 좋다.
③ 가사노동의 동선은 가능한 한 남측에 위치시키는 것이 좋다.
④ 개인, 사회, 가사노동권의 3개 동선은 상호 간 분리하는 것이 좋다.

**해설**
교통량이 많은 동선은 가능한 한 짧게 처리하는 것이 좋다.

**37** LPG에 관한 설명으로 옳지 않은 것은?

① 공기보다 가볍다.
② 액화석유가스이다.
③ 주성분은 프로판, 프로필렌, 부탄 등이다.
④ 석유정제 과정에서 채취된 가스를 압축 냉각해서 액화시킨 것이다.

**해설**
LPG 연료의 특징
• 주기적으로 연료 잔량을 확인해야 한다.
• 공기보다 무거워서 누출 시 바닥에 가라앉고, 특유의 냄새가 있다.
• 열효율이 LNG(도시가스)에 비해 높다.
• 같은 용량당 가격은 LPG가 비싼 편이다.

**38** 블록구조에 테두리보를 설치하는 이유로 옳지 않은 것은?

① 횡력에 의해 발생하는 수직균열의 발생을 막기 위해
② 세로철근의 정착을 생략하기 위해
③ 하중을 균등히 분포시키기 위해
④ 집중하중을 받는 블록의 보강을 위해

**해설**
테두리보 : 조적구조의 벽체 상부를 둘러대는 보를 말한다. 테두리보는 벽체의 상부 하중을 균등히 분포시키고, 건물 전체의 강성을 증대시키며 수직균열을 방지할 수 있다. 보강블록조에서는 세로철근을 정착시키는 역할을 한다.

**39** 강구조의 주각부분에 사용되지 않는 것은?

① 윙 플레이트
② 데크 플레이트
③ 베이스 플레이트
④ 클립 앵글

**해설**
주 각
• 기둥이 받는 힘을 기초에 전달하는 부분이다.
• 베이스 플레이트, 리브 플레이트, 윙 플레이트, 클립 앵글, 사이드 앵글, 앵커 볼트 등이 사용된다.

**40** 건물의 주요 뼈대를 공장 제작한 후 현장에 운반하여 짜맞춘 구조는?

① 조적식 구조
② 습식 구조
③ 일체식 구조
④ 조립식 구조

**해설**
④ 조립식 구조 : 공장에서 규격화된 건축 부재를 다량 제작하여 현장에서 조립하여 구조체를 완성하는 방식으로 공사기간이 매우 짧고 대량 생산과 질의 균일화가 가능하다. 프리캐스트 콘크리트 구조 등이 이에 해당한다.

**41** 건축물의 층의 구분이 명확하지 아니한 건축물의 경우, 건축물의 높이 얼마마다 하나의 층으로 산정하는가?

① 3m
② 3.5m
③ 4m
④ 4.5m

**해설**
층수(건축법 시행령 제119조 제1항 제9호)
층의 구분이 명확하지 아니한 건축물은 그 건축물의 높이 4m마다 하나의 층으로 보고 그 층수를 산정한다.

**42** 건축도면에서 보이지 않는 부분의 표시에 사용되는 선의 종류는?

① 파 선
② 가는 실선
③ 1점 쇄선
④ 2점 쇄선

**해설**
보이지 않는 부분의 표시선(숨은선)은 파선으로 한다.

**43** 강재 표시방법 2L-125×125×6에서 6이 나타내는 것은?

① 수 량
② 길 이
③ 높 이
④ 두 께

**해설**
강재의 표시방법
L-A(장축의 길이)×B(단축의 길이)×t(두께)

**44** 건물의 하부 전체 또는 지하실 전체를 하나의 기초판으로 구성한 기초는?

① 독립기초
② 줄기초
③ 복합기초
④ 온통기초

**해설**
④ 온통기초 : 건축물의 전면 또는 광범위한 부분에 대하여 기초 슬래브를 두는 경우의 기초

**45** 벽돌벽체 내쌓기에서 벽체의 내밀 수 있는 한도는?

① 1.0B
② 1.5B
③ 2.0B
④ 2.5B

**해설**
벽돌벽체의 내쌓기 한도는 2.0B이다.

**정답** 41 ③  42 ①  43 ④  44 ④  45 ③

**46** 미장재료에 대한 설명 중 옳은 것은?

① 회반죽에 석고를 약간 혼합하면 경화속도, 강도가 감소하며 수축균열이 증대된다.
② 미장재료는 단일재료로서 사용되는 경우보다 주로 복합재료로서 사용된다.
③ 결합재에는 여물, 풀 등이 있으며 이것은 직접 고체화에 관계한다.
④ 시멘트 모르타르는 기경성 미장재료로써 내구성 및 강도가 크다.

**해설**
- 결합재 : 여물(보강, 균열방지), 풀(점성을 주고 작업성을 좋게 한다)
- 기경성 미장재료 : 진흙질, 회반죽, 돌로마이트, 아스팔트 모르타르
- 수경성 미장재료 : 순석고 플라스터, 킨즈 시멘트, 시멘트 모르타르

**47** 주거공간을 주행동에 의해 개인공간, 사회공간, 가사노동공간 등으로 구분할 경우, 다음 중 사회공간에 속하는 것은?

① 서 재     ② 식 당
③ 부 엌     ④ 다용도실

**해설**
- 사회공간 : 거실, 식사실, 응접실
- 개인공간 : 침실, 서재

**48** 건축물의 에너지절약을 위한 단열계획으로 옳지 않은 것은?

① 외벽 부위는 내단열로 시공한다.
② 건물의 창호는 가능한 한 작게 설계한다.
③ 태양열 유입에 의한 냉방부하 저감을 위하여 태양열 차폐장치를 설치한다.
④ 외피의 모서리 부분은 열교가 발생하지 않도록 단열재를 연속적으로 설치하고 충분히 단열되도록 한다.

**해설**
건축물의 에너지 절약을 위하여 단열 측면에서 외벽 부위는 외단열로 시공한다.

**49** 목재의 기건 비중은 보통 함수율이 몇 %일 때를 기준으로 하는가?

① 0%        ② 15%
③ 30%       ④ 함수율과 관계없다.

**해설**
목재의 기건 상태의 함수율은 15%이고, 가구재의 함수율은 10%이고, 섬유포화점의 함수율은 30%이다.

**50** 다음 중 건물의 일조 조절에 이용되지 않는 것은?

① 차 양
② 루 버
③ 이중창
④ 블라인드

**해설**
일조 조절 : 차양, 발코니, 루버, 흡열유리, 이중유리, 유리블록, 식수 등의 방법을 이용

46 ② 47 ② 48 ① 49 ② 50 ③

**51** 다음과 같이 정의되는 전기 관련 용어는?

> 대지에 이상전류를 방류 또는 계통구성을 위해 의도적이거나 우연하게 전기회로를 대지 또는 대지를 대신하는 전도체에 연결하는 전기적인 접속

① 절 연
② 접 지
③ 피 뢰
④ 피 복

**해설**
접 지
대지에 이상전류를 방류 또는 계통구성을 위해 의도적이거나 우연하게 전기회로를 대지 또는 대지를 대신하는 전도체에 연결하는 전기적인 접속

**52** 강구조의 기둥 종류 중 앵글·채널 등으로 대판을 플랜지에 직각으로 접합한 것은?

① H형강기둥
② 래티스기둥
③ 격자기둥
④ 강관기둥

**해설**
③ 격자기둥 : 작은 부재가 큰 힘을 받을 수 있도록 격자식으로 조립한 기둥으로, 형강을 래티스로 짠 철골기둥이다. 철골구조의 기둥으로서 웨브부분에 래더스를 쓴다.

**53** 신축 이음새(Expansion Joint)를 설치해야 하는 위치와 가장 거리가 먼 것은?

① 기존 건물과 접합부
② 저층의 긴 건물과 고층 건물의 접속부
③ 평면이 복잡한 부분에서의 교차부
④ 단면이 균일한 소규모 바닥판

**해설**
신축줄눈 : 구조체의 온도 변화에 의한 팽창, 수축 혹은 부동 침하, 진동 등에 의해서 콘크리트에 균열의 발생이 예상되는 위치에 구조체를 떼어 내는 목적으로 두는 탄력성을 갖게 한 줄눈이다.
신축줄눈의 설치 위치
• 건물의 길이가 긴 경우, 지반 또는 기초가 다른 경우
• 서로 다른 구조가 연결되는 경우, 건물의 증축의 경우
• 평면의 형상이 복잡할 경우

**54** 구조형식이 셸구조인 건축물은?

① 잠실 종합운동장
② 파리 에펠탑
③ 서울 월드컵 경기장
④ 시드니 오페라 하우스

**해설**
셸구조 : 조개껍데기나 달걀껍데기처럼 휘어진 얇은 판의 곡면을 이용하는 구조방식

**55** 초고층 건물에서 배관 시 최상층과 최하층의 수압차가 크기 때문에 최하층에는 과다한 수격현상이 일어난다. 따라서 소음 및 진동으로 인한 부품의 파손현상이 발생하는데 이를 해결하는 방법은?

① 펌프 설치
② 급수조닝
③ 여과기 설치
④ 저수조 설치

**해설**
급수조닝 : 초고층 건축물에서 저층부에 지나친 급수압이 걸리는 것을 방지하고 적절한 수압을 유지한다.

**정답** 51 ② 52 ③ 53 ④ 54 ④ 55 ②

## 56 대지면적에 대한 건축면적의 비율을 의미하는 것은?

① 용적률　　② 건폐율
③ 수용률　　④ 점유율

**해설**
건폐율 : 대지면적에 대한 건축면적의 비율

## 57 주생활양식에 대한 설명으로 옳지 않은 것은?

① 한식생활은 실별 용도가 명확하다.
② 양식생활은 각 실의 기능이 구분된다.
③ 한식생활은 좌식, 양식생활은 입식 위주이다.
④ 양식생활은 가구를 실의 용도에 따라 설치한다.

**해설**
주생활양식

| 구 분 | 한식주택 | 양식주택 |
|---|---|---|
| 공 간 | 실의 다용도 | 실의 기능 분화 |
| 가 구 | 부차적 존재 | 주요한 내용물 |
| 구 조 | • 목조가구식<br>• 바닥이 높고 개구부가 크다. | • 벽돌조적식<br>• 바닥이 낮고 개구부가 작다. |
| 생활습관 | 좌 식 | 입 식 |

## 58 주택설계의 방향에 대한 설명으로 옳지 않은 것은?

① 생활의 쾌적함을 높인다.
② 가사노동을 줄일 수 있도록 한다.
③ 각 공간의 이용이 편리하도록 한다.
④ 개인생활을 중심으로 한 공간을 계획한다.

**해설**
주택설계의 방향
• 생활의 쾌적함
• 가사노동 경감
• 가족생활을 중심으로 한 공간 계획
• 각 공간의 이용 시 편리함 고려
• 가족의 취미와 직업, 생활방식 고려
• 가족 수의 변화 및 생활수준의 변화 수용 가능성

## 59 주택의 적정 규모는 1인당 주거면적으로 계산하는데 숑바르 드 로브가 심리적 압박감이나 폭력 등의 사회적인 병리현상을 방지할 수 있는 적정기준으로 제시한 것은?

① $8m^2$/인　　② $16m^2$/인
③ $18m^2$/인　　④ $20m^2$/인

**해설**
프랑스 사회학자 숑바르 드 로브(Chombard de Lawve)는 $8m^2$/인 이하를 병리기준으로 분류하여 심리적 압박감, 폭력 등의 사회적 병리 현상이 일어날 수 있는 규모라고 하였으며, $14m^2$/인은 이러한 병리현상을 방지할 수 있는 한계기준으로, $16m^2$/인을 평균(적정)기준으로 제시하였다.

## 60 다음에서 설명하는 환기방식은?

> 급기와 배기에 모두 기계장치를 사용하여 실내외의 압력 차를 조정할 수 있고 가장 우수한 환기를 할 수 있다. 병원 수술실의 환기방식으로 이용한다.

① 제1종　　② 제2종
③ 제3종　　④ 제4종

**해설**
기계환기설비

| | | |
|---|---|---|
| 제1종<br>환기법 | 급기와 배기에 모두 기계 장치를 사용한 환기방식으로 실내외의 압력 차를 조정 가능, 가장 우수한 환기 | 병원 수술실의 환기 방식 |
| 제2종<br>환기법 | 송풍기에 의하여 일방적으로 실내로 송풍하고, 배기는 배기구 및 틈새 등으로 배출하는 방식 | 공장에서 청정 공기를 공급할 때 많이 사용 |
| 제3종<br>환기법 | 배풍기에 의하여 실내의 공기를 배기하는 방식으로, 공기가 나가는 위치에 배풍기를 설치 | 부엌, 화장실 등에 사용 |

# 2017년 제2회 과년도 기출복원문제

**01** 2방향 슬래브는 슬래브의 장변이 단변에 대해 길이의 비가 얼마 이하일 때부터 적용할 수 있는가?

① 1/2
② 1
③ 2
④ 3

**해설**
2방향 슬래브 : 변장비가 2 이하, 네 변이 보에 지지된 슬래브

**02** 벽 및 천장재로 사용되는 것으로 강당, 집회장 등의 음향조절용으로 쓰이거나 일반건물의 벽수장재로 사용하여 음향효과를 거둘 수 있는 목재 가공품은?

① 파키트리 패널
② 플로어링 합판
③ 코펜하겐 리브
④ 파키트리 블록

**해설**
③ 코펜하겐 리브 : 오디토리움 등의 천장이나 벽면을 완성할 때 사용한다.

**03** 주거공간을 주행동에 따라 개인공간, 사회공간, 노동공간 등으로 구분할 때, 다음 중 사회공간에 해당되지 않는 것은?

① 거 실
② 식 당
③ 서 재
④ 응접실

**해설**
• 사회공간 : 거실, 식사실, 응접실
• 개인공간 : 침실, 서재

**04** 직경 13mm의 이형철근을 200mm 간격으로 배치할 때 도면표시 방법으로 옳은 것은?

① D13 #200
② D13 @200
③ φ13 #200
④ φ13 @200

**해설**
② D13 @200 : 직경 13mm의 이형철근을 200mm 간격으로 배치

**05** 증기난방에 관한 설명으로 옳지 않은 것은?

① 예열시간이 온수난방에 비해 짧다.
② 난방의 쾌감도가 온수난방보다 높다.
③ 방열면적을 온수난방보다 작게 할 수 있다.
④ 증발잠열을 이용하기 때문에 열의 운반능력이 크다.

**해설**
증기난방 : 보일러에서 물을 가열하여 발생한 증기를 배관을 통하여 각 실에 설치된 방열기로 보내고 이 수증기의 증발잠열(Latent Heat)로 난방을 하는 방식이다.

| | |
|---|---|
| 장 점 | • 증발잠열을 이용하기 때문에 열의 운반 능력이 크다.<br>• 예열시간이 온수난방에 비하여 짧고 증기의 순환이 빠르다.<br>• 방열면적을 온수난방보다 작게 할 수 있다.<br>• 설비비와 유지비가 저렴하다. |
| 단 점 | • 난방의 쾌감도가 낮다.<br>• 난방 부하의 변동에 따라 방열량 조절이 곤란하다.<br>• 소음이 발생하며 보일러 취급 기술이 필요하다. |

**정답** 1 ③  2 ③  3 ③  4 ②  5 ②

## 06 주거 단지의 단위 중 초등학교를 중심으로 한 단위는?

① 근린지구  ② 인보구
③ 근린분구  ④ 근린주구

**해설**
④ 근린주구 : 주택 호수는 1,600~2,000호, 인구는 8,000~10,000명, 면적은 100ha, 반지름은 약 400~800m로 초등학교 하나를 중심으로 하는 크기이다. 아동의 생활권에 적절한 규모로 인구 규모나 공간 규모에서 주택 단지계획의 모델이 된다. 페리에 의하면, 근린주구보다 소규모인 근린분구 4~5개가 모인 정도이다.

## 07 벽돌벽체 내쌓기에서 벽돌을 2켜씩 내쌓기할 경우 내쌓는 부분의 길이는 얼마 이내로 하는가?

① $\frac{1}{2}$B  ② $\frac{1}{4}$B
③ $\frac{1}{6}$B  ④ $\frac{1}{8}$B

**해설**
벽돌벽체의 내쌓기(내놓기 한도는 2.0B) : 1켜는 $\frac{1}{8}$B, 2켜는 $\frac{1}{4}$B 이다.

## 08 보강콘크리트블록조에서 내력벽의 벽량은 최소 얼마 이상으로 하여야 하는가?

① 10cm/m²  ② 15cm/m²
③ 18cm/m²  ④ 21cm/m²

**해설**
내력벽(건축물의 구조기준 등에 관한 규칙 제43조 제1항)
건축물의 각 층에 있어서 건축물의 길이방향 또는 너비방향의 보강블록구조인 내력벽의 길이(대린벽의 경우에는 그 접합된 부분의 각 중심을 이은 선의 길이를 말한다)는 각각 그 방향의 내력벽의 길이의 합계가 그 층의 바닥면적 1m²에 대하여 0.15m 이상이 되도록 하되, 그 내력벽으로 둘러싸인 부분의 바닥면적은 80m²를 넘을 수 없다.

## 09 조적조에서 개구부 상호 간 수평거리는 그 벽두께의 몇 배 이상으로 하는가?

① 2  ② 3
③ 4  ④ 5

**해설**
조적조 개구부(건축물의 구조기준 등에 관한 규칙 제35조 제2항)
조적식 구조인 벽에 설치하는 개구부에 있어서는 각 층마다 그 개구부 상호 간 또는 개구부와 대린벽의 중심과의 수평거리는 그 벽두께의 2배 이상으로 하여야 한다.

## 10 포틀랜드 시멘트 클링커에 철용광로로부터 나온 슬래그를 급랭한 급랭슬래그를 혼합하여 이에 응결시간 조정용 석고를 혼합하여 분쇄한 것으로 수화열이 작아 매스콘크리트용으로 사용할 수 있는 시멘트는?

① 백색 포틀랜드 시멘트
② 조강 포틀랜드 시멘트
③ 고로 시멘트
④ 알루미나 시멘트

**해설**
③ 고로 시멘트 : 보통의 포틀랜드 시멘트에 비하여 고로 시멘트는, 시멘트의 경화과정에서 발생되는 열인 수화열이 낮고, 내구성이 높으며, 화학저항성이 크지만 투수가 작다. 댐 등의 대규모 콘크리트 공사, 호안·배수구·터널·지하철 공사에 사용된다.

**11** 건물의 외벽에서 지붕 머리를 연결하고 지붕보를 받아 지붕의 하중을 기둥에 전달하는 가로재는?

① 토대  ② 처마도리
③ 서까래  ④ 층도리

**해설**
② 처마도리 : 외벽의 상부에 있으며 서까래 등을 받치는 보이다.

**12** 시멘트의 강도에 영향을 주는 주요 요인이 아닌 것은?

① 분말도
② 비빔장소
③ 풍화 정도
④ 사용하는 물의 양

**해설**
시멘트 강도에 영향을 미치는 요인 : 시멘트 성분, 시멘트 분말도, 시멘트의 풍화 정도, 사용하는 물의 양, 양생조건 등

**13** 주택에서 부엌의 일부에 간단한 식탁을 설치하거나 식당과 부엌을 하나로 구성한 형태는?

① 리빙 키친  ② 다이닝 키친
③ 리빙 다이닝  ④ 다이닝 테라스

**해설**
② 다이닝 키친(DK) : 주방, 부엌의 일부분에 식사실을 배치하는 형태로 유기적으로 연결하여 노동력을 절감하나, 부엌조리 시 냄새나 음식찌꺼기 등으로 인해 식사실 분위기를 저해한다.

**14** 목재의 이음과 맞춤을 할 때 주의사항으로 옳지 않은 것은?

① 공작이 간단하고 튼튼한 접합을 선택할 것
② 이음·맞춤의 단면은 응력의 방향에 직각으로 할 것
③ 이음·맞춤의 위치는 응력이 작은 곳으로 할 것
④ 맞춤면은 수축, 팽창을 위해 틈을 주어 가공할 것

**해설**
이음과 맞춤을 할 때 주의사항
- 부재는 될 수 있는 한 적게 깎아 내야 한다.
- 위치는 응력이 작은 곳을 선택하고, 연결 부분은 작용하는 응력이 균일하게 배치한다.
- 공작이 간단하고 튼튼한 접합을 선택한다.

**15** 다음 중 건물의 외부 벽체 마감용으로 적합하지 않은 석재는?

① 화강암
② 안산암
③ 점판암
④ 대리석

**해설**
④ 대리석 : 변성암계로 열과 산에 약하다. 주로 실내장식용으로 사용된다.

**16** 다음 중 현대 건축재료의 발전방향에 대한 설명으로 옳지 않은 것은?

① 고성능화, 공업화
② 프리패브화의 경향에 맞는 재료개선
③ 수작업과 현장시공에 맞는 재료개발
④ 에너지 절약화와 능률화

**해설**
건축재료의 요구성능 : 공업화, 고성능화, 생산성

**17** 시멘트의 품질이 일정할 경우 분말도가 클수록 일어나는 현상으로 옳은 것은?

① 초기강도가 낮아진다.
② 시공 후 투수성이 작아진다.
③ 수화작용이 느려진다.
④ 시공연도가 떨어진다.

**해설**
시멘트의 품질이 일정할 경우 분말도가 클수록 수화작용이 촉진되며, 응결시간이 빨라지고, 시공 후 투수성이 작아진다.

**18** 곡면판이 지니는 역학적 특성을 응용한 구조로서 외력은 주로 판의 면내력으로 전달되기 때문에 경량이고 내력이 큰 구조물을 구성할 수 있는 것은?

① 철골구조    ② 셸구조
③ 현수구조    ④ 커튼월구조

**해설**
② 셸구조 : 조개껍데기나 달걀껍데기처럼 휘어진 얇은 판의 곡면을 이용하는 구조방식

**19** 블록구조의 기초 및 테두리보에 대한 설명으로 옳지 않은 것은?

① 기초보는 벽체 하부를 연결하고 집중 또는 국부적 하중을 균등히 지반에 분포시킨다.
② 테두리보의 너비를 크게 할 필요가 있을 때에는 경제적으로 ㄱ자형, T자형으로 한다.
③ 테두리보는 분산된 벽체를 일체로 연결하여 하중을 균등히 분포시키는 역할을 한다.
④ 기초보의 춤은 처마높이의 1/12 이하가 적절하다.

**해설**
기초보
• 기초보의 두께 : 벽체두께 이상
• 기초보의 춤 : 처마높이의 1/12 이상, 단층(450mm 이상)

**20** 콘크리트용 혼화제 중 콘크리트의 발열량을 높게 하는 것은?

① 경화촉진제    ② AE제
③ 포졸란       ④ 방수제

**해설**
① 경화촉진제 : 콘크리트의 경화속도를 높이기 위해 사용되는 혼화제이다. 보통 염화칼슘이 사용된다.

정답 16 ③ 17 ② 18 ② 19 ④ 20 ①

**21** 다음 석재 중 변성암에 속하는 것은?

① 안산암　　② 석회암
③ 응회암　　④ 사문암

**해설**
변성암계 : 대리석, 트래버틴, 사문암

**22** 아파트의 평면 형식에 따른 분류에 속하지 않는 것은?

① 판상형　　② 집중형
③ 계단실형　　④ 편복도형

**해설**
아파트의 평면 형식 : 계단실형, 편복도형, 중복도형, 집중형 등

**23** 콘크리트의 각종 강도 중 가장 큰 것은?

① 압축강도　　② 인장강도
③ 휨강도　　④ 전단강도

**해설**
콘크리트는 압축강도가 우수하다.

**24** 주택계획에서 다이닝 키친(Dining Kitchen)에 관한 설명으로 옳지 않은 것은?

① 공간 활용도가 높다.
② 주부의 동선이 단축된다.
③ 소규모 주택에 적합하다.
④ 거실의 일단에 식탁을 꾸며 놓은 것이다.

**해설**
다이닝 키친(DK) : 주방, 부엌의 일부분에 식사실을 배치하는 형식이다. 유기적으로 연결하여 노동력을 절감하나, 부엌조리 시 냄새, 음식찌꺼기 등으로 식사실 분위기가 저해된다.

**25** 동선의 3요소에 속하지 않는 것은?

① 속도　　② 빈도
③ 하중　　④ 방향

**해설**
동선의 3요소 : 속도(길이), 빈도, 하중

**정답** 21 ④　22 ①　23 ①　24 ④　25 ④

**26** 시멘트의 저장방법 중 틀린 것은?

① 주위에 배수 도랑을 두고 누수를 방지한다.
② 채광과 공기순환이 잘 되도록 개구부를 최대한 많이 설치한다.
③ 3개월 이상 경과한 시멘트는 재시험을 거친 후 사용한다.
④ 쌓기 높이는 13포 이하로 하며, 장기간 저장 시는 7포 이하로 한다.

**해설**
**시멘트의 저장** : 지상 30cm 이상 되는 마루 위에 적재하며, 시멘트를 쌓아올리는 높이는 13포대 이하로 한다(저장기간이 길어질 우려가 있는 경우 7포대 이상 쌓지 않는다). 3개월 이상 저장한 시멘트는 재시험해야 하고 입하순서로 사용한다.

**27** 목재의 마구리를 감추면서 창문 등의 마무리에 이용되는 맞춤은?

① 연귀맞춤
② 장부맞춤
③ 통맞춤
④ 주먹장맞춤

**해설**
연귀맞춤은 직교되거나 경사로 교차되는 부재의 마구리가 보이지 않게 서로 45° 또는 맞닿는 경사각의 반으로 비스듬히 잘라 대는 맞춤을 말한다.

**28** 철골구조의 용접 부분에서 발생하는 용접 결함이 아닌 것은?

① 언더컷(Under Cut)
② 블로홀(Blow Hole)
③ 오버랩(Over Lap)
④ 엔드탭(End Tab)

**해설**
④ 엔드탭 : 강구조물을 용접시공할 때 임시로 부착하는 강판
**용접 결함** : 언더컷, 블로홀, 오버랩, 균열, 크레이터 등

**29** 대린벽으로 구획된 벽돌조 내력벽의 벽길이가 7m일 때 개구부의 폭의 합계는 최대 얼마 이하로 하는가?

① 3m
② 3.5m
③ 4m
④ 4.5m

**해설**
개구부(건축물의 구조기준 등에 관한 규칙 제35조 제1항 제1호)
각 층의 대린벽으로 구획된 각 벽에 있어서 개구부의 폭의 합계는 그 벽길이의 2분의 1 이하로 하여야 한다.

**30** 오토클레이브(Autoclave) 팽창도 시험은 시멘트의 무엇을 알아보기 위한 것인가?

① 풍 화
② 안정성
③ 비 중
④ 분말도

**해설**
오토클레이브 팽창도 시험은 시멘트의 안정성을 알아볼 수 있다.

26 ② 27 ① 28 ④ 29 ② 30 ②

**31** 조적조에서 외벽 1.5B 공간 쌓기 벽체의 두께는 얼마인가?(단, 표준형 벽돌이고 공간은 80mm이다)

① 190mm
② 290mm
③ 330mm
④ 360mm

**해설**
1.5B 공간 쌓기 : 190(1.0B) + 80(공간) + 90(0.5B) = 360mm

**32** 직접 조명에 관한 설명으로 옳지 않은 것은?

① 조명률이 좋다.
② 그림자가 강하게 생긴다.
③ 눈부심이 일어나기 쉽다.
④ 실내의 조도분포가 균일하다.

**해설**
직접 조명은 실내 전체적으로 볼 때 밝고 어두움의 차이가 크다.

**33** 아치벽돌을 사다리꼴 모양으로 특별히 주문 제작하여 쓴 것을 무엇이라 하는가?

① 본아치
② 막만든아치
③ 거친아치
④ 층두리아치

**해설**
① 본아치 : 아치벽돌을 사다리꼴 모양으로 주문 제작하여 쓴 아치
② 막만든아치 : 보통 벽돌을 쐐기 모양으로 다듬어 쓴 아치
③ 거친아치 : 보통 벽돌을 사용하며 줄눈이 쐐기 모양인 아치
④ 층두리아치 : 아치 너비가 넓을 때 여러 겹으로 겹쳐 쌓은 아치

**34** 콘크리트 타설 후 비중이 무거운 시멘트와 골재 등이 침하되면서 물이 분리·상승하여 미세한 부유물질과 콘크리트 표면으로 떠오르는 현상은?

① 레이턴스(Laitance)
② 초기 균열
③ 블리딩(Bleeding)
④ 크리프

**해설**
블리딩(Bleeding)
콘크리트 타설 시 콘크리트에 함유된 수분인 자유수(결합수 이외의 물이며 시멘트 중량의 약 40% 정도)가 위로 상승하는 것을 의미한다.

**35** 유리와 같이 어떤 힘에 대한 작은 변형으로도 파괴되는 재료의 성질을 나타내는 용어는?

① 연 성
② 전 성
③ 취 성
④ 탄 성

**해설**
③ 취성 : 작은 변형이 생기더라도 파괴되는 성질

**36** 다음 중 건축제도에서 가장 굵게 표시되는 선은?

① 치수선
② 격자선
③ 단면선
④ 인출선

**해설**
건축제도 시 단면선은 가장 굵게 표시한다.

**37** 아파트의 단면 형식 중 하나의 단위 주거가 2개 층에 걸쳐 있는 것은?

① 플랫형
② 집중형
③ 듀플렉스형
④ 트리플렉스형

**해설**
③ 듀플렉스 : 2개 층의 복층 형식이다.

**38** 건물의 부동침하의 원인과 가장 거리가 먼 것은?

① 지반이 동결작용을 받을 때
② 지하수위가 변경될 때
③ 이웃건물에서 깊은 굴착을 할 때
④ 기초를 크게 할 때

**해설**
부동침하의 원인
- 지반이 연약한 경우
- 연약층의 두께가 상이한 경우
- 이질지정
- 일부지정
- 건물이 이질층에 걸쳐 있는 경우
- 건물이 낭떠러지에 근접되어 있는 경우
- 부주의한 일부 증축이 있는 경우
- 지하수위가 변경되었을 경우
- 지하 매설물이나 구멍이 있는 경우
- 지반이 메운 땅인 경우

**39** 철근콘크리트 사각형 기둥에는 주근을 최소 몇 개 이상 배근해야 하는가?

① 2개
② 4개
③ 6개
④ 8개

**해설**
압축부재의 철근량 제한(KDS 14 20 20)
압축부재의 축방향 주철근의 최소 개수는 사각형이나 원형 띠철근으로 둘러싸인 경우 4개, 삼각형 띠철근으로 둘러싸인 경우 3개, 나선철근으로 둘러싸인 경우 6개로 하여야 한다.

**40** 겨울철의 콘크리트공사, 해수공사, 긴급 콘크리트공사에 적당한 시멘트는?

① 보통 포틀랜드 시멘트
② 알루미나 시멘트
③ 팽창 시멘트
④ 고로 시멘트

**해설**
② 알루미나 시멘트 : 보크사이트와 석회석을 원료로 사용하며, 초조강성으로 화학적 부식에 저항성이 있어 동절기 공사나 해안 공사 등에 사용된다.

**41** 미장재료 중 돌로마이트 플라스터에 대한 설명으로 틀린 것은?

① 수축균열이 발생하기 쉽다.
② 소석회에 비해 작업성이 좋다.
③ 점도가 없어 해초풀로 반죽한다.
④ 공기 중의 탄산가스와 반응하여 경화한다.

**해설**
돌로마이트 석회
• 소석회보다 비중이 크고 굳으면 강도가 증가한다.
• 점성이 좋아 풀을 넣을 필요가 없다.
• 수축균열이 크다.
• 응결속도가 빠르다.
• 습기에 약하여 내부에 사용된다.
• 기경성이며, 냄새와 곰팡이가 없다.

**42** 기둥의 종류에서 2층 건물의 아래층에서 위층까지 관통한 하나의 부재로 된 기둥은?

① 샛기둥   ② 통재기둥
③ 평기둥   ④ 동바리

**해설**
② 통재기둥 : 밑층에서 위층까지 하나의 단일재로 되어 있는 기둥
① 샛기둥 : 본 기둥 사이에 세워 벽체를 이루는 기둥
③ 평기둥 : 층별로 배치되는 기둥

**43** 조적조에서 내력벽으로 둘러싸인 부분의 바닥면적은 최대 몇 $m^2$ 이하로 해야 하는가?

① $40m^2$
② $60m^2$
③ $80m^2$
④ $100m^2$

**해설**
내력벽의 높이 및 길이(건축물의 구조기준 등에 관한 규칙 제31조 제3항)
조적식 구조인 내력벽으로 둘러싸인 부분의 바닥면적은 $80m^2$를 넘을 수 없다.

**44** 목재의 방부제로 사용하지 않는 것은?

① 크레오소트 오일
② 콜타르
③ 페인트
④ 테레빈유

**해설**
목재방부제
• 수용성 방부제 : 염화아연, 염화수은(Ⅱ), 황산구리, 플루오린화 나트륨, 비소화합물, 다이나이트로페놀 또는 크레졸
• 유용성 방부제 : 크레오소트유, 나무 타르, 아스팔트, 페인트, 펜타클로로페놀 등

**45** 합판(Plywood)의 특성으로 옳지 않은 것은?

① 판재에 비해 균질하다.
② 방향에 따라 강도의 차가 크다.
③ 너비가 큰 판을 얻을 수 있다.
④ 함수율 변화에 의한 신축변형이 작다.

**해설**
합판 : 단판을 3, 5, 7, 9 홀수겹으로 겹쳐 붙이며 제조법으로 로터리 베니어, 슬라이스드 베니어, 소드 베니어가 있다.

## 46 다음 창호 부속철물 중 경첩으로 유지할 수 없는 무거운 자재 여닫이문에 쓰이는 것은?

① 플로어 힌지(Floor Hinge)
② 피벗 힌지(Pivot Hinge)
③ 레버터리 힌지(Lavatory Hinge)
④ 도어 체크(Door Check)

**해설**
① 플로어 힌지 : 무거운 여닫이문에 사용한다.

## 47 도면작도 시 유의사항으로 옳지 않은 것은?

① 숫자는 아라비아 숫자를 원칙으로 한다.
② 용도에 따라서 선의 굵기를 구분하여 사용한다.
③ 글자체는 수직 또는 15° 경사의 고딕체로 쓰는 것을 원칙으로 한다.
④ 축척과 도면의 크기에 관계없이 모든 도면에서 글자의 크기는 같아야 한다.

**해설**
도면의 글자 크기는 상황에 맞추어 정한다.

## 48 한식주택의 특징으로 옳지 않은 것은?

① 좌식 생활 중심이다.
② 공간의 융통성이 낮다.
③ 가구는 부수적인 내용물이다.
④ 평면은 실의 위치별 분화이다.

**해설**
**주생활양식**

| 구 분 | 한식주택 | 양식주택 |
| --- | --- | --- |
| 공 간 | 실의 다용도 | 실의 기능 분화 |
| 가 구 | 부차적 존재 | 주요한 내용물 |
| 구 조 | • 목조가구식<br>• 바닥이 높고 개구부가 크다. | • 벽돌조적식<br>• 바닥이 낮고 개구부가 작다. |
| 생활습관 | 좌 식 | 입 식 |

## 49 다음 ( )에 알맞은 용어는?

아치구조는 상부에서 오는 수직하중이 아치의 축선에 따라 좌우로 나뉘어져 밑으로 ( )만을 전달하게 한 것이다.

① 인장력
② 압축력
③ 휨모멘트
④ 전단력

**해설**
**아치구조** : 개구부 상부의 하중을 지지하기 위하여 돌이나 벽돌을 곡선형으로 쌓아올린 구조로 상부의 수직방향하중이 아치의 곡면을 따라 좌우로 분리되어 아래쪽 부재에 인장력이 생기지 않고 압축력만을 전달하도록 만든 구조이다.

## 50 건물 각 층 벽면에 호스, 노즐, 소화전 밸브를 내장한 소화전함을 설치하고 화재 시에는 호스를 끌어낸 후 화재 발생지점에 물을 뿌려 소화시키는 설비는?

① 드렌처설비
② 옥내소화전설비
③ 옥외소화전설비
④ 스프링클러설비

**해설**
② 옥내소화전설비 : 소형 소화전이라고 하며, 건물 내부의 복도나 실내의 벽면에 설치된 소화전 상자 속에 호스와 노즐이 함께 들어 있다. 수동·반자동·전자동식이 있으며 소화전 하나의 유효면적은 반경 25m 이내의 범위이다.

**51** 형태의 조화로서 황금비례의 비율은?

① 1 : 1
② 1 : 1.414
③ 1 : 1.618
④ 1 : 3.141

**해설**
황금비율
이상적인 비례 1 : 1.618의 비율

**52** 외관이 중요시되지 않는 아치는 보통 벽돌을 쓰고 줄눈을 쐐기 모양으로 하는데 이러한 아치를 무엇이라 하는가?

① 본아치
② 거친아치
③ 막만든아치
④ 층두리아치

**해설**
② 거친아치 : 아치 틀기에 있어 보통 벽돌을 사용하여 줄눈을 쐐기 모양으로 한 아치이다.

**53** 지붕의 물매 중 되물매의 경사로 옳은 것은?

① 15°
② 30°
③ 45°
④ 60°

**해설**
되물매 : 10cm 물매로서 45°의 경사

**54** 길고 가느다란 부재가 압축하중이 증가함에 따라 부재의 길이에 직각 방향으로 변형하여 내력이 급격히 감소하는 현상을 무엇이라 하는가?

① 칼럼쇼트닝
② 응력집중
③ 좌 굴
④ 비틀림

**해설**
③ 좌굴 : 가늘고 긴 기둥에 압축력이 가해질 때, 작은 하중으로도 기둥 전체가 구부러지는 휨 좌굴이나 국부적으로 휘어지면서 찌그러지는 국부 좌굴이 발생한다.

**55** 다음과 같이 정의되는 엘리베이터 관련 용어는?

> 엘리베이터가 출발 기준층에서 승객을 싣고 출발하여 각 층에 서비스한 후 출발 기준층으로 되돌아와 다음 서비스를 위해 대기하는 데까지의 총시간

① 승차시간
② 일주시간
③ 주행시간
④ 서비스시간

**해설**
② 일주시간 : 엘리베이터가 출발 기준층에서 승객을 싣고 출발하여 각 층에 서비스 한 후 기준층으로 되돌아와 다음 서비스를 대기하는 데까지의 총시간

**정답** 51 ③  52 ②  53 ③  54 ③  55 ②

**56** 건물 바닥 또는 천장 면에 구조체 파이프 코일을 설치하여 냉·온수를 통하게 함으로써 공기조화를 하는 방식은?

① 단일덕트방식
② 이중덕트방식
③ 패키지유닛방식
④ 복사패널덕트병용방식

**해설**
복사패널덕트병용방식
- 건물 바닥 또는 천장 면에 구조체 파이프 코일을 설치하여 여름에는 냉수, 겨울에는 온수를 통하게 하여 실의 공기 조화를 한다.
- 중앙의 공기조화장치로부터 덕트를 통하여 공기를 공급받기도 한다.
- 일반적으로 덕트와 병용하지 않으며, 여름에는 패널면에 이슬 맺힘이 발생할 우려가 있다.
- 실내의 현열비가 극히 크고, 실온이 높을 때는 덕트가 없어도 냉난방이 가능하다.

**57** 건축법령상 건축면적에 해당하는 것은?

① 3층 이상의 거실면적의 합계
② 하나의 건축물 각 층에 바닥면적의 합계
③ 건축물의 내벽중심선으로 둘러싸인 부분의 수평투영면적
④ 건축물의 외벽중심선으로 둘러싸인 부분의 수평투영면적

**해설**
건축면적(건축법 시행령 제119조 제1항 제2호)
건축물의 외벽(외벽이 없는 경우에는 외곽 부분의 기둥을 말한다)의 중심선으로 둘러싸인 부분의 수평투영면적으로 한다.

**58** 다음 [보기]에서 (가)와 (나)로 옳은 것은?

─┤보기├─
건축법령에 따른 초고층 건물의 정의는 층수가 ( 가 )층 이상이거나 높이가 ( 나 )m 이상인 건축물이다.

① (가) 50, (나) 150
② (가) 50, (나) 200
③ (가) 50, (나) 300
④ (가) 100, (나) 300

**해설**
초고층 건축물의 정의(건축법 시행령 제2조 제15호)
층수가 50층 이상이거나 높이가 200m 이상인 건축물을 말한다.

**59** 복사난방에 대한 설명으로 옳은 것은?

① 시공과 수리가 간단하다.
② 방열기 설치를 위한 공간이 요구된다.
③ 동일방열량에 비하여 손실열량이 크다.
④ 실내의 온도 분포가 균등하고 쾌감도가 높다.

**해설**
복사난방
- 실내의 온도 분포가 균등하고 쾌감도가 높다.
- 방열기가 필요하지 않고 바닥면의 이용도가 높다.

**60** 한중(寒中)콘크리트의 시공에 가장 적합한 시멘트는?

① 조강 포틀랜드 시멘트
② 고로 시멘트
③ 백색 포틀랜드 시멘트
④ 플라이애시 시멘트

**해설**
① 조강 포틀랜드 시멘트 : 보통 포틀랜드 시멘트에 비하여 빨리 경화하는 고급 시멘트이다. 일반적으로 재령 7일에서 보통 포틀랜드 시멘트 재령 28일 정도의 강도를 나타낸다. 동절기 공사나 수중 공사에서 적합하다.

**정답** 56 ④ 57 ④ 58 ② 59 ④ 60 ①

# 2018년 제1회 과년도 기출복원문제

**01** 보강블록구조에 대한 설명 중 옳지 않은 것은?

① 내력벽의 양이 많을수록 횡력에 대항하는 힘이 커진다.
② 철근은 굵은 것을 조금 넣는 것보다 가는 것을 넣는 것이 좋다.
③ 철근의 정착이음은 기초보와 테두리보에 둔다.
④ 내력벽의 벽량은 최소 20cm/m² 이상으로 한다.

**[해설]**
내력벽(건축물의 구조기준 등에 관한 규칙 제43조)
건축물의 각 층에 있어서 건축물의 길이방향 또는 너비방향의 보강블록구조인 내력벽의 길이(대린벽의 경우에는 그 접합된 부분의 각 중심을 이은 선의 길이를 말한다)는 각각 그 방향의 내력벽의 길이의 합계가 그 층의 바닥면적 1m²에 대하여 0.15m 이상이 되도록 하되, 그 내력벽으로 둘러싸인 부분의 바닥면적은 80m²를 넘을 수 없다.

**02** 2방향 슬래브는 슬래브의 장변이 단변에 대해 길이의 비가 얼마 이하일 때부터 적용할 수 있는가?

① 1/2  ② 1
③ 2    ④ 3

**[해설]**
2방향 슬래브 : 변장비가 2 이하, 네 변이 보에 지지가 된 슬래브

**03** 철골공사 시 바닥슬래브를 타설하기 전에, 철골보 위에 설치하여 바닥판 등으로 사용하는 절곡된 얇은 판의 부재는?

① 윙 플레이트       ② 데크 플레이트
③ 베이스 플레이트   ④ 메탈라스

**[해설]**
② 데크 플레이트 : 바닥 구조에 사용하는 파형으로 성형된 판을 말한다. 단면을 사다리꼴 모양 또는 사각형 모양으로 성형함으로써 면외방향의 강성과 길이 방향의 내좌굴성을 높게 한 판이다.

**04** 다음 중 철골부재의 용접과 거리가 먼 용어는?

① 윙 플레이트  ② 엔드탭
③ 뒷댐재       ④ 스캘럽

**[해설]**
① 윙 플레이트 : 철골 주각부에 부착되는 강판으로, 사이드 앵글을 거치거나 직접 용접에 의해서 베이스 플레이트에 기둥으로부터의 응력을 전한다.

**05** 다음 중 철근의 정착길이의 결정요인과 가장 관계가 먼 것은?

① 철근의 종류   ② 콘크리트의 강도
③ 갈고리의 유무 ④ 물시멘트비

**[해설]**
철근의 정착길이 : 설계 단면에 있어서의 철근응력을 전달하기 위해서 필요한 철근의 매립길이이다. 콘크리트강도, 철근강도, 철근지름, 표준 갈고리의 유무, 철근의 순간격, 최소 피복두께 등이 정착길이의 결정요인이 된다.

**정답** 1 ④  2 ③  3 ②  4 ①  5 ④

## 06 석재의 가공에서 돌의 표면을 쇠매로 쳐서 대강 다듬는 것을 의미하는 용어는?

① 물갈기  ② 정다듬
③ 혹두기  ④ 잔다듬

**해설**
③ 혹두기 : 석재 표면을 정 등을 사용하여 혹 모양으로 남긴 마감공법이다.

## 07 목재 바탕의 무늬를 살리기 위한 도장재료는?

① 유성페인트  ② 수성페인트
③ 에나멜페인트  ④ 클리어래커

**해설**
④ 클리어래커 : 안료를 가하지 않고 나이트로셀룰로스, 수지, 가소제를 휘발성 용제로 녹인 래커의 일종이다. 속건성, 내후성, 내유성, 내산성, 내알칼리성이 우수하다는 장점이 있다.

## 08 포틀랜드 시멘트류를 제조할 때 석고를 넣는 이유는?

① 응결시간을 조절하기 위해서
② 강도를 높이기 위해서
③ 분말도를 높이기 위해서
④ 비중을 높이기 위해서

**해설**
포틀랜드 시멘트 제조 시 석고를 첨가하는 이유는 응결시간을 조절하기 위함이다.

## 09 돌구조에서 창문 등의 개구부 위에 걸쳐대어 상부에서 오는 하중을 받는 수평부재는?

① 문지방돌  ② 인방돌
③ 창대돌  ④ 쌤 돌

**해설**
② 인방돌 : 돌로 된 문 또는 창의 위쪽을 가로지르는 긴 돌

## 10 보강블록조에서 벽량은 최소 얼마 이상으로 해야 하는가?

① $10cm/m^2$  ② $15cm/m^2$
③ $20cm/m^2$  ④ $25cm/m^2$

**해설**
**내력벽(건축물의 구조기준 등에 관한 규칙 제43조)**
건축물의 각 층에 있어서 건축물의 길이방향 또는 너비방향의 보강블록구조인 내력벽의 길이(대린벽의 경우에는 그 접합된 부분의 각 중심을 이은 선의 길이를 말한다)는 각각 그 방향의 내력벽의 길이의 합계가 그 층의 바닥면적 $1m^2$에 대하여 0.15m 이상이 되도록 하되, 그 내력벽으로 둘러싸인 부분의 바닥면적은 $80m^2$를 넘을 수 없다.

6 ③  7 ④  8 ①  9 ②  10 ②

**11** 유리성분에 산화 금속류의 착색제를 넣은 것으로 스테인드 글라스의 제작에 사용되는 유리 제품은?

① 색유리
② 복층유리
③ 강화판유리
④ 망입유리

**해설**
① 색유리 : 색깔이 들어 있는 유리이다. 망간, 코발트, 탄소 따위의 착색제를 조합하여 여러 가지 색으로 물들이는데 주로 광학용 필터, 신호등, 식기, 장식용·건축용 유리, 타일 등에 사용된다.

**12** 다음과 같은 특징을 갖는 공기조화방식은?

- 전공기방식의 특성이 있다.
- 냉풍과 온풍을 혼합하는 혼합상자가 필요 없어 소음과 진동이 작다.
- 각 실이나 존의 부하변동에 즉시 대응할 수 없다.

① 단일덕트방식
② 이중덕트방식
③ 멀티유닛방식
④ 팬코일유닛방식

**해설**
① 단일덕트방식 : 중앙에서 에어 핸들링 유닛이나 패키지형 공조기 등을 사용하여, 실내 또는 환기 덕트 내 자동온도조절기나 자동습도조절기에 의하여 각 실의 조건에 알맞게 조절된 냉풍 또는 온풍을 하나의 덕트와 취출구를 통하여 각 실에 보내 공조한다. 오래전부터 사용되어 온 공조방식이다.

**13** 벽돌조 내력벽의 두께는 해당 벽높이의 최소 얼마 이상으로 하여야 하는가?

① 1/12
② 1/15
③ 1/18
④ 1/20

**해설**
조적식 구조 내력벽의 두께(건축물의 구조기준 등에 관한 규칙 제32조)
- 조적재가 벽돌인 경우(해당 벽높이의 1/20 이상)
- 조적재가 블록인 경우(해당 벽높이의 1/16 이상)

**14** 다음 중 결로 방지용으로 가장 알맞은 유리는?

① 접합유리
② 강화유리
③ 망입유리
④ 복층유리

**해설**
④ 복층유리 : 두 장의 유리를 일정한 간격으로 하여, 주위를 접착제로 밀폐하고, 그 중간에 완전 건조 공기를 봉입한 유리이다. 단열·차음·결로 방지 등의 효과가 있으며 페어 글라스라고도 한다.

**15** 다음 중 콘크리트의 시공연도 시험방법으로 주로 쓰이는 것은?

① 슬럼프시험
② 낙하시험
③ 체가름시험
④ 표준관입시험

**해설**
워커빌리티(시공연도) 측정방법 : 슬럼프시험, 플로시험, 리몰딩시험

**16** 다음은 건축물의 층수 산정에 관한 설명이다. ( ) 안에 알맞은 내용은?

> 층의 구분이 명확하지 아니한 건축물은 그 건축물의 높이 ( )마다 하나의 층으로 보고 그 층수를 산정한다.

① 2m   ② 3m
③ 4m   ④ 5m

**해설**
층수(건축법 시행령 제119조 제1항 제9호)
층의 구분이 명확하지 아니한 건축물은 높이 4m마다 하나의 층으로 보고 그 층수를 산정한다.

**17** 목구조접합부와 그 접합부에 사용되는 철물이 적절하게 연결되지 않은 것은?

① 왕대공과 평보 – 감잡이쇠
② 평기둥과 층도리 – 띠쇠
③ 큰보와 작은보 – 안장쇠
④ 토대와 기둥 – 앵커 볼트

**해설**
④ 토대와 기둥 : 양면에 띠쇠를 대고 볼트를 조임
① 왕대공과 평보 : 감잡이쇠
② 평기둥과 층도리 : 띠쇠
③ 큰보와 작은보 : 안장쇠

**18** 공간 벽돌 쌓기에서 표준형 벽돌로 바깥벽은 0.5B, 공간 80mm, 안벽 1.0B로 할 때 총벽체 두께는?

① 290mm   ② 310mm
③ 360mm   ④ 380mm

**해설**
90(0.5B) + 80(공간) + 190(1.0B) = 360mm

**19** 한중 또는 수중, 긴급공사를 시공할 때 가장 적합한 시멘트는?

① 보통 포틀랜드 시멘트
② 중용열 포틀랜드 시멘트
③ 백색 포틀랜드 시멘트
④ 조강 포틀랜드 시멘트

**해설**
④ 조강 포틀랜드 시멘트 : 강도를 조기에 발현시킬 수 있으므로 공기단축이 가능하며, 겨울공사에 가능한 시멘트이다.

**20** 스킵플로어형 공동주택에 관한 설명으로 옳지 않은 것은?

① 구조 및 설비계획이 용이하다.
② 주택 내의 공간의 변화가 있다.
③ 통풍·채광의 확보가 용이하다.
④ 엘리베이터의 효율적 운행이 가능하다.

**해설**
스킵플로어형 : 한 층 또는 두 층을 걸러 복도를 설치하거나 그 밖의 층에는 복도가 없이 계단실에서 단위 주거에 도달하는 형식으로 엘리베이터는 복도가 있는 층에만 정지한다. 이 형식은 단위 주거의 사생활 확보, 두 측면 개구부의 설치 등의 장점이 있는 계단실형과 엘리베이터의 이용률이 높은 편복도형을 복합한 것으로, 엘리베이터에서 복도를 거쳐 계단을 통하여 단위 주거에 도달하기 때문에 동선이 길어진다.

정답  16 ③  17 ④  18 ③  19 ④  20 ①

## 21 다음 합성수지 중 열가소성 수지는?

① 페놀수지  ② 에폭시수지
③ 초산비닐수지  ④ 폴리에스테르수지

**해설**

**합성수지의 종류**

| 열경화성 | 페놀수지, 요소수지, 멜라민수지, 폴리에스테르수지, 에폭시수지, 실리콘수지 |
|---|---|
| 열가소성 | 염화비닐수지, 폴리에틸렌수지, 폴리프로필렌수지, 폴리스티렌수지, 아크릴수지, 초산비닐수지 |

## 22 지각적으로는 구조적 높이감을 주며 심리적으로는 상승감, 존엄감의 느낌을 주는 선의 종류는?

① 사 선  ② 곡 선
③ 수직선  ④ 수평선

**해설**
수직선은 상승감, 긴장감, 존엄감 등의 느낌을 준다.

## 23 건축도면의 글자 및 치수에 관한 설명으로 옳지 않은 것은?

① 숫자는 아라비아 숫자를 원칙으로 한다.
② 치수는 특별히 명시하지 않는 한, 마무리 치수로 표시한다.
③ 글자체는 수직 또는 15° 경사의 고딕체로 쓰는 것을 원칙으로 한다.
④ 치수는 치수선에 평행하게 도면의 오른쪽에서 왼쪽으로 읽을 수 있도록 기입한다.

**해설**
**치 수**
- 치수보조선의 화살표의 길이는 2.5~3mm, 길이와 너비의 비율은 3:1이다.
- 치수는 치수선에 따라서 도면에 평행하게 기입하고, 도면의 아래에서 위로, 왼쪽에서 오른쪽으로 기입한다.
- 치수는 치수선의 중앙에 마무리 치수로 기입한다.
- 치수의 단위는 mm가 기준이 되며 mm 표기는 하지 않는다. mm 단위가 아닌 경우는 해당 단위 부호를 기입한다.
- 치수선의 간격이 좁을 때는 인출선을 써서 표기한다.

## 24 증기난방에 관한 설명으로 옳지 않은 것은?

① 계통별 용량제어가 곤란하다.
② 온수난방에 비해 예열시간이 길다.
③ 증발잠열을 이용하는 난방방식이다.
④ 부하변동에 따른 실내방열량의 제어가 곤란하다.

**해설**
**증기난방** : 보일러에서 물을 가열하여 발생한 증기를 배관을 통하여 각 실에 설치된 방열기로 보내고 이 수증기의 증발잠열(Latent Heat)로 난방을 하는 방식

| 장 점 | • 증발잠열을 이용하기 때문에 열의 운반 능력이 큼<br>• 예열시간이 온수난방에 비하여 짧고 증기의 순환이 빠름<br>• 방열면적을 온수난방보다 작게 할 수 있음<br>• 설비비와 유지비가 저렴 |
|---|---|
| 단 점 | • 난방의 쾌감도가 낮음<br>• 난방 부하의 변동에 따라 방열량 조절이 곤란<br>• 소음발생, 보일러 취급 기술이 필요 |

## 25 철근콘크리트구조의 특성 중 옳지 않은 것은?

① 콘크리트는 철근이 녹스는 것을 방지한다.
② 콘크리트와 철근이 강력히 부착되면 압축력에도 유효하게 된다.
③ 인장응력은 콘크리트가 부담하고, 압축응력은 철근이 부담한다.
④ 철근과 콘크리트는 선팽창계수가 거의 같다.

**해설**
**철근콘크리트구조** : 철근의 인장력과 콘크리트의 압축력을 상호 보완하여 압축력과 인장력에 매우 강한 특성을 가진다. 조형성, 내구성, 내화성, 내진성, 차음성이 매우 뛰어나 초고층 건물이나 대규모 건물에 적합, 거푸집과 동바리(지주)를 사용해야 하며 콘크리트와 철근의 자체중량이 무겁고, 공사 기간이 길다.

**26** 건축물의 표면 마무리, 인조석 제조 등에 사용되며 구조체의 축조에는 거의 사용되지 않는 시멘트는?

① 조강 포틀랜드 시멘트
② 플라이애시 시멘트
③ 백색 포틀랜드 시멘트
④ 고로슬래그 시멘트

**해설**
③ 백색 포틀랜드 시멘트 : 원료에는 철분이 적은 백색점토, 석회석을 사용하고 연료에는 중유 등을 사용해서 제조한 시멘트이다. 주로 외장 모르타르에 쓰이며, 강도는 보통 포틀랜드 시멘트보다 약하다.

**27** 아스팔트의 품질 판별 관련 요소와 가장 거리가 먼 것은?

① 침입도
② 신도
③ 감온비
④ 강도

**해설**
아스팔트 품질 판별 : 침입도, 신도, 연화점, 취화점, 감온비 등

**28** 다음과 같은 창호의 평면 표시기호의 명칭으로 옳은 것은?

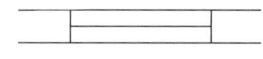

① 회전창
② 붙박이창
③ 미서기창
④ 외여닫이창

**해설**
② 붙박이창 : 창틀에 끼워서 고정시킨 창을 말한다. 채광만을 목적으로 한다.

**29** 건축법령상 공동주택에 속하지 않는 것은?

① 기숙사
② 연립주택
③ 다가구주택
④ 다세대주택

**해설**
③ 다가구주택 : 주택으로 쓰는 1개동의 바닥면적 합계가 660m² 이하이고, 층수가 3개 층 이하이며, 19세대 이하가 거주할 수 있는 주택으로서 공동주택에 해당하지 아니하는 것

**공동주택(건축법 시행령 [별표 1] 용도별 건축물의 종류)**
- 아파트 : 주택으로 쓰는 층수가 5개 층 이상인 주택
- 연립주택 : 주택으로 쓰는 1개 동의 바닥면적 합계가 660m²를 초과하고, 층수가 4개 층 이하인 주택
- 다세대주택 : 주택으로 쓰는 1개 동의 바닥면적 합계가 660m² 이하이고, 층수가 4개 층 이하인 주택
- 기숙사 : 다음의 어느 하나에 해당하는 건축물로서 공간의 구성과 규모 등에 관하여 국토교통부장관이 정하여 고시하는 기준에 적합한 것. 다만, 구분·소유된 개별 실(室)은 제외한다.
  - 일반기숙사 : 학교 또는 공장 등의 학생 또는 종업원 등을 위하여 사용하는 것으로서 해당 기숙사의 공동취사시설 이용 세대수가 전체 세대수(건축물의 일부를 기숙사로 사용하는 경우에는 기숙사로 사용하는 세대 수로 함)의 50% 이상인 것
  - 임대형 기숙사 : 공공주택사업자 또는 임대사업자가 임대사업에 사용하는 것으로서 임대 목적으로 제공하는 실이 20실 이상이고 해당 기숙사의 공동취사시설 이용 세대 수가 전체 세대 수의 50% 이상인 것

**30** 주택단지계획에서 근린주구에 해당되는 주택호수로 알맞은 것은?

① 10~20호
② 400~500호
③ 1,600~2,000호
④ 6,000~12,000호

**해설**
근린주구 : 주택호수는 1,600~2,000호이다.

**31** 다음 중 실내조명 설계순서에서 가장 먼저 이루어져야 할 사항은?

① 조명방식의 선정  ② 소요조도의 결정
③ 전등종류의 결정  ④ 조명기구의 배치

**해설**
조명 설계순서
- 소요조도를 정한다.
- 광원을 선택한다.
- 조명방식을 결정한다.
- 조명기구를 선정한다.
- 조명기구의 간격 및 배치를 결정한다.
- 실지수(방지수)를 결정한다.
- 조명률을 결정한다.
- 감광보상률(유지율)을 결정한다.
- 광속을 결정한다.
- 광원의 수 및 광원의 크기를 결정한다.
- 조도 분포와 휘도 등을 재검토한다.
- 점멸방법을 검토한다.
- 스위치, 콘센트 등의 배치를 정한다.
- 건축평면도에 배선 설계를 한다.

**32** 주택 실구성 형식 중 주방의 일부에 간단한 식탁을 설치하거나 식당과 주방을 하나로 구성한 것은?

① 독립형       ② 다이닝 키친
③ 리빙 다이닝   ④ 다이닝 테라스

**해설**
② 다이닝 키친(DK) : 주방, 부엌의 일부분에 식사실을 배치하는 형식이다. 유기적으로 연결하여 노동력을 절감하나, 부엌조리 시 냄새나 음식찌꺼기 등으로 식사실 분위기가 저해된다.

**33** 건축도면에서 다음과 같은 단면용재료 표시 기호가 나타내는 것은?

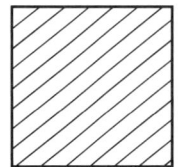

① 석 재        ② 인조석
③ 목재 치장재   ④ 목재 구조재

**해설**
단면재료 표시기호(KS F 1501)

| 석재 | 인조석 |
|---|---|
| 목재 치장재 | 목재 구조재 (보조 구조재) |

**34** LP가스에 관한 설명으로 옳지 않은 것은?

① 비중이 공기보다 크다.
② 발열량이 크며 연소 시에 필요한 공기량이 많다.
③ 누설이 된다 해도 공기 중에 흡수되기 때문에 안전성이 높다.
④ 석유정제과정에서 채취된 가스를 압축냉각해서 액화시킨 것이다.

**해설**
LPG 연료의 특징
- 주기적으로 연료 잔량을 확인해야 한다.
- 공기보다 무거우며, 누출 시 바닥에 가라앉고, 특유의 냄새가 있다.
- 열효율이 LNG(도시가스)에 비해 높다.
- 같은 용량당 가격은 LPG가 비싼 편이다.

**35** 건축법상 다음과 같이 정의되는 용어는?

> 건축물의 천재지변이나 그 밖의 재해로 멸실된 경우 그 대지에 종전과 같은 규모의 범위에서 다시 축조하는 것

① 신 축
② 재 축
③ 이 전
④ 개 축

**해설**

용어(건축법 시행령 제2조)
- 신축 : 대지에 새로 건축물을 축조하는 것
- 증축 : 기존 건축물의 건축면적, 연면적, 층수 또는 높이를 늘리는 것
- 개축 : 전부 또는 일부를 해체, 그 대지에 종전과 같은 규모로 건축물을 다시 축조

**36** 철근콘크리트보의 형태에 따른 철근배근으로 옳지 않은 것은?

① 단순보의 하부에는 인장력이 작용하므로 하부에 주근을 배치한다.
② 연속보에서는 지지점 부분의 하부에서 인장력을 받기 때문에, 이곳에 주근을 배치하여야 한다.
③ 내민보는 상부에 인장력이 작용하므로 상부에 주근을 배치한다.
④ 단순보에서 부재의 축에 직각인 스터럽의 간격은 단부로 갈수록 촘촘하게 한다.

**해설**

연속보에서는 지지점 부분의 상부에서 인장력을 받기 때문에, 이곳에 주근을 배치하여야 한다.

**37** 한국산업표준(KS)에서 토목, 건축 부문의 분류기호는?

① F   ② B
③ K   ④ M

**해설**

② B : 기계
③ K : 섬유
④ M : 화학

**38** 공사현장 등의 사용 장소에서 필요에 따라 만드는 콘크리트가 아니고, 주문에 의해 공장생산 또는 믹싱카로 제조하여 사용현장에 공급하는 콘크리트는?

① 레디믹스트 콘크리트
② 프리스트레스트 콘크리트
③ 한중 콘크리트
④ AE 콘크리트

**해설**

① 레디믹스트 콘크리트(Ready-mixed Concrete) : 콘크리트 제조설비가 있는 공장에서 제조된 프레시 콘크리트(Fresh Concrete)를 섞으면서 지정된 장소까지 운반하여 공급하는 굳지 않은 콘크리트이다.

**39** 재료가 외력을 받아 파괴될 때까지의 에너지 흡수능력, 즉 외형의 변형을 나타내면서도 파괴되지 않는 성질로 맞는 것은?

① 전 성   ② 인 성
③ 경 도   ④ 취 성

**해설**

② 인성 : 재료의 강인성의 정도로 질기고 세며, 충격 파괴를 일으키기 어려운지에 대한 정도를 나타낸다. 재료에 힘을 가하면 처음에는 탄성적으로 변형되고, 그 뒤에 소성화(외력을 제거해도 원래의 상태로 돌아가지 않는 성질)되어 결국에는 파괴된다. 인성이 큰 재료로 만들어진 구조물은 파괴하기 어렵다. 일반적으로 강한 재료는 연성이 낮다.

**40** 에스컬레이터에 관한 설명으로 옳지 않은 것은?

① 수송능력이 엘리베이터에 비해 작다.
② 대기시간이 없고 연속적인 수송설비이다.
③ 연속 운전되므로 전원설비에 부담이 작다.
④ 건축적으로 점유면적이 작고, 건물에 걸리는 하중이 분산된다.

해설
에스컬레이터는 엘리베이터보다 수송능력이 우수하다.

**41** 급기와 배기측에 송풍기를 설치하여 정확한 환기량과 급기량 변화에 의해 실내압을 정압(+) 또는 부압(-)으로 유지할 수 있는 환기방법은?

① 중력환기  ② 제1종 환기
③ 제2종 환기  ④ 제3종 환기

해설
② 제1종 환기 : 급기와 배기에 모두 기계장치를 사용하여 실내외의 압력 차를 조정할 수 있으며, 가장 우수한 환기방법이다.

**42** 벽돌 쌓기 방법 중 프랑스식 쌓기에 대한 설명으로 옳은 것은?

① 한 켜 안에 길이 쌓기와 마구리 쌓기를 병행하여 쌓는 방법이다.
② 처음 한 켜는 마구리 쌓기, 다음 한 켜는 길이 쌓기를 교대로 쌓는 방법이다.
③ 5~6켜는 길이 쌓기로 하고, 다음 켜는 마구리 쌓기를 하는 방식이다.
④ 모서리 또는 끝부분에 칠오토막을 사용하여 쌓는 방법이다.

해설
프랑스식 쌓기 : 한 켜에 길이 쌓기와 마구리 쌓기를 번갈아 가며 쌓는다.

**43** 공동주택의 판상형에 대한 설명으로 옳은 것은?

① 각 세대의 거주환경이 불균등하다.
② 인동간격을 비롯한 법적 규정에 유리하다.
③ 탑상형에 비하여 조망권 확보가 유리하다.
④ 다른 주거동에 미치는 일조의 영향이 적다.

해설
판상형
• 같은 형식의 단위 주거를 수평이나 수직으로 배치
• 단위 주거의 균등한 조건
• 평면계획 및 건물시공이 쉬움
• 건물의 그림자가 크고, 건물의 중앙부 아래층의 주거에서는 시야가 막힘

**44** 조적조에서 내력벽의 길이는 최대 얼마 이하로 하여야 하는가?

① 6m
② 8m
③ 10m
④ 15m

해설
내력벽의 길이(건축물의 구조기준 등에 관한 규칙 제31조)
조적식 구조인 내력벽의 길이는 10m를 넘을 수 없다.

**45** 건물의 주요 뼈대를 공장 제작한 후 현장에 운반하여 짜맞춘 구조는?

① 조적식 구조
② 습식 구조
③ 일체식 구조
④ 조립식 구조

**해설**
④ 조립식 구조 : 공장에서 규격화된 건축 부재를 다량 제작하여 현장에서 조립하여 구조체를 완성하는 방식으로 공사기간이 매우 짧고 대량생산과 질의 균일화가 가능하다. 프리캐스트 콘크리트 구조 등이 이에 해당한다.

**46** 양털, 무명, 삼 등을 혼합하여 만든 원지에 스트레이트 아스팔트를 침투시켜 만든 두루마리제품은?

① 아스팔트 싱글
② 아스팔트 루핑
③ 아스팔트 타일
④ 아스팔트 펠트

**해설**
아스팔트 펠트 : 유기성 섬유가 원료인 펠트에 스트레이트 아스팔트를 침투시킨 것이다. 아스팔트 방수, 지붕·벽 바탕의 방수, 보온 공사용 등에 사용한다.

**47** 블리딩(Bleeding)과 크리프(Creep)에 대한 설명으로 옳은 것은?

① 블리딩이란 굳지 않은 모르타르나 콘크리트에 있어서 윗면에 물이 스며 나오는 현상을 말한다.
② 블리딩이란 콘크리트의 수화작용에 의하여 경화하는 현상을 말한다.
③ 크리프란 하중이 일시적으로 작용하면 콘크리트의 변형이 증가하는 현상을 말한다.
④ 크리프란 블리딩에 의하여 콘크리트 표면에 떠올라 침전된 물질을 말한다.

**해설**
• 블리딩 : 콘크리트를 부어넣을 때 골재와 시멘트죽이 서로 분리되면서 갈라지는 현상으로 부적당한 골재나 지나치게 큰 자갈을 사용할 때 일어난다.
• 크리프 : 장시간의 하중으로 인하여 재료가 지속적으로 서서히 소성변형을 일으키는 것

**48** 통기방식 중 트랩마다 통기되기 때문에 가장 안정도가 높은 방식은?

① 루프통기방식
② 결합통기방식
③ 각개통기방식
④ 신정통기방식

**해설**
각개통기방식 : 각 기구의 트랩마다 통기관을 설치하여 그것들을 통기수평지관에 접속하고 그 지관의 말단을 통기수직관 또는 신정통기관에 접속하는 방식이다. 트랩마다 통기되어 있으므로 가장 성능이 좋다.

**49** 건축도면의 크기 및 방향에 관한 설명으로 옳지 않은 것은?

① A3 제도용지의 크기는 A4 제도용지의 2배이다.
② 접은 도면의 크기는 A4의 크기를 원칙으로 한다.
③ 평면도는 남쪽을 위로 하여 작도함을 원칙으로 한다.
④ A3 크기의 도면은 그 길이방향을 좌우방향으로 놓은 위치를 정위치로 한다.

**해설**
평면도는 기본적으로 북쪽을 위로하여 작도한다.

**50** 주거 단지의 단위 중 초등학교를 중심으로 한 단위는?

① 인보구    ② 근린지구
③ 근린분구  ④ 근린주구

**해설**
④ 근린주구 : 초등학교 1개를 설치할 수 있는 규모로 주민들의 공동체 의식이 자연스럽게 형성될 수 있는 최소한의 규모

**51** 표면결로의 방지방법에 관한 설명으로 옳지 않은 것은?

① 실내에서 발생하는 수증기를 억제한다.
② 환기에 의해 실내 절대습도를 저하한다.
③ 직접가열이나 기류촉진에 의해 표면온도를 상승시킨다.
④ 낮은 온도로 난방시간을 길게 하는 것보다 높은 온도로 난방시간을 짧게 하는 것이 결로방지에 효과적이다.

**해설**
결로방지

| 환 기 | 습한 공기를 제거하여 실내의 결로방지 |
|---|---|
| 난 방 | 건물 내부의 표면온도를 높이고 실내기온을 노점 이상으로 유지 |
| 단 열 | 구조체를 통한 열손실 방지와 보온역할 |

**52** 다음 설명에 알맞은 주택의 실구성 형식은?

- 소규모 주택에서 많이 사용한다.
- 거실 내에 부엌과 식사실을 설치한 것이다.
- 실을 효율적으로 이용할 수 있다.

① K형    ② DK형
③ LD형   ④ LDK형

**해설**
④ LDK(거실-식사실-주방) : 소규모 주택에 적합하다. 거실 내에 부엌과 식사실을 설치하여 실을 효율적으로 이용한다. 고도의 설비와 식생활 개선이 필요하다.

**53** 케이블을 이용한 구조로만 연결된 것은?

① 현수구조 – 사장구조
② 현수구조 – 셸구조
③ 절판구조 – 사장구조
④ 막구조 – 돔구조

**해설**
케이블구조 : 인장력에 강한 케이블을 이용하여 구조체의 주요 부분을 잡아당겨 줌으로써 구조체를 지지하는 구조방식으로 현수교, 사장교 등이 있다.

**54** 길고 가느다란 부재가 압축하중이 증가함에 따라 부재의 길이에 직각방향으로 변형하여 내력이 급격히 감소하는 현상을 무엇이라 하는가?

① 칼럼쇼트닝  ② 응력집중
③ 좌 굴  ④ 비틀림

**해설**
③ 좌굴 : 가늘고 긴 기둥에 압축력이 가해질 때, 작은 하중으로도 기둥 전체가 구부러지는 휨 좌굴이나 국부적으로 휘어지면서 찌그러지는 국부 좌굴이 발생한다.

**55** 목재의 종류에 관계없이 목재를 구성하고 있는 섬유질의 평균적인 진비중값으로 옳은 것은?

① 0.5  ② 0.67
③ 1.54  ④ 2.4

**해설**
목재의 비중은 1.54이다.

**56** 보가 없이 바닥판을 기둥이 직접 지지하는 슬래브는?

① 드롭패널  ② 플랫 슬래브
③ 캐피탈  ④ 와플 슬래브

**해설**
② 플랫 슬래브 : 보 없이 슬래브만으로 되어 있으며, 하중을 직접 기둥에 전달하는 무량판구조의 슬래브이다. 보를 사용하지 않기 때문에 내부공간을 크게 이용할 수 있으며 층고를 낮출 수 있다. 기둥과 연결되는 슬래브 부분의 배근이 복잡하여 전체적으로 슬래브가 두꺼워진다.

**57** 건축법령상 주요구조부에 속하지 않는 것은?

① 기둥　　② 지붕틀
③ 내력벽　　④ 옥외 계단

**해설**
주요구조부의 정의(건축법 제2조 제7호)
주요구조부란 내력벽, 기둥, 바닥, 보, 지붕틀 및 주계단(主階段)을 말한다. 다만, 사이 기둥, 최하층 바닥, 작은 보, 차양, 옥외 계단, 그 밖에 이와 유사한 것으로 건축물의 구조상 중요하지 아니한 부분은 제외한다.

**58** 배수관 속의 악취, 유독 가스 및 벌레 등이 실내로 침투하는 것을 방지하기 위하여 설치하는 것은?

① 트랩　　② 통기관
③ 부스터　　④ 스위블이음새

**해설**
트랩 : 배수관 속의 악취, 유독가스, 벌레 등이 실내로 침투하는 것을 방지하기 위하여 배수계통의 일부에 봉수를 고이게 하는 기구

**59** 증기난방에 대한 설명으로 옳지 않은 것은?

① 설비비와 유지비가 싸다.
② 증기의 현열을 이용하는 난방이다.
③ 예열시간이 짧고 증기의 순환이 빠르다.
④ 방열면적을 온수난방보다 작게 할 수 있다.

**해설**
증기난방은 증발 잠열을 이용하기 때문에 열의 운반능력이 큼

**60** 복사난방에 대한 설명으로 옳은 것은?

① 시공과 수리가 간단하다.
② 방열기 설치를 위한 공간이 요구된다.
③ 대류식 난방으로 바닥면의 먼지 상승이 많다.
④ 실내의 온도분포가 균등하고 쾌감도가 높다.

**해설**
복사난방

| | |
|---|---|
| 장점 | • 실내의 온도 분포가 균등하고 쾌감도가 높음<br>• 방열기가 필요하지 않고 바닥면의 이용도가 높음<br>• 실이 개방된 상태에서도 난방효과가 있음<br>• 평균온도가 낮기 때문에 동일 방열량에 비하여 손실 열량이 비교적 적음 |
| 단점 | • 시공, 수리와 방의 모양을 바꿀 때 불편<br>• 건축 벽체의 특수시공이 필요하므로 설비비가 많이 듦<br>• 벽 표면에 균열이 생기기 쉬움<br>• 매설 배관이 고장났을 때 발견하기가 곤란함<br>• 열 손실을 막기 위한 단열층이 필요 |

**정답** 57 ④　58 ①　59 ②　60 ④

# 2018년 제2회 과년도 기출복원문제

**01** 목조 벽체에 들어가지 않는 것은?
① 샛기둥  ② 평기둥
③ 가 새   ④ 주 각

**해설**
목조의 벽체 구성 : 토대, 통재기둥, 평기둥, 샛기둥, 층도리, 도리, 가새, 인방, 창대 등

**02** 재질이 가볍고 투명성이 좋아 채광을 필요로 하는 대공간 지붕구조로 가장 적합한 것은?
① 막구조   ② 셸구조
③ 절판구조 ④ 케이블구조

**해설**
① 막구조 : 얇은 섬유재료의 천과 같은 막으로 텐트처럼 구조체의 지붕이나 벽체 등을 덮는 구조방식

**03** 지진력에 대하여 저항시킬 목적으로 구성한 벽의 종류는?
① 내진벽   ② 장막벽
③ 칸막이벽 ④ 대린벽

**해설**
내진벽은 지진력에 대하여 저항시킬 목적으로 구성한 벽이다.

**04** 보가 없이 바닥판을 기둥이 직접 지지하는 슬래브는?
① 드롭패널  ② 플랫 슬래브
③ 캐피탈    ④ 와플 슬래브

**해설**
② 플랫 슬래브 : 보 없이 슬래브만으로 되어 있으며, 하중을 직접 기둥에 전달하는 무량판구조의 슬래브이다. 보를 사용하지 않기 때문에 내부공간을 크게 이용할 수 있으며 층고를 낮출 수 있다. 기둥과 연결되는 슬래브 부분의 배근이 복잡하여 전체적으로 슬래브가 두꺼워진다.

**05** 벽돌조에서 대린벽으로 구획된 벽의 길이가 7m일 때 개구부의 폭의 합계는 총 얼마까지 가능한가?
① 1.75m   ② 2.3m
③ 3.5m    ④ 4.7m

**해설**
개구부(건축물의 구조기준 등에 관한 규칙 제35조 제1항 제1호) 각 층의 대린벽으로 구획된 각 벽에 있어서 개구부의 폭의 합계는 그 벽의 길이의 1/2 이하로 한다.

정답 1 ④  2 ①  3 ①  4 ②  5 ③

## 06 블록구조에 테두리보를 설치하는 이유로 옳지 않은 것은?

① 횡력에 의해 발생하는 수직균열의 발생을 막기 위해
② 세로철근의 정착을 생략하기 위해
③ 하중을 균등히 분포시키기 위해
④ 집중하중을 받는 블록의 보강을 위해

**해설**
테두리보 : 조적구조의 벽체 상부를 둘러대는 보를 말한다. 테두리보는 벽체의 상부 하중을 균등히 분포시키고, 건물 전체의 강성을 증대시키며 수직균열을 방지할 수 있다. 보강블록조에서는 세로철근을 정착시키는 역할을 한다.

## 07 연약지반에 건축물을 축조할 때 부동침하를 방지하는 대책으로 옳지 않은 것은?

① 건물의 강성을 높일 것
② 지하실을 강성체로 설치할 것
③ 건물의 중량을 크게 할 것
④ 건물은 너무 길지 않게 할 것

**해설**
부동침하 방지 대책 : 연약지반 개량, 경질지반에 지지, 건축물의 경량화, 마찰말뚝 시공, 지하실 설치, 건물의 평면길이 조정, 지하수위를 저하시켜 수압변화 방지, 건물의 형상 및 중량을 균일 배분

## 08 주택단지 안의 건축물 또는 옥외에 설치하는 계단의 경우 공동으로 사용할 목적인 경우 최소 얼마 이상의 유효폭을 가져야 하는가?(단, 단높이는 18cm 이하, 단너비는 26cm 이상으로 한다)

① 90cm
② 120cm
③ 150cm
④ 180cm

**해설**
계단(주택건설기준 등에 관한 규정 제16조 제1항, 제2항)
(단위 : cm)

| 계단의 종류 | 유효폭 | 단높이 | 단너비 |
|---|---|---|---|
| 공동으로 사용하는 계단 | 120 이상 | 18 이하 | 26 이상 |
| 건축물의 옥외계단 | 90 이상 | 20 이하 | 24 이상 |

• 높이 2m를 넘는 계단(세대 내 계단을 제외)에는 2m(기계실 또는 물탱크실의 계단의 경우에는 3m) 이내마다 해당 계단의 유효폭 이상의 폭으로 너비 120cm 이상인 계단참을 설치할 것 다만, 각 동 출입구에 설치하는 계단은 1층에 한정하여 높이 2.5m 이내마다 계단참 설치
• 계단의 바닥은 미끄럼을 방지할 수 있는 구조로 할 것

## 09 시멘트의 응결 및 경화에 영향을 주는 요인 중 가장 거리가 먼 것은?

① 시멘트의 분말도
② 온 도
③ 습 도
④ 바 람

**해설**
응결에 영향을 주는 요소

| 분말도(↑), 알루민산삼석회(↑), 온도(↑), 혼화제(↑) | 응결이 빠르다. |
|---|---|
| 수량(↓) | |

**10** 블리딩(Bleeding)과 크리프(Creep)에 대한 설명으로 옳은 것은?

① 블리딩이란 굳지 않은 모르타르나 콘크리트에 있어서 윗면에 물이 스며 나오는 현상을 말한다.
② 블리딩이란 콘크리트의 수화작용에 의하여 경화하는 현상을 말한다.
③ 크리프란 하중이 일시적으로 작용하면 콘크리트의 변형이 증가하는 현상을 말한다.
④ 크리프란 블리딩에 의하여 콘크리트 표면에 떠올라 침전된 물질을 말한다.

**해설**
- 블리딩 : 콘크리트를 부어넣을 때 골재와 시멘트죽이 서로 분리되면서 갈라지는 현상으로 부적당한 골재나 지나치게 큰 자갈을 사용할 때 일어난다.
- 크리프 : 장시간의 하중으로 인하여 재료가 지속적으로 서서히 소성변형을 일으키는 것

**11** 혼화재료 중 혼화재에 속하는 것은?

① 포졸란
② AE제
③ 감수제
④ 기포제

**해설**
혼화재 : 혼화재료 중 사용량이 비교적 많아서 그 자체의 부피가 콘크리트의 배합계산에 관계되는 것을 말한다. 플라이애시, 고로슬래그, 미분말 포졸란 등이 이에 해당한다.

**12** 다공질이며 석질이 균일하지 못하고 암갈색의 무늬가 있는 것으로 물갈기를 하면 평활하고 광택이 나는 부분과 구멍과 골이 진 부분이 있어 특수한 실내장식재로 이용되는 것은?

① 테라초(Terrazzo)
② 트래버틴(Travertine)
③ 펄라이트(Perlite)
④ 점판암(Clay Stone)

**해설**
② 트래버틴 : 변성암계로 대리석의 일종으로, 특수한 실내장식재로 많이 이용된다.

**13** 건축물의 층의 구분이 명확하지 아니한 건축물의 경우, 건축물의 높이 얼마마다 하나의 층으로 산정하는가?

① 3m   ② 3.5m
③ 4m   ④ 4.5m

**해설**
층수(건축법 시행령 제119조 제1항 제9호)
층의 구분이 명확하지 아니한 건축물은 그 건축물의 높이가 4m마다 하나의 층으로 보고 그 층수를 산정한다.

정답 10 ① 11 ① 12 ② 13 ③

**14** 건축법령상 다음과 같이 정의되는 용어는?

> 건축물이 천재지변이나 그 밖의 재해로 멸실된 경우 그 대지에 종전과 같은 규모의 범위에서 다시 축조하는 것

① 신 축　　② 증 축
③ 개 축　　④ 재 축

**해설**
재축의 정의(건축법 시행령 제2조 제4호)

| 개정전 | 재축이란 건축물이 천재지변이나 그 밖의 재해로 멸실된 경우 그 대지에 종전과 같은 규모의 범위에서 다시 축조하는 것을 말한다. |
|---|---|
| 개정후 | 재축이란 건축물이 천재지변이나 그 밖의 재해로 멸실된 경우 그 대지에 다음의 요건을 모두 갖추어 다시 축조하는 것을 말한다.<br>• 연면적 합계는 종전 규모 이하로 할 것<br>• 동수, 층수 및 높이는 다음의 어느 하나에 해당할 것<br>　- 동수, 층수 및 높이가 모두 종전 규모 이하일 것<br>　- 동수, 층수 또는 높이의 어느 하나가 종전 규모를 초과하는 경우에는 해당 동수, 층수 및 높이가 「건축법」, 이 영 또는 건축조례에 모두 적합할 것 |

**15** 목조벽체를 수평력에 견디게 하고 안정한 구조로 하는 데 필요한 부재는?

① 멍 에　　② 장 선
③ 가 새　　④ 동바리

**해설**
③ 가새 : 사각형으로 된 목구조는 수평력에 의해 그 모양이 일그러지기 쉽다. 이것을 막기 위하여 대각선 방향에 삼각형 구조로 댄 부재이다.

**16** 벽돌벽체 내쌓기에서 벽체를 내밀 수 있는 한도는?

① 1.0B　　② 1.5B
③ 2.0B　　④ 2.5B

**해설**
벽돌벽체의 내쌓기 한도는 2.0B이다.

**17** 오토클레이브(Autoclave) 팽창도 시험은 시멘트의 무엇을 알아보기 위한 것인가?

① 풍 화　　② 안정성
③ 비 중　　④ 분말도

**해설**
오토클레이브 팽창도 시험은 시멘트의 안정성을 알아볼 수 있다.

**18** 물의 중량이 540kg이고 물시멘트비가 60%일 경우 시멘트의 중량은?

① 3,240kg　　② 1,350kg
③ 1,100kg　　④ 900kg

**해설**
시멘트 중량 = $\dfrac{\text{물의 중량}}{\text{물시멘트비}} = \dfrac{540}{0.6} = 900\text{kg}$

**정답** 14 ④　15 ③　16 ③　17 ②　18 ④

**19** 다음 중 동선의 길이를 가장 짧게 할 수 있는 부엌 가구의 배치 형태는?

① 일자형  ② ㄱ자형
③ 병렬형  ④ ㄷ자형

**해설**
ㄷ자형 배치 : 동선의 길이가 가장 짧은 형태

**20** 직접 조명에 관한 설명으로 옳지 않은 것은?

① 조명률이 좋다.
② 그림자가 강하게 생긴다.
③ 눈부심이 일어나기 쉽다.
④ 실내의 조도분포가 균일하다.

**해설**
직접 조명은 실내 전체적으로 볼 때 밝고 어두움의 차이가 크다.

**21** 다음 중 인장력과 관계가 없는 것은?

① 버트레스(Buttress)
② 타이바(Tie Bar)
③ 현수구조의 케이블
④ 인장링

**해설**
① 버트레스 : 외벽면에서 바깥쪽으로 튀어나와 벽체가 쓰러지지 않도록 지탱하는 부벽이다. 특히 고딕 건축의 플라잉 버트레스는 주벽과 떨어진 독립된 벽으로 주벽의 횡압력을 아치 모양의 팔로 지탱한다.

**22** 조적조의 내력벽으로 둘러싸인 부분의 바닥면적은 몇 m² 이하로 해야 하는가?

① 80m²  ② 90m²
③ 100m²  ④ 120m²

**해설**
내력벽의 높이 및 길이(건축물의 구조기준 등에 관한 규칙 제31조)
조적식 구조인 내력벽으로 둘러싸인 부분의 바닥면적은 80m²를 넘을 수 없다.

**23** 아치벽돌을 사다리꼴 모양으로 특별히 주문 제작하여 쓴 것을 무엇이라 하는가?

① 본아치
② 막만든아치
③ 거친아치
④ 층두리아치

**해설**
① 본아치 : 아치벽돌을 사다리꼴 모양으로 주문 제작하여 쓴 아치
② 막만든아치 : 보통 벽돌을 쐐기 모양으로 다듬어 쓴 아치
③ 거친아치 : 보통 벽돌을 사용하며, 줄눈이 쐐기 모양인 아치
④ 층두리아치 : 아치 너비가 넓을 때 여러겹으로 겹쳐 쌓은 아치

**24** 건축물의 큰 보의 간 사이에 작은 보(Beam)를 짝수로 배치할 때의 주된 장점은?

① 미관이 뛰어나다.
② 큰 보의 중앙부에 작용하는 하중이 작아진다.
③ 층고를 낮출 수 있다.
④ 공사하기가 편리하다.

**해설**
건축물의 큰 보의 간 사이에 작은 보를 짝수로 배치할 경우 큰 보 중앙에 작용하는 하중이 작아진다.

**25** 초고층 건물의 구조 시스템 중 가장 적합하지 않은 것은?

① 내력벽 시스템
② 아웃리거 시스템
③ 튜브 시스템
④ 가새 시스템

**해설**
초고층 건물의 구조 시스템 : 튜브구조, 아웃리거구조, 슈퍼구조, 골조 전단벽의 혼합

**26** 한국산업표준(KS)의 분류 중 토목건축 부문에 해당되는 것은?

① KS D
② KS F
③ KS E
④ KS M

**27** 철골구조에서 H형강보의 플랜지 부분에 커버 플레이트를 사용하는 가장 주된 목적은?

① H형강의 부식을 방지하기 위해서
② 집중하중에 의한 전단력을 감소시키기 위해서
③ 덕트 배관 등에 사용할 수 있는 개구부를 확보하기 위해서
④ 휨내력을 보강하기 위해서

**해설**
커버 플레이트란 리벳접합 플레이트 거더의 메인 거더나 리벳접합 강트러스교의 상현재 등에 사용이 되어 부재의 강성을 증가시키고 빗물의 침입을 방지하기 위한 강판이다.

**28** 고력볼트접합에 대한 설명으로 틀린 것은?

① 고력볼트접합의 종류는 마찰접합이 유일하다.
② 접합부의 강성이 높다.
③ 피로강도가 높다.
④ 정확한 계기공구로 죄어 일정하고 정확한 강도를 얻을 수 있다.

**해설**
일반적으로 고력볼트접합이라고 하면 마찰접합을 의미하지만, 마찰접합 외에도 지압접합, 인장접합이 있다.
**고력볼트접합** : 초기 강한 인장력으로 인해 너트의 풀림이 없고 반복응력에 의한 영향도 없다. 고력볼트를 충분한 회전력으로 너트를 체결하여 접합재 상호 간에 발생하는 마찰력으로 힘을 전달하는 접합법으로서 마찰접합이라고도 한다. 이 접합의 장점으로는 접합강도와 강성이 높고, 시공에 어려움이 없으며 작업능률이 좋다. 또한 소음이 적고 진동, 충격이 발생하는 데에도 사용 가능하다.

**정답** 24 ② 25 ① 26 ② 27 ④ 28 ①

**29** 철근콘크리트 사각형 기둥에는 주근을 최소 몇 개 이상 배근해야 하는가?

① 2개
② 4개
③ 6개
④ 8개

**해설**
**압축부재의 철근량 제한(KDS 14 20 20)**
압축부재의 축방향 주철근의 최소 개수는 사각형이나 원형 띠철근으로 둘러싸인 경우 4개, 삼각형 띠철근으로 둘러싸인 경우 3개, 나선철근으로 둘러싸인 철근의 경우 6개로 하여야 한다.

**30** 파티클보드의 특성에 관한 설명으로 틀린 것은?

① 칸막이·가구 등에 이용된다.
② 열의 차단성이 우수하다.
③ 가공성이 비교적 양호하다.
④ 강도에 방향성이 있어 뒤틀림이 거의 일어나지 않는다.

**해설**
**파티클보드**
• 작은 나무 부스러기를 이용하여 제조한다.
• 방향성이 없으며 변형이 작다.
• 방부, 방화성을 높이는 데 효과적이다.
• 흡음성, 열의 차단성이 좋다.
• 단, 수분에는 강하지 않다.

**31** 목재의 보존성을 높이고 충해 및 변색방지를 위한 방부 처리법이 아닌 것은?

① 도포법   ② 저장법
③ 침지법   ④ 주입법

**해설**
**목재의 방부처리법** : 주입법, 침지법, 도포법, 표면탄화법

**32** 심리적으로 상승감, 존엄성, 엄숙함 등의 조형효과를 주는 선의 종류는?

① 사 선   ② 곡 선
③ 수평선   ④ 수직선

**해설**
④ 수직선 : 상승감, 긴장감, 존엄성 등의 느낌을 준다.

**33** 색의 3요소에 속하지 않는 것은?

① 광 도   ② 명 도
③ 채 도   ④ 색 상

**해설**
색의 3요소 : 색상, 명도, 채도

## 34 건축제도에서 투상법의 작도원칙은?

① 제1각법  ② 제2각법
③ 제3각법  ④ 제4각법

**해설**
건축제도에서 투상법은 제3각법으로 작도함을 원칙으로 한다(KS F 1501).

## 35 건축법령상 공동주택에 속하지 않는 것은?

① 아파트  ② 연립주택
③ 다가구주택  ④ 다세대주택

**해설**
③ 다가구주택 : 주택으로 쓰는 1개동의 바닥면적 합계가 660m² 이하이고, 층수가 3개 층 이하이며, 19세대 이하가 거주할 수 있는 주택으로서 공동주택에 해당하지 아니하는 것

**공동주택(건축법 시행령 [별표 1] 용도별 건축물의 종류)**
- 아파트 : 주택으로 쓰는 층수가 5개 층 이상인 주택
- 연립주택 : 주택으로 쓰는 1개 동의 바닥면적 합계가 660m²를 초과하고, 층수가 4개 층 이하인 주택
- 다세대주택 : 주택으로 쓰는 1개 동의 바닥면적 합계가 660m² 이하이고, 층수가 4개 층 이하인 주택
- 기숙사 : 다음의 어느 하나에 해당하는 건축물로서 공간의 구성과 규모 등에 관하여 국토교통부장관이 정하여 고시하는 기준에 적합한 것. 다만, 구분·소유된 개별 실(室)은 제외한다.
  - 일반기숙사 : 학교 또는 공장 등의 학생 또는 종업원 등을 위하여 사용하는 것으로서 해당 기숙사의 공동취사시설 이용 세대 수가 전체 세대수(건축물의 일부를 기숙사로 사용하는 경우에는 기숙사로 사용하는 세대 수로 함)의 50% 이상인 것
  - 임대형기숙사 : 공공주택사업자 또는 임대사업자가 임대사업에 사용하는 것으로서 임대 목적으로 제공하는 실이 20실 이상이고 해당 기숙사의 공동취사시설 이용 세대 수가 전체 세대 수의 50% 이상인 것

## 36 초고층 건물에서 배관 시 최상층과 최하층의 수압차가 크기 때문에 최하층에는 과다한 수격현상이 일어난다. 따라서 소음 및 진동으로 인한 부품의 파손현상이 발생하는데 이를 해결하는 방법은?

① 펌프 설치  ② 급수조닝
③ 여과기 설치  ④ 워터해머링

**해설**
급수조닝 : 초고층 건물에서 최하층에 과다한 수격현상을 예방

## 37 절판구조의 장점으로 가장 거리가 먼 것은?

① 강성을 얻기 쉽다.
② 슬래브의 두께를 얇게 할 수 있다.
③ 음향 성능이 우수하다.
④ 철근배근이 용이하다.

**해설**
수평형태의 슬래브와 수직형태의 슬래브를 합친 건축구조이다. 강성을 얻기 쉽고 알루미늄을 사용할 경우 슬래브판의 두께를 얇게 할 수 있다. 또한 음향 성능이 우수하다(코펜하겐 리브).

## 38 재료명과 그 주용도의 연결이 옳지 않은 것은?

① 테라코타 – 구조재, 흡음재
② 테라초 – 바닥면의 수장재
③ 시멘트모르타르 – 외벽용 마감재
④ 타일 – 내·외벽, 바닥면의 수장재

**해설**
① 테라코타 : 석재 조각물 대신에 사용되는 점토소성제품

**39** 시멘트가 공기 중의 습기를 받아 천천히 수화반응을 일으켜 작은 알갱이 모양으로 굳어졌다가, 이것이 계속 진행되면 주변의 시멘트와 달라붙어 결국에는 큰 덩어리로 굳어지는 현상은?

① 응 결
② 소 성
③ 경 화
④ 풍 화

**해설**
④ 풍화 : 시멘트가 저장 중에 공기 속의 습기 및 $CO_2$를 흡수하여 수화반응이 일어나서 비중이 감소하고 강도의 발현성이 저하되는 현상을 말한다.

**40** 코너비드(Corner Bead)를 사용하기에 가장 적합한 곳은?

① 난간 손잡이
② 창호 손잡이
③ 벽체 모서리
④ 나선형 계단

**해설**
코너비드 : 기둥의 모서리 및 벽모서리에 미장을 쉽게 하고 모서리를 보호하는 역할을 한다.

**41** 도면작도 시 유의사항으로 옳지 않은 것은?

① 숫자는 아라비아 숫자를 원칙으로 한다.
② 용도에 따라서 선의 굵기를 구분하여 사용한다.
③ 글자체는 수직 또는 15° 경사의 고딕체로 쓰는 것을 원칙으로 한다.
④ 축척과 도면의 크기에 관계없이 모든 도면에서 글자의 크기는 같아야 한다.

**해설**
도면의 글자 크기는 상황에 맞추어 정한다.

**42** 건축법령에 따른 초고층 건축물의 정의로 옳은 것은?

① 층수가 50층 이상이거나 높이가 150m 이상인 건축물
② 층수가 50층 이상이거나 높이가 200m 이상인 건축물
③ 층수가 100층 이상이거나 높이가 300m 이상인 건축물
④ 층수가 100층 이상이거나 높이가 400m 이상인 건축물

**해설**
초고층 건축물의 정의(건축법 시행령 제2조 제15호)
층수가 50층 이상이거나 높이가 200m 이상인 건축물을 말한다.

**43** 다음 중 콘크리트 설계기준강도를 의미하는 것은?

① 콘크리트 타설 후 28일 인장강도
② 콘크리트 타설 후 28일 압축강도
③ 콘크리트 타설 후 7일 인장강도
④ 콘크리트 타설 후 7일 압축강도

**해설**
설계기준강도 : 콘크리트 부재의 설계에 있어서 계산의 기준이 되는 콘크리트의 강도로 일반적으로 재령 28일의 압축강도가 기준이며, 포장용 콘크리트는 재령 28일의 휨강도를, 댐콘크리트에서는 재령 91일의 압축강도를 기준으로 한다.

39 ④ 40 ③ 41 ④ 42 ② 43 ②

**44** 사각형 단면의 철근콘크리트기둥에서 띠철근을 사용하는 가장 주된 목적은?

① 주근의 좌굴을 막기 위하여
② 주근 단면을 보강하기 위하여
③ 콘크리트의 압축강도를 증가시키기 위하여
④ 콘크리트의 수축 변형을 막기 위하여

**해설**
띠철근 : 철근콘크리트조에서 기둥의 주근을 보강하며, 좌굴을 방지하고 간격을 유지하는 것 등을 위하여 주근에 직교하여 감아댄 가는 철근

**45** 돌로마이트 플라스터에 관한 설명으로 옳지 않은 것은?

① 가소성이 커서 풀이 필요 없다.
② 경화 시 수축률이 매우 크다.
③ 수경성이므로 외벽 바름에 적당하다.
④ 강알칼리성이므로 건조 후 바로 유성페인트를 칠할 수 없다.

**해설**
**돌로마이트 석회**
- 소석회보다 비중이 크고 굳으면 강도가 증가한다.
- 점성이 좋아 풀을 넣을 필요가 없다.
- 수축균열이 크다.
- 응결속도가 빠르다.
- 습기에 약하여 내부에 사용한다.
- 기경성이다.
- 냄새와 곰팡이가 없다.

**46** 점토제품 중 타일에 대한 설명으로 옳지 않은 것은?

① 자기질타일의 흡수율은 3% 이하이다.
② 일반적으로 모자이크타일은 건식법에 의해 제조된다.
③ 클링커타일은 석기질타일이다.
④ 도기질타일은 외장용으로만 사용된다.

**해설**
도기질타일은 내장용으로만 사용한다.

**47** 벽돌조에서 내력벽의 두께는 해당 벽높이의 최소 얼마 이상으로 해야 하는가?

① 1/8  ② 1/12
③ 1/16  ④ 1/20

**해설**
**내력벽의 두께(건축물의 구조기준 등에 관한 규칙 제32조)**
조적식 구조인 내력벽의 두께는 조적재가 벽돌인 경우에는 해당 벽높이의 20분의 1 이상, 블록인 경우에는 해당 벽높이의 16분의 1 이상으로 하여야 한다.

**정답** 44 ① 45 ③ 46 ④ 47 ④

**48** 건축 구조의 구성방식에 의한 분류에 속하지 않는 것은?

① 가구식 구조  ② 일체식 구조
③ 습식 구조   ④ 조적식 구조

**해설**

| 건축물의 사용재료 | 목구조, 벽돌구조, 블록구조, 돌구조, 철근콘크리트구조, 철골구조, 철골철근콘크리트구조 등 |
|---|---|
| 건축물의 구성방식 | 일체식 구조, 가구식 구조, 조적식 구조 |
| 건축물의 형상 | 셸구조, 돔구조, 스페이스 프레임구조, 막구조, 케이블구조, 절판구조, 아치구조 등 |
| 시공방식 | 습식 구조, 건식 구조, 조립식 구조, 현장 구조 등 |

**49** 목재의 성질에 관한 설명으로 옳지 않은 것은?

① 함수율이 적어질수록 목재는 수축하며 수축률은 방향에 따라 다르다.
② 함수율의 변동에 따라 목재의 강도에 변동이 있다.
③ 침엽수와 활엽수의 수축률은 차이가 있다.
④ 목재를 섬유포화점 이하로만 건조시키면 부패방지가 가능하다.

**해설**
섬유포화점
목재 세포가 최대 한도의 수분을 흡착한 상태로 함수율이 약 30%의 상태이다. 목재의 세기는 섬유포화점 이상의 함수율에서는 변화는 없지만 그 이하가 되면 함수율이 작을수록 세기는 증대한다.

**50** 목재의 공극이 전혀 없는 상태의 비중을 무엇이라 하는가?

① 기건비중  ② 진비중
③ 절건비중  ④ 겉보기비중

**해설**
- 기건비중 : 공기 속의 온도와 평형을 이룰 때까지 건조상태로 존재하는 목재의 비중이다.
- 진비중 : 목재의 공극이 전혀 없는 상태의 비중이다.
- 절건비중 : 절대건조상태의 목재의 비중이다.

**51** 에스컬레이터에 관한 설명으로 옳지 않은 것은?

① 수송량에 비해 점유면적이 작다.
② 엘리베이터에 비해 수송능력이 작다.
③ 대기시간이 없고 연속적인 수송설비이다.
④ 연속운전이 되므로 전원설비에 부담이 작다.

**해설**
엘리베이터에 비해 수송능력이 크다.

**52** 목면, 마사, 양모, 폐지 등을 혼합하여 만든 원지에 스트레이트 아스팔트를 침투시킨 두루마리제품의 이름은?

① 아스팔트 루핑
② 아스팔트 싱글
③ 아스팔트 펠트
④ 아스팔트 프라이머

**해설**
③ 아스팔트 펠트 : 유기성 섬유를 원료로 하는 펠트에 스트레이트 아스팔트를 침투시킨 것으로 아스팔트 방수, 지붕·벽 바탕의 방수, 보온공사용 등에 사용된다.

48 ③  49 ④  50 ②  51 ②  52 ③

## 53 화강암에 관한 설명으로 옳지 않은 것은?

① 내화성은 석재 중에서 가장 큰 편이다.
② 주요 광물은 석영과 장석이다.
③ 콘크리트용 골재로도 사용된다.
④ 구조재 및 수장재로 쓰인다.

**해설**

화강암
- 강도가 가장 크다.
- 내화도가 낮아 고열부담이 있는 곳은 사용하지 못한다.
- 실외 벽체마감에 사용한다.

## 54 건축제도에서 반지름을 표시하는 기호는?

① D
② $\phi$
③ R
④ W

**해설**

도면의 표시사항과 기호(KS F 1501)

| 표시사항 | 기 호 | 표시사항 | 기 호 |
|---|---|---|---|
| 길 이 | L | 면 적 | A |
| 높 이 | H | 용 적 | V |
| 너 비 | W | 지 름 | D 또는 $\phi$ |
| 두 께 | THK | 반지름 | R |
| 무 게 | Wt | | |

## 55 2방향 슬래브는 슬래브의 단변에 대한 장변의 길이의 비(장변/단변)가 얼마 이하일 때부터 적용할 수 있는가?

① $\frac{1}{2}$
② 1
③ 2
④ 3

**해설**

- 1방향 슬래브 : 변장비 $\lambda = \frac{l_y}{l_x} > 2$
- 2방향 슬래브 : 변장비 $\lambda = \frac{l_y}{l_x} \leq 2$

단, $l_x$는 슬래브의 단변 순 스팬, $l_y$는 슬래브의 장변 순 스팬

## 56 다음에서 설명하는 환기방식은?

> 급기와 배기에 모두 기계장치를 사용하여 실내외의 압력 차를 조정할 수 있고 가장 우수한 환기를 할 수 있다. 병원 수술실의 환기방식으로 이용한다.

① 제1종
② 제2종
③ 제3종
④ 제4종

**해설**

기계환기설비

| | |
|---|---|
| 제1종 환기법 | 급기와 배기에 모두 기계장치를 사용한 환기방식으로 실내외의 압력 차를 조정할 수 있으며, 가장 우수한 환기방식<br>예 병원 수술실 등 |
| 제2종 환기법 | 송풍기에 의하여 일방적으로 실내로 송풍하고, 배기는 배기구 및 틈새 등으로 배출하는 방식<br>예 공장에서 청정 공기를 공급할 때 주로 사용 |
| 제3종 환기법 | 배풍기에 의하여 실내의 공기를 배기하는 방식으로, 공기가 나가는 위치에 배풍기를 설치<br>예 부엌, 화장실 등 |

**57** 건물 바닥 또는 천장 면에 구조체 파이프 코일을 설치하여 냉·온수를 통하게 함으로써 공기조화를 하는 방식은?

① 단일덕트방식
② 이중덕트방식
③ 패키지유닛방식
④ 복사패널덕트병용방식

**해설**
복사패널덕트병용방식
- 건물 바닥 또는 천장 면에 구조체 파이프 코일을 설치하여 여름에는 냉수, 겨울에는 온수를 통하게 하여 실의 공기조화를 함
- 중앙의 공기조화장치로부터 덕트를 통하여 공기를 공급받기도 함
- 일반적으로 덕트와 병용하지 않으며, 여름에는 패널면에 이슬 맺힘이 발생할 우려가 있음
- 실내의 현열비가 극히 크고, 실온이 높을 때는 덕트가 없어도 냉난방 가능

**58** 건축법령상 건축에 속하지 않는 것은?

① 대수선　　② 재축
③ 이전　　　④ 증축

**해설**
건축의 정의(건축법 제2조 제1항 제8호)
건축물을 신축·증축·개축·재축하거나 건축물을 이전하는 것을 말한다.

**59** 벽돌벽 줄눈에서 상부의 하중을 전 벽면에 균등하게 분포시키도록 하는 줄눈은?

① 빗줄눈
② 막힌줄눈
③ 통줄눈
④ 오목줄눈

**해설**
② 막힌줄눈 : 상부의 하중을 벽 전체에 고르게 분산시키는 줄눈

**60** 대지면적에 대한 건축면적의 비율을 의미하는 것은?

① 용적률
② 건폐율
③ 수용률
④ 점유율

**해설**
건폐율의 정의(건축법 제55조)
대지면적에 대한 건축면적(대지에 건축물이 둘 이상 있는 경우에는 이들 건축면적의 합계로 한다)의 비율

정답 57 ④　58 ①　59 ②　60 ②

# 2019년 제1회 과년도 기출복원문제

**01** 바닥판의 주근을 연결하고 콘크리트의 수축, 온도 변화에 의한 열응력에 따른 균열을 방지하는 데 유효한 철근을 무엇이라 하는가?

① 굽힘철근
② 늑근
③ 띠철근
④ 배력근

**해설**
④ 배력근 : 철근콘크리트 슬래브에서 주근과 직각 방향으로 배치하는 철근으로 보통 슬래브에서는 긴 쪽 방향에 해당한다. 주근의 위치를 확보하고, 직각 방향으로도 응력을 전한다.

**02** 건물의 기초 전체를 하나의 판으로 구성한 기초는?

① 줄기초
② 독립기초
③ 복합기초
④ 온통기초

**해설**
④ 온통기초 : 도심지의 고층 건물이나 중량이 큰 건물 또는 기초면적이 건물면적의 절반 이상을 차지할 때 건축물의 바닥 전체를 두꺼운 기초로 만드는 것으로, 소규모 건물의 경우 독립 기초를 설치하면 지반의 허용지내력이 작아 부동침하가 예상되는 경우에도 사용한다.

**03** 콘크리트용 골재에 대한 설명으로 옳지 않은 것은?

① 골재의 강도는 경화된 시멘트 페이스트의 최대강도 이하이어야 한다.
② 골재의 표면은 거칠고, 모양은 구형에 가까운 것이 가장 좋다.
③ 골재는 잔 것과 굵은 것이 골고루 혼합된 것이 좋다.
④ 골재는 유해량 이상의 염분을 포함하지 않아야 한다.

**해설**
**골재의 품질**
- 골재의 강도는 시멘트 풀의 강도 이상으로 한다.
- 거칠고 구형에 가까운 것이 좋다.
- 잔 것과 굵은 것이 적당히 혼합되어야 한다.

**04** 철근콘크리트보의 늑근에 대한 설명 중 옳지 않은 것은?

① 전단력에 저항하는 철근이다.
② 중앙부로 갈수록 조밀하게 배치한다.
③ 굽힘철근의 유무에 관계없이 전단력의 분포에 따라 배치한다.
④ 계산상 필요 없을 때라도 사용한다.

**해설**
늑근 : 철근콘크리트보의 주근을 둘러 감은 철근을 말하며, 전단력에 의해 발생하는 파괴에 대한 보강철근이다. 단부로 갈수록 조밀하게 배치한다.

**정답** 1 ④  2 ④  3 ①  4 ②

**05** 벽돌구조의 아치(Arch)는 부재의 하부에 어떤 힘이 생기지 않도록 의도된 구조인가?

① 인장력  ② 압축력
③ 수평반력  ④ 수직반력

**해설**
아치구조 : 개구부 상부의 하중을 지지하기 위해 돌, 벽돌을 곡선형으로 쌓아올린 구조로 상부의 수직방향 하중이 아치의 곡면을 따라 좌우로 분리되어 아래쪽 부재에 인장력이 생기지 않고 압축력만을 전달하도록 만든 구조이다.

**06** 목재의 이음과 맞춤을 할 때 주의사항으로 옳지 않은 것은?

① 공작이 간단하고 튼튼한 접합을 선택할 것
② 이음·맞춤의 단면은 응력의 방향에 직각으로 할 것
③ 이음·맞춤의 위치는 응력이 작은 곳으로 할 것
④ 맞춤면은 수축, 팽창을 위해 틈을 주어 가공할 것

**해설**
이음과 맞춤을 할 때 주의사항
• 부재는 될 수 있는 한 적게 깎아 내야 한다.
• 위치는 응력이 작은 곳을 선택, 연결부분은 작용하는 응력이 균일하게 배치한다.
• 공작이 간단하고 튼튼한 접합을 선택한다.

**07** 경첩(Hinge) 등을 축으로 개폐되는 창호를 말하며, 열고 닫을 때 실내의 유효면적을 감소시키는 특징이 있는 창호는?

① 미서기창
② 여닫이창
③ 미닫이창
④ 회전창

**해설**
② 여닫이창 : 창호의 세로틀을 경첩 등으로 창틀에 붙여 개폐하는 창

**08** 철골구조의 판보(Plate Girder)에서 웨브의 좌굴을 방지하기 위하여 사용되는 것은?

① 거싯 플레이트
② 플랜지
③ 스티프너
④ 리브

**해설**
③ 스티프너 : 보의 웨브 부분을 보강하여 전단내력의 증진과 웨브의 국부 좌굴 방지를 위해 사용되는 부재

**09** 토대·보·도리 등의 가로재가 서로 수평으로 맞추어지는 곳을 안정한 세모구조로 하기 위하여 설치하는 것은?

① 귀잡이보  ② 꿸 대
③ 가 새  ④ 버팀대

**10** 각종 구조에 대한 설명 중 옳지 않은 것은?

① 경량철골구조 - 내화, 내구성이 좋지 않다.
② 목구조 - 내화, 내구적이지 못하다.
③ 철근콘크리트구조 - 내구, 내진, 내화성이 뛰어나다.
④ 벽돌구조 - 내진적이며 고층 건물에 적합하다.

**해설**
철골구조는 내진적이며 고층 건물에 적합하다.

**11** 다음 중 목재의 장점이 아닌 것은?

① 가공과 운반이 쉽다.
② 외관이 아름답고 감촉이 좋다.
③ 중량에 비해 강도와 탄성이 크다.
④ 함수율에 따라 팽창과 수축이 작다.

**해설**
목재의 장단점

| 장 점 | 단 점 |
| --- | --- |
| • 가볍고, 가공이 쉽다. | • 내화성이 취약하다. |
| • 비중에 비해 강도가 크다. | • 흡습성이 크고 변형이 쉽다. |
| • 열전도율, 열팽창률이 작다. | • 부패의 우려가 있다. |

**12** 목재 바탕의 무늬를 살리기 위한 도장재료는?

① 유성페인트
② 수성페인트
③ 에나멜페인트
④ 클리어래커

**해설**
④ 클리어래커 : 안료를 가하지 않고 나이트로셀룰로스, 수지, 가소제를 휘발성 용제로 녹인 래커의 일종이다. 속건성, 내후성, 내유성, 내산성, 내알칼리성이 우수하다는 장점이 있다.

**13** 고강도선인 피아노선에 인장력을 가해 준 다음 콘크리트를 부어 넣고 경화된 후 인장력을 제거시킨 콘크리트는?

① 레디믹스트 콘크리트
② 프리캐스트 콘크리트
③ 프리스트레스트 콘크리트
④ 레진 콘크리트

**해설**
③ 프리스트레스트 콘크리트 : 철근콘크리트제품의 한 종류로서 약칭 PS, PSC 콘크리트라고도 한다. 피아노선, 특수강선 등을 사용해 미리 부재 내에 응력을 줌으로써 사용 시 받는 외력을 없앤다. 조립 철근콘크리트구조용 부재 외에, 교량의 PC빔, 철도의 침목 등에도 널리 사용된다.

**14** 다음 중 아치(Arch)에 대한 설명으로 옳지 않은 것은?

① 조적벽체의 출입문 상부에서 버팀대 역할을 한다.
② 아치 내에서 압축력만 작용한다.
③ 아치벽돌을 특별히 주문, 제작하여 쓴 것을 층두리아치라 한다.
④ 아치의 종류에는 평아치, 반원아치, 결원아치 등이 있다.

**해설**
층두리아치 : 아치 너비가 넓을 때 여러 겹으로 겹쳐 쌓은 아치

**15** 지하실 외부에 흙막이벽을 설치하고 그 사이에 공간을 둔 것이며, 방수, 채광, 통풍에 좋도록 설치한 것은?

① 드라이 에어리어  ② 이중벽
③ 방습층  ④ 선루프

**해설**
① 드라이 에어리어(Dry Area) : 건물의 주위에 판 도랑으로, 폭이 1~2m, 지표면에서 깊이가 2~3m이며 외측에 옹벽(擁壁)을 설치한 것이다. 지하실의 방습·통풍·채광 등을 한다.

**16** 점성이나 침투성은 작으나 온도에 의한 변화가 작아서 열에 대한 안정성이 크며 아스팔트 프라이머의 제작에 사용되는 것은?

① 록 아스팔트
② 스트레이트 아스팔트
③ 블론 아스팔트
④ 아스팔타이트

**해설**
③ 블론 아스팔트 : 점성이나 침투성은 작으나 온도에 의한 변화가 작아서 열에 대한 안정성이 크며 아스팔트 프라이머의 제작에 사용된다.

**17** 점토제품 중 타일에 대한 설명으로 옳지 않은 것은?

① 자기질타일의 흡수율은 3% 이하이다.
② 일반적으로 모자이크타일은 건식법에 의해 제조된다.
③ 클링커타일은 석기질타일이다.
④ 도기질타일은 외장용으로만 사용된다.

**해설**
④ 도기질타일은 내장용으로만 사용한다.

**18** 벽돌벽 줄눈에서 상부의 하중을 전 벽면에 균등하게 분포시키도록 하는 줄눈은?

① 빗줄눈  ② 막힌줄눈
③ 통줄눈  ④ 오목줄눈

**해설**
② 막힌줄눈 : 상부의 하중을 고르게 벽 전체에 분산

**19** 벽돌조 내력벽의 두께는 해당 벽높이의 최소 얼마 이상으로 하여야 하는가?

① 1/12  ② 1/15
③ 1/18  ④ 1/20

**해설**
조적식 구조 내력벽의 두께(건축물의 구조기준 등에 관한 규칙 제32조 제2항)
• 조적재가 벽돌인 경우 : 해당 벽높이의 1/20 이상
• 조적재가 블록인 경우 : 해당 벽높이의 1/16 이상

**정답** 15 ① 16 ③ 17 ④ 18 ② 19 ④

**20** 보를 없애고 바닥판을 두껍게 해서 보의 역할을 겸하도록한 구조로서, 하중을 직접 기둥에 전달하는 슬래브는?

① 장방향 슬래브
② 장선 슬래브
③ 플랫 슬래브
④ 와플 슬래브

**해설**
③ 플랫 슬래브 : 보 없이 슬래브만으로 되어 있으며, 하중을 직접 기둥에 전달하는 무량판구조의 슬래브이다. 보를 사용하지 않기 때문에 내부 공간을 크게 이용 가능하다. 층고를 낮출 수 있고, 기둥과 연결되는 슬래브 부분의 배근이 복잡하다. 전체적으로 슬래브가 두꺼워진다.

**21** 다음 중 재료와 그 사용용도의 연결이 옳지 않은 것은?

① 테라초 - 벽, 바닥의 수장재
② 트래버틴 - 내벽 등의 수장재
③ 타일 - 내외벽, 바닥의 수장재
④ 테라코타 - 흡음재

**해설**
테라코타
• 석재 조각물 대신에 사용되는 점토소성제품이다.
• 입체타일로 석재보다 색이 자유롭다.

**22** 한중 또는 수중, 긴급공사를 시공할 때 가장 적합한 시멘트는?

① 보통 포틀랜드 시멘트
② 중용열 포틀랜드 시멘트
③ 백색 포틀랜드 시멘트
④ 조강 포틀랜드 시멘트

**해설**
④ 조강 포틀랜드 시멘트 : 강도를 조기에 발현시킬 수 있으므로 공기단축이 가능하며, 겨울공사에 가능한 시멘트이다.

**23** 아스팔트의 품질을 판별하는 항목과 거리가 먼 것은?

① 신도
② 침입도
③ 감온비
④ 압축강도

**해설**
아스팔트 품질 판별 : 침입도, 신도, 연화점, 취화점, 감온비 등

**24** 벽돌구조의 내력벽 두께를 결정하는 요소와 가장 관계가 먼 것은?

① 벽의 높이
② 지붕물매
③ 벽의 길이
④ 건축물의 층수

**해설**
조적조 구조에서 내력벽의 두께는 벽의 높이, 벽의 길이, 건축물의 층수 등에 따라 결정한다.

**정답** 20 ③  21 ④  22 ④  23 ④  24 ②

**25** 이형철근에서 표면에 마디를 만드는 이유로 가장 알맞은 것은?

① 부착강도를 높이기 위해
② 인장강도를 높이기 위해
③ 압축강도를 높이기 위해
④ 항복점을 높이기 위해

**해설**
이형철근 : 콘크리트의 부착을 좋게 하기 위하여 표면에 요철을 붙인 것

**26** 아스팔트나 피치처럼 가열하면 연화하고, 벤젠·알코올 등의 용제에 녹는 흑갈색의 점성질 반고체 물질로 도로의 포장, 방수재, 방진재로 사용되는 것은?

① 도장재료
② 미장재료
③ 역청재료
④ 합성수지재료

**해설**
③ 역청재료 : 천연산이나 원유의 건류·증류에 의해서 얻어지는 유기화합물이다. 아스팔트·타르·피치 등이 있으며, 방수·방부·포장 등에 사용된다.

**27** 다음 중 콘크리트의 시공연도 시험방법으로 주로 쓰이는 것은?

① 슬럼프시험
② 낙하시험
③ 체가름시험
④ 표준관입시험

**해설**
워커빌리티(시공연도) 측정방법 : 슬럼프시험, 플로시험, 리몰딩시험

**28** 변성암의 일종으로 색과 무늬가 아름답고 연마하면 아름다운 광택이 있어 실내장식용 건축재로 많이 사용되는 것은?

① 화강암   ② 대리석
③ 사 암    ④ 석회암

**해설**
② 대리석 : 변성암계로 열·산에 약하다. 실내장식용으로 많이 사용된다.

**29** 목재의 공극이 전혀 없는 상태의 비중을 무엇이라 하는가?

① 기건비중
② 절건비중
③ 진비중
④ 겉보기비중

**해설**
③ 진비중 : 공극이 없는 상태의 비중, 즉 입자만의 비중

**30** 건축법령상 공동주택에 속하지 않는 것은?

① 기숙사
② 연립주택
③ 다가구주택
④ 다세대주택

**해설**
공동주택(건축법 시행령 [별표 1] 용도별 건축물의 종류)
- 아파트 : 주택으로 쓰는 층수가 5개 층 이상인 주택
- 연립주택 : 주택으로 쓰는 1개 동의 바닥면적 합계가 660m²를 초과하고, 층수가 4개 층 이하인 주택
- 다세대주택 : 주택으로 쓰는 1개 동의 바닥면적 합계가 660m² 이하이고, 층수가 4개 층 이하인 주택
- 기숙사 : 다음의 어느 하나에 해당하는 건축물로서 공간의 구성과 규모 등에 관하여 국토교통부장관이 정하여 고시하는 기준에 적합한 것. 다만, 구분·소유된 개별 실(室)은 제외한다.
  - 일반기숙사 : 학교 또는 공장 등의 학생 또는 종업원 등을 위하여 사용하는 것으로서 해당 기숙사의 공동취사시설 이용 세대 수가 전체 세대수(건축물의 일부를 기숙사로 사용하는 경우에는 기숙사로 사용하는 세대 수로 함)의 50% 이상인 것
  - 임대형기숙사 : 공공주택사업자 또는 임대사업자가 임대사업에 사용하는 것으로서 임대 목적으로 제공하는 실이 20실 이상이고 해당 기숙사의 공동취사시설 이용 세대 수가 전체 세대 수의 50% 이상인 것

**31** 부엌가구의 배치 유형 중 양쪽 벽면에 작업대가 마주보도록 배치한 것으로 부엌의 폭이 길이에 비해 넓은 부엌의 형태에 적당한 것은?

① 일자형   ② L자형
③ 병렬형   ④ 아일랜드형

**해설**
부엌가구의 배치 유형 중 양쪽 벽면에 작업대가 마주보도록 배치한 것은 병렬형이다.

**32** 다음 중 인장링이 필요한 구조는?

① 트러스   ② 막구조
③ 절판구조  ④ 돔구조

**해설**
④ 돔구조 : 공을 반으로 잘라 놓은 듯한 형태를 구성하는 구조방식으로 인장링이 필요하다.

**33** 시멘트의 강도에 영향을 주는 주요 요인이 아닌 것은?

① 분말도
② 비빔장소
③ 풍화 정도
④ 사용하는 물의 양

**해설**
시멘트 강도에 영향을 미치는 요인 : 시멘트 성분, 시멘트 분말도, 시멘트의 풍화 정도, 사용하는 물의 양, 양생조건 등

**34** 포졸란(Pozzolan)을 사용한 콘크리트의 특징 중 옳지 않은 것은?

① 수밀성이 높아진다.
② 수화 발열량이 적어진다.
③ 경화작용이 늦어지므로 조기 강도가 낮아진다.
④ 블리딩이 증가된다.

**해설**
포졸란 : 모르타르 및 콘크리트의 수밀성 개선, 수화 발열의 저감, 워커빌리티의 개선 및 증량 등의 목적에 사용된다.

**정답** 30 ③  31 ③  32 ④  33 ②  34 ④

## 35 유리 원료에 납을 섞어 유리에 산화납 성분을 포함시킨 유리의 특징은?

① X선 차단성이 크다.
② 태양광선 중 열선을 흡수한다.
③ 자외선을 차단시키는 효과가 크다.
④ 자외선을 흡수하는 성질이 크다.

**해설**
유리 원료에 6% 납성분을 첨가하면 X선을 차단한다.

## 36 아파트 단위 주거의 단면형식에 따른 분류에 속하는 것은?

① 집중형  ② 판상형
③ 복층형  ④ 계단실형

**해설**
아파트 단면형식에 따른 분류 : 단층형, 복층형, 트리플렉스형, 스킵플로어형 등

## 37 지각적으로는 구조적 높이감을 주며 심리적으로는 상승감, 존엄감의 느낌을 주는 선의 종류는?

① 사 선   ② 곡 선
③ 수직선  ④ 수평선

**해설**
수직선은 상승감, 긴장감, 존엄성, 엄숙함 등의 느낌을 준다.

## 38 건축도면의 글자 및 치수에 관한 설명으로 옳지 않은 것은?

① 숫자는 아라비아 숫자를 원칙으로 한다.
② 치수는 특별히 명시하지 않는 한, 마무리 치수로 표시한다.
③ 글자체는 수직 또는 15° 경사의 고딕체로 쓰는 것을 원칙으로 한다.
④ 치수는 치수선에 평행하게 도면의 오른쪽에서 왼쪽으로 읽을 수 있도록 기입한다.

**해설**
**치 수**
- 치수보조선의 화살표의 길이는 2.5~3mm, 길이와 너비의 비율은 3 : 1이다.
- 치수는 치수선에 따라서 도면에 평행하게 기입하고, 도면의 아래에서 위로, 왼쪽에서 오른쪽으로 기입한다.
- 치수는 치수선의 중앙에 마무리 치수로 기입한다.
- 치수의 단위는 mm가 기준이 되며 mm 표기는 하지 않는다. mm 단위가 아닌 경우는 해당 단위 부호를 기입한다.
- 치수선의 간격이 좁을 때는 인출선을 써서 표기한다.

## 39 증기난방에 관한 설명으로 옳지 않은 것은?

① 계통별 용량제어가 곤란하다.
② 온수난방에 비해 예열시간이 길다.
③ 증발잠열을 이용하는 난방방식이다.
④ 부하변동에 따른 실내방열량의 제어가 곤란하다.

**해설**
**증기난방** : 보일러에서 물을 가열하여 발생한 증기를 배관을 통하여 각 실에 설치된 방열기로 보내고 이 수증기의 증발잠열(Latent Heat)로 난방을 하는 방식

| 장 점 | ・증발잠열을 이용하기 때문에 열의 운반 능력이 크다.<br>・예열시간이 온수난방에 비하여 짧고 증기의 순환이 빠르다.<br>・방열면적을 온수난방보다 작게 할 수 있다.<br>・설비비와 유지비가 저렴하다. |
|---|---|
| 단 점 | ・난방의 쾌감도가 낮다.<br>・난방 부하의 변동에 따라 방열량 조절이 곤란하다.<br>・소음이 발생한다.<br>・보일러 취급 기술이 필요하다. |

**40** 주택의 식당 및 부엌에 관한 설명으로 옳지 않은 것은?

① 식당의 색채는 채도가 높은 한색계통이 바람직하다.
② 식당은 부엌과 거실의 중간 위치에 배치하는 것이 좋다.
③ 부엌의 작업대는 준비대 → 개수대 → 조리대 → 가열대 → 배선대의 순서로 배치한다.
④ 키친네트는 작업대 길이가 2m 정도인 소형 주방 가구가 배치된 간이 부엌의 형태이다.

**해설**
식당은 식욕을 도와주는 난색계통(노랑, 밝은 주황, 크림색 등)의 배색이 적당하다.

**41** 가스계량기는 전기개폐기로부터 최소 얼마 이상 떨어져 설치하여야 하는가?

① 20cm   ② 30cm
③ 45cm   ④ 60cm

**해설**
가스사용시설의 시설·기술·검사기준(도시가스 사업법 시행규칙 [별표 7])
가스계량기와 전기계량기 및 전기개폐기와의 거리는 60cm 이상의 거리를 유지할 것

**42** 주택단지계획에서 근린주구에 해당되는 주택호수로 알맞은 것은?

① 10~20호
② 400~500호
③ 1,600~2,000호
④ 6,000~12,000호

**해설**
근린주구 : 주택호수는 1,600~2,000호이다.

**43** 다음 중 평면도에 나타내야 할 사항이 아닌 것은?

① 층 고   ② 벽두께
③ 창의 형상   ④ 벽 중심선

**해설**
**평면도** : 건축물을 창의 중앙에서 수평으로 절단하여 기둥·벽·창·출입구·계단 등을 표시한 것이다.

**44** 건축제도에서 보이지 않는 부분의 표시에 사용되는 선의 종류는?

① 파 선   ② 1점 쇄선
③ 가는 실선   ④ 굵은 실선

**해설**
① 파선 : 건축제도에서 보이지 않는 부분의 표시에 사용된다.

**정답** 40 ① 41 ④ 42 ③ 43 ① 44 ①

**45** 석재의 내구성이 오랜 세월이 지나면 감소하는 이유로 가장 거리가 먼 것은?

① 빗물 속의 산소, 이산화탄소 등에 의한 석재의 표면 침해
② 온도의 변화에 따른 광물의 팽창과 수축에 의한 석재의 갈라짐
③ 동결과 융해작용의 반복에 의한 석재의 파괴
④ 공기 속 질소의 영향으로 인한 석재 내부의 파괴

**해설**
석재의 내구성이 감소하는 원인 : 빗물 속의 산소, 이산화탄소 등에 의한 석재의 표면 침해, 온도변화에 따른 광물의 팽창과 수축에 의한 석재의 갈라짐, 동결과 융해작용의 반복에 의한 석재의 파괴, 채석과 가공과정 중 충격과 균열

**46** 주택 실구성 형식 중 주방의 일부에 간단한 식탁을 설치하거나 식당과 주방을 하나로 구성한 것은?

① 독립형
② 다이닝 키친
③ 리빙 다이닝
④ 다이닝 테라스

**해설**
② 다이닝 키친(DK) : 주방, 부엌의 일부분에 식사실을 배치하는 형식이다. 유기적으로 연결하여 노동력을 절감하나, 부엌조리 시 냄새나 음식찌꺼기 등으로 식사실 분위기가 저해된다.

**47** 건축도면에서 사람의 배경과 표현을 통해 알 수 있는 것과 가장 거리가 먼 것은?

① 스케일감
② 공간의 깊이
③ 건물의 배치
④ 건물 공간의 관습적인 용도

**해설**
건축도면에 사람을 그려 넣는 이유 : 스케일감을 알 수 있고, 공간의 용도, 깊이, 높이를 표현하기 위해서이다.

**48** 공기조화방식 중 전공기방식에 관한 설명으로 옳지 않은 것은?

① 덕트 스페이스가 필요하다.
② 중간기에 외기냉방이 가능하다.
③ 실내에 배관으로 인한 누수의 우려가 없다.
④ 팬코일 유닛방식, 유인 유닛방식 등이 있다.

**해설**
전공기방식 : 공기조화기로 냉·온풍을 만들어 송풍하는 방식이며, 멀티존방식, 이중덕트방식, VAV방식 등이 있다.

45 ④  46 ②  47 ③  48 ④

**49** 과전류가 통과하면 가열되어 끊어지는 용융 회로 개방형의 가용성 부분이 있는 과전류 보호장치는?

① 퓨즈
② 차단기
③ 배전반
④ 단로스위치

**해설**
① 퓨즈 : 전선에 규정 값을 초과하는 과도한 전류가 계속 흐르지 못하도록 자동적으로 차단하는 장치이다. 과전류가 흐르게 되면 전류에 의해 발생하는 열로 퓨즈가 녹아서 끊어진다.

**50** 에스컬레이터에 관한 설명으로 옳지 않은 것은?

① 수송능력이 엘리베이터에 비해 작다.
② 대기시간이 없고 연속적인 수송설비이다.
③ 연속 운전되므로 전원설비에 부담이 작다.
④ 건축적으로 점유면적이 작고, 건물에 걸리는 하중이 분산된다.

**해설**
에스컬레이터는 엘리베이터보다 수송능력이 우수하다.

**51** 동선의 3요소에 속하지 않는 것은?

① 속도
② 빈도
③ 하중
④ 방향

**해설**
동선의 3요소 : 속도(길이), 빈도, 하중

**52** 주거 단지의 단위 중 초등학교를 중심으로 한 단위는?

① 인보구
② 근린지구
③ 근린분구
④ 근린주구

**해설**
④ 근린주구 : 초등학교 1개를 설치할 수 있는 규모로 주민들의 공동체의식이 자연스럽게 형성될 수 있는 최소한의 규모

**정답** 49 ① 50 ① 51 ④ 52 ④

**53** 온수난방과 비교한 증기난방의 특징으로 옳지 않은 것은?

① 예열시간이 짧다.
② 열의 운반능력이 크다.
③ 난방의 쾌감도가 높다.
④ 방열면적을 작게 할 수 있다.

**해설**
온수난방은 현열을 이용한 난방으로 증기난방보다 쾌감도가 높다.

**54** 주택의 동선계획에 관한 설명으로 옳지 않은 것은?

① 동선에는 독립적인 공간을 두지 않는다.
② 동선은 가능한 한 짧게 처리하는 것이 좋다.
③ 서로 다른 동선은 교차하지 않도록 한다.
④ 가사노동의 동선은 가능한 한 남측에 위치시킨다.

**해설**
동선은 짧고 단순한 것이 좋고 각종 계통의 동선이 분리되어 있는 것이 좋다.

**55** 직접 조명에 관한 설명으로 옳지 않은 것은?

① 조명률이 좋다.
② 그림자가 강하게 생긴다.
③ 눈부심이 일어나기 쉽다.
④ 실내의 조도분포가 균일하다.

**해설**
직접 조명은 실내 전체적으로 볼 때 밝고 어두움의 차이가 크다.

**56** 다음과 같이 정의되는 전기설비 관련 용어는?

> 대지에 이상전류를 방류 또는 계통구성을 위해 의도적이거나 우연하게 전기회로를 대지 또는 대지를 대신하는 전도체에 연결하는 전기적인 접속

① 접 지    ② 절 연
③ 피 복    ④ 분 기

**해설**
접 지
대지에 이상전류를 방류 또는 계통구성을 위해 의도적이거나 우연하게 전기회로를 대지 또는 대지를 대신하는 전도체에 연결하는 전기적인 접속

**정답** 53 ③  54 ①  55 ④  56 ①

**57** 건축물의 에너지 절약을 위한 계획 내용으로 옳지 않은 것은?

① 실의 용도 및 기능에 따라 수평, 수직으로 조닝계획을 한다.
② 공동주택은 인동간격을 좁게 하여 저층부의 일사 수열량을 감소시킨다.
③ 거실의 층고 및 반자 높이는 실의 용도와 기능에 지장을 주지 않는 범위 내에서 가능한 낮게 한다.
④ 건축물의 체적에 대한 외피면적의 비 또는 연면적에 대한 외피면적의 비는 가능한 작게 한다.

**해설**
인동간격을 조절하여 일조시간을 최대한 확보한다.

**58** 공동주택의 단면 형식 중 하나의 주호가 3개 층으로 구성되어 있는 것은?

① 플랫형
② 듀플렉스형
③ 트리플렉스형
④ 스킵플로어형

**해설**
③ 트리플렉스형: 1개의 단위 주거가 3개 층에 걸쳐 있는 형식

**59** 이형철근의 직경이 13mm이고 배근 간격이 150mm일 때 도면 표시법으로 옳은 것은?

① φ13 @150
② 150 φ13
③ D13 @150
④ @150 D13

**해설**
③ D13 @150 : 직경 13mm의 이형철근을 150mm 간격으로 배치

**60** 한식주택의 특징으로 옳지 않은 것은?

① 좌식 생활 중심이다.
② 공간의 융통성이 낮다.
③ 가구는 부수적인 내용물이다.
④ 평면은 실의 위치별 분화이다.

**해설**

| 구 분 | 한식주택 | 양식주택 |
| --- | --- | --- |
| 공 간 | 실의 다용도 | 실의 기능 분화 |
| 가 구 | 부차적 존재 | 중요한 내용물 |
| 구 조 | • 목조가구식<br>• 바닥이 높고 개구부가 크다. | • 벽돌조적식<br>• 바닥이 낮고 개구부가 작다. |
| 생활습관 | 좌 식 | 입 식 |

# 2019년 제2회 과년도 기출복원문제

**01** 철근콘크리트구조의 특성으로 옳지 않은 것은?

① 부재의 크기와 형상을 자유자재로 제작할 수 있다.
② 내화성이 우수하다.
③ 작업방법, 기후 등에 영향을 받지 않으므로 균질한 시공이 가능하다.
④ 철골조에 비해 내식성이 뛰어나다.

**해설**
철근콘크리트는 작업방법 및 기후의 영향을 많이 받고 시공 후에 내부결함을 검사하기 곤란하다.

**02** 보와 기둥 대신 슬래브와 벽이 일체가 되도록 구성한 구조는?

① 라멘구조
② 플랫 슬래브구조
③ 벽식 구조
④ 셸구조

**해설**
③ 벽식 구조 : 벽돌 등으로 기둥 또는 벽을 만들어 하중을 받아내는 구조

**03** 건축구조의 부재에 발생하는 단면력의 종류가 아닌 것은?

① 풍하중
② 전단력
③ 축방향력
④ 휨모멘트

**해설**
단면력 : 휨모멘트, 비틀림모멘트, 전단력, 축력, 반력

**04** 스틸하우스에 대한 설명으로 옳지 않은 것은?

① 벽체가 얇기 때문에 결로현상이 발생하지 않는다.
② 공사기간이 짧고 자재의 낭비가 적다.
③ 내부 변경이 용이하고 공간 활용이 효율적이다.
④ 얇은 천장을 통해 방 사이의 차음이 문제가 된다.

**해설**
스틸하우스는 벽체가 얇아서 실평수를 크게 할 수 있지만, 외부의 찬공기에 의해 차가워진 경량형강이 내부의 따뜻한 공기와 접촉하여 결로현상이 발생한다.

**05** 외관이 중요시되지 않는 아치는 보통벽돌을 쓰고 줄눈을 쐐기모양으로 하는데 이러한 아치를 무엇이라 하는가?

① 본아치
② 거친아치
③ 막만든아치
④ 층두리아치

**해설**
② 거친아치 : 아치 틀기에 있어 보통벽돌을 사용하여 줄눈을 쐐기모양으로 한 아치이다.

정답  1 ④  2 ③  3 ①  4 ①  5 ②

## 06 건축구조의 구성방식에 의한 분류에 속하지 않는 것은?

① 가구식 구조
② 일체식 구조
③ 습식 구조
④ 조적식 구조

**해설**

| 건축물의 사용재료 | 목구조, 벽돌구조, 블록구조, 돌구조, 철근콘크리트구조, 철골구조, 철골철근콘크리트구조 등 |
|---|---|
| 건축물의 구성방식 | 일체식 구조, 가구식 구조, 조적식 구조 |
| 건축물의 형상 | 셸구조, 돔구조, 스페이스 프레임구조, 막구조, 케이블구조, 절판구조, 아치구조 등 |
| 시공방식 | 습식 구조, 건식 구조, 조립식 구조, 현장구조 등 |

## 07 철근콘크리트 1방향 슬래브의 두께는 최소 얼마 이상으로 하여야 하는가?

① 80mm
② 90mm
③ 100mm
④ 120mm

**해설**
슬래브의 구조(KDS 14 20 70)
1방향 슬래브의 두께는 최소 100mm 이상으로 해야 한다.

## 08 조적구조에서 테두리보의 역할과 거리가 먼 것은?

① 벽체를 일체화하여 벽체의 강성을 증대시킨다.
② 벽체 폭을 크게 줄일 수 있다.
③ 기초의 부동침하나 지진발생 시 지반반력의 국부 집중에 따른 벽의 직접피해를 완화시킨다.
④ 수직균열을 방지하고, 수축균열 발생을 최소화한다.

**해설**
테두리보 : 조적구조의 벽체 상부를 둘러대는 보를 테두리보라고 한다. 테두리보는 벽체의 상부하중을 균등히 분포시키고, 건물 전체의 강성을 증대시키며 수직균열을 방지할 수 있다. 보강블록조에서는 세로철근을 정착시키는 역할을 한다. 조적조의 벽체를 보강하기 위해 내력벽의 상부에 벽두께의 1.5배 이상의 철골구조 또는 철근콘크리트구조의 테두리보를 설치한다.

## 09 열린 여닫이문을 저절로 닫히게 하는 장치는?

① 문버팀쇠
② 도어스톱
③ 도어체크
④ 크레센트

**해설**
③ 도어체크 : 열린 문이 자동으로 닫히게 하는 장치
① 문버팀쇠 : 열린 문을 버티어 고정하는 철물
② 도어스톱 : 여닫이문을 열었을 때 벽이 손잡이에 닿아서 손상하지 않도록, 바닥, 걸레받이, 벽 또는 문짝 등에 부착하는 철물
④ 크레센트 : 오르내리창의 잠금장치로 사용

## 10 다음 중 입체구조에 해당되지 않는 것은?

① 절판구조
② 아치구조
③ 셸구조
④ 돔구조

**해설**
입체구조 : 셸구조, 돔구조, 막구조, 케이블구조, 절판구조, 스페이스 프레임구조

**11** 목구조에서 토대를 기둥 및 기초부와 연결해 주는 연결재가 아닌 것은?

① 띠 쇠
② 듀 벨
③ 산 지
④ 감잡이쇠

**해설**
② 듀벨 : 두 목재 사이의 접합부에 끼워서 볼트 접합을 보강하기 위한 철물이다.

**12** 다음과 같은 플랫 트러스에서 각각의 부재에 작용하는 응력이 옳지 않은 것은?

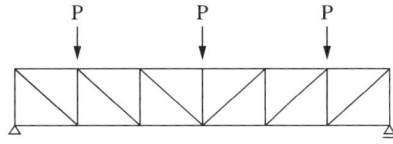

① 상현재 – 압축응력
② 경사재 – 인장응력
③ 하현재 – 인장응력
④ 수직재 – 인장응력

**해설**
④ 수직재는 압축력을 받는다.
**플랫 트러스** : 사재가 인장력을 받도록 배치한 트러스이다.

**13** 바닥 면적이 40m²일 때 보강콘크리트블록조의 내력벽 길이의 총합계는 최소 얼마 이상이어야 하는가?

① 4m
② 6m
③ 8m
④ 10m

**해설**
벽량은 15cm/m²이고, 내력벽 길이의 총합계는 15 × 40 = 600cm 이므로 6m 이상이다.

**14** 철근콘크리트구조의 특성 중 옳지 않은 것은?

① 콘크리트는 철근이 녹스는 것을 방지한다.
② 콘크리트와 철근이 강력히 부착되면 압축력에도 유효하게 된다.
③ 인장응력은 콘크리트가 부담하고, 압축응력은 철근이 부담한다.
④ 철근과 콘크리트는 선팽창계수가 거의 같다.

**15** 1방향 슬래브에 대하여 배근방법을 옳게 설명한 것은?

① 단변방향으로만 배근한다.
② 장변방향으로만 배근한다.
③ 단변방향은 온도철근을 배근하고 장변방향은 주근을 배근한다.
④ 단변방향은 주근을 배근하고 장변방향은 온도철근을 배근한다.

**해설**
**1방향 슬래브** : 철근콘크리트판에 있어 그 주철근이 보의 주철근처럼 한 방향으로만 배치된 판으로 주철근의 직각방향에 배력 철근이 배치된다.

**16** 목재에 관한 설명 중 옳지 않은 것은?

① 섬유포화점 이하에서는 함수율이 감소할수록 목재강도는 증가한다.
② 섬유포화점 이상에서는 함수율이 증가해도 목재강도는 변화가 없다.
③ 가력방향이 섬유에 평행할 경우 압축강도가 인장강도보다 크다.
④ 심재는 일반적으로 변재보다 강도가 크다.

**해설**
목재의 강도 : 함수율이 30% 정도인 섬유포화점 이상에서는 함수율의 변화에 따른 강도의 차는 거의 없다. 그러나 섬유포화점을 지나서 함수율이 낮아지면 목재의 강도는 증가하며 전건상태 즉, 거의 마른상태의 목재는 함수율이 30% 정도인 섬유포화점상태의 목재에 비해서 거의 2배 정도의 강도가 발현된다.
목재의 기본 응력순서
섬유방향일 경우 : 인장 > 휨 > 압축 > 전단

**17** 한국산업표준(KS)에서 토목, 건축 부문의 분류기호는?

① F          ② B
③ K          ④ M

**해설**
② B : 기계
③ K : 섬유
④ M : 화학

**18** 합성수지의 종류별 연결이 옳지 않은 것은?

① 열경화성 수지 - 멜라민수지
② 열경화성 수지 - 폴리에스테르수지
③ 열가소성 수지 - 폴리에틸렌수지
④ 열가소성 수지 - 실리콘수지

**해설**
합성수지의 종류

| 열경화성 | 페놀수지, 요소수지, 멜라민수지, 폴리에스테르수지, 에폭시수지, 실리콘수지 |
|---|---|
| 열가소성 | 염화비닐수지, 폴리에틸렌수지, 폴리프로필렌수지, 폴리스티렌수지, 아크릴수지 |

**19** 건물의 주요 뼈대를 공장 제작한 후 현장에 운반하여 짜맞춘 구조는?

① 조적식 구조      ② 습식 구조
③ 일체식 구조      ④ 조립식 구조

**해설**
④ 조립식 구조 : 공장에서 규격화된 건축 부재를 다량 제작하여 현장에서 조립하여 구조체를 완성하는 방식으로 공사기간이 매우 짧고 대량생산과 질의 균일화가 가능하다. 프리캐스트 콘크리트 구조 등이 이에 해당한다.

**20** 내면에 균일한 인장력을 분포시켜 얇은 합성수지 계통의 천을 지지하여 지붕을 구성하는 구조는?

① 입체트러스구조   ② 막구조
③ 절판구조        ④ 조적식 구조

**해설**
② 막구조 : 구조체가 휨 강성이 없거나 또는 그것을 무시할 수 있는 부재로 구성되고, 외부 하중에 대하여 막응력, 즉 막면 내의 인장 압축 및 전단력으로만 평형을 이루고 있는 구조이다. 좁은 뜻의 막구조로서는 인장·전단력에만 견디는 막재료를 쓰는 것에 한정하고 있다. 주로 텐트구조·서스펜션 막구조·공기막구조 등이 있다.

**정답** 16 ③  17 ①  18 ④  19 ④  20 ②

**21** 공동(空胴)의 대형 점토제품으로써 주로 장식용으로 난간벽, 돌림대, 창대 등에 사용되는 것은?

① 이형벽돌  ② 포도벽돌
③ 테라코타  ④ 테라초

**해설**
테라코타
- 석재 조각물 대신에 사용되는 점토소성제품이다.
- 입체타일로 석재보다 색이 자유롭다.

**22** 단위 질량의 물질을 온도 1℃ 올리는 데 필요한 열량을 무엇이라 하는가?

① 열용량  ② 비 열
③ 열전도율  ④ 연화점

**23** 목재의 섬유 평행방향에 대한 강도 중 가장 약한 것은?

① 휨강도  ② 압축강도
③ 인장강도  ④ 전단강도

**해설**
목재의 섬유 평행방향에 대한 강도 중 전단강도가 가장 약하다.

**24** 오토클레이브(Autoclave) 팽창도 시험은 시멘트의 무엇을 알아보기 위한 것인가?

① 풍 화  ② 안정성
③ 비 중  ④ 분말도

**해설**
오토클레이브 팽창도 시험은 시멘트의 안정성을 알아볼 수 있다.

**25** 건축공사표준품셈에 따른 기본벽돌의 크기로 옳은 것은?

① 210×100×60mm
② 210×100×57mm
③ 190×90×57mm
④ 190×90×60mm

**해설**
표준형 벽돌 치수 : 190×90×57mm

21 ③  22 ②  23 ④  24 ②  25 ③

**26** 초고층 건물의 구조 시스템 중 가장 적합하지 않은 것은?

① 내력벽 시스템
② 아웃리거 시스템
③ 튜브 시스템
④ 가새 시스템

> **해설**
> 초고층 건물의 구조 시스템 : 튜브구조, 아웃리거구조, 슈퍼구조, 골조 전단벽의 혼합

**27** 시멘트 혼화제인 AE제를 사용하는 가장 중요한 목적은?

① 동결융해작용에 대하여 내구성을 가지기 위해
② 압축강도를 증가시키기 위해
③ 모르타르나 콘크리트에 색깔을 내기 위해
④ 모르타르나 콘크리트의 방수성능을 위해

> **해설**
> **AE제**
> 콘크리트를 비빌 때 사용하는 혼화재료로 미세한 기포를 생성하여 워커빌리티를 개선하지만 과도하게 사용할 경우 강도저하현상이 일어난다. 사용목적은 동결융해작용에 대한 내구성을 가지기 위함이다.

**28** 콘크리트 타설 후 비중이 무거운 시멘트와 골재 등이 침하되면서 물이 분리·상승하여 미세한 부유물질과 콘크리트 표면으로 떠오르는 현상은?

① 레이턴스(Laitance)
② 초기 균열
③ 블리딩(Bleeding)
④ 크리프

> **해설**
> ③ 블리딩 : 콘크리트 타설 시 콘크리트에 함유된 수분인 자유수(결합수 이외의 물이며 시멘트 중량의 약 40% 정도)가 위로 상승하는 것을 의미한다.

**29** 다음 합금의 구성요소로 틀린 것은?

① 황동 = 구리 + 아연
② 청동 = 구리 + 납
③ 포금 = 구리 + 주석 + 아연 + 납
④ 두랄루민 = 알루미늄 + 구리 + 마그네슘 + 망간

> **해설**
>
> | 황동(창호철물 사용) | 구리 + 아연 |
> |---|---|
> | 청동(장식철물 사용) | 구리 + 주석 |
> | 두랄루민 | 알루미늄 + 구리 + 마그네슘 + 망간 |
> | 양은(화이트브론즈) | 구리 + 니켈 + 아연 |

**30** 유리와 같이 어떤 힘에 대한 작은 변형으로도 파괴되는 재료의 성질을 나타내는 용어는?

① 연 성
② 전 성
③ 취 성
④ 탄 성

> **해설**
> ③ 취성 : 작은 변형이 생기더라도 파괴되는 성질

### 31 알루미늄의 주요 특성에 대한 설명 중 틀린 것은?

① 알칼리에 강하다.
② 열전도율이 높다.
③ 강도, 탄성계수가 작다.
④ 용융점이 낮다.

**해설**
**알루미늄** : 열과 전기의 양도체로 강인하면서도 연성과 전성이 있어 얇은 박이나 선을 만들기 쉽다. 비중이 2.69로 가볍고 표면에 녹이 생기지만 깊이 침식되지는 않으며, 산과 알칼리에 약하다.

### 32 플레이트 보에 사용되는 부재의 명칭이 아닌 것은?

① 커버 플레이트
② 웨브 플레이트
③ 스티프너
④ 베이스 플레이트

**해설**
**플레이트 보** : 커버 플레이트, 웨브 플레이트, 플랜지 플레이트, 스티프너

### 33 석재의 표면마감방법 중 인력에 의한 방법에 해당되지 않는 것은?

① 정다듬  ② 혹두기
③ 버너마감  ④ 도드락다듬

**해설**
석재의 표면 마무리는 혹두기, 정다듬, 도드락다듬, 잔다듬, 물갈기, 광내기 순서로 진행한다.

### 34 정방형의 건물이 다음과 같이 표현되는 투시도는?

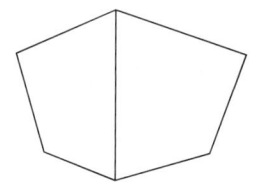

① 등각 투상도  ② 1소점 투시도
③ 2소점 투시도  ④ 3소점 투시도

**해설**
④ 3소점 투시도 : 소점이 3개인 투시도

### 35 주택의 동선계획에 관한 설명으로 옳지 않은 것은?

① 동선은 일상생활의 움직임을 표시하는 선이다.
② 동선이 혼란하면 생활권의 독립성이 상실된다.
③ 동선계획에서 동선을 이용하는 빈도는 무시한다.
④ 개인, 사회, 가사노동권의 3개 동선이 서로 분리되어 간섭이 없어야 한다.

**해설**
**동선계획**
건축물 내의 사람의 움직임(동선)을 건축의 평면계획으로 생각하는 것이다. 동선 상황을 도면상에 나타낸 것(거리를 길이, 빈도를 굵기로)을 동선도(Flow Diagram)라고 한다. 건축이나 도시의 계획에서 사람이나 물건이 움직이는 궤적, 그 양, 방향, 변화 등을 분석하여 적정한 움직임의 패턴을 만들어서 설계에 도움을 주는 작업이다.

## 36 공동주택의 단면 형식 중 하나의 주호가 3개 층으로 구성되어 있는 것은?

① 플랫형  ② 듀플렉스형
③ 트리플렉스형  ④ 스킵플로어형

**해설**
③ 트리플렉스형 : 1개의 단위 주거가 3개 층에 걸쳐 있는 형식

## 37 건축법령에 따른 초고층 건축물의 정의로 옳은 것은?

① 층수가 50층 이상이거나 높이가 150m 이상인 건축물
② 층수가 50층 이상이거나 높이가 200m 이상인 건축물
③ 층수가 100층 이상이거나 높이가 300m 이상인 건축물
④ 층수가 100층 이상이거나 높이가 400m 이상인 건축물

**해설**
초고층 건축물의 정의(건축법 시행령 제2조 제15호)
층수가 50층 이상이거나 높이가 200m 이상인 건축물을 말한다.

## 38 자동화재 탐지설비의 감지기 중 열감지기에 속하지 않는 것은?

① 광전식  ② 차동식
③ 정온식  ④ 보상식

**해설**
자동화재 탐지설비 열감지기 : 정온식, 차동식, 보상식

## 39 돌로마이트 플라스터에 관한 설명으로 옳지 않은 것은?

① 가소성이 커서 풀이 필요 없다.
② 경화 시 수축률이 매우 크다.
③ 수경성이므로 외벽 바름에 적당하다.
④ 강알칼리성이므로 건조 후 바로 유성페인트를 칠할 수 없다.

**해설**
돌로마이트 석회
• 소석회보다 비중이 크고 굳으면 강도가 증가한다.
• 점성이 좋아 풀을 넣을 필요가 없다.
• 수축균열이 크다.
• 응결속도가 빠르다.
• 습기에 약하여 내부에 사용한다.
• 기경성이다.
• 냄새와 곰팡이가 없다.

## 40 화강암에 관한 설명으로 옳지 않은 것은?

① 내화성은 석재 중에서 가장 큰 편이다.
② 주요 광물은 석영과 장석이다.
③ 콘크리트용 골재로도 사용된다.
④ 구조재 및 수장재로 쓰인다.

**해설**
화강암
• 강도가 가장 크다.
• 내화도가 낮아 고열부담이 있는 곳은 사용하지 못한다.
• 실외 벽체마감에 사용한다.

**정답** 36 ③ 37 ② 38 ① 39 ③ 40 ①

**41** 결합재의 하나로서 미장재료에 혼입하여 보강, 균열방지의 역할을 하는 섬유질재료를 무엇이라 하는가?

① 풀　　　　　② 여 물
③ 골 재　　　　④ 안 료

**해설**
② 여물 : 보강, 균열방지

**42** 대지에 이상전류를 방류 또는 계통구성을 위해 의도적이거나 우연하게 전기회로를 대지 또는 대지를 대신하는 전도체에 연결하는 전기적인 접속은?

① 접 지　　　　② 분 기
③ 절 연　　　　④ 배 전

**해설**
접 지
대지에 이상전류를 방류 또는 계통구성을 위해 의도적이거나 우연하게 전기회로를 대지 또는 대지를 대신하는 전도체에 연결하는 전기적인 접속을 말한다.

**43** 계단실형 아파트에 관한 설명으로 옳지 않은 것은?

① 거주의 프라이버시가 높다.
② 채광, 통풍 등의 거주 조건이 양호하다.
③ 통행부 면적을 크게 차지하는 단점이 있다.
④ 계단실에서 직접 각 세대로 접근할 수 있는 유형이다.

**해설**
계단실형
• 출입에 필요한 통로 부분의 면적이 절약된다.
• 2단위 주거형에 엘리베이터를 설치할 경우 이용률이 낮다.

**44** 건축허가신청에 필요한 설계도서에 속하지 않는 것은?

① 배치도　　　　② 평면도
③ 투시도　　　　④ 건축계획서

**해설**
건축허가신청에 필요한 설계도서(건축법 시행규칙 [별표 2])
건축계획서, 배치도, 평면도, 입면도, 단면도, 구조도, 구조계산서, 소방설비도

**45** 전동기 직결의 소형송풍기, 냉·온수 코일 및 필터 등을 갖춘 실내형 소형공조기를 각 실에 설치하여 중앙 기계실로부터 냉수 또는 온수를 공급 받아 공기조화를 하는 방식은?

① 이중덕트방식　　② 단일덕트방식
③ 멀티존 유닛방식　④ 팬코일 유닛방식

**해설**
④ 팬코일 유닛방식 : 전동기 직결의 소형송풍기, 냉·온수 코일과 필터 등을 갖춘 실내형 소형공조기를 각 실에 설치하여 중앙 기계실로부터 냉수 또는 온수를 받아 공기조화를 하는 방식이다. 호텔의 객실, 아파트 주택 및 사무실에 적용한다. 직접 난방을 채용하는 기존 건물의 공기조화에도 적용 가능하다.

정답　41 ②　42 ①　43 ③　44 ③　45 ④

**46** 개별식 급탕방식에 속하지 않는 것은?

① 순간식   ② 저탕식
③ 직접가열식   ④ 기수 혼합식

**해설**
급탕방식
- 개별식 : 순간식 급탕방식, 저탕식 급탕방식, 기수 혼합식 급탕방식
- 중앙식 : 직접가열식, 간접가열식

**47** 다음 중 단독주택의 현관 위치 결정에 가장 주된 영향을 끼치는 것은?

① 현관의 크기
② 대지의 방위
③ 대지의 크기
④ 도로의 위치

**해설**
현관 : 주택 내외부의 동선이 연결되는 곳으로, 주택 외부에서 쉽게 알아볼 수 있는 곳이어야 한다.

**48** 배수트랩의 봉수 파괴원인에 속하지 않는 것은?

① 증 발   ② 간접배수
③ 모세관현상   ④ 유도사이펀작용

**해설**
트랩봉수의 파괴원인
- 자기사이펀작용
- 유도사이펀작용(감압에 의한 흡인작용)
- 배압에 의한 분출작용
- 모세관작용
- 봉수의 증발현상
- 자기 운동량에 의한 관성

**49** 다음 중 건축도면 작도에서 가장 굵은 선으로 표현하는 것은?

① 인출선   ② 해칭선
③ 단면선   ④ 치수선

**해설**
도면에서 가장 굵은 선은 단면선이다.

**50** 디자인의 기본 원리 중 성질이나 질량이 전혀 다른 둘 이상의 것이 동일한 공간에 배열될 때 서로의 특질을 한층 돋보이게 하는 현상은?

① 대 비   ② 통 일
③ 리 듬   ④ 강 조

**해설**
① 대비 : 서로 다른 모양의 결합에 의하여 힘의 강약을 표현하기 쉽다.

정답  46 ③  47 ④  48 ②  49 ③  50 ①

**51** 한중(寒中)콘크리트의 시공에 가장 적합한 시멘트는?

① 조강 포틀랜드 시멘트
② 고로 시멘트
③ 백색 포틀랜드 시멘트
④ 플라이애시 시멘트

**해설**
① 조강 포틀랜드 시멘트 : 보통 포틀랜드 시멘트에 비하여 빨리 경화하는 고급 시멘트로 일반적으로 재령 7일에서 보통 포틀랜드 시멘트 재령 28일 정도의 강도를 나타낸다. 동절기 공사나 수중공사에서 적합하다.

**52** 1200형 에스컬레이터의 공칭수송능력은?

① 4,800인/h
② 6,000인/h
③ 7,200인/h
④ 9,000인/h

**해설**
1200형 에스컬레이터 : 한 장의 발판에 대인 2명이 탑승할 수 있도록 난간폭이 1,200mm로 설계되어 있으며, 공칭수송능력은 9,000인/h 이다.

**53** 투시도에 사용되는 용어의 기호표시가 옳지 않은 것은?

① 화면 – PP
② 기선 – GL
③ 시점 – VP
④ 수평면 – HP

**해설**
투시도법에 쓰는 용어
• 기선(GL) : 지면과 화면이 만나는 선
• 지반면(GP) : 지면의 수평면
• 화면(PP) : 대상물과 그것을 보는 사람 사이에 주어진 수직면
• 수평면(HP) : 눈높이와 수평한 면
• 수평선(HL) : 눈높이와 화면의 교차선
• 시점(EP) : 대상물을 보는 눈의 위치
• 정점(SP) : 관찰자의 위치
• 소점(VP) : 화면에서 한 점으로 수렴되는 점, 중심소점(1점), 좌/우측소점(2점)

**54** 직경 13mm의 이형철근을 100mm 간격으로 배치할 때 도면표시 방법으로 옳은 것은?

① D13 #100
② D13 @100
③ $\phi$13 #100
④ $\phi$13 @100

**해설**
② D13 @100 : 직경 13mm의 이형철근을 100mm 간격으로 배치

**55** 어떤 하나의 색상에서 무채색의 포함량이 가장 적은 색은?

① 명 색
② 순 색
③ 탁 색
④ 암 색

**해설**
② 순색 : 같은 색상의 청색 중 채도가 가장 높은 색

**56** 다음 중 소규모 주택에서 다이닝 키친(Dining Kitchen)을 채택하는 이유와 가장 거리가 먼 것은?

① 공사비의 절약
② 실면적의 절약
③ 조리시간의 단축
④ 주부노동력의 절감

**해설**
다이닝 키친(Dining Kitchen) : 부엌의 일부분에 식사실 배치, 유기적으로 연결하여 노동력을 절감한다.

**57** 건축법령상 아파트의 정의로 옳은 것은?

① 주택으로 쓰는 층수가 3개 층 이상인 주택
② 주택으로 쓰는 층수가 4개 층 이상인 주택
③ 주택으로 쓰는 층수가 5개 층 이상인 주택
④ 주택으로 쓰는 층수가 6개 층 이상인 주택

**해설**
아파트의 정의(건축법 시행령 [별표 1] 용도별 건축물의 종류)
주택으로 쓰는 층수가 5개 층 이상인 주택

**58** 다음 중 동선의 길이를 가장 짧게 할 수 있는 부엌 가구의 배치 형태는?

① 일자형
② ㄱ자형
③ 병렬형
④ ㄷ자형

**해설**
ㄷ자형 배치 : 동선의 길이가 가장 짧은 형태

**59** 온수난방과 비교한 증기난방의 특징으로 옳지 않은 것은?

① 예열시간이 짧다.
② 열의 운반능력이 크다.
③ 난방의 쾌감도가 높다.
④ 방열면적을 작게 할 수 있다.

**해설**
온수난방은 현열을 이용한 난방으로 증기난방보다 쾌감도가 높다.

**60** LPG에 관한 설명으로 옳지 않은 것은?

① 공기보다 가볍다.
② 액화석유가스이다.
③ 주성분은 프로판, 프로필렌, 부탄 등이다.
④ 석유정제 과정에서 채취된 가스를 압축 냉각해서 액화시킨 것이다.

**해설**
LPG 연료의 특징
- 주기적으로 연료 잔량을 확인해야 한다.
- 공기보다 무거우며 누출 시 바닥에 가라앉고, 특유의 냄새가 있다.
- 열효율이 LNG(도시가스)에 비해 높다.
- 같은 용량당 가격은 LPG가 비싼 편이다.

**정답** 56 ③  57 ③  58 ④  59 ③  60 ①

# 2020년 제1회 과년도 기출복원문제

**01** 주택의 침실에 관한 설명으로 옳지 않은 것은?

① 어린이 침실은 주간에는 공부를 할 수 있고, 유희실을 겸하는 것이 좋다.
② 부부침실은 주택 내의 공동 공간으로서 가족생활의 중심이 되도록 한다.
③ 침실의 크기는 사용인원수, 침구의 종류, 가구의 종류, 통로 등의 사항에 따라 결정된다.
④ 침실의 위치는 소음의 원인이 되는 도로쪽은 피하고, 정원 등의 공지에 면하도록 하는 것이 좋다.

**해설**
침 실
• 기본기능은 휴식과 수면이며, 이외에도 실의 성격에 따라 독서, 화장, 옷을 갈아입는 행위, 음악 감상 등의 기능을 포함한다.
• 소음원이 있는 쪽은 피하고, 정원 등의 공지에 면하도록 하는 것이 좋다.
• 방위상 일조와 통풍이 좋은 남쪽, 동남쪽이 이상적이며 북쪽은 피하는 것이 좋다.

**02** 계단실형 아파트에 관한 설명으로 옳지 않은 것은?

① 거주의 프라이버시가 높다.
② 채광, 통풍 등의 거주 조건이 양호하다.
③ 통행부 면적을 크게 차지하는 단점이 있다.
④ 계단실에서 직접 각 세대로 접근할 수 있는 유형이다.

**해설**
계단실형
• 출입에 필요한 통로 부분의 면적이 절약된다.
• 2단위 주거형에 엘리베이터를 설치할 경우 이용률이 낮다.

**03** 주택단지계획에서 근린주구에 해당되는 주택호수로 알맞은 것은?

① 10~20호
② 400~500호
③ 1,600~2,000호
④ 6,000~12,000호

**해설**
근린주구 : 주택호수는 1,600~2,000호이다.

**04** 압력탱크식 급수방법에 관한 설명으로 옳은 것은?

① 급수공급 압력이 일정하다.
② 단수 시에 일정량의 급수가 가능하다.
③ 전력공급 차단 시에도 급수가 가능하다.
④ 위생성 측면에서 가장 바람직한 방법이다.

**해설**
압력탱크방식 : 탱크의 설치 위치에 제한을 받지 않고 사용 수량에 맞추어 급수량을 조절할 수 있다. 압력 차가 커서 급수압이 일정하지 않고, 시설비가 비싸며 고장이 잦다.

**05** 대지에 이상전류를 방류 또는 계통구성을 위해 의도적이거나 우연하게 전기회로를 대지 또는 대지를 대신하는 전도체에 연결하는 전기적인 접속은?

① 접 지
② 분 기
③ 절 연
④ 배 전

**해설**
접 지
대지에 이상전류를 방류 또는 계통구성을 위해 의도적이거나 우연하게 전기회로를 대지 또는 대지를 대신하는 전도체에 연결하는 전기적인 접속을 말한다.

정답 1② 2③ 3③ 4② 5①

## 06 다음 중 단면도를 그려야 할 부분과 가장 거리가 먼 것은?

① 설계자의 강조부분
② 평면도만으로 이해하기 어려운 부분
③ 전체 구조의 이해를 필요로 하는 부분
④ 시공자의 기술을 보여 주고 싶은 부분

**해설**
단면도를 그려야 할 부분 : 평면도만으로 이해하기 어려운 부분, 전체 구조의 이해를 필요로 하는 부분, 설계자의 강조부분

## 07 다음 중 압축력이 발생하지 않는 구조시스템은?

① 케이블구조
② 트러스구조
③ 절판구조
④ 철골구조

**해설**
① 케이블구조 : 인장부재인 케이블을 이용하여 지지 구조체에 인장력만을 전달하는 구조

## 08 연속기초라고도 하며 조적조의 벽기초 또는 콘크리트 연속기초로 사용되는 것은?

① 줄기초
② 독립기초
③ 온통기초
④ 캔틸레버푸딩기초

**해설**
① 줄기초(연속기초) : 조적조의 벽기초 또는 콘크리트 연속기초

## 09 목재의 심재에 대한 설명으로 옳지 않은 것은?

① 목질부 중 수심 부근에 있는 부분을 말한다.
② 변형이 작고 내구성이 있어 이용가치가 크다.
③ 오래된 나무일수록 폭이 넓다.
④ 색깔이 엷고 비중이 작다.

**해설**
심재와 변재

| 구 분 | 비 중 | 신축성 | 강 도 | 내구성 | 품 질 |
|---|---|---|---|---|---|
| 심 재 | 크다. | 작다. | 크다. | 크다. | 좋다. |
| 변 재 | 작다. | 크다. | 작다. | 작다. | 나쁘다. |

## 10 벽돌구조의 내력벽 두께를 결정하는 요소와 가장 관계가 먼 것은?

① 벽의 높이
② 지붕 물매
③ 벽의 길이
④ 건축물의 층수

**해설**
조적조구조에서 내력벽의 두께는 벽의 높이, 벽의 길이, 건축물의 층수 등에 따라 결정한다.

정답 6 ④  7 ①  8 ①  9 ④  10 ②

**11** 목재 마루널 깔기에서 널 옆이 서로 물려지게 하고 마루의 진동에 의하여 못이 솟아오르는 일이 없는 이상적인 마루깔기법은?

① 맞댄쪽매  ② 반턱쪽매
③ 제혀쪽매  ④ 딴혀쪽매

**해설**
③ 제혀쪽매 : 가장 이상적인 쪽매 형태로 못으로 보강 시 진동에도 못이 솟아오르지 않는 특성이 있다.

**12** 목재의 이음과 맞춤을 할 때 주의사항으로 옳지 않은 것은?

① 공작이 간단하고 튼튼한 접합을 선택할 것
② 이음·맞춤의 단면은 응력의 방향에 직각으로 할 것
③ 이음·맞춤의 위치는 응력이 작은 곳으로 할 것
④ 맞춤면은 수축, 팽창을 위해 틈을 주어 가공할 것

**해설**
이음과 맞춤을 할 때 주의 사항
• 부재는 될 수 있는 한 적게 깎아 내야 한다.
• 위치는 응력이 작은 곳 선택, 연결부분은 작용하는 응력이 균일하게 배치한다.
• 공작이 간단하고 튼튼한 접합을 선택한다.

**13** 보강블록구조 내력벽에서 벽량의 최솟값은 얼마 이상인가?

① $10cm/m^2$  ② $13cm/m^2$
③ $15cm/m^2$  ④ $18cm/m^2$

**해설**
내력벽(건축물의 구조기준 등에 관한 규칙 제43조)
건축물의 각 층에 있어서 건축물의 길이방향 또는 너비방향의 보강블록구조인 내력벽의 길이(대린벽의 경우에는 그 접합된 부분의 각 중심을 이은 선의 길이를 말한다)는 각각 그 방향의 내력벽의 길이의 합계가 그 층의 바닥면적 $1m^2$에 대하여 $0.15m$ 이상이 되도록 하되, 그 내력벽으로 둘러싸인 부분의 바닥면적은 $80m^2$를 넘을 수 없다.

**14** 목구조의 이음 위치에 산지(Dowel) 등을 박아 매우 튼튼한 이음이며, 힘을 받는 가로재의 내이음으로 많이 사용되는 이음은?

① 엇걸이 이음  ② 주먹장 이음
③ 메뚜기장 이음  ④ 반턱 이음

**해설**
① 엇걸이 이음 : 부재의 이을 부분을 비스듬히 깎아 맞추되 두 빗면의 가운데를 턱지게 하여 걸어 잇는 이음이다. 구부림에 강하여 중요한 가로재의 내이음에 쓰는 방법이다.

**15** 건축물의 표면 마무리, 인조석 제조 등에 사용되며 구조체의 축조에는 거의 사용되지 않는 시멘트는?

① 조강 포틀랜드 시멘트
② 플라이애시 시멘트
③ 백색 포틀랜드 시멘트
④ 고로슬래그 시멘트

**해설**
③ 백색 포틀랜드 시멘트 : 원료에는 철분이 적은 백색점토와 석회석을 사용하고 연료에는 중유 등을 사용해서 제조한 시멘트로, 주로 외장 모르타르에 쓰인다. 강도는 보통 포틀랜드 시멘트보다 약하다.

**16** 재료관련 용어에 대한 설명 중 옳지 않은 것은?

① 열팽창계수란 온도의 변화에 따라 물체가 팽창, 수축하는 비율을 말한다.
② 비열이란 단위 질량의 물질을 온도 1℃ 올리는 데 필요한 열량을 말한다.
③ 열용량은 물체에 열을 저장할 수 있는 용량을 말한다.
④ 차음률은 음을 얼마나 흡수하느냐 하는 성질을 말하며, 재료의 비중이 클수록 작다.

**해설**
차음 : 실외로부터 소음의 투과를 차단하는 것
흡음 : 실내의 소리를 되도록 재료에 흡수시켜 실내 반사음을 작게 하는 것

**17** 아스팔트의 품질 판별 관련 요소와 가장 거리가 먼 것은?

① 침입도　② 신 도
③ 감온비　④ 강 도

**해설**
아스팔트 품질 판별 : 침입도, 신도, 연화점, 취화점, 감온비 등

**18** 건축재료의 강도구분에 있어서 정적강도에 해당하지 않은 것은?

① 압축강도　② 충격강도
③ 인장강도　④ 전단강도

**해설**
정적강도 : 외력을 일정한 속도로 서서히 가할 때 측정된 강도이다. 압축강도, 인장강도, 전단강도, 휨강도 등이 있다.

**19** 건축법령상 공동주택에 속하지 않는 것은?

① 기숙사　② 연립주택
③ 다가구주택　④ 다세대주택

**해설**
③ 다가구주택 : 주택으로 쓰는 1개동의 바닥면적 합계가 660m² 이하이고, 층수가 3개 층 이하이며, 19세대 이하가 거주할 수 있는 주택으로서 공동주택에 해당하지 아니하는 것

**공동주택(건축법 시행령 [별표 1] 용도별 건축물의 종류)**
- 아파트 : 주택으로 쓰는 층수가 5개 층 이상인 주택
- 연립주택 : 주택으로 쓰는 1개 동의 바닥면적 합계가 660m²를 초과하고, 층수가 4개 층 이하인 주택
- 다세대주택 : 주택으로 쓰는 1개 동의 바닥면적 합계가 660m² 이하이고, 층수가 4개 층 이하인 주택
- 기숙사 : 다음의 어느 하나에 해당하는 건축물로서 공간의 구성과 규모 등에 관하여 국토교통부장관이 정하여 고시하는 기준에 적합한 것. 다만, 구분·소유된 개별 실(室)은 제외한다.
  - 일반기숙사 : 학교 또는 공장 등의 학생 또는 종업원 등을 위하여 사용하는 것으로서 해당 기숙사의 공동취사시설 이용 세대 수가 전체 세대수(건축물의 일부를 기숙사로 사용하는 경우에는 기숙사로 사용하는 세대 수로 함)의 50% 이상인 것
  - 임대형기숙사 : 공공주택사업자 또는 임대사업자가 임대사업에 사용하는 것으로서 임대 목적으로 제공하는 실이 20실 이상이고 해당 기숙사의 공동취사시설 이용 세대 수가 전체 세대 수의 50% 이상인 것

**20** 철근콘크리트 압축부재 중 직사각형 기둥의 축방향 주철근의 최소 개수는?

① 3개　② 4개
③ 6개　④ 8개

**해설**
압축부재의 철근량 제한(KDS 14 20 20)
압축부재의 축방향 주철근의 최소 개수는 사각형이나 원형 띠철근으로 둘러싸인 경우 4개, 삼각형 띠철근으로 둘러싸인 경우 3개, 나선철근으로 둘러싸인 철근의 경우 6개로 하여야 한다.

**정답** 16 ④　17 ④　18 ②　19 ③　20 ②

**21** 실 내부의 벽 하부에서 1~1.5m 정도의 높이로 설치하여 밑부분을 보호하고 장식을 겸한 용도로 사용하는 것은?

① 걸레받이 ② 고막이널
③ 징두리판벽 ④ 코펜하겐 리브

**해설**
③ 징두리판벽 : 바닥에서 1m 쯤의 높이까지 판재를 붙여 마무리한 벽이다. 실 내부의 벽 하부에서 높이 1~1.5m 정도로 널을 댄 것이다.

**22** 조적식 벽체의 길이가 10m를 넘을 때, 벽체를 보강하기 위해 사용되는 것이 아닌 것은?

① 부축벽 ② 수 벽
③ 붙임벽 ④ 붙임기둥

**해설**
벽체보강 : 부축벽, 붙임벽, 붙임기둥 등

**23** 블록구조의 기초 및 테두리보에 대한 설명으로 옳지 않은 것은?

① 기초보는 벽체 하부를 연결하고 집중 또는 국부적 하중을 균등히 지반에 분포시킨다.
② 테두리보의 너비를 크게 할 필요가 있을 때에는 경제적으로 ㄱ자형, T자형으로 한다.
③ 테두리보는 분산된 벽체를 일체로 연결하여 하중을 균등히 분포시키는 역할을 한다.
④ 기초보의 춤은 처마높이의 1/12 이하가 적절하다.

**해설**
기초보
• 기초보의 두께 : 벽체두께 이상
• 기초보의 춤 : 처마높이의 1/12 이상, 단층(450mm 이상)

**24** 1방향 슬래브에 대하여 배근방법을 옳게 설명한 것은?

① 단변방향으로만 배근한다.
② 장변방향으로만 배근한다.
③ 단변방향은 온도철근을 배근하고 장변방향은 주근을 배근한다.
④ 단변방향은 주근을 배근하고 장변방향은 온도철근을 배근한다.

**해설**
1방향 슬래브 : 철근콘크리트판에 있어서 그 주철근이 보의 주철근처럼 한방향으로만 배치된 판으로 주철근의 직각방향에 배력철근이 배치되어 있다.

**25** 길이가 폭의 3배 이상으로 가늘고 길게 된 타일로서 징두리벽 등의 장식용에 사용되는 것은?

① 스크래치 타일
② 보더 타일
③ 모자이크 타일
④ 논슬립 타일

**해설**
② 보더 타일 : 직사각형 타일 중에서 길쭉한 것, 예를 들면 220 × 60 × 8mm, 190 × 60 × 11mm와 같이 길이가 너비의 3배 이상인 타일

**26** 콘크리트의 배합에서 물시멘트비와 가장 관계 깊은 것은?

① 강 도  ② 내동해성
③ 내화성  ④ 내수성

**해설**
물시멘트비(W/C)
- 물과 시멘트의 중량비
- 콘크리트 강도에 가장 영향을 주며, 물시멘트비가 클수록 강도는 낮아진다.

**27** 건축물의 에너지 절약을 위한 계획 내용으로 옳지 않은 것은?

① 공동주택은 인동간격을 넓게 하여 저층부의 일사수열량을 증대시킨다.
② 건물의 창호는 가능한 작게 설계하고, 특히 열손실이 많은 북측의 창면적은 최소화한다.
③ 건축물은 대지의 향, 일조 및 주풍향 등을 고려하여 배치하며, 남향 또는 남동향 배치를 한다.
④ 거실의 층고 및 반자높이는 실의 용도와 기능에 지장을 주지 않는 범위 내에서 가능한 높게 한다.

**해설**
거실의 층고 및 반자높이는 실의 용도와 기능에 지장을 주지 않는 범위 내에서 가능한 낮게 한다.

**28** 다음 중 배치도에 표시하지 않아도 되는 사항은?

① 축 척
② 건물의 위치
③ 대지 경계선
④ 각 실의 위치

**해설**
배치도 : 주변 도로와 부지, 부지 내에서 건물의 위치 등을 정확히 표시하기 위한 도면

**29** 금속체를 피보호물에서 돌출시켜 수뢰부로 하는 것으로 투영면적이 비교적 작은 건축물에 적합한 피뢰설비 방식은?

① 돌 침  ② 가공지선
③ 케이지 방식  ④ 수평도체 방식

**해설**
① 돌침 : 공중으로 돌출되는 피뢰설비의 수뢰부

**30** 재질이 가볍고 투명성이 좋아 채광을 필요로 하는 대공간 지붕구조로 가장 적합한 것은?

① 막구조  ② 셸구조
③ 절판구조  ④ 케이블구조

**해설**
① 막구조 : 얇은 섬유재료의 천과 같은 막으로 텐트처럼 구조체의 지붕이나 벽체 등을 덮는 구조방식

**31** 벽돌구조에서 개구부 위와 그 바로 위의 개구부와의 최소 수직거리 기준은?

① 10cm 이상
② 20cm 이상
③ 40cm 이상
④ 60cm 이상

**해설**
개구부(건축물의 구조기준 등에 관한 규칙 제35조 제1항 제2호)
개구부와 그 바로 위층에 있는 개구부와의 수직거리는 600mm 이상으로 하여야 한다.

**32** 철골구조에서 축방향력, 전단력 및 모멘트에 대해 모두 저항할 수 있는 접합은?

① 전단접합　　② 모멘트접합
③ 핀접합　　　④ 롤러접합

**해설**
② 모멘트접합 : 웨브와 플랜지를 모두 접합한 형태로 휨모멘트에 대한 저항력이 있고 기둥에는 전단력과 휨모멘트가 전달된다.

**33** 2방향 슬래브가 되기 위한 조건으로 옳은 것은?

① (장변/단변) ≤ 2
② (장변/단변) ≤ 3
③ (장변/단변) > 2
④ (장변/단변) > 3

**해설**
2방향 슬래브 : 변장비가 2 이하, 4변이 보에 지지된 슬래브

**34** 벽돌 쌓기에서 길이 쌓기 켜와 마구리 쌓기 켜를 번갈아 쌓고 벽의 모서리나 끝에 반절이나 이오토막을 사용한 것은?

① 영국식 쌓기
② 영롱 쌓기
③ 미국식 쌓기
④ 네덜란드식 쌓기

**해설**
① 영국식 쌓기 : 길이 쌓기 켜와 마구리 쌓기 켜를 번갈아서 쌓아 올리는 방법으로, 마구리 켜의 모서리 부분에는 반절 또는 이오토막을 사용한다. 통줄눈이 생기지 않으며, 가장 튼튼한 쌓기법이다.

**35** 철근콘크리트보의 형태에 따른 철근배근으로 옳지 않은 것은?

① 단순보의 하부에는 인장력이 작용하므로 하부에 주근을 배치한다.
② 연속보에서는 지지점 부분의 하부에서 인장력을 받기 때문에, 이곳에 주근을 배치하여야 한다.
③ 내민보는 상부에 인장력이 작용하므로 상부에 주근을 배치한다.
④ 단순보에서 부재의 측에 직각인 스터럽의 간격은 단부로 갈수록 촘촘하게 한다.

**해설**
연속보에서는 지지점 부분의 상부에서 인장력을 받기 때문에, 이곳에 주근을 배치하여야 한다.
**연속보** : 연속되는 2경간 이상에 걸쳐 연결되어 있는 보이다. 지점이 침하할 우려가 없을 경우 2개의 지점에 걸치는 단순보를 올려놓는 형태로 교량 등에 많이 사용한다.

**36** 콘크리트의 각종 강도 중 가장 큰 것은?

① 압축강도
② 인장강도
③ 휨강도
④ 전단강도

**해설**
콘크리트는 압축강도가 우수하다.

**37** 도장의 목적과 관계하여 도장재료에 요구되는 성능과 가장 거리가 먼 것은?

① 방 음
② 방 습
③ 방 청
④ 방 식

**해설**
도장재료에 요구되는 성질 : 방습, 방청, 방식

**38** 다음 중 물체의 절단한 위치를 표시하거나, 경계선으로 사용되는 선은?

① 굵은 실선
② 가는 실선
③ 1점 쇄선
④ 파 선

**해설**
③ 1점 쇄선 : 물체의 절단 위치를 표시하거나, 경계선으로 사용한다.

**39** 급수펌프, 양수펌프, 순환펌프 등으로 건축설비에 주로 사용되는 펌프는?

① 왕복식 펌프
② 회전식 펌프
③ 피스톤 펌프
④ 원심식 펌프

**해설**
④ 원심식 펌프 : 급수펌프, 양수펌프, 순환펌프 등 건축설비에 주로 사용하는 펌프

**40** 표면결로의 방지방법에 관한 설명으로 옳지 않은 것은?

① 실내에서 발생하는 수증기를 억제한다.
② 환기에 의해 실내 절대습도를 저하한다.
③ 직접가열이나 기류촉진에 의해 표면온도를 상승시킨다.
④ 낮은 온도로 난방시간을 길게 하는 것보다 높은 온도로 난방시간을 짧게 하는 것이 결로방지에 효과적이다.

**해설**
결로방지

| 환 기 | 습한 공기를 제거하여 실내의 결로방지 |
|---|---|
| 난 방 | 건물 내부의 표면온도 높이고 실내기온을 노점 이상으로 유지 |
| 단 열 | 구조체를 통한 열손실 방지와 보온역할 |

정답 36 ① 37 ① 38 ③ 39 ④ 40 ④

**41** 주로 철재 또는 금속재 거푸집에 사용되는 철물로서 지주를 제거하지 않고 슬래브 거푸집만 제거할 수 있도록 한 것은?

① 드롭헤드
② 칼럼밴드
③ 캠 버
④ 와이어클리퍼

**해설**
① 드롭헤드 : 주로 철재 또는 금속재 거푸집에 사용되는 철물로, 지주를 제거하지 않고 슬래브 거푸집만 제거할 수 있도록 한다.

**42** 실리카 시멘트에 대한 설명 중 옳은 것은?

① 보통 포틀랜드 시멘트에 비해 초기강도가 크다.
② 화학적 저항성이 크다.
③ 보통 포틀랜드 시멘트에 비해 장기강도는 작은 편이다.
④ 긴급공사용으로 적합하다.

**해설**
실리카 시멘트 : 실리카겔을 혼합한 것으로, 화학적 저항이 크고 내수성이 우수하여 하수공사 및 해수공사에 사용된다.

**43** 온수난방과 비교한 증기난방의 특징으로 옳지 않은 것은?

① 예열시간이 짧다.
② 열의 운반능력이 크다.
③ 난방의 쾌감도가 높다.
④ 방열면적을 작게 할 수 있다.

**해설**
온수난방은 현열을 이용한 난방으로 증기난방보다 쾌감도가 높다.

**44** 실제길이가 16m인 직선을 축척이 1/200인 도면에 표현할 경우, 직선의 도면 길이는?

① 0.8mm
② 8mm
③ 80mm
④ 800mm

**해설**
$16m \times \dfrac{1}{200} = 16,000mm \times \dfrac{1}{200} = 80mm$

**45** 한국산업표준(KS)에 따른 건축도면에 사용되는 척도에 속하지 않는 것은?

① 1/1
② 1/4
③ 1/80
④ 1/250

**해설**
척도(건축제도통칙 KS F 1501)
• 실척 : 1/1
• 축척 : 1/2, 1/3, 1/4, 1/5, 1/10, 1/20, 1/25, 1/30, 1/40, 1/50, 1/100, 1/200, 1/250, 1/300, 1/500, 1/600, 1/1000, 1/1200, 1/2000, 1/2500, 1/3000, 1/5000, 1/6000
• 배척 : 2/1, 5/1

**46** 철골구조의 용접 부분에서 발생하는 용접 결함이 아닌 것은?

① 언더컷(Under Cut)
② 블로홀(Blow Hole)
③ 오버랩(Over Lap)
④ 엔드탭(End Tab)

**해설**
④ 엔드탭 : 강구조물의 용접 시공 시에 임시로 부착하는 강판
용접 결함 : 언더컷, 블로홀, 오버랩, 균열, 크레이터 등

**47** 조적식 구조인 내력벽의 콘크리트 기초판에서 기초벽의 두께는 최소 얼마 이상으로 하여야 하는가?

① 150mm
② 200mm
③ 250mm
④ 300mm

**해설**
기초(건축물의 구조기준 등에 관한 규칙 제30조)
• 조적식 구조인 내력벽의 기초(최하층의 바닥면 이하에 해당하는 부분을 말한다)는 연속기초로 하여야 한다.
• 위 규정에 의한 기초 중 기초판은 철근콘크리트구조 또는 무근콘크리트구조로 하고, 기초벽의 두께는 250mm 이상으로 하여야 한다.

**48** 기성콘크리트 말뚝을 타설할 때 말뚝직경(D)에 대한 말뚝중심간 거리 기준으로 옳은 것은?

① 1.5D 이상
② 2.0D 이상
③ 2.5D 이상
④ 3.0D 이상

**해설**
말뚝재료별 구조세칙
기성콘크리트 말뚝 타설 시 중심 간격은 말뚝지름의 2.5배 이상 또한 750mm 이상으로 하며, 현장타설콘크리트 말뚝 타설 시 중심 간격은 말뚝지름의 2배 이상 또한 말뚝지름에 1,000mm를 더한 값 이상으로 한다.

**정답** 45 ③  46 ④  47 ③  48 ③

**49** 오토클레이브(Autoclave) 팽창도 시험은 시멘트의 무엇을 알아보기 위한 것인가?

① 풍 화
② 안정성
③ 비 중
④ 분말도

**해설**
시멘트 안정도 시험 : 오토클레이브 팽창도 또는 수축도

**50** 건축제도통칙에 따른 투상법의 원칙은?

① 제1각법
② 제2각법
③ 제3각법
④ 제4각법

**해설**
건축제도통칙(KS F 1501)에 따른 투상법은 제3각법으로 작도함을 원칙으로 한다.

**51** 다음은 건축법령상 지하층의 정의이다. ( ) 안에 알맞은 것은?

> 지하층이란 건축물의 바닥이 지표면 아래에 있는 층으로서 바닥에서 지표면까지 평균높이가 해당 층 높이의 ( ) 이상인 것을 말한다.

① 2분의 1
② 3분의 1
③ 3분의 2
④ 4분의 3

**해설**
지하층의 정의(건축법 제2조 제5호)
지하층이란 건축물의 바닥이 지표면 아래에 있는 층으로서 바닥에서 지표면까지 평균높이가 해당 층 높이의 2분의 1 이상인 것을 말한다.

**52** 건축물의 큰 보의 간 사이에 작은 보(Beam)를 짝수로 배치할 때의 주된 장점은?

① 미관이 뛰어나다.
② 큰 보의 중앙부에 작용하는 하중이 작아진다.
③ 층고를 낮출 수 있다.
④ 공사하기가 편리하다.

**해설**
건축물의 큰 보의 간 사이에 작은 보를 짝수로 배치할 경우 큰 보 중앙에 작용하는 하중이 작아진다.

## 53 목재의 강도에 관한 설명으로 틀린 것은?

① 섬유포화점 이하의 상태에서는 건조하면 함수율이 낮아지고 강도가 커진다.
② 옹이는 강도를 감소시킨다.
③ 일반적으로 비중이 클수록 강도가 크다.
④ 섬유포화점 이상의 상태에서는 함수율이 높을수록 강도가 작아진다.

**해설**
함수율이 30% 정도인 섬유포화점 이상에서는 함수율의 변화에 따른 목재의 강도의 차는 거의 없다.
목재의 강도
- 건조하면 강도 증가(함수율이 낮을수록)
- 섬유방향의 인장강도가 압축강도보다 큼
- 심재가 변재보다 강도가 큼
- 목재의 흠으로 강도가 떨어짐

## 54 균형의 원리에 관한 설명으로 옳지 않은 것은?

① 크기가 큰 것이 작은 것보다 시각적 중량감이 크다.
② 기하학적 형태가 불규칙적인 형태보다 시각적 중량감이 크다.
③ 색의 중량감은 색의 속성 중 특히 명도, 채도에 따라 크게 작용한다.
④ 복잡하고 거친 질감이 단순하고 부드러운 것보다 시각적 중량감이 크다.

**해설**
불규칙한 형태는 기하학적 형태보다 시각적 중량감이 크다.
균형의 원리
크기가 큰 것이 작은 것보다 시각적 중량감이 크고, 불규칙적인 형태가 기하학적 형태보다 시각적 중량감이 크다. 색의 중량감은 색의 속성 중 특히 명도, 채도에 따라 크게 작용한다. 명도와 채도가 낮은 한색계(차가운 색)는 후퇴, 수축되어 보이고 명도와 채도가 높은 난색계(따뜻한 색)는 진출, 팽창되어 보인다. 수직선, 수평선이 사선보다, 수평선이 수직선보다 시각적 중량감이 크다.

## 55 철골보에 관한 설명 중 틀린 것은?

① 형강보는 주로 I형강 또는 H형강이 많이 쓰인다.
② 판보는 웨브에 철판을 쓰고 상하부에 플랜지철판을 용접하거나 ㄱ형강을 접합한 것이다.
③ 허니컴 보는 I형강을 절단하여 구멍이 나게 맞추어 용접한 보이다.
④ 래티스보에 접합판(Gusset Plate)을 대서 접합한 보를 격자보라 한다.

**해설**
격자보 : 2방향의 보를 격자 모양으로 배치한 것이다. 연직 하중을 2방향의 보에 부담시키기 때문에 하중 능력이 증대한다. 대 스팬 구조에 사용한다.

## 56 겨울철의 콘크리트 공사, 해수 공사, 긴급 콘크리트 공사에 적당한 시멘트는?

① 보통 포틀랜드 시멘트
② 알루미나 시멘트
③ 팽창 시멘트
④ 고로 시멘트

**해설**
② 알루미나 시멘트 : 보크사이트와 석회석을 원료로 사용하며, 초조강성으로 화학적 부식에 저항성이 있어 동절기 공사, 해안 공사 등에 사용된다.

**정답** 53 ④  54 ②  55 ④  56 ②

**57** 플레이트 보에 사용되는 부재의 명칭이 아닌 것은?

① 커버 플레이트
② 웨브 플레이트
③ 스티프너
④ 베이스 플레이트

**해설**
플레이트 보 : 커버 플레이트, 웨브 플레이트, 플랜지 플레이트, 스티프너

**58** 어느 목재의 절대건조비중이 0.54일 때 목재의 공극률은 얼마인가?

① 약 65%  ② 약 54%
③ 약 46%  ④ 약 35%

**해설**
$$공극률 = \left(1 - \frac{절건비}{1.54}\right) \times 100$$
$$= \left(1 - \frac{0.54}{1.54}\right) \times 100 ≒ 65\%$$

**59** 건축허가신청에 필요한 설계도서 중 배치도에 표시하여야 할 사항에 속하지 않는 것은?

① 축척 및 방위
② 방화구획 및 방화문의 위치
③ 대지에 접한 도로의 길이 및 너비
④ 건축선 및 대지경계선으로부터 건축물까지의 거리

**해설**
배치도 : 주변 도로와 부지, 부지 내에서 건물의 위치 등을 정확히 표시하기 위한 도면

**60** 사각형 단면의 철근콘크리트 기둥에서 띠철근을 사용하는 가장 주된 목적은?

① 주근의 좌굴을 막기 위하여
② 주근 단면을 보강하기 위하여
③ 콘크리트의 압축강도를 증가시키기 위하여
④ 콘크리트의 수축 변형을 막기 위하여

**해설**
띠철근 : 철근콘크리트조에서 기둥의 주근을 보강하며, 좌굴을 방지하고 간격유지 등을 위하여 주근에 직교하여 감아댄 가는 철근

57 ④  58 ①  59 ②  60 ①

# 2020년 제2회 과년도 기출복원문제

**01** 철골보의 종류에서 형강의 단면을 그대로 이용하므로 부재의 가공 절차가 간단하고 기둥과 접합도 단순한 것은?

① 조립보
② 형강보
③ 래티스 보
④ 트러스 보

**해설**
② 형강보 : H형강, I형강 또는 U자형강 등을 단독으로 사용한 보

**02** 목재의 마구리를 감추면서 창문 등의 마무리에 이용되는 맞춤은?

① 연귀맞춤
② 장부맞춤
③ 통맞춤
④ 주먹장맞춤

**해설**
① 연귀맞춤 : 직교되거나 경사로 교차되는 부재의 마구리가 보이지 않게 서로 45° 또는 맞닿는 경사각의 반으로 비스듬히 잘라대는 맞춤을 말한다.

**03** 구조형식 중 서로 관계가 먼 것끼리 연결된 것은?

① 박판구조 – 곡면구조
② 가구식 구조 – 목구조
③ 현수식 구조 – 공기막구조
④ 일체식 구조 – 철근콘크리트구조

**해설**
현수식 구조 : 케이블
공기막구조 : 막구조

**04** 철골구조의 용접 부분에서 발생하는 용접 결함이 아닌 것은?

① 언더컷(Under Cut)
② 블로홀(Blow Hole)
③ 오버랩(Over Lap)
④ 엔드탭(End Tab)

**해설**
④ 엔드탭 : 강구조물의 용접 시공 시에 임시로 부착하는 강판
용접 결함 : 언더컷, 블로홀, 오버랩, 균열, 크레이터 등

**05** Suspension Cable에 의한 지붕구조는 케이블의 어떠한 저항력을 이용한 것인가?

① 휨모멘트
② 압축력
③ 인장력
④ 전단력

**해설**
서스펜션 케이블에 의한 지붕구조 : 케이블의 인장력 이용

**정답** 1 ② 2 ① 3 ③ 4 ④ 5 ③

**06** 건축재료의 각 성능과 연관된 항목들이 올바르게 짝지어진 것은?

① 역학적 성능 – 연소성, 인화성, 용융성, 발연성
② 화학적 성능 – 강도, 변형, 탄성계수, 크리프, 인성
③ 내구성능 – 산화, 변질, 풍화, 충해, 부패
④ 방화, 내화성능 – 비중, 경도, 수축, 수분의 투과와 반사

**해설**
건축재료의 일반적인 성질

| 역학적 성질 | 탄성, 소성, 강도, 응력 변형도, 영률, 연성, 전성 |
|---|---|
| 물리적 성질 | 비중, 비열, 열전도율 |
| 화학적 성질 | 알칼리, 산성, 염분 |
| 내구성 및 내후성 | 목재의 충해, 금속의 부식 등 고려 |

**07** 석재의 종류 중 변성암에 속하는 것은?

① 섬록암        ② 화강암
③ 사문암        ④ 안산암

**해설**
변성암 : 대리석, 트래버틴, 사문암

**08** 물의 중량이 540kg이고 물시멘트비가 60%일 경우 시멘트의 중량은?

① 3,240kg      ② 1,350kg
③ 1,100kg      ④ 900kg

**해설**
시멘트 중량 = $\dfrac{\text{물의 중량}}{\text{물시멘트비}} = \dfrac{540}{0.6} = 900\text{kg}$

**09** 기초에 대한 설명으로 틀린 것은?

① 매트기초는 부동침하가 염려되는 건물에 유리하다.
② 파일기초는 연약지반에 적합하다.
③ 기초에 사용된 콘크리트의 두께가 두꺼울수록 인장력에 대한 저항성능이 우수하다.
④ RCD파일은 현장타설 말뚝기초의 하나이다.

**해설**
기초에 사용되는 콘크리트는 압축력이나 전단력에 비해 인장력이 약하다.

**10** 다음 건축구조의 분류 중 일체식 구조에 해당하는 것은?

① 조적구조
② 철골철근콘크리트구조
③ 조립식 구조
④ 목구조

**해설**
**일체식 구조** : 기둥, 보, 바닥 등과 같이 하중을 받는 구조체 전체를 하나의 틀로 만들어 건축물을 완성하는 구조이다. 각 부분의 강도가 균일하고 강력한 강도를 낼 수 있는 매우 우수한 구조로, 철근콘크리트구조, 철골철근콘크리트구조 등이 있다.

## 11 목재의 강도에 관한 설명으로 틀린 것은?

① 섬유포화점 이하의 상태에서는 건조하면 함수율이 낮아지고 강도가 커진다.
② 옹이는 강도를 감소시킨다.
③ 일반적으로 비중이 클수록 강도가 크다.
④ 섬유포화점 이상의 상태에서는 함수율이 높을수록 강도가 작아진다.

**해설**
함수율이 30% 정도인 섬유포화점 이상에서는 함수율의 변화에 따른 목재의 강도의 차는 거의 없다.
목재의 강도
- 건조하면 강도 증가(함수율이 낮을수록)
- 섬유방향의 인장강도가 압축강도보다 큼
- 심재가 변재보다 강도가 큼
- 목재의 흠으로 강도가 떨어짐

## 12 다음 합금의 구성요소로 틀린 것은?

① 황동 = 구리 + 아연
② 청동 = 구리 + 납
③ 포금 = 구리 + 주석 + 아연 + 납
④ 두랄루민 = 알루미늄 + 구리 + 마그네슘 + 망간

**해설**
비철금속

| 황동(창호철물 사용) | 구리 + 아연 |
| --- | --- |
| 청동(장식철물 사용) | 구리 + 주석 |
| 두랄루민 | 알루미늄 + 구리 + 마그네슘 + 망간 |
| 양은(화이트브론즈) | 구리 + 니켈 + 아연 |

## 13 조강 포틀랜드 시멘트에 대한 설명으로 옳은 것은?

① 생산되는 시멘트의 대부분을 차지하며 혼합 시멘트의 베이스 시멘트로 사용된다.
② 장기강도를 지배하는 $C_2S$를 많이 함유하여 수화 속도를 지연시켜 수화열을 작게 한 시멘트이다.
③ 콘크리트의 수밀성이 높고 경화에 따른 수화열이 크므로 낮은 온도에서도 강도의 발생이 크다.
④ 내황산염성이 크기 때문에 댐공사에 사용될 뿐만 아니라 건축용 매스콘크리트에도 사용된다.

**해설**
조강 포틀랜드 시멘트 : 조기강도 발현이 가능하므로 공기단축이 가능, 겨울공사에 가능한 시멘트

## 14 아파트의 단면형식 중 하나의 단위 주거가 2개 층에 걸쳐 있는 것은?

① 플랫형　　　② 집중형
③ 듀플렉스형　④ 트리플렉스형

**해설**
③ 듀플렉스 : 2개 층의 복층형식

## 15 1점 쇄선의 용도에 속하지 않는 것은?

① 상상선　　② 중심선
③ 기준선　　④ 참고선

**해설**
1점 쇄선 : 벽체의 중심선, 절단선, 경계선, 기준선, 참고선

**16** 주택에서 식당의 배치유형 중 주방의 일부에 간단한 식탁을 설치하거나 식당과 주방을 하나로 구성한 형태는?

① 리빙 키친
② 리빙 다이닝
③ 다이닝 키친
④ 다이닝 테라스

> **해설**
> ③ 다이닝 키친(DK) : 주방, 부엌의 일부분에 식사실 배치한다. 유기적으로 연결하여 노동력 절감하나, 부엌조리 시 냄새나 음식찌꺼기 등으로 식사실 분위기가 저해된다.

**17** 철골구조에서 H형강보의 플랜지 부분에 커버 플레이트를 사용하는 가장 주된 목적은?

① H형강의 부식을 방지하기 위해서
② 집중하중에 의한 전단력을 감소시키기 위해서
③ 덕트 배관 등에 사용할 수 있는 개구부를 확보하기 위해서
④ 휨내력을 보강하기 위해서

> **해설**
> **커버 플레이트** : 리벳 접합 플레이트 거더의 메인 거더나 리벳 접합 강트러스교의 상현재 등에 사용되어 부재의 강성을 증가시키고 빗물의 침입을 방지하기 위한 강판

**18** 고력볼트접합에 대한 설명으로 틀린 것은?

① 고력볼트접합의 종류는 마찰접합이 유일하다.
② 접합부의 강성이 높다.
③ 피로강도가 높다.
④ 정확한 계기공구로 죄어 일정하고 정확한 강도를 얻을 수 있다.

> **해설**
> 일반적으로 고력볼트접합이라고 하면 마찰접합을 의미하지만, 마찰접합 외에도 지압접합, 인장접합이 있다.
> **고력볼트접합** : 초기 강한 인장력으로 인해 너트의 풀림이 없고 반복응력에 의한 영향도 없다. 고력볼트를 충분한 회전력으로 너트를 체결하여 접합재 상호 간에 발생하는 마찰력으로 힘을 전달하는 접합법으로서 마찰접합이라고도 한다. 이 접합의 장점으로는 접합강도와 강성이 높고, 시공에 어려움이 없으며 작업능률이 좋다. 또한 소음이 적고 진동, 충격이 발생하는 데에도 사용 가능하다.

**19** 철근콘크리트 보에 관한 설명으로 틀린 것은?

① 단순보는 중앙에 연직 하중을 받으면 휨모멘트와 전단력이 생긴다.
② T형보는 압축력을 슬래브가 일부 부담한다.
③ 보 단부의 헌치는 주로 압축력을 보강하기 위해 만든다.
④ 캔틸레버 보에는 통상적으로 단면 상부에 철근을 배근한다.

> **해설**
> **헌 치**
> 보와 슬래브의 단부에서 부재의 높이를 증가시킨 부분이다. 연속판, 고정판, 연속보 등에 있어서 지지하는 부재와의 접합부에서 응력집중의 완화와 지지부의 보강을 목적으로 단면을 크게 한 부분이다.

**20** 목재가 기건상태일 때 함수율은 대략 얼마 정도인가?

① 7%   ② 15%
③ 21%   ④ 25%

**해설**
목재의 기건상태의 함수율은 15%이고, 가구재의 함수율은 10%이며, 섬유포화점 함수율은 30%이다.

**21** 요소수지에 대한 설명으로 틀린 것은?

① 착색이 용이하지 못하다.
② 마감재, 가구재 등에 사용된다.
③ 내수성이 약하다.
④ 열경화성 수지이다.

**해설**
요소와 폼알데하이드의 축합반응에 의해서 생성되는 열경화성 수지로 무색투명하고 착색이 용이하지만 내수성, 내열성은 페놀수지에 비해 뒤떨어진다. 내열성은 100℃ 이하에서는 연속 사용할 수 있고 약산, 약알칼리, 벤졸, 알코올, 유지류 등에는 거의 침해되지 않는다. 공업용 보다는 일용품, 장식품 등에 많이 사용한다.

**22** 암모니아 가스에 침식되므로 외부 화장실 등에 사용하기 곤란한 금속은?

① 구리(Cu)
② 스테인리스(SS)
③ 주석(Sn)
④ 아연(Zn)

**해설**
구리는 묽은 질산, 진한 질산, 뜨겁고 진한 황산 등의 산화력이 있는 산에 잘 녹으며 공기 중의 산소가 공존하면 비산화성의 염산에도 서서히 녹고, 아세트산 등 기타의 유기산에 의해서는 쉽게 침해된다. 또한 암모니아수, 사이안화알칼리 용액에도 착염을 만들고 녹는다. 구리의 가용성염은 유독하다.

**23** 에스컬레이터에 관한 설명으로 옳지 않은 것은?

① 수송량에 비해 점유면적이 작다.
② 대기시간이 없고 연속적인 수송설비이다.
③ 수송능력이 엘리베이터의 1/2 정도로 작다.
④ 승강 중 주위가 오픈되므로 주변 광고효과가 크다.

**해설**
에스컬레이터는 엘리베이터보다 수송능력이 우수하다.

정답 20 ② 21 ① 22 ① 23 ③

**24** 건축제도의 글자에 관한 설명으로 옳지 않은 것은?

① 숫자는 아라비아 숫자를 원칙으로 한다.
② 문장은 왼쪽에서부터 가로쓰기를 원칙으로 한다.
③ 글자체는 수직 또는 30° 경사의 명조체로 쓰는 것을 원칙으로 한다.
④ 글자의 크기는 각 도면의 상황에 맞추어 알아보기 쉬운 크기로 한다.

**해설**
문장은 왼쪽에서부터 가로쓰기로, 글자체는 수직 또는 15° 경사의 고딕체를 쓰는 것을 원칙으로 한다(KS F 1501).

**25** 주택의 침실에 관한 설명으로 옳지 않은 것은?

① 방위상 직사광선이 없는 북쪽이 가장 이상적이다.
② 침실은 정적이며 프라이버시 확보가 잘 이루어져야 한다.
③ 침대는 외부에서 출입문을 통해 직접 보이지 않도록 배치하는 것이 좋다.
④ 침실의 위치는 소음원이 있는 쪽은 피하고, 정원 등의 공지에 면하도록 하는 것이 좋다.

**해설**
**침실**
- 기본 기능은 휴식과 수면이며, 이외에도 실의 성격에 따라 독서, 화장, 옷을 갈아입는 행위, 음악 감상 등의 기능을 포함한다.
- 소음원이 있는 쪽은 피하고, 정원 등의 공지에 면하도록 하는 것이 좋다.
- 방위상 일조와 통풍이 좋은 남쪽, 동남쪽이 이상적, 북쪽은 피하는 것이 좋다.

**26** 건축법령상 공동주택에 속하지 않는 것은?

① 아파트
② 연립주택
③ 다가구주택
④ 다세대주택

**해설**
③ 다가구주택: 주택으로 쓰는 1개동의 바닥면적 합계가 660m² 이하이고, 층수가 3개 층 이하이며, 19세대 이하가 거주할 수 있는 주택으로서 공동주택에 해당하지 아니하는 것

**공동주택(건축법 시행령 [별표 1] 용도별 건축물의 종류)**
- 아파트: 주택으로 쓰는 층수가 5개 층 이상인 주택
- 연립주택: 주택으로 쓰는 1개 동의 바닥면적 합계가 660m² 초과하고, 층수가 4개 층 이하인 주택
- 다세대주택: 주택으로 쓰는 1개 동의 바닥면적 합계가 660m² 이하이고, 층수가 4개 층 이하인 주택
- 기숙사: 다음의 어느 하나에 해당하는 건축물로서 공간의 구성과 규모 등에 관하여 국토교통부장관이 정하여 고시하는 기준에 적합한 것. 다만, 구분·소유된 개별 실(室)은 제외한다.
  - 일반기숙사: 학교 또는 공장 등의 학생 또는 종업원 등을 위하여 사용하는 것으로서 해당 기숙사의 공동취사시설 이용 세대 수가 전체 세대수(건축물의 일부를 기숙사로 사용하는 경우에는 기숙사로 사용하는 세대 수로 함)의 50% 이상인 것
  - 임대형기숙사: 공공주택사업자 또는 임대사업자가 임대사업에 사용하는 것으로서 임대 목적으로 제공하는 실이 20실 이상이고 해당 기숙사의 공동취사시설 이용 세대 수가 전체 세대 수의 50% 이상인 것

**27** 벽돌벽 줄눈에서 상부의 하중을 전 벽면에 균등하게 분포시키도록 하는 줄눈은?

① 빗줄눈
② 막힌줄눈
③ 통줄눈
④ 오목줄눈

**해설**
② 막힌줄눈: 상부의 하중을 고르게 벽 전체에 분산

**28** 입체트러스 제작에 활용되는 구성요소로써 최소 도형에 해당되는 것은?

① 삼각형 또는 사각형
② 사각형 또는 오각형
③ 사각형 또는 육면체
④ 오각형 또는 육면체

**해설**
입체트러스 구성요소 : 삼각형, 사각형

**29** 보강블록조에서 내력벽의 두께는 최소 얼마 이상이어야 하는가?

① 50mm
② 100mm
③ 150mm
④ 200mm

**해설**
보강블록조의 내력벽(건축물의 구조기준 등에 관한 규칙 제43조 제2항)
보강블록구조인 내력벽의 두께는 150mm 이상으로 하되, 그 내력벽의 구조내력에 주요한 지점간의 수평거리의 50분의 1 이상으로 하여야 한다.

**30** 건축구조의 부재에 발생하는 단면력의 종류가 아닌 것은?

① 풍하중
② 전단력
③ 축방향력
④ 휨모멘트

**해설**
단면력 : 휨모멘트, 비틀림모멘트, 전단력, 축력의 총칭, 반력을 추가할 수도 있다.

**31** 시멘트의 일반적 성질에 관한 설명으로 옳은 것은?

① 시멘트의 강도는 콘크리트의 강도에 영향을 주지 않는다.
② 시멘트의 분말이 미세할수록 건조수축은 작아져 균열이 발생하지 않는다.
③ 시멘트와 물을 혼합시키면 포졸란 반응이 일어난다.
④ 일반적으로 분말도가 큰 시멘트일수록 응결 및 강도의 증진율이 크다.

**해설**
분말도가 높은 시멘트의 특징
시공연도 우수, 재료분리현상 감소, 수화반응이 빠름, 조기강도 높음, 풍화되기 쉬움, 수축균열이 큼, 콘크리트 응결 시 초기 균열 발생

**32** 화강암에 관한 설명으로 옳지 않은 것은?

① 내화성은 석재 중에서 가장 큰 편이다.
② 주요 광물은 석영과 장석이다.
③ 콘크리트용 골재로도 사용된다.
④ 구조재 및 수장재로 쓰인다.

**해설**
화강암
• 강도가 가장 큼
• 내화도가 낮아 고열부담이 있는 곳은 사용 못함
• 실외 벽체마감에 사용

## 33 다음 중 단면도에 표시되는 사항은?

① 반자높이
② 주차동선
③ 건축면적
④ 대지경계선

**해설**
단면도 : 대지의 경사, 지면과 바닥의 높이, 층고 및 천장고(반자높이), 창높이, 계단실, 처마 및 베란다 같은 돌출상황 등을 표시

## 34 건축허가신청에 필요한 설계도서에 속하지 않는 것은?

① 배치도
② 평면도
③ 투시도
④ 건축계획서

**해설**
건축허가신청에 필요한 설계도서(건축법 시행규칙 [별표 2])
건축계획서, 배치도, 평면도, 입면도, 단면도, 구조도, 구조계산서, 소방설비도

## 35 다음 설명에 알맞은 통기방식은?

• 각 기구의 트랩마다 통기관을 설치한다.
• 통기되기 때문에 가장 안정도가 높은 방식이다.

① 각개통기방식
② 루프통기방식
③ 회로통기방식
④ 신정통기방식

**해설**
① 각개통기방식 : 각 기구의 트랩마다 통기관을 설치하여 그것들을 통기수평지관에 접속하고 그 지관의 말단을 통기수직관 또는 신정통기관에 접속하는 방식이다. 트랩마다 통기되어 있으므로 가장 성능이 좋다.

## 36 벽돌벽체에서 벽돌을 1켜씩 내쌓기할 때 얼마 정도 내쌓는 것이 적정한가?

① $\frac{1}{2}$ B
② $\frac{1}{4}$ B
③ $\frac{1}{5}$ B
④ $\frac{1}{8}$ B

**해설**
벽돌벽체의 내쌓기(내놓기 한도는 2.0B) : 1켜는 $\frac{1}{8}$ B, 2켜는 $\frac{1}{4}$ B 이다.

## 37 철근콘크리트 1방향 슬래브의 두께는 최소 얼마 이상으로 하여야 하는가?

① 80mm
② 90mm
③ 100mm
④ 120mm

**해설**
콘크리트 슬래브와 기초판 설계기준
1방향 슬래브의 두께는 최소 100mm 이상으로 해야 한다.

## 38 철근콘크리트 보에 늑근을 사용하는 주된 이유는?

① 보의 전단저항력을 증가시키기 위하여
② 철근과 콘크리트의 부착력을 증가시키기 위하여
③ 보의 강성을 증가시키기 위하여
④ 보의 휨저항을 증가시키기 위하여

**해설**
보 철근의 종류와 배근 : 보 철근은 횡방향으로 배근되는 주근과 보의 전단력을 보강하기 위해 설치하는 늑근 또는 스터럽(Stirrup)으로 구분한다.

## 39 도시가스 배관 시 가스계량기와 전기점멸기의 이격 거리는 최소 얼마 이상으로 하는가?

① 30cm   ② 50cm
③ 60cm   ④ 90cm

**해설**
가스사용시설의 시설·기술·검사기준(도시가스 사업법 시행규칙 [별표 7])
가스계량기와 전기계량기 및 전기개폐기와의 거리는 60cm 이상, 굴뚝(단열조치를 하지 아니한 경우만을 말한다)·전기점멸기 및 전기접속기와의 거리는 30cm 이상, 절연조치를 하지 아니한 전선과의 거리는 15cm 이상의 거리를 유지할 것

## 40 전동기 직결의 소형 송풍기, 냉·온수 코일 및 필터 등을 갖춘 실내형 소형 공조기를 각 실에 설치하여 중앙 기계실로부터 냉수 또는 온수를 공급 받아 공기조화를 하는 방식은?

① 이중덕트방식
② 단일덕트방식
③ 멀티존 유닛방식
④ 팬코일 유닛방식

**해설**
④ 팬코일 유닛방식 : 전동기 직결의 소형 송풍기로, 냉·온수 코일과 필터 등을 갖춘 실내형 소형 공조기를 각 실에 설치하여 중앙 기계실로부터 냉수 또는 온수를 받아 공기조화를 하는 방식이다. 호텔의 객실, 아파트 주택 및 사무실에 적용한다. 직접 난방을 채용하는 기존 건물의 공기조화에도 적용 가능하다.

## 41 다음 중 단독주택의 현관 위치 결정에 가장 주된 영향을 끼치는 것은?

① 현관의 크기
② 대지의 방위
③ 대지의 크기
④ 도로의 위치

**해설**
현관 : 주택 내·외부의 동선이 연결되는 곳으로, 주택 외부에서 쉽게 알아볼 수 있는 곳이어야 한다.

**정답** 38 ① 39 ① 40 ④ 41 ④

**42** 측압에 대한 설명으로 옳지 않은 것은?

① 토압은 지하 외벽에 작용하는 대표적인 측압이다.
② 콘크리트 타설 시 슬럼프 값이 낮을수록 거푸집에 작용하는 측압이 크다.
③ 벽체가 받는 측압을 경감시키기 위하여 부축벽을 세운다.
④ 지하수위가 높을수록 수압에 의한 측압이 크다.

**해설**
측압증가요인 : 슬럼프가 클수록, 벽두께가 얇을수록, 부배합일수록, 타설속도가 빠를수록, 타설고가 높을수록, 온도·습도가 낮을수록, 철근량이 적을수록, 혼화재(지연제)가 투입될수록, 콘크리트 단위중량(비중)이 클수록 증가한다.

**43** 가옥 트랩으로서 옥내 배수 수평 주관의 말단 등 가옥 내 배수 기구에 부착하여 공공 하수관으로부터의 해로운 가스가 집안으로 침입하는 것을 방지하는 데 사용되는 것은?

① P트랩
② S트랩
③ U트랩
④ 버킷 트랩

**해설**
③ U트랩 : 유속을 저해하여 공공 하수관으로부터 해로운 가스가 침입하는 것을 방지한다.

**44** 길고 가느다란 부재가 압축하중이 증가함에 따라 부재의 길이에 직각방향으로 변형하여 내력이 급격히 감소하는 현상을 무엇이라 하는가?

① 칼럼쇼트닝
② 응력집중
③ 좌 굴
④ 비틀림

**해설**
③ 좌굴 : 가늘고 긴 기둥에 압축력이 가해질 때, 작은 하중으로도 기둥 전체가 구부러지는 힘 좌굴이나 국부적으로 휘어지면서 찌그러지는 국부 좌굴이 발생한다.

**45** 일반적으로 창유리의 강도가 의미하는 것은?

① 휨강도
② 압축강도
③ 인장강도
④ 전단강도

**해설**
창유리의 강도는 휨강도를 의미한다.

**46** 집성목재의 장점에 속하지 않는 것은?

① 목재의 강도를 인공적으로 조절할 수 있다.
② 응력에 따라 필요한 단면을 만들 수 있다.
③ 길고 단면이 큰 부재를 간단히 만들 수 있다.
④ 톱밥, 대패밥, 나무 부스러기를 이용하므로 경제적이다.

**해설**
집성목재 : 모두 섬유방향에 평행하게 붙이며 붙이는 매수는 홀수가 아니어도 무관하다. 보, 기둥에 사용하는 큰 단면을 만든다.
• 굽은 용재 가능
• 응력에 따른 단면결정 가능
• 목재의 강도를 자유롭게 조절가능
• 길고 단면이 큰 부재를 간단히 만듦

**47** 창호의 재질별 기호가 옳지 않은 것은?

① W : 목재
② SS : 강철
③ P : 합성수지
④ A : 알루미늄합금

> [해설]
> ② SS : 스테인리스 스틸

**48** 디자인의 기본 원리 중 성질이나 질량이 전혀 다른 둘 이상의 것이 동일한 공간에 배열될 때 서로의 특질을 한층 돋보이게 하는 현상은?

① 대 비
② 통 일
③ 리 듬
④ 강 조

> [해설]
> ① 대비 : 서로 다른 모양의 결합에 의하여 힘의 강약을 표현하기 쉽다.

**49** 트러스의 종류 중 상현재와 하현재 사이에 수직재로 구성되어 있는 것은?

① 플랫(Flat) 트러스
② 워런(Warren) 트러스
③ 하우(Howe) 트러스
④ 비렌딜(Vierendeel) 트러스

> [해설]
> ④ 비렌딜 트러스 : 상현재와 하현재 사이에 수직재로 구성된다. 고층 건물 최하층과 같이 넓은 공간을 필요로 할 때나 많은 힘을 받을 때 사용하는 구조이다.
>
> 트러스의 종류
>
> | 킹 포스트 트러스 | 퀸 포스트 트러스 | 플랫 트러스 |
> |---|---|---|
> | 핑크 트러스 | 하우 트러스 | 워런 트러스 |

**50** 신축이음새(Expansion Joint)를 설치해야 하는 위치와 가장 거리가 먼 것은?

① 기존 건물과 접합부
② 저층의 긴 건물과 고층 건물의 접속부
③ 평면이 복잡한 부분에서의 교차부
④ 단면이 균일한 소규모 바닥판

> [해설]
> 신축줄눈 : 구조체의 온도 변화에 의한 팽창, 수축 혹은 부동 침하, 진동 등에 의해서 콘크리트에 균열의 발생이 예상되는 위치에 구조체를 떼어 내는 목적으로 두는 탄력성을 갖게 한 줄눈
> 신축줄눈의 설치 위치
> • 건물의 길이가 긴 경우, 지반 또는 기초가 다른 경우
> • 서로 다른 구조가 연결되는 경우, 건물의 증축의 경우
> • 평면의 형상이 복잡할 경우

정답  47 ②  48 ①  49 ④  50 ④

**51** 반자구조의 구성부재가 아닌 것은?

① 반자돌림대　② 달 대
③ 변 재　　　④ 달대받이

**해설**
반자구조의 구성부재 : 반자틀, 반자틀받이, 달대, 달대받이, 반자돌림대 등

**52** 창문 등의 개구부 위에 걸쳐대어 상부에서 오는 하중을 받는 수평부재는?

① 인방돌　② 창대돌
③ 문지방돌　④ 쌤 돌

**해설**
① 인방돌 : 돌로 된 문 또는 창의 위쪽을 가로지르는 긴 돌

**53** 1200형 에스컬레이터의 공칭 수송능력은?

① 4,800인/h
② 6,000인/h
③ 7,200인/h
④ 9,000인/h

**해설**
1200형 에스컬레이터 : 한 장의 발판에 대인 2명이 탑승할 수 있도록 난간폭이 1,200mm로 설계되어 있으며, 공칭 수송능력은 9,000인/h이다.

**54** 복층형 공동주택에 관한 설명으로 옳지 않은 것은?

① 공용 통로 면적을 절약할 수 있다.
② 상하층의 평면이 똑같아 평면 구성이 자유롭다.
③ 엘리베이터의 정지 층수가 적어지므로 운영면에서 효율적이다.
④ 1개의 단위 주거가 2개 층 이상에 걸쳐 있는 공동주택을 일컫는다.

**해설**
편복도형에서 쓰이는 경우가 많다. 복도는 한 층 걸러 설치할 수 있으므로 공용 통로 면적을 절약하고, 엘리베이터의 정지 층이 감소하여 경제적이다. 단위 주거의 평면계획에 변화 가능하고, 거주성, 사생활, 일조, 통풍 및 전망의 확보가 가능하다. 각 층 평면이 달라 구조계획, 덕트, 그 밖의 배관계획, 피난계획 등이 어렵다.

**55** 투시도에 사용되는 용어의 기호표시가 옳지 않은 것은?

① 화면 – PP
② 기선 – GL
③ 시점 – VP
④ 수평면 – HP

**해설**
투시도법에 쓰는 용어
• 기선(GL) : 지면과 화면이 만나는 선
• 지반면(GP) : 지면의 수평면
• 화면(PP) : 대상물과 그것을 보는 사람 사이에 주어진 수직면
• 수평면(HP) : 눈높이와 수평한 면
• 수평선(HL) : 눈높이와 화면의 교차선
• 시점(EP) : 대상물을 보는 눈의 위치
• 정점(SP) : 관찰자의 위치
• 소점(VP) : 화면에서 한 점으로 수렴되는 점, 중심소점(1점), 좌/우측소점(2점)

**정답** 51 ③　52 ①　53 ④　54 ②　55 ③

**56** 압력탱크식 급수방법에 관한 설명으로 옳은 것은?

① 급수 공급 압력이 일정하다.
② 단수 시에 일정량의 급수가 가능하다.
③ 전력 공급 차단 시에도 급수가 가능하다.
④ 위생성 측면에서 가장 바람직한 방법이다.

**해설**
압력탱크방식 : 탱크의 설치 위치에 제한을 받지 않고 사용 수량에 맞추어 급수량을 조절할 수 있다. 압력 차가 커서 급수압이 일정하지 않고, 시설비가 비싸며 고장이 잦다.

**57** 건축법령상 주요구조부에 속하지 않는 것은?

① 기둥    ② 지붕틀
③ 내력벽   ④ 옥외 계단

**해설**
주요구조부의 정의(건축법 제2조 제1항 제7호)
주요구조부란 내력벽, 기둥, 바닥, 보, 지붕틀 및 주계단(主階段)을 말한다. 다만, 사이 기둥, 최하층 바닥, 작은 보, 차양, 옥외 계단, 그 밖에 이와 유사한 것으로 건축물의 구조상 중요하지 아니한 부분은 제외한다.

**58** 다음 중 개별식 급탕방식에 속하지 않는 것은?

① 순간식
② 저탕식
③ 직접가열식
④ 기수 혼합식

**해설**
급탕방식
- 개별식 : 순간식 급탕방식, 저탕식 급탕방식, 기수 혼합식 급탕방식
- 중앙식 : 직접가열식, 간접가열식

**59** 곡면판이 지니는 역학적 특성을 응용한 구조로서 외력은 주로 판의 면내력으로 전달되기 때문에 경량이고 내력이 큰 구조물을 구성할 수 있는 것은?

① 철골구조
② 셸구조
③ 현수구조
④ 커튼월구조

**해설**
② 셸구조 : 조개껍데기나 달걀껍데기처럼 휘어진 얇은 판의 곡면을 이용하는 구조방식

**60** 철근콘크리트 압축부재 중 직사각형 기둥의 축방향 주철근의 최소 개수는?

① 3개    ② 4개
③ 6개    ④ 8개

**해설**
압축부재의 철근량 제한(KDS 14 20 20)
압축부재의 축방향 주철근의 최소 개수는 사각형이나 원형 띠철근으로 둘러싸인 경우 4개, 삼각형 띠철근으로 둘러싸인 경우 3개, 나선철근으로 둘러싸인 철근의 경우 6개로 하여야 한다.

**정답** 56 ② 57 ④ 58 ③ 59 ② 60 ②

# 2021년 제1회 과년도 기출복원문제

**01** 다음 중 철근의 정착길이의 결정요인과 가장 관계가 먼 것은?

① 철근의 종류
② 콘크리트의 강도
③ 갈고리의 유무
④ 물시멘트비

**해설**
철근의 정착길이 : 설계 단면에 있어서의 철근응력을 전달하기 위해서 필요한 철근의 매립 길이이다. 콘크리트강도, 철근강도, 철근지름, 표준갈고리의 유무, 철근의 순간격, 최소 피복두께 등

**02** 벽돌벽 등에 장식적으로 사각형, 십자형 구멍을 내어 쌓는 것으로 담장에 많이 사용되는 쌓기법은?

① 엇모 쌓기
② 무늬 쌓기
③ 공간벽 쌓기
④ 영롱 쌓기

**해설**
④ 영롱 쌓기 : 장식 쌓기 중 담장이나 장독대 등에 장식적 효과를 주기 위해 삼각형, 사각형 등 구멍을 내어 쌓는 방법

**03** 목구조에서 기초와 토대를 연결시키기 위하여 사용되는 것은?

① 감잡이쇠  ② 띠 쇠
③ 앵커볼트  ④ 듀 벨

**해설**
③ 앵커볼트 : 목구조에서 기초와 토대를 연결시키기 위하여 사용되는 것

**04** 콘크리트의 슬럼프시험에 관한 설명 중 옳지 않은 것은?

① 콘크리트의 컨시스턴시를 측정하는 방법이다.
② 콘크리트를 슬럼프콘에 3회에 나누어 규정된 방법으로 다져서 채운다.
③ 묽은 콘크리트일수록 슬럼프값은 작다.
④ 콘크리트가 일정한 모양으로 변형하지 않았을 때에는 슬럼프시험을 적용할 수 없다.

**해설**
묽은 콘크리트일수록 슬럼프값이 크다.

**05** 다음 중 건축계획 과정에서 가장 먼저 이루어지는 사항은?

① 평면 계획  ② 도면 작성
③ 형태 구상  ④ 대지 조사

**해설**
대지 조건파악 및 요구조건을 분석하여 실현방법, 일정에 대한 구체적인 안을 제시한다.

**정답** 1 ④  2 ④  3 ③  4 ③  5 ④

**06** 한식주택에 관한 설명으로 옳지 않은 것은?

① 바닥이 높다.
② 좌식생활이다.
③ 각 실은 단일용도이다.
④ 가구는 부차적 존재이다.

**해설**
한식주택의 방은 다용도이다.

**07** 벽돌벽 줄눈에서 상부의 하중을 전 벽면에 균등하게 분포시키도록 하는 줄눈은?

① 빗줄눈
② 막힌줄눈
③ 통줄눈
④ 오목줄눈

**해설**
② 막힌줄눈 : 상부의 하중을 고르게 벽 전체에 분산

**08** 구조의 구성 방식에 의한 분류 중 구조체인 기둥과 보를 부재의 접합에 의해서 축조하는 방법으로 목구조, 철골구조 등을 의미하는 것은?

① 조적식 구조
② 가구식 구조
③ 습식 구조
④ 건식 구조

**해설**
② 가구식 구조 : 수직하중과 수평하중을 받는 기둥과 보를 조립하여 건축물을 만드는 방식, 목구조, 철골구조 등

**09** 보를 없애고 바닥판을 두껍게 해서 보의 역할을 겸하도록 한 구조로서, 하중을 직접 기둥에 전달하는 슬래브는?

① 장방향 슬래브
② 장선 슬래브
③ 플랫 슬래브
④ 와플 슬래브

**해설**
③ 플랫 슬래브 : 보 없이 슬래브만으로 되어 있으며, 하중을 직접 기둥에 전달하는 무량판 구조의 슬래브이다. 보를 사용하지 않기 때문에 내부공간을 크게 이용 가능하다. 층고를 낮출 수 있고, 기둥과 연결되는 슬래브 부분의 배근이 복잡하다. 전체적으로 슬래브가 두꺼워진다.

**10** 다음 중 혼화제인 AE제에 대한 설명으로 옳은 것은?

① 사용 수량을 줄여 블리딩(Bleeding)이 감소한다.
② 화학작용에 대한 저항성을 저감시킨다.
③ 콘크리트의 압축강도를 증가시킨다.
④ 철근의 부착강도를 증가시킨다.

**해설**
AE제
콘크리트를 비빌 때 사용하는 혼화재료로 미세한 기포를 생성하여 워커빌리티를 개선하나 과도한 사용 시 강도저하현상이 일어난다. 사용목적은 동결융해작용에 대한 내구성을 가지기 위함이다.

## 11 건축법령상 공동주택에 속하지 않는 것은?

① 기숙사
② 연립주택
③ 다가구주택
④ 다세대주택

**해설**

공동주택
- 연립주택(4층 이하로 연면적이 660m²를 초과하는 공동주택)
- 아파트(5층 이상인 공동주택)
- 다세대주택 및 기숙사

## 12 급기와 배기에 모두 기계장치를 사용한 환기 방식으로 실내외의 압력차를 조정할 수 있는 것은?

① 중력환기법
② 제1종 환기법
③ 제2종 환기법
④ 제3종 환기법

**해설**

② 제1종 환기 : 급기와 배기에 모두 기계장치를 사용한 환기방식 실내외의 압력차를 조정 가능, 가장 우수한 환기방식이다.

## 13 다음 중 건축법상 "건축"에 속하지 않는 것은?

① 재 축
② 증 축
③ 이 전
④ 대수선

**해설**

건축 : 신축, 증축, 개축, 재축, 이전

## 14 포졸란(Pozzolan)을 사용한 콘크리트의 특징 중 옳지 않은 것은?

① 수밀성이 높아진다.
② 수화 발열량이 적어진다.
③ 경화작용이 늦어지므로 조기 강도가 낮아진다.
④ 블리딩이 증가된다.

**해설**

포졸란 : 모르타르 및 콘크리트의 수밀성 개선, 수화 발열의 저감, 워커빌리티의 개선 및 증량 등의 목적에 사용된다.

## 15 다음 중 부엌에 설치하는 작업대의 높이로 가장 적절한 것은?

① 450mm
② 600mm
③ 850mm
④ 1,000mm

**해설**

부엌에서 작업대의 높이로 가장 적절한 것은 850mm이다.

**정답** 11 ③  12 ②  13 ④  14 ④  15 ③

**16** 목재 왕대공 지붕틀에서 압축력과 휨모멘트를 동시에 받는 부재는?

① ㅅ자보
② 빗대공
③ 평 보
④ 중도리

[해설]
① ㅅ자보 : 부재를 ㅅ자 모양으로 조합시킨 것의 총칭으로 목조 왕대공 지붕틀에서 압축력과 휨모멘트를 동시에 받는 부재이다.

**17** 4변으로 지지되는 슬래브로서 서로 직각되는 두 방향으로 주철근을 배치하는 슬래브는?

① 1방향 슬래브
② 2방향 슬래브
③ 데크 플레이트 슬래브
④ 캐피탈

[해설]
② 2방향 슬래브 : 변장비가 2 이하, 4변이 보에 지지된 슬래브이다.

**18** 라멘구조에 대한 설명으로 옳지 않은 것은?

① 예로는 철근콘크리트구조가 있다.
② 기둥과 보의 절점이 강접합되어 있다.
③ 기둥과 보에 휨응력이 발생하지 않는다.
④ 내부 벽의 설치가 자유롭다.

[해설]
라멘구조 : 건물의 수직 힘을 지탱하는 기둥과 수평 힘을 지탱해 주는 보로 구성된 건축구조형태를 말한다.

**19** 벽돌구조의 아치(Arch)는 부재의 하부에 어떤 힘이 생기지 않도록 의도된 구조인가?

① 인장력
② 압축력
③ 수평반력
④ 수직반력

[해설]
아치구조 : 개구부 상부의 하중을 지지하기 위하여 돌이나 벽돌을 곡선형으로 쌓아올린 구조로 상부의 수직방향 하중이 아치의 곡면을 따라 좌우로 분리되어 아래쪽 부재에 인장력이 생기지 않고 압축력만을 전달하도록 구조화한 것이다.

**20** 재료를 잡아당겼을 때 길게 늘어나는 성질을 무엇이라 하는가?

① 강 성
② 연 성
③ 강 도
④ 전 성

[해설]
② 연성 : 잘 늘어나는 성질을 말한다.

정답 16 ① 17 ② 18 ③ 19 ① 20 ②

**21** 벤딩모멘트나 전단력을 견디게 하기 위해 보 단면을 중앙부의 단면보다 증가시킨 부분은?

① 헌치(Hunch)
② 주두(Capital)
③ 스터럽(Stirrup)
④ 후프(Hoop)

**해설**
① 헌치 : 보와 슬래브의 단부에서 부재의 높이를 증가시킨 부분을 말한다. 연속판, 고정판, 연속보 등에 있어서 지지하는 부재와의 접합부에서 응력집중의 완화와 지지부의 보강을 목적으로 단면을 크게 한 부분이다.

**22** 유리의 종류와 용도의 조합 중 옳은 것은?

① 프리즘 유리 – 병원의 일광욕
② 스테인드 유리 – 장식용
③ 자외선 투과유리 – 방화용
④ 망입유리 – 굴절 채광용

**해설**
② 스테인드 유리 : 색판 유리의 작은 조각을 납끈으로 철해서 모양을 조립한 것. 교회 건축, 상점 건축의 창·천창의 장식용 등으로 사용한다.

**23** 시멘트가 공기 중의 습기를 받아 천천히 수호 반응을 일으켜 작은 알갱이 모양으로 굳어졌다가, 이것이 계속 진행되면 주변의 시멘트와 달라붙어 결국에는 큰 덩어리로 굳어지는 현상은?

① 응 결   ② 소 성
③ 경 화   ④ 풍 화

**해설**
시멘트의 풍화 : 시멘트는 저장 중에 공기 속의 습기 및 $CO_2$를 흡수하면, 수화반응으로 인하여 비중이 감소하며 강도의 발현성이 저하되는 현상이다.

**24** 액화석유가스(LPG)에 관한 설명으로 옳지 않은 것은?

① 공기보다 가볍다.
② 용기(Bomb)에 넣을 수 있다.
③ 가스 절단 등 공업용으로도 사용된다.
④ 프로판가스(Propane Gas)라고도 한다.

**해설**
LPG 연료의 특징
- 주기적으로 연료 잔량을 확인해야 한다.
- 공기보다 무거움 : 누출 시 바닥에 가라앉고, 특유의 냄새가 있다.
- 열효율이 LNG(도시가스)에 비해 높다.
- 같은 용량당 가격은 LPG가 비싼 편이다.

**25** 건축도면의 글자 및 치수에 관한 설명으로 옳지 않은 것은?

① 숫자는 아라비아 숫자를 원칙으로 한다.
② 치수는 특별히 명시하지 않는 한 마무리 치수로 표시한다.
③ 글자체는 수직 또는 15° 경사의 고딕체로 쓰는 것을 원칙으로 한다.
④ 치수는 치수선에 평행하게 도면의 오른쪽에서 왼쪽으로 읽을 수 있도록 기입한다.

**해설**
치수(KS F 1501)
- 치수보조선의 화살표의 길이는 2.5~3mm, 길이와 너비의 비율은 3 : 10이다.
- 치수는 치수선에 따라서 도면에 평행하게 기입하고, 도면의 아래에서 위로, 왼쪽에서 오른쪽으로 기입한다.
- 치수는 치수선의 중앙에 마무리 치수로 기입한다.
- 치수의 단위는 mm가 기준이 되며, mm 표기는 하지 않는다. mm 단위가 아닌 경우는 해당 단위 부호를 기입한다.
- 치수선의 간격이 좁을 때는 인출선을 써서 표기한다.

정답 21 ① 22 ② 23 ④ 24 ① 25 ④

26. 주택의 식당 및 부엌에 관한 설명으로 옳지 않은 것은?

① 식당의 색채는 채도가 높은 한색계통이 바람직하다.
② 식당은 부엌과 거실의 중간 위치에 배치하는 것이 좋다.
③ 부엌의 작업대는 준비대 → 개수대 → 조리대 → 가열대 → 배선대의 순서로 배치한다.
④ 키친네트는 작업대 길이가 2m 정도인 소형 주방 가구가 배치된 간이 부엌의 형태이다.

**해설**
식당의 경우 식욕을 도와주는 난색계통(노랑, 밝은 주황, 크림색 등) 배색이 적당하다.

27. 복사난방에 관한 설명으로 옳은 것은?

① 방열기 설치를 위한 공간이 요구된다.
② 실내의 온도분포가 균등하고 쾌감도가 높다.
③ 대류식 난방으로 바닥면의 먼지 상승이 많다.
④ 열용량이 작기 때문에 방열량 조절이 용이하다.

**해설**
**복사난방**
• 실내의 온도 분포가 균등하고 쾌감도가 높다.
• 방열기가 필요하지 않고 바닥 면의 이용도가 높다.

28. 홀(Hall)형 아파트에 관한 설명으로 옳지 않은 것은?

① 프라이버시의 확보가 용이하다.
② 공용 통로 부분의 면적이 비교적 작다.
③ 채광 및 통풍이 가장 불리한 형식이다.
④ 건물의 양면에 개구부를 설치할 수 있다.

**해설**
**홀형**: 고층 아파트에 많이 사용, 프라이버시 확보, 공용통로부분의 면적이 비교적 작음, 건물의 양면에 개구부 설치 가능, 채광 및 통풍 유리

29. 주택의 거실에 관한 설명으로 옳지 않은 것은?

① 가급적 현관에서 가까운 곳에 위치시키는 것이 좋다.
② 거실의 크기는 주택 전체의 규모나 가족 수, 가족 구성 등에 의해 결정된다.
③ 전체 평면에 중앙에 배치하여 각 실로 통하는 통로로서의 역할을 하도록 한다.
④ 거실의 형태는 일반적으로 직사각형이 정사각형보다 가구의 배치나 실의 활용 측면에서 유리하다.

**해설**
**거실**: 실의 성격상 주택 내의 중심에 위치해야 한다. 가급적 현관에서 가까운 곳에 배치하고, 방위는 남쪽 또는 남동・남서쪽에 면한다. 가족 구성원 1인당 5m$^2$, 전체 면적의 21~25% 이상이 필요하다. 형태는 직사각형이 정사각형보다 가구의 배치나 실의 활용 측면에서 유리하다.

30. 철골구조에서 고력볼트접합에 대한 설명 중 옳지 않은 것은?

① 마찰접합, 지압접합 등이 있다.
② 볼트가 쉽게 풀리는 단점이 있다.
③ 피로강도가 높다.
④ 접합부의 강성이 높다.

**해설**
고력볼트접합은 강한 조임력으로 너트의 풀림이 생기지 않는다.

**정답** 26 ① 27 ② 28 ③ 29 ③ 30 ②

**31** 각종 구조에 대한 설명 중 옳지 않은 것은?

① 경량철골구조 – 내화, 내구성이 좋지 않다.
② 목구조 – 내화, 내구적이지 못하다.
③ 철근콘크리트구조 – 내구, 내진, 내화성이 뛰어나다.
④ 벽돌구조 – 내진적이며, 고층 건물에 적합하다.

**해설**
철골구조 : 내진적, 고층 건물에 적합하다.

**32** 벽돌구조에서 개구부 위와 그 바로 위의 개구부와의 최소 수직거리 기준은?

① 10cm 이상
② 20cm 이상
③ 40cm 이상
④ 60cm 이상

**해설**
개구부(건축물의 구조기준 등에 관한 규칙 제35조)
각층의 대린벽으로 구획된 각 벽에 있어서 개구부의 폭의 합계는 그 벽의 길이의 1/2 이하로 한다. 개구부와 그 바로 위층에 있는 개구부와의 수직거리는 600mm 이상으로 한다.

**33** 벽돌쌓기에서 길이 쌓기켜와 마구리 쌓기켜를 번갈아 쌓고 벽의 모서리나 끝에 반절이나 이오토막을 사용한 것은?

① 영국식 쌓기
② 영롱 쌓기
③ 미국식 쌓기
④ 네덜란드식 쌓기

**해설**
① 영국식 쌓기 : 길이 쌓기 켜와 마구리 쌓기 켜를 번갈아서 쌓아 올리는 방법으로, 마구리 켜의 모서리 부분에는 반절 또는 이오토막을 사용한다. 통줄눈이 생기지 않으며, 가장 튼튼한 쌓기법이다.

**34** 강구조의 특징을 설명한 것 중 옳지 않은 것은?

① 강도가 커서 부재를 경량화할 수 있다.
② 콘크리트 구조에 비해 강도가 커서 바닥진동 저감에 유리하다.
③ 부재가 세장하여 좌굴하기 쉽다.
④ 연성구조이므로 취성파괴를 방지할 수 있다.

**해설**
강재는 인성과 연성 확보가 가능하나 처짐 및 진동을 고려해야 한다.

**35** 보가 없이 바닥판을 기둥이 직접 지지하는 슬래브는?

① 드롭패널
② 플랫 슬래브
③ 캐피탈
④ 와플 슬래브

**해설**
② 플랫 슬래브 : 보 없이 슬래브만으로 되어 있으며, 하중을 직접 기둥에 전달하는 무량판 구조의 슬래브이다. 보를 사용하지 않기 때문에 내부공간을 크게 이용 가능하며 층고를 낮출 수 있다. 기둥과 연결되는 슬래브 부분의 배근이 복잡하고 전체적으로 슬래브가 두꺼워진다.

## 36 슬래브의 장변과 단변의 길이비를 기준으로 한 슬래브에 해당하는 것은?

① 플랫 슬래브
② 2방향 슬래브
③ 장선 슬래브
④ 원형식 슬래브

**해설**
- 1방향 슬래브 : 마주 보는 두 변만 보에 지지되어 있거나, 장변과 단변의 비인 변장비가 2를 초과, 네 변이 보에 지지된 슬래브이다.
- 2방향 슬래브 : 변장비가 2 이하, 네 변이 보에 지지된 슬래브이다.

## 37 1종 점토벽돌의 압축강도 기준으로 옳은 것은?

① 10.78N/mm² 이상
② 20.59N/mm² 이상
③ 24.50N/mm² 이상
④ 26.58N/mm² 이상

**해설**
점토벽돌(KS L 4201)

| 종 류 | 흡수율(%) | 압축강도(MPa) |
|---|---|---|
| 1종 | 10 이하 | 24.50 이상 |
| 2종 | 15 이하 | 14.70 이상 |

## 38 결로현상 방지에 가장 좋은 유리는?

① 망입유리
② 무늬유리
③ 복층유리
④ 착색유리

**해설**
③ 복층유리 : 두 장의 유리를 일정한 간격으로 하여 주위를 접착제로 접착해서 밀폐하고, 그 중간에 완전 건조 공기를 봉입한 유리이다. 단열·차음·결로방지 등의 효과가 있다. 페어 글라스라고도 한다.

## 39 한국산업표준(KS)의 부문별 분류 중 옳은 것은?

① A – 토건부문
② B – 기계부문
③ D – 섬유부문
④ F – 기본부문

**해설**
① A : 기본
③ D : 금속
④ F : 건설·토목

## 40 혼화재료 중 혼화재에 속하는 것은?

① 포졸란
② AE제
③ 감수제
④ 기포제

**해설**
**혼화재** : 혼화재료 중 사용량이 비교적 많아서 그 자체의 부피가 콘크리트의 배합계산에 관계되는 혼화재료이다. 플라이애시, 고로슬래그, 미분말 포졸란 등이 이에 해당한다.

**41** 주거 단지의 단위 중 초등학교를 중심으로 한 단위는?

① 인보구
② 근린지구
③ 근린분구
④ 근린주구

**해설**
④ 근린주구 : 페리(C. A. Perry)가 제안한 초등학교 1개를 설치할 수 있는 규모로, 주민들의 공동체 의식이 자연스럽게 형성될 수 있는 최소한의 규모이다.

**42** 주로 철재 또는 금속재 거푸집에 사용되는 철물로서 지주를 제거하지 않고 슬래브 거푸집만 제거할 수 있도록 한 것은?

① 드롭헤드
② 칼럼밴드
③ 캠 버
④ 와이어클리퍼

**해설**
① 드롭헤드 : 주로 철재 또는 금속재 거푸집에 사용되는 철물로, 지주를 제거하지 않고 슬래브 거푸집만 제거할 수 있도록 한다.

**43** 목조 왕대공 지붕틀에서 압축력과 휨모멘트를 동시에 받는 부재는?

① 빗대공
② 왕대공
③ ∧자보
④ 평 보

**해설**
③ ∧자보 : 부재를 ∧자 모양으로 조합시킨 것의 총칭으로, 목조 왕대공 지붕틀에서 압축력과 휨모멘트를 동시에 받는 부재이다.

**44** 목재의 섬유 평행방향에 대한 강도 중 가장 약한 것은?

① 휨강도
② 압축강도
③ 인장강도
④ 전단강도

**해설**
목재의 섬유 평행방향에 대한 강도 중 전단강도가 가장 약하다.

**45** 미장재료에 대한 설명 중 옳은 것은?

① 회반죽에 석고를 약간 혼합하면 경화속도, 강도가 감소하며 수축균열이 증대된다.
② 미장재료는 단일재료로서 사용되는 경우보다 주로 복합재료로서 사용된다.
③ 결합재에는 여물, 풀 등이 있으며 이것은 직접 고체화에 관계한다.
④ 시멘트 모르타르는 기경성 미장재료로써 내구성 및 강도가 크다.

**해설**
• 결합재 : 여물(보강, 균열방지), 풀(점성을 주고 작업성을 좋게 한다)
• 기경성 미장재료 : 진흙질, 회반죽, 돌로마이트, 아스팔트모르타르
• 수경성 미장재료 : 순석고 플라스터, 킨즈 시멘트, 시멘트 모르타르

**46** 목재의 기건 상태의 함수율은 평균 얼마 정도인가?

① 5%  ② 10%
③ 15%  ④ 30%

**해설**
목재의 기건 상태의 함수율은 15%이고, 가구재의 함수율은 10%, 섬유포화점 함수율은 30%이다.

**47** 다음 중 단면도를 그려야 할 부분과 가장 거리가 먼 것은?

① 설계자의 강조부분
② 평면도만으로 이해하기 어려운 부분
③ 전체 구조의 이해를 필요로 하는 부분
④ 시공자의 기술을 보여주고 싶은 부분

**해설**
단면도를 그려야 할 부분 : 평명도면으로 이해하기 어려운 부분, 전체구조의 이해를 필요로 하는 부분, 설계자의 강조부분

**48** 한국산업표준(KS)에 따른 건축도면에 사용되는 척도에 속하지 않는 것은?

① 1/1  ② 1/4
③ 1/80  ④ 1/250

**해설**
축척(KS F 1501)
1/2, 1/3, 1/4, 1/10, 1/20, 1/25, 1/30, 1/40, 1/50, 1/100, 1/200, 1/250, 1/300, 1/500, 1/600, 1/1,000, 1/1,200, 1/2,000, 1/2,500, 1/3,000, 1/5,000, 1/6,000

**49** 철골구조의 용접 부분에서 발생하는 용접 결함이 아닌 것은?

① 언더컷(Under Cut)
② 블로홀(Blow Hole)
③ 오버랩(Over Lap)
④ 엔드탭(End Tab)

**해설**
④ 엔드탭 : 강구조물의 용접 시공 시에 임시로 부착하는 강판
용접 결함 : 언더컷, 블로홀, 오버랩, 균열, 크레이터 등

**50** 다음 중 인장력과 관계가 없는 것은?

① 버트레스(Buttress)
② 타이바(Tie Bar)
③ 현수구조의 케이블
④ 인장링

**해설**
① 버트레스 : 외벽면에서 바깥쪽으로 튀어나와 벽체가 쓰러지지 않도록 지탱하는 부벽을 말하는데, 특히 고딕 건축의 플라잉 버트레스는 주벽과 떨어진 독립된 벽으로 주벽의 횡압력을 아치 모양의 팔로 지탱한다.

**51** 1점 쇄선의 용도에 속하지 않는 것은?

① 상상선
② 중심선
③ 기준선
④ 참고선

**해설**
1점 쇄선 : 벽체의 중심선, 절단선, 경계선, 기준선, 참고선

**52** 면이 30×30cm 정방형에 가까운 네모뿔형의 돌로서 석축에 사용되는 돌은?

① 마름돌
② 각 석
③ 견치돌
④ 다듬돌

**해설**
③ 견치돌 : 돌쌓기에 쓰는 정사각뿔 모양의 돌

**53** 목재의 보존성을 높이고 충해 및 변색방지를 위한 방부처리법이 아닌 것은?

① 도포법
② 저장법
③ 침지법
④ 주입법

**해설**
목재의 방부처리법 : 주입법, 침지법, 도포법, 표면탄화법

**54** 지반 부동침하의 원인이 아닌 것은?

① 이질지층
② 이질지정
③ 연약층
④ 연속기초

**해설**
부동침하의 원인
• 지반이 연약한 경우
• 연약층의 두께가 상이한 경우
• 이질지정
• 일부지정
• 건물이 이질층에 걸쳐 있는 경우
• 건물이 낭떠러지에 접근되어 있는 경우
• 부주의한 일부 증축
• 지하수위 변경
• 지하 매설물이나 구멍이 있는 경우
• 지반이 메운 땅인 경우

**55** 셸구조에 대한 설명으로 틀린 것은?

① 얇은 곡면 형태의 판을 사용한 구조이다.
② 가볍고 강성이 우수한 구조 시스템이다.
③ 넓은 공간을 필요로 할 때 이용된다.
④ 재료는 주로 텐트나 천막과 같은 특수천을 사용한다.

**해설**
• 셸구조 : 조개껍데기나 달걀껍데기처럼 휘어진 얇은 판의 곡면을 이용하는 구조방식
• 막구조 : 얇은 섬유 재료의 천과 같은 막으로 텐트처럼 구조체의 지붕이나 벽체 등을 덮는 구조방식

정답 51 ① 52 ③ 53 ② 54 ④ 55 ④

**56** 재료명과 그 주용도의 연결이 옳지 않은 것은?

① 테라코타 – 구조재, 흡음재
② 테라초 – 바닥면의 수장재
③ 시멘트모르타르 – 외벽용 마감재
④ 타일 – 내·외벽, 바닥면의 수장재

**해설**
① 테라코타 : 석재 조각물 대신에 사용되는 점토소성제품

**57** 강재의 인장강도가 최대가 되는 온도는 대략 어느 정도인가?

① 0℃
② 150℃
③ 250℃
④ 500℃

**해설**
강재의 인장강도가 가장 큰 온도 : 250℃(500℃에서 0℃ 강도의 1/2)

**58** 다음 중 단독주택의 현관 위치 결정에 가장 주된 영향을 끼치는 것은?

① 현관의 크기
② 대지의 방위
③ 대지의 크기
④ 도로의 위치

**해설**
현관 : 주택 내·외부의 동선이 연결되는 곳으로, 주택 외부에서 쉽게 알아볼 수 있는 곳이어야 한다.

**59** 길고 가느다란 부재가 압축하중이 증가함에 따라 부재의 길이에 직각 방향으로 변형하여 내력이 급격히 감소하는 현상을 무엇이라 하는가?

① 칼럼 쇼트닝
② 응력 집중
③ 좌굴
④ 비틀림

**해설**
③ 좌굴 : 가늘고 긴 기둥에 압축력이 가해질 때, 작은 하중으로도 기둥 전체가 구부러지는 휨 좌굴이나 국부적으로 휘어지면서 찌그러지는 국부 좌굴이 발생한다.

**60** 창호의 재질별 기호가 옳지 않은 것은?

① W : 목재
② SS : 강철
③ P : 합성수지
④ A : 알루미늄합금

**해설**
② SS : 스테인리스

정답 56 ① 57 ③ 58 ④ 59 ③ 60 ②

# 2021년 제2회 과년도 기출복원문제

**01** 트러스의 종류 중 상현재와 하현재 사이에 수직재로 구성되어 있는 것은?

① 플랫(Flat) 트러스
② 워런(Warren) 트러스
③ 하우(Howe) 트러스
④ 비렌딜(Vierendeel) 트러스

**해설**
④ 비렌딜 트러스 : 상현재와 하현재 사이에 수직재로 구성된다. 고층 건물 최하층과 같이 넓은 공간을 필요로 할 때나 많은 힘을 받을 때 사용하는 구조이다.

**02** 시멘트 분말도에 대한 설명으로 옳지 않은 것은?

① 분말도가 클수록 수화작용이 빠르다.
② 분말도가 클수록 초기강도의 발생이 빠르다.
③ 분말도가 클수록 강도증진율이 빠르다.
④ 분말도가 클수록 초기균열이 적다.

**해설**
**분말도가 높은 시멘트의 특징** : 시공연도 우수, 재료분리현상 감소, 수화반응이 빠름, 조기강도 높음, 풍화되기 쉬움, 수축균열이 큼, 콘크리트 응결 시 초기균열 발생

**03** 직경 13mm의 이형철근을 100mm 간격으로 배치할 때 도면표시 방법으로 옳은 것은?

① D13 #100
② D13 @100
③ 13 #100
④ 13 @100

**해설**
② D13 @100 : 직경 13mm의 이형철근을 100mm 간격으로 배치

**04** 콘크리트용 골재에 대한 설명으로 옳지 않은 것은?

① 골재의 강도는 경화된 시멘트 페이스트의 최대강도 이하이어야 한다.
② 골재의 표면은 거칠고, 모양은 구형에 가까운 것이 좋다.
③ 골재는 잔 것과 굵은 것이 골고루 혼합된 것이 좋다.
④ 골재는 유해량 이상의 염분을 포함하지 않아야 한다.

**해설**
**골재의 품질**
- 골재의 강도는 시멘트 풀의 강도 이상이어야 한다.
- 거칠고 구형에 가까운 것이 좋다.
- 잔 것과 굵은 것이 적당히 혼합되어야 한다.

**05** 각 석재의 용도로 옳지 않은 것은?

① 화강암 - 외장재
② 점판암 - 지붕재
③ 석회암 - 구조재
④ 대리석 - 실내 장식재

**해설**
③ 석회암 : 석회나 시멘트의 주원료

**정답** 1 ④ 2 ④ 3 ② 4 ① 5 ③

## 06 목재의 방부제 중 수용성 방부제에 속하는 것은?

① 크레오소트 오일
② 불화소다 2% 용액
③ 콜타르
④ PCP

**해설**
목재방부제
- 수용성 방부제 : 염화아연, 염화수은(Ⅱ), 황산구리, 플루오린화 나트륨(불화소다), 비소화합물, 다이나이트로페놀 또는 크레졸
- 유용성 방부제 : 크레오소트유, 나무 타르, 아스팔트, 페인트, 펜타클로로페놀 등

## 07 점토제품에서 SK의 번호가 나타내는 것은?

① 제품의 크기
② 점토의 구성 성분
③ 제품의 용도
④ 소성온도

**해설**
제게르추 : 내화물, 내화도를 비교 측정하는 일종의 고온계로, SK0.22~SK42까지의 소성온도를 설정할 수 있다.

## 08 다음 중 철골구조에서 사용되는 접합방법에 속하지 않는 것은?

① 용접접합
② 듀벨접합
③ 고력볼트접합
④ 핀접합

**해설**
철골구조의 접합방법 : 리벳접합, 볼트접합, 고력볼트접합, 용접접합

## 09 다음 중 철근의 정착길이의 결정요인과 가장 관계가 먼 것은?

① 철근의 종류
② 콘크리트의 강도
③ 갈고리의 유무
④ 물시멘트비

**해설**
철근의 정착길이 : 설계 단면에 있어서의 철근응력을 전달하기 위해서 필요한 철근의 매립길이이다. 콘크리트강도, 철근강도, 철근지름, 표준갈고리의 유무, 철근의 순간격, 최소 피복두께 등

## 10 석재의 표면마감방법이 나머지 셋과 다른 것은?

① 정다듬
② 혹두기
③ 버너마감
④ 도드락다듬

**해설**
석재의 표면 마무리는 혹두기 → 정다듬 → 도드락다듬 → 잔다듬 → 물갈기 → 광내기 순서로 진행한다.

**정답** 6 ② 7 ④ 8 ② 9 ④ 10 ③

## 11 스킵플로어형 공동주택에 관한 설명으로 옳지 않은 것은?

① 구조 및 설비계획이 용이하다.
② 주택 내의 공간의 변화가 있다.
③ 통풍·채광의 확보가 용이하다.
④ 엘리베이터의 효율적 운행이 가능하다.

**해설**
스킵플로어형 : 한 층 또는 두 층을 걸러 복도를 설치하거나 그 밖의 층에는 복도가 없이 계단실에서 단위 주거에 도달하는 형식, 엘리베이터에서 복도를 거쳐 계단을 통하여 단위 주거에 도달하기 때문에 동선이 길어진다.

## 12 건축공간에 관한 설명으로 옳지 않은 것은?

① 인간은 건축공간을 조형적으로 인식한다.
② 내부공간은 일반적으로 벽과 지붕으로 둘러싸인 건물 안쪽의 공간을 말한다.
③ 외부공간은 자연 발생적인 것으로 인간에 의해 의도적으로 만들어지지 않는다.
④ 공간을 편리하게 이용하기 위해서는 실의 크기와 모양 등이 적당해야 한다.

**해설**
외부공간 : 건축물에 의해 둘러싸인 공간 전체

## 13 면에 곡률을 주어 경간을 확장하는 구조로서 곡면구조 부재의 축선을 따라 발생하는 응력으로 외력에 저항하는 구조는?

① 막구조
② 케이블돔 구조
③ 셸구조
④ 스페이스 프레임 구조

**해설**
③ 셸구조 : 판 모양의 2차원 부재가 임의의 곡률을 가진 곡면의 형태로 구성되는 곡면판

## 14 건축도면의 글자 및 치수에 관한 설명으로 옳지 않은 것은?

① 숫자는 아라비아 숫자를 원칙으로 한다.
② 치수는 특별히 명시하지 않는 한 마무리 치수로 표시한다.
③ 글자체는 수직 또는 15° 경사의 고딕체로 쓰는 것을 원칙으로 한다.
④ 치수는 치수선에 평행하게 도면의 오른쪽에서 왼쪽으로 읽을 수 있도록 기입한다.

**해설**
치수(KS F 1501)
• 치수보조선의 화살표의 길이는 2.5~3mm, 길이와 너비의 비율은 3 : 1이다.
• 치수는 치수선에 따라서 도면에 평행하게 기입하고, 도면의 아래에서 위로, 왼쪽에서 오른쪽으로 기입한다.
• 치수는 치수선의 중앙에 마무리 치수로 기입한다.
• 치수의 단위는 mm가 기준이 되며, mm 표기는 하지 않는다. mm 단위가 아닌 경우는 해당 단위 부호를 기입한다.
• 치수선의 간격이 좁을 때는 인출선을 써서 표기한다.

## 15 목재의 이음과 맞춤을 할 때 주의사항으로 옳지 않은 것은?

① 공작이 간단하고 튼튼한 접합을 선택할 것
② 이음·맞춤의 단면은 응력의 방향에 직각으로 할 것
③ 이음·맞춤의 위치는 응력이 작은 곳으로 할 것
④ 맞춤면은 수축, 팽창을 위해 틈을 주어 가공할 것

**해설**
이음과 맞춤을 할 때 주의 사항
• 부재는 될 수 있는 한 적게 깎아 내야 한다.
• 위치는 응력이 작은 곳 선택, 연결부분은 작용하는 응력이 균일하게 배치한다.
• 공작이 간단하고 튼튼한 접합을 선택한다.

**16** 휨모멘트나 전단력을 견디게 하기 위해 사용되는 것으로 보 단부의 단면을 중앙부의 단면보다 크게 한 부분은?

① 헌 치　　② 슬래브
③ 래티스　　④ 지중보

**해설**
① 헌치 : 보와 슬래브의 단부에서 부재의 높이를 증가시킨 부분이다. 연속판, 고정판, 연속보 등에 있어서 지지하는 부재와의 접합부에서 응력집중의 완화와 지지부의 보강을 목적으로 단면을 크게 한 부분이다.

**17** 다음 중 현대 건축재료의 발전방향에 대한 설명으로 옳지 않은 것은?

① 고성능화, 공업화
② 프리패브화의 경향에 맞는 재료개선
③ 수작업과 현장시공에 맞는 재료개발
④ 에너지 절약화와 능률화

**해설**
건축재료의 요구성능 : 공업화, 고성능화, 생산성

**18** 건축법령상 공동주택에 속하지 않는 것은?

① 기숙사　　② 연립주택
③ 다가구주택　　④ 다세대주택

**해설**
공동주택의 의의
• 벽, 복도, 계단 및 설비 등의 전부 또는 일부를 공동으로 사용하고 각 세대가 하나의 건축물 안에서 독립된 주거생활을 할 수 있는 구조로 된 주택
• 연립주택(4층 이하로 연면적이 660m²를 초과하는 공동주택)
• 아파트(5층 이상인 공동주택)
• 다세대주택 및 기숙사

**19** 다음 중 평면도에 나타내야 할 사항이 아닌 것은?

① 층 고
② 벽두께
③ 창의 형상
④ 벽 중심선

**해설**
**평면도** : 건축물을 창의 중앙에서 수평으로 절단하였을 때의 기둥·벽·창·출입구·계단 등을 표시

**20** 가옥 트랩으로서 옥내 배수 수평 주관의 말단 등 가옥 내 배수 기구에 부착하여 공공 하수관으로부터의 해로운 가스가 집안으로 침입하는 것을 방지하는 데 사용되는 것은?

① P트랩
② S트랩
③ U트랩
④ 버킷 트랩

**해설**
③ U트랩 : 유속을 저해하여 공공 하수관으로부터 해로운 가스가 침입하는 것을 방지한다.

## 21 1방향 슬래브에 대하여 배근방법을 옳게 설명한 것은?

① 단변방향으로만 배근한다.
② 장변방향으로만 배근한다.
③ 단변방향은 온도철근을 배근하고 장변방향은 주근을 배근한다.
④ 단변방향은 주근을 배근하고 장변방향은 온도철근을 배근한다.

**해설**
1방향 슬래브 : 철근 콘크리트판에 있어서 그 주철근이 보의 주철근처럼 한방향으로만 배치된 판으로 주철근의 직각 방향에 배력철근이 배치되어 있다.

## 22 다음 중 개별식 급탕방식에 속하지 않는 것은?

① 순간식
② 저탕식
③ 직접가열식
④ 기수 혼합식

**해설**
급탕방식
- 개별식 : 순간식 급탕방식, 저탕식 급탕방식, 기수 혼합식 급탕방식
- 중앙식 : 직접가열식, 간접가열식

## 23 건축법령상 주요구조부에 속하지 않는 것은?

① 기둥
② 지붕틀
③ 내력벽
④ 옥외 계단

**해설**
주요구조부의 정의(건축법 제2조 제1항 제7호)
내력벽, 기둥, 바닥, 보, 지붕틀 및 주계단을 말한다. 다만, 사이기둥, 최하층 바닥, 작은 보, 차양, 옥외 계단, 그 밖에 이와 유사한 것으로 건축물의 구조상 중요하지 아니한 부분은 제외한다.

## 24 온도조절철근(배력근)의 역할과 가장 거리가 먼 것은?

① 균열방지
② 응력의 분산
③ 주철근 간격유지
④ 주근의 좌굴방지

**해설**
온도조절철근 : 수축과 온도변화에 따른 콘크리트의 균열을 방지하고, 응력을 분포시킬 목적으로 주철근과 직각방향으로 배치한 보조적인 철근이다.

## 25 목재에 대한 장단점을 설명한 것으로 옳지 않은 것은?

① 중량에 비해 강도와 탄성이 작다.
② 가공성이 좋다.
③ 충해를 입기 쉽다.
④ 건조가 불충분한 것은 썩기 쉽다.

**해설**
목재는 중량에 비해 강도와 탄성이 크다.

## 26 블록구조에 테두리보를 설치하는 이유로 옳지 않은 것은?

① 횡력에 의해 발생하는 수직균열의 발생을 막기 위해
② 세로철근의 정착을 생략하기 위해
③ 하중을 균등히 분포시키기 위해
④ 집중하중을 받는 블록의 보강을 위해

**해설**
테두리보 : 조적 구조의 벽체 상부를 둘러대는 보를 테두리보라고 한다. 테두리보는 벽체의 상부 하중을 균등히 분포시키고, 건물 전체의 강성을 증대시키며 수직균열을 방지할 수 있다. 보강블록조에서는 세로철근을 정착시키는 역할을 한다.

## 27 벽돌조에서 내력벽의 두께는 해당 벽높이의 최소 얼마 이상으로 해야 하는가?

① 1/8
② 1/12
③ 1/16
④ 1/20

**해설**
벽돌조 내력벽의 두께는 그 벽높이의 1/20 이상으로 한다.

## 28 통기방식 중 트랩마다 통기되기 때문에 가장 안정도가 높은 방식은?

① 루프통기방식
② 결합통기방식
③ 각개통기방식
④ 신정통기방식

**해설**
각개통기방식 : 루프통기방식으로, 신정(伸頂)통기방식과 같은 통기방식의 하나이다. 설치된 기구 모두에 각개통기관을 채용한 경우를 말하며, 각개통기관은 통기지관에 의해 통합되고, 통기세움관을 거쳐 신정통기관으로 접속된다.

## 29 건물의 하부 전체 또는 지하실 전체를 하나의 기초판으로 구성한 기초는?

① 독립기초
② 줄기초
③ 복합기초
④ 온통기초

**해설**
④ 온통기초 : 건축물의 전면 또는 광범위한 부분에 걸쳐서 기초 슬래브를 두는 경우의 기초

## 30 목조벽체를 수평력에 견디게 하고 안정한 구조로 하는 데 필요한 부재는?

① 멍에
② 장선
③ 가새
④ 동바리

**해설**
③ 가새 : 사각형으로 된 목구조는 수평력을 받으면 그 모양이 일그러지기 쉽다. 이것을 막기 위하여 대각선 방향에 삼각형 구조로 댄 부재이다.

정답 26 ② 27 ④ 28 ③ 29 ④ 30 ③

**31** 시멘트의 저장방법 중 틀린 것은?

① 주위에 배수 도랑을 두고 누수를 방지한다.
② 채광과 공기순환이 잘되도록 개구부를 최대한 많이 설치한다.
③ 3개월 이상 경과한 시멘트는 재시험을 거친 후 사용한다.
④ 쌓기 높이는 13포 이하로 하며, 장기간 저장 시는 7포 이하로 한다.

> **해설**
> **시멘트의 저장** : 지상에서 30cm 이상인 마루 위에 적재하며 최대 13포대 이상 쌓으면 안 된다. 3개월 이상 저장한 시멘트는 재시험해야 하고 입하 순서로 사용한다.

**32** 철골보의 종류에서 형강의 단면을 그대로 이용하므로 부재의 가공 절차가 간단하고 기둥과 접합도 단순한 것은?

① 조립보
② 형강보
③ 래티스보
④ 트러스보

> **해설**
> ② 형강보 : H형강·I형강 또는 U자형강 등을 단독으로 사용한 보

**33** 구조형식 중 서로 관계가 먼 것끼리 연결된 것은?

① 박판구조 - 곡면구조
② 가구식 구조 - 목구조
③ 현수식 구조 - 공기막구조
④ 일체식 구조 - 철근콘크리트구조

> **해설**
> • 현수식 구조 : 케이블
> • 공기막구조 : 막구조

**34** 철근콘크리트 기둥에 철근 배근 시 띠철근의 수직간격으로 가장 알맞은 것은?(단, 기둥 단면 400 × 400mm, 주근지름 13mm, 띠철근지름 10mm 이다)

① 200mm
② 250mm
③ 400mm
④ 480mm

> **해설**
> 띠철근이나 나선 철근은 보통 D10을 사용하고, 간격은 주근 지름의 16배, 띠철근 지름의 48배, 기둥의 최소 너비, 30cm 중 가장 작은 값을 사용한다(KDS 14 20 50).
> 13mm × 16 = 208mm
> 10mm × 48 = 480mm
> 400mm
> 따라서, 띠철근 수직간격은 200mm이다.

**35** 목재의 기건 비중은 보통 함수율이 몇 %일 때를 기준으로 하는가?

① 0%
② 15%
③ 30%
④ 함수율과 관계없다.

> **해설**
> 목재의 기건상태의 함수율은 15%이고, 가구재의 함수율은 10%이고, 섬유포화점의 함수율은 30%이다.

**36** 오토클레이브(Autoclave) 팽창도 시험은 시멘트의 무엇을 알아보기 위한 것인가?

① 풍화
② 안정성
③ 비중
④ 분말도

**해설**
시멘트 안정도 시험 : 오토클레이브 팽창도 또는 수축도

**37** 직접 조명에 관한 설명으로 옳지 않은 것은?

① 조명률이 좋다.
② 그림자가 강하게 생긴다.
③ 눈부심이 일어나기 쉽다.
④ 실내의 조도분포가 균일하다.

**해설**
직접 조명은 실내 전체적으로 볼 때 밝고 어두움의 차이가 크다.

**38** 기초에 대한 설명으로 틀린 것은?

① 매트기초는 부동침하가 염려되는 건물에 유리하다.
② 파일기초는 연약지반에 적합하다.
③ 기초에 사용된 콘크리트의 두께가 두꺼울수록 인장력에 대한 저항성능이 우수하다.
④ RCD파일은 현장타설 말뚝기초의 하나이다.

**해설**
기초에 사용되는 콘크리트는 압축력이나 전단력에 비해 인장력이 약하다.

**39** 철근콘크리트기둥에서 주근 주위를 수평으로 둘러감은 철근을 무엇이라 하는가?

① 띠철근
② 배력근
③ 수축철근
④ 온도철근

**해설**
① 띠철근 : 기둥의 주근을 둘러감은 수평철근

**40** 배수트랩의 종류에 속하지 않는 것은?

① S트랩
② 벨트랩
③ 버킷트랩
④ 드럼트랩

**해설**
**배수트랩** : 위생 기구의 배수구 부근이나 욕실의 바닥 등에 설치하여 트랩 내의 봉수에 의하여 하수 가스나 작은 벌레 등이 배수관에서 실내로 침입하는 것을 방지하는 역할을 하는 것으로서, 관트랩(P트랩, S트랩, U트랩), 드럼트랩, 벨트랩 등이 있다.

**정답** 36 ② 37 ④ 38 ③ 39 ① 40 ③

**41** 철근콘크리트구조에 사용되는 철근에 관한 설명으로 틀린 것은?

① 인장력에 취약한 부분에 철근을 배근한다.
② 철근의 합산한 총단면적이 같을 때 가는 철근을 사용하는 것이 부착력 향상에 좋다.
③ 철근의 이음길이는 콘크리트 압축강도와는 무관하다.
④ 철근의 이음은 인장력이 작은 곳에서 한다.

**해설**
철근의 이음길이는 철근의 종류, 콘크리트의 강도에 따라 달라진다.

**42** 철근콘크리트 사각형 기둥에는 주근을 최소 몇 개 이상 배근해야 하는가?

① 2개　② 4개
③ 6개　④ 8개

**해설**
사각형 단면을 갖는 기둥은 4개 이상, 원형과 다각형 기둥은 6개 이상의 주근을 배근한다.

**43** 주거공간을 주행동에 따라 개인공간, 사회공간, 노동공간 등으로 구분할 때, 다음 중 사회공간에 속하지 않는 것은?

① 거 실
② 식 당
③ 서 재
④ 응접실

**해설**
- 사회공간 : 거실, 식사실, 응접실
- 개인공간 : 침실, 서재

**44** 콘크리트에서의 최소 피복두께의 목적에 해당되지 않는 것은?

① 철근의 부식방지
② 철근의 연성감소
③ 철근의 내화
④ 철근의 부착

**해설**
이음과 정착을 위한 부착 강도의 확보, 화재발생 시 내화성의 확보, 철근의 부식을 방지하기 위한 내구성의 확보를 위해 일정한 피복두께를 확보하여야 한다.

**45** 다음 중 콘크리트 보양에 관련된 내용으로 옳지 않은 것은?

① 콘크리트 타설 후 완전히 수화가 되도록 살수 또는 침수시켜 충분하게 물을 공급하고 또 적당한 온도를 유지하는 것이다.
② 콘크리트 비빔 후 습기가 공급되면 재령이 작아지며 강도가 떨어진다.
③ 보양온도가 높을수록 수화가 빠르다.
④ 보양은 초기 재령 때 강도에 큰 영향을 준다.

**해설**
콘크리트의 생명은 시공 후의 양생에 있다고 해도 과언이 아니므로, 양생은 콘크리트 공사에 중대한 최종작업으로 엄중히 시행하여야 한다. 양생에는 습윤양생·증기양생·전기양생·피막양생 등이 있는데 습윤양생은 소정강도가 충분히 나도록 하고, 또한 수축균열을 적게 하기 위하여 살수방법과 수중에 넣어 양생하는 방법이 사용된다.

**46** 다음 중 여닫이 창호에 쓰이는 철물이 아닌 것은?

① 도어클로저
② 경 첩
③ 레 일
④ 함자물쇠

**해설**
- 레일 : 미닫이 창호에 사용
- 여닫이 창호 : 도어클로저, 경첩, 함자물쇠

**47** 스틸하우스에 대한 설명으로 옳지 않은 것은?

① 벽체가 얇기 때문에 결로현상이 발생하지 않는다.
② 공사기간이 짧고 자재의 낭비가 적다.
③ 내부 변경이 용이하고 공간 활용이 효율적이다.
④ 얇은 천장을 통해 방 사이의 차음이 문제가 된다.

**해설**
스틸하우스는 벽체가 얇아서 실평수를 크게 할 수 있으나 외부의 찬공기에 의해 차가워진 경량형강이 내부의 따뜻한 공기와 접촉하여 결로가 발생한다.

**48** 석재의 가공에서 돌의 표면을 쇠매로 쳐서 대강 다듬는 것을 의미하는 용어는?

① 물갈기
② 정다듬
③ 혹따기
④ 잔다듬

**해설**
③ 혹두기 : 석재 표면을 정 등을 사용하여 혹 모양으로 남긴 마감공법이다.

**49** 콘크리트 슬래브와 철골보를 전단연결재(Shear Connector)로 연결하여 외력에 대한 구조체의 거동을 일체화시킨 구조의 명칭은?

① 허니콤 보
② 래티스 보
③ 플레이트 거더
④ 합성 보

**해설**
④ 합성 보 : 철골 보와 그에 밀착하는 콘크리트 바닥의 일부가 한몸으로 되어서 작용하도록 된 보이다.

**50** 콘크리트의 슬럼프시험에 관한 설명 중 옳지 않은 것은?

① 콘크리트의 컨시스턴시를 측정하는 방법이다.
② 콘크리트를 슬럼프콘에 3회에 나누어 규정된 방법으로 다져서 채운다.
③ 묽은 콘크리트일수록 슬럼프값은 작다.
④ 콘크리트가 일정한 모양으로 변형하지 않았을 때에는 슬럼프시험을 적용할 수 없다.

**해설**
묽은 콘크리트일수록 슬럼프값이 크다.

**정답** 46 ③  47 ①  48 ③  49 ④  50 ③

**51** 건축법령상 건축면적에 해당하는 것은?

① 대지의 수평투영면적
② 6층 이상의 거실면적의 합계
③ 하나의 건축물 각 층에 바닥면적의 합계
④ 건축물의 외벽의 중심선으로 둘러싸인 부분의 수평투영면적

**해설**
건축면적 : 건축물의 외벽(외벽이 없는 경우에는 외곽 부분의 기둥을 말한다)의 중심선으로 둘러싸인 부분의 수평투영면적으로 한다.

**52** 기초 평면도의 표현 내용에 해당하지 않는 것은?

① 반자 높이
② 바닥 재료
③ 동바리 마루 구조
④ 각 실의 바닥 구조

**해설**
평면도 : 건축에서는 건축물을 창의 중앙에서 수평으로 절단하였을 때의 기둥, 벽, 창, 출입구, 계단 등을 표시한다.

**53** 다음 중 철골조에서 기둥과 기초의 접합부에 사용되는 것이 아닌 것은?

① 베이스 플레이트
② 윙 플레이트
③ 리브 플레이트
④ 스티프너

**해설**
• 기둥과 기초 접합부 : 베이스 플레이트, 윙 플레이트, 리브 플레이트 사이드 앵글로 구성
• 스티프너 : 플레이트 거더나 박스 기둥의 플랜지나 웨브의 좌굴을 방지하기 위해 쓰이는 판

**54** 욕실 바닥의 물을 배수할 때 주로 사용되는 트랩은?

① 드럼트랩
② U트랩
③ P트랩
④ 벨트랩

**해설**
④ 벨트랩 : 상부의 철물이 사발 모양을 한 트랩이다. 바닥 배수나 개수 등에 사용한다.

**55** 구조물의 지점의 종류 중 이동과 회전이 불가능한 지점상태로 반력은 수평반력과 수직반력 그리고 모멘트반력이 생기는 것은?

① 회전단
② 이동단
③ 활 절
④ 고정단

**해설**
④ 고정단 : 수평반력, 수직반력, 모멘트반력

**56** 한중 또는 수중, 긴급공사를 시공할 때 가장 적합한 시멘트는?

① 보통 포틀랜드 시멘트
② 중용열 포틀랜드 시멘트
③ 백색 포틀랜드 시멘트
④ 조강 포틀랜드 시멘트

**해설**
④ 조강 포틀랜드 시멘트 : 조기강도 발현이 가능하므로 공기단축이 가능, 겨울공사에 가능한 시멘트이다.

**57** 구리 및 구리 합금에 대한 설명 중 옳지 않은 것은?

① 구리와 주석의 합금을 황동이라 한다.
② 구리는 맑은 물에서는 녹이 나지 않으나 염수(鹽水)에서는 부식된다.
③ 청동은 황동과 비교하여 주조성이 우수하고 내식성도 좋다.
④ 구리는 연성이고 가공성이 풍부하여 판재, 선, 봉 등으로 만들기가 용이하다.

**해설**
구리와 주석의 합금은 청동이라 한다.

**58** 주택에서 부엌의 일부에 간단한 식탁을 설치하거나 식당과 부엌을 하나로 구성한 형태는?

① 리빙 키친
② 다이닝 키친
③ 리빙 다이닝
④ 다이닝 테라스

**해설**
② 다이닝 키친(DK) : 주방, 부엌의 일부분에 식사실을 배치한다. 유기적으로 연결하여 노동력 절감하나, 부엌조리 시 냄새나 음식찌꺼기 등으로 식사실 분위기를 저해한다.

**59** 다음 중 습식 구조와 가장 거리가 먼 것은?

① 목구조
② 철근콘크리트구조
③ 블록구조
④ 벽돌구조

**해설**
• 건식 구조 : 목구조, 철골구조
• 습식 구조 : 철근콘크리트구조, 블록구조, 조적구조

**60** 지각적으로는 구조적 높이감을 주며 심리적으로는 상승감, 존엄감의 느낌을 주는 선의 종류는?

① 사 선
② 곡 선
③ 수직선
④ 수평선

**해설**
③ 수직선 : 상승감, 긴장감

**정답** 56 ④ 57 ① 58 ② 59 ① 60 ③

# 2022년 제1회 과년도 기출복원문제

01 목조 벽체에서 기둥 상부의 처마 부분에 수평으로 거는 가로재로서 기둥머리를 고정하는 것은?

① 처마도리
② 샛기둥
③ 깔도리
④ 꿸대

**해설**
깔도리 : 벽이나 기둥 등의 뼈대 위에 가로로 걸치고, 지붕보의 한끝 또는 장선 등을 받치는 재이다.

02 벽돌구조에서 통줄눈을 피하는 가장 중요한 이유는?

① 내부구조상 하중의 분산
② 외관의 미적 표현
③ 벽체의 습기 방지
④ 시공의 편의성

**해설**
벽돌구조에서는 내부구조상 하중을 분산하기 위해 통줄눈을 피한다.

03 화력발전소와 같이 미분탄을 연소할 때 석탄재가 고온에 녹은 후 냉각되어 구상이 된 미립분을 혼화재로 사용한 시멘트로서, 콘크리트의 워커빌리티를 좋게 하여 수밀성을 크게 할 수 있는 시멘트는?

① 플라이애시 시멘트
② 고로 시멘트
③ 백색 포틀랜드 시멘트
④ AE 포틀랜드 시멘트

**해설**
플라이애시 시멘트 : 플라이애시 콘크리트의 성질을 개선하는 목적으로 쓰인다. 세립의 석탄재로서 콘크리트 혼화제로 쓰이는 규산질 물질로 포졸란의 일종이다.

04 다음 중 혼합 시멘트가 아닌 것은?

① 고로 시멘트
② 플라이애시 시멘트
③ 포졸란 시멘트
④ 중용열 포틀랜드 시멘트

**해설**
혼합 시멘트 : 실리카 시멘트, 고로 시멘트, 플라이애시 시멘트

05 표준형 점토벽돌로, 1.5B(1.0B + 75mm + 0.5B) 공간 쌓기를 할 경우 벽체의 두께는?

① 475mm
② 455mm
③ 375mm
④ 355mm

**해설**
1.5B 공간 쌓기 : 190mm(1.0B) + 75mm(공간) + 90mm(0.5B) = 355mm

**06** 목조 반자틀의 구성 부재가 아닌 것은?

① 반자틀
② 반자틀받이
③ 달대
④ 꿸대

**해설**
반자틀 : 반자를 들이기 위하여 나무나 철사를 가로세로로 짜서 만든 틀로 반자틀, 반자틀받이, 달대, 달대받이, 반자돌림대 등이 있다.

**07** 물체에 외력이 작용하면 순간적으로 변형이 생겼다가 외력을 제거하면 원래의 상태로 되돌아가는 성질은?

① 탄성
② 소성
③ 점성
④ 연성

**해설**
① 탄성 : 외력을 제거했을 때 원래 상태로 돌아가는 성질
② 소성 : 물체에 작은 외력을 가하여도 변형되지 않고 어느 정도 이상의 외력(항복값)을 가했을 시 변형되며, 외력을 제거하여도 원래의 형상으로 되돌아가지 않는 성질
③ 점성 : 유체가 유동하고 있을 때 유체의 내부의 흐름을 저지하려고 하는 내부마찰저항이 발생하는 성질
④ 연성 : 잘 늘어나는 성질

**08** 콘크리트구조의 바닥판 밑에 묻어 반자틀 등을 달아매고자 할 때 사용되는 철물은?

① 메탈라스
② 논슬립
③ 인서트
④ 앵커볼트

**해설**
③ 인서트 : 콘크리트 슬래브에 묻어 천장 달대를 고정시키는 철물
① 메탈라스 : 미장공사를 할 때 사용되는 연강재로, 전신금속이라고도 한다. 두께 0.35~0.88mm의 탄소강 박판에 일정한 방향으로 등간격의 절단면을 내고 옆으로 길게 늘여서 그물코 모양으로 만든 것이다.
② 논슬립 : 계단코에 대어 미끄러짐, 파손, 마모를 막는 철물
④ 앵커볼트 : 목구조에서 기초와 토대를 연결시키기 위하여 사용하는 것

**09** 목재의 인장강도가 가장 큰 방향은?

① 섬유방향
② 섬유의 45° 방향
③ 섬유의 대각선방향
④ 섬유의 직각방향

**해설**
목재의 인장강도 : 목재의 섬유방향의 종 인장강도(평행방향)는 매우 높고, 횡 인장강도(직각방향)는 매우 낮다.

**10** 포틀랜드 시멘트류를 제조할 때 석고를 첨가하는 이유는?

① 응결시간 조절
② 강도 증가
③ 분말도 증가
④ 비중 증가

**해설**
포틀랜드 시멘트 제조 시 응결시간을 조절하기 위해 석고를 첨가한다.

**11** 벤딩모멘트나 전단력을 견디게 하기 위해 보 단면을 중앙부의 단면보다 증가시키는 것은?

① 헌치(Hunch)
② 주두(Capital)
③ 스터럽(Stirrup)
④ 후프(Hoop)

**해설**
헌치 : 보와 슬래브의 단부에서 부재의 높이를 증가시킨 부분이다. 연속판, 고정판, 연속보 등에 있어서 지지하는 부재와의 접합부에서 응력집중의 완화와 지지부의 보강을 목적으로 단면을 크게 한 부분이다.

**12** 다음 중 콘크리트 보양에 관련된 내용으로 옳지 않은 것은?

① 콘크리트 타설 후 완전히 수화가 되도록 살수 또는 침수시켜 물을 충분히 공급하고 적당한 온도를 유지하는 것이다.
② 콘크리트 비빔 후 습기가 공급되면 재령이 작아지며 강도가 떨어진다.
③ 보양온도가 높을수록 수화가 빠르다.
④ 보양은 초기 재령 때 강도에 큰 영향을 준다.

**해설**
양생에는 습윤양생·증기양생·전기양생·피막양생 등이 있다. 습윤양생의 경우 소정의 강도가 충분히 나도록 하고 수축균열을 적게 하기 위하여 살수하거나 침수하여 양생하는 방법이 사용되므로 습기 공급이 중요하다.

**13** 주거공간을 주행동에 따라 개인공간, 사회공간, 노동공간 등으로 구분할 때, 다음 중 사회공간에 해당되지 않는 것은?

① 거 실
② 식 당
③ 서 재
④ 응접실

**해설**
• 사회공간 : 거실, 식사실, 응접실
• 개인공간 : 침실, 서재

**14** 건축도면에서 굵은 실선으로 표시하여야 하는 것은?

① 해칭선
② 절단선
③ 단면선
④ 치수선

**해설**
굵은실선 : 단면선, 외형선

**15** 전개도에 나타내는 사항이 아닌 것은?

① 반자의 높이
② 가구의 입면
③ 기초의 형태
④ 걸레받이의 형태

**해설**
전개도 : 건축물의 각 실내의 입면을 전개하여 벽의 형상, 치수, 마감 상세 등을 그린 도면으로 반자 높이, 가구의 입면, 걸레받이의 형태 등을 나타낸다.

**16** 배수트랩의 봉수 파괴원인과 가장 거리가 먼 것은?

① 증발
② 통기작용
③ 모세관 현상
④ 자기사이펀작용

**해설**
트랩봉수의 파괴원인
- 자기사이펀작용
- 유도사이펀작용(감압에 의한 흡인작용)
- 배압에 의한 분출작용
- 모세관 현상
- 봉수의 증발현상
- 자기운동량에 의한 관성

**17** 다음 중 철골구조에서 사용되는 접합방법에 속하지 않는 것은?

① 용접접합
② 듀벨접합
③ 고력볼트접합
④ 핀접합

**해설**
철골구조의 접합방법 : 리벳접합, 볼트접합, 고력볼트접합, 용접접합

**18** 다음 중 철근 정착길이의 결정요인과 가장 관계가 먼 것은?

① 철근의 종류
② 콘크리트의 강도
③ 갈고리의 유무
④ 물시멘트비

**해설**
철근의 정착길이 : 설계 단면에 있어서 철근응력을 전달하기 위해 필요한 철근의 매립길이로 콘크리트강도, 철근강도, 철근지름, 표준갈고리의 유무, 철근의 순간격, 최소 피복두께 등이 결정요인이 된다.

**19** 건물의 외벽에서 지붕 머리를 연결하고 지붕보를 받아 지부의 하중을 기둥에 전달하는 가로재는?

① 토대
② 처마도리
③ 서까래
④ 층도리

**해설**
처마도리 : 외벽의 상부에 있으며 서까래 등을 받치는 보이다.

**20** 석재 가공 시 돌의 표면을 쇠메로 쳐서 대강 다듬는 것을 의미하는 용어는?

① 물갈기
② 정다듬
③ 혹두기
④ 잔다듬

**해설**
혹두기 : 석재 표면을 정 등을 사용하여 혹 모양으로 남긴 마감공법이다.

**정답** 16 ② 17 ② 18 ④ 19 ② 20 ③

**21** 다음 중 목재의 허용인장강도가 가장 큰 것은?

① 참나무
② 낙엽송
③ 전나무
④ 소나무

**해설**
목재의 허용인장강도
- 참나무 : 125kg/cm²
- 미송, 전나무, 낙엽송 : 90kg/cm²
- 육송 : 70kg/cm²

**22** 옥상 아스팔트 방수층에서 부착력을 증가시키기 위하여 바탕에 가장 먼저 바르는 것은?

① 스트레이트 아스팔트
② 아스팔트 프라이머
③ 아스팔트 싱글
④ 블론 아스팔트

**해설**
아스팔트 프라이머 : 아스팔트를 휘발성 용제로 녹인 것으로 바탕과의 접착력을 높이기 위해 아스팔트 방수의 밑칠 등에 사용한다.

**23** 주택의 동선계획에 관한 설명으로 옳지 않은 것은?

① 동선에는 개인의 동선과 가족의 동선 등이 있다.
② 상호간 상이한 유형의 동선은 명확히 분리하는 것이 좋다.
③ 가사노동의 동선은 되도록 북쪽에 오도록 하고 길게 처리하는 것이 좋다.
④ 수평동선과 수직동선으로 나누어 생각할 때 수평동선은 복도 등이 부담한다고 볼 수 있다.

**해설**
사용 빈도가 높은 공간은 동선을 짧게 처리한다.

**24** 주택단지의 구성에서 근린분구를 이루는 주택 호수의 규모는?

① 20~40호
② 400~500호
③ 1,600~2,000호
④ 2,500~10,000호

**25** 철근콘크리트보에서 전단력을 보강하기 위해 보의 주근 주위에 둘러 감는 철근은?

① 띠철근
② 스터럽
③ 벤트근
④ 배력근

**해설**
① 띠철근 : 철근콘크리트 구조에서 기둥의 주근을 보강하며, 좌굴을 방지하고 간격 유지 등을 위하여 주근에 직교하여 감아댄 가는 철근이다.
④ 배력근 : 철근콘크리트 슬래브에서 주근과 직각 방향으로 배치하는 철근으로 보통 슬래브에서는 긴 쪽 방향에 해당한다. 주근의 위치를 확보하고, 직각 방향으로도 응력을 전한다.

**26** 점성이나 침투성은 작으나 온도에 의한 변화가 작아서 열에 대한 안정성이 크며 아스팔트 프라이머의 제작에 사용되는 것은?

① 로크 아스팔트
② 스트레이트 아스팔트
③ 블론 아스팔트
④ 아스팔타이트

**해설**
**블론 아스팔트** : 점성이나 침투성은 작으나 온도에 의한 변화가 적어서 열에 대한 안정성이 크며, 아스팔트 프라이머의 제작에 사용된다.

**27** 이형철근의 표면에 마디를 만드는 이유로 가장 알맞은 것은?

① 부착강도를 높이기 위해
② 인장강도를 높이기 위해
③ 압축강도를 높이기 위해
④ 항복점을 높이기 위해

**해설**
**이형철근** : 콘크리트의 부착을 좋게 하기 위해 표면에 요철을 붙인 철근이다.

**28** 시멘트 창고 설치에 대한 설명 중 옳지 않은 것은?

① 시멘트는 지상에서 30cm 이상 되는 마루 위에 적재해야 한다.
② 시멘트는 13포 이상 쌓지 않도록 한다.
③ 주위에는 배수구를 설치한다.
④ 시멘트의 환기를 위한 창문을 크게 설치한다.

**해설**
시멘트 창고에 시멘트를 저장할 때 수화작용과 풍화작용이 일어나지 않도록 유의하여야 한다.

**29** 콘크리트에 사용하는 골재의 요구 성능으로 옳지 않은 것은?

① 내구성과 내화성이 큰 것이어야 한다.
② 유해한 불순물과 화학적 성분을 함유하지 않은 것이어야 한다.
③ 입형은 각이 구형이나 입방체에 가까운 것이어야 한다.
④ 흡수율이 높은 것이어야 한다.

**해설**
**골재의 품질**
• 골재의 강도는 시멘트 풀의 강도 이상이어야 한다.
• 거칠고 구형에 가까운 것이 좋다.
• 잔 것과 굵은 것이 적당히 혼합된 것이어야 한다.

**30** 콘크리트에 대한 설명으로 옳은 것은?

① 현대건축에서는 구조용 재료로 거의 사용하지 않는다.
② 압축강도는 크지만 내화성이 약하다.
③ 철근, 철골 등의 재료와 부착성이 우수하다.
④ 타 재료에 비해 인장강도가 크다.

**해설**
콘크리트는 현대건축에서 구조용 재료로 많이 사용된다. 압축강도와 내화성이 우수하며 타 재료에 비해 인장강도가 매우 낮다.

**정답** 26 ③ 27 ① 28 ④ 29 ④ 30 ③

**31** 층의 구분이 명확하지 않은 건축물의 층수 산정 시 하나의 층으로 산정하는 높이 기준은?

① 2m
② 3m
③ 4m
④ 5m

**해설**
층의 구분이 명확하지 않을 경우 건축물은 높이 4m마다 하나의 층으로 보고 그 층수를 산정한다.

**32** 건축제도에 사용되는 글자에 관한 설명으로 옳지 않은 것은?

① 숫자는 아라비아숫자를 원칙으로 한다.
② 문장은 왼쪽부터 가로쓰기를 원칙으로 한다.
③ 글자체는 수직 또는 15° 경사의 명조체로 쓰는 것을 원칙으로 한다.
④ 4자리 이상의 수는 3자리마다 휴지부를 찍거나 간격을 두는 것을 원칙으로 한다.

**해설**
건축제도에 사용되는 글자는 가로쓰기와 고딕체로 수직 또는 15° 경사를 원칙으로 한다.

**33** 다음 중 주택 현관의 위치를 결정하는 데 가장 큰 영향을 끼치는 것은?

① 현관의 크기
② 대지의 방위
③ 대지의 크기
④ 도로와의 관계

**해설**
현관은 주택 내·외부의 동선이 연결되는 곳으로, 주택 외부에서 쉽게 알아볼 수 있는 곳이어야 하므로 도로와의 관계에 영향을 받는다.

**34** 건축법령상 공동주택에 속하지 않는 것은?

① 기숙사
② 연립주택
③ 다가구주택
④ 다세대주택

**해설**
공동주택(건축법 시행령 별표 1)
- 연립주택(4층 이하로 연면적이 660m²를 초과하는 공동주택)
- 아파트(5층 이상인 공동주택)
- 다세대주택 및 기숙사

**35** 다음의 공기조화방식 중 전공기방식이 아닌 것은?

① 단일덕트방식
② 각층 유닛방식
③ 팬코일 유닛방식
④ 멀티존 유닛방식

**해설**
전공기방식 : 공기 조화기로 냉·온풍을 만들어 송풍하는 방식으로 단일덕트방식, 각층 유닛방식, 멀티존방식, 이중덕트방식, VAV방식 등이 있다.

정답 31 ③ 32 ③ 33 ④ 34 ③ 35 ③

## 36 건축도면 중 배치도에 표시할 사항이 아닌 것은?

① 방위
② 부지의 고저
③ 인접도로의 폭
④ 각 실의 바닥 구조

**해설**
배치도 : 주변 도로와 부지 또는 부지 내에서 건물의 위치 등을 정확히 표시하기 위한 도면으로 방위, 부지의 고저, 인접 도로의 폭 등을 표시한다.

## 37 건축제도의 치수 기입에 관한 설명으로 옳지 않은 것은?

① 치수는 특별히 명시하지 않는 한 마무리 치수로 표시한다.
② 치수 기입은 치수선 중앙 윗부분에 기입하는 것이 원칙이다.
③ 협소한 간격이 연속될 때에는 인출선을 사용하여 치수선을 쓴다.
④ 치수의 단위는 cm를 원칙으로 하고, 이때 단위기호는 쓰지 않는다.

**해설**
치수의 기입방법(KS F 1501)
• 치수는 치수선에 따라서 도면에 평행하게 기입하고, 도면의 아래에서 위로, 왼쪽에서 오른쪽으로 기입한다.
• 치수는 치수선의 중앙에 마무리 치수로 기입한다.
• 치수의 단위는 mm가 기준이 되며 mm 표기는 하지 않는다. mm 단위가 아닌 경우는 해당 단위부호를 기입한다.
• 치수선의 간격이 좁을 때는 인출선을 써서 표기한다.

## 38 건축법상 건축에 포함되지 않는 것은?

① 수선
② 재축
③ 이전
④ 개축

**해설**
정의(건축법 제2조)
건축이란 건축물을 신축·증축·개축·재축하거나 건축물을 이전하는 것을 말한다.

## 39 돌구조에서 창문 등의 개구부 위에 걸쳐대어 상부에서 오는 하중을 받는 수평부재는?

① 문지방돌
② 인방돌
③ 창대돌
④ 쌤돌

**해설**
② 인방돌 : 돌로 된 문 또는 창의 위쪽을 가로지르는 긴 돌

## 40 다음 중 아치(Arch)에 대한 설명으로 옳지 않은 것은?

① 조적벽체의 출입문 상부에서 버팀대 역할을 한다.
② 아치 내에서 압축력만 작용한다.
③ 아치벽돌을 특별히 주문 제작하여 쓴 것을 층두리아치라 한다.
④ 아치의 종류에는 평아치, 반원아치, 결원아치 등이 있다.

**해설**
층두리아치 : 아치의 너비가 넓을 때 여러 겹으로 겹쳐 쌓은 아치

정답 36 ④ 37 ④ 38 ① 39 ② 40 ③

**41** 콘크리트 슬래브와 철골보를 전단연결재(Shear Connector)로 연결하여 외력에 대한 구조체의 거동을 일체화시킨 구조는?

① 허니콤 보
② 래티스 보
③ 플레이트거더
④ 합성 보

**해설**
④ 합성 보 : 철골 보와 그에 밀착하는 콘크리트 바닥의 일부가 일체화된 보이다.
① 허니콤 보 : H형강의 웨브를 잘라서 웨브에 육각형의 구멍이 여러 개 발생되도록 다시 웨브를 용접하여 만든 보로, 보의 춤이 높아지므로 휨저항 성능이 우수하다. 뚫린 구멍을 통해 덕트 배관 등의 설치가 가능하다.
② 래티스 보 : 웨브에 형강을 사용하지 않고 플레이트 평강을 사용하여 상현재와 하현재의 플랜지 부분과 직접 접합하여 트러스 모양으로 만든 보이다.

**42** 지하실 외부에 흙막이벽을 설치하고 그 사이에 공간을 둔 것으로 방수, 채광, 통풍이 좋도록 설치한 것은?

① 드라이 에어리어
② 이중벽
③ 방습층
④ 선루프

**해설**
드라이 에어리어(Dry Area) : 건물의 주위에 판 도랑으로, 폭이 1~2m, 지표면에서 깊이가 2~3m이고, 외측에 옹벽을 설치한 것이다. 지하실의 방습·통풍·채광 등을 좋게 하는 역할을 한다.

**43** 철근콘크리트 구조에서 각 철근의 주된 역할로 옳지 않은 것은?

① 띠철근 – 휨모멘트에 저항
② 온도철근 – 균열 방지
③ 훅 – 철근의 정착
④ 늑근 – 전단 보강

**해설**
띠철근 : 기둥에서 종방향 철근의 위치를 확보하고 전단력에 저항하도록 정해진 간격으로 배치된 횡방향의 보강철근 또는 철선

**44** 다음 중 목재의 자연건조법에 해당하는 것은?

① 증기건조법
② 침수건조법
③ 진공건조법
④ 고주파건조법

**해설**
침수건조법(침재법) : 목재를 물에 장시간 침수·방치하여 수액과 수분을 치환시킨 후 꺼내어 통풍이 잘 되는 곳에서 건조하는 방법이다.

**45** 공동주택의 평면형식 중 편복도형에 관한 설명으로 옳지 않은 것은?

① 복도에서 각 세대로 접근하는 유형이다.
② 엘리베이터 이용률이 홀(Hall)형에 비해 낮다.
③ 각 세대의 거주성이 균일한 배치구성이 가능하다.
④ 계단 및 엘리베이터가 직접적으로 각 층에 연결된다.

**해설**
편복도형 : 건물의 한쪽에 긴 복도를 만들어 복도에서 단위 주거로 들어가는 형식이다. 엘리베이터 1대당 이용단위 주거의 수를 늘릴 수 있어 계단실형보다 효율적이고, 긴 주동계획에 이용한다.

**46** 다음 중 건축법령상 건축면적에 해당하는 것은?

① 대지의 수평투영면적
② 6층 이상의 거실면적의 합계
③ 하나의 건축물의 각층 바닥면적의 합계
④ 건축물의 외벽의 중심선으로 둘러싸인 부분의 수평투영면적

**해설**
건축면적(건축법 시행령 제119조 제1항)
건축물의 외벽(외벽이 없는 경우에는 외곽 부분의 기둥을 말한다)의 중심선으로 둘러싸인 부분의 수평투영면적으로 한다.

**47** 다음과 같은 특징을 갖는 공기조화방식은?

- 전공기방식의 특성이 있다.
- 냉풍과 온풍을 혼합하는 혼합상자가 필요 없어 소음과 진동이 작다.
- 각 실이나 존의 부하변동에 즉시 대응할 수 없다.

① 단일덕트방식
② 이중덕트방식
③ 멀티유닛방식
④ 팬코일유닛방식

**해설**
단일덕트방식
오래전부터 사용되어 온 공조방식으로, 중앙에서 에어 핸들링 유닛이나 패키지형 공조기 등을 사용하여 실내 또는 환기 덕트 내 자동온도조절기나 자동습도조절기에 의하여 각 실의 조건에 알맞게 조절된 냉풍 또는 온풍을 하나의 덕트와 취출구를 통하여 각 실에 보내 공조한다.

**48** 다음 중 동선의 3요소가 아닌 것은?

① 빈 도   ② 하 중
③ 면 적   ④ 속 도

**해설**
동선의 3요소 : 속도, 빈도, 하중

**49** 직접조명방식에 관한 설명으로 옳지 않은 것은?

① 조명률이 좋다.
② 눈부심이 일어나기 쉽다.
③ 작업 면에 고조도를 얻을 수 있다.
④ 균일한 조도분포를 얻기 용이하다.

**해설**
직접조명
- 장 점
  - 광조명률이 좋고, 먼지에 의한 감광이 적다.
  - 자외선 조명을 할 수 있다.
  - 설비비가 일반적으로 저렴하다.
  - 집중적으로 밝게 할 때 유리하다.
- 단 점
  - 글로브를 사용하지 않을 경우 눈부심이 크고, 음영이 강해진다.
  - 실내 전체적으로 볼 때, 밝고 어두움의 차이가 크다.

**50** 철골공사 시 바닥슬래브를 타설하기 전에 철골보 위에 설치하여 바닥판 등으로 사용하기 위해 얇게 절곡된 판형의 부재는?

① 윙 플레이트
② 데크 플레이트
③ 베이스 플레이트
④ 메탈라스

**해설**
데크 플레이트
바닥 구조에 사용하기 위해 파형으로 성형한 판이다. 단면을 사다리꼴 모양 또는 사각형 모양으로 성형함으로써 면외 방향의 강성과 길이 방향의 내좌굴성을 높게 한 판이다.

**정답** 46 ④  47 ①  48 ③  49 ④  50 ②

**51** 철근콘크리트보에서 압축철근을 사용하는 이유와 가장 거리가 먼 것은?

① 전단내력 증진
② 장기 처짐 감소
③ 연성거동 증진
④ 늑근의 설치 용이

**해설**
처짐의 크기 조절, 장기 처짐의 감소, 연성거동의 증진, 늑근의 설치 용이 등의 이유로 철근콘크리트보에서 압축철근을 사용한다.

**52** 구조의 구성방식에 의한 분류 중 구조체인 기둥과 보를 부재의 접합에 의해서 축조하는 방법으로 목구조, 철골구조 등을 의미하는 것은?

① 조적식 구조
② 가구식 구조
③ 습식 구조
④ 건식 구조

**해설**
가구식 구조 : 수직하중과 수평하중을 받는 기둥과 보를 조립하여 건축물을 만드는 방식으로 목구조, 철골구조 등이 있다.

**53** 2방향 슬래브는 슬래브 단변에 대한 장변의 길이비가 얼마 이하일 때부터 적용할 수 있는가?

① 1/2     ② 1
③ 2       ④ 3

**해설**
2방향 슬래브 : 변장비가 2 이하, 네 변이 보에 지지된 슬래브

**54** 철근콘크리트구조에서 최소 피복두께를 확보하는 이유가 아닌 것은?

① 철근의 부식 방지
② 철근의 연성 감소
③ 철근의 내화
④ 철근의 부착

**해설**
이음과 정착을 위한 부착 강도의 확보, 화재 발생 시 내화성의 확보, 철근의 부식을 방지하기 위한 내구성의 확보를 위해 일정한 피복두께를 확보하여야 한다.

**55** 다음 중 내구성과 내화성은 우수하나 횡력과 진동에 약하고 균열이 생기기 쉬운 구조는?

① 철골구조
② 목구조
③ 벽돌구조
④ 철근콘크리트 구조

**해설**
벽돌구조는 내화성과 내구성이 우수하고 가격이 저렴하지만, 횡력에는 약하다.

정답 51 ① 52 ② 53 ③ 54 ② 55 ③

**56** AE제를 사용한 콘크리트의 특징이 아닌 것은?

① 동결융해작용에 대한 내구성을 갖는다.
② 작업성이 좋아진다.
③ 수밀성이 좋아진다.
④ 압축강도가 증가한다.

**해설**
AE제를 많이 사용하면 비경제적이고 압축강도가 감소하며 철근과의 부착강도가 저하되므로 콘크리트 중의 전공기량이 용적상 약 4~6%가 되도록 적정 사용량을 엄수해야 한다.

**57** 바닥재료를 타일로 마감할 때에 대한 설명으로 옳지 않은 것은?

① 접착력을 높이기 위해 타일 뒷면에 요철을 만든다.
② 바닥타일은 미끄럼 방지를 위해 유약을 사용하지 않는다.
③ 보통 클링커타일은 외부바닥용으로 사용한다.
④ 외장타일은 내장타일보다 강도가 약하고 흡수율이 높다.

**해설**
외장타일은 내장타일에 비해 강도가 높고 흡수율이 낮다.

**58** 부엌과 식당을 겸용하는 다이닝 키친(Dining Kitchen)의 가장 큰 장점은?

① 침식분리가 가능하다.
② 주부의 동선이 감소한다.
③ 휴식과 접대 장소로 활용하기 유리하다.
④ 이상적인 식사 분위기를 조성하기 유리하다.

**해설**
다이닝 키친(Dining Kitchen) : 부엌의 일부분에 식사실을 배치하고 유기적으로 연결하여 노동력을 절감할 수 있다.

**59** 대지면적에 대한 건축면적의 비율을 의미하는 것은?

① 용적률
② 건폐율
③ 점유율
④ 수용률

**해설**
건폐율
대지면적에 대한 건축면적(대지에 건축물이 둘 이상 있는 경우에는 이들 건축면적의 합계로 한다)의 비율로 건축물의 대지에 최소한의 공지를 확보하고 충분한 일조·채광·통풍을 얻게 하며 화재 시 건축물 간의 연소 방지 및 소방, 재해 시의 피난 등을 용이하게 하는 데 그 목적이 있다.

**60** 주거 단지의 단위 중 초등학교를 중심으로 한 단위는?

① 근린지구
② 인보구
③ 근린분구
④ 근린주구

**해설**
근린주구
주택 호수는 1,600~2,000호, 인구는 8,000~10,000명, 면적은 100ha, 반지름은 약 400~800m로 초등학교 하나를 중심으로 하는 크기이다. 아동의 생활권에 적절한 규모로 인구 규모나 공간 규모에서 주택단지 계획의 모델이 된다. 페리에 의하면, 근린주구는 더 소규모인 근린분구가 4~5개가 모인 정도이다.

**정답** 56 ④  57 ④  58 ②  59 ②  60 ④

# 2022년 제2회 과년도 기출복원문제

**01** 다음 중 철근의 정착길이의 결정요인과 가장 관계가 먼 것은?

① 철근의 종류
② 콘크리트의 강도
③ 갈고리의 유무
④ 물시멘트비

**해설**
철근의 정착길이 : 설계 단면에 있어서 철근응력을 전달하기 위해 필요한 철근의 매립길이이다. 콘크리트강도, 철근강도, 철근지름, 표준갈고리의 유무, 철근의 순간격, 최소 피복두께 등이 결정요인이 된다.

**02** 표준형 점토벽돌로, 1.5B(1.0B + 75mm + 0.5B) 공간 쌓기를 할 경우 벽체의 두께는 얼마인가?

① 475mm
② 455mm
③ 375mm
④ 355mm

**해설**
1.5B 공간 쌓기 : 190mm(1.0B) + 75mm(공간) + 90mm(0.5B) = 355mm

**03** 바닥 등의 슬래브를 케이블로 매단 특수구조는?

① 공기막구조
② 쉘구조
③ 커튼월구조
④ 현수구조

**해설**
현수구조 : 인장력이 강한 케이블을 이용하여 구조체의 주요 부분을 잡아당겨줌으로써 구조체를 지지하는 구조 방식이다.

**04** 고강도선인 피아노선에 인장력을 가해 둔 다음 콘크리트를 부어 넣고 경화된 후 인장력을 제거시킨 콘크리트는?

① 레디믹스트 콘크리트
② 프리캐스트 콘크리트
③ 프리스트레스트 콘크리트
④ 레진 콘크리트

**해설**
프리스트레스트 콘크리트 : 철근콘크리트 제품의 한 종류로서 PS 또는 PS 콘크리트라고도 한다. 피아노선, 특수강선 등을 사용해 부재 내에 미리 응력을 줌으로써 사용 시 받는 외력을 제거한다. 조립 철근콘크리트 구조용 부재 외에 교량의 PC 빔, 철도의 침목 등에도 널리 사용된다.

**05** 포틀랜드 시멘트류를 제조할 때 석고를 넣는 이유는?

① 응결시간 조절
② 강도 증가
③ 분말도 증가
④ 비중 증가

**해설**
포틀랜드 시멘트 제조 시 석고를 첨가하여 응결시간을 조절한다.

**정답** 1 ④  2 ④  3 ④  4 ③  5 ①

**06** 건축제도에서 보이지 않는 부분을 표시하는 데 사용하는 선은?

① 파 선
② 1점 쇄선
③ 2점 쇄선
④ 가는 실선

**해설**
선의 종류와 용도

| 종류 | | 굵기(mm) 및 작도법 | 용도별 명칭 | 세부용도 |
|---|---|---|---|---|
| 실선 | 굵은선 | 0.6~0.8 | 단면선, 외형선 | 벽체나 바닥의 단면 윤곽을 그림 |
| | 중간선 | 0.3~0.5 굵은선과 가는선의 중간 | 입면선, 윤곽선 | 건물 윤곽 및 입면 요소의 표현 |
| | 가는선 | 0.2 이하 | 치수선, 치수보조선, 가구선, 조경선 | 치수선, 보조선 및 각종 조경 요소의 표현 |
| 파선 및 점선 | 파 선 | 가는선보다 약간 굵게 | 숨은선 | 보이지 않는 부분의 표시선 |
| | 1점 쇄선 | 가는선보다 약간 굵게 | 중심선, 기준선, 절단선, 경계선 | 벽체의 중심선, 절단선, 경계선 |
| | 2점 쇄선 | 가는선보다 약간 굵게 | 가상선, 대지경계선 | 가상의 선, 1점 쇄선과 구분 시 |

**07** 주택단지의 구성에서 근린분구를 이루는 주택 호수의 규모는?

① 20~40호
② 400~500호
③ 1,600~2,000호
④ 2,500~10,000호

**해설**
근린분구 : 주택 호수는 400~500호, 인구는 2,000명, 면적은 15~25ha로 일상생활 소비에 필요한 공동 시설을 영위할 수 있는 모임이다. 커뮤니티의 단위로는 작다.

**08** 목구조에서 기초와 토대를 연결시키기 위하여 사용하는 것은?

① 감잡이쇠
② 띠 쇠
③ 앵커볼트
④ 듀 벨

**해설**
③ 앵커볼트 : 목구조에서 기초와 토대를 연결시키기 위하여 사용하는 철물이다.
① 감잡이쇠 : U자형 목조 보강 철물로, 두 부재를 감아 연결하는 목재이음이다. 맞춤을 보강하는 철물이다.
④ 듀벨 : 두 목재 사이의 접합부에 끼워서 볼트 접합을 보강하기 위한 철물이다.

**09** 목재 왕대공 지붕틀에 사용되는 부재와 연결철물의 연결이 옳지 않은 것은?

① ㅅ자보와 평보 – 안장쇠
② 달대공과 평보 – 볼트
③ 빗대공과 왕대공 – 꺾쇠
④ 대공 밑잡이와 왕대공 – 볼트

**해설**
ㅅ자보와 평보 – 볼트

**10** 다음 중 구조물의 고층화와 대형화 추세에 따라 우수한 용접성과 내진성을 가진 극후판의 고강도 강재는?

① TMCP강　　② SS강
③ FR강　　　④ SN강

**해설**
TMCP강 : 슬래브 가열에서 압연·냉각에 이르기까지의 공정을 일관하여 야금적으로 제어함으로써 제조하는 가공 열처리된 고강성·고인성 강이다.

## 11 다음 중 조립식구조의 특성이 아닌 것은?

① 공장 생산이 가능하다.
② 대량 생산이 가능하다.
③ 기계화 시공으로 단기 완성이 가능하다.
④ 각 부품과의 접합부를 일체화하기 쉽다.

**해설**
조립식구조 : 공장에서 규격화된 건축 부재를 다량 제작하여 현장에서 조립하여 구조체를 완성하는 방식으로, 공사기간이 매우 짧고 대량 생산과 질의 균일화가 가능하다. 프리캐스트 콘크리트 구조 등이 이에 해당한다.

## 12 천장 달대를 고정시키기 위해 콘크리트 슬래브에 매립하는 철물은?

① 인서트    ② 와이어 라스
③ 크레센트   ④ 듀 벨

**해설**
인서트 : 천장 달대를 고정시키거나 볼트 등을 부착하기 위해 미리 콘크리트 슬래브에 매립하는 철물

## 13 유성페인트에 관한 설명 중 틀린 것은?

① 내후성이 우수하다.
② 붓바름 작업성이 뛰어나다.
③ 모르타르, 콘크리트, 석회벽 등에 정벌바름하면 피막이 부서져 떨어진다.
④ 유성에나멜페인트와 비교하여 건조시간, 광택, 경도 등이 뛰어나다.

**해설**
유성페인트
• 안료(물감)와 건조성 지방유의 혼합물로, 불투명한 피막을 형성한다.
• 바탕의 재질을 감출 수 있고 값이 저렴하며 밀착성과 내후성이 좋다.
• 경도가 낮고 느리게 건조하며 광택과 내화학성이 나쁘다.
• 도장 후 귀얄자국이 남기 쉽다.

## 14 한식주택에 관한 설명으로 옳지 않은 것은?

① 바닥이 높다.
② 생활방식은 좌식이다.
③ 각 실은 단일용도이다.
④ 가구는 부차적 존재이다.

**해설**
한식주택의 방은 다용도이다.

## 15 직접조명방식에 관한 설명으로 옳지 않은 것은?

① 조명률이 좋다.
② 눈부심이 일어나기 쉽다.
③ 작업 면에 높은 조도를 얻을 수 있다.
④ 균일한 조도분포를 얻기 용이하다.

**해설**
직접조명
• 장 점
 - 광조명률이 좋고, 먼지에 의한 감광이 적다.
 - 자외선 조명을 할 수 있다.
 - 설비비가 일반적으로 저렴하다.
 - 집중적으로 밝게 할 때 유리하다.
• 단 점
 - 글로브를 사용하지 않을 경우 눈부심이 크고 음영이 강해진다.
 - 실내 전체적으로 볼 때 밝고 어두움의 차이가 크다.

**16** 철근콘크리트보에서 압축철근을 사용하는 이유와 가장 거리가 먼 것은?

① 전단내력 증진
② 장기 처짐 감소
③ 연성거동 증진
④ 늑근의 설치 용이

**해설**
처짐의 크기 조절, 장기 처짐의 감소, 연성거동의 증진, 늑근의 설치 용이 등의 이유로 철근콘크리트보에서 압축철근을 사용한다.

**17** 목조 양식지붕틀의 기둥 상부를 연결하여 지붕틀의 하중을 기둥에 전달하는 부재로 크기는 기둥 단면과 같게 하는 것은?

① 층도리          ② 처마도리
③ 깔도리          ④ 토 대

**해설**
깔도리 : 벽이나 기둥 등의 뼈대 위에 가로로 걸치고, 지붕보의 한끝 또는 장선 등을 받치는 재

**18** 다음 중 결로 방지용으로 가장 알맞은 유리는?

① 접합유리
② 강화유리
③ 망입유리
④ 복층유리

**해설**
복층유리 : 두 장의 유리를 일정한 간격으로 하여 주위를 접착제로 접착해서 밀폐하고, 그 중간에 완전 건조 공기를 봉입한 유리이다. 단열·차음·결로 방지 등의 효과가 있다. 페어 글라스라고도 한다.

**19** 다음 중 FRP를 성형할 때 사용되는 합성수지는?

① 요소수지
② 아크릴수지
③ 염화비닐수지
④ 불포화폴리에스테르수지

**해설**
섬유강화플라스틱(FRP) : 유리섬유를 주보강재로 하여 불포화폴리에스테르수지, 에폭시수지, 페놀수지 등 열경화성 수지를 적층하여 경화가공한 복합구조체이다.

**20** 보를 없애고 바닥판을 두껍게 하여 보의 역할을 겸하도록 한 구조로서, 하중을 직접 기둥에 전달하는 슬래브는?

① 장방향 슬래브
② 장선 슬래브
③ 플랫 슬래브
④ 와플 슬래브

**해설**
플랫 슬래브 : 보 없이 슬래브로만 되어 있으며, 하중을 기둥에 직접 전달하는 무량판구조의 슬래브이다. 보를 사용하지 않기 때문에 내부공간을 크게 이용할 수 있으며 층고를 낮출 수 있다. 기둥과 연결되는 슬래브 부분의 배근이 복잡하여 슬래브가 전체적으로 두꺼워진다.

## 21. 무수석고가 주재료이며 경화한 것은 강도와 표면경도가 큰 재료로서, 킨즈시멘트라고도 하는 것은?

① 돌로마이터 플라스터
② 질석 모르타르
③ 경석고 플라스터
④ 순석고 플라스터

**해설**
**경석고 플라스터** : 무수석고(경석고)를 주성분으로 하는 시멘트로 킨즈시멘트(Keen's Cement)라고도 한다. 점도가 커서 바르기 쉽고, 마무리가 매끈하게 되며, 광택이 있어서 벽이나 마루에 바르는 재료로 쓰이며 경질 플라스터판에도 사용된다.

## 22. 다음 중 콘크리트의 시공연도 시험방법으로 주로 쓰이는 것은?

① 슬럼프시험
② 낙하시험
③ 체가름시험
④ 표준관입시험

**해설**
워커빌리티(시공연도) 측정방법 : 슬럼프시험, 플로시험, 리몰딩시험

## 23. 다음 중 목재의 공극이 전혀 없는 상태의 비중을 의미하는 것은?

① 기건비중
② 절건비중
③ 진비중
④ 겉보기비중

**해설**
③ 진비중 : 목재의 공극이 전혀 없는 상태의 비중이다.
① 기건비중 : 공기 속의 온도와 평형을 이룰 때까지 건조상태로 존재하는 목재의 비중이다.
② 절건비중 : 절대건조상태의 목재의 비중이다.

## 24. 다음에서 설명하는 주택의 실구성 형식은?

- 소규모 주택에서 많이 사용된다.
- 거실 내에 부엌과 식사실을 설치한 것이다.
- 실을 효율적으로 이용할 수 있다.

① K형
② DK형
③ LD형
④ LDK형

**해설**
LDK(거실-식사실) : 거실 내에 부엌과 식사실을 설치하여 공간을 효율적으로 이용하며 소규모 주택에 적합하다. 고도의 설비가 필요하고 식생활 개선이 필요하다.

## 25. 욕실 바닥의 물을 배수할 때 주로 사용되는 트랩은?

① 드럼트랩
② U트랩
③ P트랩
④ 벨트랩

**해설**
**벨트랩** : 상부의 철물이 사발 모양인 트랩으로, 바닥 배수나 개수 등에 사용한다.

**26** 건축물과 관련된 각종 배경의 표현방법으로 가장 알맞은 것은?

① 배경을 다양하게 표현한다.
② 표현은 항상 섬세하게 한다.
③ 건물을 이해할 수 있도록 배경을 다소 크게 그린다.
④ 건물보다 앞쪽의 배경은 사실적으로, 뒤쪽의 배경은 단순하게 표현한다.

**해설**
건축물과 배경 표현 시 건물보다 앞쪽 배경은 사실적으로, 뒤쪽 배경은 단순하게 표현한다.

**27** 창호의 재질별 기호가 옳지 않은 것은?

① W : 목재
② SS : 강철
③ P : 합성수지
④ A : 알루미늄

**해설**
- SS : 스테인레스 스틸
- S : 강철

**28** 급기와 배기에 모두 기계장치를 사용하여 실내외의 압력차를 조정할 수 있는 환기방식은?

① 중력환기법
② 제1종 환기법
③ 제2종 환기법
④ 제3종 환기법

**해설**
제1종 환기 : 급기와 배기에 모두 기계장치를 사용하여 실내외의 압력차를 조정할 수 있으며, 가장 우수한 환기방법이다.

**29** 건축물에서 테라코타의 주사용목적은?

① 장식재
② 보온재
③ 방수재
④ 방진재

**해설**
**테라코타** : 석재 조각물 대신에 사용되는 점토소성 제품이다. 입체 타일이며 석재보다 색의 가공이 자유로워 장식재로 사용된다.

**30** 다음 합금의 구성요소로 옳지 않은 것은?

① 황동 = 구리 + 아연
② 청동 = 구리 + 납
③ 포금 = 구리 + 주석 + 아연 + 납
④ 두랄루민 = 알루미늄 + 구리 + 마그네슘 + 망간

**해설**

| | |
|---|---|
| 황동(창호철물 사용) | 구리 + 아연 |
| 청동(장식철물 사용) | 구리 + 주석 |
| 두랄루민 | 알루미늄 + 구리 + 마그네슘 + 망간 |
| 양은(화이트브론즈) | 구리 + 니켈 + 아연 |

**31** 조명과 관련된 단위의 연결이 옳지 않은 것은?

① 광속 : N
② 광도 : cd
③ 휘도 : nt
④ 조도 : lx

**해설**
광속
광원에서 나오는 빛의 양 또는 어떠한 공간에 비추어지는 빛의 양을 나타낸 것이다. 단위는 루멘(Lumen)이며 기호는 lm을 사용한다. 광원에서 나오는 빛이 모든 공간에 골고루 비추어지는 것은 아니며, 광원과의 거리 또는 장애물 유무에 따라 일정 지역에 빛이 도달하는 양이 달라진다.

**32** 한중이나 수중 또는 긴급공사를 할 때 가장 적합한 시멘트는?

① 보통 포틀랜드 시멘트
② 중용열 포틀랜드 시멘트
③ 백색 포틀랜드 시멘트
④ 조강 포틀랜드 시멘트

**해설**
조강 포틀랜드 시멘트 : 강도를 조기에 발현시킬 수 있으므로 공기 단축이 가능하며, 겨울공사에 사용가능한 시멘트이다.

**33** 재료의 응력-변형도 관계에서 가해진 외부의 힘을 제거하였을 때 잔류변형 없이 원형으로 되돌아오는 경계점은?

① 인장강도점
② 탄성한계점
③ 상위항복점
④ 하위항복점

**해설**
탄성한계점 : 재료의 응력-변형도 관계에서 가해진 외부의 힘을 제거하였을 때 잔류변형 없이 원형으로 되돌아오는 경계점

**34** 스킵플로어형 공동주택에 관한 설명으로 옳지 않은 것은?

① 구조 및 설비계획이 용이하다.
② 주택 내의 공간의 변화가 있다.
③ 통풍·채광의 확보가 용이하다.
④ 엘리베이터의 효율적 운행이 가능하다.

**해설**
스킵플로어형 : 한 층 또는 두 층 걸러 복도를 설치하거나 그 밖의 층에는 복도가 없이 계단실에서 단위 주거에 도달하는 형식으로, 엘리베이터는 복도가 있는 층에만 정지한다. 이 형식은 단위 주거의 사생활 확보, 두 측면 개구부의 설치 등의 장점이 있는 계단실형과 엘리베이터의 이용률이 높은 편복도형을 복합한 것으로, 엘리베이터에서 복도를 거쳐 계단을 통하여 단위 주거에 도달하기 때문에 동선이 길어진다.

**35** 철근과 콘크리트의 부착력에 대한 설명으로 옳지 않은 것은?

① 철근의 정착길이가 크게 증가함에 따라 부착력이 비례 증가하지는 않는다.
② 압축강도가 큰 콘크리트일수록 부착력은 커진다.
③ 콘크리트의 부착력은 철근의 주장(周長)에 반비례한다.
④ 철근의 표면 상태와 단면 모양에 따라 부착력이 좌우된다.

**해설**
콘크리트 부착력은 철근의 주장에 비례한다.

**36** 네 변으로 지지되는 슬래브로서 서로 직각되는 두 방향으로 주철근을 배치하는 슬래브는?

① 1방향 슬래브
② 2방향 슬래브
③ 데크 플레이트 슬래브
④ 캐피탈

**해설**
2방향 슬래브 : 변장비가 2 이하, 네 변이 보에 지지된 슬래브

**37** 목구조에서 토대를 기둥 및 기초부와 연결해 주는 연결재가 아닌 것은?

① 띠 쇠
② 듀 벨
③ 산 지
④ 감잡이쇠

**해설**
듀벨 : 두 목재 사이의 접합부에 끼워 볼트 접합을 보강하기 위한 철물이다.

**38** 시공방식에 따른 건축구조의 분류 중 습식구조와 가장 거리가 먼 것은?

① 목구조
② 철근콘크리트 구조
③ 블록구조
④ 벽돌구조

**해설**
• 건식구조 : 목구조, 철골구조
• 습식구조 : 철근콘크리트 구조, 블록구조, 조적구조

**39** 벽돌구조의 아치(Arch)는 부재의 하부에 어떤 힘이 생기지 않도록 의도된 구조인가?

① 인장력
② 압축력
③ 수평반력
④ 수직반력

**해설**
아치구조 : 개구부 상부의 하중을 지지하기 위하여 돌이나 벽돌을 곡선형으로 쌓아올린 구조이다. 상부의 수직 방향 하중이 아치의 곡면을 따라 좌우로 분리되어 아래쪽 부재에 인장력이 생기지 않고 압축력만을 전달하도록 만든 구조이다.

**40** 다음 각 석재의 용도로 옳지 않은 것은?

① 트래버틴 - 특수 실내장식재
② 응회암 - 구조재
③ 점판암 - 지붕재
④ 대리석 - 장식재

**해설**
응회암은 강도와 내구성이 작아 구조재로 사용하기에 부적합하다.

**정답** 36 ② 37 ② 38 ① 39 ① 40 ②

**41** 시멘트가 공기 중의 습기를 받아 천천히 수화 반응을 일으켜 작은 알갱이 모양으로 굳어졌다가, 이것이 계속 진행되면 주변의 시멘트와 달라붙어 결국에는 큰 덩어리로 굳어지는 현상은?

① 응 결
② 소 성
③ 경 화
④ 풍 화

> 해설
> 시멘트의 풍화 : 시멘트가 저장 중에 공기 속의 습기 및 $CO_2$를 흡수하면, 수화반응으로 인하여 비중이 감소하며 강도의 발현성이 저하되는 현상이다.

**42** 건축도면의 표시기호와 표시사항의 연결이 옳지 않은 것은?

① L : 길이
② R : 지름
③ A : 면적
④ THK : 두께

> 해설
> 도면의 표시사항과 기호(KS F 1501)
> 
> | 표시사항 | 기 호 | 표시사항 | 기 호 |
> |---|---|---|---|
> | 길 이 | L | 면 적 | A |
> | 높 이 | H | 용 적 | V |
> | 너 비 | W | 지 름 | D 또는 $\phi$ |
> | 두 께 | THK | 반지름 | R |
> | 무 게 | Wt | | |

**43** 건축법령에 따른 고층 건축물의 정의로 옳은 것은?

① 층수가 30층 이상이거나 높이가 90m 이상인 건축물
② 층수가 30층 이상이거나 높이가 120m 이상인 건축물
③ 층수가 50층 이상이거나 높이가 150m 이상인 건축물
④ 층수가 50층 이상이거나 높이가 180m 이상인 건축물

> 해설
> 고층 건축물의 정의(건축법 제2조 제1항 제19호)
> 층수가 30층 이상이거나 높이가 120m 이상인 건축물을 말한다.

**44** 주택의 식당 및 부엌에 관한 설명으로 옳지 않은 것은?

① 식당의 색채는 채도가 높은 한색계통이 바람직하다.
② 식당은 부엌과 거실의 중간 위치에 배치하는 것이 좋다.
③ 부엌의 작업대는 준비대 → 개수대 → 조리대 → 가열대 → 배선대의 순서로 배치한다.
④ 키친네트는 작업대 길이가 2m 정도인 소형 주방가구가 배치된 간이 부엌의 형태이다.

> 해설
> 식당은 식욕을 돋우는 난색계통(노랑, 밝은 주황, 크림색 등)의 배색이 적절하다.

정답 41 ④ 42 ② 43 ② 44 ①

**45** 한 켜는 길이 쌓기로 하고 다음은 마구리 쌓기로 하며 모서리에 칠오토막을 써서 아무리는 벽돌 쌓기법은?

① 영국식 쌓기
② 네덜란드식 쌓기
③ 프랑스식 쌓기
④ 미국식 쌓기

**해설**
네덜란드식(화란식) 쌓기 : 길이 쌓기와 마구리 쌓기를 교대로 하는 방식으로, 영국식 쌓기와 동일하다. 길이 쌓기 켜의 모서리에는 칠오토막을 사용하여 상하가 일치되도록 한다.

**46** 경첩(Hinge) 등을 축으로 개폐되며, 열고 닫을 때 실내의 유효면적을 감소시키는 특징이 있는 창호는?

① 미서기창
② 여닫이창
③ 미닫이창
④ 회전창

**해설**
여닫이창 : 창호의 세로틀을 경첩 등으로 창틀에 붙여 개폐하는 창이다.

**47** 철근콘크리트 구조의 특성이 아닌 것은?

① 콘크리트는 철근이 녹스는 것을 방지한다.
② 콘크리트와 철근이 강력히 부착되면 압축력도 유효하게 된다.
③ 인장응력은 콘크리트가 부담하고, 압축응력은 철근이 부담한다.
④ 철근과 콘크리트는 선팽창 계수가 거의 같다.

**해설**
철근콘크리트 구조 : 철근의 인장력과 콘크리트의 압축력을 상호 보완하여 압축력과 인장력이 매우 강하다. 조형성, 내구성, 내화성, 내진성, 차음성이 매우 뛰어나 초고층 건물이나 대규모 건물에 적합하다. 그러나 거푸집과 동바리(지주)를 사용해야 하며 콘크리트와 철근의 자체 중량이 무겁고, 공사기간이 길다.

**48** 아치벽돌을 특별히 주문 제작하여 만든 아치는?

① 민무늬아치
② 본아치
③ 막만든아치
④ 거친아치

**해설**
본아치 : 아치벽돌을 사다리꼴 모양으로 제작하여 만든 것

**정답** 45 ② 46 ② 47 ③ 48 ②

**49** 수화열 발생이 적은 시멘트로서 원자로의 차폐용 콘크리트 제조에 가장 적합한 시멘트는?

① 중용열 포틀랜드 시멘트
② 조강 포틀랜드 시멘트
③ 보통 포틀랜드 시멘트
④ 알루미나 시멘트

**해설**
중용열 포틀랜드 시멘트 : 장기 강도가 크고, 수화 발열과 건조 수축이 작아 댐 공사 등 대규모 콘크리트에 이용한다.

**50** 복사난방에 관한 설명으로 옳은 것은?

① 방열기 설치를 위한 공간이 요구된다.
② 실내의 온도분포가 균등하고 쾌감도가 높다.
③ 대류식 난방으로 바닥면의 먼지 상승이 많다.
④ 열용량이 작기 때문에 방열량 조절이 용이하다.

**해설**
복사난방
• 실내의 온도분포가 균등하고 쾌감도가 높다.
• 방열기가 필요하지 않고 바닥면의 이용도가 높다.

**51** 가옥 트랩으로서 옥내 배수 수평 주관의 말단 등 가옥 내 배수 기구에 부착하여 공공 하수관으로부터의 해로운 가스가 집 안으로 침입하는 것을 방지하는 데 사용되는 것은?

① P트랩
② S트랩
③ U트랩
④ 버킷 트랩

**해설**
U트랩 : 유속을 저해하여 공공 하수관으로부터 해로운 가스가 침입하는 것을 방지한다.

**52** 왕대공 지붕틀에서 평보와 왕대공의 맞춤에 사용되는 보강 철물은?

① 감잡이쇠
② 띠 쇠
③ 꺾 쇠
④ 주걱볼트

**해설**
감잡이쇠 : U자형 목조 보강철물로 두 부재를 감아 연결하는 목재 이음이다. 맞춤을 보강하는 철물이다.

49 ① 50 ② 51 ③ 52 ①

## 53 철골구조에서 고력볼트접합에 대한 설명 중 옳지 않은 것은?

① 마찰접합, 지압접합 등이 있다.
② 볼트가 쉽게 풀리는 단점이 있다.
③ 피로강도가 높다.
④ 접합부의 강성이 높다.

**해설**
고력볼트접합은 강한 조임력으로 볼트의 풀림이 생기지 않는다.

## 54 콘크리트용 혼화제 중 콘크리트의 발열량을 높이는 것은?

① 경화촉진제
② AE제
③ 포졸란
④ 방수제

**해설**
**경화촉진제** : 콘크리트의 경화속도를 높이기 위해 사용하는 혼화제로, 보통 염화칼슘이 사용된다.

## 55 콘크리트의 배합에서 물시멘트비와 가장 관계 깊은 것은?

① 강 도
② 내동해성
③ 내화성
④ 내수성

**해설**
**물시멘트비(W/C)**
• 물과 시멘트의 중량비를 말한다.
• 콘크리트 강도에 영향을 주며, 물시멘트비가 클수록 강도는 낮아진다.

## 56 다음 중 개별식 급탕방식이 아닌 것은?

① 순간식
② 저탕식
③ 직접가열식
④ 기수 혼합식

**해설**
**급탕방식**
• 개별식 : 순간식 급탕방식, 저탕식 급탕방식, 기수 혼합식 급탕방식
• 중앙식 : 직접가열식, 간접가열식

**정답** 53 ② 54 ① 55 ① 56 ③

**57** 벽돌구조에서 개구부 위와 그 바로 위의 개구부와의 최소 수직거리 기준은?

① 10cm 이상
② 20cm 이상
③ 40cm 이상
④ 60cm 이상

**해설**
조적식구조의 개구부(건축물의 구조기준 등에 관한 규칙 제35조 제1항 제2호)
개구부와 그 바로 위층에 있는 개구부와의 수직거리는 600mm 이상으로 하여야 한다.

**58** 2방향 슬래브를 적용할 수 있는 조건으로 옳은 것은?

① (장변/단변) ≤ 2
② (장변/단변) ≤ 3
③ (장변/단변) > 2
④ (장변/단변) > 3

**59** LPG에 관한 설명으로 옳지 않은 것은?

① 공기보다 가볍다.
② 액화석유가스이다.
③ 주성분은 프로판, 프로필렌, 부탄 등이다.
④ 석유 정제과정에서 채취된 가스를 압축 냉각해서 액화시킨 것이다.

**해설**
LPG 연료의 특징
• 주기적으로 연료 잔량을 확인해야 한다.
• 공기보다 무거우며 누출 시 바닥에 가라앉고, 특유의 냄새가 있다.
• 열효율이 LNG(도시가스)에 비해 높다.
• 용량당 가격은 LNG보다 비싼 편이다.

**60** 다음 중 강구조에 대한 설명으로 옳지 않은 것은?

① 강도가 커서 부재를 경량화할 수 있다.
② 콘크리트구조에 비해 강도가 커서 바닥 진동 저감에 유리하다.
③ 부재가 세장하여 좌굴하기 쉽다.
④ 연성구조이므로 취성파괴를 방지할 수 있다.

**해설**
강재는 인성과 연성 확보가 가능하나 처짐 및 진동을 고려해야 한다.

정답 57 ④ 58 ① 59 ① 60 ②

# 2023년 제1회 과년도 기출복원문제

**01** 철골구조에서 사용되는 접합방법에 속하지 않는 것은?

① 용접접합  ② 듀벨접합
③ 고력볼트접합  ④ 핀접합

**해설**
철골구조의 접합방법: 리벳접합, 볼트접합, 고력볼트접합, 용접접합, 핀접합

**02** 큰 보 위에 작은 보를 걸고 그 위에 장선을 대고 마루널을 깐 2층 마루는?

① 홑마루  ② 보마루
③ 짠마루  ④ 동바리마루

**해설**
짠마루: 큰 보는 간 사이가 작은 쪽에 약 2.7~3.6m의 간격으로 겹쳐 대고, 그 위에 직각방향으로 작은 보를 1.8m 간격으로 걸쳐 댄 다음 장선을 걸치고 마루널을 까는 방식의 마루이다.

**03** 지반 부동침하의 원인이 아닌 것은?

① 이질지층  ② 이질지정
③ 연약층  ④ 연속기초

**해설**
부동침하의 원인
- 지반이 연약한 경우
- 연약층의 두께가 상이한 경우
- 이질지정
- 일부지정
- 건물이 이질층에 걸쳐 있는 경우
- 건물이 낭떠러지에 접근되어 있는 경우
- 부주의한 일부 증축이 있는 경우
- 지하수위 변경되었을 경우
- 지하 매설물이나 구멍이 있는 경우
- 지반이 메운 땅인 경우

**04** 수직재가 수직하중을 받는 과정의 임계상태에서 기하학적으로 갑자기 변화하는 현상을 의미하는 것은?

① 전단파단  ② 응력
③ 좌굴  ④ 인장항복

**해설**
좌굴: 가늘고 긴 기둥에 압축력이 가해질 경우, 작은 하중으로 기둥 전체가 구부러지는 휨 좌굴이나 국부적으로 휘어지면서 찌그러지는 국부 좌굴이 발생한다.

**05** 보강블록조에서 내력벽의 두께는 최소 얼마 이상이어야 하는가?

① 50mm  ② 100mm
③ 150mm  ④ 200mm

**해설**
보강블록조의 내력벽(건축물의 구조기준 등에 관한 규칙 제43조 제2항)
보강블록구조인 내력벽의 두께는 150mm 이상으로 하되, 그 내력벽의 구조내력에 주요한 지점 간의 수평거리의 50분의 1 이상으로 하여야 한다.

**정답** 1 ② 2 ③ 3 ④ 4 ③ 5 ③

**06** 아치쌓기법에서 아치 너비가 클 때 아치를 여러 겹으로 둘러쌓아 만든 것은?

① 층두리아치  ② 거친아치
③ 본아치      ④ 막만든아치

**해설**
② 거친아치 : 보통 벽돌을 사용하며, 줄눈이 쐐기 모양인 아치
③ 본아치 : 아치벽돌을 사다리꼴 모양으로 제작하여 만든 것
④ 막만든아치 : 보통 벽돌을 쐐기 모양으로 다듬어 쓴 아치

**07** 재료명과 그 주용도의 연결이 옳지 않은 것은?

① 테라코타 – 구조재, 흡음재
② 테라초 – 바닥면의 수장재
③ 시멘트모르타르 – 외벽용 마감재
④ 타일 – 내·외벽, 바닥면의 수장재

**해설**
테라코타 : 석재 조각물 대신에 사용되는 점토소성제품이다.

**08** 시멘트가 공기 중의 습기를 받아 천천히 수화반응을 일으켜 작은 알갱이 모양으로 굳어졌다가, 이것이 계속 진행되면 주변의 시멘트와 달라붙어 결국에는 큰 덩어리로 굳어지는 현상은?

① 응 결    ② 소 성
③ 경 화    ④ 풍 화

**해설**
시멘트의 풍화 : 시멘트가 저장 중에 공기 속의 습기 및 $CO_2$를 흡수하면, 수화반응으로 인하여 비중이 감소하며 강도의 발현성이 저하되는 현상을 말한다.

**09** 초기 강도가 높고 양생기간 및 공기를 단축할 수 있어 긴급공사에 사용되는 것은?

① 중용열 시멘트
② 조강 포틀랜드 시멘트
③ 백색 시멘트
④ 고로 시멘트

**해설**
조강 포틀랜드 시멘트 : 조기 강도 발현이 가능하므로 공기단축이 가능하고, 겨울공사에 적합한 시멘트이다.

**10** 주택의 동선계획에 관한 설명으로 옳지 않은 것은?

① 동선은 일상생활의 움직임을 표시하는 선이다.
② 동선이 혼란하면 생활권의 독립성이 상실된다.
③ 동선계획에서 동선을 이용하는 빈도는 무시한다.
④ 개인, 사회, 가사노동권의 3개 동선이 서로 분리되어 간섭이 없어야 한다.

**해설**
**동선계획**
건축물 내의 사람의 움직임(동선)을 건축의 평면계획으로 생각하는 것이다. 동선 상황을 도면상에 나타낸 것(거리를 길이, 빈도를 굵기로)을 동선도(Flow Diagram)라고 한다. 건축이나 도시의 계획에서 사람이나 물건이 움직이는 궤적, 양, 방향, 변화 등을 분석하여 적정한 움직임의 패턴을 만들어서 설계에 도움을 주는 작업이다.

**정답** 6 ① 7 ① 8 ④ 9 ② 10 ③

**11** 아파트의 평면 형식 중 집중형에 관한 설명으로 옳지 않은 것은?

① 대지 이용률이 높다.
② 채광 및 통풍이 불리하다.
③ 독립성 측면에서 가장 우수하다.
④ 중앙에 엘리베이터나 계단실을 두고 많은 주호를 집중 배치하는 형식이다.

**해설**
계단실형이 독립성 측면에서 우수하다.

**12** 철근콘크리트구조에서 최소 피복두께의 목적에 해당되지 않는 것은?

① 철근의 부식방지    ② 철근의 연성감소
③ 철근의 내화        ④ 철근의 부착

**해설**
철근콘크리트구조에서 철근은 인장력에 대응하므로 구조부재의 표면 가까이 배치하는 것이 유리하지만, 이음과 정착을 위한 부착 강도의 확보, 화재발생 시 내화성의 확보, 철근의 부식을 방지하기 위한 내구성의 확보를 위해 일정한 피복두께를 확보하여야 한다.

**13** 창호와 창호철물의 연결에서 상호 관련성이 없는 것은?

① 오르내리창 – 크레센트
② 여닫이문 – 도어체크
③ 행거도어 – 실린더
④ 자재문 – 자유경첩

**해설**
- 크레센트 : 오르내리창의 잠금장치로 사용
- 도어체크 : 열린 문이 자동으로 닫히게 하는 장치
- 자유경첩 : 안팎으로 개폐됨

**14** 다음 ( ) 안에 알맞은 용어는?

> 아치구조는 상부에서 오는 수직하중이 아치의 축선에 따라 좌우로 나뉘어져 밑으로 ( )만을 전달하게 한 것이다.

① 인장력          ② 압축력
③ 휨모멘트        ④ 전단력

**해설**
아치구조 : 개구부 상부의 하중을 지지하기 위하여 돌이나 벽돌을 곡선형으로 쌓아 올린 구조로 상부의 수직방향하중이 아치의 곡면을 따라 좌우로 분리되어 아래쪽 부재에 인장력이 생기지 않고 압축력만을 전달하도록 만든 구조이다.

**15** 스틸하우스에 대한 설명으로 옳지 않은 것은?

① 벽체가 얇기 때문에 결로현상이 발생하지 않는다.
② 공사기간이 짧고 자재의 낭비가 적다.
③ 내부 변경이 용이하고 공간 활용이 효율적이다.
④ 얇은 천장을 통해 방 사이의 차음이 문제가 된다.

**해설**
스틸하우스는 벽체가 얇아서 실평수를 크게 할 수 있지만, 외부의 찬공기에 의해 차가워진 경량형강이 내부의 따뜻한 공기와 접촉하여 결로현상이 발생한다.

**정답** 11 ③  12 ②  13 ③  14 ②  15 ①

**16** 사각형 단면의 철근콘크리트기둥에서 띠철근을 사용하는 가장 주된 목적은?

① 주근의 좌굴을 막기 위하여
② 주근 단면을 보강하기 위하여
③ 콘크리트의 압축강도를 증가시키기 위하여
④ 콘크리트의 수축변형을 막기 위하여

**해설**
띠철근 : 철근콘크리트조에서 기둥의 주근 보강, 좌굴 방지, 간격 유지 등을 위하여 주근에 직교하여 감아댄 가는 철근이다.

**17** 건축구조의 부재에 발생하는 단면력의 종류가 아닌 것은?

① 풍하중   ② 전단력
③ 축방향력   ④ 휨모멘트

**해설**
단면력 : 휨모멘트, 비틀림모멘트, 전단력, 축력, 반력

**18** 콘크리트구조물에서 하중을 지속적으로 작용시켜 놓을 경우 하중의 증가가 없음에도 불구하고 지속하중에 의해 시간과 더불어 변형이 증대하는 현상은?

① 액상화   ② 블리딩
③ 레이턴스   ④ 크리프

**19** 돌로마이트 플라스터에 관한 설명으로 옳지 않은 것은?

① 가소성이 커서 풀이 필요 없다.
② 경화 시 수축률이 매우 크다.
③ 수경성이므로 외벽 바름에 적당하다.
④ 강알칼리성이므로 건조 후 바로 유성페인트를 칠할 수 없다.

**해설**
돌로마이트 석회(플라스터)
• 소석회보다 비중이 크고 굳으면 강도가 증가한다.
• 점성이 좋아 풀을 넣을 필요가 없다.
• 수축균열이 크다.
• 응결속도가 빠르다.
• 습기에 약하여 내부에 사용한다.
• 기경성이다.
• 냄새와 곰팡이가 없다.

**20** 건물 각 층 벽면에 호스, 노즐, 소화전 밸브를 내장한 소화전함을 설치하고 화재 시에는 호스를 끌어낸 후 화재 발생지점에 물을 뿌려 소화시키는 설비는?

① 드렌처설비
② 옥내소화전설비
③ 옥외소화전설비
④ 스프링클러설비

**해설**
옥내소화전설비 : 소형소화전이라고 하며, 건물 내부의 복도나 실내의 벽면에 설치된 소화전 상자 속에 호스와 노즐이 함께 들어 있다. 수동·반자동·전자동식이 있으며 소화전 하나의 유효면적은 반경 25m 이내의 범위이다.

**21** 다음 설명에 알맞은 통기방식은?

- 각 기구의 트랩마다 통기관을 설치한다.
- 트랩마다 통기되기 때문에 가장 안정도가 높은 방식이다.

① 각개통기방식  ② 루프통기방식
③ 회로통기방식  ④ 신정통기방식

**해설**
**각개통기방식**: 각 기구의 트랩마다 통기관을 설치하여 그것들을 통기수평지관에 접속하고 그 지관의 말단을 통기수직관 또는 신정통기관에 접속하는 방식이다. 트랩마다 통기되어 있으므로 가장 성능이 좋다.

**22** 주택의 다이닝 키친(Dining Kitchen)에 관한 설명으로 옳지 않은 것은?

① 면적 활용도가 높아 효율적이다.
② 주부의 가사 노동량을 줄일 수 있다.
③ 소규모주택에서는 적용이 곤란하다.
④ 이상적인 식사공간 분위기 조성이 어렵다.

**해설**
**다이닝 키친(Dining Kitchen)**: 주방, 부엌의 일부분에 식사실을 배치하는 형태이다. 유기적으로 연결하여 노동력이 절감되지만, 부엌 조리 시 냄새나 음식찌꺼기 등으로 인하여 식사실 분위기를 저해한다.

**23** 투시도법에 사용되는 용어의 표시가 옳지 않은 것은?

① 시점 - EP   ② 소점 - SP
③ 화면 - PP  ④ 수평면 - HP

**해설**
**투시도법에 쓰는 용어**
- 소점(VP): 화면에서 한 점으로 수렴되는 점, 중심소점(1점), 좌우측소점(2점)
- 기선(GL): 지면과 화면이 만나는 선
- 지반면(GP): 지면의 수평면
- 화면(PP): 대상물과 그것을 보는 사람 사이에 주어진 수직면
- 수평면(HP): 눈높이와 수평한 면
- 수평선(HL): 눈높이와 화면의 교차선
- 시점(EP): 대상물을 보는 눈의 위치
- 정점(SP): 관찰자의 위치

**24** 철근콘크리트기둥에서 띠철근의 수직간격기준으로 틀린 것은?

① 기둥 단면의 최소 치수 이하
② 종방향 철근 지름의 16배 이하
③ 띠철근 지름의 48배 이하
④ 기둥 높이의 0.1배 이하

**해설**
띠철근의 수직간격은 축방향 철근 지름의 16배 이하, 띠철근이나 철선지름의 48배 이하, 또한 기둥 단면의 최소 치수 이하로 하여야 한다(KDS 14 20 50).

**25** 한국산업표준(KS)의 분류 중 토목건축부문에 해당되는 것은?

① KS D   ② KS F
③ KS E   ④ KS M

**해설**
① KS D: 금속
③ KS E: 광산
④ KS M: 화학

**정답** 21 ①  22 ③  23 ②  24 ④  25 ②

## 26
콘크리트 타설 후 비중이 무거운 시멘트와 골재 등이 침하되면서 물이 분리·상승하여 미세한 부유물질과 콘크리트 표면으로 떠오르는 현상은?

① 레이턴스(Laitance)
② 초기 균열
③ 블리딩(Bleeding)
④ 크리프

**해설**
블리딩 : 콘크리트 타설 시 콘크리트에 함유된 수분인 자유수(결합수 이외의 물이며 시멘트 중량의 약 40% 정도)가 위로 상승하는 것을 의미한다.

## 27
각종 점토제품에 대한 설명 중 틀린 것은?

① 테라코타는 공동(空胴)의 대형 점토제품으로 주로 장식용으로 사용된다.
② 모자이크타일은 일반적으로 자기질이다.
③ 토관은 토기질의 저급점토를 원료로 하여 건조 소성시킨 제품으로 주로 환기통, 연통 등에 사용된다.
④ 포도벽돌은 벽돌에 오지물을 칠해 소성한 벽돌로서, 건물의 내외장 또는 장식물의 치장에 쓰인다.

**해설**
포도벽돌 : 도로나 옥상의 포장용으로 사용되는 벽돌로 잘 구워진 붉은벽돌을 사용하는 일도 있으나, 전용으로는 석기(石器)질의 것이 제조된다.

## 28
다음 중 기경성 미장재료는?

① 혼합 석고 플라스터
② 보드용 석고 플라스터
③ 돌로마이트 플라스터
④ 순석고 플라스터

**해설**
- 기경성 미장재료 : 진흙질, 회반죽, 돌로마이트 플라스터, 아스팔트 모르타르
- 수경성 미장재료 : 순석고 플라스터, 킨즈 시멘트, 시멘트 모르타르

## 29
조적조에서 개구부 상호 간 수평거리는 그 벽두께의 몇 배 이상으로 하는가?

① 2
② 3
③ 4
④ 5

**해설**
조적조 개구부(건축물의 구조기준 등에 관한 규칙 제35조 제2항)
조적식 구조인 벽에 설치하는 개구부에 있어서는 각 층마다 그 개구부 상호 간 또는 개구부와 대린벽의 중심과의 수평거리는 그 벽두께의 2배 이상으로 하여야 한다.

## 30
목재의 이음과 맞춤을 할 때 주의사항으로 옳지 않은 것은?

① 공작이 간단하고 튼튼한 접합을 선택할 것
② 이음·맞춤의 단면은 응력의 방향에 직각으로 할 것
③ 이음·맞춤의 위치는 응력이 작은 곳으로 할 것
④ 맞춤면은 수축, 팽창을 위해 틈을 주어 가공할 것

**해설**
이음과 맞춤을 할 때 주의사항
- 부재는 될 수 있는 한 적게 깎아 내야 한다.
- 위치는 응력이 작은 곳을 선택하고, 연결 부분은 작용하는 응력이 균일하게 배치한다.
- 공작이 간단하고 튼튼한 접합을 선택한다.
- 단면은 응력방향의 직각으로 한다.

## 31 시멘트의 품질이 일정할 경우 분말도가 클수록 일어나는 현상으로 옳은 것은?

① 초기강도가 낮아진다.
② 시공 후 투수성이 작아진다.
③ 수화작용이 느려진다.
④ 시공연도가 떨어진다.

**해설**
시멘트의 품질이 일정할 경우 분말도가 클수록 수화작용이 촉진되며, 응결시간이 빨라지고, 시공 후 투수성이 작아진다.

## 32 철골구조의 용접 부분에서 발생하는 용접 결함이 아닌 것은?

① 언더컷(Under Cut)
② 블로홀(Blow Hole)
③ 오버랩(Over Lap)
④ 엔드탭(End Tab)

**해설**
④ 엔드탭 : 강구조물을 용접시공할 때 임시로 부착하는 강판
용접 결함 : 언더컷, 블로홀, 오버랩, 균열, 크레이터 등

## 33 철근콘크리트구조의 배근에 대한 설명으로 옳지 않은 것은?

① 기둥 하부의 주근은 기초판에 크게 구부려 깊이 정착한다.
② 압축 측에도 철근을 배근한 보를 복근보라고 한다.
③ 단순보의 주근은 중앙부에서는 하부에 많이 넣어야 한다.
④ 슬래브의 철근은 단변방향보다 장변방향에 많이 넣어야 한다.

**해설**
슬래브의 철근은 배력근인 장변방향보다 주근인 단변방향에 철근을 더 많이 배근한다.

## 34 철근콘크리트구조의 원리에 대한 설명으로 옳지 않은 것은?

① 콘크리트와 철근이 강력히 부착되면 철근의 좌굴이 방지된다.
② 콘크리트는 압축력에 강하므로 부재의 압축력을 부담한다.
③ 콘크리트와 철근의 선팽창계수는 약 10배의 차이가 있어 응력의 흐름이 원활하다.
④ 콘크리트는 내구성과 내화성이 있어 철근을 피복·보호한다.

**해설**
철근콘크리트구조
- 콘크리트는 압축력을 감당하고, 철근은 인장력을 감당할 수 있도록 고안한 구조시스템이다.
- 알칼리성인 콘크리트는 철근을 감싸 철근의 부식으로 인한 녹 발생을 방지해 주며 화재발생 시에도 고열에 의한 급격한 강도저하를 막아준다.
- 조형성, 내구성, 내화성, 내진성, 차음성이 매우 뛰어나 초고층 건물이나 대규모 건물에 적합하다.

철근콘크리트가 성립할 수 있는 이유
- 콘크리트가 알칼리성이므로 콘크리트 속에 묻힌 철근은 녹슬지 않는다.
- 철근과 콘크리트의 부착강도가 크다.
- 철근과 콘크리트는 선팽창계수가 거의 완벽하게 일치하는 일체식 구조이다.
- 콘크리트는 압축력, 철근은 인장력에 강하다.

## 35 철근콘크리트보에 늑근을 사용하는 주된 이유는?

① 보의 전단저항력을 증가시키기 위하여
② 철근과 콘크리트의 부착력을 증가시키기 위하여
③ 보의 강성을 증가시키기 위하여
④ 보의 휨저항을 증가시키기 위하여

**해설**
보 철근의 종류와 배근 : 보 철근은 횡방향으로 배근되는 주근과 보의 전단력을 보강하기 위해 설치하는 늑근 또는 스터럽(Stirrup)으로 구분한다.

## 36 철골구조의 보에 사용되는 스티프너(Stiffener)에 대한 설명으로 옳지 않은 것은?

① 하중점 스티프너는 집중하중에 대한 보강용으로 쓰인다.
② 중간 스티프너는 웨브의 좌굴을 막기 위하여 쓰인다.
③ 재축에 나란하게 설치한 것을 수평 스티프너라고 한다.
④ 커버 플레이트와 동일한 용어로 사용된다.

**해설**
- 스티프너 : 보의 웨브부분을 보강하여 전단내력의 증진과 웨브의 국부좌굴 방지를 위해 사용되는 부재이다.
- 커버 플레이트 : 두께는 6mm 이상으로 하고 겹침수는 보통 3장, 최대 4장까지로 한다. 단면적은 보 플랜지 총 단면적의 70% 이하로 한다.

## 37 각종 시멘트의 특성에 관한 설명 중 옳지 않은 것은?

① 중용열 포틀랜드 시멘트에 의한 콘크리트는 수화열이 작다.
② 실리카 시멘트에 의한 콘크리트는 초기강도가 크고 장기강도는 낮다.
③ 조강 포틀랜드 시멘트에 의한 콘크리트는 수화열이 크다.
④ 플라이애시 시멘트에 의한 콘크리트는 내해수성이 크다.

**해설**
실리카 시멘트 : 실리카겔을 혼합한 것으로, 화학적 저항이 크고 내수성이 우수하여 하수공사 및 해수공사에 사용된다.

## 38 목재의 성질에 관한 설명으로 옳지 않은 것은?

① 함수율이 적어질수록 목재는 수축하며 수축률은 방향에 따라 다르다.
② 함수율의 변동에 따라 목재의 강도에 변동이 있다.
③ 침엽수와 활엽수의 수축률은 차이가 있다.
④ 목재를 섬유포화점 이하로만 건조시키면 부패방지가 가능하다.

**해설**
섬유포화점
목재 세포가 최대한도의 수분을 흡착한 상태로, 함수율이 약 30%의 상태이다. 목재의 세기는 섬유포화점 이상의 함수율에서는 변화가 없지만 그 이하가 되면 함수율이 낮아질수록 세기는 증대한다.

## 39 목재의 공극이 전혀 없는 상태의 비중을 무엇이라 하는가?

① 기건비중
② 진비중
③ 절건비중
④ 겉보기비중

**해설**
① 기건비중 : 공기 속의 온도와 평형을 이룰 때까지 건조상태로 존재하는 목재의 비중이다.
③ 절건비중 : 절대건조상태의 목재의 비중이다.

## 40 도시가스 배관 시 가스계량기와 전기점멸기의 이격거리는 최소 얼마 이상으로 하는가?

① 30cm
② 50cm
③ 60cm
④ 90cm

**해설**
가스사용시설의 시설·기술·검사기준(도시가스사업법 시행규칙 [별표 7])
가스계량기와 전기계량기 및 전기개폐기와의 거리는 60cm 이상, 굴뚝(단열조치를 하지 아니한 경우만을 말한다)·전기점멸기 및 전기접속기와의 거리는 30cm 이상, 절연조치를 하지 아니한 전선과의 거리는 15cm 이상의 거리를 유지할 것

**41** 건축법령상 건축에 속하지 않는 것은?

① 증 축
② 이 전
③ 개 축
④ 대수선

**해설**
건축의 정의(건축법 제2조 제1항 제8호)
건축물을 신축·증축·개축·재축하거나 건축물을 이전하는 것을 말한다.

**42** 다음 설명에 알맞은 주택의 실구성 형식은?

- 소규모 주택에서 많이 사용한다.
- 거실 내에 부엌과 식사실을 설치한 것이다.
- 실을 효율적으로 이용할 수 있다.

① K형
② D형
③ LD형
④ LDK형

**해설**
LDK(거실-식사실-주방) : 소규모 주택에 적합하며 거실 내에 부엌과 식사실을 설치하여 실을 효율적으로 이용할 수 있다. 고도의 설비가 필요하고, 식생활 개선이 필요하다.

**43** 건축구조의 구성방식에 의한 분류 중 하나로, 구조체인 기둥과 보를 부재의 접합에 의해서 축조하는 방법으로, 뼈대를 삼각형으로 짜맞추면 안정한 구조체를 만들 수 있는 구조는?

① 가구식 구조
② 캔틸레버구조
③ 조적식 구조
④ 습식 구조

**해설**
가구식 구조 : 수직하중과 수평하중을 받는 기둥과 보를 조립하여 건축물을 만드는 방식으로 목구조, 철골구조 등이 있다.

**44** 다음 중 입체구조에 해당되지 않는 것은?

① 절판구조
② 아치구조
③ 셸구조
④ 돔구조

**해설**
입체구조 : 셸구조, 돔구조, 막구조, 케이블구조, 절판구조, 스페이스 프레임구조

**45** 철골부재의 용접접합 작업 시 활용되는 보강재 또는 부위가 아닌 것은?

① 엔드탭
② 뒷댐재
③ 웨브 플레이트
④ 스캘럽

**해설**
웨브 플레이트 : I형 조립 강재의 웨브에 쓰이는 강판이다.

**46** 길고 가느다란 부재가 압축하중이 증가함에 따라 부재의 길이에 직각방향으로 변형하여 내력이 급격히 감소하는 현상을 무엇이라 하는가?

① 칼럼쇼트닝  ② 응력집중
③ 좌 굴  ④ 비틀림

**해설**
좌굴 : 가늘고 긴 기둥에 압축력이 가해질 때, 작은 하중으로도 기둥 전체가 구부러지는 휨 좌굴이나 국부적으로 휘어지면서 찌그러지는 국부 좌굴이 발생한다.

**47** 중용열 포틀랜드 시멘트에 대한 설명으로 옳은 것은?

① 초기강도 증진을 위한 시멘트이다.
② 급속공사, 동기공사 등에 유리하다.
③ 발열량이 적고 경화가 느린 것이 특징이다.
④ 수화속도가 빨라 한중 콘크리트 시공에 적합하다.

**해설**
중용열 포틀랜드 시멘트 : 장기강도가 크고, 수화발열과 건조수축이 적으므로 댐공사 등 대규모 콘크리트에 이용된다.

**48** AE제를 사용한 콘크리트에 관한 설명 중 옳지 않은 것은?

① 물시멘트비가 일정한 경우 공기량을 증가시키면 압축강도가 증가한다.
② 시공연도가 좋아지므로 재료분리가 적어진다.
③ 동결융해작용에 의한 마모에 대하여 저항성을 증대시킨다.
④ 철근에 대한 부착강도가 감소한다.

**해설**
AE제를 많이 사용하면 비경제적, 압축강도의 감소, 철근과의 부착강도의 저하가 일어나므로 콘크리트 중의 전공기량이 용적으로 약 4~6%가 되도록 적정 사용량을 엄수한다.

**49** 주택의 식당 및 부엌에 관한 설명으로 옳지 않은 것은?

① 식당의 색채는 채도가 높은 한색계통이 바람직하다.
② 식당은 부엌과 거실의 중간 위치에 배치하는 것이 좋다.
③ 부엌의 작업대는 준비대 → 개수대 → 조리대 → 가열대 → 배선대의 순서로 배치한다.
④ 키친네트는 작업대 길이가 2m 정도인 소형 주방가구가 배치된 간이 부엌의 형태이다.

**해설**
식당의 경우 식욕을 돋우는 난색계통(노랑, 밝은 주황, 크림색 등) 배색이 적당하다.

**50** 건축법령상 공동주택에 속하지 않는 것은?

① 기숙사  ② 연립주택
③ 다가구주택  ④ 다세대주택

**해설**
공동주택(건축법 시행령 [별표 1] 용도별 건축물의 종류)
• 아파트 : 주택으로 쓰는 층수가 5개 층 이상인 주택
• 연립주택 : 주택으로 쓰는 1개 동의 바닥면적 합계가 660m²를 초과하고, 층수가 4개 층 이하인 주택
• 다세대주택 : 주택으로 쓰는 1개 동의 바닥면적 합계가 660m² 이하이고, 층수가 4개 층 이하인 주택
• 기숙사 : 다음의 어느 하나에 해당하는 건축물로서 공간의 구성과 규모 등에 관하여 국토교통부장관이 정하여 고시하는 기준에 적합한 것. 다만, 구분·소유된 개별 실(室)은 제외함
 - 일반기숙사 : 학교 또는 공장 등의 학생 또는 종업원 등을 위하여 사용하는 것으로서 해당 기숙사의 공동취사시설 이용 세대 수가 전체 세대 수(건축물의 일부를 기숙사로 사용하는 경우에는 기숙사로 사용하는 세대 수로 함)의 50% 이상인 것
 - 임대형기숙사 : 공공주택사업자 또는 임대사업자가 임대사업에 사용하는 것으로서 임대 목적으로 제공하는 실이 20실 이상이고 해당 기숙사의 공동취사시설 이용 세대 수가 전체 세대 수의 50% 이상인 것

**51** 액화석유가스(LPG)에 관한 설명으로 옳지 않은 것은?

① 공기보다 가볍다.
② 용기(Bomb)에 넣을 수 있다.
③ 가스절단 등 공업용으로도 사용된다.
④ 프로판 가스(Propane Gas)라고도 한다.

해설
LPG 연료의 특징
• 주기적으로 연료 잔량을 확인해야 한다.
• 공기보다 무거우며 누출 시 바닥에 가라앉고, 특유의 냄새가 있다.
• 열효율이 LNG(도시가스)에 비해 높다.
• 같은 용량당 가격은 LPG가 비싼 편이다.

**52** 벽돌 쌓기에서 처음 한 켜는 마구리 쌓기, 다음 한 켜는 길이 쌓기를 교대로 쌓는 것으로 통줄눈이 생기지 않으며, 가장 튼튼한 쌓기법으로 내력벽을 만들 때 많이 사용하는 것은?

① 영국식 쌓기   ② 네덜란드식 쌓기
③ 프랑스식 쌓기   ④ 미국식 쌓기

해설
② 네덜란드식 쌓기 : 길이 쌓기와 마구리 쌓기를 교대로 하는 것은 영국식 쌓기와 동일하다. 길이 쌓기 켜의 모서리에는 칠오 토막을 사용하여 상하가 일치되도록 한다.
③ 프랑스식 쌓기 : 한 켜에 길이 쌓기와 마구리 쌓기를 번갈아 가며 쌓는다.
④ 미국식 쌓기 : 한 켜는 마구리 쌓기로 하고, 그다음 5켜는 길이 쌓기를 한다.

**53** 신축 이음새(Expansion Joint)를 설치해야 하는 위치와 가장 거리가 먼 것은?

① 기존 건물과 접합부
② 저층의 긴 건물과 고층 건물의 접속부
③ 평면이 복잡한 부분에서의 교차부
④ 단면이 균일한 소규모 바닥판

해설
신축줄눈 : 구조체의 온도 변화에 의한 팽창, 수축 혹은 부동 침하, 진동 등에 의해서 콘크리트에 균열의 발생이 예상되는 위치에 구조체를 떼어 내는 목적으로 두는 탄력성을 갖게 한 줄눈이다.
신축줄눈의 설치 위치
• 건물의 길이가 긴 경우, 지반 또는 기초가 다른 경우
• 서로 다른 구조가 연결되는 경우, 건물의 증축의 경우
• 평면의 형상이 복잡할 경우

**54** 하중의 작용방향에 따른 하중분류에서 수평하중에 포함되지 않는 것은?

① 활하중   ② 풍하중
③ 수 압   ④ 토 압

해설
수평하중 : 풍하중, 지진하중, 수압, 토압 등

**55** 목재의 접합에서 두 재가 직각 또는 경사로 짜이는 것을 의미하는 용어는?

① 이 음   ② 맞 춤
③ 벽 선   ④ 쪽 매

해설
① 이음 : 두 개 이상의 목재를 길이방향으로 붙여 한 개의 부재로 만드는 것
④ 쪽매 : 두 부재를 나란히 옆으로 대어 넓게 만드는 것

**56** 시멘트 분말도에 대한 설명으로 옳지 않은 것은?

① 분말도가 클수록 수화작용이 빠르다.
② 분말도가 클수록 초기강도의 발생이 빠르다.
③ 분말도가 클수록 강도증진율이 빠르다.
④ 분말도가 클수록 초기균열이 적다.

**해설**
분말도가 높은 시멘트의 특징 : 시공연도 우수, 재료분리현상 감소, 수화반응이 빠름, 조기강도 높음, 풍화되기 쉬움, 수축균열이 큼, 콘크리트 응결 시 초기균열 발생

**57** 콘크리트용 골재에 대한 설명으로 옳지 않은 것은?

① 골재의 강도는 경화된 시멘트 페이스트의 최대강도 이하이어야 한다.
② 골재의 표면은 거칠고, 모양은 구형에 가까운 것이 가장 좋다.
③ 골재는 잔 것과 굵은 것이 골고루 혼합된 것이 좋다.
④ 골재는 유해량 이상의 염분을 포함하지 않아야 한다.

**해설**
골재의 품질
• 골재의 강도는 시멘트 풀의 강도 이상으로 한다.
• 거칠고 구형에 가까운 것이 좋다.
• 잔 것과 굵은 것이 적당히 혼합되어야 한다.

**58** 복층형 공동주택에 관한 설명으로 옳지 않은 것은?

① 공용 통로 면적을 절약할 수 있다.
② 상하층의 평면이 똑같아 평면구성이 자유롭다.
③ 엘리베이터의 정지 층수가 적어지므로 운영면에서 효율적이다.
④ 1개의 단위 주거가 2개 층 이상에 걸쳐 있는 공동주택을 일컫는다.

**해설**
복층형 공동주택
편복도형에서 쓰이는 경우가 많다. 복도는 한 층 걸러 설치할 수 있으므로 공용 통로 면적을 절약하고, 엘리베이터의 정지층이 감소하여 경제적이다. 단위 주거의 평면계획에 변화가능하고 거주성, 사생활, 일조, 통풍 및 전망의 확보가 가능하다. 각 층 평면이 달라 구조계획, 덕트, 그 밖의 배관계획, 피난계획 등이 어렵다.

**59** 압력탱크식 급수방법에 관한 설명으로 옳은 것은?

① 급수공급압력이 일정하다.
② 단수 시에 일정량의 급수가 가능하다.
③ 전력공급 차단 시에도 급수가 가능하다.
④ 위생성 측면에서 가장 바람직한 방법이다.

**해설**
압력탱크방식 : 탱크의 설치 위치에 제한을 받지 않고 사용 수량에 맞추어 급수량을 조절하는 것이 가능하다. 압력 차가 커서 급수압이 일정하지 않으며 시설비가 비싸고 고장이 잦다.

**60** 배수트랩의 봉수 파괴원인과 가장 거리가 먼 것은?

① 증 발
② 통기작용
③ 모세관현상
④ 자기사이펀작용

**해설**
트랩봉수의 파괴원인
• 자기사이펀작용
• 유도사이펀작용(감압에 의한 흡인작용)
• 배압에 의한 분출작용
• 모세관작용
• 봉수의 증발현상
• 자기 운동량에 의한 관성

정답 56 ④ 57 ① 58 ② 59 ② 60 ②

# 2023년 제2회 과년도 기출복원문제

**01** 고강도선인 피아노선에 인장력을 가해준 다음 콘크리트를 부어 넣고 경화된 후 인장력을 제거시킨 콘크리트는?

① 레디믹스트 콘크리트
② 프리캐스트 콘크리트
③ 프리스트레스트 콘크리트
④ 레진 콘크리트

**해설**
프리스트레스트 콘크리트 : 철근콘크리트제품의 한 종류로서 약칭 PS 또는 PSC 콘크리트라고도 한다. 피아노선, 특수강선 등을 사용해 미리 부재 내에 응력을 줌으로써 사용 시 받는 외력을 없앤다. 조립 철근콘크리트구조용 부재 외에 교량의 PC빔, 철도의 침목 등에도 널리 사용된다.

**02** 철근콘크리트보에서 압축철근을 사용하는 이유와 가장 거리가 먼 것은?

① 전단내력 증진
② 장기처짐 감소
③ 연성거동 증진
④ 늑근의 설치용이

**해설**
철근콘크리트보에서 압축철근을 사용하는 이유 : 처짐의 크기 조절, 장기처짐 감소, 연성거동 증진, 늑근의 설치용이

**03** 건축법상 건축에 속하지 않는 것은?

① 재 축         ② 증 축
③ 이 전         ④ 대수선

**해설**
건축의 정의(건축법 제2조 제1항 제8호)
건축물을 신축·증축·개축·재축하거나 건축물을 이전하는 것을 말한다.

**04** 콘크리트의 각종 강도 중 가장 큰 것은?

① 압축강도       ② 인장강도
③ 휨강도        ④ 전단강도

**05** 목재에 대한 장단점을 설명한 것으로 옳지 않은 것은?

① 중량에 비해 강도와 탄성이 작다.
② 가공성이 좋다.
③ 충해를 입기 쉽다.
④ 건조가 불충분한 것은 썩기 쉽다.

**해설**
목재는 중량에 비해 강도와 탄성이 크다.

**정답**  1 ③  2 ①  3 ④  4 ①  5 ①

## 06 과전류가 통과하면 가열되어 끊어지는 용융 회로 개방형의 가용성 부분이 있는 과전류 보호장치는?

① 퓨 즈
② 차단기
③ 배전반
④ 단로스위치

**해설**
퓨즈 : 전선에 규정 값을 초과하는 과도한 전류가 계속 흐르지 못하도록 자동적으로 차단하는 장치이다. 과전류가 흐르게 되면 전류에 의해 발생하는 열로 퓨즈가 녹아서 끊어진다.

## 07 건축도면에 선을 그을 때 유의사항에 관한 설명으로 옳지 않은 것은?

① 선과 선이 각을 이루어 만나는 곳은 정확하게 작도가 되도록 한다.
② 선의 굵기를 조절하기 위해 중복하여 여러 번 긋지 않도록 한다.
③ 파선이나 점선은 선의 길이와 간격이 일정해야 한다.
④ 선 굵기는 도면의 축척이 다르더라도 항상 일정해야 한다.

**해설**
축척과 도면의 크기에 따라 선 굵기를 다르게 한다.

## 08 급기와 배기측에 송풍기를 설치하여 정확한 환기량과 급기량 변화에 의해 실내압을 정압(+) 또는 부압(-)으로 유지할 수 있는 환기방법은?

① 중력환기
② 제1종 환기
③ 제2종 환기
④ 제3종 환기

**해설**
제1종 환기 : 급기와 배기에 모두 기계장치를 사용하여 실내외의 압력차를 조정할 수 있으며, 가장 우수한 환기방법이다.

## 09 강구조의 특징을 설명한 것 중 옳지 않은 것은?

① 강도가 커서 부재를 경량화할 수 있다.
② 콘크리트구조에 비해 강도가 커서 바닥진동 저감에 유리하다.
③ 부재가 세장하여 좌굴하기 쉽다.
④ 연성구조이므로 취성파괴를 방지할 수 있다.

**해설**
강재는 인성과 연성 확보가 가능하나 처짐 및 진동을 고려해야 한다.

## 10 보가 없이 바닥판을 기둥이 직접 지지하는 슬래브는?

① 드롭패널
② 플랫 슬래브
③ 캐피탈
④ 와플 슬래브

**해설**
플랫 슬래브 : 보 없이 슬래브만으로 되어 있으며, 하중을 직접 기둥에 전달하는 무량판구조의 슬래브이다. 보를 사용하지 않기 때문에 내부공간을 크게 이용할 수 있으며 층고를 낮출 수 있다. 기둥과 연결되는 슬래브 부분의 배근이 복잡하여 전체적으로 슬래브가 두꺼워진다.

**11** 목재 왕대공 지붕틀에 사용되는 부재와 연결철물의 연결이 옳지 않은 것은?

① ㅅ자보와 평보 – 안장쇠
② 달대공과 평보 – 볼트
③ 빗대공과 왕대공 – 꺾쇠
④ 대공 밑잡이와 왕대공 – 볼트

해설
ㅅ자보와 평보 : 볼트

**12** 슬래브의 장변과 단변의 길이 비를 기준으로 한 슬래브에 해당하는 것은?

① 플랫 슬래브   ② 2방향 슬래브
③ 장선 슬래브   ④ 원형식 슬래브

해설
2방향 슬래브 : 변장비(장변과 단변이 비)가 2 이하이며, 네 변이 보에 지지된 슬래브이다.

**13** 혼화재료 중 혼화재에 속하는 것은?

① 포졸란   ② AE제
③ 감수제   ④ 기포제

해설
혼화재 : 혼화재료 중 사용량이 비교적 많아서 그 자체의 부피가 콘크리트의 배합계산에 관계되는 것을 말한다. 플라이애시, 고로슬래그, 미분말 포졸란 등이 이에 해당한다.

**14** 주택의 현관에 관한 설명으로 옳지 않은 것은?

① 한 가정에 대한 첫인상이 형성되는 공간이다.
② 현관의 위치는 도로와의 관계, 대지의 형태 등에 의해 결정된다.
③ 현관의 조명은 부드러운 확산광으로 구석까지 밝게 비추는 것이 좋다.
④ 현관의 벽체는 저명도, 저채도의 색채로 바닥은 고명도, 고채도의 색채로 계획하는 것이 좋다.

해설
현 관
주택 내외부의 동선이 연결되는 곳으로, 주택 외부에서 쉽게 알아볼 수 있는 곳이다. 출입문 외부 포치의 크기는 여러 사람을 동시에 수용할 수 있을 정도로 하고 현관 내부의 홀은 각종 가구의 면적을 제외하고 1.5m×1.8m 정도를 확보해야 한다. 현관 바닥 면에서 실내 바닥 면의 높이차는 15~21cm 정도이다.

**15** 강재 표시방법 2L-125×125×6에서 6이 나타내는 것은?

① 수 량   ② 길 이
③ 높 이   ④ 두 께

해설
강재 표시방법
L-A(장축의 길이)×B(단축의 길이)×t(두께)

정답  11 ①  12 ②  13 ①  14 ④  15 ④

**16** 절충식 구조에서 지붕보와 처마도리의 연결을 위한 보강철물로 사용되는 것은?

① 주걱볼트  ② 띠 쇠
③ 감잡이쇠  ④ 갈고리볼트

**해설**
**주걱볼트** : 평판 상의 철판에 용접한 볼트로 보통 목재를 직각으로 긴결하기 위하여 쓰는 보강 철물이다. 볼트의 머리가 주걱 모양으로 되고 다른 끝은 넓적한 띠쇠로 되어 있다.

**17** 가구식 구조에 대한 설명으로 옳은 것은?

① 개개의 재료를 접착제를 이용하여 쌓아 만든 구조
② 목재, 강재 등 가늘고 긴 부재를 접합하여 뼈대를 만드는 구조
③ 철근콘크리트구조와 같이 전 구조체가 일체가 되도록 한 구조
④ 물을 사용하는 공정을 가진 구조

**해설**
**가구식 구조** : 수직 하중과 수평 하중을 받는 기둥과 보를 조립하여 건축물을 만드는 방식이다. 목구조, 철골구조 등이 이에 해당한다.

**18** 주로 철재 또는 금속재 거푸집에 사용되는 철물로서 지주를 제거하지 않고 슬래브 거푸집만 제거할 수 있도록 한 것은?

① 드롭헤드
② 칼럼밴드
③ 캠 버
④ 와이어클리퍼

**19** 벽돌벽체 내쌓기에서 벽체를 내밀 수 있는 한도는?

① 1.0B
② 1.5B
③ 2.0B
④ 2.5B

**20** 실리카 시멘트에 대한 설명 중 옳은 것은?

① 보통 포틀랜드 시멘트에 비해 초기강도가 크다.
② 화학적 저항성이 크다.
③ 보통 포틀랜드 시멘트에 비해 장기강도는 작은 편이다.
④ 긴급공사용으로 적합하다.

**해설**
**실리카 시멘트** : 실리카겔을 혼합한 시멘트로, 화학적 저항이 크고 내수성이 우수하여 하수공사 및 해수공사에 사용된다.

**21** 콘크리트의 강도에 대한 설명 중 옳은 것은?

① 물시멘트비가 가장 큰 영향을 준다.
② 압축강도는 전단강도의 1/10~1/15 정도로 작다.
③ 일반적으로 콘크리트의 강도는 인장강도를 말한다.
④ 시멘트의 강도는 콘크리트의 강도에 영향을 끼치지 않는다.

**해설**
물시멘트비(W/C) : 물과 시멘트의 중량비를 말한다. 콘크리트 강도에 가장 많은 영향을 주며, 물시멘트비가 클수록 강도는 낮아진다.

**22** 주택지의 단위 분류에 속하지 않는 것은?

① 인보구   ② 근린분구
③ 근린주구   ④ 근린지구

**해설**
주택지 단위 분류 : 인보구, 근린분구, 근린주구

**23** 스킵 플로어형 공동주택에 관한 설명으로 옳지 않은 것은?

① 복도면적이 증가한다.
② 엑세스(Access) 동선이 복잡하다.
③ 엘리베이터의 정지 층수를 줄일 수 있다.
④ 동일한 주거동에 각기 다른 모양의 세대 배치계획이 가능하다.

**해설**
스킵 플로어(Skip Floor)형
한 층 또는 두 층을 걸러 복도를 설치하거나 그 밖의 층에는 복도 없이 계단실에서 단위 주거에 도달하는 형식이다. 엘리베이터에서 복도를 거쳐 계단을 통하여 단위 주거에 도달하기 때문에 동선이 길어진다.

**24** 다음 중 단면도를 그려야 할 부분과 가장 거리가 먼 것은?

① 설계자의 강조 부분
② 평면도만으로 이해하기 어려운 부분
③ 전체 구조의 이해를 필요로 하는 부분
④ 시공자의 기술을 보여주고 싶은 부분

**25** 철골보의 종류에서 형강의 단면을 그대로 이용하므로 부재의 가공 절차가 간단하고 기둥과 접합도 단순한 것은?

① 조립보   ② 형강보
③ 래티스보   ④ 트러스보

**해설**
형강보 : H형강, I형강, U형강 등을 단독으로 사용한 보

정답 21 ① 22 ④ 23 ① 24 ④ 25 ②

**26** 구조형식 중 서로 관계가 먼 것끼리 연결된 것은?

① 박판구조 – 곡면구조
② 가구식 구조 – 목구조
③ 현수식 구조 – 공기막구조
④ 일체식 구조 – 철근콘크리트구조

**해설**
- 현수식 구조 : 케이블
- 공기막구조 : 막구조

**27** 대린벽으로 구획된 벽돌조 내력벽의 벽길이가 7m일 때 개구부의 폭의 합계는 최대 얼마 이하로 하는가?

① 3m  ② 3.5m
③ 4m  ④ 4.5m

**해설**
개구부(건축물의 구조기준 등에 관한 규칙 제35조 제1항 제1호)
각 층의 대린벽으로 구획된 각 벽에 있어서 개구부의 폭의 합계는 그 벽의 길이의 2분의 1 이하로 하여야 한다.

**28** 철근콘크리트기둥에 철근 배근 시 띠철근의 수직간격으로 가장 알맞은 것은?(단, 기둥단면 400 × 400mm, 주근지름 13mm, 띠철근지름 10mm이다)

① 200mm  ② 250mm
③ 400mm  ④ 480mm

**해설**
띠철근의 수직간격은 축방향 철근지름의 16배 이하, 띠철근이나 철선지름의 48배 이하, 또한 기둥단면의 최소 치수 이하로 하여야 한다(KDS 14 20 50).
- 축방향 철근지름의 16배 이하 : 13mm×16=208mm
- 띠철근지름의 48배 이하 : 10mm×48=480mm
- 기둥단면의 최소 치수 이하 : 400mm
따라서, 띠철근 수직간격은 208mm 이하인 200mm가 가장 알맞다.

**29** 목재의 역학적 성질에 대한 설명 중 틀린 것은?

① 섬유포화점 이하에서는 강도가 일정하나 섬유포화점 이상에서는 함수율이 증가함에 따라 강도는 증가한다.
② 목재는 조직 가운데 공간이 있기 때문에 열의 전도가 더디다.
③ 목재의 강도는 비중 및 함수율 이외에도 섬유방향에 따라서도 차이가 있다.
④ 목재의 압축강도는 옹이가 있으면 감소한다.

**해설**
목재의 강도
- 건조하면(함수율이 낮을수록) 강도는 증가한다.
- 섬유방향의 인장강도가 압축강도보다 크다.
- 심재가 변재보다 강도가 크다.
- 목재의 흠으로 강도가 떨어진다.

**30** 오토클레이브(Autoclave) 팽창도 시험은 시멘트의 무엇을 알아보기 위한 것인가?

① 풍 화  ② 안정성
③ 비 중  ④ 분말도

**31** 다음 중 건물의 일조 조절에 이용되지 않는 것은?

① 차 양  ② 루 버
③ 이중창  ④ 블라인드

해설
일조 조절 : 차양, 발코니, 루버, 블라인드, 흡열유리, 이중유리, 유리블록, 식수 등의 방법을 이용한다.

**32** 건축제도의 치수 및 치수선에 관한 설명으로 옳지 않은 것은?

① 치수는 특별히 명시하지 않는 한 마무리 치수로 표시한다.
② 협소한 간격이 연속될 때에는 인출선을 사용하여 치수를 쓴다.
③ 치수선의 양 끝 표시는 화살 또는 점으로 표시할 수 있으며 같은 도면에서 2종을 혼용할 수도 있다.
④ 치수기입은 치수선에 평행하게 도면의 왼쪽에서 오른쪽으로, 아래로부터 위로 읽을 수 있도록 기입한다.

해설
치수의 기입방법(KS F 1501)
• 치수선의 양 끝 표시는 화살 또는 점으로 표시할 수 있으며 같은 도면에서 2종을 혼용하지 않는다.
• 치수는 치수선에 따라서 도면에 평행하게 기입하고, 도면의 아래에서 위로, 왼쪽에서 오른쪽으로 기입한다.
• 치수는 특별히 명시하지 않는 한 마무리 치수로 표시한다.
• 치수의 단위는 mm가 기준이 되며 mm 표기는 하지 않는다. mm 단위가 아닌 경우는 해당 단위 부호를 기입한다.
• 치수선의 간격이 좁을 때는 인출선을 써서 표기한다.

**33** 공기조화방식의 열반송매체에 의한 분류 중 전수 방식에 속하는 것은?

① 단일덕트방식  ② 이중덕트방식
③ 팬코일 유닛방식  ④ 멀티존 유닛방식

해설
열반송매체의 전수방식으로 팬코일 유닛방식, 복사 냉난방방식 등이 있다.

**34** 직접 조명에 관한 설명으로 옳지 않은 것은?

① 조명률이 좋다.
② 그림자가 강하게 생긴다.
③ 눈부심이 일어나기 쉽다.
④ 실내의 조도분포가 균일하다.

해설
직접 조명은 실내 전체적으로 볼 때 밝고 어두움의 차이가 크다.

**35** 구조물의 횡력보강을 위하여 통상적으로 사용되는 부재는?

① 기 둥  ② 슬래브
③ 보  ④ 가 새

해설
가새 : 대각선 방향에 삼각형 구조로 대며, 경사가 45°에 가까울수록 유리하며 수평력을 부담한다.

**36** 아치벽돌을 사다리꼴 모양으로 특별히 주문 제작하여 쓴 것을 무엇이라 하는가?

① 본아치
② 막만든아치
③ 거친아치
④ 층두리아치

**해설**
② 막만든아치 : 보통벽돌을 쐐기 모양으로 다듬어 쓴 아치
③ 거친아치 : 보통벽돌을 사용하며, 줄눈이 쐐기 모양인 아치
④ 층두리아치 : 아치 너비가 넓을 때 여러겹으로 겹쳐 쌓은 아치

**37** 건축물의 큰 보의 간 사이에 작은 보(Beam)를 짝수로 배치할 때의 주된 장점은?

① 미관이 뛰어나다.
② 큰 보의 중앙부에 작용하는 하중이 작아진다.
③ 층고를 낮출 수 있다.
④ 공사하기가 편리하다.

**38** 시멘트 혼화제인 AE제를 사용하는 가장 중요한 목적은?

① 동결융해작용에 대하여 내구성을 가지기 위해
② 압축강도를 증가시키기 위해
③ 모르타르나 콘크리트에 색깔을 내기 위해
④ 모르타르나 콘크리트의 방수성능을 위해

**해설**
**AE제**
콘크리트를 비빌 때 사용하는 혼화재료로 미세한 기포를 생성하여 워커빌리티를 개선하지만, 과도하게 사용할 경우 강도저하현상이 일어난다. 사용목적은 동결융해작용에 대한 내구성을 가지기 위함이다.

**39** 미장재료 중 석고 플라스터에 대한 설명으로 틀린 것은?

① 알칼리성이므로 유성페인트 마감을 할 수 없다.
② 수화하여 굳어지므로 내부까지 거의 동일한 경도가 된다.
③ 방화성이 크다.
④ 원칙적으로 해초 또는 풀을 사용하지 않는다.

**해설**
경화가 빨라 플라스터 바름 작업 후 바로 유성페인트 마감이 가능하다.
**석고 플라스터**
• 응고가 빠르고 점성이 크다.
• 내수성이 크고, 미장재료 중 균열발생이 가장 적다.
• 혼합 석고 플라스터, 보드용 석고 플라스터, 경석고 플라스터 등이 있다.

**40** 배수트랩의 종류에 속하지 않는 것은?

① S트랩
② 벨트랩
③ 버킷트랩
④ 드럼트랩

**해설**
**배수트랩** : 위생기구의 배수구 주변이나 욕실의 바닥 등에 설치하여 트랩 내의 봉수에 의하여 하수 가스나 작은 벌레 등이 배수관에서 실내로 침입하는 것을 방지하는 역할을 한다. 종류에는 관트랩(P트랩, S트랩, U트랩), 드럼트랩, 벨트랩 등이 있다.

36 ① 37 ② 38 ① 39 ① 40 ③

## 41
1점 쇄선의 용도에 속하지 않는 것은?
① 상상선
② 중심선
③ 기준선
④ 참고선

**해설**
1점 쇄선 : 벽체의 중심선, 절단선, 경계선, 기준선, 참고선

## 42
주택에서 식당의 배치유형 중 주방의 일부에 간단한 식탁을 설치하거나 식당과 주방을 하나로 구성한 형태는?
① 리빙 키친
② 리빙 다이닝
③ 다이닝 키친
④ 다이닝 테라스

**해설**
다이닝 키친(DK) : 주방, 부엌의 일부분에 식사실을 배치하는 형태로 유기적으로 연결하여 노동력을 절감하지만, 부엌조리 시 냄새나 음식찌꺼기 등으로 식사실 분위기를 저해한다.

## 43
다음 중 인장링이 필요한 구조는?
① 트러스
② 막구조
③ 절판구조
④ 돔구조

**해설**
돔구조 : 공을 반으로 잘라 놓은 듯한 형태를 구성하는 구조방식으로, 인장링이 필요하다.

## 44
목재의 보존성을 높이고 충해 및 변색방지를 위한 방부처리법이 아닌 것은?
① 도포법
② 저장법
③ 침지법
④ 주입법

**해설**
목재의 방부처리법 : 주입법, 침지법, 도포법, 표면탄화법

## 45
요소수지에 대한 설명으로 틀린 것은?
① 착색이 용이하지 못하다.
② 마감재, 가구재 등에 사용된다.
③ 내수성이 약하다.
④ 열경화성수지이다.

**해설**
**요소수지**
요소와 폼알데하이드의 축합반응에 의해서 생성되는 열경화성수지로 무색투명하고 착색이 용이하지만 내수성, 내열성은 페놀수지에 비해 뒤떨어진다. 내열성은 100℃ 이하에서는 연속 사용할 수 있고 약산, 약알칼리, 벤졸, 알코올, 유지류 등에는 거의 침해되지 않는다. 공업용 보다는 일용품, 장식품 등에 많이 사용한다.

**정답** 41 ① 42 ③ 43 ④ 44 ② 45 ①

**46** 다음 중 건축설계의 전개과정으로 가장 알맞은 것은?

① 조건파악 → 기본계획 → 기본설계 → 실시설계
② 기본계획 → 조건파악 → 기본설계 → 실시설계
③ 기본설계 → 기본계획 → 조건파악 → 실시설계
④ 조건파악 → 기본설계 → 기본계획 → 실시설계

**47** 주택의 침실에 관한 설명으로 옳지 않은 것은?

① 방위상 직사광선이 없는 북쪽이 가장 이상적이다.
② 침실은 정적이며 프라이버시 확보가 잘 이루어져야 한다.
③ 침대는 외부에서 출입문을 통해 직접 보이지 않도록 배치하는 것이 좋다.
④ 침실의 위치는 소음원이 있는 쪽은 피하고, 정원 등의 공지에 면하도록 하는 것이 좋다.

**해설**
**침 실**
- 방위상 일조와 통풍이 좋은 남쪽, 동남쪽이 이상적이고 북쪽은 피하는 것이 좋다.
- 기본 기능은 휴식과 수면이며, 이외에도 실의 성격에 따라서 독서, 화장, 옷을 갈아입는 행위, 음악 감상 등의 기능을 포함한다.
- 소음원이 있는 쪽은 피하고, 정원 등의 공지에 면하도록 하는 것이 좋다.

**48** 건축제도에서 투상법의 작도원칙은?

① 제1각법
② 제2각법
③ 제3각법
④ 제4각법

**해설**
건축제도통칙(KS F 1501)에서 투상법은 제3각법으로 작도함을 원칙으로 한다.

**49** 벽돌벽 줄눈에서 상부의 하중을 전 벽면에 균등하게 분포시키도록 하는 줄눈은?

① 빗줄눈　　② 막힌줄눈
③ 통줄눈　　④ 오목줄눈

**50** 기둥의 종류에서 2층 건물의 아래층에서 위층까지 관통한 하나의 부재로 된 기둥은?

① 샛기둥　　② 통재기둥
③ 평기둥　　④ 동바리

**해설**
① 샛기둥 : 본 기둥 사이에 세워 벽체를 이루는 기둥
③ 평기둥 : 층별로 배치된 기둥

46 ① 47 ① 48 ③ 49 ② 50 ②

**51** 기둥 1개의 하중을 1개의 기초판으로 부담시킨 기초형식은?

① 독립기초
② 복합기초
③ 연속기초
④ 온통기초

**해설**
③ 연속기초(줄기초) : 조적조의 벽기초 또는 콘크리트 연속기초
④ 온통기초 : 건축물의 전면 또는 광범위한 부분에 대하여 기초 슬래브를 두는 경우의 기초

**52** 합판(Plywood)의 특성으로 옳지 않은 것은?

① 판재에 비해 균질하다.
② 방향에 따라 강도의 차가 크다.
③ 너비가 큰 판을 얻을 수 있다.
④ 함수율 변화에 의한 신축변형이 작다.

**해설**
합판 : 단판을 3, 5, 7, 9 홀수겹으로 겹쳐 붙이는 것이며 제조법으로 로터리 베니어, 슬라이스트 베니어, 소드 베니어가 있다.
• 판재에 비해 균질하다.
• 팽창, 수축이 작다.
• 방향에 따른 강도 차이가 작다.
• 아름다운 무늬를 얻을 수 있다.
• 너비가 큰 판을 얻을 수 있고, 곡면판으로 만들 수 있다.

**53** 점토제품 중 소성온도가 가장 높은 것은?

① 토 기    ② 석 기
③ 자 기    ④ 도 기

**해설**
자기질타일이 가장 고온에서 소성된다.

**54** 재료가 반복하중을 받는 경우 정적강도보다 낮은 강도에서 파괴되는 응력의 한계로 옳은 것은?

① 정적강도
② 충격강도
③ 크리프강도
④ 피로강도

**해설**
④ 피로강도 : 항복점 응력보다 작은 응력이라도 재료에 반복작용하면 그다지 큰 변형 없이 파괴되는데 이것을 피로 파괴라고 한다.
① 정적강도 : 외력을 일정한 속도로 서서히 가할 때 측정된 강도이다.
② 충격강도 : 물체에 충격하중을 적용할 때 물체가 파괴에 저항하는 능력으로, 파괴에 요구되는 에너지를 충격사사량 또는 충격에너지라고 부른다. 목재의 경우 인성과 취성의 척도이다.
③ 크리프강도 : 장시간의 하중으로 재료가 계속적으로 서서히 소성변형을 일으키는 것을 말하며, 파단되는 순간의 최대 하중을 크리프강도라고 한다.

**55** 초기 강도가 높고 양생기간 및 공기를 단축할 수 있어, 긴급공사에 사용되는 것은?

① 중용열 시멘트
② 조강 포틀랜드 시멘트
③ 백색 시멘트
④ 고로 시멘트

**해설**
조강 포틀랜드 시멘트 : 조기 강도 발현이 가능하므로 공기단축이 가능하고, 겨울공사에 적합한 시멘트이다.

**56** 벽체의 단열에 관한 설명으로 옳지 않은 것은?

① 벽체의 열관류율이 클수록 단열성이 낮다.
② 단열은 벽체를 통한 열손실방지와 보온역할을 한다.
③ 벽체의 열관류 저항값이 작을수록 단열효과는 크다.
④ 조적벽과 같은 중공구조의 내부에 위치한 단열재는 난방 시 실내 표면온도를 신속히 올릴 수 있다.

해설
열관류 저항값이 클수록 단열효과가 우수하다.

**57** 아파트의 평면 형식 중 집중형에 관한 설명으로 옳지 않은 것은?

① 대지 이용률이 높다.
② 채광 및 통풍이 불리하다.
③ 독립성 측면에서 가장 우수하다.
④ 중앙에 엘리베이터나 계단실을 두고 많은 주호를 집중 배치하는 형식이다.

해설
계단실형이 독립성 측면에서 우수하다.

**58** 주거공간을 주행동에 따라 개인공간, 사회공간, 노동공간 등으로 구분할 때, 다음 중 사회공간에 속하지 않는 것은?

① 거 실    ② 식 당
③ 서 재    ④ 응접실

해설
• 사회공간 : 거실, 식사실, 응접실
• 개인공간 : 침실, 서재

**59** 철근콘크리트구조에서 최소 피복두께의 목적에 해당되지 않는 것은?

① 철근의 부식방지
② 철근의 연성감소
③ 철근의 내화
④ 철근의 부착

해설
철근콘크리트구조에서 철근은 인장력에 대응하므로 구조부재의 표면 가까이 배치하는 것이 유리하지만, 이음과 정착을 위한 부착강도의 확보, 화재발생 시 내화성의 확보, 철근의 부식을 방지하기 위한 내구성의 확보를 위해 일정한 피복두께를 확보하여야 한다.

**60** 횡력을 받는 벽을 지지하기 위해서 설치하는 구조물은?

① 버트레스
② 커튼월
③ 타이바
④ 칼럼밴드

해설
**버트레스** : 벽을 지지하기 위해 축조된 외부구조물의 하나로, 특히 건물의 아치로 된 돌지붕의 육중한 떠밀림을 지탱하기 위한 부가적 조적형식이다.

56 ③  57 ③  58 ③  59 ②  60 ①

# 2024년 제1회 최근 기출복원문제

**01** 다음 중 인장링이 필요한 구조는?

① 트러스   ② 막구조
③ 절판구조   ④ 돔구조

**해설**
돔구조 : 공을 반으로 잘라 놓은 듯한 형태를 구성하는 구조방식으로, 인장링이 필요하다.

**02** 다음 중 재료와 그 사용용도의 연결이 옳지 않은 것은?

① 테라초 - 벽, 바닥의 수장재
② 트래버틴 - 내벽 등의 수장재
③ 타일 - 내·외벽, 바닥의 수장재
④ 테라코타 - 흡음재

**해설**
테라코타
- 석재 조각물 대신에 사용되는 점토소성제품이다.
- 입체타일로 석재보다 색이 자유롭다.

**03** 시멘트의 강도에 영향을 주는 주요 요인이 아닌 것은?

① 분말도
② 비빔장소
③ 풍화 정도
④ 사용하는 물의 양

**해설**
시멘트 강도에 영향을 미치는 요인 : 시멘트 성분, 시멘트 분말도, 시멘트의 풍화 정도, 사용하는 물의 양, 양생조건 등

**04** 회반죽이 공기 중에서 굳어질 때 필요한 물질은?

① 산소
② 수증기
③ 탄산가스
④ 질소

**해설**
회반죽 바름은 공기 중에서 탄산가스와의 화학작용을 통해 굳어진다.

**05** 증기난방방식에 관한 설명으로 옳지 않은 것은?

① 예열시간이 온수난방에 비해 짧다.
② 온수난방에 비해 한랭지에서 동결의 우려가 적다.
③ 증발잠열을 이용하기 때문에 열의 운반능력이 크다.
④ 온수난방에 비해 부하 변동에 따른 방열량 조절이 용이하다.

**해설**
증기난방방식은 난방 부하의 변동에 따른 방열량 조절이 곤란하다.

**정답** 1 ④  2 ④  3 ②  4 ③  5 ④

## 06 철근콘크리트보의 늑근에 대한 설명 중 옳지 않은 것은?

① 전단력에 저항하는 철근이다.
② 중앙부로 갈수록 조밀하게 배치한다.
③ 굽힘철근의 유무에 관계없이 전단력의 분포에 따라 배치한다.
④ 계산상 필요 없을 때라도 사용한다.

**해설**
늑근 : 철근콘크리트보의 주근을 둘러 감은 철근을 말하며, 전단력에 의해 발생하는 파괴에 대한 보강철근이다. 단부로 갈수록 조밀하게 배치한다.

## 07 벽돌구조의 아치(Arch)는 부재의 하부에 어떤 힘이 생기지 않도록 의도된 구조인가?

① 인장력
② 압축력
③ 수평반력
④ 수직반력

**해설**
아치구조 : 개구부 상부의 하중을 지지하기 위해 돌, 벽돌을 곡선형으로 쌓아올린 구조로 상부의 수직방향 하중이 아치의 곡면을 따라 좌우로 분리되어 아래쪽 부재에 인장력이 생기지 않고 압축력만을 전달하도록 만든 구조이다.

## 08 다음 중 가장 높은 온도에서 소성된 점토제품은?

① 토 기
② 도 기
③ 석 기
④ 자 기

**해설**
자기질 타일은 가장 고온에서 소성된다.
**점토제품의 소성온도** : 자기 > 석기 > 도기 > 토기

## 09 유리 원료에 납을 섞어 유리에 산화납 성분을 포함시킨 유리의 특징은?

① X선 차단성이 크다.
② 태양광선 중 열선을 흡수한다.
③ 자외선을 차단시키는 효과가 크다.
④ 자외선을 흡수하는 성질이 크다.

**해설**
유리 원료에 6% 납성분을 첨가하면 X선을 차단한다.

## 10 아파트 단위주거의 단면형식에 따른 분류에 속하는 것은?

① 집중형
② 판상형
③ 복층형
④ 계단실형

**해설**
① : 주동의 외관형식에 따른 분류
②·④ : 주동의 평면형식에 따른 분류
**아파트 단면형식에 따른 분류** : 단층형, 복층형, 트리플렉스형, 스킵플로어형 등

**11** 삼각스케일에 표기되어 있는 축척이 아닌 것은?

① 1/100  ② 1/300
③ 1/600  ④ 1/800

**해설**
삼각스케일 : 1/100, 1/200, 1/300, 1/400, 1/500, 1/600

**12** 주택의 식당 및 부엌에 관한 설명으로 옳지 않은 것은?

① 식당의 색채는 채도가 높은 한색계통이 바람직하다.
② 식당은 부엌과 거실의 중간 위치에 배치하는 것이 좋다.
③ 부엌의 작업대는 준비대 → 개수대 → 조리대 → 가열대 → 배선대의 순서로 배치한다.
④ 키친네트는 작업대 길이가 2m 정도인 소형 주방가구가 배치된 간이 부엌의 형태이다.

**해설**
식당의 경우 식욕을 돋우는 난색계통(노랑, 밝은 주황, 크림색 등) 배색이 적절하다.

**13** 건축물의 표면 마무리, 인조석 제조 등에 사용되며 구조체의 축조에는 거의 사용되지 않는 시멘트는?

① 조강 포틀랜드 시멘트
② 플라이애시 시멘트
③ 백색 포틀랜드 시멘트
④ 고로슬래그 시멘트

**해설**
**백색 포틀랜드 시멘트** : 원료에는 철분이 적은 백색점토와 석회석을 사용하고, 연료에는 중유 등을 사용해서 제조한 시멘트이다. 주로 외장 모르타르에 쓰이며, 강도는 보통 포틀랜드 시멘트보다 약하다.

**14** 금속재의 부식방지법으로 옳지 않은 것은?

① 부식방지를 위해 서로 다른 종류의 금속을 서로 잇대어 쓴다.
② 표면은 깨끗하게 하고, 특히 물기나 습기가 없도록 한다.
③ 내식성이 큰 금속은 표면에 도료 등으로 피막을 만들어 보호한다.
④ 가공 중에 생긴 변형은 풀림, 뜨임 등에 의해 제거하여 균일한 재료로 만든다.

**해설**
① 다른 종류의 금속을 서로 잇대어 사용하지 않는다.
**철재 부식방지법**
• 철재의 표면에 아스팔트나 콜타르를 바른다.
• 시멘트액 등으로 피막을 형성한다.
• 사산화철 등의 금속산화물로 피막을 형성한다.

**15** 다음 목재제품 중 일반건물의 벽 수장재로 사용되는 것은?

① 플로링 보드
② 코펜하겐 리브
③ 파키트리 패널
④ 파키트리 블록

**해설**
코펜하겐 리브 : 오디토리움 등의 천장이나 벽면을 완성할 때 사용한다.

**정답** 11 ④  12 ①  13 ③  14 ①  15 ②

**16** 복사난방에 관한 설명으로 옳은 것은?

① 방열기 설치를 위한 공간이 요구된다.
② 실내의 온도 분포가 균등하고 쾌감도가 높다.
③ 대류식 난방으로 바닥면의 먼지 상승이 많다.
④ 열용량이 작기 때문에 방열량 조절이 용이하다.

**해설**
복사난방
- 실내의 온도 분포가 균등하고 쾌감도가 높다.
- 방열기가 필요하지 않고 바닥면의 이용도가 높다.

**17** 주택단지계획에서 근린주구에 해당되는 주택호수로 알맞은 것은?

① 10~20호　　② 400~500호
③ 1,600~2,000호　　④ 6,000~12,000호

**해설**
근린주구 : 주택호수는 1,600~2,000호이다.

**18** 주택의 거실에 관한 설명으로 옳지 않은 것은?

① 가급적 현관에서 가까운 곳에 위치시키는 것이 좋다.
② 거실의 크기는 주택 전체의 규모나 가족 수, 가족 구성 등에 의해 결정된다.
③ 전체 평면의 중앙에 배치하여 각 실로 통하는 통로로서의 역할을 하도록 한다.
④ 거실의 형태는 일반적으로 직사각형이 정사각형보다 가구의 배치나 실의 활용 측면에서 유리하다.

**해설**
③ 거실은 실내의 다른 공간과 유기적으로 연결될 수 있도록 하되, 거실이 통로화되지 않도록 주의해야 한다.
거실 : 주택 내의 중심에 위치해야 하며, 가급적 현관에서 가까운 곳에 배치하고, 방위는 남쪽 또는 남동·남서쪽에 면한다. 가족 구성원 1인당 5m², 전체면적의 21~25% 이상이 필요하다. 형태는 직사각형이 정사각형보다 가구의 배치나 실의 활용 측면에서 유리하다.

**19** 철근콘크리트 압축부재 중 직사각형 기둥의 축방향 주철근의 최소 개수는?

① 3개　　② 4개
③ 6개　　④ 8개

**해설**
압축부재의 축방향 주철근의 최소 개수는 사각형이나 원형 띠철근으로 둘러싸인 경우 4개, 삼각형 띠철근으로 둘러싸인 경우 3개, 나선철근으로 둘러싸인 철근의 경우 6개로 하여야 한다(KDS 14 20 20).

**20** 곡면판이 지니는 역학적 특성을 응용한 구조로서 외력은 주로 판의 면내력으로 전달되기 때문에 경량이고 내력이 큰 구조물을 구성할 수 있는 것은?

① 철골구조　　② 셸구조
③ 현수구조　　④ 커튼월구조

**해설**
셸구조 : 조개껍데기나 달걀껍데기처럼 휘어진 얇은 판의 곡면을 이용하는 구조방식이다.

**21** 벽돌 쌓기법 중 모서리에 칠오토막을 사용하여 통줄눈이 되지 않도록 하는 벽돌 쌓기방법은?

① 영국식 쌓기
② 네덜란드식 쌓기
③ 프랑스식 쌓기
④ 미국식 쌓기

**해설**
② 네덜란드식 쌓기 : 길이 쌓기와 마구리 쌓기를 교대로 하는데 이것은 영국식 쌓기와 동일하다. 길이 쌓기 켜의 모서리에는 칠오토막을 사용하여 상하가 일치되도록 한다.
① 영국식 쌓기 : 영국식 쌓기 : 길이 쌓기 켜와 마구리 쌓기 켜를 번갈아서 쌓아올리는 방법으로 마구리 켜의 모서리 부분에는 반절 또는 이오토막을 사용한다.
③ 프랑스식 쌓기 : 한 켜에 길이 쌓기와 마구리 쌓기를 번갈아 가며 쌓는다.
④ 미국식 쌓기 : 한 켜는 마구리 쌓기로 하고 그 다음 5켜는 길이 쌓기를 한다.

**22** 콘크리트용 혼화제 중 콘크리트의 발열량을 높게 하는 것은?

① 경화촉진제
② AE제
③ 포졸란
④ 방수제

**해설**
경화촉진제 : 콘크리트의 경화속도를 높이기 위해 사용되는 혼화제이며, 보통 염화칼슘이 사용된다.

**23** 주택의 평면계획에서 인접의 원칙에 해당하지 않는 것은?

① 거실 – 현관
② 식당 – 주방
③ 식당 – 화장실
④ 주방 – 다용도실

**해설**
식당과 화장실은 멀리하는 것이 좋다.

**24** 벽돌구조에서 개구부 위와 그 바로 위의 개구부와의 최소 수직거리 기준은?

① 10cm 이상
② 20cm 이상
③ 40cm 이상
④ 60cm 이상

**해설**
조적식구조의 개구부(건축물의 구조기준 등에 관한 규칙 제35조 제1항 제2호)
개구부와 그 바로 위층에 있는 개구부와의 수직거리는 600mm 이상으로 하여야 한다.

**25** 2방향 슬래브가 되기 위한 조건으로 옳은 것은?

① (장변/단변) ≤ 2
② (장변/단변) ≤ 3
③ (장변/단변) > 2
④ (장변/단변) > 3

**해설**
2방향 슬래브 : 변장비가 2 이하, 네 변이 보에 지지된 슬래브이다.

**26** 온도조절철근(배력근)의 역할과 가장 거리가 먼 것은?

① 균열방지
② 응력의 분산
③ 주철근 간격유지
④ 주근의 좌굴방지

**해설**
온도조절철근 : 수축과 온도변화에 의해 생기는 콘크리트의 균열을 방지하고, 응력을 분산시킬 목적으로 주철근과 직각방향으로 배치한 보조적인 철근이다.

**27** 건축재료 중 벽, 천장재료에 요구되는 성질이 아닌 것은?

① 외관이 좋은 것이어야 한다.
② 시공이 용이한 것이어야 한다.
③ 열전도율이 큰 것이어야 한다.
④ 차음이 잘되고 내화·내구성이 큰 것이어야 한다.

**해설**
건축재료 중 벽과 천장재료의 요구사항
• 열전도율이 작아야 한다.
• 차음이 잘되어야 한다.
• 내화·내구성이 우수해야 한다.
• 외관이 좋고 시공이 용이해야 한다.

**28** 한국산업표준(KS)에서 토목, 건축 부문의 분류기호는?

① F     ② B
③ K     ④ M

**해설**
② B : 기계
③ K : 섬유
④ M : 화학

**29** 도장의 목적과 관계하여 도장재료에 요구되는 성능과 가장 거리가 먼 것은?

① 방음     ② 방습
③ 방청     ④ 방식

**해설**
도장재료에 요구되는 성질 : 방습, 방청, 방식

**30** 과전류가 통과하면 가열되어 끊어지는 용융 회로 개방형의 가용성 부분이 있는 과전류 보호장치는?

① 퓨즈
② 차단기
③ 배전반
④ 단로 스위치

**해설**
퓨즈 : 전선에 규정값을 초과하는 과도한 전류가 계속 흐르지 못하도록 자동적으로 차단하는 장치이다. 과전류가 흐르게 되면 전류에 의해 발생하는 열로 퓨즈가 녹아서 끊어진다.

**31** 급기와 배기축에 송풍기를 설치하여 정확한 환기량과 급기량 변화에 의해 실내압을 정압(+) 또는 부압(-)으로 유지할 수 있는 환기방법은?

① 중력환기
② 제1종 환기
③ 제2종 환기
④ 제3종 환기

**해설**
제1종 환기 : 급기와 배기에 모두 기계장치를 사용하여 실내·외의 압력 차를 조정할 수 있으며, 가장 우수한 환기방법이다.

**32** LPG에 관한 설명으로 옳지 않은 것은?

① 공기보다 가볍다.
② 액화석유가스이다.
③ 주성분은 프로판, 프로필렌, 부탄 등이다.
④ 석유정제 과정에서 채취된 가스를 압축·냉각해서 액화시킨 것이다.

**해설**
LPG 연료의 특징
• 주기적으로 연료 잔량을 확인해야 한다.
• 공기보다 무거우며 누출 시 바닥에 가라앉고, 특유의 냄새가 있다.
• 열효율이 LNG(도시가스)에 비해 높다.
• 같은 용량당 가격은 LPG가 비싼 편이다.

**33** 보가 없이 바닥판을 기둥이 직접 지지하는 슬래브는?

① 드롭패널
② 플랫 슬래브
③ 캐피탈
④ 와플 슬래브

**해설**
플랫 슬래브 : 보 없이 슬래브만으로 되어 있으며, 하중을 직접 기둥에 전달하는 무량판구조의 슬래브이다. 보를 사용하지 않기 때문에 내부공간을 크게 이용할 수 있으며 층고를 낮출 수 있다. 기둥과 연결되는 슬래브 부분의 배근이 복잡하여 전체적으로 슬래브가 두꺼워진다.

**34** 트러스의 구조에 대한 설명으로 옳은 것은?

① 모든 방향에 대한 응력을 전달하기 위하여 절점은 항상 자유로운 핀(Pin)접합으로만 이루어져야 한다.
② 풍하중과 적설하중은 구조계산 시 고려하지 않는다.
③ 기하학적인 곡면으로는 구조적 결함이 많이 발생하기 때문에 주로 평면 형태로 제작된다.
④ 구성부재를 규칙적인 3각형으로 배열하면 구조적으로 안정이 된다.

**해설**
트러스 형식의 특징
• 절점을 핀(Pin)접합으로 취급한 3각형 형태의 부재를 조합한 구조 형식이다.
• 각 부재에는 원칙적으로 축방향력만 발생한다.
• 가느다란 부재로 큰 공간을 구성한다.
• 평면 트러스와 입체 트러스로 나뉜다.

**35** 건물의 주요 뼈대를 공장 제작한 후 현장에 운반하여 짜맞춘 구조는?

① 조적식 구조
② 습식 구조
③ 일체식 구조
④ 조립식 구조

**해설**
조립식 구조 : 공장에서 규격화된 건축 부재를 대량 제작하여 현장에서 조립하여 구조체를 완성하는 방식으로 공사기간이 매우 짧고 대량생산과 질의 균일화가 가능하다. 프리캐스트 콘크리트 구조 등이 이에 해당한다.

**36** 연약지반에 건축물을 축조할 때 부동침하를 방지하는 대책으로 옳지 않은 것은?

① 건물의 강성을 높일 것
② 지하실을 강성체로 설치할 것
③ 건물의 중량을 크게 할 것
④ 건물은 너무 길지 않게 할 것

**해설**
**부동침하 방지 대책** : 연약지반 개량, 경질지반에 지지, 건축물의 경량화, 마찰말뚝 시공, 지하실 설치, 건물의 평면길이 조정, 지하수위를 저하시켜 수압변화 방지, 건물의 형상 및 중량을 균일 배분 등

**37** 결로현상 방지에 가장 좋은 유리는?

① 망입유리
② 무늬유리
③ 복층유리
④ 착색유리

**해설**
**복층유리** : 두 장의 유리를 일정한 간격으로 하여, 주위를 접착제로 밀폐하고, 그 중간에 완전 건조 공기를 봉입한 유리이다. 단열·차음·결로 방지 등의 효과가 있으며 페어 글라스라고도 한다.

**38** 건축물의 용도와 바닥재료의 연결 중 적합하지 않은 것은?

① 유치원의 교실 – 인조석 물갈기
② 아파트의 거실 – 플로어링 블록
③ 병원의 수술실 – 전도성 타일
④ 사무소 건물의 로비 – 대리석

**해설**
유치원 교실의 경우 어린이들의 안전을 고려하여 목재 바닥을 사용하는 것이 좋다.

**39** 혼화재료 중 혼화재에 속하는 것은?

① 포졸란
② AE제
③ 감수제
④ 기포제

**해설**
**혼화재** : 혼화재료 중 사용량이 비교적 많아서 그 자체의 부피가 콘크리트의 배합계산에 관계되는 것을 말한다. 플라이애시, 고로슬래그, 미분말 포졸란 등이 이에 해당한다.
※ 혼화제 : 감수제, AE제, 유동화제, 방수제, 기포제, 촉진제, 지연제 등

**40** 통기방식 중 트랩마다 통기되기 때문에 가장 안정도가 높은 방식은?

① 루프통기방식
② 결합통기방식
③ 각개통기방식
④ 신정통기방식

**해설**
**각개통기방식** : 각 기구의 트랩마다 통기관을 설치하여 그것들을 통기수평지관에 접속하고 그 지관의 말단을 통기수직관 또는 신정통기관에 접속하는 방식이다. 트랩마다 통기되어 있으므로 가장 성능이 좋다.

**41** 건축도면에서 보이지 않는 부분의 표시에 사용되는 선의 종류는?

① 파 선  ② 가는 실선
③ 1점 쇄선  ④ 2점 쇄선

**해설**
보이지 않는 부분의 표시선(숨은선)은 파선으로 한다.

**42** 소방시설은 소화설비, 경보설비, 피난설비, 소화용수설비, 소화활동설비로 구분할 수 있다. 다음 중 소화설비에 속하지 않는 것은?

① 연결살수설비
② 옥내소화전설비
③ 스프링클러설비
④ 물분무 등 소화설비

**해설**
연결살수설비는 소화활동설비에 속한다.
소방시설(소방시설 설치 및 관리에 관한 법률 시행령 [별표 1])
- 소화설비 : 소화기구, 자동소화장치, 옥내소화전설비, 스프링클러설비 등, 물분무 등 소화설비, 옥외소화전설비
- 소화활동설비 : 제연설비, 연결송수관설비, 연결살수설비, 비상콘센트설비, 무선통신보조설비, 연소방지설비

**43** 건물의 하부 전체 또는 지하실 전체를 하나의 기초판으로 구성한 기초는?

① 독립기초  ② 줄기초
③ 복합기초  ④ 온통기초

**해설**
온통기초 : 건축물의 전면 또는 광범위한 부분에 대하여 기초 슬래브를 두는 경우의 기초이다.

**44** 주로 철재 또는 금속재 거푸집에 사용되는 철물로서 지주를 제거하지 않고 슬래브 거푸집만 제거할 수 있도록 한 것은?

① 드롭헤드
② 칼럼밴드
③ 캠 버
④ 와이어클리퍼

**해설**
드롭헤드 : 주로 철재 또는 금속재 거푸집에 사용되는 철물로, 지주를 제거하지 않고 슬래브 거푸집만 제거할 수 있도록 한다.

**45** 블록조의 테두리보에 대한 설명으로 옳지 않은 것은?

① 벽체를 일체화하기 위해 설치한다.
② 테두리보의 너비는 보통 그 밑의 내력벽의 두께보다는 작아야 한다.
③ 세로철근의 끝을 정착할 필요가 있을 때 정착 가능하다.
④ 상부의 하중을 내력벽에 고르게 분산시키는 역할을 한다.

**해설**
테두리보
- 조적구조의 벽체 상부를 둘러대는 보를 말한다.
- 테두리보는 벽체의 상부 하중을 균등히 분포시키고, 건물 전체의 강성을 증대시키며 수직 균열을 방지할 수 있다.
- 보강블록조에서는 세로철근을 정착시키는 역할을 한다.
- 조적조의 벽체를 보강하기 위해 내력벽의 상부에 벽두께의 1.5배 이상의 철골구조 또는 철근콘크리트구조의 테두리보를 설치한다.
- 1층인 건축물로서 벽두께가 벽높이의 1/16 이상 또는 벽길이가 5m 이하인 경우에는 목조의 테두리보를 설치할 수 있다.

정답 41 ① 42 ① 43 ④ 44 ① 45 ②

**46** 목조벽체를 수평력에 견디게 하고 안정한 구조로 하는데 필요한 부재는?

① 멍에
② 장선
③ 가새
④ 동바리

**해설**
③ 가새 : 사각형으로 된 목구조는 수평력에 의해 그 모양이 일그러지기 쉽다. 이것을 막기 위하여 대각선 방향에 삼각형 구조로 댄 부재이다.
① 멍에 : 장선과 직각방향으로 설치하여 장선을 지지하며 거푸집 긴결재나 동바리로 하중을 전달하는 부재이다.
② 장선 : 널을 지지하고 멍에 위에 직각으로 설치하는 부평부재 또는 패널의 보강부재이다.
④ 동바리 : 타설된 콘크리트가 소정의 강도를 얻기까지 고정하중 및 시공하중 등을 지지하기 위하여 설치하는 가설 부재이다.

**47** 실리카 시멘트에 대한 설명 중 옳은 것은?

① 보통 포틀랜드 시멘트에 비해 초기강도가 크다.
② 화학적 저항성이 크다.
③ 보통 포틀랜드 시멘트에 비해 장기강도는 작은 편이다.
④ 긴급공사용으로 적합하다.

**해설**
실리카 시멘트 : 실리카겔을 혼합한 시멘트로, 화학적 저항이 크고 내수성이 우수하여 하수공사 및 해수공사에 사용된다.

**48** 목재의 섬유 평행 방향에 대한 강도 중 가장 약한 것은?

① 휨강도
② 압축강도
③ 인장강도
④ 전단강도

**해설**
목재의 섬유 평행 방향에 대한 강도 중 전단강도가 가장 약하다.

**49** 목재의 기건 상태의 함수율은 평균 얼마 정도인가?

① 5%
② 10%
③ 15%
④ 30%

**해설**
목재의 기건 상태의 함수율은 15%이고 가구재의 함수율은 10%이며, 섬유포화점의 함수율은 30%이다.

**50** 블론 아스팔트를 휘발성 용제로 희석한 흑갈색의 액체로서 콘크리트, 모르타르 바탕에 아스팔트 방수층 또는 아스팔트타일 붙이기 시공을 할 때 사용되는 것은?

① 아스팔트 코팅
② 아스팔트 펠트
③ 아스팔트 루핑
④ 아스팔트 프라이머

**해설**
아스팔트 프라이머 : 아스팔트를 휘발성 용제로 녹인 것으로 바탕과의 접착력을 높이기 위해 아스팔트 방수의 밑칠 등에 사용한다.

**정답** 46 ③ 47 ② 48 ④ 49 ③ 50 ④

**51** 주거공간을 주행동에 의해 개인공간, 사회공간, 가사노동공간 등으로 구분할 경우, 다음 중 사회공간에 속하는 것은?

① 서 재
② 식 당
③ 부 엌
④ 다용도실

**해설**
• 사회공간 : 거실, 식사실, 응접실
• 개인공간 : 침실, 서재

**52** 스킵 플로어형 공동주택에 관한 설명으로 옳지 않은 것은?

① 복도면적이 증가한다.
② 엑세스(Access) 동선이 복잡하다.
③ 엘리베이터의 정지 층수를 줄일 수 있다.
④ 동일한 주거동에 각기 다른 모양의 세대 배치계획이 가능하다.

**해설**
스킵 플로어(Skip Floor)형
한 층 또는 두 층을 걸러 복도를 설치하거나 그 밖의 층에는 복도가 없이 계단실에서 단위주거에 도달하는 형식이다. 엘리베이터에서 복도를 거쳐 계단을 통하여 단위주거에 도달하기 때문에 동선이 길어진다.

**53** 장방형 슬래브에서 단변 방향으로 배치하는 인장 철근의 명칭은?

① 늑 근
② 온도철근
③ 주 근
④ 배력근

**해설**
단변 방향의 인장 철근을 주근이라 하고, 장변 방향의 인장철근을 배력근 또는 부근이라고 한다.

**54** 철골구조의 용접 부분에서 발생하는 용접 결함이 아닌 것은?

① 언더컷(Under Cut)
② 블로홀(Blow Hole)
③ 오버랩(Over Lap)
④ 엔드탭(End Tab)

**해설**
엔드탭은 강구조물을 용접시공할 때 임시로 부착하는 강판이다.
용접 결함 : 언더컷, 블로홀, 오버랩, 균열, 크레이터 등

**55** 목재의 역학적 성질에 대한 설명 중 틀린 것은?

① 섬유포화점 이하에서는 강도가 일정하나 섬유포화점 이상에서는 함수율이 증가함에 따라 강도는 증가한다.
② 목재는 조직 가운데 공간이 있기 때문에 열의 전도가 더디다.
③ 목재의 강도는 비중 및 함수율 이외에도 섬유방향에 따라서도 차이가 있다.
④ 목재의 압축강도는 옹이가 있으면 감소한다.

**해설**
목재의 강도
• 건조하면 강도는 증가한다(함수율이 낮을수록).
• 섬유 방향의 인장강도가 압축강도보다 크다.
• 심재가 변재보다 강도가 크다.
• 목재의 흠(옹이)으로 강도가 떨어진다.

**정답** 51 ② 52 ① 53 ③ 54 ④ 55 ①

**56** 다음 중 건물의 일조 조절에 이용되지 않는 것은?

① 차 양
② 루 버
③ 이중창
④ 블라인드

**해설**
일조 조절 : 차양, 발코니, 루버, 흡열유리, 이중유리, 유리블록, 식수 등의 방법을 이용한다.

**57** 직접 조명에 관한 설명으로 옳지 않은 것은?

① 조명률이 좋다.
② 그림자가 강하게 생긴다.
③ 눈부심이 일어나기 쉽다.
④ 실내의 조도분포가 균일하다.

**해설**
직접 조명은 실내 전체적으로 볼 때 밝고 어두움의 차이가 크다.

**58** 바닥 등의 슬래브를 케이블로 매단 특수구조는?

① 공기막구조
② 현수구조
③ 커튼월구조
④ 셸구조

**해설**
현수구조 : 인장력에 강한 케이블을 이용하여 구조체의 주요 부분을 잡아당겨줌으로써 구조체를 지지하는 구조방식이다.

**59** 건축물의 큰 보의 간 사이에 작은 보(Beam)를 짝수로 배치할 때의 주된 장점은?

① 미관이 뛰어나다.
② 큰 보의 중앙부에 작용하는 하중이 작아진다.
③ 층고를 낮출 수 있다.
④ 공사하기가 편리하다.

**해설**
건축물의 큰 보의 간 사이에 작은 보를 짝수로 배치할 경우 큰 보 중앙에 작용하는 하중이 작아진다.

**60** 주로 페놀, 요소, 멜라민 수지 등 열경화성 수지에 응용되는 가장 일반적인 성형법으로 옳은 것은?

① 압축성형법
② 이송성형법
③ 주조성형법
④ 적층성형법

**해설**
압축성형법 : 열경화성 수지의 성형을 위해서 고안된 것이다.

## 2024년 제2회 최근 기출복원문제

**01** 건축법령상 아파트의 정의로 옳은 것은?

① 주택으로 쓰는 층수가 3개 층 이상인 주택
② 주택으로 쓰는 층수가 4개 층 이상인 주택
③ 주택으로 쓰는 층수가 5개 층 이상인 주택
④ 주택으로 쓰는 층수가 6개 층 이상인 주택

**해설**
아파트의 정의(건축법 시행령 [별표 1])
주택으로 쓰는 층수가 5개 층 이상인 주택

**02** 건축물 구성 부분 중 구조재에 속하지 않는 것은?

① 기 둥　② 기 초
③ 슬래브　④ 천 장

**해설**
건축물의 구조재 : 기둥, 기초, 슬래브

**03** 면이 30cm × 30cm 정방형에 가까운 네모뿔형의 돌로서 석축에 사용되는 돌은?

① 마름돌　② 각 석
③ 견치돌　④ 다듬돌

**해설**
견치돌 : 돌쌓기에 쓰는 정사각뿔 모양의 돌로 간지석이라고도 한다.

**04** 고력볼트접합에 대한 설명으로 틀린 것은?

① 고력볼트접합의 종류는 마찰접합이 유일하다.
② 접합부의 강성이 높다.
③ 피로강도가 높다.
④ 정확한 계기공구로 죄어 일정하고 정확한 강도를 얻을 수 있다.

**해설**
일반적으로 고력볼트접합이라고 하면 마찰접합을 의미하지만, 마찰접합 외에도 지압접합, 인장접합이 있다.
**고력볼트접합** : 초기 강한 인장력으로 인해 너트의 풀림이 없고 반복응력에 의한 영향도 없다. 고력볼트를 충분한 회전력으로 너트를 체결하여 접합재 상호 간에 발생하는 마찰력으로 힘을 전달하는 접합법으로서 마찰접합이라고도 한다. 이 접합의 장점으로는 접합강도와 강성이 높고, 시공에 어려움이 없으며 작업능률이 좋다. 또한 소음이 적고 진동, 충격이 발생하는 데에도 사용 가능하다.

**05** 다음 방수재료 중 액체상 재료가 아닌 것은?

① 방수공사용 아스팔트
② 아스팔트 루핑류
③ 폴리머 시멘트 페이스트
④ 아크릴고무계 방수재

**해설**
**아스팔트 루핑** : 동식물 섬유를 원료로 한 펠트에 스트레이트 아스팔트를 침투시켜 양면을 블론 아스팔트로 피복하고, 표면에 점착방지재를 살포한 것이다. 방수성이 크기 때문에 방수공사나 지붕 바탕에 쓰인다.

**정답** 1 ③　2 ④　3 ③　4 ①　5 ②

**06** 파티클보드의 특성에 관한 설명으로 틀린 것은?

① 칸막이, 가구 등에 이용된다.
② 열의 차단성이 우수하다.
③ 가공성이 비교적 양호하다.
④ 강도에 방향성이 있어 뒤틀림이 거의 일어나지 않는다.

**해설**
파티클보드
- 작은 나무 부스러기를 이용하여 제조한다.
- 방향성이 없으며 변형이 작다.
- 방부·방화성을 높이는 데 효과적이다.
- 흡음성, 열의 차단성이 좋다.
- 단, 수분에는 강하지 않다.

**07** 목재의 보존성을 높이고 충해 및 변색 방지를 위한 방부처리법이 아닌 것은?

① 도포법   ② 저장법
③ 침지법   ④ 주입법

**해설**
목재의 방부처리법 : 주입법, 침지법, 도포법, 표면탄화법

**08** 목구조에 사용되는 금속의 긴결철물 중 2개의 부재 접합에 끼워 전단력에 견디도록 사용되는 것은?

① 감잡이쇠   ② ㄱ자쇠
③ 안장쇠     ④ 듀벨

**해설**
듀벨 : 두 목재 사이의 접합부에 끼워 볼트접합을 보강하기 위한 철물이다.

**09** 에스컬레이터에 관한 설명으로 옳지 않은 것은?

① 수송량에 비해 점유면적이 작다.
② 대기시간이 없고 연속적인 수송설비이다.
③ 수송능력이 엘리베이터의 1/2 정도로 작다.
④ 승강 중 주위가 오픈되므로 주변 광고효과가 크다.

**해설**
에스컬레이터는 엘리베이터보다 수송능력이 우수하다.

**10** 주택의 침실에 관한 설명으로 옳지 않은 것은?

① 방위상 직사광선이 없는 북쪽이 가장 이상적이다.
② 침실은 정적이며 프라이버시 확보가 잘 이루어져야 한다.
③ 침대는 외부에서 출입문을 통해 직접 보이지 않도록 배치하는 것이 좋다.
④ 침실의 위치는 소음원이 있는 쪽은 피하고, 정원 등의 공지에 면하도록 하는 것이 좋다.

**해설**
침 실
- 기본 기능은 휴식과 수면이며, 이외에도 실의 성격에 따라서 독서, 화장, 옷을 갈아입는 행위, 음악 감상 등의 기능을 포함한다.
- 소음원이 있는 쪽은 피하고, 정원 등의 공지에 면하도록 하는 것이 좋다.
- 방위상 일조와 통풍이 좋은 남쪽, 동남쪽이 이상적이고 북쪽은 피하는 것이 좋다.

정답  6 ④  7 ②  8 ④  9 ③  10 ①

**11** 철골구조에서 사용되는 접합방법에 속하지 않는 것은?

① 용접접합
② 듀벨접합
③ 고력볼트접합
④ 핀접합

**해설**
철골구조의 접합방법 : 리벳접합, 볼트접합, 고력볼트접합, 용접접합, 핀접합

**12** 플레이트 보에 사용되는 부재의 명칭이 아닌 것은?

① 커버 플레이트
② 웨브 플레이트
③ 스티프너
④ 베이스 플레이트

**해설**
④ 베이스 플레이트는 철골조에서 주각부분에 사용되는 부재이다.
플레이트 보 : 커버 플레이트, 웨브 플레이트, 플랜지 플레이트, 스티프너

**13** 아치쌓기법에서 아치 너비가 클 때 아치를 여러 겹으로 둘러쌓아 만든 것은?

① 층두리 아치
② 거친 아치
③ 본 아치
④ 막만든 아치

**해설**
층두리 아치 : 아치 너비가 넓을 경우 여러 겹으로 겹쳐 쌓은 아치이다.

**14** 굳지 않은 콘크리트의 컨시스턴시를 측정하는 방법이 아닌 것은?

① 플로시험
② 리몰딩시험
③ 슬럼프시험
④ 르샤틀리에 비중병시험

**해설**
워커빌리티 측정방법 : 슬럼프시험, 플로시험, 리몰딩시험

**15** 석재의 표면마감방법 중 인력에 의한 방법에 해당되지 않는 것은?

① 정다듬
② 혹두기
③ 버너마감
④ 도드락다듬

**해설**
석재의 표면 마무리는 혹두기, 정다듬, 도드락다듬, 잔다듬, 물갈기, 광내기 순서로 진행한다.

**16** 벽체의 단열에 관한 설명으로 옳지 않은 것은?

① 벽체의 열관류율이 클수록 단열성이 낮다.
② 단열은 벽체를 통한 열손실 방지와 보온역할을 한다.
③ 벽체의 열관류 저항값이 작을수록 단열효과는 크다.
④ 조적벽과 같은 중공구조의 내부에 위치한 단열재는 난방 시 실내 표면온도를 신속히 올릴 수 있다.

**해설**
열관류 저항값이 클수록 단열효과가 우수하다.

**17** 건축허가신청에 필요한 설계도서 중 배치도에 표시하여야 할 사항에 속하지 않는 것은?

① 축척 및 방위
② 방화구획 및 방화문의 위치
③ 대지에 접한 도로의 길이 및 너비
④ 건축선 및 대지경계선으로부터 건축물까지의 거리

**해설**
**배치도** : 주변 도로와 부지, 부지 내에서 건물의 위치 등을 정확히 표시하기 위한 도면이다.

**18** 철근콘크리트구조에서 최소 피복두께의 목적에 해당되지 않는 것은?

① 철근의 부식 방지
② 철근의 연성감소
③ 철근의 내화
④ 철근의 부착

**해설**
철근콘크리트구조에서 철근은 인장력에 대응하므로 구조부재의 표면 가까이 배치하는 것이 유리하지만, 이음과 정착을 위한 부착강도의 확보, 화재발생 시 내화성의 확보, 철근의 부식을 방지하기 위한 내구성의 확보를 위해 일정한 피복두께를 확보하여야 한다.

**19** 콘크리트구조물에서 하중을 지속적으로 작용시켜 놓을 경우 하중의 증가가 없음에도 불구하고 지속하중에 의해 시간과 더불어 변형이 증대하는 현상은?

① 액상화
② 블리딩
③ 레이턴스
④ 크리프

**해설**
**크리프** : 외력이 일정하게 유지될 때, 시간이 흐름에 따라 재료의 변형이 증대하는 현상이다.

**20** 다음 중 단면도에 표시되는 사항은?

① 반자높이
② 주차동선
③ 건축면적
④ 대지경계선

**해설**
단면도에는 대지의 경사, 지면과 바닥의 높이, 층고 및 천장고(반자높이), 창높이, 계단실, 처마 및 베란다 같은 돌출상황 등을 표시한다.

정답 16 ③ 17 ② 18 ② 19 ④ 20 ①

**21** 다음 설명에 알맞은 통기방식은?

> • 각 기구의 트랩마다 통기관을 설치한다.
> • 트랩마다 통기되기 때문에 가장 안정도가 높은 방식이다.

① 각개통기방식
② 루프통기방식
③ 회로통기방식
④ 신정통기방식

**해설**
**각개통기방식** : 각 기구의 트랩마다 통기관을 설치하여 그것들을 통기수평지관에 접속하고 그 지관의 말단을 통기수직관 또는 신정통기관에 접속하는 방식이다. 트랩마다 통기되어 있으므로 가장 성능이 좋다.

**22** 건축구조의 구성방식에 의한 분류에 속하지 않는 것은?

① 가구식 구조
② 일체식 구조
③ 습식 구조
④ 조적식 구조

**해설**

| 건축물의 사용재료 | 목구조, 벽돌구조, 블록구조, 돌구조, 철근콘크리트구조, 철골구조, 철골철근콘크리트구조 등 |
|---|---|
| 건축물의 구성방식 | 일체식 구조, 가구식 구조, 조적식 구조 |
| 건축물의 형상 | 셸구조, 돔구조, 스페이스 프레임구조, 막구조, 케이블구조, 절판구조, 아치구조 등 |
| 시공방식 | 습식 구조, 건식 구조, 조립식 구조, 현장 구조 등 |

**23** 합성골조에 관한 설명으로 옳지 않은 것은?

① CFT(콘크리트충전강관기둥)에서는 내부 콘크리트가 강관의 급격한 국부좌굴을 방지한다.
② 코어(Core)의 전단벽에 횡력에 대한 강성을 증대시키기 위하여 철골빔을 설치한다.
③ 데크 플레이트(Deck Plate)는 합성슬래브의 한 종류이다.
④ 스터드 볼트(Stud Bolt)는 철골기둥을 연결하는 데 사용한다.

**해설**
• 콘크리트충전강관(CFT ; Concrete Filled steel Tube) : 강관 내부에 콘크리트를 전하여 콘크리트와 강재의 장점을 합성한 구조이다.
• 스터드 볼트 : 보 플랜지 상면에 적당한 간계를 가지고 수직으로 부착하여 콘크리트와 철골보의 합성 효과를 기대하는 볼트이다. 스터드, 매입볼트라고도 한다.

**24** 철근콘크리트 1방향 슬래브의 두께는 최소 얼마 이상으로 하여야 하는가?

① 80mm
② 90mm
③ 100mm
④ 120mm

**해설**
**슬래브의 구조(KDS 14 20 70)**
1방향 슬래브의 두께는 최소 100mm 이상으로 해야 한다.

**25** 철골구조의 보에 사용되는 스티프너(Stiffener)에 대한 설명으로 옳지 않은 것은?

① 하중점 스티프너는 집중하중에 대한 보강용으로 쓰인다.
② 중간 스티프너는 웨브의 좌굴을 막기 위하여 쓰인다.
③ 재축에 나란하게 설치한 것을 수평 스티프너라고 한다.
④ 커버 플레이트와 동일한 용어로 사용된다.

**해설**
**스티프너** : 보의 웨브 부분을 보강하여 전단내력의 증진과 웨브의 국부좌굴 방지를 위해 사용되는 부재이다.
**커버 플레이트** : 리벳접합 플레이트 거더의 메인 거더나 리벳접합 강 트러스교의 상현재 등에 사용이 되어 부재의 강성을 증가시키고 빗물의 침입을 방지하기 위한 강판이다.

**26** 점토에 톱밥이나 분탄 등을 혼합하여 소성시킨 것으로 절단, 못치기 등의 가공성이 우수하며 방음·흡음성이 좋은 경량벽돌은?

① 이형벽돌
② 포도벽돌
③ 다공벽돌
④ 내화벽돌

**해설**
③ 경량벽돌(다공질벽돌) : 속이 빈 중공벽돌과 톱밥이나 연탄재를 섞어 소성한 다공벽돌로 주로 칸막이벽 등에 이용되며 방음과 단열의 효과가 크다.
① 이형벽돌 : 아치, 창문 주위 등 특수한 분야에 이용하기 위해 만든 벽돌.
② 포도용 벽돌 : 흡수율이 적고 마모성과 강도가 큰 것으로 도로포장용(보도블록)으로 이용한다.
④ 내화벽돌 : 고온(600~2,000℃)에 견딜 수 있도록 만든 벽돌로 보일러실, 굴뚝 내부에 이용한다.

**27** 목재의 공극이 전혀 없는 상태의 비중을 무엇이라 하는가?

① 기건비중
② 진비중
③ 절건비중
④ 겉보기비중

**해설**
**목재의 비중**
- 기건비중 : 공기 속의 온도와 평형을 이룰 때까지 건조상태로 존재하는 목재의 비중이다.
- 진비중 : 목재의 공극이 전혀 없는 상태의 비중이다.
- 절건비중 : 절대건조상태의 목재의 비중이다.

**28** 건축물의 표면 마무리, 인조석 제조 등에 사용되며 구조체의 축조에는 거의 사용되지 않는 시멘트는?

① 조강 포틀랜드 시멘트
② 플라이애시 시멘트
③ 백색 포틀랜드 시멘트
④ 고로슬래그 시멘트

**해설**
**백색 포틀랜드 시멘트** : 원료에는 철분이 적은 백색점토와 석회석을 사용하고, 연료에는 중유 등을 사용해서 제조한 시멘트로 주로 외장(外裝) 모르타르에 쓰인다.

**29** 전동기 직결의 소형송풍기, 냉·온수 코일 및 필터 등을 갖춘 실내형 소형공조기를 각 실에 설치하여 중앙 기계실로부터 냉수 또는 온수를 공급받아 공기조화를 하는 방식은?

① 이중덕트방식
② 단일덕트방식
③ 멀티존 유닛방식
④ 팬코일 유닛방식

**해설**
팬코일 유닛방식
- 냉·온수 코일과 필터 등을 갖춘 실내형 소형공조기를 각 실에 설치하여 중앙 기계실로부터 냉수 또는 온수를 받아 공기조화를 하는 방식이다.
- 호텔의 객실, 아파트 주택 및 사무실에 적용한다.
- 직접 난방을 채용하는 기존 건물의 공기조화에도 적용 가능하다.

**30** 건축법령상 건축에 속하지 않는 것은?

① 증축   ② 이전
③ 개축   ④ 대수선

**해설**
건축의 정의(건축법 제2조 제1항 제8호)
건축물을 신축·증축·개축·재축하거나 건축물을 이전하는 것을 말한다.

**31** 다음 중 단독주택의 현관 위치 결정에 가장 주된 영향을 끼치는 것은?

① 현관의 크기
② 대지의 방위
③ 대지의 크기
④ 도로의 위치

**해설**
현관 : 주택 내·외부의 동선이 연결되는 곳으로, 주택 외부에서 쉽게 알아볼 수 있는 곳이어야 한다.

**32** 케이블을 이용한 구조로만 연결된 것은?

① 현수구조 - 사장구조
② 현수구조 - 셸구조
③ 절판구조 - 사장구조
④ 막구조 - 돔구조

**해설**
케이블구조 : 인장력에 강한 케이블을 이용하여 구조체의 주요 부분을 잡아당겨 줌으로써 구조체를 지지하는 구조방식으로 현수교, 사장교 등이 있다.

**33** 벽돌 쌓기법 중 모서리 또는 끝부분에 칠오토막을 사용하는 것은?

① 영국식 쌓기
② 프랑스식 쌓기
③ 네덜란드식 쌓기
④ 미국식 쌓기

**해설**
③ 네덜란드식 쌓기 : 길이 쌓기와 마구리 쌓기를 교대로 하는 것은 영국식 쌓기와 동일하다. 길이 쌓기 켜의 모서리에는 칠오토막을 사용하여 상하가 일치되도록 한다.
① 영국식 쌓기 : 길이 쌓기 켜와 마구리 쌓기 켜를 번갈아서 쌓아올리는 방법으로 마구리 켜의 모서리 부분에는 반절 또는 이오토막을 사용한다. 통줄눈이 생기지 않으며, 가장 튼튼한 쌓기법이다.
② 프랑스식 쌓기 : 한 켜에 길이 쌓기와 마구리 쌓기를 번갈아가며 쌓는다.
④ 미국식 쌓기 : 한 켜는 마구리 쌓기로 하고, 그 다음 5켜는 길이 쌓기를 한다.

**34** 강구조의 조립보 중 웨브에 철판을 쓰고 상하부에 플랜지 철판을 용접하며, 커버 플레이트나 스티프너로 보강하는 것은?

① 허니콤 보  ② 래티스 보
③ 트러스 보  ④ 판 보

**해설**
판보 : 강판과 강판 또는 ㄱ형강과 강판을 조립한 후 용접 또는 볼트 접합하여 만든 보로 플랜지 플레이트, 웨브 플레이트, 스티프너로 구성된다.

**35** 중용열 포틀랜드 시멘트에 대한 설명으로 옳은 것은?

① 초기강도 증진을 위한 시멘트이다.
② 급속공사, 동기공사 등에 유리하다.
③ 발열량이 적고 경화가 느린 것이 특징이다.
④ 수화속도가 빨라 한중 콘크리트 시공에 적합하다.

**해설**
중용열 포틀랜드 시멘트 : 장기강도가 크고, 수화발열과 건조수축이 적으므로 댐공사 등 대규모 콘크리트에 이용된다.

**36** AE제를 사용한 콘크리트에 관한 설명 중 옳지 않은 것은?

① 물시멘트비가 일정한 경우 공기량을 증가시키면 압축강도가 증가한다.
② 시공연도가 좋아지므로 재료분리가 적어진다.
③ 동결융해작용에 의한 마모에 대하여 저항성을 증대시킨다.
④ 철근에 대한 부착강도가 감소한다.

**해설**
AE제를 많이 사용하면 비경제적, 압축강도의 감소, 철근과의 부착강도의 저하가 일어나므로 콘크리트 중의 전공기량이 용적으로 약 4~6%가 되도록 적정 사용량을 엄수한다.

**37** 회반죽 바름에서 여물을 넣는 주된 이유는?

① 균열을 방지하기 위해
② 점성을 높이기 위해
③ 경화속도를 높이기 위해
④ 경도를 높이기 위해

**해설**
여물을 넣는 주된 이유는 보강과 균열을 방지하기 위해서이다.

**38** 배수트랩의 봉수 파괴원인에 속하지 않는 것은?

① 증 발
② 간접배수
③ 모세관현상
④ 유도사이펀 작용

**해설**
트랩봉수의 파괴원인
• 자기사이펀 작용
• 유도사이펀 작용(감압에 의한 흡인 작용)
• 배압에 의한 분출 작용
• 모세관현상
• 봉수의 증발현상
• 자기 운동량에 의한 관성

**정답** 34 ④  35 ③  36 ①  37 ①  38 ②

### 39 일반평면도의 표현 내용에 속하지 않는 것은?

① 실의 크기
② 보의 높이 및 크기
③ 창문과 출입구의 구별
④ 개구부의 위치 및 크기

**해설**
보의 높이 및 크기는 단면도에서 나타낸다.

### 40 각 석재의 용도로 옳지 않은 것은?

① 화강암 – 외장재
② 점판암 – 지붕재
③ 석회암 – 구조재
④ 대리석 – 실내장식재

**해설**
③ 석회암 : 석회나 시멘트의 주원료

### 41 초고층 건물의 구조 시스템 중 가장 적합하지 않은 것은?

① 내력벽 시스템
② 아웃리거 시스템
③ 튜브 시스템
④ 가새 시스템

**해설**
초고층 건물의 구조 시스템 : 튜브구조, 아웃리거구조, 슈퍼구조, 골조 전단벽의 혼합

### 42 돌로마이트 플라스터에 관한 설명으로 옳지 않은 것은?

① 가소성이 커서 풀이 필요 없다.
② 경화 시 수축률이 매우 크다.
③ 수경성이므로 외벽 바름에 적당하다.
④ 강알칼리성이므로 건조 후 바로 유성페인트를 칠할 수 없다.

**해설**
돌로마이트 석회
• 소석회보다 비중이 크고 굳으면 강도가 증가한다.
• 점성이 좋아 풀을 넣을 필요가 없다.
• 수축균열이 크다.
• 응결속도가 빠르다.
• 습기에 약하여 내부에 사용한다.
• 기경성이다.
• 냄새와 곰팡이가 없다.

### 43 건축허가신청에 필요한 설계도서에 속하지 않는 것은?

① 배치도
② 평면도
③ 투시도
④ 건축계획서

**해설**
건축허가신청에 필요한 설계도서(건축법 시행규칙 [별표 2])
건축계획서, 배치도, 평면도, 입면도, 단면도, 구조도, 구조계산서, 소방설비도

**정답** 39 ② 40 ③ 41 ① 42 ③ 43 ③

**44** 다음 설명에 알맞은 주택 부엌의 유형은?

> • 작업대 길이가 2m 정도인 소형 주방가구가 배치된 간이 부엌의 형식이다.
> • 사무실이나 독신자 아파트에 주로 설치된다.

① 키친네트(Kitchenette)
② 오픈 키친(Open Kitchen)
③ 리빙 키친(Living Kitchen)
④ 다이닝 키친(Dining Kitchen)

**해설**
**키친네트** : 최소로 필요한 키친의 설비를 콤팩트하게 한 작은 부엌이다.

**45** 디자인의 기본 원리 중 성질이나 질량이 전혀 다른 둘 이상의 것이 동일한 공간에 배열될 때 서로의 특질을 한층 돋보이게 하는 현상은?

① 대 비
② 통 일
③ 리 듬
④ 강 조

**해설**
**대비** : 서로 다른 모양의 결합에 의하여 힘의 강약을 표현하기 쉽다.

**46** 직경 13mm의 이형철근을 100mm 간격으로 배치할 때 도면표시 방법으로 옳은 것은?

① D13 #100
② D13 @100
③ $\phi$13 #100
④ $\phi$13 @100

**47** 온수난방과 비교한 증기난방의 특징으로 옳지 않은 것은?

① 예열시간이 짧다.
② 열의 운반능력이 크다.
③ 난방의 쾌감도가 높다.
④ 방열면적을 작게 할 수 있다.

**해설**
온수난방은 현열을 이용한 난방으로 증기난방보다 쾌감도가 높다.

**48** 다음 중 단면도를 그려야 할 부분과 가장 거리가 먼 것은?

① 설계자의 강조 부분
② 평면도만으로 이해하기 어려운 부분
③ 전체 구조의 이해를 필요로 하는 부분
④ 시공자의 기술을 보여 주고 싶은 부분

**해설**
**단면도를 그려야 할 부분** : 평면도만으로 이해하기 어려운 부분, 전체 구조의 이해를 필요로 하는 부분, 설계자의 강조 부분

**정답** 44 ① 45 ① 46 ② 47 ③ 48 ④

**49** 연속기초라고도 하며 조적조의 벽기초 또는 콘크리트 연속기초로 사용되는 것은?

① 줄기초
② 독립기초
③ 온통기초
④ 캔틸레버푸팅기초

**해설**
줄기초(연속기초) : 조적조의 벽기초 또는 콘크리트 연속기초

**50** 벽돌구조의 내력벽 두께를 결정하는 요소와 가장 관계가 먼 것은?

① 벽의 높이
② 지붕 물매
③ 벽의 길이
④ 건축물의 층수

**해설**
조적조 구조에서 내력벽의 두께는 벽의 높이, 벽의 길이, 건축물의 층수 등에 따라 결정한다.

**51** 목재의 이음과 맞춤을 할 때 주의사항으로 옳지 않은 것은?

① 공작이 간단하고 튼튼한 접합을 선택할 것
② 이음·맞춤의 단면은 응력의 방향에 직각으로 할 것
③ 이음·맞춤의 위치는 응력이 작은 곳으로 할 것
④ 맞춤면은 수축, 팽창을 위해 틈을 주어 가공할 것

**해설**
이음과 맞춤을 할 때 주의사항
• 부재는 될 수 있는 한 적게 깎아 내야 한다.
• 위치는 응력이 작은 곳 선택, 연결부분은 작용하는 응력이 균일하게 배치한다.
• 공작이 간단하고 튼튼한 접합을 선택한다.

**52** 건축법령상 공동주택에 속하지 않는 것은?

① 기숙사
② 연립주택
③ 다가구주택
④ 다세대주택

**해설**
③ 다가구주택 : 주택으로 쓰는 1개동의 바닥면적 합계가 660m² 이하이고, 층수가 3개 층 이하이며, 19세대 이하가 거주할 수 있는 주택으로서 공동주택에 해당하지 아니하는 것

공동주택(건축법 시행령 [별표 1] 용도별 건축물의 종류)
• 아파트 : 주택으로 쓰는 층수가 5개 층 이상인 주택
• 연립주택 : 주택으로 쓰는 1개 동의 바닥면적 합계가 660m²를 초과하고, 층수가 4개 층 이하인 주택
• 다세대주택 : 주택으로 쓰는 1개 동의 바닥면적 합계가 660m² 이하이고, 층수가 4개 층 이하인 주택
• 기숙사 : 다음의 어느 하나에 해당하는 건축물로서 공간의 구성과 규모 등에 관하여 국토교통부장관이 정하여 고시하는 기준에 적합한 것. 다만, 구분·소유된 개별 실(室)은 제외한다.
 – 일반기숙사 : 학교 또는 공장 등의 학생 또는 종업원 등을 위하여 사용하는 것으로서 해당 기숙사의 공동취사시설 이용 세대수가 전체 세대수(건축물의 일부를 기숙사로 사용하는 경우에는 기숙사로 사용하는 세대 수로 함)의 50% 이상인 것
 – 임대형기숙사 : 공공주택사업자 또는 임대사업자가 임대사업에 사용하는 것으로서 임대 목적으로 제공하는 실이 20실 이상이고 해당 기숙사의 공동취사시설 이용 세대 수가 전체 세대 수의 50% 이상인 것

**정답** 49 ① 50 ② 51 ④ 52 ③

**53** 조적식 벽체의 길이가 10m를 넘을 때, 벽체를 보강하기 위해 사용되는 것이 아닌 것은?

① 부축벽
② 수 벽
③ 붙임벽
④ 붙임기둥

해설
벽체 보강 : 부축벽, 붙임벽, 붙임기둥 등

**54** 금속체를 피보호물에서 돌출시켜 수뢰부로 하는 것으로 투영면적이 비교적 작은 건축물에 적합한 피뢰설비 방식은?

① 돌 침
③ 케이지 방식
② 가공지선
④ 수평도체 방식

해설
돌침 : 공중으로 돌출되는 피뢰설비의 수뢰부

**55** 철골구조에서 축방향력, 전단력 및 모멘트에 대해 모두 저항할 수 있는 접합은?

① 전단접합
② 모멘트접합
③ 핀접합
④ 롤러접합

해설
모멘트접합 : 웨브와 플랜지를 모두 접합한 형태로 휨모멘트에 대한 저항력이 있고, 기둥에는 전단력과 휨모멘트가 전달된다.

**56** 주로 철재 또는 금속재 거푸집에 사용되는 철물로서 지주를 제거하지 않고 슬래브 거푸집만 제거할 수 있도록 한 것은?

① 드롭헤드
② 칼럼밴드
③ 캠 버
④ 와이어클리퍼

해설
드롭헤드 : 주로 철재 또는 금속재 거푸집에 사용되는 철물로, 지주를 제거하지 않고 슬래브 거푸집만 제거할 수 있도록 한다.

**57** 철골구조의 용접 부분에서 발생하는 용접 결함이 아닌 것은?

① 언더컷(Under Cut)
② 블로홀(Blow Hole)
③ 오버랩(Over Lap)
④ 엔드탭(End Tab)

**해설**
엔드탭은 강구조물의 용접 시공 시에 임시로 부착하는 강판이다.
용접 결함 : 언더컷, 블로홀, 오버랩, 균열, 크레이터 등

**58** 겨울철의 콘크리트 공사, 해수 공사, 긴급 콘크리트 공사에 적당한 시멘트는?

① 보통 포틀랜드 시멘트
② 알루미나 시멘트
③ 팽창 시멘트
④ 고로 시멘트

**해설**
**알루미나 시멘트** : 보크사이트와 석회석을 원료로 사용하며, 초조강성으로 화학적 부식에 저항성이 있어 동절기 공사, 해안 공사 등에 사용된다.

**59** 기초에 대한 설명으로 틀린 것은?

① 매트기초는 부동침하가 염려되는 건물에 유리하다.
② 파일기초는 연약지반에 적합하다.
③ 기초에 사용된 콘크리트의 두께가 두꺼울수록 인장력에 대한 저항성능이 우수하다.
④ RCD파일은 현장타설 말뚝기초의 하나이다.

**해설**
기초에 사용되는 콘크리트는 압축력이나 전단력에 비해 인장력이 약하다.

**60** 고력볼트접합에 대한 설명으로 틀린 것은?

① 고력볼트접합의 종류는 마찰접합이 유일하다.
② 접합부의 강성이 높다.
③ 피로강도가 높다.
④ 정확한 계기공구로 죄어 일정하고 정확한 강도를 얻을 수 있다.

**해설**
일반적으로 고력볼트접합이라고 하면 마찰접합을 의미하지만, 마찰접합 외에도 지압접합, 인장접합이 있다.
**고력볼트접합** : 초기 강한 인장력으로 인해 너트의 풀림이 없고 반복응력에 의한 영향도 없다. 고력볼트를 충분한 회전력으로 너트를 체결하여 접합재 상호 간에 발생하는 마찰력으로 힘을 전달하는 접합법으로서 마찰접합이라고도 한다. 이 접합의 장점으로는 접합강도와 강성이 높고, 시공에 어려움이 없으며 작업능률이 좋다. 또한 소음이 적고 진동, 충격이 발생하는 데에도 사용 가능하다.

**정답** 57 ④  58 ②  59 ③  60 ①

# 참 / 고 / 문 / 헌

- 교육과학기술부, 건축계획일반, (주) 천재교육

- 교육인적자원부, 건축시공

- 교육인적자원부, 건축구조, 서울산업대학교 건설기술연구소

- 교육인적자원부, 건축설계제도, 신구대학 국정도서편찬위원회

- 대구광역시교육청, 건축구조체시공

- 대구광역시교육청, 건축마감시공

- 대구광역시교육청, 건축설계제도

- 서울특별시교육청, 건축계획, (주) 서울교과서

- 서울특별시교육청, 건축구조, (주) 서울교과서

- 서울특별시교육청, 건축목공, (주) 서울교과서

- 2017 전산응용건축제도기능사 필기 3주 완성, 한솔아카데미

## Win-Q 전산응용건축제도기능사 필기

| | |
|---|---|
| 개정8판1쇄 발행 | 2025년 01월 10일 (인쇄 2024년 10월 17일) |
| 초 판 발 행 | 2017년 07월 10일 (인쇄 2017년 05월 15일) |
| 발 행 인 | 박영일 |
| 책 임 편 집 | 이해욱 |
| 편 저 | 인태리 |
| 편 집 진 행 | 윤진영, 김달해 |
| 표지디자인 | 권은경, 길전홍선 |
| 편집디자인 | 정경일 |
| 발 행 처 | (주)시대고시기획 |
| 출 판 등 록 | 제10-1521호 |
| 주 소 | 서울시 마포구 큰우물로 75 [도화동 538 성지 B/D] 9F |
| 전 화 | 1600-3600 |
| 팩 스 | 02-701-8823 |
| 홈 페 이 지 | www.sdedu.co.kr |
| | |
| I S B N | 979-11-383-8011-9(13550) |
| 정 가 | 24,000원 |

※ 저자와의 협의에 의해 인지를 생략합니다.
※ 이 책은 저작권법의 보호를 받는 저작물이므로 동영상 제작 및 무단전재와 배포를 금합니다.
※ 잘못된 책은 구입하신 서점에서 바꾸어 드립니다.

시대에듀가 만든
**기술직 공무원 합격 대비서**

# 테크 바이블 시리즈!
TECH BIBLE SERIES

**기술직 공무원 기계일반**
별판 | 24,000원

**기술직 공무원 기계설계**
별판 | 24,000원

**기술직 공무원 물리**
별판 | 23,000원

**기술직 공무원 화학**
별판 | 21,000원

**기술직 공무원 재배학개론+식용작물**
별판 | 35,000원

**기술직 공무원 환경공학개론**
별판 | 21,000원

www.sdedu.co.kr

한눈에 이해할 수 있도록 체계적으로 정리한 **핵심이론**

철저한 시험유형 파악으로 만든 **필수확인문제**

국가직·지방직 등 **최신 기출문제와 상세 해설**

**기술직 공무원 건축계획**
별판 | 30,000원

**기술직 공무원 전기이론**
별판 | 23,000원

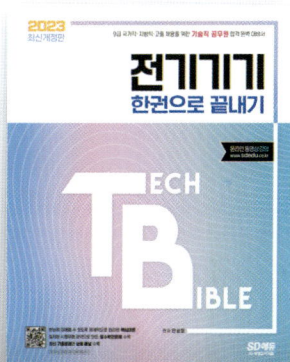

**기술직 공무원 전기기기**
별판 | 23,000원

**기술직 공무원 생물**
별판 | 20,000원

**기술직 공무원 임업경영**
별판 | 20,000원

**기술직 공무원 조림**
별판 | 20,000원

※ 도서의 이미지와 가격은 변경될 수 있습니다.

# 전기(산업)기사 필기/실기

**전기 분야의 필수 자격!**

전기전문가의 확실한 **합격 가이드**

시대에듀

전기기사·산업기사 필기
[전기자기학]
4×6 | 348p | 18,000원

전기기사·산업기사 필기
[전력공학]
4×6 | 316p | 18,000원

전기기사·산업기사 필기
[전기기기]
4×6 | 364p | 18,000원

전기기사·산업기사 필기
[회로이론 및 제어공학]
4×6 | 412p | 18,000원

전기기사·산업기사 필기
[전기설비기술기준]
4×6 | 392p | 18,000원

전기기사·산업기사 필기
[기출문제집]
4×6 | 1,516p | 40,000원

전기기사·산업기사 실기
[한권으로 끝내기]
4×6 | 1,180p | 40,000원

전기기사·산업기사 필기
[기본서 세트 5과목]
4×6 | 총 5권 | 49,000원

**시대에듀 동영상 강의와 함께하세요!**

www.sdedu.co.kr

최신으로 보는
**저자 직강**

최신 기출 및 기초 특강
**무료 제공**

1:1 맞춤학습
**서비스**